中等专业学校试用教材

村镇房屋建筑学

林恩生　主编

陈卫华　沈建华　编

中国建筑工业出版社

前　言

《村镇房屋建筑学》是中等专业学校村镇建设专业教材之一，是根据建设部颁发的普通中等专业学校村镇建设专业毕业生业务规格、教学计划、《村镇房屋建筑学》课程教学大纲以及国家颁发的新规程、规范、标准和法定计量单位编写的。本书也适用于本专业各类中专层次和自学考试及技术培训班教学，还可作为技术人员的参考用书。

本书与其他《房屋建筑学》不同之处，是突出了村镇建设的特点，内容分为建筑构造和建筑设计两大部分。通过学习，使学生和读者能掌握一般村镇建筑构造方法和设计基本原理，具有初步的建筑设计能力。鉴于我国幅员广大，农村经济发展不平衡，本书尽可能地反映不同地区农村情况，不同气候分区的构造和建筑设计特点和经验。在编写过程中，编者力求突出村镇这一条主线，具有特色；在内容上力求取材恰当，内容精练，叙述系统，重点突出，图文并茂，理论联系实际，文字通俗易懂；同时尽量反映我国建筑设计与构造方面的新成就、新材料和新技术。本书结合各章节尽量多穿插些图例和实例图，以加深对构造和设计原理的理解，并引导读者逐步学会识读和绘制建筑施工图及建筑方案图。

为了便于教学和自学，各章均附有复习思考题和必要作业。书中还附有课程设计题目，可供参考。

本书由福建建筑工程学校高级讲师林恩生同志主编，并编写了绪论和第一章；讲师陈卫华同志编写了第二、三、四、五、六、七、八、十一、十二、十三、十五章；沈建华老师编写了第九、十、十四、十六、十七章。

本书承蒙上海市黄浦区建筑学会理事长、上海市申联建筑装饰工程有限公司董吉士教授级高级工程师认真、全面、细致审阅，并提出不少宝贵意见，在此表示衷心感谢。

限于编者水平，时间短促，又是新课题，书中难免有不妥之处，热诚欢迎广大师生和读者批评指正，以便再版时补充修改。

目 录

绪 论

第一节 村镇房屋建筑学的内容与任务

建筑——简单地说就是指人工创造的室内外空间环境，供人们生活、学习、工作和从事生产活动必不可少的空间。"建筑"可分为建筑物和构筑物。直接供人们使用的"建筑"称为建筑物（即房屋），如住宅、学校、商店等等；不直接供人们使用而又是所必需的"建筑"称为"构筑物"，如水塔、烟囱、水坝等等。建筑物和构筑物是两个不同的概念。

房屋建筑学是一门内容广泛涉及多学科的综合性很强的应用技术课程。它主要任务是综合研究建筑功能（建筑目的）、物质技术条件（达到目的手段）、建筑艺术（建筑形象）以及三者的相互关系；研究建筑设计方法以及如何综合运用材料、结构、施工、设备以及建筑艺术等各方面的先进技术成就，建造满足生产和生活需要的建筑物。

《村镇房屋建筑学》是村镇建设专业一门重要专业课，它的内容包括建筑构造和建筑设计两大部分。

建筑构造是研究村镇各类建筑物的各组成构件以及构件本身和构件与构件之间连接等的构造原理和构造方法。其主要任务是从构造角度，根据建筑物的功能要求、材料供应和施工条件等，选择和提供坚固适用、技术先进、经济合理、美观大方的构造方案和方法。建筑设计是研究村镇建筑的一般房屋的设计原则、设计程序和设计方法，包括平面设计、剖面设计、立面设计、室内外装修及总平面布置等方面问题，以创造出满足村镇建设的良好室内外空间环境。

通过学习《村镇房屋建筑学》课程，要掌握房屋构造的原理和方法，熟悉建筑设计的原理、程序和方法，能根据村镇建筑特点、使用要求、当地自然条件、材料供应情况以及施工技术条件等，选择科学合理的构造方案进行构造设计；对村镇一般房屋的建筑设计，也能有个初步设计能力；能绘制建筑施工图并熟练地识读施工图。

《村镇房屋建筑学》是综合性很强的课程，学习时必须与建筑制图、建筑材料、建筑设备、建筑施工等联系贯通，互相配合。所以说，已学过的建筑绘画、建筑制图、建筑材料等课程是学好村镇房屋建筑学的基础，同时也为后继的建筑结构、村镇规划、地基与基础、村镇建筑施工、建筑工程定额与预算等专业课学习打下必备的基础。学习本课程不同于系统性较强的数学、建筑力学课程，初学时往往会感到内容枯燥、无连贯性，实际上《村镇房屋建筑学》有它自身内在的联系，只要摸清它的规律并不难学。要真正掌握并熟悉建筑构造原理和方法，以及建筑设计的基本原理和方法步骤，首先要热爱专业，有刻苦学习精神，学习时一定要认真听课做好笔记，课前有预习，课后有复习。要学会查用有关图集和资料，并按教学要求认真及时完成课堂作业和课程设计。学习中要着重从培养综合分析问题和解决问题的能力出发，从具体构造和设计方案入手，掌握并加深对构造原理和方法以及建筑设计基本原理的理解和运用。本课程又是一门实践性很强的课程，因此要紧密联系实际，要经常地通过细心地观察、深刻的体验、刻苦的钻研已建成或正在施工中的房屋，在实践中验证已学过的内容，对未学过的内容也能建立起感性认识，因此要多看、多想、多画，加深理解，同时要继续加强绘图和识图技能的训练，提高绘图技能和识读施工图的能力。另外还要经常阅读有关图书、杂志，及时了解国内外建筑业的发展动态和趋势，积极收集积累资料，开阔眼界，打开思路。

第二节　建筑的分类

随着农村经济改革深化和科学技术的发展，村镇建筑的类型也在变化和发展。村镇建筑一般都属于大量性建筑，它可按不同方式进行分类。

一、按建筑物的使用性质分类，大致可分为生产性建筑、居住建筑和公共建筑三类。

（一）生产性建筑

村镇生产性建筑是供人们从事粮、棉、油、渔、畜牧、铁木加工、农机修配等生产的房屋，包括生产用房和辅助用房，如各类加工厂、农机修配厂、农机站、小电站、扬水站、养猪场、奶牛场、变电站、配电房等等。

（二）村镇居住建筑

供村镇居民和农民居住、生活的房屋，如农民住宅、农村专业户住宅、镇职工住宅等。

（三）村镇公共建筑

供人们从事工作、教育、文化、商业、医疗等公共活动用的房屋，如各类的办公楼、中小学校、幼儿园、托儿所、俱乐部、文化中心、影剧院、卫生院（站）、供销社、敬老院等等。

二、按主要承重结构的材料分类

（一）生土—木结构

以土坯、板筑（干打垒）等生土墙和木屋架作为主要承重结构的建筑，称为生土—木结构建筑。这种房屋的墙用是生土构成，不经焙烧，节约能源。这种房屋在不少农村有着传统做法，可继承发扬，能就地取材，造价低。

（二）砖木结构

用砖墙（或柱）、木屋架作为主要承重结构的建筑，称为砖木结构建筑。

（三）砖混结构

用砖墙（或柱）、钢筋混凝土楼板和屋顶承重构件作为主要承重结构的建筑，称为砖—钢筋混凝土混合结构建筑，简称砖混结构。这是当前村镇房屋建造数量最大、采用最普遍的结构类型。

（四）钢筋混凝土结构

主要承重构件全部采用钢筋混凝土结构的建筑，称为钢筋混凝土结构建筑。这种结构主要用于大型公共建筑、高层建筑和工业建筑。在村镇房屋中除需要外，一般较少采用。

除上述之外，尚有钢结构等，在村镇房屋中一般较少采用。

三、按建筑结构的承重方式分类

（一）墙承重式

用墙承受屋顶、楼板传来的垂直荷载以及风力和地震力等，称为墙承重式建筑。如生土—木结构、砖木结构、砖混结构建筑均属于这一类。

（二）骨架承重式

用柱与梁组成的骨架来承受屋顶、楼板传来的垂直荷载以及风力和地震力等，称为骨架承重式建筑。一般采用钢筋混凝土结构或钢结构组成骨架，用于大跨度、荷载大及高层建筑。这类建筑，墙不承受荷载，只起围护作用。这类建筑在村镇房屋中，较少采用。

农村中，有的采用传统的木构架承重系统和采用木柱与木屋架组成的承重系统，也属于骨架承重式建筑。

（三）内骨架承重式

当房屋的内部用梁、柱组成骨架，四周用外墙承重时，称为内骨架承重式建筑。这类建筑常用于底层需要较大通透空间的多层建筑，如底层为商店的多层住宅等。

（四）空间结构承重式

用空间构架或结构承受荷载的建筑，称为空间结构承重式建筑。这类在村镇房屋中很少采用。

四、按层数分类

（一）单层建筑——指单层的房屋建筑；

（二）低层建筑——指 2～3 层的房屋建筑；

（三）多层建筑——指 4～6 层的房屋建筑。

村镇住宅一般属于单层或低层建筑，村镇公共建筑一般在 3～5 层。

按层数分类，尚有中高层建筑——它是指 7～9 层的住宅建筑；高层建筑——指10层以上的住宅建筑或总高度超过24m的公共建筑及综合性建筑（不包括高度超过24m的单层主体建筑）；超高层建筑——指高度超过100m的住宅或公共建筑。中高层、高层、超高层建筑的分类适用于城市建筑。

复 习 思 考 题

1. 什么是建筑？建筑物（即房屋）和构筑物有什么不同？

2. 村镇房屋建筑学的内容与任务是什么？

3. 建筑可按使用性质、主要承重结构的材料、建筑结构承重方式、建筑层数进行分类，它们是怎么分类？它们中哪一些是村镇建筑常用？

第一章 建筑构造概述

　　建筑构造是一门研究建筑物各组成部分的构造原理和方法的综合性建筑技术学科。其主要任务是根据建筑物的功能要求和建筑技术条件以及材料供应情况，按照适用、安全、经济、美观的要求，从构造方案到各个细部进行构造设计，绘制出构造设计图以供施工使用。因此，建筑构造与建筑设计关系是十分密切的。建筑构造设计是建筑设计的重要环节，是建筑设计的继续和深入，是建筑设计的具体化，两者是不可分割的整体。

第一节　建筑构造基本知识

一、房屋的构造组成

　　要研究建筑构造，首先应该了解房屋的构造组成（见图1-1）。一般房屋是由基础、墙（柱）、楼地面、楼梯、屋顶、门窗等主要构配件组成的。

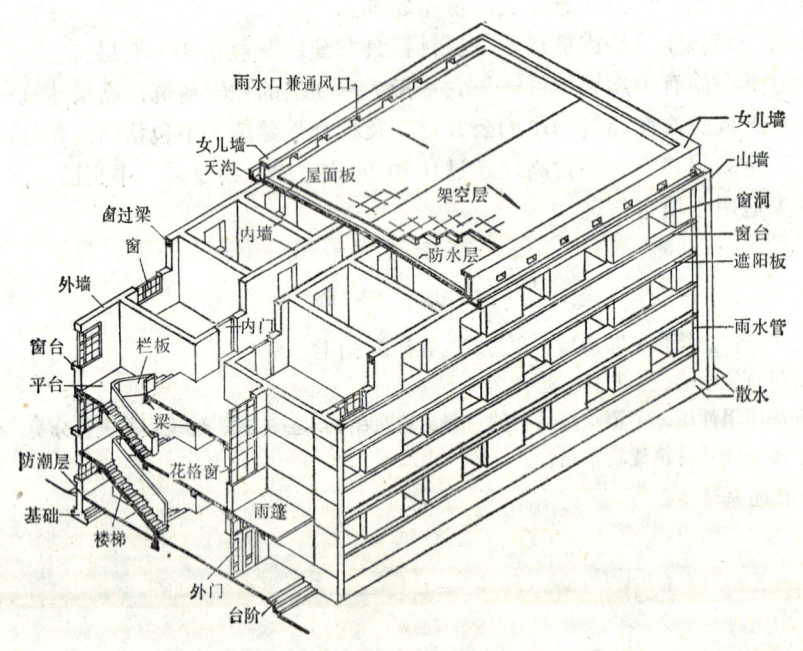

图 1-1　房屋的构造组成

（一）基础

　　基础是房屋下部埋入自然地面以下的重要承重构件。它的作用主要是把房屋上部的全部荷载传给地基，因此，基础应是坚固、稳定、并能经受冰冻和地下水及其所含化学物质的侵蚀。

（二）墙（或柱）

墙或柱是房屋的垂直承重构件。它承受屋顶、楼板以及风和地震传给它的荷载，并把这些荷载传给基础。墙不仅是一个重要的承重构件，往往也是围护或分隔构件，外墙是防止风、雨、雪以及太阳辐射等对室内影响；内墙则把室内分隔成房间。有些房屋不用墙承重而用柱承重（如框架结构），墙只是围护构件而不是承重构件。墙或柱应是坚固、稳定、耐久，墙还应具有一定保温（隔热）、隔声、防火的能力。

（三）楼地层

楼地层是房屋的水平承重构件，又是分隔构件。它包括楼板和地面两部分。楼板把建筑空间在垂直方向分隔成若干层并把所承受的荷载传给墙或柱；楼板支承在墙或柱上，对墙或柱也起水平支撑作用。一般底层是做成实铺地面，它把所承受的荷载传递给它下面的土层（地基）。

楼板层应是坚固、刚性好，并具有一定耐磨、隔声、防火的能力。

（四）楼梯

楼梯是楼房建筑中联系上下各层的垂直交通设施，是承重构件。它的作用除作为垂直交通联系之外，当然也承受人的荷载；在处于火灾、地震等事故状态时，还供人们紧急疏散用。

楼梯应有适当的坡度，足够的通行和疏散能力，并应满足防火、防烟、耐磨、防滑等要求。

（五）屋顶

屋顶是房屋顶部的承重和围护构件。它主要由屋面、承重结构和保温（隔热）层三大部分组成。屋面的作用是防止雨水渗漏并将雨水排除，同时防止风雪对室内的影响。承重结构的作用是承受屋顶的全部荷载，并把这些荷载传给墙或柱。保温（隔热）层的作用是防止冬季室内热量散发和夏季太阳辐射热进入室内。

屋顶的承重结构应有足够的强度和刚度，屋面应具有良好的防水、排水和保温（隔热）性能。

（六）门窗

门是供人们出入交通和内外联系用的建筑配件。在遇有灾害事故时，尚起紧急疏散作用，有的门还兼有采光和通风的作用。窗的作用主要是采光、通风和供人眺望。同时，门和窗还有对风、雨、冰、雪等侵蚀和隔声方面的围护作用。

房屋除上述基本构配件组成之外，还有一些其他构配件，如阳台、雨棚、台阶、烟囱、通风道、垃圾道等等。组成房屋的六大部分构配件各自所起的作用不同，但归纳起来可以分为三类，即承重构件（承重结构），如基础、柱、楼梯；围护构件（围护结构），如门窗、非承重墙；以及既是承重构件又是围护构件，如承重的墙、楼板层、屋顶。

二、影响房屋构造的主要因素

房屋要经受自然界各种因素和人为因素的影响。为了提高建筑物对外界各种因素影响的抵御能力，延长建筑物的使用寿命，更好地满足使用功能的要求，在进行建筑构造设计时，必须充分考虑到各种因素对它的影响，采取必要措施，选择合理的构造方案和方法，以提高建筑物抵御外界影响的能力，提高使用质量和耐久性，满足人们的使用要求。影响房屋构造的因素很多，归纳起来主要有以下三个方面：

（一）外界环境的影响

外界环境的影响是指自然界各种因素和人为因素的影响，归纳起来有三个方面：

1.外界作用力的影响

外力包括人、家具、设备的重力，结构本身的重力、风力、地震力、雪的重力等等。作用到建筑物上的外力通常称为荷载，荷载有静荷载（如结构本身自重）和动荷载（又称活荷载，如人、家具、设备、风、雪、地震荷载等）。荷载对选择建筑构造方案和进行细部处理都是十分重要的依据。

2.气候条件的影响

气候条件的影响如日晒雨淋、风雪冰冻、地下水的侵蚀等影响。对这些因素的影响，在房屋的相关部位的构造处理上必须考虑防水、防潮、防寒隔热、防温度变形、防冻胀、隔蒸汽等构造措施。避免由于这些影响而引起房屋的破坏，保证房屋能正常使用。

3.人为因素的影响

人们所从事的生产、工作、学习与生活活动，即人为因素对房屋所产生的影响，如机械振动、化学腐蚀、噪声、爆炸和火灾等。为了防止这些影响造成的危害，在房屋的相应部位的构造处理上，就需要采取防振、耐腐蚀、防爆、隔声、防火等构造措施。

（二）工程技术条件的影响

工程技术条件的影响包括建筑材料、结构类型、施工技术等方面的影响。如以砖和钢筋混凝土为主要材料的砖混结构和钢筋混凝土框架结构，由于结构类型的不同，在施工技术上也就不一样，在进行构造设计时，就必须考虑相应的不同构造方法。

（三）建筑质量标准、造价等因素的影响

建筑质量标准主要是指建筑结构、建筑装修、建筑设备的质量标准。质量标准不同，它直接涉及到造价的高低，以及建筑构造处理的不同。例如大量性村镇建筑和标准较高的公共建筑，在选用材料和构造处理上就应区别对待。大量性村镇建筑数量多、耗资大，标准不可能过高，其构造设计主要应考虑就地取材，加快施工进度，降低造价。质量标准要求较高的公共建筑，在材料上就应有所选择，在构造上对美观考虑则会更多一些。

三、房屋构造设计原则

1.坚固适用。建造房屋首先要满足其功能要求，也就是说要适用。但要满足适用要求，必须要坚固，以保证房屋的整体刚度、安全可靠、经久耐用。不坚固不安全的构造处理，即使是适用也没有价值，两者是不可分割的整体。

2.技术先进。建筑构造设计应从材料、结构、施工技术三个方面将先进技术运用到设计中去，但要根据村镇建筑的特点，结合当地具体条件和工程性质而定，不能脱离实际生搬硬套。

3.经济合理。村镇建筑的构造设计，应本着经济合理原则，在选用材料上要注意就地取材，注意节省钢材、水泥、木材三大材料，并在保证质量的前提下降低造价。

4.美观大方。建筑构造设计是建筑设计的继续和深入，建筑要作到美观大方，构造设计是很重要的一环，不可忽视。

四、村镇建筑的耐火等级

村镇的建筑设计和建筑构造，应符合现行国家标准《村镇建筑设计防火规范》GBJ39—90的规定。村镇建筑物的耐火等级分为四级，耐火等级标准是根据房屋的主要构件（墙、柱、楼层、承重构件、楼梯、屋顶承重构件、吊顶、屋面层）使用材料而定，详见表1-1所示。

建筑物耐火等级及构件的材料 表1-1

构件名称	材料	一级	二级	三级	四级
墙	外墙	砖、石、混凝土、钢筋混凝土	砖、石、混凝土、钢筋混凝土	砖、石、土	砖、石、土、木、竹
	内墙	砖、石、混凝土、钢筋混凝土	砖、石、轻质混凝土、钢筋混凝土	砖、石、土、轻质混凝土、木、竹	木、竹
	防火墙	砖、石、混凝土、钢筋混凝土（厚度不小于22cm）	砖、石、混凝土、钢筋混凝土（厚度不小于22cm）	砖、石、混凝土、土（厚度不小于22cm）	砖、石、混凝土、土（厚度不小于22cm）
楼层承重构件	柱	砖、石、混凝土、钢筋混凝土	砖、石、混凝土、钢筋混凝土、钢（设防护层）	砖、石、混凝土、土、钢（设防护层）、木（设防护层）	木、竹
	梁	钢筋混凝土	钢筋混凝土	型钢、钢筋混凝土、石	钢、钢木、木
	楼板	钢筋混凝土、砖（石）拱	钢筋混凝土、砖（石）拱	钢筋混凝土、砖（石）拱、石	木
	楼梯	钢筋混凝土、砖、石	钢筋混凝土、砖、石、钢	钢筋混凝土、砖、石、钢	木、竹
屋顶承重构件	梁、屋架、屋面板	钢筋混凝土	钢、钢筋混凝土	钢、钢木、木	钢、钢木、木、竹
	檩条次梁	钢筋混凝土	钢、钢筋混凝土	钢筋混凝土、石、钢、钢木、木	钢、木、竹
	椽条	—	—	木、竹	木、竹
吊顶		轻钢龙骨吊石膏板、钢丝网抹灰	经防火处理木龙骨吊石膏板、钢丝网抹灰	可燃龙骨苇箔、板条、纤维板、席、塑料制品	可燃龙骨吊席、纸、塑料制品
屋面层		石板、瓦、瓦楞铁、油毡撒豆砂	石板、瓦、瓦楞铁、油毡撒豆砂	石板、瓦、瓦楞铁、炉渣、三合土、草泥灰	玻璃钢、油毡、草席、树皮

注：观众厅内的吊顶耐火等级不宜低于二级；三级耐火等级的住宅和单层办公用房可采用纸吊顶。

当村镇的民用建筑超过五层，或超过800座位的影剧院、礼堂等人员密集的公共建筑，或层数和一栋占地面积超过表1-2规定的生产建筑，不能依据《村镇建筑设计防火规范》进行设计，而应符合现行国家标准《建筑设计防火规范》的有关规定。

我国现行的《建筑设计防火规范》GBJ16—87（详见表1-3），建筑物的耐火等级也分为四级。耐火等级标准是根据房屋的主要构件（墙、柱、梁、楼板、屋顶承重构件、疏散楼梯、吊顶）的燃烧性能和耐火极限确定的。

表 1-2

厂(库)房的耐火等级、允许层数和允许占地面积

火灾危险性分类	耐火等级	允许层数	一栋建筑的允许占地面积（m²）
甲、乙	一、二级	2	300
丙	一、二级	3	1000
	三级	2	500
丁、戊	一、二级	5	不限
	三级	3	1000
	四级	1	500

注：1.甲、乙类厂房和乙类库房宜采用单层建筑，甲类库房应采用单层建筑。2.单层乙类库房，占地面积不超过150 m²时，可采用三级耐火等级的建筑。3.火灾危险性分类，应符合《村镇建筑设计防火规范》附录二、三的规定。

建筑物构件的燃烧性能和耐火极限

表 1-3

燃烧性能和耐火极限(h) \ 耐火等级 构件名称		一 级	二 级	三 级	四 级
墙	防火墙	非燃烧体 4.00	非燃烧体 4.00	非燃烧体 4.00	非燃烧体 4.00
	承重墙、楼梯间、电楼井的墙	非燃烧体 3.00	非燃烧体 2.50	非燃烧体 2.50	难燃烧体 0.50
	非承重外墙、疏散走道两侧的隔墙	非燃烧体 1.00	非燃烧体 1.00	非燃烧体 0.50	难燃烧体 0.25
	房间隔墙	非燃烧体 0.75	非燃烧体 0.50	难燃烧体 0.50	难燃烧体 0.25
柱	支承多层的柱	非燃烧体 3.00	非燃烧体 2.50	非燃烧体 2.50	难燃烧体 0.50
	支承单层的柱	非燃烧体 2.50	非燃烧体 2.00	非燃烧体 2.00	燃烧体
梁		非燃烧体 2.00	非燃烧体 1.50	非燃烧体 1.00	难燃烧体 0.50
楼 板		非燃烧体 1.50	非燃烧体 1.00	非燃烧体 0.50	难燃烧体 0.25
屋顶承重构件		非燃烧体 1.50	非燃烧体 0.50	燃烧体	燃烧体
疏散楼梯		非燃烧体 1.50	非燃烧体 1.00	非燃烧体 1.00	燃烧体
吊顶(包括吊顶搁栅)		非燃烧体 0.25	难燃烧体 0.25	难燃烧体 0.15	燃烧体

说明：1.耐火极限——指建筑构件从受到火的作用时起，到失去支持能力或完整性被破坏或失去隔火作用时为止的这段时间，用小时表示。

2.非燃烧体——指用非燃烧材料做成的构件。非燃烧材料指在空气中受到火烧或高温作用时不起火、不微燃、不炭化的材料，如建筑中采用的金属材料和天然或人造的无机矿物材料。

3.难燃烧体——指用难燃烧材料做成的构件或用燃烧材料做成而用非燃烧材料做保护层的构件。难燃烧材料系指在空气中受到火烧或高温作用时难起火、难微燃、难炭化，当火源移走后燃烧或微燃立即停止的材料，如沥青混凝土，经过防火处理的木材，用有机物填充的混凝土和水泥刨花板等。

4.燃烧体——指用燃烧材料做成的构件。燃烧材料系指在空气中受到火烧或高温作用时立即起火或微燃，且火源移走后仍继续燃烧或微燃的材料，如木材等。

第二节　建筑标准化与建筑模数协调

为适应农村经济建设需要，在村镇建设中，也必须创造条件尽快改变建筑业长期以来分散的、手工业的生产方式，逐步向建筑工业化过渡。建筑工业化的内容主要是设计标准化、构件与配件生产工厂化、施工机械化。

一、建筑标准化

建筑标准化包括两个方面，一是建筑设计标准化，包括制定各种建筑法规、规范、标准、定额与指标；二是建筑的标准设计，即根据上述各项设计标准，设计建筑构件、配件、单元和房屋。

建筑标准化是建筑工业化的前提，只有使建筑构配件仍至单元或整幢房屋设计标准化，才能使建筑构配件生产工厂化和施工机械化。

建筑标准化，结合村镇建筑特点，主要形式有两种：

（一）标准构件、配件设计

由国家或地方编制一般建筑常用的构件和配件图，供设计人员选用，以减少不必要的重复劳动。

（二）整幢房屋或单元的标准设计

由国家或地方编制整幢房屋或单元的设计图，供建设单位选用。整幢农村房屋（如农村住宅、中小学教学楼等）的设计图，经地基验算后即可据以建造房屋。单元标准设计，则需经设计单位用若干个单元拼成一个符合要求的组合体，成为一幢房屋的设计图，以供建造房屋。采用定型单元组合的农村住宅，对减少重复设计劳动、缩短设计周期，推动农村住宅建设方面将起积极的作用。

二、建筑模数协调

在实现建筑设计标准化时，为了使建筑制品❶、建筑构配件❷和组合件❸实现工业化大规模生产，使不同材料、不同形式和不同制造方法的建筑构配件、组合件符合模数并具有较大的通用性和互换性，以加快设计速度，满足施工机械化要求，提高施工质量和效率，降低建筑造价，建筑物及其各部分的尺寸必须统一协调。为此，我国在原《建筑统一模数制》（GBJ2-73）的基础上，制订了《建筑模数协调统一标准》（GBJ2-86）。在这个标准中重新规定了模数和模数协调原则。

（一）模数

建筑模数是选定的尺寸单位，作为设计部门、建筑构配件和建筑制品生产部门以及建筑设备生产部门尺度协调中增值单位，做到设计标准化，促进建筑工业化的实现。

1.基本模数

基本模数是模数协调中选用的基本尺寸单位，基本模数的数值为100mm，其符号为M，即1M＝100mm。整个建筑物和建筑物的一部分以及建筑组合件的模数化尺寸，应是基本模数的倍数。

---

❶　建筑制品——如砌块、砖、水泥预制花格等；
❷　建筑构配件——是构件与配件的统称，构件如柱、梁、楼板、墙板、屋面板、屋架等；配件如门、窗等。
❸　组合件——是房屋中功能组成部分，由建筑材料或房屋构配件敝成。

2.导出模数

为适应建筑中柱距、跨度以及节点、缝隙等尺寸的统一协调，规定了导出模数。导出模数是基本模数的倍数或分数。导出模数分为扩大模数和分模数，扩大模数是基本模数的整数倍数，分模数是整除基本模数的数值。

3.导出模数基数

模数基数是建筑中普遍需要而又符合建筑工业发展的有限的又互相协调的几个基本尺寸的数值，它是组成各模数数列的基础，模数基数应符合下列规定：

（1）水平扩大模数基数为3M、6M、12M、15M、30M、60M，其相应尺寸分别为300、600、1200、1500、3000、6000mm。

（2）竖向扩大模数基数为3M和6M，其相应的尺寸为300、600mm。

（3）分模数基数为1/10M、1/5M、1/2M，其相应的尺寸为10、20、50mm。

4.模数数列及其适用范围

（1）模数数列　模数数列是以选定的模数基数为基础而扩展成的数列，它保证了不同类型的建筑物及其各组成部分间的尺寸统一与协调，减少尺寸的范围以及使尺寸的叠加和分割有较大的灵活性。

建筑物中的所有尺寸，除特殊情况外，都必须符合表1-4的模数数列规定。

（2）模数数列的适用范围　在基本模数数列中，水平基本模数1M至20M的数列，应主要用于门窗洞口和构配件截面等处。竖向基本模数1M至36M的数列，应主要用于建筑物的层高、门窗洞口和构配件截面等处。

在扩大模数数列中，水平扩大模数3M、6M、12M、15M、30M、60M的数列，应主要用于建筑物的开间或柱距、进深或跨度、构配件尺寸和门窗洞口等处。竖向扩大模数3M数列，应主要用于建筑物的高度、层高和门窗洞口等处。

分模数$\frac{1}{10}$M、$\frac{1}{5}$M、$\frac{1}{2}$M的数列，应主要用于缝隙、构造节点、构配件截面等处。

（二）模数协调原则

建筑模数协调是在基本模数或扩大模数基础上的尺度协调，也就是说是房屋、建筑构配件、组合件以及有关建筑设备❶之间和它们自身之间的模数尺度协调。定位则是它们协调的基础之一。如何使它们在三向直角坐标空间网格中合理就位，这就是需要由一个模数化空间形成的能协调的空间定位系列，即三向正交的模数化空间网格的连续系列。

1.模数化空间网格

要正确掌握房屋中的定位轴线和定位线，首先要建立模数化空间网格的概念。模数空间网格是把房屋建筑看作是三向直角坐标空间网格的连续系列的，三向直交面中的一个应是水平的，以此为基准来确定建筑物、组合件、构配件的位置与尺寸及其相互关系。三向均为模数尺寸所形成的空间网格叫模数化空间网格（见图1-2所

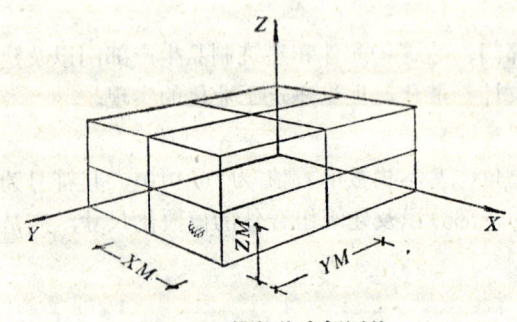

图1-2　模数化空间网格

❶　建筑设备——如电梯、卫生设备等。

基本模数	扩 大 模 数						分 模 数		
1 M	3 M	6 M	12M	15M	30M	60M	$\frac{1}{10}$ M	$\frac{1}{5}$ M	$\frac{1}{2}$ M
100	300	600	1200	1500	3000	6000	10	20	50
100	300						10		
200	600	600					20	20	
300	900						30		
400	1200	1200	1200				40	40	
500	1500			1500			50		50
600	1800	1800					60	60	
700	2100						70		
800	2400	2400	2400				80	80	
900	2700						90		
1000	3000	3000		3000	3000		100	100	100
1100	3300						110		
1200	3600	3600	3600				120	120	
1300	3900						130		
1400	4200	4200					140	140	
1500	4500			4500			150		100
1600	4800	4800	4800				160	160	
1700	5100						170		
1800	5400	5400					180	180	
1900	5700						190		
2000	6000	6000	6000	6000	6000	6000	200	200	200
2100	6300							220	
2200	6600	6600						240	
2300	6900								250
2400	7200	7200	7200					260	
2500	7500			7500				280	
2600		7800						300	300
2700		8400	8400					320	
2800		9000		9000	9000			340	
2900		9600	9600						350
3000				10500				360	
3100			10800					380	
3200			12000	12000	12000	12000		400	400
3300					15000				450
3400					18000	18000			500
3500					21000				550
3600					24000	24000			600
					27000				650
					30000	30000			700
					33000				750
					36000	36000			800
									850
									900
									950
									1000

示），网格中相邻两个平面间的距离，应等于基本模数或扩大模数，也可以在空间网格中，采用不同的扩大模数。

2. 模数化网格

模数化网格是模数化空间网格的水平面与垂直面的正投影。

在实际工程中，由于建筑使用要求多样化，往往在同一工程中需要不同的模数的参数，但一般应符合下列规定：

（1）基本模数化网格应是模数化网格之间距离等于基本模数。

（2）扩大模数化网格应是模数化网格之间距离等于扩大模数。网格的两个方向的每一向可采用不同的扩大模数。

扩大模数化网格的线，一般应与基本模数化网格的线相重合。

模数化网格往往尚不能满足工程的需要，如有纵横相交的变形缝，构件和组合件在组装中存在分隔构件以及结构构造要求，需要有一定的间隔，而这些间隔都由自身的要求来确定其尺寸的，如分隔构件的尺寸，是由构件本身的技术经济条件来决定，它往往不符合模数要求。因此在设计中，可以采用设置非模数尺寸区的办法来解决，这种区叫中间区。中间区的尺寸可以符合模数，也可以不符合模数。

3. 定位轴线和定位线

在模数化空间网格中，轴线网格的面为定位轴面。定位轴面在水平面或垂直面的投影线为定位轴线，定位轴线又可分为单轴定位线和双轴定位线两种，它们往往是建筑结构或构件的定位依据。所以说定位轴线是确定建筑物结构或构件标志尺寸及其相互位置的基线。

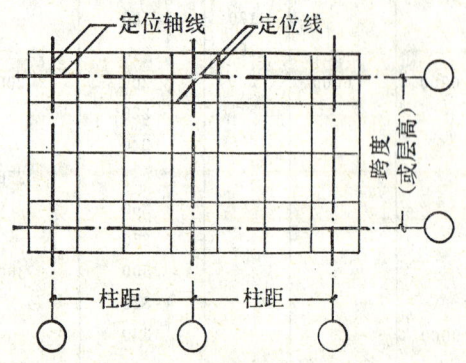

图 1-3　定位轴线与定位线

在模数化空间网格中，除定位轴面以外的定位平面均为定位面，定位面在水平面或垂直面的投影线为定位线。定位线分为水平定位线和竖向定位线两种。图 1-3 是定位轴线和定位线的示意图。

在模数化网格中，究竟采用单轴线或双轴线定位线，或者两者兼用，应根据建筑设计、施工及构件生产等条件综合考虑来确定。连续的模数化网格，可采用单轴线定位[见图 1-4(a)]，当模数化网格需加间隔而产生中间区时，则可采用双轴线定位[见图 1-4(b)]。

4. 几种空间

一幢房屋是由各种空间按建筑功能要求进行排列组合而成的，这些空间按功能可简单地分为使用空间和结构空间（包括构造装修空间）。为了使这些空间能够符合模数化要求而有机地组合，同时这些空间的构配件和组合件又能在模数化基础上协调，必须对这些空间作进一步的划分。

（1）协调空间　协调空间也可称为结构空间，它是以结构或构件安装后被完全包裹在内的最小容积的三度空间。协调空间的三向尺寸以模数尺寸为基础所形成空间称为模数协调空间；协调空间为非模数的空间，称为技术协调空间，此空间应与技术尺寸定位平面相重合。

（2）可容空间　可容空间也可称为使用空间，它是由定位面所限定的自由空间。此空间应能容纳各种建筑物构配件或组合件。可容空间的三向尺寸应符合模数尺寸，此空间称为模数可容空间。

（3）装配空间　装配空间是指在构配件定位时，构配件的一个界面和该构配件相对应的定位平面之间的剩余空间。也就是说，在设计中，用模数协调空间来组合房屋建筑的模数协调时，这个留给结构（或构件）占用的空间实际上往往大于结构（或构件）本身占有的空间，因此该结构（或构件）外表面与模数协调空间的定位面之间存在一个间隙，这个间隙称为装配空间。这个空间一般需要二次填充。

几种空间示意图见图1-4所示。

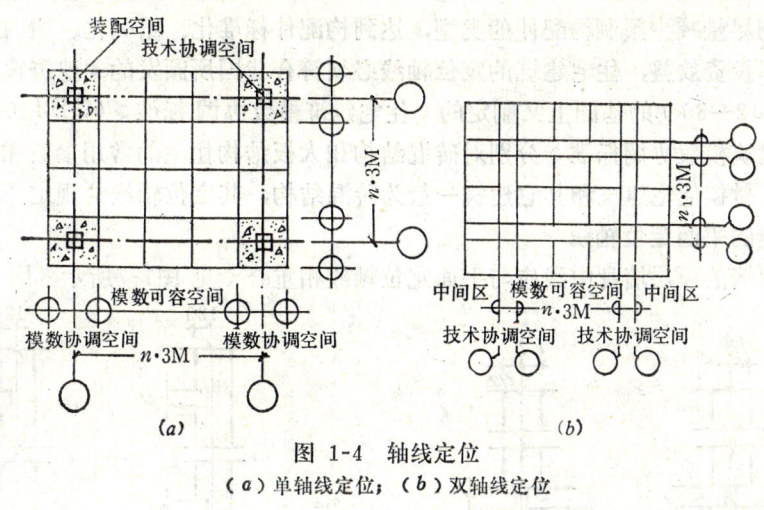

图 1-4　轴线定位

（a）单轴线定位；（b）双轴线定位

5.几种尺寸

为了保证建筑制品、构配件等有关尺寸间的统一与协调，在建筑模数协调中尺寸分为标志尺寸、构造尺寸和实际尺寸。

标志尺寸——应符合模数数列的规定，它用以标注建筑物定位轴面、定位面或定位轴线之间的垂直距离（如开间或柱距、进深或跨度、层高等）以及建筑构配件、建筑组合件、建筑制品、有关设备界限之间的尺寸。

构造尺寸——是建筑组合件、建筑构配件、建筑制品等的设计尺寸。一般情况下，标志尺寸减去缝隙尺寸等于构造尺寸，缝隙尺寸的大小，宜符合模数数列的规定。

实际尺寸——建筑构配件、建筑组合件、建筑制品等生产制造后的实有尺寸。实际尺

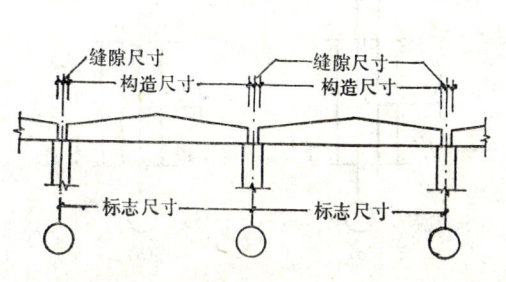

图 1-5　几种尺寸间的关系

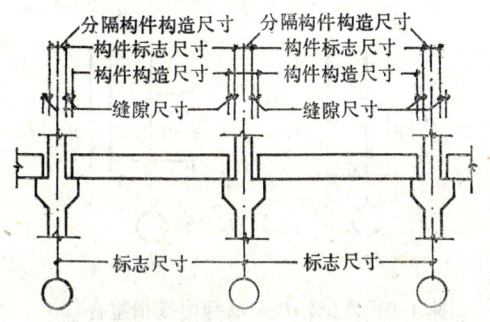

图 1-6　有分隔构件时尺寸间的关系

寸与构造尺寸之间的差数应由允许偏差值加以限制。

技术尺寸——是建筑功能、工艺技术和结构条件在经济上处于最优状态下所允许采用的最小尺寸（通常是指建筑构配件的截面或厚度）。

标志尺寸、构造尺寸和缝隙尺寸之间的关系，见图1-5所示。当有分隔构件时，尺寸间的关系见图1-6所示。

第三节　住宅建筑的定位轴线

住宅建筑是建造量最大的大量性建筑。为了使住宅建筑设计在满足使用功能的前提下，通过模数协调尽量减少预制构配件的类型，达到构配件标准化、系列化、通用化和商品化，充分发挥投资效益，住宅建筑的定位轴线必须符合我国所颁发的《建筑模数协调统一标准》（GBJ2—86）的基础上又制定的《住宅建筑模数协调标准》（GBJ100—8）的规定。《住宅建筑模数协调标准》分别对砖混结构和大板结构住宅的常用参数和定位轴线作了具体规定。村镇住宅建筑和其它建筑一般为砖混结构，其定位轴线的规定介绍如下：

一、砖墙的平面定位轴线

1. 承重内墙的顶层墙身中线应与平面定位轴线相重合（见图1-7所示，图中 t 为顶层墙的厚度）。

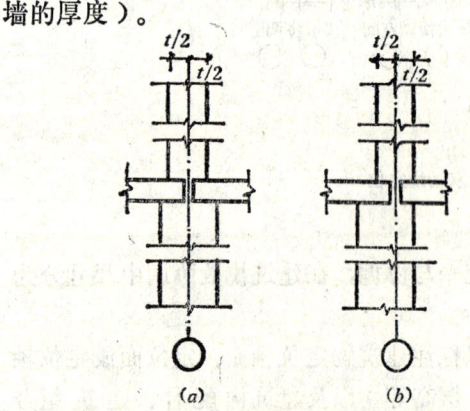

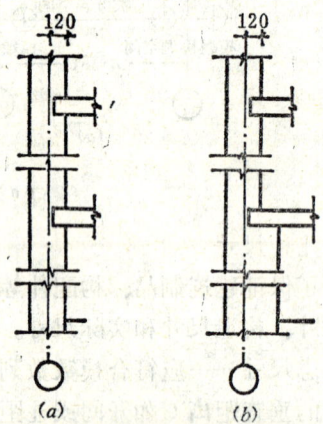

图 1-7　承重内墙定位轴线

(a)底层定位轴线中分墙身；(b)底层定位轴线偏中分墙身

图 1-8　承重外墙定位轴线

(a)底层与顶层墙厚相同；(b)底层与顶层墙厚不相同

2. 承重外墙的顶层墙身内缘与平面定位轴线的距离为120mm（见图1-8所示）。

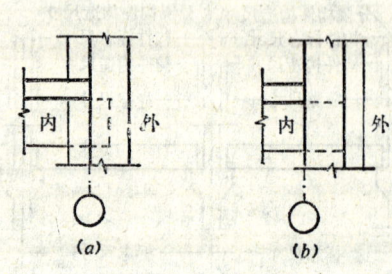

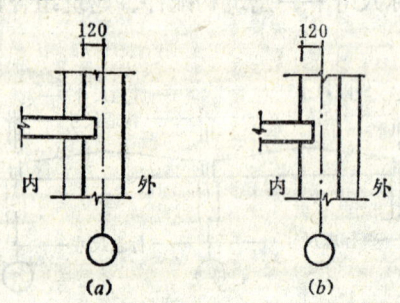

图 1-9　定位轴线与墙身内缘相重合

(a)内壁柱时；(b)外壁柱时

图 1-10　定位轴线距墙身内缘120mm

(a)内壁柱时；(b)外壁柱时

3.非承重墙除可按承重内墙或外墙的规定定位外，还可使墙身内缘与平面定位轴线相重合。

4.带壁柱外墙的墙身内缘与平面定位轴线相重合（见图1-9所示）或距墙身内缘的120 mm处与平面定位轴线相重合（见图1-10所示）。

二、变形缝处的砖墙平面定位轴线

1.变形缝处一侧为墙，一侧为墙垛时，墙垛的外缘应与定位轴线相重合。当一侧墙按外承重墙处理时，定位轴线距顶层墙内缘120mm[见图1-11(a)所示，图中a_e为变形缝宽，a_i为插入距]；当墙按非承重墙处理时，定位轴线应与顶层墙内缘重合[见图1-11(b)所示]。

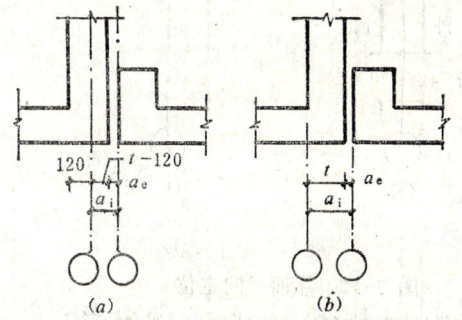

图 1-11 变形缝处一侧为墙一侧为垛时的定位轴线 　图 1-12 变形缝处两侧为墙的定位轴线
(a)按外承重墙处理；(b)按非承重墙处理 　　　　　(a)按外承重墙处理；(b)按非承重墙处理

2.变形缝处两侧为墙时，如两侧墙按外承重墙处理时，定位轴线均应距顶层墙内缘120 mm[见图1-12(a)所示]；当两侧墙按非承重墙处理时，定位轴线均应与顶层墙内缘重合[见图1-12(b)所示]。

3.当变形缝处双墙带连系尺寸时，如两侧墙按外承重墙处理，定位轴线距顶层墙内缘120mm[见图1-13(a)所示，图中a_e为连系尺寸]；当两侧墙按非承重墙处理时，定位轴线均应与顶层墙内缘重合[图1-13(b)]。

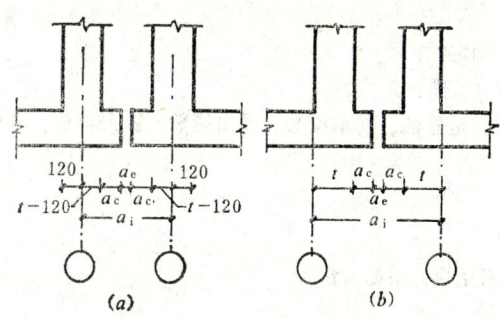

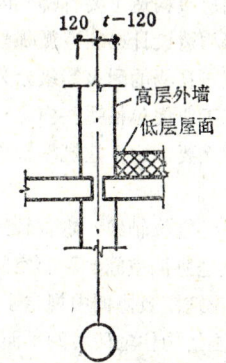

图 1-13 变形缝处双墙带连系尺寸的定位轴线 　图 1-14 高低层分界处不设变形缝时的定位轴线
(a)按外承重墙处理；(b)按非承重墙处理

三、高低层分界处的砖墙定位轴线

1.高低层分界处不设变形缝时，应按高层部分承重外墙定位轴线处理（见图1-14所示），定位轴线应距墙内缘120mm。

2.高低层分界处设变形缝时，应按变形缝处砖墙平面定位轴线处理。

四、底层框架的定位轴线

底层为框架结构时，框架结构的定位轴线应与上部砖混结构平面定位轴线一致。

五、砖墙的竖向定位

1.楼（地）面竖向定位应与楼（地）面面层上表面重合（见图1-15所示）。

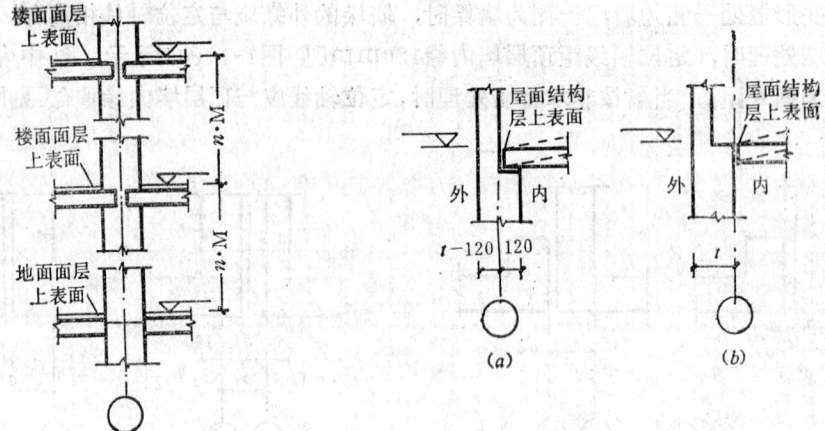

图 1-15　砖墙的竖向定位

图 1-16　屋面竖向定位

(a)距内缘120mm处定位；(b)与墙内缘重合处定位

2.屋面竖向定位应为屋面结构层上表面与距墙内缘120mm处或与墙内缘重合处的外墙定位轴线的相交处（见图1-16所示）。

复 习 思 考 题

1.建筑构造的含义是什么？它与建筑设计是什么关系？

2.房屋是由哪些主要部分组成？哪些部分是属于承重构件或围护构件或承重围护兼有构件？各部分的作用是什么？

3.影响房屋构造主要有哪些因素？

4.房屋构造设计必须遵循哪些原则？

5.村镇建筑物的耐火等级分为几级？是根据什么确定？

6.建筑工业化包括哪些内容？村镇建筑的标准设计有哪些形式？

7.为什么要制定《建筑模数协调统一标准》？什么是模数、基本模数、导出模数、扩大模数、分模数？

8.什么是定位轴线？定位轴线的作用是什么？

9.什么是协调空间？可容空间？装配空间？

10.在建筑模数协调中规定了哪几种尺寸，它们相互的关系如何？

11.砖混结构住宅砖墙的平面定位轴线是如何规定？

12.变形缝处砖墙的平面定位轴线是如何规定？

13.砖墙怎样进行竖向定位？楼地面与屋面竖向定位有何不同？

第二章 基 础

第一节 基 础 的 概 念

一、地基、基础与荷载的关系

在建筑工程中，一般将房屋建筑下部的承重结构埋入地面（土层）以下的部分称为基础；将位于基础下面，并承受建筑物全部荷载的土层称为地基。基础是建筑物的重要组成部分，它承受着建筑物的全部荷载并将它传给地基，而地基不是建筑物的组成部分，它只是承受建筑物荷载的土层。

房屋的全部荷载是通过基础的底面传给地基的，在一定的土质条件下，地基的承载能力（每 m^2 土层所能承受的最大垂直压力）是有限度的。为了保证房屋的稳定和安全，必须使基础底面的平均压力不超过地基的承载力，这就要求在建筑物总荷载和地基承载力确定的情况下，要保证基础底面有足够的面积。

二、地基的分类

作为建筑物地基的土，可分为六大类：

1.岩石类：如花岗石（硬）、石灰岩、砂岩等。

2.碎石类：如块石、卵石、碎石、圆砾、角砾等。

3.砂土类：如砾砂、粗砂、中砂、细砂、粉砂等。

4.粘性土类：如粘土、粉质粘土、淤泥质土等。

5.粉土：粉土的颗粒粒径介于砂土类和粘性土类之间，粉土是砂土和粘性土之间的一类土。

6.人工填土类：如素填土、杂填土、冲填土等。

不同土质的地基，其承载能力和压缩性差异较大。

地基可分为天然地基和人工地基两大类：

1.天然地基：凡天然土层具有足够的承载能力，不需经过人工改善或加固，便可作为建筑物地基者称为天然地基。一般情况下，岩石、碎石、砂土、粉土、粘性土等均可作为天然地基。

2.人工地基：凡因缺乏足够的承载能力和稳定性，需预先对土进行人工加固，方可作为建筑物地基者称为人工地基。

三、对地基和基础的要求

建筑物安全性、适用性和耐久性如何，很大程度上决定于地基和基础的强度和耐久性。地基和基础又属于隐蔽工程，一旦开裂沉陷，很难加固或重建，因此，必须在坚固安全的前提下，使地基与基础满足以下要求：

1.地基应有足够的强度，即地基的承载能力必须足以承受作用在其上的全部荷载，不发生剪切破坏或失稳。

2.地基应有良好的稳定性，即地基不能产生过大的变形，不致使建筑物产生过大的沉降或不均匀沉降而影响使用。

3.基础结构本身应有足够的强度和刚度，能承受建筑物的全部荷载，并把它均匀地传到地基上。

4.基础应有较高的防潮、抗冻能力和耐腐蚀性，能抵抗冰冻和地下水的侵蚀。

5.基础工程应注意经济性。基础工程的造价，按结构形式的不同约占房屋造价的10％～35％，而建房地段的选择、基础形式和构造方案以及材料、施工方法的选择都对工程费用有直接影响。应尽量减少基础工程的开支，以降低整个房屋的造价。

第二节　影响基础埋深的因素

基础的埋置深度是指室外设计地面到基础底面的距离。基础埋深不超过5m的称为浅基础，基础埋深超过5m的称为深基础。浅基础施工简单，不需要复杂的施工技术和设备，且工期短，费用低，因此，在条件许可时应优先选择浅基础。

工程中，影响基础埋置深度的因素较多，可按以下几个方面综合确定：

一、工程地质条件

一般情况下，房屋基础的底面应埋置在承载力高的土层上，如承载力高的土层在地基土的上层时，基础应埋在上层中，并宜浅埋，我国《建筑地基基础设计规范》规定除岩石地基外，埋深一般不宜小于0.5m，这主要是考虑了基础的稳定性、动植物的影响、耕土层厚度等因素而提出的。

如果地基土的土层为软弱土层，下部才是承载能力高的"好土"时，基础的埋深应根据软弱土层的厚度，建筑物的荷载大小，施工难易等因素确定。一般说来，若软弱土层较薄时，宜挖掉软弱土层，将基础埋于好土上，若软弱土层较厚（3～5m）时，基础仍以在软弱土层之中为妥，但应采取人工加固的措施（图2-1）。

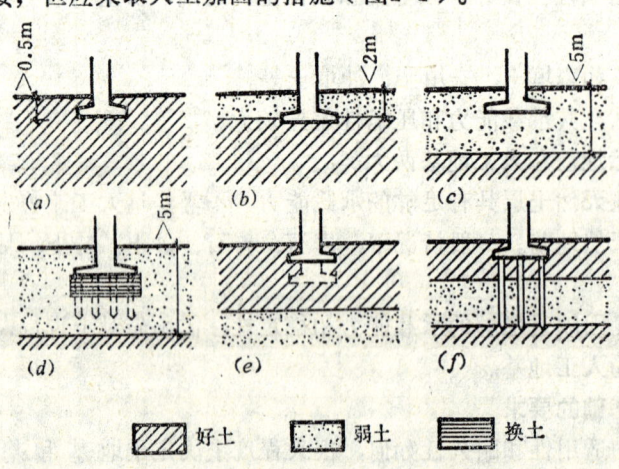

图 2-1　地基土层分布与埋深的关系

二、地下水的影响

基础底面宜埋在地下水位以上，这不仅有利于施工，也可避免含有侵蚀性物质的地下水对基础的腐蚀。如果地下水位很高，基础必须埋在地下水位以下时，应将基础底面埋置在低于最低地下水位200mm以下处，不使基础底面处于地下水位变化的范围之内（图2-2）。

三、相邻基础的影响

为减少新建建筑物对相邻原有建筑物基础的影响，保证施工期间原有建筑的安全和正常使用，新建基础靠近原有基础时，一般不宜深于原有基础，当新建基础必须深于原有基础时，两基础应保持一定距离，其数值与荷载大小和土层情况有关，一般取相邻两基础底面高差的2倍以上（图2-3）。

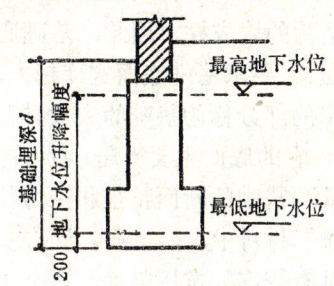

图 2-2 基础埋深与地下水位关系

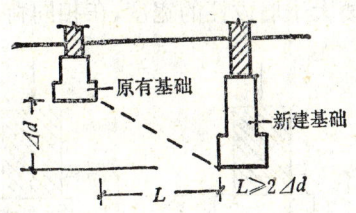

图 2-3 相邻基础对埋深的影响

四、埋深构造要求及地下管沟的影响

从保护基础出发，基础顶面应低于室外地坪0.1m。当有地下管沟通过基础时，除应在管沟顶设置过梁以外，可考虑在管沟处局部加深基础。

五、地基土冻胀和融陷的影响

土中水分冻结后，土体积增大的现象称为冻胀，冻土融化后产生的沉陷称为融陷。基础底面以下的土层如果冻胀，会使建筑物隆起，如果融陷，会使建筑物下沉。在季节性冰冻地区，冻土在冻融过程中，反复产生冻胀和融陷。如果基础埋置在这种冻结深度内，建筑物则容易产生不均匀下沉和开裂，这种破坏称为冻害。

不同的土质，其冻胀程度不同，一般说来，粘土类冻胀现象比较严重，砂土类冻胀现象比较轻微，而岩石类土则不冻胀。地基土按冻胀性分为强冻胀土、冻胀土、弱冻胀土和不冻胀土四类。

在季节性冻胀地区，为避免冻害，当地基为冻胀土时，应根据地基土的冻胀性类别，房屋采暖的影响及室内外地面高差计算确定基础的埋置深度，一般有三种情况：即基础埋深大于冻深；基础埋深等于冻深；基础埋深小于冻深（图2-4）。一般情况下，基础埋深应尽可能大于冻深。

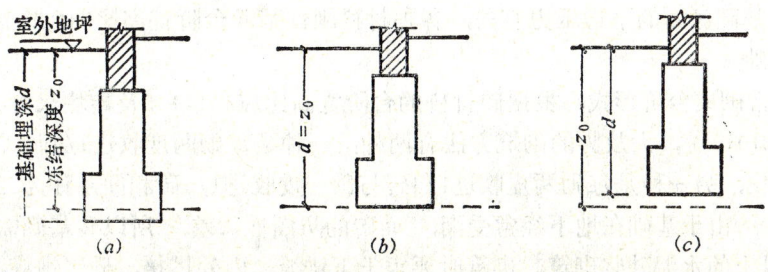

图 2-4 土的冻结深度与基础埋深的关系

第三节　基础的类型及构造特点

基础的类型按材料与受力分，有刚性基础、钢筋混凝土基础；按构造形式分，有条形基础、筏板基础、独立基础、桩基础等。本节只着重介绍目前村镇房屋中常见的基础。

一、按材料和受力特点分类

（一）刚性基础

一般情况下，地基土的承载力都低于建筑物上部结构的墙或柱，因此，基础底面的宽度都要大于墙或柱的宽度，在相同荷载下，地基承载力越低，要求基础底面宽度越大。基础底面挑出的部分称为基础的大放脚（图2-5，b_2），它的底面主要受压，也可能受拉。以上就是基础的断面特征和受力特征。

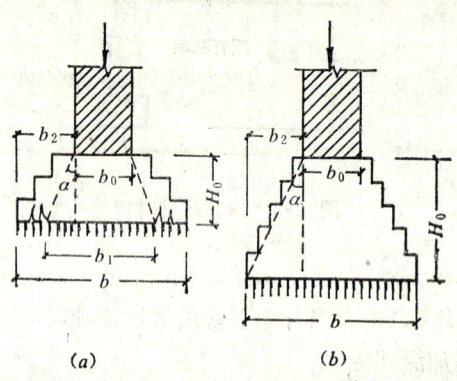

图 2-5　刚性基础的受力特点

建筑材料中，砖、石、混凝土、灰土等都具有较高的抗压强度，适合于某些受压构件，但这些材料的抗拉、抗剪强度却很低，不能承受较大的弯曲应力。因此，用上述材料做基础时，应防止基础底面产生拉应力，否则，当拉应力超过材料的抗拉强度时，基础底面将会产生开裂直至断裂，见图2-5。

试验表明，上述材料构成的基础中，墙或柱传下来的压力是沿一定的角度分布的。此角称为压力分布角 α，如图2-5（a）所示，压力沿 α 角分布至宽度为 b_1 的底面，此时，在 b 范围内基础底面仅受压而不受拉。但 b_1 范围以外的基础底面则因受拉而开裂。如果能使压力沿 α 角恰好分布至基础底面的全部面积上，则整个基础均只受压，即可确保基础的安全。要达到上述目的，必须控制基础挑长 b_2 与基础高度 h_0 的比值，即 b_2/h_0 不超过某一允许数值（即 $\mathrm{tg}\alpha$），如图2-5（b），因此，α 角又称为刚性角。凡是受刚性角限制的基础称为刚性基础，不同材料的基础具有不同的刚性角。

由于刚性基础主要承受压力作用，弯曲应力和变形都很小，因此基础内不配置钢筋，这类基础施工简便，可以就地取材，节约水泥和钢材，且造价较低，在地基承载力高的地基上建造低层或多层房屋时，常采用此类基础。

砖、石等材料用砂浆砌筑成基础时，其刚性角不仅和砖石材料本身强度有关，还与砂浆强度以及基础底面的平均压力有关，各种材料刚性基础台阶宽高比的允许值见表2-1。

1.砖基础

砖基础常砌成台阶形式，根据砖材料的台阶宽高比应≤1:1.5及砖块尺寸（240mm×115mm×53mm），大放脚的砌筑方法有两种：一种是每砌两度收进1/4砖（60mm），称为二皮一收；另一种是每砌两皮收进1/4砖与砌一皮收进1/4砖相间，称为二一间隔收，如图2-6所示。由于基础在地下经常受潮，而砖的防潮性又差，所以砖基础需采用强度等级为M2.5以上的水泥砂浆砌筑，砌筑时要求上下错缝，内外搭接，砂浆饱满，同时，在基础底部要铺一层20mm厚砂浆垫层，或三合土、碎石、夯石灌砂浆垫层。

基 础 材 料	质 量 要 求		台 阶 宽 高 比 的 允 许 值		
			$p\leqslant 100$	$100 < p \leqslant 200$	$200 < p \leqslant 300$
混凝土基础	C10混凝土		1:1.00	1:1.00	1:1.00
	C7.5混凝土		1:1.00	1:1.25	1:1.50
毛石混凝土基础	C7.5～C10混凝土		1:1.00	1:1.25	1:1.50
砖 基 础	砖不低于MU7.5	M5砂浆	1:1.50	1:1.50	1:1.50
		M2.5砂浆	1:1.50	1:1.50	
毛石基础	M2.5～5砂浆		1:1.25	1:1.50	
	M1砂浆		1:1.50		
灰土基础	体积比为3:7或2:8的灰土,其最小干密度:粉土1.55t/m³;粉质粘土1.50t/m³;粘土1.45t/m³		1:1.25	1:1.50	
三合土基础	体积比1:2:4～1:3:6(石灰:砂:骨料),每层约虚铺220mm,夯至150mm		1:1.50	1:2.00	

注：p 为基础底面处的平均压力（kPa）

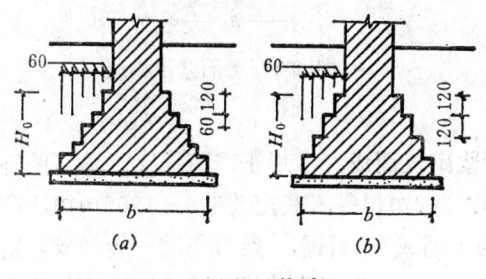 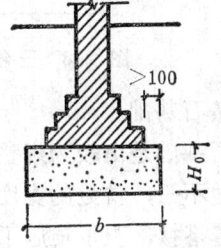

图 2-6　砖基础构造　　　　　　　　图 2-7　灰土基础构造

(a)二一间隔收；(b)二皮一收

砖基础施工简便，取材容易且价格低廉，但由于砖的强度、耐久性、抗冻性较差，一般多用于地基土质好、地下水位较低，层数为五层以下的混合结构或砖木结构房屋。

2. 灰土基础

为节约大放脚材料，标准低的民用建筑或轻型混合结构厂房，常在砖基础下设灰土垫层。因灰土垫层按基础计算，所以又称为灰土基础。灰土基础是由经过消解的石灰与粘土加适量水拌和夯实而成。石灰与粘土的体积比为3:7或2:8，故又称"三七灰土"或"二八灰土"。施工时，灰土每层虚铺220mm厚，夯实后厚度为150mm左右（通称一步）。通常三层及二层以下建筑用二步，三层以上建筑用三步。由于灰土的抗冻、耐水性能差，灰土基础只能设置在地下水位以上（指灰土基础底面）和冰冻线以下（指灰土基础顶面）。图2-7为灰土基础的构造。

3. 三合土基础

南方地区常用三合土代替灰土，称为三合土基础。三合土基础是由石灰、砂、骨料（碎砖或碎石或矿渣）加水拌和夯实而成，材料的体积比为石灰:砂:骨料＝1:2:4或1:3:6，三合土同样应分层夯实（每层虚铺200mm，夯实至150mm）。三合土基础的总宽度应大于600mm，总高度应大于300mm，见图2-8。三合土基础适用于四层及四层以下的建筑，与灰土基础一样，底面应埋在地下水位以上，顶面应埋在冰冻线以下。

4.毛石基础

毛石基础（也称乱石基础）是由未经加工的块石和水泥砂浆砌筑而成，也有干砌而成，具有抗压强度高、抗冻、耐水性能好的优点。可用于地下水位高，冻土深度较深的地区。

毛石基础的块石一般以高宽200～300mm，长300～400mm比较合适，水泥砂浆强度等级常用M5。砌筑时应互相错缝搭接，灌满砂浆。为防止石块松动，可用片石加以垫稳。毛石基础常砌成台阶形，为满足搭接需要，基础顶面应比墙或柱每边宽出100mm，每阶伸出宽度不宜大于200mm。为了便于砌筑和保证砌筑质量，每阶高度不宜小于400mm（图2-9）。当基础底面宽度小于或等于700mm时，应砌成矩形截面。

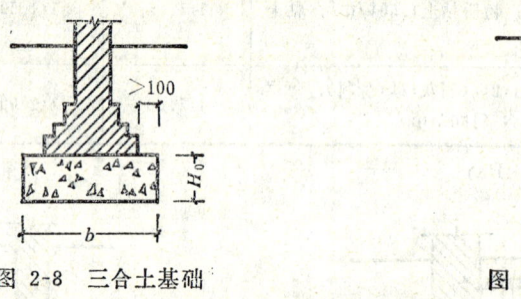

图 2-8　三合土基础　　　　　　图 2-9　毛石基础构造

5.条石基础

条石基础是由较为规整的毛条石及水泥砂浆砌筑而成，多用于产石地区。条石的开采规格各地不一，常见的宽度和高度有200、250、300mm等，长度为500～1200mm，砌筑时应错缝搭接，上下皮应丁顺交错，底皮常为丁铺或45°斜铺，条石基础一般砌成台阶形或梯形截面，当底宽较小时，可做成矩形（图2-10）。条石基础的顶面应比墙柱每边宽出100～200mm，台阶的宽度应为100～200mm，台阶高度宜大于或等于300～400mm。

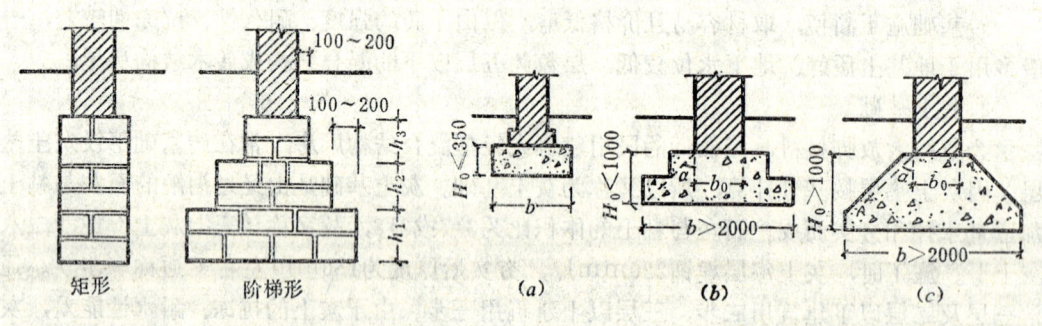

矩形　　　　阶梯形　　　　　（a）　　　　（b）　　　　（c）

图 2-10　条石基础构造　　　　　　图 2-11　混凝土基础构造

6.混凝土基础

混凝土基础是用强度等级不低于C10的混凝土浇筑而成。它具有坚固、耐久、耐水、刚性角大的特点，常用于有地下水或冰冻作用的基础。由于混凝土是可塑材料，基础的断面可做成矩形、阶梯形或锥形。为施工方便和保证质量，阶梯形断面的台阶宽度与高度应为300～400mm。锥形断面的边缘高度应不小于150mm（图2-11）。

为节约混凝土，可以在混凝土中加入适量的毛石，这种基础称为毛石混凝土基础。毛石混凝土基础所用的石块一般不得大于基础宽度的1/3，且不大于300mm，加入的毛石为总体量的25%～30%，毛石在混凝土中应均匀分布并振捣密实。

（二）钢筋混凝土基础

钢筋混凝土基础是在混凝土中配置钢筋，利用钢筋来承受拉力，使基础具有良好的抗弯能力。因此它的基础大放脚的挑长和高度的比值不受刚性角限制，与刚性基础相比，在同样基底宽度条件下，钢筋混凝土基础的高度比刚性基础要小得多（图2-12），这对减少土方工程量、材料用量、降低工程造价和缩短工期都是有利的。

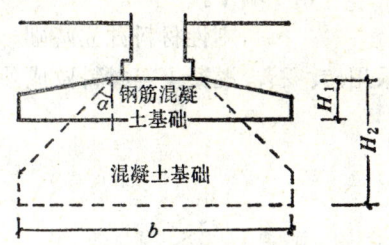

图 2-12　钢筋混凝土基础与刚性基础对比

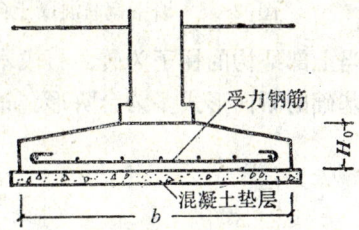

图 2-13　钢筋混凝土基础构造

钢筋混凝土基础常做成锥形截面，以节约材料，基础边缘的最小高度应不小于200mm，混凝土的强度等级应不低于C15，基础的高度和钢筋配置按结构计算确定。为使基础与地基有平整良好的接触面以及有利于钢筋的保护，基础底面以下应设置一层强度等级为C7.5或C10的混凝土垫层，其厚度为50～100mm，钢筋混凝土基础构造如图2-13。

二、按基础的构造形式分类

基础的构造形式主要由房屋上部承重结构的类型、荷载大小及地基承载力来确定。基础的构造形式主要有：条形基础、独立基础、筏板基础、箱形基础、壳体基础及桩基础等，以下主要介绍村镇房屋建筑中常用的前三种基础形式。

（一）条形基础

条形基础呈连续的带状，一般用于墙下，也可以用于柱下，故又分为墙下条形基础和柱下条形基础。条形基础可用砖、石、混凝土等刚性材料做成或钢筋混凝土做成。

1.刚性材料构成的墙下条形基础

一般混合结构或砖木结构的房屋，当地基承载能力较高时，常采用砖、石、混凝土、灰土、三合土等材料做成通长的墙下条形基础（图2-14）。

2.墙下钢筋混凝土条形基础

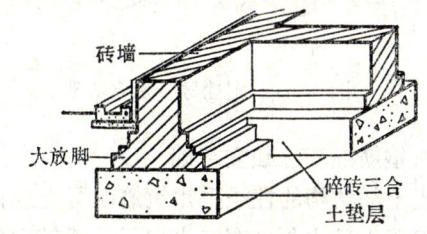

图 2-14　墙下刚性条形基础

墙承重的房屋，当荷载较大，地基承载能力较差时，如仍做刚性条形基础，势必造成基础高度和埋深很大，对土方开挖、材料用量、工期及造价均为不利，因此，常采用钢筋混凝土做成墙下钢筋混凝土条形基础（图2-15）。

3.柱下钢筋混凝土条形基础

当房屋为骨架承重结构或内骨架承重结构时，在荷载较大且地基为软土时，常用钢筋混凝土条形基础将各柱下的基础连接在一起。柱下条形基础有单向连续和十字交叉两种形式（图2-16）。采用柱下钢筋混凝土条形基础，能使房屋具有良好的整体性，有效地防止不均匀沉降。

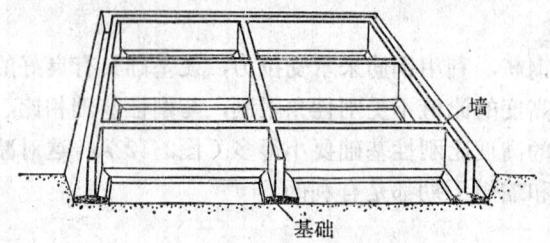

图 2-15　墙下钢筋混凝土条形基础

（二）独立基础

独立基础是柱子基础的主要形式，多呈柱墩形。独立基础可用刚性材料或钢筋混凝土做成。除用于柱下外，独立基础有时也用于墙下。

1. 刚性材料独立基础

当上部结构的柱子为砖、石或木柱时，柱下常采用砖、石、混凝土等材料做成独立基础，基础的断面形式多为台阶形、锥形（图2-17）。

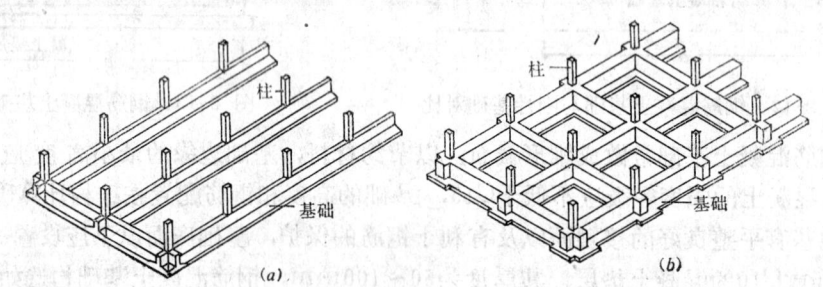

图 2-16　柱下钢筋混凝土条形基础
(a)柱下条形基础；(b)柱下十字交叉基础

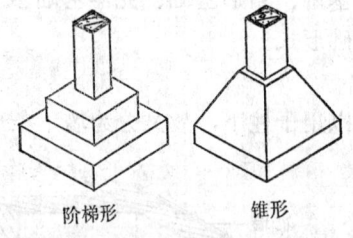

阶梯形　　　锥形

图 2-17　刚性材料独立基础

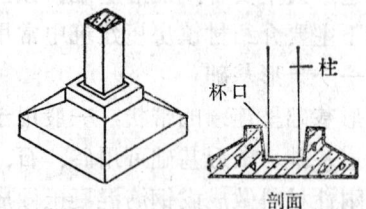

剖面

图 2-18　杯形基础

2. 钢筋混凝土独立基础

当上部结构的柱子采用钢筋混凝土或钢柱时，柱下常采用钢筋混凝土做成独立基础。钢筋混凝土独立基础有时也用于荷载较大的砖或石柱的基础。

当采用装配式钢筋混凝土柱时，基础中应预留安放柱子的孔洞，孔洞尺寸要比柱子断面大一些。柱子放入孔洞安装就位临时固定后，用细石混凝土灌实，这种基础又称为杯形基础（图2-18），常用于骨架承重的装配式厂房、民用建筑或温室建筑等。

3. 墙下独立基础

当房屋采用的条形基础需要埋得很深时，就要开挖很深的基槽，土方量很大，此时可以采用墙下独立基础。墙下独立基础的构造方法是在墙的转角，纵横墙相交处以及墙身下的适当部位设置独立基础，独立基础之间设置基础梁或砌砖（石）拱，以承托墙身。独立基础的距离，一般为3～4m，墙下的基础梁可以采用钢筋混凝土、钢筋砖梁及砖拱。

（三）筏板基础

当地基特别软弱，上部荷载较大时，可采用整片的钢筋混凝土筏板基础。筏板基础具有减少地基压力、提高地基承载力和调整地基不均匀沉降的能力。筏板基础按上部结构承重方式不同，分为柱下筏板基础和墙下筏板基础，前者用于骨架承重的结构下，后者用于墙承重的结构下。筏板基础按自身的结构形式又分为梁板式和板式结构两类（图2-19）。

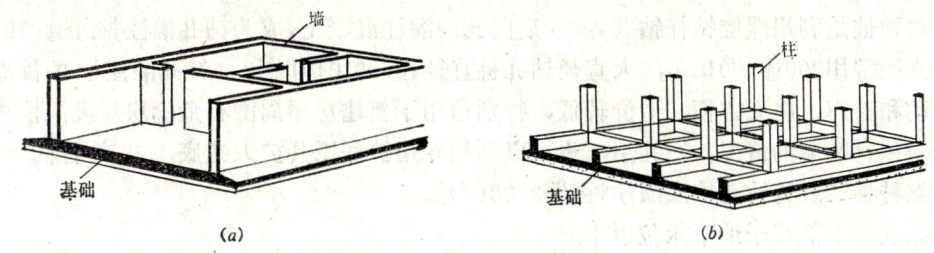

图 2-19　筏板基础

（a）板式筏板基础；（b）柱下梁板式筏板基础

（四）桩基础

当建筑物荷载较大、地基的弱土层厚度在5m以上，采用浅基础不能满足强度和变形限制要求，对弱土层进行人工处理困难或不经济时，常采用桩基础。

采用桩基础可以减少土方量，改善劳动条件，缩短工期。

桩基础的作用是将建筑物的荷载通过桩端传给较深的坚硬土层，或通过桩与周围土的摩擦力传给地基，前者称为端承桩，后者称为摩擦桩。

目前，桩多为混凝土或钢筋混凝土材料制作。按施工方法不同分为预制桩和灌注桩两大类，见图2-20。

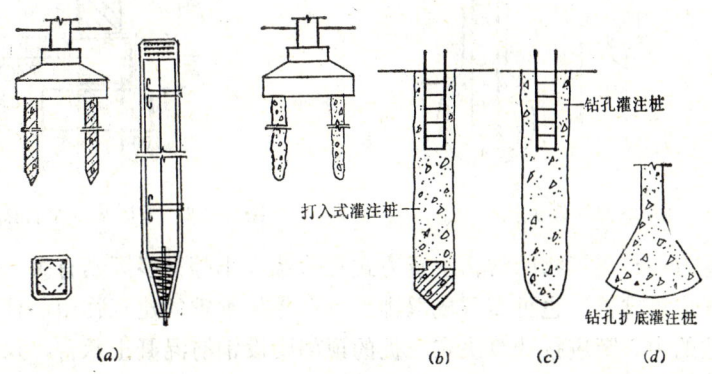

图 2-20　预制桩与灌注桩

（a）预制桩；（b）振动灌注桩；（c）钻孔灌注桩；（d）钻孔扩底灌注桩

1.钢筋混凝土预制桩

这种桩是在预制厂或现场预制，然后用打桩机打入、压入土中。桩身的截面有正方形、圆形、八角形等，截面不小于200×200mm，每根桩长一般不超过12m，超过者需加接桩。预制桩施工简便，容易保证质量，但造价较高，钢材用量大，打桩时有较大振动和噪声（静压桩除外）。

2. 振动灌注桩

这种桩是将带活瓣桩尖的钢管或前端放有预制钢筋混凝土桩尖（桩靴）的钢管，用振动方式沉入土中，至设计标高后，向钢管内灌入混凝土，再将钢管随振随拔起，使混凝土在孔内形成灌注桩[图2-20(b)]。振动灌注桩的直径多为300mm，桩长一般不超过20m。灌注桩造价低、省钢筋，但当地基含水量较大时，容易发生缩颈现象。

3. 钻孔灌注桩

这种桩是利用螺旋钻杆钻孔，成孔后向孔内灌注混凝土，成为钻孔灌注桩[图2-20(c)]。桩的直径常用300或400mm，大直径钻孔桩直径在600mm以上。钻孔灌注桩的优点是没有振动和噪声，施工方便，造价较低，特别适用于新建房屋周围有危险房屋或深挖基础对原有房屋有影响的情况。钻孔后，也可以利用专用扩底工具扩大孔底，提高桩的承载能力，这种桩又称为钻孔扩底灌注桩[图2-20(d)]。

钻孔桩不能用于地下水位以下。

4. 爆扩桩

爆扩桩成孔方法有两种：一是用一般钻具成孔，孔径300～500mm，另一种方法是先由人工或机械钻一细孔，在孔内放入盛有炸药的塑料管（药条），引爆形成，成孔后再用炸药爆炸扩大孔底，使孔底形成球状，然后浇灌混凝土（图2-21）。爆扩桩的优点是有扩大端，承载能力较高，但爆炸时的振动对周围房屋有一定影响。这种桩宜用于适合爆扩成型的粘土中，中密和密实的砂土、碎石及风化岩层的表面也可以采用。

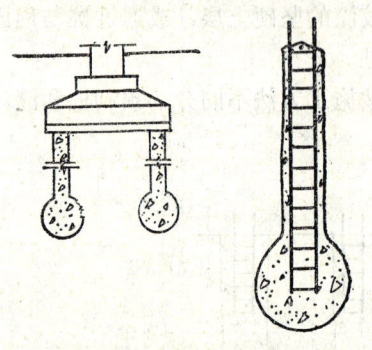

图 2-21 爆扩桩

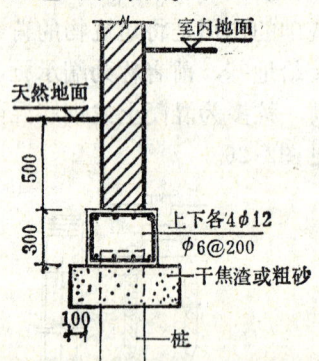

图 2-22 条形基础承台梁设置示例

桩的布置方法与建筑物的结构承重方式及荷载大小等很多因素有关，在墙承重的建筑物中，可布置成单排桩，也可布置成双排桩，在骨架承重的建筑物中，柱下可以布置一个至几个桩。桩的中心距应按计算决定。桩的顶部要设钢筋混凝土承台，尺寸按计算确定，图2-22为承台设置示例。

第四节 特殊情况下的基础处理

一、基础埋深不同时的处理

一幢房屋的基础埋深有时不完全相同，甚至差别很大。如局部有地下室时，则地下室部分的基础埋置较深；又如考虑冻土的冻结深度影响时，外墙基础埋置较深，而内墙基础不考虑上述影响埋置较浅；再如荷载差异较大时基础的埋深也不同。为了防止基础深浅交接处沉降变化不一致，并使基坑开挖后台阶的土不致松动，深浅基础之间应做成踏步逐步过渡（图2-23），踏步高度应不大于500mm，踏步长度应不小于踏步高度的两倍。

二、沉降缝处的基础处理

当建筑物建造在土层性质差别较大的地基上或因建筑物各部分的高度、荷载和结构类型差别较大时，建筑物将出现不均匀沉降，导致某些薄弱部位错动开裂，为防止出现这种开裂破坏，常在适当部位设置由基础到屋顶的贯通全高和全宽的缝隙，即沉降缝（详见第八章）。

沉降缝处的基础处理比较复杂，通常有三种方式：双墙式、交叉式、悬挑式（图2-24）。

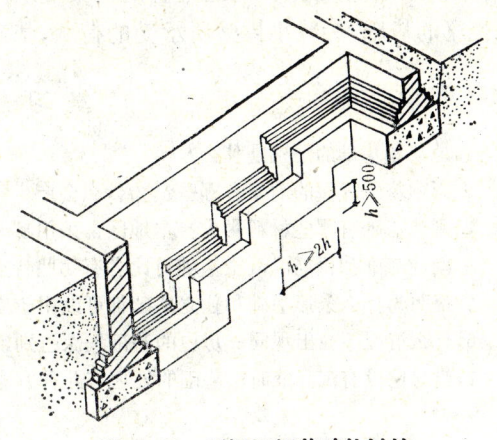

图 2-23　不同埋深基础的过渡

1.双墙式处理

双墙式处理是当沉降缝两侧均设有墙时，在两墙的下部设相互平行的条形基础，当两墙的距离很小时，两基础均为偏心基础，当两墙的距离较大时，两基础可做成无偏心的形式［图2-24(a)］。承受偏心荷载的基础，只适合于总荷载较小的房屋，或用桩基处理抗衡上部偏心荷载。

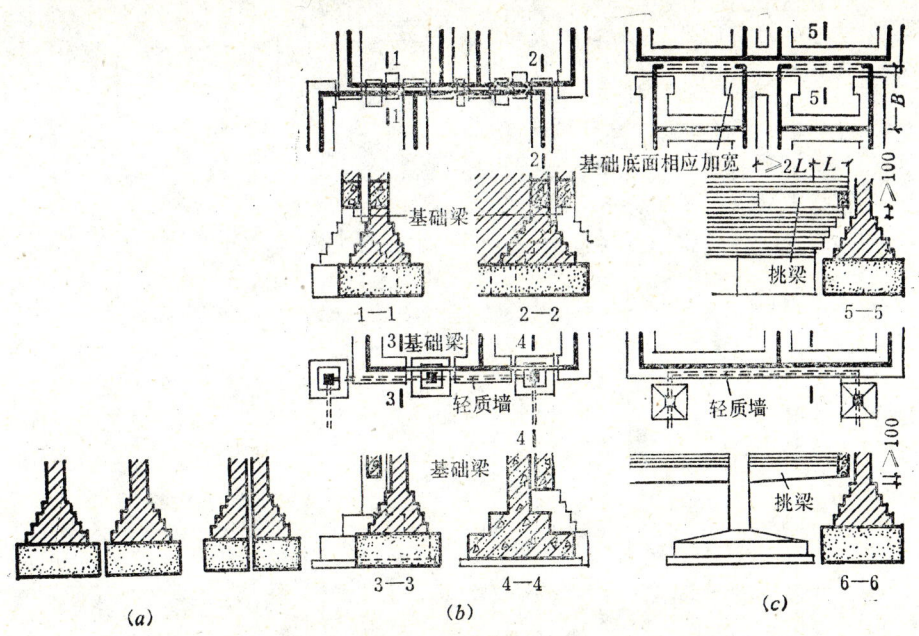

图 2-24　沉降缝基础的处理

2.交叉式处理

交叉式处理是将沉降缝两侧的墙或柱的基础交错布置，并在各自的基础上支承基础梁，再将墙砌在基础梁上[图2-24(b)]。

3.悬挑式处理

悬挑式处理是在沉降缝一侧的墙下做无偏心形式的条形基础，而在沉降缝另一侧的墙下做基础梁，基础梁由与之垂直的挑梁支承，墙的荷载通过基础梁传给挑梁，最后传给支承挑梁的基础，为减小挑梁所承受的荷载，基础梁上方的墙应尽量选用轻质墙[图2-24(c)]。

复 习 思 考 题

1.地基和基础的区别是什么？

2.影响基础埋深的因素有哪些？为什么会产生影响？

3.刚性基础有哪些材料构成？本地区常采用哪些材料制成的刚性基础？

4.刚性基础和钢筋混凝土基础对比各有哪些特点？各适用于什么情况？

5.说明为什么条形基础和独立基础都可以用于墙下，又都可以用于柱下？

6.什么情况下会出现同一房屋的基础埋深差别很大的情况？怎样处理基础埋深的变化？

7.当房屋设有沉降缝时，基础的处理有几种方式？各有什么特点？适用于什么情况？

第三章 墙 体

墙是房屋的重要组成部分，在一般民用建筑中墙的造价占工程造价的30%～40%，墙的重量占房屋总重量的40%～65%。因此，在确定墙体材料和构造方法时应全面考虑使用、结构、施工和经济方面的要求。

第一节 概 述

一、墙的作用

不同结构的房屋、不同位置的墙，所起的作用也是不同的，归纳起来，墙的作用一般有：

（一）承重作用

有些墙直接承受房屋的屋顶，楼层等传下来的垂直荷载及风力和地震力，因此具有承重作用。

（二）围护作用

建筑物四周的墙担负着隔绝自然界风、雨、雪的侵袭，防止和减少太阳辐射、噪声干扰、室内热量的散失的任务，起到保温、隔热、隔声、防水等围护作用。

（三）分隔作用

房屋内部的墙体还起到划分内部空间的作用，即分隔作用。

有些墙体同时兼有上述三方面作用，而有些则仅起其中的两个方面或一个方面的作用。

二、墙的分类

墙按所处的位置可分为外墙和内墙。外墙是指房屋四周与室外接触的墙；内墙是位于房屋内部，不与室外接触的墙。

墙按其方向可分为纵墙和横墙。一般来说，纵墙是指沿房屋长轴方向的墙；横墙指沿房屋短轴方向的墙，一般情况下，纵墙与横墙是垂直的。习惯上常把外纵墙称为檐墙，把外横墙称为山墙。

墙按受力情况可分为承重墙和非承重墙。承重墙是指承受上部屋顶、楼板或某些梁、板传来荷载的墙体；非承重墙又包括承自重墙、框架填充墙和隔墙。承自重墙只承受自身（从上至下）全部墙体的重量，框架填充墙是指填充在框架结构房屋的框架之间的墙、每段框架填充墙的重量由下部的梁承受；隔墙是指用来分隔房间的薄墙。承自重墙、框架墙、隔墙均不承受上部水平构件传来的荷载。

墙按其组成的材料可分为砖墙、石墙、土墙、砌块墙、板材墙等。

图3-1表示了不同类型的墙。

三、确定墙身厚度应考虑的因素

墙身厚度的确定与墙体的强度、稳定性、热工、隔声、防火要求以及经济要求等因素

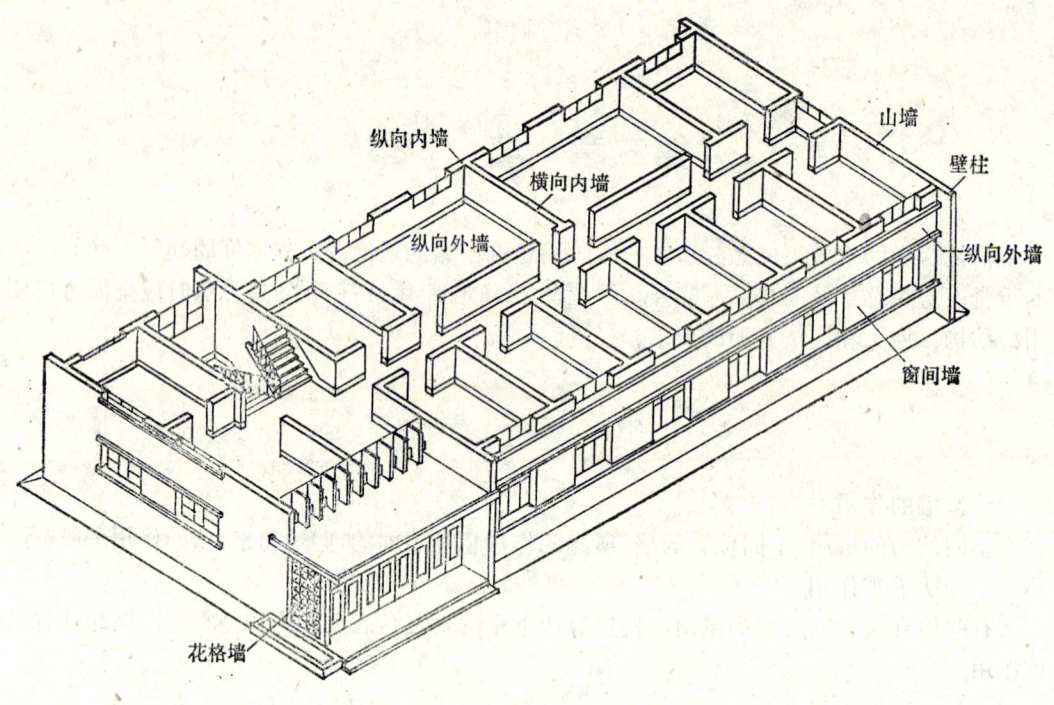

纵向内墙

横向内墙

纵向外墙

山墙

壁柱

纵向外墙

窗间墙

花格墙

图 3-1 墙的类型

有密切关系。

（一）墙体厚度与强度的关系

墙体的强度除与墙体材料有关外，墙体所能承受的荷载大小还与墙体的厚度有关，因此，应根据结构计算来确定墙体的厚度，以满足强度方面的要求。

（二）墙体厚度与稳定性的关系

墙体的稳定性与墙的长度、高度和厚度有关。在房屋中有时墙体的承载能力是足够的，并没有出现什么裂缝，但却发现有明显的倾斜、鼓肚等现象，这是由于墙高与墙厚的比值太大所引起的，此外，墙体高厚比太大还可能因震动等原因而产生倒塌的危险。因此，在墙的长度和高度已经确定的情况下，必须确保墙体有足够的厚度。

除限制高厚比以外，有时也可采用增设墙垛、壁柱等措施来增强墙体的稳定性。

（三）墙体厚度与建筑热工的关系

建筑物的外墙是主要的外围护结构，外墙的厚度与当地的气候条件有关。按《民用建筑热工设计规程》规定，全国共划分为四个地区：1.严寒地区（Ⅰ区），指累年最冷月平均温度低于或等于－10℃的地区；2.寒冷地区（Ⅱ区），指累年最冷月平均温度高于－10℃、低于或等于0℃的地区；3.温暖地区（Ⅲ区），指累年最冷月平均温度高于0℃，最热月平均温度低于＋28℃的地区；3.炎热地区（Ⅳ区），指累年最热月平均温度高于或等于＋28℃的地区。在我国北方地区，由于冬季寒冷，室内必须采暖，为了不使室内气温变化波动过大，要求外围护结构具有良好的保温性能。在我国南方地区，则与此相反，由于夏季强烈的太阳辐射热和较高的室外空气温、湿度对室内影响较大，故要求建筑物的围护结构应具有隔热和减少辐射的作用。

为了使墙体有足够的保温或隔热能力，外墙应选用导热系数小的材料，当材料确定之后，墙体的保温或隔热能力与墙体的厚度成正比，室内外温差越大，墙就越厚。在寒冷地区，增加墙的厚度能减少采暖期间的热量损失，提高墙的内表面温度，减少墙内表面与室内空气的温差，减少蒸汽在墙的内部及内表面凝结的可能性。在炎热地区，增加墙的厚度能减少太阳辐射热传入室内，避免夏季室内过热。

当然，增加墙体厚度并不是提高墙体保温和隔热能力的唯一办法，还可以采用带有保温材料或空气间层的复合材料的保温墙等措施。图3-2为复合墙的构造。

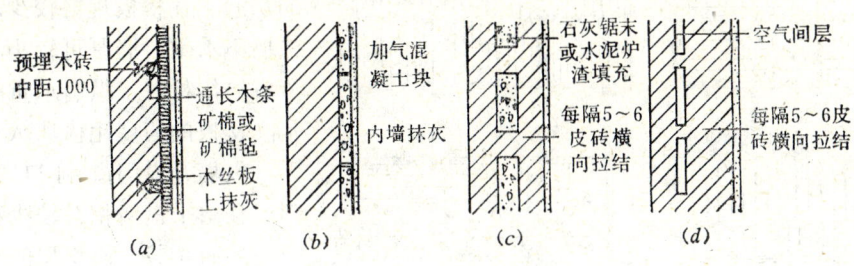

图 3-2 复合墙构造

（四）墙体厚度与隔声的关系

为了获得安静的室内环境，满足人们工作、学习、生活、休息的要求，必须防止室外或邻室传来的噪声影响，因而墙应具有一定的隔声能力。墙的隔声能力与墙的单位面积质量（面密度）成正比，当墙的厚度一定时，选用表观密度大的材料面密度必然大，对隔声有利。同一种材料的墙越厚，面密度也越大，所以加大墙厚对隔声也有利。

不同类型的建筑物和不同位置的墙具有不同的隔声要求。例如：我国《民用建筑隔声设计规范》（GBJ118-88）中规定：不同等级住宅分户墙的空气隔声标准分别为：≥50、≥45、≥40dB；学校一般教室与教室之间的隔墙空气隔声标准为：≥40dB等。为满足隔声要求，所需墙体的厚度可由计算确定，一般120mm厚砖墙双面抹灰后的计权隔声量约为43～47dB，240mm厚砖墙双面抹灰后的计权隔声量约为48～53dB。

（五）墙体厚度与防火的关系

墙体材料及墙的厚度应符合防火规范规定的燃烧性能和耐火极限的要求。同一种材料时，墙厚越大，其耐火极限越高（燃烧体除外）。

确定墙体厚度时，应综合考虑上述因素，选择合适的墙厚，还应注意经济性的问题。

四、墙体结构布置方案

墙承重结构的房屋中，墙体的结构布置方案有以下四种：

（一）横墙承重

横墙承重方案是用横墙承受屋顶、楼板等水平构件的荷载，而纵墙仅起纵向拉结，围护和承自重的作用[图3-3(a)]。

横墙承重方案的优点是：横墙间距小，又有纵墙拉结，建筑物的整体性好，空间刚度较大，对抵抗水平荷载（风荷载、地震荷载）的作用比较有利，此外，非承重的纵向墙上开设门窗比较灵活。其缺点是：横墙间距受限，房间的开间尺寸不够灵活，墙的结构面积较大，房屋的使用面积相对较小，且墙体材料耗费较多。

横墙承重适用于房间开间不大的居住建筑和办公楼等建筑，但是，北方地区的房屋为达到保温的目的，外纵墙及山墙常做得较厚，为了充分利用外纵墙的承载能力，一般不宜采用横墙承重，而采用纵墙承重。

（二）纵墙承重

纵墙承重方案是纵墙承受屋顶、楼板等水平构件传来的荷载，而横墙只起分隔房间和连接纵墙的作用[图3-3(*b*)]。

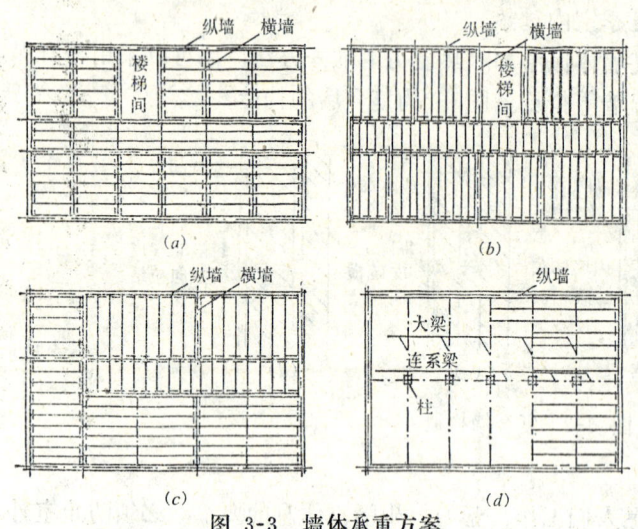

图 3-3　墙体承重方案

(*a*)横墙承重；(*b*)纵墙承重；(*c*)纵横墙混合承重；(*d*)墙与内柱混合承重

纵墙承重的优点是：房间开间尺寸比较灵活，能分隔出较大的房间，且楼板规格较少，由于横墙不承重，墙厚可较小，故可节省墙体材料。纵墙承重的缺点是：楼板的跨度比横墙承重方案大、纵墙开设门窗洞口受到限制，且由于横墙相对较少和不承受楼屋面荷载，使房屋的整体刚度较差。

纵墙承重适用于房间开间较大的建筑，如教学楼等。

（三）纵横墙混合承重

纵横墙承重方案是将房屋中所有或部分纵横墙布置成承重墙[图3-3(*c*)]，由纵横墙共同承受楼板、屋顶荷载。纵横墙承重的优点是：平面布置灵活，整体刚度也较好。缺点是：楼板类型较多，施工复杂。

纵横墙承重方案适用于房间开间和进深尺寸较大、房间类型较多以及平面复杂的建筑，如教学楼、医院、幼儿园等建筑。

（四）墙与柱混合承重

墙与柱混合承重方案是指由建筑物的外墙及钢筋混凝土梁、柱组成的内框架共同承受楼板或屋顶的荷载（图3-3(*d*)）。这种结构又称为部分框架结构承重结构，它适合于室内需要较大使用空间的建筑，如大中型商店、餐厅等等。

第二节　砖　墙　构　造

一、砖墙类型与构造

砖墙是由砖和砂浆砌筑而成，按现行国家标准，砌墙砖分为普通砖和空心砖两大类；用普通砖砌筑的砖墙又可分为实砌砖墙和空斗墙两种；用空心砖砌筑的砖墙称为空心砖墙。

（一）实砌砖墙

1.实砌砖墙尺寸

实砌砖墙是指用普通砖砌成实心的砖墙，由于普通砖的尺寸是240mm×115mm×53mm，所以实砌砖墙的尺寸（长度和厚度）均应取砖和灰缝的尺寸的倍数。

砖墙的厚度常见的有多种，称呼砖墙厚度的方法有两种：一种是按砖长的倍数来称呼，如一砖厚、一砖半厚等等；另一种是按标志尺寸来称呼，如24墙（有时称240墙），37墙（有时称370墙）等等。

实砌砖墙的墙厚名称及其尺寸见表3-1。

墙 厚 名 称 表 3-1

墙厚名称	习惯称呼	实际尺寸(mm)	墙厚名称	习惯称呼	实际尺寸(mm)
半砖墙	12墙	115	一砖半墙	37墙、36墙	365
3/4砖墙	18墙	178	二砖墙	49墙	490
一砖墙	24墙	240	二砖半墙	62墙	615

为了减少施工中的砍砖，以节约材料和加快施工速度，建筑物中的墙段（如窗间墙、墙垛）的尺寸，一般应为砖宽加灰缝的基数的倍数减去一个灰缝宽度，即：$(115+10) \cdot n - 10$，如240、365、490、615、740……。实际施工中，由于灰缝的宽度允许在一定的范围调整，故设计中对于较长的墙段尺寸，也可不必按上述取值。

砖墙中如开设洞口时，洞口宽度尺寸一般应为砖宽加灰缝的基数的倍数加上一个灰缝，即：$(115+10) \cdot n + 10$，如260、385、510……。同样，当洞口宽度较大时，尺寸的取值也可不必按上式取值。

墙段长度及洞口宽度见图3-4。

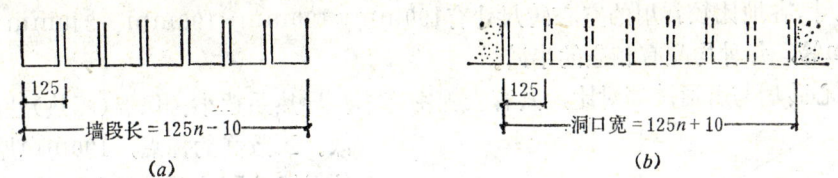

$$墙段长 = 125n - 10$$

(a)

$$洞口宽 = 125n + 10$$

(b)

图 3-4 墙段的长度和洞口宽度

(a)墙段长度；(b)洞口宽度

2.实砌砖墙的组砌方式

砖墙的组砌方式简称砌式，是指砖在砌体中的排列方式。为使砖墙坚固，砖的排列方式应遵循内外搭接，上下错缝的原则，错缝距离不小于60mm，错缝和搭接的目的是使墙体不会出现连续的垂直通缝，确保强度和稳定性。

实砌砖墙的砌式有全顺式、一顺一丁、三顺一丁、沙包式及两平一侧等方式（图3-5）。

（1）全顺式 指每皮砖均匀顺砖叠砌，适合于砌筑半砖墙。

（2）一顺一丁式 这种方式采用丁砖和顺砖隔皮砌筑，墙体的内外搭接较好，砌体的整体性好，但工效较低。

（3）三顺一丁式 这种方式的内外搭接不如一顺一丁，但工效较高，是目前采用最多的形式，它广泛应用于砌筑一砖及一砖厚以上的砖墙。

（4）沙包式 在同一皮砖中采用一顺一丁间隔排列，这种砌法称沙包式（又叫梅花丁），优点是整体性好，且墙面美观，适合于清水墙，但施工比较复杂，工效低。

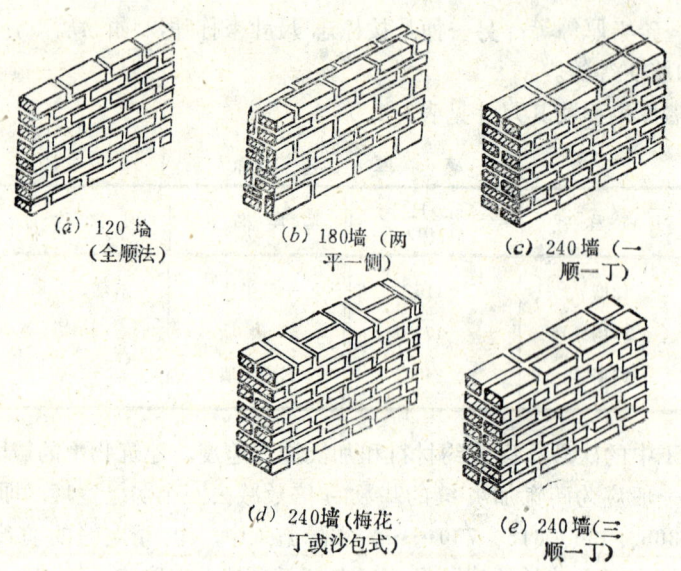

(a) 120 墙
(全顺法)

(b) 180墙（两
平一侧）

(c) 240墙（一
顺一丁）

(d) 240墙(梅花
丁或沙包式)

(e) 240墙(三
顺一丁)

图 3-5 实砌砖墙的砌式

（5）两平一侧式　这种方式只适用于3/4砖 厚的墙，采用两皮顺砖与一皮侧砖交替砌筑，施工中对技术要求较高，且比较费工。

（二）空心砖墙

空心砖墙是指用孔隙率≥15%的空心砖砌筑而成的砖墙。我国目前尚未形成空心砖的标准尺寸，各地比较常用的空心砖尺寸有190mm×190mm×190mm、240mm×180mm×115mm等，每种均配有相应的半砖。

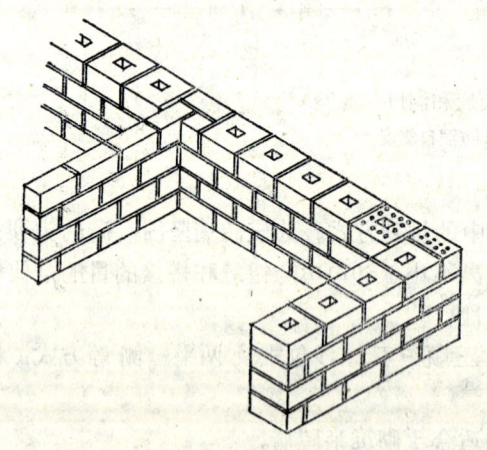

图 3-6 空心砖墙

空心砖墙与普通砖墙对比，具有表观密度小、导热系数小、保温（隔热）性能好、造价低、工效高的优点，190mm厚空 心 砖 墙 的保温（隔热）效果与240mm厚 的实砌砖墙相近。空心砖墙的缺点是承载能力较低。一般空心砖分为竖孔和横孔两类，砌筑承重墙时应用竖孔空心砖，横孔空心砖只适用于非承重墙。

空心砖墙组砌时采用全顺砌式，因有现成的半块空心砖，故在砌转角、内外墙搭接、壁柱和独立柱等部位时，均不需砍砖。

图3-6是空心砖墙砌式的示例。

（三）空斗墙

空斗墙是用普通砖侧砌或平砌和侧砌结合的方法砌成的，平砌的称为眠砖、侧砌的包括顺砌的面砖和侧砌露头的丁砖称为斗砖，面砖与丁砖所形成的孔洞称为空斗。

空斗墙厚度一律为240mm，同相同厚度的实砌砖 墙对比能节 约用砖22%～33%，节约砂浆50%，降低造价30%～40%，热工性能也基本接近，如空斗内填上锯末，炉渣等材料，其保温（隔热）性能将优于240mm实砌砖墙。空斗墙的缺点是 承载能力较低，对砖的质量和施工技术要求较高，且施工麻烦。在地基软弱的地区和抗震设防地区以及有震动荷载的建筑物中不宜采用。

空斗墙按组砌方式分为两类：一类是无眠空斗墙，一类是有眠空斗墙（包括一斗一眠，二斗一眠等），详见图3-7。

在构造上，要求将空斗墙中的勒脚、门窗洞口两侧、墙的转角、楼板或梁或屋架支座处等位置砌成实砌砖墙，以保证这些局部的整体性和强度（图3-8）。

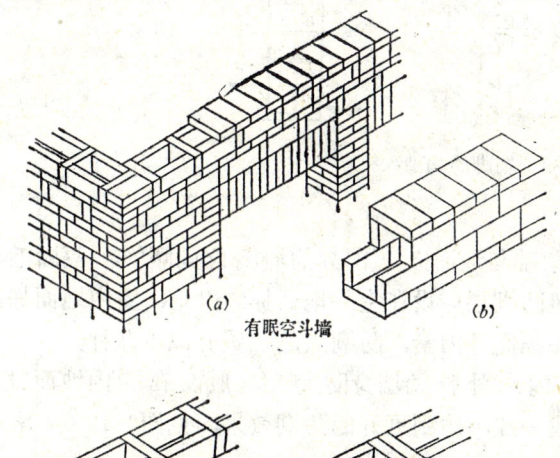
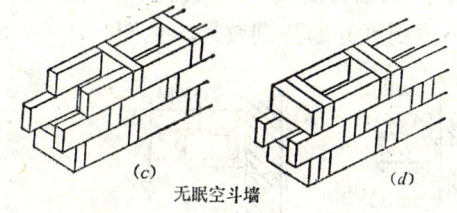

图 3-7　空斗墙砌式

(a)一斗一眠；(b)二斗一眠；(c)一丁斗一顺斗；(d)二丁斗一顺斗

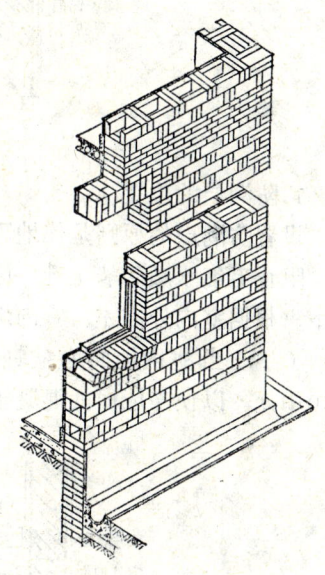

图 3-8　空斗墙加固部位示意图

二、砖墙的细部构造

（一）勒脚

建筑物外墙外侧靠近室外地面的部位称勒脚。勒脚经常受地面水、屋檐滴下的雨水的侵蚀，并容易受到机械性碰撞而损伤，因此，勒脚的作用是保护墙脚，防止受潮，此外，勒脚对建筑物的立面处理会产生一定美观效果。

勒脚的高度，从考虑防水和防止机械性碰撞出发，应不低于500mm，从美观角度看，应由立面处理来确定。勒脚的做法有以下几种：

1. 在勒脚部位抹20～30mm厚1:2（或1:2.5）水泥砂浆（铁抹子抹光）或抹水刷石；
2. 在勒脚部位将墙加厚60～120mm，再抹水泥砂浆或水刷石；
3. 在勒脚部位贴面砖等材料；
4. 在勒脚部位镶贴或铺贴天然石材、人造石材等材料；
5. 用天然石材砌筑勒脚。

勒脚的构造见图3-9。

（二）墙身防潮层

设置墙身防潮层的目的是为了防止土中的水分以及勒脚部位的地面水沿基础墙上升而影响墙身，提高墙体的耐久性，保持室内干燥卫生。

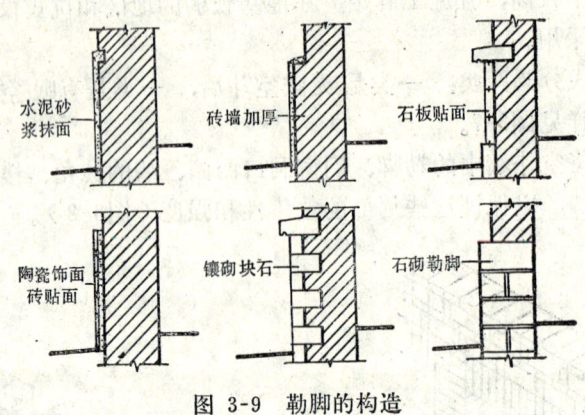

水泥砂浆抹面   砖墙加厚   石板贴面

陶瓷饰面砖贴面   镶砌块石   石砌勒脚

图 3-9 勒脚的构造

1.防潮层的位置

设置防潮层的原则是使地下受潮的基础与地面以上部分的墙身之间隔绝，隔断毛细孔，阻止毛细水顺砖墙上升，因此，一般防潮层应设在室外地面标高以上，室内地面标高以下。根据室内外高差、室内地坪类型和标高等因素，防潮层的位置有以下几种：

（1）当室内地面为实铺构造时，内、外墙的墙身防潮层一般设在室内地面以下60mm处，以便与地面的混凝土垫层连成一片，达到更好的防潮效果，见图3-10（a）。

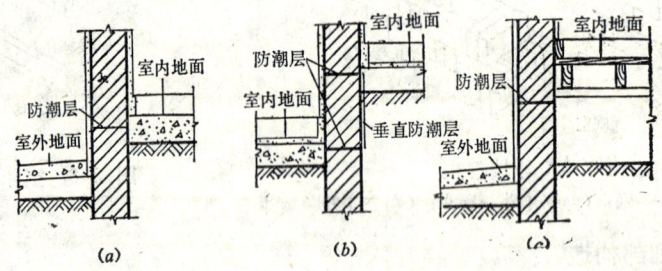

图 3-10 防潮层的位置

（2）当室内地面为实铺构造；内墙两侧地面有较大高差时，防潮层应分别设在两侧地面以下60mm处，并在两防潮层之间靠土一侧的墙面上加设垂直防潮层，见图3-10（b）。

（3）当室内地面为空铺式构造时，内外墙的墙身防潮层应设在木搁栅的垫木之下或预制钢筋混凝土板之下。

2.防潮层的做法

（1）防水砂浆防潮层 这种做法是在防潮层部位抹上一层20mm厚掺3%～5%防水剂的水泥砂浆。防水剂通常采用成品防水粉，它能起到填充砂浆中的微孔，封闭、堵塞毛细孔，阻止潮气上升的作用。

（2）防水砂浆砌砖防潮层 这种防潮层是用上述的防水砂浆砌筑三皮砖，以构成防潮效果。

（3）油毡防潮层 油毡防潮层是在防潮层的部位，先抹上20mm厚1:3水泥砂浆做找平层，然后在找平层干铺一层油毡或做一毡二油防潮层，后者要求在找平层上先刷一层冷底子油，而后用热沥青粘贴油毡，再在油毡上涂刷一层热沥青，故称为一毡二油防潮层。油毡防潮层的宽度应比墙厚宽出20mm，油毡搭接长度应≥100mm。

油毡防潮层具有良好的防潮效果，但干铺油毡的防潮层，由于油毡将上下砌体隔开，使墙的整体性受到破坏，故不能用于地震区。

（4）细石混凝土防潮层 在防潮层部位浇灌60mm厚的细石混凝土带，由于细石混凝土的密实性较好，能在一定程度上阻断毛细水，为防止基础不均匀沉降使细石混凝土防潮层产生开裂，防潮层必须设3φ6或3φ8钢筋。

水平防潮层的构造详见图3-11。

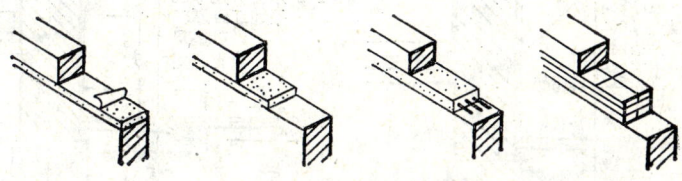

图 3-11 水平防潮层的构造

当墙上需要设置垂直防潮层时，其做法是：先作15mm厚1:3水泥砂浆找平层，然后刷冷底子油一道，再涂刷热沥青两道。

（三）散水与明沟

为了防止房屋四周的地面水和屋面排下的雨水侵入地基，影响地基的承载能力，在建筑物勒脚四周应设置明沟，将水导入地下排水管沟中；或设置散水，将积水排到离墙基有一定距离的远处地面。

1.明沟

明沟一般用于降雨量较大的地区，如南方地区明沟采用较为广泛。明沟可用混凝土或一些地方材料（如砖、毛石、卵石、片石、条石等）做成，明沟的断面形式可有多种（矩形、梯形、半圆形等），但无论何种断面，沟槽底面应有3‰～5‰的纵向坡度。

当坡面为无组织落水时，明沟中心线应与檐口滴水中心线重合。明沟应因地制宜，与室外排水系统连接，避免断面过深造成不必要的浪费。明沟构造如图3-12。

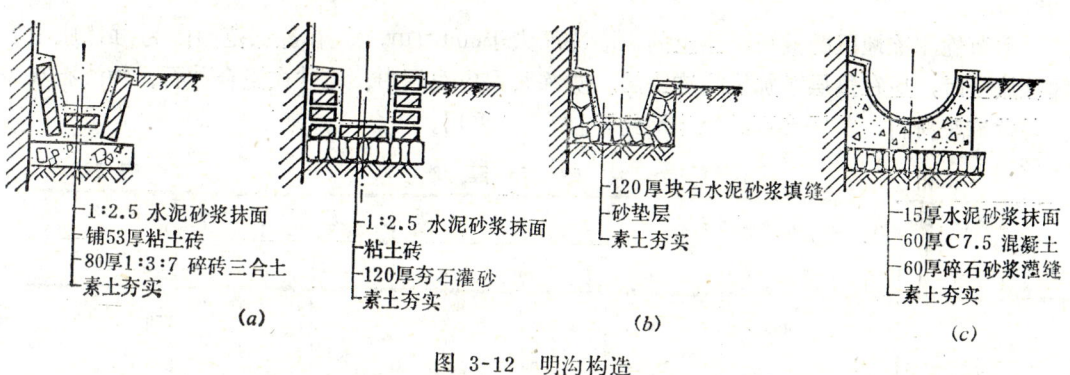

图 3-12 明沟构造

(a)砖砌明沟；(b)石砌明沟；(c)混凝土明沟

2.散水

散水适用于降雨量少的地区。降雨量大的地区，如遇到明沟不能紧贴外墙布置时，可在明沟与外墙之间加设散水。

散水宽度一般不小于600mm，常为700～1500mm，并应比屋檐挑出的宽度大150～

200mm。散水的坡度常为3%～5%。

散水可用混凝土、砖、块石等材料做成，为避免混凝土散水受温度变化热胀冷缩而产生裂缝，混凝土散水每隔6～12m应设一道伸缩缝，伸缩缝及散水与外墙的接缝，均应用热沥青填充。

散水构造见图3-13。

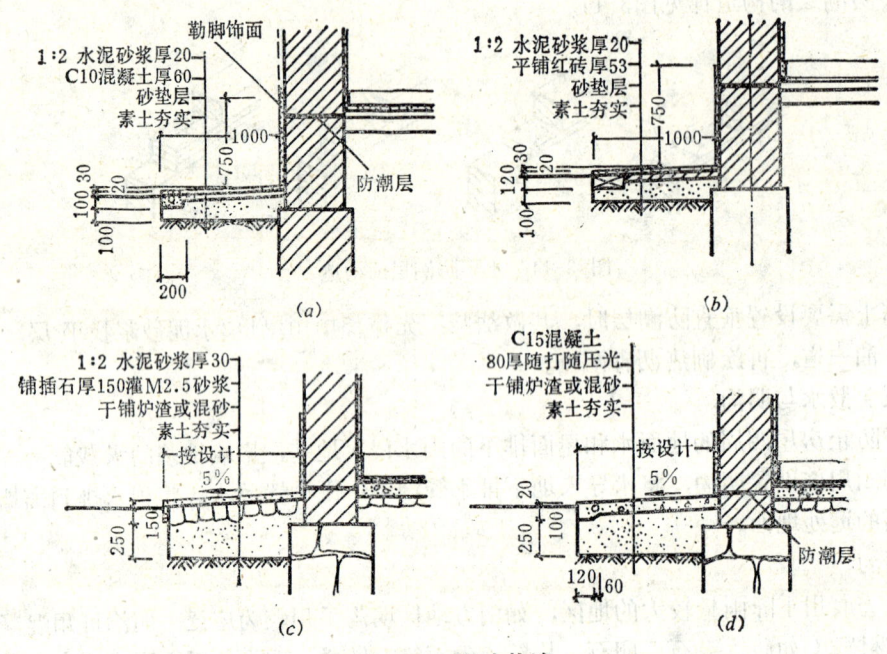

图 3-13 散水构造

湿陷性黄土地区，散水应不透水，散水宽度不应小于1m，并应超出基础边缘200mm，且应在散水下部设150mm厚的灰土垫层或300mm厚的粘土垫层，垫层宽度应超出散水500mm。

季节性冰冻地区的散水，当土的标准冻深大于600mm，且在冻深范围内为强冻胀土或冻胀土时，应在垫层下加设防冻胀层。防冻胀层应选用中、粗砂或混合砂石、炉渣石灰土等非冻胀材料，其厚度可结合当地经验按表3-2采用。

防 冻 胀 层 厚 度 表3-2

序　号	土 的 标 准 冻 深 (mm)	防 冻 胀 层 厚 度(mm)	
		冻　胀　土	强 冻 胀 土
1	600～800	100	150
2	1200	200	300
3	1800	350	450
4	2200	500	600

（四）窗台

窗洞的下部应设窗台，根据窗的安装位置可形成外窗台和内窗台，外墙上的外窗台起着排除窗外侧流下的雨水并防止其污染墙面的作用，内窗台起着排除窗内侧冷凝水，放置物品或盆花、保护该处墙面，以及便于卫生清洁等作用。

外窗台应有不透水并向外倾斜的斜面，窗台外缘应挑出外墙面60mm左右。外窗台常用砖砌或预制钢筋混凝土做成，面层用1:2（或1:2.5）水泥砂浆抹光或做 水 磨 石。窗台底面外缘处应做滴水，以免排水时沿底面流至墙身。当外墙为不易污染的材料作装修面层时，外窗台也可不作出挑，雨水经窗台面直接排下。

内窗台一般采用水泥砂浆抹成，或采用木窗台板，在北方采暖地区，常将暖气片装于窗下部时，此时，一般是在窗下设凹龛，上部铺设预制水磨石板或钢筋混凝土窗台板以形成内窗台。

窗台的构造见图3-14。

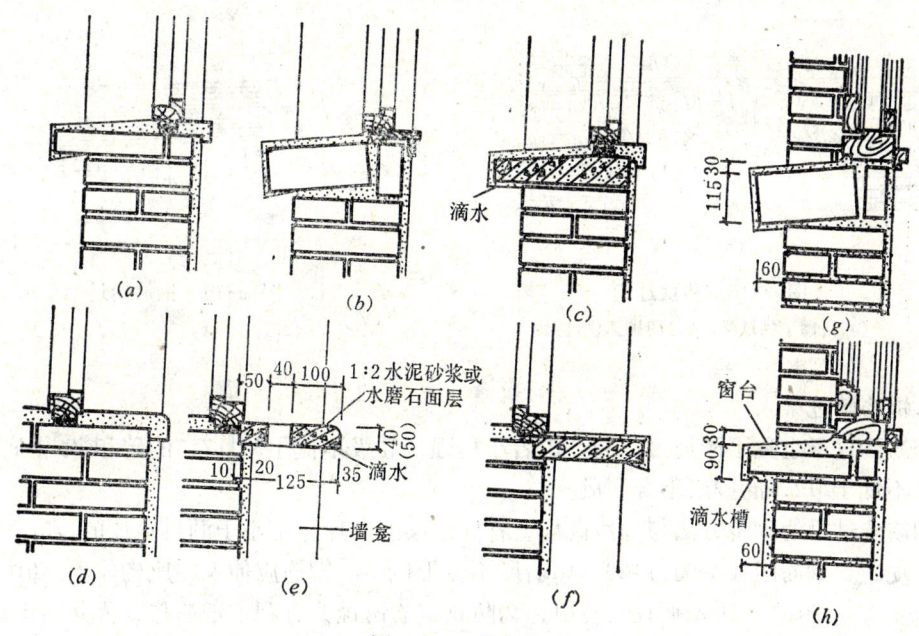

图 3-14 窗台构造

(a)平砌砖外窗台、抹灰内窗台；**(b)**侧砌砖外窗台、木内窗台；**(c)**预制钢筋混凝土窗台、抹灰内窗台；**(d)**抹灰内窗台；**(e)**采暖地区预制水磨石板内窗台；**(f)**采暖地区预制钢筋混凝土板内窗台；**(g)**无内窗台的侧砌砖外窗台；**(h)**无内窗台的平砌砖外窗台

（五）门窗过梁

门窗洞口的上方应设过梁，过梁起着承受洞口上部墙体重量及梁、板传来的荷载，并将荷载传给窗洞两侧的墙体，以免门窗框受压变形。常用的过梁有三种：钢筋混凝土过梁、砖拱过梁和钢筋砖过梁，应根据洞口的宽度、洞口上方荷载的大小和性质来选择。

1. 砖拱过梁

砖拱过梁也称发碹，特点是不用钢筋、少用水泥，属传统做法。平拱过 梁 立面呈扇形，采用砖立砌而成，高度不小于一砖，灰缝上宽下窄，相互挤压形成拱的作用，上部灰缝不得大于20mm，下部灰缝不得小于5mm，砖拱两端砌入墙内20～40mm，中间砌成起拱，起拱高度为洞口宽度的1/100～1/50，受力后适成水平。拱的砖数最好 为 奇数，中间的砖称为拱心砖。平拱过梁适用于宽度小于1.8m的门窗洞口。

弧拱过梁立面呈弧形或半圆形，高度不小于一砖，跨度可达2～3m，适用于弧形门窗洞口。

砖拱过梁适用于洞口上方无集中荷载作用、无震动或震动较小、地基承载力均匀的建筑中。砖拱过梁构造见图3-15。

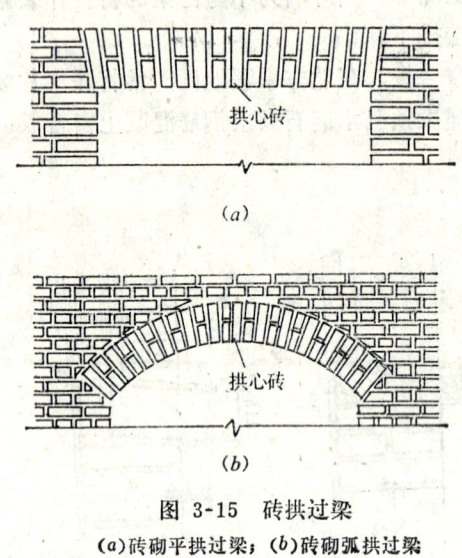

图 3-15　砖拱过梁

(a)砖砌平拱过梁；(b)砖砌弧拱过梁

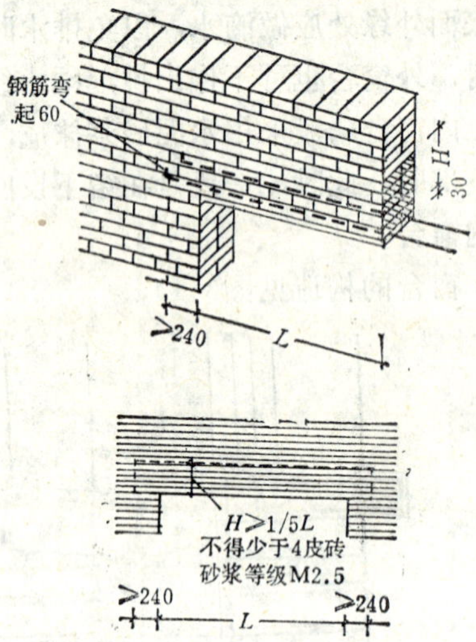

图 3-16　钢筋砖过梁

2.钢筋砖过梁

钢筋砖过梁也称平砖过梁，它是由若干皮强度等级不低于MU7.5的砖和设于底部的钢筋及不低于M2.5的砂浆砌合而成。

钢筋砖过梁的砌筑方法与一般砖墙一样。过梁的高度应不小于洞口宽度的1/5，并不小于5皮砖。钢筋的数量为每120mm墙厚不少于1φ5，钢筋应伸入支座砌体内240mm，并应向上弯起60mm，钩入垂直灰缝中。为防止钢筋锈蚀并有利于钢筋与砌体共同作用，应在钢筋的下部铺一层厚度不小于30mm砂浆层。钢筋砖过梁的构造见图3-16。

3.钢筋混凝土过梁

当门窗洞口宽度大于1.5m时，或上部荷载较大，或有较大震动荷载，或可能产生不均匀沉降的房屋，应采用钢筋混凝土过梁。钢筋混凝土过梁可采用现浇制成，但多数为预制，过梁的断面形式有矩形和L形两种，L形断面适用于清水外墙。北方地区的外墙，也应采用L形断面过梁，以减少因钢筋混凝土导热系数大于砖墙而产生的热桥作用，减小室内热量的散失。

钢筋混凝土过梁的高度及配筋应根据结构计算确定，但梁的高度应与砖的皮数相对应。常为60、120、180、240mm等。梁的端部伸入墙内不小于240mm。

为便于运输和安装，预制钢筋混凝土过梁不宜过大，当过梁的尺寸太大时，可做成2～3根尺寸较小的过梁进行拼装使用，见图3-17。

除以上三种过梁以外，某些地区的农村还习惯采用木过梁和石过梁的做法，由于木材的承载能力较小，故只能用于宽度不大于1000mm的门窗洞口，木过梁的厚度为60～120mm，宽度同墙厚，每边伸入墙内应大于200mm，木过梁与砖墙接触的各表面均应涂刷

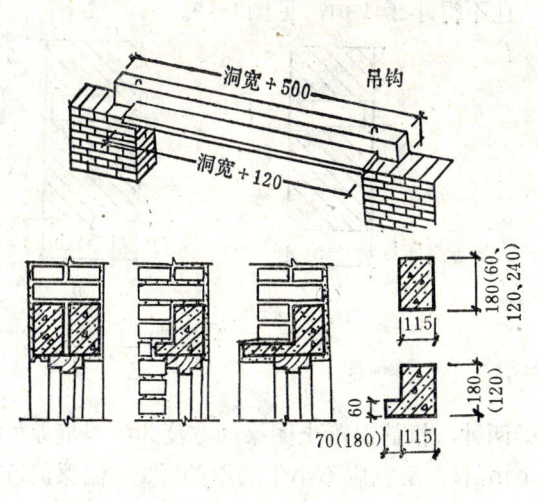

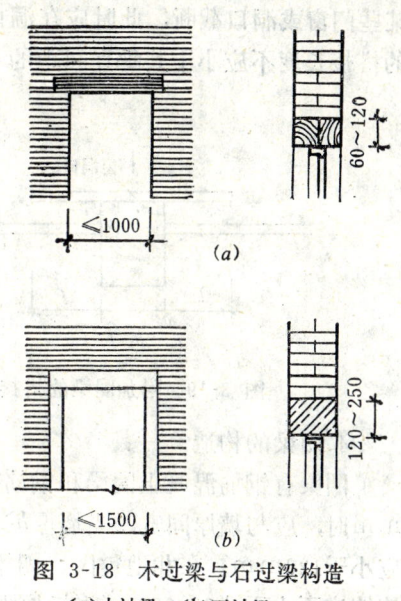

图 3-17 钢筋混凝土过梁

图 3-18 木过梁与石过梁构造

(a)木过梁; (b)石过梁

焦油防腐[图3-18(a)]。

在产石地区，常在门窗洞口两侧设置石立柱，并在上方支承石过梁，石过梁又称楣石，石过梁的宽度同墙厚，高度常为120~240mm，这种过梁可用于宽度为 2 m 以内的洞口[图3-18(b)]。

（六）圈梁

1.圈梁的作用

在砖混结构房屋中，常在房屋外墙、内纵墙和部分横墙中设置连续封闭的水平墙梁，这种梁称为圈梁。它的作用是增加墙体的稳定性，加强房屋的空间刚度及整体性，防止或减少由于地基不均匀下沉及震动荷载等引起的墙身开裂。对地震设防区，利用圈梁加固墙身显得更有必要。

2.圈梁的数量和位置

圈梁的数量和位置与房屋的高度、层数、地基状况和地震烈度有关。

在非地震区，比较空旷的单层房屋，当墙厚$h \leqslant 240$mm，檐口高度为5~8m时，应设置圈梁一道；当檐口标高大于 8 m时，宜适当增设。对多层民用房屋，当墙厚$h \leqslant 240$mm，且层数为3~4层时，宜在檐口标高处设置圈梁一道，当层数超过 4 层时，可适当增设。多层房屋若地基土软弱，且又采用毛石基础等刚性基础时，应在基础顶面和顶层处各设置圈梁一道，其它各层可隔层设置，必要时也可层层设置。

圈梁除应通过外墙和内纵墙以外，还应通过部分横墙或与之连接，其间距依楼盖及屋盖类别不同为16~32m。如采用连接方式时，可将圈梁伸入横墙1.5~2m。

当圈梁与相应门窗的过梁相近时，可通过门窗顶兼作过梁。

在地震区，砖石房屋的圈梁应按抗震规范的要求设置（详见第八章）。

3.圈梁的布置要求

圈梁常又称为腰箍，故应在同一水平面上形成封闭状。有时，由于某种原因，圈梁被某些门窗或洞口截断，此时应在洞口上部增设一道相同截面的附加圈梁。附加圈梁与圈梁的搭接长度不应小于其垂直间距的2倍，且不得小于1m，见图3-19。

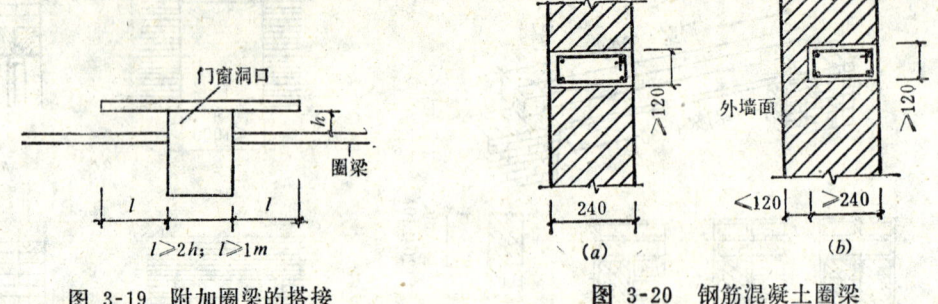

图 3-19　附加圈梁的搭接　　　　　图 3-20　钢筋混凝土圈梁

4.圈梁的构造

圈梁有钢筋混凝土圈梁和钢筋砖圈梁两种，钢筋混凝土圈梁的宽度为：当墙厚$h \leqslant 240$mm时，应与墙厚同宽，当墙厚$h > 240$mm时，梁宽应不小于墙厚的2/3。圈梁的高度不应小于120mm。在非地震区，圈梁的纵向钢筋不应小于$4\phi 8$，（一般为$4\phi 8 \sim 4\phi 12$），箍筋应不小于$\phi 6@300$，钢筋砖圈梁应采用不低于M5的砂浆砌筑，圈梁高度为4～6皮砖，纵向钢筋不宜小于$6\phi 6$，并分为两排，钢筋的水平间距不宜大于120mm。

钢筋混凝土圈梁构造见图3-20，钢筋砖过梁构造见图3-21。

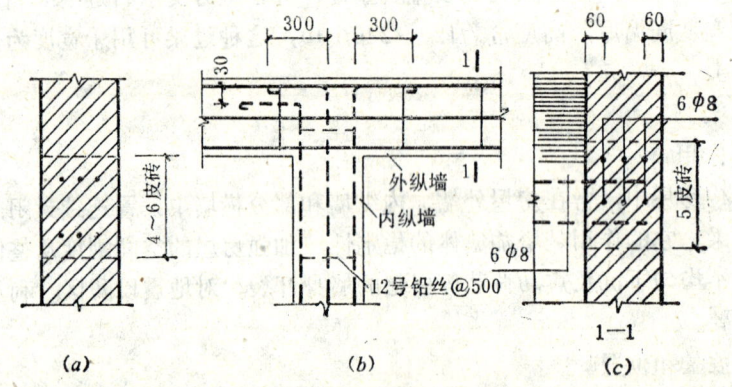

图 3-21　钢筋砖圈梁
(a)用于非地震区；(b)用于地震区

当建筑物地基有软弱粘土、液化土、新近填土或严重不均匀土层时，在基础顶面设置的圈梁，其截面高度不应小于180mm，配筋不应少于$4\phi 12$。砖拱楼盖和屋盖房屋的圈梁应按计算确定，但配筋不应少于$4\phi 10$。

（七）烟道与通风道

1.烟道

村镇民用房屋中普遍采用以煤、柴、草为燃料的炉灶。因此，常在墙内或附墙砌筑烟道。

砖砌烟道的净面积不应小于135mm×135mm，燃烧烟煤的应不小于260mm×135mm，燃烧柴、草的炉灶烟道则应更大一些。烟道的壁厚应不小于115mm[图3-22(a)]。

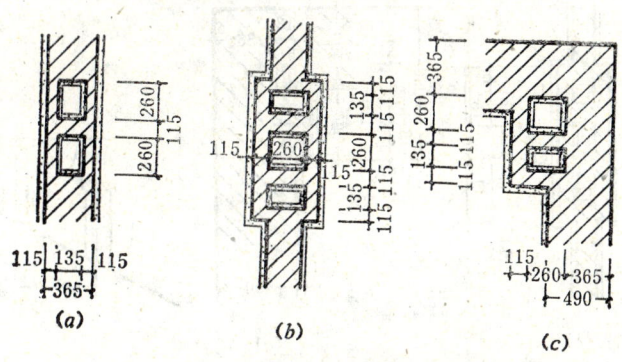

图 3-22　烟道构造

(a)普通砖砌烟道；(b)砖砌子母烟道；(c)外墙中的烟道

多层房屋中最好设置子母烟道，使每个炉灶的烟气通过独立的子烟道排入母烟道，以防止串烟现象的出现[图3-22(b)]。

在寒冷和严寒地区，烟道应尽量设在内墙中，如设在外墙中时，烟道中的空气易受外界寒冷的影响，使排烟效果降低。当必须设在外墙上时,烟道边缘至墙外缘的距离应不小于370mm[图3-22(c)]。

为了便于清除烟道的烟灰，烟道下部距地面400mm处应设除灰口，平时严密关闭。烟道的进烟口一般离地面约500~600mm。

有些地区为减少采用砖砌烟道带来的施工麻烦和易堵塞的问题，以及加快施工速度，采用了预制钢筋混凝土子母烟道，这种烟道是由若干根截面尺寸为370×250mm，长度与房屋层高一致的构件拼接构成的，预制烟道可紧贴于墙角或镶砌入墙内，并采用拉结钢筋与砖墙拉结。

2.通风道

通风道起通风换气的作用，用于产生污浊气体而又不能对外开窗的房间（如某些住宅或旅馆中的卫生间）中。在严寒或寒冷地区，就是房间内设有窗子，但在冬季为了保温、窗不能开启，此时窗户不能起到应有的通风换气作用。因此，在北方地区，对于使用人数多，产生烟气或空气污浊的房间，也应设置通风道，以供冬季时作通风换气用。

砖砌通风道的断面尺寸应不小于135mm×135mm。同一层不能合用一个通风道，多层建筑中，可采用子母通风道。在北方地区的建筑中，通风道一般应设在内墙中，当必须设在外墙中时，通风道的外壁厚度不宜小于370mm，以防止室外气温影响通风道的换气效果。通风道的构造见图3-23。

通风道也可以采用预制钢筋混凝土通风道，构造与烟道相同，只是进气口应设于上部。

通风道与烟道不能合用，但通风道与烟道如能相邻布置，可利用烟道的烟气加热通风道中的空气，增加热压以加强通风换气的效果。

烟囱和通风道应高出屋面，以免被雪掩埋和受风压而影响排烟、排气。在平屋顶建筑中，烟囱和通风道应高出屋面500mm以上,有女儿墙的建筑，应高于女儿墙。在坡屋顶建筑中，烟囱和通风道的高度，应按（图3-24）确定。

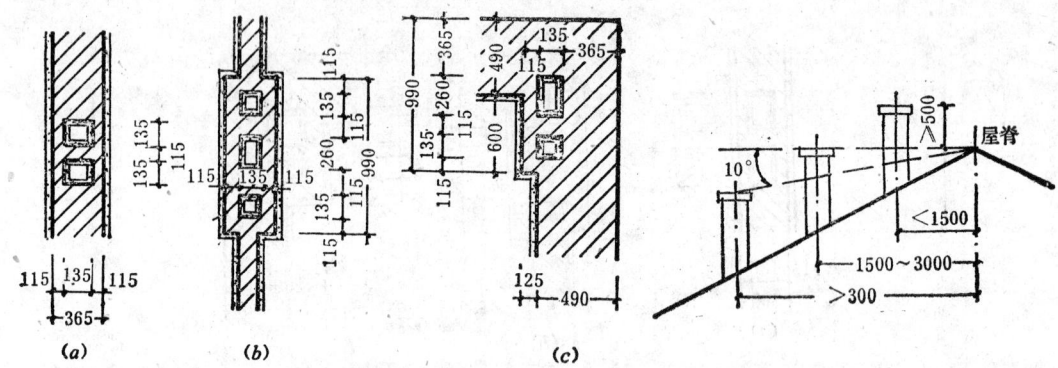

图 3-23 通风道构造　　　　图 3-24 坡屋顶中烟囱、通风道的高度

(a)普通砖砌通风道；(b)砖砌子母通风道；(c)外墙中的通风道

（八）垃圾道

在多层房屋中，为了便于清除垃圾，宜设置垃圾道。垃圾道由四个部分组成，即：管壁、顶部通风口、每层的垃圾斗、底部的垃圾箱。垃圾箱上设箱盖，垃圾箱前面设除灰门，垃圾斗用薄钢板制作。垃圾道、垃圾斗、垃圾箱的构造见图3-25。

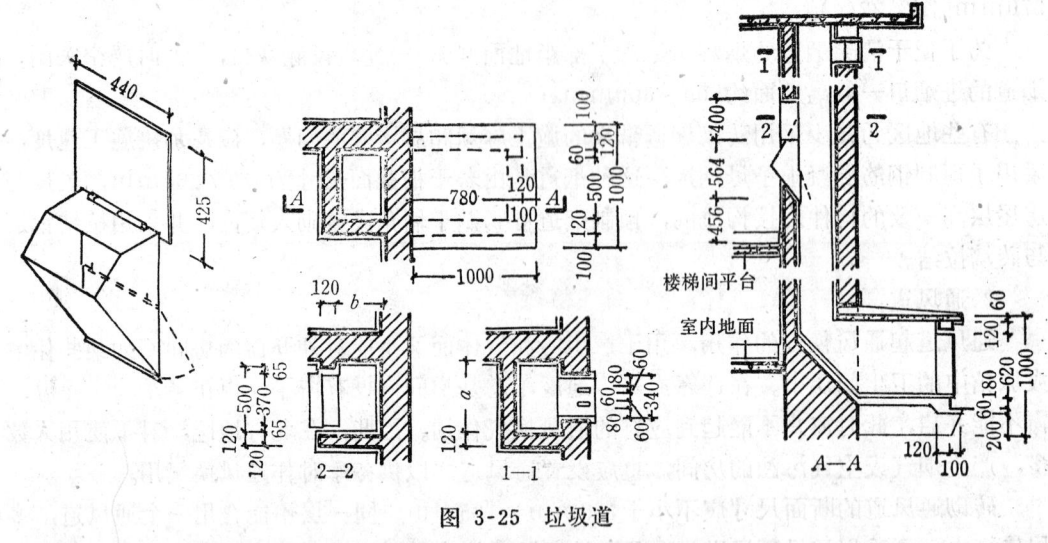

图 3-25　垃圾道

第三节　混凝土空心砌块及地方材料墙体

一、混凝土空心砌块墙

砌块建筑是指墙用各种预制砌块砌成的建筑，由于砌块的尺寸比普通砖大得多，所以生产效率高，整体性好，施工也方便。

砌块的类型较多，按材料分有普通混凝土砌块、轻骨料混凝土砌块、加气混凝土砌块、以及利用工业废料生产的煤矸石混凝土、炉渣混凝土、蒸养粉煤灰硅酸盐砌块等。按构造形式分有实心砌块、空心砌块，按重量分有小型砌块（≤20kg）、中型砌块（80～350kg）、大型砌块（＞350kg）等，我国农村目前仍以采用普通混凝土小型空心砌块为主

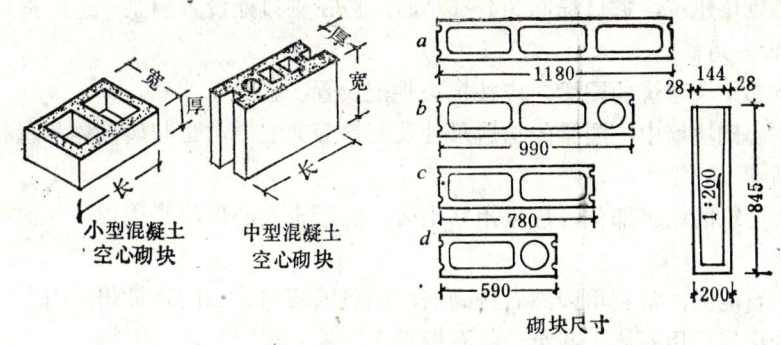

砌块尺寸

图 3-26　普通混凝土空心砌块

（图3-26），以下仅介绍这类砌块墙的构造。

（一）砌块墙的拼缝

砌块墙的砌筑缝包括水平缝和垂直缝。

1.水平缝

水平缝有平缝和双槽缝两种形式[图3-27(a)]。平缝构造较简单，而双槽缝易于填实，但制作较复杂。

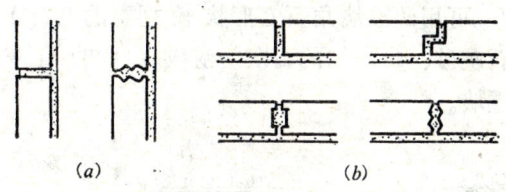

图 3-27　砌块墙的砌筑缝

2.垂直缝

垂直缝有平缝、错口缝、槽口缝等形式[图3-27(b)]。平缝制作简单，但不易填实，错口缝结合紧密，用细石混凝土填实，不易漏水和散热，但施工较复杂。槽口缝有方槽和圆槽两种，缝内用砂浆填实，结合较牢固，但构造复杂。

小型砌块砌筑缝的缝宽为10～15mm，砌筑空心砌块的砂浆的强度等级应由计算确定，但不应小于M5。

（二）砌块的组砌

砌筑砌块墙时，砌块间要搭接错缝，搭接长度为砌块长度的1/4，高度的1/3～1/2，并不小于150mm，当搭接长度小于150mm时，在灰缝中应设φ4钢筋网拉结。砌块墙的转角、内外墙相交处均是砌块建筑的关键部位，灰缝中也应设钢筋网加固（图3-28）。

（三）圈梁

在装配式钢筋混凝土楼盖或木楼盖的多层砌块建筑中，圈梁应在外墙、内纵墙及部分内横墙的屋盖处设置，楼盖处宜隔层设置，横墙圈梁的间距不宜大于15m。对于有较大振动设备或承重墙厚度为180mm以内的多层房屋，宜每层设置圈梁。

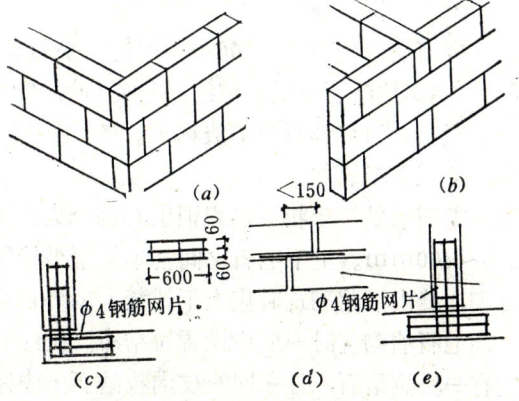

图 3-28　砌块组砌和拉结

(a)转角；(b)内外墙拼接；(c)转角加固；(d)错缝长度不足时的加固；(e)内外墙拼接加固

单层空心砌块建筑，檐口标高为4～5m时，应在檐口处设置圈梁一道，檐口标高大于5m时，宜增设一道。

地震区空心砌块建筑的圈梁，应按抗震规范设置，详见第八章。

混凝土空心砌块墙中，圈梁的构造尺寸及配筋等其它要求也与砖砌体房屋相同。

（四）勒脚

空心砌块建筑的勒脚部位，应采用粘土砖、混凝土实心砌块来砌成，外做面层。

二、石墙

在多山产石地区，常利用天然石料砌墙，如我国四川、云南、贵州、山东、福建等地的农村，不少房屋采用石墙，甚至还将石板用于做楼、屋面板。

石材具有强度高，不吸湿，耐久性好的优点，可用来砌墙的天然石材有：石灰石、花岗石、砂石、玄武石等，其强度为10～100MPa，但石材墙也有其缺点，即自重大（表观密度为1500～3300kg/m³），砌筑费工，保温（隔热）性能差。

石墙按砌墙石料的形状可分为乱石墙、卵石墙、毛石墙、料石墙等。

（一）乱石墙

乱石墙厚为300～400mm，用不小于150mm厚的未经任何加工的各种石料砌成，由于石料大小不等、形状各异，故缝隙大小不一，无一定方向，有的呈虎皮状，有的呈冰梅状〔图3-29(a)〕。乱石墙的转角或门窗洞口两侧，可用砖或墙角石（形状较规整的毛石）与乱石混砌，乱石墙的砌筑砂浆可为1:1～3的石灰砂、1:2～5的石灰炉渣或1:1:2的石灰炉渣粘土，这种墙的承载能力较低，不能作承重墙。

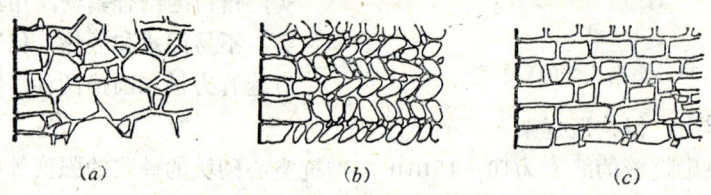

(a)   (b)   (c)

图 3-29 乱石墙、卵石墙与毛石墙砌式
(a)乱石墙；(b)卵石墙；(c)毛石墙

（二）卵石墙

卵石墙是采用大于100mm厚的角平石按"人"字形砌法砌成，墙厚300～400mm，每隔1m高砌拉结石一层，拉结石长度与墙厚相同〔图3-29(b)〕。卵石墙的砌筑砂浆可用1:1～3石灰炉渣或1:1:3石灰炉渣粘土。

（三）毛石墙

毛石墙是用形状不很规则但有两个大致平行面的毛石（亦称平毛石）砌筑而成，墙厚250～400mm。上下毛石之间基本呈水平缝〔图3-29(c)〕。砌筑时可用铺浆法，分层铺浆卧砌，缝内灌浆砌筑时应上下错缝、内外搭砌。

毛石墙砌筑时一般应设置拉结石。拉结石应分布均匀，互相错开，一般每0.7m²墙面应有一块拉结石，且在同一皮内拉结石的中距应不大于2m。拉结石的长度应等于墙厚，当墙厚大于400mm时，允许用两块拉结石内外搭接（拉结石长度短于墙厚时），搭接的长度应不小于150mm，且其中一块的长度不应小于墙厚的2/3。毛石墙也可与砖墙连接，但

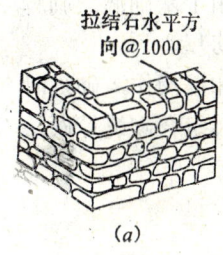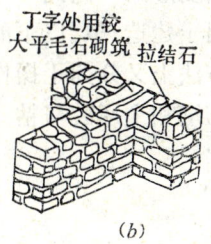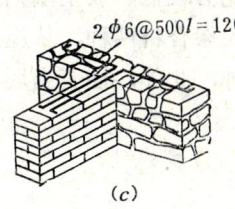

图 3-30　毛石墙拉结

(a)转角墙；(b)丁字墙；(c)毛石墙与砖墙用钢筋拉结；(d)毛石墙与砖墙咬接

应作拉结处理。

图3-30为毛石墙的构造。

（四）料石墙

料石是经过加工外形规则的石料，按其加工面平整的程度可分为细料石、半细料石、粗料石和毛料石四种（图3-31），这类石料砌筑的石墙均称料石墙。

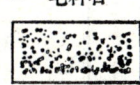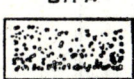

图 3-31　料石面的加工形式

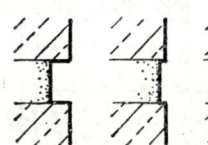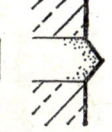

图 3-32　料石墙灰缝形式

料石墙的厚度常为200～400mm，料石厚度不宜小于200mm，长度不宜大于厚度的四倍。砌筑时应采用铺浆法。由于各种料石外形规整程度不同，灰缝厚度也不同：细料石砌体应不大于5mm，半细料石砌体应不大于10mm，粗料石砌体应不大于20mm。料石墙的灰缝形式如图3-32。

料石墙砌筑时应上下错缝，内外搭接。当墙厚等于或大于两块料石宽度时，如同皮内全部顺砌，每砌两皮后应砌一皮丁砌石。如同皮内采用丁、顺组砌，则应交错设置丁砌石，其中矩不应大于2m。

料石也可以与砖或毛石里外咬砌，此时，每两皮料石应加拉结石或拉结钢筋。

料石墙上的门窗洞口上，可用料石砌成各种形状的拱碹（如半圆形、弧形和平拱碹），也可以在洞口上方铺设窗楣石或门楣石，见图3-33。

三、土墙

土墙在我国有着悠久的历史，著名的福建永定土楼，就是采用土墙的建筑。在部分农村，尤其是运输困难的山区，用土筑墙来建造住宅等建筑仍有着现实的意义。

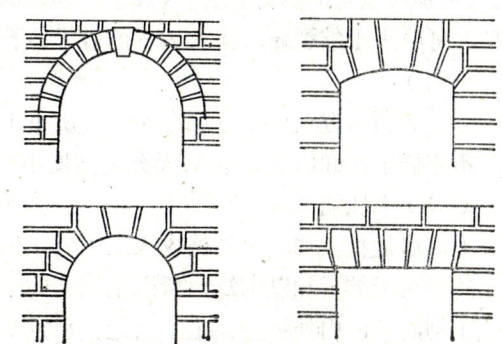

图 3-33　料石墙上的门窗过梁

土墙具有取材容易，因地制宜，施工简便，造价经济，冬暖夏凉，有一定耐久性等优点。其缺点是：耐水性差、强度低、压缩变形和干缩变形大，因此不宜用于基础墙、勒脚等易受潮的部位。由于承载能力较低，故土墙只适用于建造三层以下的房屋。

土墙用料有全素土或加入掺合料两种，从施工方法上又分为干操作和湿操作，砌筑时又有分层分段或整体制作两种，此外，还有土坯砖砌筑和土坯砖与粘土砖组合砌筑等做法（图3-34）。

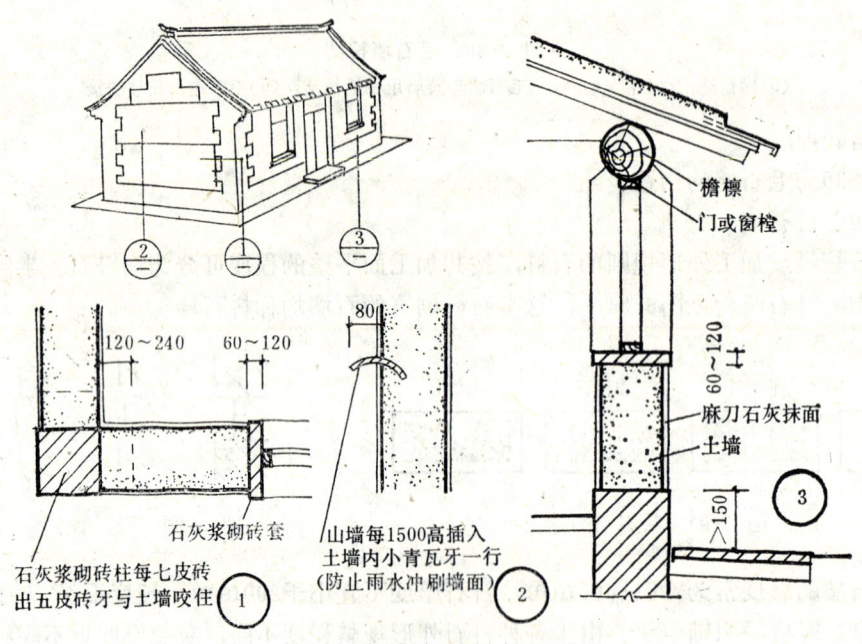

图 3-34 土、砖混合砌筑的墙体节点

（一）夯土墙

夯土墙是以粘土或亚粘土为主要原料，为改善夯土墙的强度，提高耐水性和减少干缩裂缝，可加入适量的填料,如掺入10％～15％的石灰能提高强度和耐水性；掺入一些稻草或麦秸，可减少干缩裂缝；掺入适量的砂子、石子或炉渣能提高强度减少干裂（此墙亦称为三合土墙）。

夯土墙利用夯土模板分层夯实，每次下土200mm，夯至110mm。一般夯实后的表观密度不应低于1600kg/m³，每天夯筑高度不应超过1m。

（二）土坯墙

土坯墙是将三和土用机械或人工压成坯块，在良好的通风条件下堆放阴干而成。由于土坯砖是在干缩后加以砌筑，所以土坯墙的干缩裂缝小于夯土墙。土坯墙组砌时宜采用一顺一丁砌法，使内外搭接、上下错缝。承重墙每天砌筑高度宜为1～1.5m，不能过大。

由于土坯墙的承压能力较差，在直接支承楼板、屋面板荷重的部位应设置钢筋混凝土圈梁，以加强建筑物的整体性和防止墙体因受力不均匀而开裂。为加强纵横墙间的连结，沿竖向每隔一定距离要埋入木筋、竹筋等拉条。为提高墙体耐水性，干透后可用白灰粘土浆抹灰。

第四节 隔墙与隔断

隔墙仅起分隔房间的作用，为了满足使用要求和经济性要求，隔墙应满足重量轻、厚度薄、耐火、耐湿、隔声、便于拆装等要求。隔断是指上部不到顶的隔墙或分隔构件。

一、隔墙的类型

隔墙按构造方式可分为三种：

（一）块材式隔墙

块材式隔墙是指用普通砖、空心砖、加气混凝土砌块等块材砌筑的隔墙，这类隔墙具有取材容易，刚度较好，隔声效果好的优点，但隔墙自重较大，施工为湿作业。这类隔墙处的楼板一般需做结构处理。

（二）立筋式隔墙

立筋式隔墙是指用木材、钢材或其它材料构成骨架，骨架的两面或单面再钉结、镶嵌或涂抹面层的隔墙，如板条抹灰隔墙、钢丝网（板）抹灰隔墙、纸面石膏板隔墙等。这类隔墙具有自重轻，厚度薄，湿作业少的优点，由于多数都有空气间层，因此隔声效果也较好。这类隔墙处的楼板不需作结构处理。

（三）板材式隔墙

板材式隔墙是指单板高度相当于房间净高，面积大，且不依赖骨架，直接装配而成的隔墙，如碳化石灰板隔墙、加气混凝土板隔墙等，这类隔墙具有工业化程度高，施工速度快，减少湿作业，且厚度薄，拆装简便的优点。由于我国农村建材生产和交通运输不便的原因，目前这类隔墙还未能在农村中广为采用，但随着农村经济的发展，交通运输的改善，大量新型建材必将越来越多地为农村建房所采用。

二、常用隔墙构造

由于隔墙种类较多，以下仅介绍目前村镇房屋建筑中常用的几种隔墙的构造。

（一）普通砖隔墙

普通砖隔墙是目前农村中采用仍较广泛的一种隔墙，按其厚度可分为1/4砖和1/2砖隔墙两种。

1. 半砖隔墙

半砖隔墙厚度的标志尺寸为120mm。为了加强隔墙的稳定性，要采用以下措施：

（1）砌墙砂浆的强度等级应不低于M5。

（2）隔墙两端与主墙连接处应留拉结钢筋，一般沿竖向每6～8皮高设2φ4钢筋。

（3）隔墙高度大于或等于3m，或长度大于或等于5m时，应沿墙高度每12～16皮高砌入1φ6钢筋，并与两端处的拉结筋连接。

（4）隔墙顶部与楼板相接处，为使隔墙与楼板挤紧，但又不使楼板荷载传给隔墙，应采用立砖斜砌或预留30mm左右缝隙，每隔1m用木楔打紧。

半砖隔墙构造见图3-35。

2. 1/4砖隔墙

1/4砖隔墙是用砖侧砌而成，厚度的标志尺寸为60mm，这种隔墙一般只适用于面积较小或无门洞的隔墙，为加强隔墙的稳定性和刚度，隔墙应符合以下几条要求：

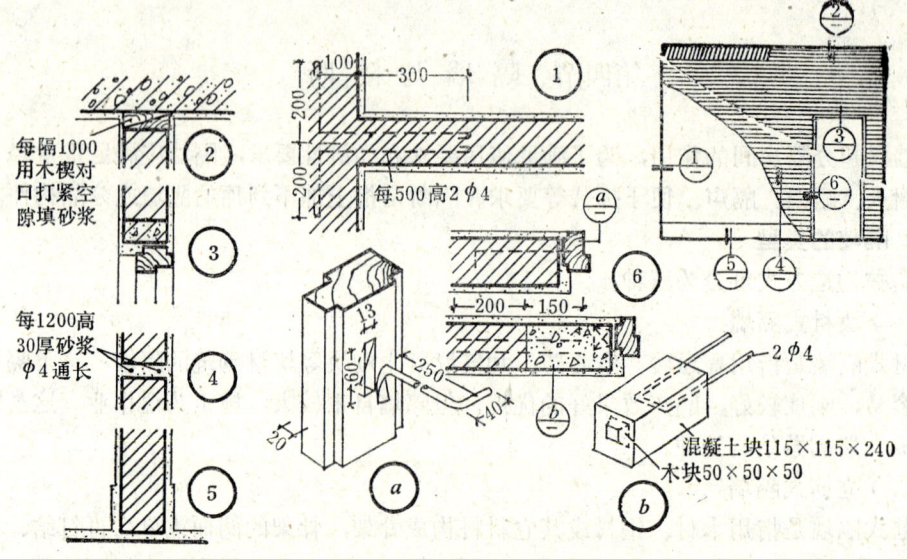

图 3-35 半砖隔墙构造

（1）隔墙的高度不应大于 3 m。

（2）隔墙上设门时，边框应作成到顶的形式。

（3）砌墙砂浆的强度等级不应低于 M 5。

（4）隔墙与主墙或门框应设拉结筋拉结，通常为每 6～8 皮高用 1φ4 钢筋拉结。

（5）隔墙的两面宜用强度较高的砂浆抹面。

（二）灰板条隔墙

灰板条隔墙也是农村中常用的一种传统做法的隔墙，优点是重量轻，便于拆装，但防火、防水性能较差，且耗用木材。

灰板条隔墙的骨架由立筋（立柱）、上槛、下槛、斜撑等构件组成，立筋的断面尺寸依墙高不同而异，常为 50×70mm 或 50×100mm，间距一般为 400～600mm，斜撑中距为 1200～1500mm。在骨架的两面，将灰板条横钉在立筋上，板条规格常为 6mm×24mm×1200mm。灰板条隔墙构造中应注意以下几点：

1.上下板条之间应留 7～10mm 的空隙，使抹灰时的灰浆能挤到板条缝的背面，从而提高附着力。

2.板条端头的接缝处应留出 3～5mm 空隙，防止抹灰时板条吸水膨胀相顶弯曲而变形。

3.接头缝应每隔 500mm 错开位置，防止抹灰层出现通长的裂缝。

4.为了防潮和做水泥砂浆踢脚线，隔墙下部可先砌二皮粘土砖。

为了充分利用地方材料，可用芦苇制成的芦苇板或用高粱秆制成的秫秸板代替板条。

灰板条隔墙见图3-36。

（三）人造板材隔墙

人造板材隔墙是立筋式隔墙中全部采用作业施工的所有板材隔墙的统称。它由各种面板与骨架钉嵌而成，包括纤维板隔墙、胶合板隔墙、碎木板隔墙、木丝板隔墙、棉杆板隔墙、刨花板隔墙、纸面石膏板隔墙等。其共同特点是施工简单、拆装方便、自重轻，但

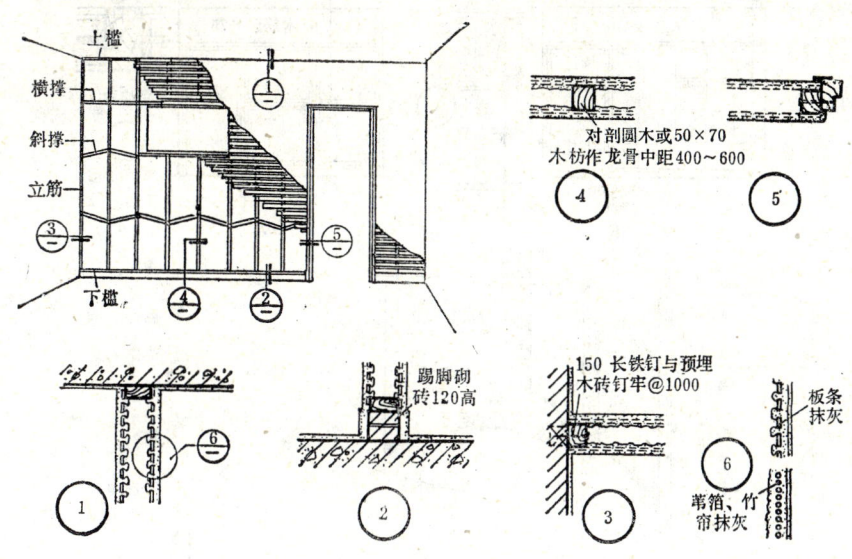

图 3-36 灰板条隔墙

耐水性、耐火性及隔声性能较差（除纸面石膏板以外）。

这些隔墙的骨架是由立筋（墙筋），上、下槛，横撑等组成，骨架的材料大多采用木制，纸面石膏板可采用石膏制成或轻钢做成的骨架，有些产竹地区，也采用毛竹制作的骨架（图3-37）。

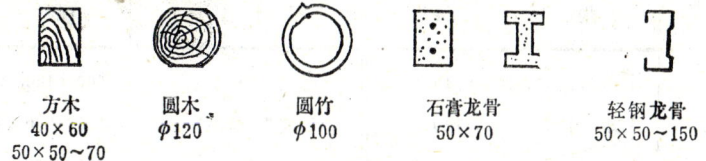

图 3-37 常用龙骨的断面

这类隔墙制作时根据面板的单、双层及与骨架的相对位置的不同，有贴板式和镶板式两种做法。

1.贴板式

贴板式做法是立好骨架后，在骨架的一侧或双侧钉上人造板材，板材的接缝可做成平缝、三角缝或用木压条、铝合金压条盖缝。这种做法的隔墙有的不需作表面加工[图3-38(a)]。

2.镶板式

镶板做法是选用较好的木料，并经加工后作成骨架，把人造板材镶嵌在骨架的中间，四周用木压条夹牢。这种做法只需一层板材，可使两面都很美观，且造价较低。其缺点是隔声性差。这种隔墙也适用于镶装玻璃，以供采光用[图3-38(b)]。

人造板材隔墙中的骨架间距应与所用板材的规格相适应，即应使骨架的间距等于板材尺寸的分倍数，否则将要大量裁割板材，造成不必要的浪费。各类板材的规格参见表3-3。

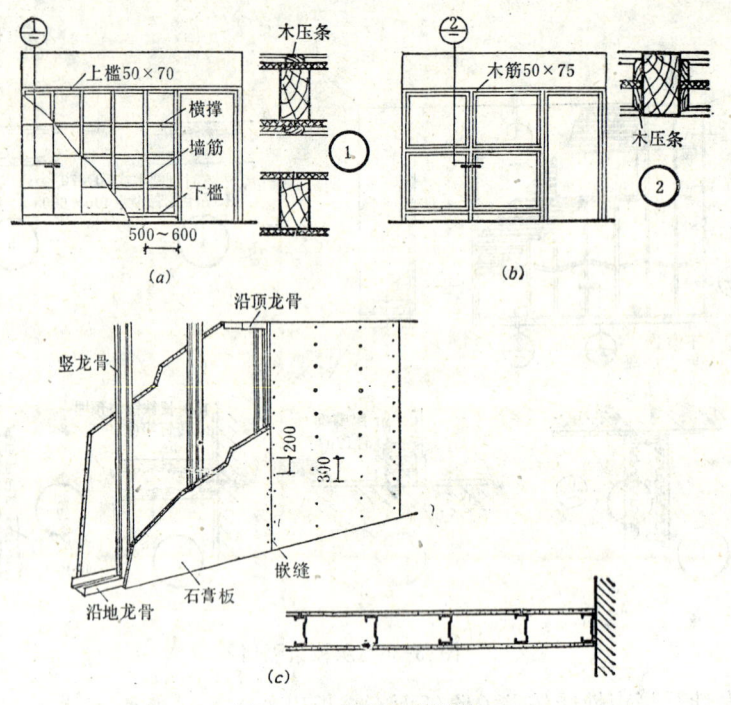

图 3-38 人造板材隔墙

（*a*）贴板式作法；（*b*）镶板式作法；（*c*）纸面石膏板隔墙

几种常用的板材规格（mm） 表 3-3

板 材 名 称	规　　格	板 材 名 称	规　　格
纤 维 板	1200×2400×3～4(厚)	棉 杆 板	600×1500×15～18(厚)
胶合板(3～5层)	1200×1800×4～7(厚)	石膏板(纸面)	1200×3000×9～12(厚)
刨 花 板	1200×2400×10～12(厚)	木 丝 板	600×1500×25～35(厚)
碎 木 板	1200×2400×14(厚)	玻　璃	600×1200×2～3(厚)

第五节 墙 面 装 修

一、墙面装修的作用

墙面装修是指对建筑物墙体表面进行一定的装饰，是整幢建筑物装修的一个重要组成部分。墙面装修的作用包括三个方面。

（一）保护墙体作用

这是墙面装修的首要作用，尤其是外墙面装修，可以提高墙面抵抗自然界侵蚀的能力，延缓墙体结构的风化，提高墙体的耐久性。

（二）改善墙体物理性能的作用

墙体内外表面的装修层，增加了墙体的厚度，提高了墙体保温（隔热）的能力，尤其是外墙面选用浅色和光滑的装修材料时，可以反射大量的太阳辐射热。

在室内，墙体表面的装修层大多采用平整、光滑、浅色的表面，增加了室内反射光，改善了室内照度条件。

在某些对声学要求较高的房间中，墙面的特殊装修构造可起到所需的吸声和扩声（反射）作用，达到要求的音质效果。

（三）美观、清洁作用

墙面装修可使墙面清洁卫生，面貌焕然一新。通过内外墙面装修层所表现出的色彩、线条、质感，可大大增加建筑物的美观效果，丰富建筑物外部和室内空间的艺术形象。

二、墙面装修的分类和要求

（一）墙面装修的分类

墙面装修按装修部位分为外墙面装修和内墙面装修两类，外墙面装修是整幢建筑物室外装修的主要内容，内墙面装修属于室内装修的一部分（还有地面，顶棚装修）。

墙面装修按所用材料和施工工艺分，可分为抹灰类、贴面类、涂刷类和裱糊类等四类。抹灰属于传统的施工方法，因此使用最为广泛，贴面类是指在墙面上铺贴天然石材、人工石材、或陶瓷制品等块状装修材料，这些材料的耐水性、耐久性、观感效果均较好，但造价较高。涂刷类是装修面层做法中较简便的一种方式，具有省工、省料、更新方便、造价低的优点，但耐久年限短。裱糊类只适用于室内，装修效果好，但耐水性较差，造价较高。

建筑装修的标准应根据建筑物的等级来确定，一般来说，建筑物的等级越高，相应的装修标准也较高。

各类墙及装修适用的材料见表3-4。

墙 面 装 修 的 分 类　　　　　　　　　　　　　　　　表 3-4

装 修 类 别	室 外 装 修	室 内 装 修
抹 灰 类	水泥砂浆、混合砂浆、聚合物水泥砂浆、拉毛、甩毛、扒拉石、假面砖、水刷石、干粘石、喷粘石、斩假石、拉假石、喷毛、喷涂、滚涂、弹涂	纸筋灰、麻刀灰、石膏罩面、膨胀珍珠岩灰浆罩面、拉毛、拉条、扫毛、混合砂浆
贴 面 类	面砖、陶瓷锦砖、水磨石板、天然石材	瓷砖、面砖、大理石板、花岗石板、预制水磨石板
涂 刷 类	石灰浆、水泥浆、勾缝、溶剂型涂料、乳液涂料、硅酸盐无机涂料	大白、石灰浆、油漆、乳胶漆、水溶性涂料
裱 糊 类		纸基涂塑壁纸、纸基覆塑壁纸、玻璃纤维贴墙布

（二）墙面装修的要求

墙面装修的选择与房屋的使用要求、规划要求、工程造价、材料供应、施工技术等因素有关，在选用墙面装修做法时，应考虑以下几点。

1.适用性

不同的房屋或房间，使用上对墙面装修有不同的要求，如卫生间、浴室的墙面要求耐水、防潮；人流多的公共建筑走廊、楼梯间墙面要耐脏易清洗；影剧院观众厅的后墙面要求吸声等等。还要考虑各部位的特点，如外墙面装修应选择强度高、耐水、耐候性好的材料，而内墙面装修主要应选择表面光滑，不易积灰，触感好，有一定强度和耐水性的材料。

2.经济性

我国目前经济建设需要大量资金，农村建房也应讲求经济性，应在可能的经济条件下，选择与之适应的装修材料。许多高档装修材料价格昂贵，目前情况下不宜用于农村的大量房屋。

3.可能性

良好的装修效果需要与之适应的材料和技术来实现，农村建房应根据当地建材供应及施工技术条件来选择装修。

4.地方性

不少地区有着习用地方材料作装修的传统，既经济实用，又简单方便，从某种方面来讲，还能体现地方风格，因此，装修中应充分利用地方材料和传统作法。

三、墙面装修构造介绍

墙面装修做法繁多，各地做法也不尽相同，加上一些地方材料，种类更为繁杂，以下仅能简要介绍几种常用构造的基本做法。

（一）抹灰类

抹灰一般应分层进行，这是为了避免抹灰层中的砂浆因干缩而产生的裂缝。标准较高的抹灰分底层、中层、面层；一般标准的抹灰只分底层和面层。

抹灰底层的作用是与基层粘结和初步找平。厚度一般为10～15mm，中层的作用是进一步找平和弥补底层出现裂缝，厚度一般为5～10mm；面层则起着装饰和保护的作用，厚度一般为2～10mm。抹灰层的总厚度为：室外抹灰一般为15～25mm，室内抹灰为15～20mm。

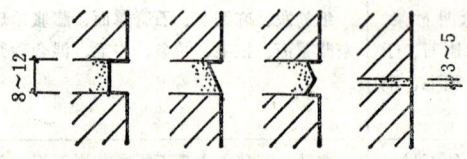

图 3-39 砖墙勾缝形式

1.清水墙勾缝

清水墙勾缝是抹灰的一种特殊形式，一般用1:2～2.5的水泥砂浆勾缝，可根据需要在勾缝砂浆中掺颜料。砖墙勾缝的形式见图3-39，石墙勾缝的形式见图3-32。

2.石灰粘土浆饰面

石灰粘土浆价格低廉，可用于土坯墙、砖墙和板条墙，做法为13～15mm厚草泥打底，再用2～3mm厚1:3石灰粘土罩面。

3.石灰砂浆饰面

石灰砂浆用于砖墙的内外墙抹灰，做法为13mm厚1:3水泥砂浆打底，而后再刮石灰膏或1:1石灰砂浆随抹随搓平压光。

4.纸筋灰、麻刀灰饰面

纸筋灰、麻刀灰用于砖墙、石墙、混凝土墙的内墙抹灰，是最为普及的装修材料，做法为13mm厚1:3石灰砂浆打底，再用2mm厚纸筋灰或麻刀灰罩面。

5.混合砂浆饰面

混合砂浆用于砖墙、混凝土墙的外墙抹灰，做法为13mm厚1:0.3:3水泥石灰砂浆打底，再用5mm厚相同的砂浆罩面。

6.水泥砂浆饰面

水泥砂浆常用于外墙勒脚和室内潮湿房间的墙裙的抹灰，一般做法为13mm厚1:3水泥砂浆打底，再用5mm厚1:2.5水泥砂浆罩面压光。

7.水刷石、干粘石饰面

水刷石用于外墙装饰抹灰，其耐久性、装饰效果较好，缺点是施工工效低，材料浪费多，一般做法为：用12mm厚1:3水泥砂浆打底，再抹上10mm厚1:1.2~1.4水泥石屑浆，待面层六成干燥后用毛刷沾水刷洗掉表面水泥，显露石子。

干粘石装饰效果与水刷石相似，但比水刷石节约材料，采用1:3水泥砂浆打底，然后抹2mm厚1:0.5水泥石灰膏结合层，再把石碴甩到石上，再用抹子轻轻压平拍实。

8.拉毛、甩毛饰面

拉毛、甩毛均为外墙装饰抹灰。拉毛做法为：在1:3水泥砂浆底层上做1:0.05~0.3:0.5~1水泥砂石灰浆面，用铁抹子拉毛；甩毛做法是：在1:3水泥砂浆底层上先刷一道纯水泥浆，再用小帚或竹丝刷将1:1水泥砂浆甩在墙上。

9.斩假石饰面

斩假石饰面是一种较高级的外墙饰面，做法为：在1:3水泥砂浆底层上刮一道素水泥浆，随即抹1:1.25水泥石碴浆，待面层具有一定强度时，用剁斧剁去表面水泥，即显露石碴质感。

（二）贴面类

1.面砖、瓷砖、陶瓷锦砖贴面

面砖、陶瓷锦砖是外墙较高档装饰材料，对于农村的一般工程，只宜在重点部位采用。瓷砖是内墙装饰材料，用于对卫生要求较高的房间。

铺贴这类饰面材料，一般均采用15mm厚1:3水泥砂浆打底，再用5mm厚1:1水泥细砂浆结合层粘结，如加入适量的107胶，粘结效果则更好。

2.水磨石板、天然石材贴面

预制水磨石板和天然石材贴面均属外墙高级装饰，当饰面为小型板材时，可用1:1水泥砂浆粘贴在找平层上；当饰面为大型板材时，在墙面外应固定钢筋网或金属挂钩，将板材绑扎在钢筋网或钩套在挂钩上，然后墙面与板材间分层灌1:1.5~2水泥砂浆（图3-40）。

（三）涂刷类

1.石灰水

石灰水是将生石灰加水经充分消解后形成的熟石灰浆，主要用于内墙面，也可用于外墙面。为提高附着力，可以加入少量食盐和明矾。

2.水泥浆

水泥浆有普通水泥浆和由白水泥与颜料调成的彩色水泥浆，可用于混凝土、水泥砂浆等基层，一般涂刷2~3遍。

3.墙面涂料

近年来墙面涂料已广泛应用于各种房屋中，尤其是内墙涂料更为普及，农村建房也可根据当地情况采用，涂料一般刷2~3遍。

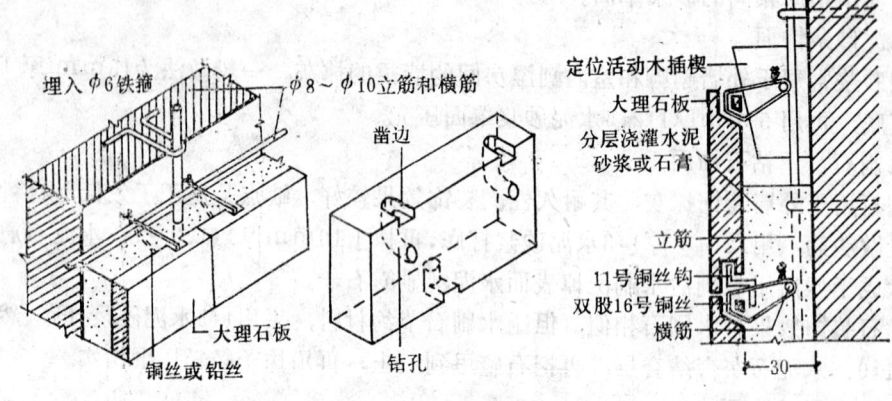

图 3-40 石板贴面构造

（1）内墙涂料 目前各地采用的内墙涂料主要有聚乙烯醇水玻璃涂料（商品名称为"106"）、803内墙涂料、过氯乙烯内墙涂料、聚醋酸乙烯乳胶内墙涂料、乙丙内墙乳胶漆、苯丙乳胶内墙涂料，YJ-8401耐水内墙涂料等，各种涂料的性能和适用条件见表3-5。

近年来，国内已使用多彩喷涂材料作内墙面装饰，其效果类似于墙纸，美观典雅，且

主要内墙涂料的性能特点与用途 表 3-5

涂料品种	特点	用途
聚乙烯醇水玻璃涂料	无毒、无味，能在稍潮湿的墙面上施工，与墙面有一定粘结力，涂层干燥快，表面光洁平滑，具有一定装饰效果	适用于住宅、商店、医院、学校、剧院等建筑的内墙
803内墙涂料	无毒、无味、干燥快，遮盖力强，涂层光洁，在冬季较低温度下不易结冻，涂刷方便，装饰性好，耐湿擦性好，有较高的附着力，能在稍微潮湿的基层及新老墙面上施工	适用于住宅、商店、医院、学校、剧院等建筑的内墙
过氯乙烯内墙涂料	色彩丰富，表面平滑，装饰效果好，具有较好的耐老化性和防火性	适用于住宅和公共建筑的内墙
聚醋酸乙烯乳胶内墙涂料	无毒、无味，易于施工，干燥快，透气性好，附着力强，颜色鲜艳，装饰效果好	适用于要求较高的内墙装饰
乙丙内墙乳胶漆	外观细腻，有良好的耐久性和保色性	适用于较高级装饰建筑的内墙装饰，也可用于木质的窗
苯丙乳胶内墙涂料	可涂刷、喷涂，施工方便，且流平性好干燥快，无嗅、无着火危险，能在略微潮湿的表面上施工，涂膜的保色性和耐擦洗性良好	适用于较高级的住宅及各种公共建筑物内墙装饰
YJ-8401耐水内墙涂料	耐擦洗性好，可用肥皂水擦洗，耐水、耐热性好，在潮湿基层和潮湿环境中不起泡、脱皮、掉粉、开裂，粘结性好，涂膜紧韧，施工简便，可喷可涂刷，干燥快	适用于各种建筑物的内墙装饰

可刷洗，是较高级的内墙装饰材料。

（2）外墙涂料　外墙涂料需要有良好的装饰性、耐水性、耐沾污性、耐老化性，并易于施工与维修，目前主要的品种有：过氯乙烯外墙涂料、聚乙烯醇缩丁醛外墙涂料、氯化橡胶涂料、丙烯酸酯外墙涂料、聚氨酯系外墙涂料、彩砂涂料、JH80-1无机建筑涂料、JH80-2无机建筑涂料及KS-82无机高分子涂料等，其性能和适用特点见表3-6。

主要外墙涂料的性能特点及用途　　　　　　表 3-6

涂 料 名 称	性 能 特 点	用 途
过氯乙烯外墙涂料	涂膜干燥快，施工方便，冬季晴天也能施工，具有良好的大气稳定性和化学稳定性，不延燃，耐水性、耐霉性较好	适用于住宅、商店、旅馆、医院等建筑物的外墙装饰
聚乙烯醇缩丁醛外墙涂料	防水、耐磨性较好，涂膜具有柔韧性，有一定的耐酸碱性	适用于住宅、商店、旅馆、医院等建筑物的外墙装饰
氯化橡胶涂料	施工方便，可喷涂、滚涂和刷涂，干燥快，附着力好，防腐蚀性良好，耐湿擦性、耐久性较好	适用于多层、高层建筑的外墙及游泳池、地墙、污水池等
丙烯酸酯外墙涂料	耐候性良好，不易变色、粉化或脱落，结合牢固，使用时不受温度限制，施工方便，可刷涂、滚涂、喷涂，可按要求配制各种颜色	适用于住宅、旅馆、商店、医院等建筑物的外墙装饰
聚氨酯系外墙涂料	具有近似橡胶弹性的性质，涂层对基层裂缝有很大随动性，具有较好的耐水、耐碱、耐酸性能，表面光洁呈瓷状质感，耐候性、耐沾污性好，施工要求严格，且应注意防火	用于较高级建筑物的外墙装饰
乙一顺乳胶漆	塑性、耐碱性较好	适用于水泥砂浆外墙面
乙一丙乳胶漆	以水为稀释剂，安全无毒，施工方便，干燥迅速，耐候性和保光保色性好	适用于住宅、商店等民用建筑的外墙
氯一醋一丙三元共聚乳液涂料	耐水性、耐碱性好，涂膜表面微粉化，在雨水的冲洗下能将表面沾污物一起除去，是一种具有自洁性的涂料	很适用于污染严重的外墙
104外墙涂料	无毒、无味，涂层厚且呈片状，防水、防老化性能较好，干燥快，粘结力强，色泽鲜艳，装饰效果良好	适用于各种工业、民用建筑外墙
彩砂涂料	无毒、无溶剂污染，快干，不燃，耐强光，不褪色，耐污染性好	适用于各种板材及水泥砂浆抹面的外墙面
JH80-1无机涂料	耐老化，耐紫外线辐射，成膜温度低，色泽质感丰富，以水为分散介质，施工方便，可喷涂、刷涂、滚涂、弹涂，工效较高	适用于水泥砂浆抹灰面、水泥预制板、水泥石棉板、砖墙、石膏板等多种基层
JH80-2无机涂料	耐水、耐酸、耐碱、耐冻融、耐老化、耐擦洗、涂膜细腻，颜色均匀明快，装饰效果好，涂膜可打磨、抛光，涂膜不产生静电，不吸尘，耐污染性好，遮盖力强，附着力好，以水为分散介质，施工方便易于刷涂，也可喷涂、滚涂	适用于水泥砂浆抹灰面、水泥预制板、水泥石棉板、砖墙、石膏板等多种基层

涂 料 名 称	性 能 特 点	用 途
KS-82无机高分子外墙涂料	涂膜透气，密度高，无静电，耐候性、耐污染性好，耐碱性极佳。不需要进行涂底处理，耐水性良好，成膜温度低，无毒，不燃耐老化性好	适用于混凝土、轻质混凝土、预制混凝土、加气混凝土、水泥木丝板、石膏板、砖墙、水泥砂浆等墙面的装饰

（四）裱糊类

一些装饰要求较高的内墙面，可在基层上裱糊塑料壁纸或墙布，塑料壁纸有印花、压花、发泡等品种，墙布有玻璃纤维墙布、化纤墙布、棉纺墙布、无纺墙布等品种，各种壁纸、墙布均应粘贴在具有一定强度、表面平整光洁且不疏松掉粉的干净基层上，如水泥砂浆、混合砂浆、石灰砂浆抹面、纸筋灰罩面、石膏板、石棉水泥板等预制板材，以及质量达到标准的现浇或预制混凝土墙面，或者木板表面为了避免基层吸水过快，裱糊前应在基层上先刷一遍1∶0.5～1的107胶水作封闭处理，待胶水干后再开始裱糊。裱糊的粘结剂常采用聚醋酸乙烯乳液或107胶或壁纸专用粘合剂。

复习思考题

1.试述房屋建筑中墙体的主要作用。

2.墙体的四种承重方案各有什么优缺点？各适用哪些建筑？

3.墙体设计要求包括哪些方面？

4.写出实心砖墙的厚度尺寸、墙段尺寸和洞口尺寸的计算方法。

5.空斗墙、空心砖墙与实心砖墙对比，有哪些特点？

6.勒脚的作用是什么？有哪些构造做法？

7.窗台的作用是什么？什么情况下外窗台可以不做挑出？外窗台构造要求是什么？

8.墙身防潮层的作用是什么？水平防潮层的位置如何确定。

9.明沟和散水各适用于什么情况下的房屋？明沟与散水的构造要点是什么？

10.常用过梁有哪些形式？各适用于哪些情况下的门窗洞口？各种过梁的构造如何？

11.圈梁布置的要求是什么？圈梁在什么位置容易被切断？应采取什么措施？

12.砖砌烟道和通风道的尺寸各是多少？什么情况下采用子母烟道和通风道？

13.隔墙和隔断有什么区别？对隔墙有哪些要求？常用隔墙有哪些构造种类？

14.墙面装修的作用是什么？内外墙面的装修各有什么要求？常采用哪些做法？

作业一 墙身节点详图

一、目的要求

通过本作业练习，掌握除屋顶檐口以外的墙身剖面构造，训练绘制和识读施工图的能力。

二、作业条件

1.三层教室的外墙，层高3.6m，室内外高差0.45m；

2.承重砖墙的厚度为以下任选一种：180、240、370、490（按当地习惯选定）；

3.采用钢筋混凝土预制空心楼板（板的尺寸按当地尺寸规定）；

4.墙面装修，楼、地面做法由学生自行确定。

三、作业要求

1.本作业内容包括三个部分：勒脚部位节点；窗台部位节点；楼层处节点。三个节点的定位轴线对齐画，即形成外墙剖面详图的主要部分。

2.比例：1∶10；

3.图纸：3号绘图纸，以铅笔或墨线绘成（不能用描图纸）；

4.绘图深度

（1）绘出定位轴线；

（2）绘出墙身、勒脚、内外装修层厚度，绘出材料符号；

（3）绘出水平防潮层，注明材料和作法，并注明防潮层的标高；

（4）绘出散水（或明沟）和室外地面用多层构造引出线标注其材料、作法、强度等级和尺寸；标注出散水宽度、坡度方向和坡度（明沟要标出深度，纵向坡度），标注室外地面标高。

（5）绘出室内首层地面构造，用多层构造引出线标注，绘出踢脚板，标出室内地面标高。

（6）绘出内外窗台，标明形状和饰面，标注窗台的厚度、宽度、坡度方向和坡度，标注窗台顶面标高。

（7）绘出窗框轮廓线，不必绘细部（其位置应正确，断面形状应准确）与窗台的连接应清楚。

（8）绘出窗过梁，注明尺寸和梁底标高。

（9）绘出楼板、楼层地面、顶棚，并用多层构造引出线标注，标注楼面标高。

（10）画出楼板与外墙锚固或拉结钢筋，标注出材料和数量。

第四章　楼板层与地坪层

楼板层和地坪层是建筑物的重要组成部分。楼板层包括楼层面层（即楼面）、楼板和顶棚三部分。地坪层通常包括地坪层面层（即地面）、垫层和基层三部分。

楼板层把房屋分隔成若干层，楼板承受楼面上的人、设备、物品的荷载及楼板层自重，是房屋垂直方向的分隔构件和承重构件。楼板支承在墙或柱上，它不仅向墙或柱传递荷载，而且也承受墙或柱传来的水平荷载，因此，楼板对墙或柱也起着水平支撑的作用。楼板层还起层间的隔声作用，有时还起保温（隔热）作用，所以楼板层也有围护功能。

地坪层承受着地面上的人及设备的荷载，并把荷载传给它下面的地基。

第一节　楼板层类型与要求

一、对楼板层的要求

（一）对楼板的强度和刚度要求

楼板必须具有足够的强度，能承受自重和使用荷载以确保安全，同时还应具有足够的刚度，在其荷载的作用下，产生的弯曲变形（称为挠度）不超过允许的范围。

（二）对楼板层的隔声、防火、防水要求

不同使用要求的房间，对楼板层的隔声、防水有不同的要求；不同耐火等级的房屋，对楼板层的防火也有不同的要求。

楼板层的隔声能力主要取决于楼板的面密度（即每m²的质量），此外，还取决于楼面的材料和构造做法以及顶棚的构造等，如采用增加楼板的表观密度、用具有弹性的材料做楼面或做浮筑面层、加设吊顶等措施，均可提高楼板层的隔声能力。

楼板层的防火能力主要取决于楼板构件的燃烧性能和耐火极限，此外，楼面材料及顶棚材料也影响着楼板层的耐火性。

楼板层的防火、防渗能力主要取决于楼板、楼面材料的抗渗性能，当采用装配式楼板时，板缝的密实性也会影响楼板层的防水能力。

（三）对楼板层的热工要求

对楼板层的热工要求包括两个含义：一是指对整个楼板层的保温和隔热性能的要求，一般房间对这方面的要求不高，但某些有采暖的或空调的个别房间，以及寒冷地区当楼板下部与室外直接接触的情况下，就要求楼板层起保温（或隔热）的作用；第二个含义是对楼面及地面热工性能的要求，如幼儿园、托儿所、医院病房等，对地面热工性能要求较高，宜采用吸热指数小的材料。

（四）经济性与合理性要求

多层房屋楼地层的造价一般约占建筑造价的20％～30％，因此，在进行楼地层设计时，应力求做到经济合理，选材时应注意就地取材，尽量减少楼板厚度和自重，还应注意使楼地层与房屋的质量标准和房间的使用要求相适应，并尽量降低造价。

二、楼板的类型

楼板依所用材料的不同，分为钢筋混凝土楼板、砖拱楼板、木楼板三种类型(图4-1)。

（一）钢筋混凝土楼板

钢筋混凝土楼板具有强度高、刚度好、耐久、防火、防水性能好的优点，故在村镇房屋建筑中采用最为广泛。按施工方法的不同，钢筋混凝土楼板又分为现浇钢筋混凝土楼板和预制钢筋混凝土楼板两类。

（二）砖拱楼板

砖拱楼板是用普通粘土砖或拱壳砖砌成的，它与钢筋混凝土楼板相比，可节省钢筋和水泥，

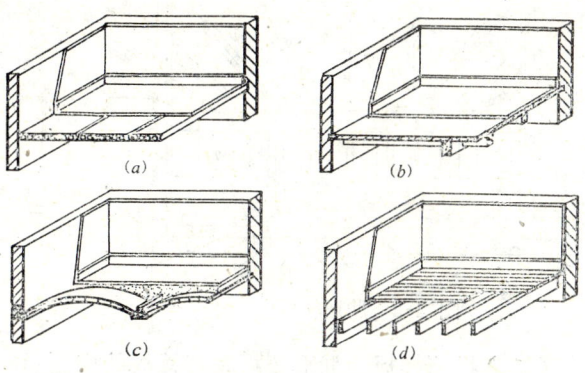

图 4-1　楼板类型
(*a*、*b*)钢筋混凝土楼板；(*c*)砖拱楼板；(*d*)木楼板

造价也较低，但楼板厚度大、自重大、整体性较差，抗震性能也较差。因此，抗震设防地区不能采用，也不宜用于地基不均匀沉陷的情况。

（三）木楼板

木楼板具有自重轻、构造简单等优点，但防火性、耐久性、隔声性差，故不宜采用于公共建筑，我国木材资源极为缺乏，目前除林区和运输极为不便的山区外，为节约木材，已极少采用木楼板。

第二节　钢筋混凝土楼板构造

一、现浇钢筋混凝土楼板

现浇钢筋混凝土楼板系采用就地支模、浇灌混凝土而成。这种楼板坚固、耐久、整体性、防水性好，但需大量消耗模板、耗费木材，且工期长、劳动强度大。它适用于平面不规则、防水要求高、整体性要求高的房屋以及没有预制生产能力和运输困难的地区。

（一）现浇钢筋混凝土楼板的结构形式

现浇钢筋混凝土楼板根据结构布置的方式不同，可分为板式楼板、梁板式楼板和无梁楼板三类。

1.板式楼板

当房间的尺寸不大，短边尺寸不超过2～3m时，可以不设梁，而将楼板直接支承在墙上，这种楼板称为现浇钢筋混凝土板式楼板，板的厚度一般为80mm左右。这种楼板具有板底平整美观、支模简单、浇筑方便等优点，但跨度较大时，板的厚度和钢筋的用量增大，不够经济。

2.梁板式楼板

当房间的尺寸较大时，宜采用梁板式楼板。

现浇钢筋混凝土梁板式楼板是由板、梁组成，并整浇在一起的。按梁的布置方式和受

力特点，这类楼板又可分为肋形楼板（图4-2）和井字楼板（图4-3）两种结构形式。

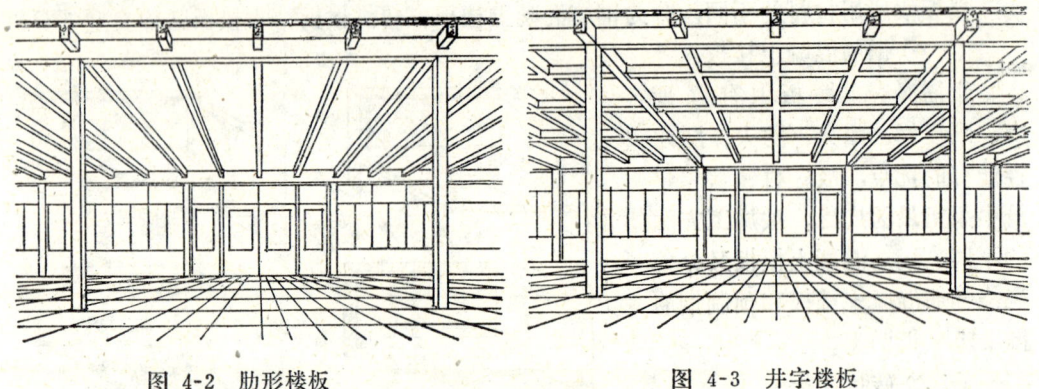

图 4-2　肋形楼板　　　　　　　　　　　　图 4-3　井字楼板

（1）肋形楼板　肋形楼板是指楼板的底面呈现纵横交叉且大小不一的肋梁。肋形楼板由板、次梁、主梁组成。从受力上看，板支承在次梁上，次梁支承在主梁上，主梁支承在墙或柱上。

在进行结构布置时，除考虑板的经济跨度以外，还应考虑梁的经济跨度，主梁应沿房间的短跨方向布置，其经济跨度为5～8m，当房间跨度方向超过这一数值时，应在房间中设柱，以减小主梁的跨度。主梁的截面高度一般为主梁跨度的1/4～1/8，截面宽度一般为梁高的1/3～1/4。次梁垂直于主梁布置，其跨度就是主梁的间距，次梁的经济跨度一般为4～6m，次梁的截面高度一般为次梁跨度的1/18～1/12，截面宽度为梁高的1/3～1/2。

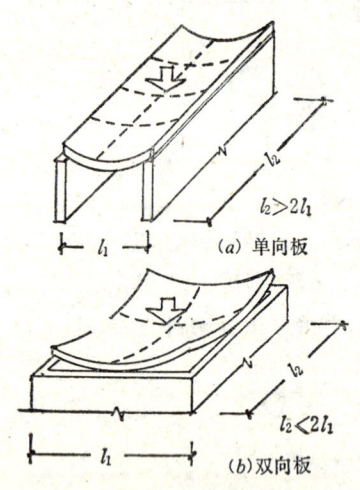

图 4-4　单向板、双向板的受力情况

板支承在次梁上，板的短向跨度就是次梁的间距，板的跨度（指板的短向跨度）以1.5～3m为经济，板的厚度依结构类型而异，通常为60～80mm。当板的长边与短边尺寸之比大于2时，可认为此板基本上是沿单向（短向）传递荷载，因此称为单向板［图4-4（a）］。当板的长边与短边尺寸之比小于2时，应将板的荷载传递看成是双向的，故称为双向板［图4-4（b）］。从形式上看，单向板比较窄长，双向板比较接近方形，比例感较好。从结构上看，单向板计算简便、施工方便。

（2）井式楼板　当房间的尺寸接近方形或呈方形，且尺寸在10m左右时，如公共建筑的大厅或门厅，常从建筑角度考虑，将纵横两方向的梁做成相同截面并使间距相等或相近，形成井格梁板结构的形式，这种结构形式的楼板称为井式楼板（图4-3），它的楼板底面较为规则、美观、而且这种楼板中梁的截面尺寸较小，相应地提高房间的净高。

3.无梁楼板

在商场、仓库等建筑中，不但房间面积大，而且楼板活荷载较大（5kN/m²以上），如仍然采用肋形楼板，必须加厚板的厚度，来保证板的强度和刚度，此时，常采用另一种结构形式的楼板，即无梁楼板，它比肋形楼板更为经济。

无梁楼板是将厚度较大（＞120mm）的楼板直接搁置在柱子或墙上，无梁楼板的柱应尽量按方形网格布置，间距 6 m 左右为宜。为了减小板的跨度和增大柱的支承面积，要在柱顶加设柱帽和托板。

无梁楼板还具有顶棚平整、室内净空大，采光通风好，支模简单的优点，缺点是钢材用量大。

无梁楼板的透视见图4-5。

图 4-5　无梁楼板

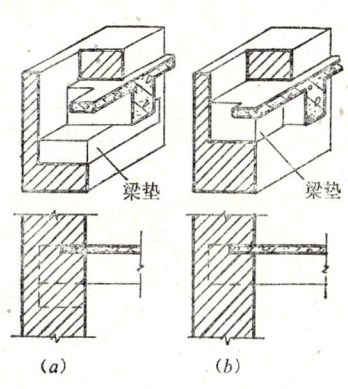

图 4-6　混凝土梁垫的形式

(a)梁垫位于梁的下方；(b)梁垫与梁平齐

（二）现浇钢筋混凝土楼板的搁置构造

现浇钢筋混凝土楼板中的梁和板如支承在墙上时，应考虑支承面面积的要求。为了使楼板的荷载能安全、有效地传递给墙体，且不超过墙体的承压能力，就必须确保梁和板在墙体中有一定的支承面积，因此，规范规定了最小的搁置长度：板在砖墙上的搁置长度一般不小于板厚且不小于120mm；梁在砖墙上的搁置长度为：当梁高小于或等于500mm时，搁置长度不小于180mm，梁高大于500mm时，搁置长度不小于240mm。在工程实践中，一般次梁的搁置长度常采用240mm，主梁的搁置长度常采用370mm。

当梁的荷载很大，经过验算墙的支承面积不够时，应按计算设置梁垫，把梁传来的荷载扩大到较大的面积上去，以避免墙体因局部承压能力不够而受破坏。梁垫可为现浇，也可做成预制混凝土梁垫。梁垫的厚度、宽度及长度尺寸应与砖墙的模数相符合，以避免砍砖和方便施工。现浇混凝土梁垫与楼板一道浇捣，其位置可以在梁的下方[图4-6(a)]，也可以与梁底平齐[图4-6(b)]。

二、预制装配式钢筋混凝土楼板

预制装配式钢筋混凝土楼板的板和梁是在预制厂（场）或现场预制，然后用人工或机械安装到房屋上去。这种楼板与现浇钢筋混凝土楼板相比，减少了高空的湿作业，减轻了工人的劳动强度，节省了模板，且易于保证质量，同时，便于做成预应力混凝土构件，达到节约材料的目的。

普通钢筋混凝土受弯构件，因混凝土的抗拉强度低，容易在弯拉区出现裂缝，裂缝的开展不但使构件的挠度增大，而且使钢筋失去保护作用而锈蚀，影响构件的承载能力和刚度。

预应力混凝土受弯构件，是以某种方式对混凝土预先施加压力，使构件在正常荷载作用下产生的拉应力被预先施加的压应力抵消去一部分,从而减少了拉应力,并推迟裂缝的出现。预加压力的方法有先张法和后张法两种,先张法适用于中小型构件,后张法适用于大中型构件。

采用预应力混凝土构件可节省钢材30%~50%,节约混凝土10%~30%。

(一)预制装配式钢筋混凝土楼板类型

预制装配式钢筋混凝土楼板按楼板构件的大小和构造方式分为实心平板、槽形板、空心板三类。

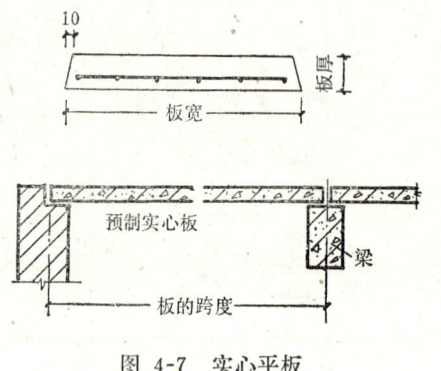

图 4-7 实心平板

1.实心平板

预制实心平板的跨度一般不超过2.4m,板的厚度应不小于板跨度的1/30,一般为50~80mm,板的宽度为500、600、900mm等,见图4-7。

预制实心平板一般用于铺设走道、卫生间、厨房、楼梯平台以及作管沟盖板、架空搁板等。

·2.槽形板

槽形板是梁板合一构件,平板两侧设有纵肋,肋相当于梁,中间的板很薄,构成冂形截面,其尺寸比实心平板大,能跨越较大跨度,板宽为500~1200mm,板厚为30~50mm,肋高为150~360mm,板的跨度为3~6m,为了提高板的刚度和便于搁置,板的两端常以端肋封闭。当跨度达6m时,则板的中部每隔500~700mm处增设横肋一道。

槽形板有正槽板和倒槽板两种,正槽板受力合理,但板底不平整,这种槽形板常用于不要求顶棚平整的房间,否则需要做吊顶,反槽板的槽口向上,受力性能不甚合理,但底面平整、槽内可填轻质材料作隔声或保温用,这种板还需另设平板或木楼面作面层。

槽形板楼板见图4-8。

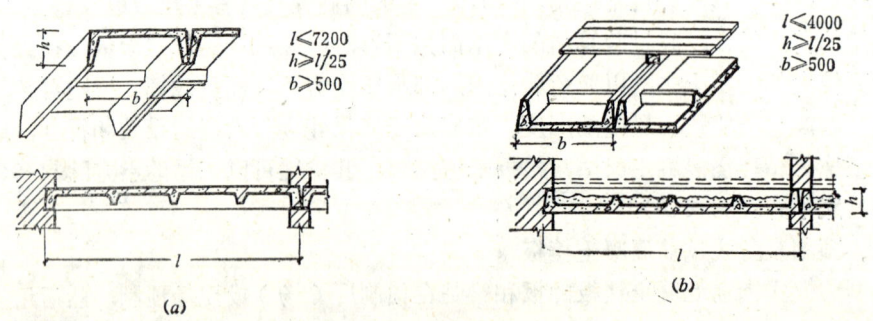

图 4-8 槽形板楼板

(a)正槽板;(b)反槽板

3.空心板

在钢筋混凝土受弯构件中,其截面的上部靠混凝土承担压力,下部是靠钢筋承担拉力,中性轴附近内力很小,如果把它挖去一部分,不会影响构件的正常工作,空心板就是根据这一原理产生的,它节省了材料,减轻了自重,并使上下两面均为平整面,便于做楼板和顶棚，由于板厚较大又有孔，空心板的刚度和隔声效果均优于上述楼板。

空心板的孔形有方孔、椭圆孔、圆孔等形式，孔数有单孔、双孔和多孔几种（图4-9）。

图 4-9　空心板的孔型

方孔空心板的截面孔洞率大，混凝土用量少，但抽芯困难，且刚度较差，圆孔空心板的截面孔隙率小，用料多，自重大，但板的刚度大，受力性能好，抽芯容易，因此采用较多，椭圆孔空心板的优缺点介于方孔板和圆孔板之间。

空心板的跨度一般为2.4～6.0m，板的高度为120或180mm，板的宽度有500、600、900、1200mm等（各地不一）。

（二）预制装配式钢筋混凝土楼板细部节点

1.板缝调整与处理

预制钢筋混凝土板属于单向板，板的长边不能伸入墙内，在具体布置板时，当若干块板宽尺寸之和与房间净尺寸不能吻合，产生差额时，可采用以下办法解决：

（1）增大板缝宽度　一般预制板的设计板缝为10mm宽，可将若干块板的板缝加大至20mm，若必须再加大且在600mm以内时，可在缝内配置钢筋予以加强（图4-10）。

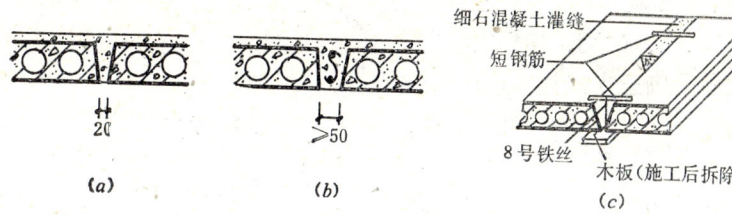

图 4-10　板缝调整与灌缝处理
(a)正常缝隙宽度；(b)增大板缝宽度；(c)板缝的灌缝施工

（2）沿墙边做挑砖　由平行于板边的墙挑砖，挑出的砖与板的上下表面平齐，挑出的尺寸不得大于120mm[图4-11(a)]。

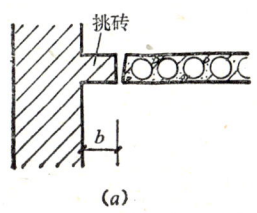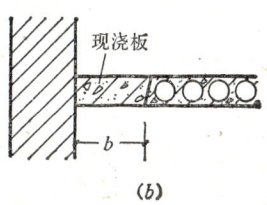

图 4-11　挑砖与现浇板带
(a)挑砖处理；(b)现浇板带

（3）增加局部现浇板　当差额大于120mm而小于300mm时，也可设置现浇板带，现浇板内的配筋应与预制板的配筋相同。现浇板带的位置宜位于墙边[图4-11(b)]。

2.板的搁置与锚固

预制板搁置在墙或梁上时，应在支承面上抹10～20mm厚M5砂浆，边铺边安装就位，这层砂浆称坐浆，它起保证预制板安放平稳和平整的作用。若采用空心板时，板两端的孔洞应先用混凝土预制块或砖块和砂浆堵严，以提高板端承压能力，避免上部墙体压坏板端，并可防止灌缝砂浆流入孔内。

为保证荷载能有效地传给墙或梁，预制板在墙上的支承长度一般不应小于110mm，在梁上的支承长度不应小于70mm。梁的截面通常为矩形，预制板直接搁置在梁的顶面上（图4-12），梁的截面也可以做成花篮形、十字形，将板搁置在梁的牛腿上[图4-12(b)、(c)]，此时梁的顶面与板的顶面平齐，减少了梁、板所占的高度，可以提高梁底标高，使室内净空增加。

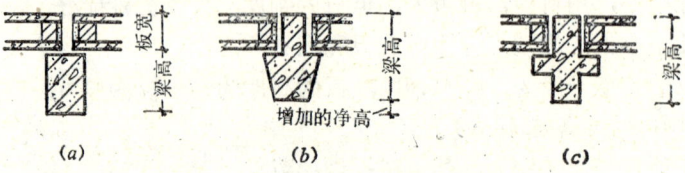

图 4-12 预制板在梁上的搁置

(a)搁置在矩形梁上；(b)搁置在花篮梁上；(c)搁置在十字梁上

为了增强房屋的整体刚度和抗震能力，在楼板与楼板之间或楼板与墙体之间常应设置锚固钢筋予以锚固（图4-13）。当楼板与外墙平行时，为加强楼板与外墙的联系，提高房屋的横向刚度，除应将板边与外墙之间用细石混凝土灌实以外，应用拉结钢筋锚固[图4-13(a)]。当楼板支承在墙上或梁上时，应沿墙在板面上铺设带状钢筋网或在板的边缝中设置锚固钢筋[图4-13(b)、(c)]。楼板支承在墙上时，如支承处没有钢筋混凝土圈梁，应采用侧砖或M5水泥砂浆砌三皮砖作支座。

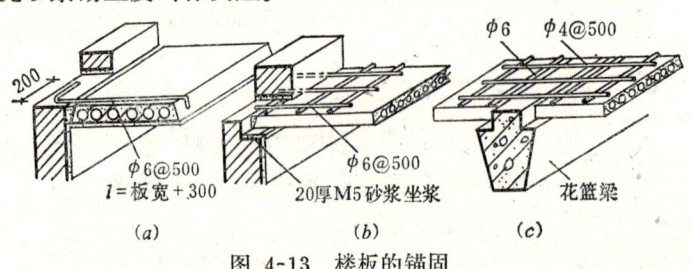

图 4-13 楼板的锚固

(a)楼板与外墙的拉结；(b)楼板与承重墙的锚固；(c)楼板在花篮梁上的锚固

第三节 砖拱楼板构造

在缺乏钢材、水泥的边远农村，如符合下列条件，可以采用砖拱楼板。

1.非地震区，地基较均匀，中压缩性以下土质的地区；

2.不经常受水浸蚀的楼面，以及无大量水蒸气和其它有害介质侵蚀的楼面；

3.室内或附近没有锻锤剧烈冲击和其它振动设备的房屋。

砖拱楼板按拱的材料分为粘土砖砖拱楼板和拱壳砖砖拱楼板两类。

一、粘土砖砖拱楼板

这类砖拱楼板的厚度为120mm，或60mm（由1/2砖或1/4砖砌成）。砖拱砌在 墙 或梁之间，由墙或梁承担拱的推力，在拱的上部填充炉渣，表层加水泥拍打，其上再做地面面层，拱的下部抹灰，形成弧形顶棚。当拱的跨度在2～4m时，拱厚用1/2砖，以不低于M2.5的水泥砂浆砌筑（侧砖砌法）；当拱的跨度在2m以内时可用1/4砖，以不低于M5的砂浆砌筑。图4-1(c)为砖拱楼板的示意。

砖拱支座墙上如因地面要求需要设门窗时，应尽量开得小一些，并尽可能采用钢筋混凝土或钢筋砖过梁。在端跨的砖拱支座墙上最好不要开设门窗洞口。

砖拱支座墙砌筑时应注意拱座的斜面

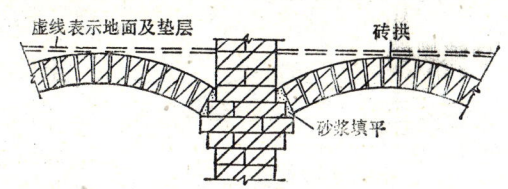

图 4-14 拱座（拱脚）的构造

应与砖拱轴线垂直，拱座由砖墙挑出，挑出部分的高不宜小于三皮，挑出墙面长度不应小于60mm，且应用M5砂浆砌筑（图4-14）。

为了避免拱跨较大时，拱的矢高太大，顶棚过分拱起，常采用拱的跨度为1m左右的预制小梁砖拱楼板（图4-15）。

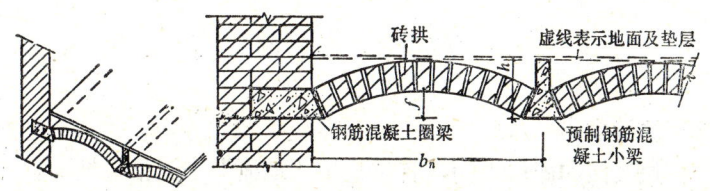

图 4-15 预制小梁砖拱楼板

在砖拱楼板中，要特别注意边拱的横推力，抵抗水平推力的措施有以下几种：

1.当房屋房间数量较多时，在两端的第一间内采用钢筋混凝土现浇楼盖或预制空心板楼盖[图4-16(a)]。

2.在房屋两端山墙处采用钢筋混凝土抗推拱座梁，梁的两端纵墙上采用通长的钢筋混凝土拉梁，如果拱座梁跨度大于6m，且中间设有隔墙时，可在隔墙中加设中间拉梁[图4-16(b)]。若没有隔墙，可用圆钢拉杆代替拉梁。

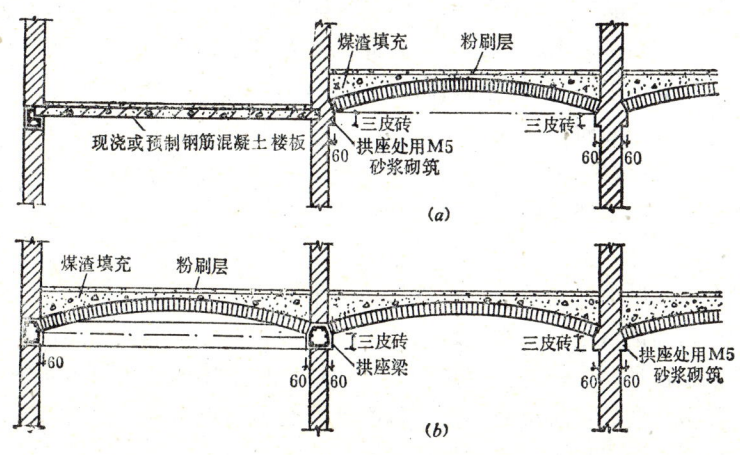

图 4-16 边拱抵抗水平推力的措施

二、拱壳砖砖拱楼板

采用普通粘土砖砌筑时，一般需要全拱范围内满钉模板，费工费料，如采用特别的专用空心拱壳砖（挂钩砖），则可有效地解决这个问题（图4-17）。

拱壳砖的规格有120mm×120mm×270mm、180mm×180mm×190mm等，表观

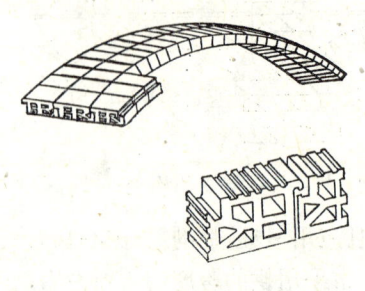

密度为1275kg/m³，因此，这种楼板的自重比粘土砖拱楼板小。这种砖是借助于砖本身的"钩"与"槽"的紧密结合，起着临时悬挂作用。使用拱壳砖砌筑砖拱时，可以只架设与拱轴方向一致的一条移动模板，每一新砌拱圈都利用砖的挂钩挂在砌完的拱圈上，连接牢固，施工方便。砌完后立即可以移动模板，采用这种砖可以节约大量的材料和人工，并能提高楼板的隔声和保温能力，但这种砖外形复杂，烧制时成品率较低。

图 4-17　拱壳砖楼板

第四节　楼 地 面

一、楼地面的组成

楼地面指楼层楼面和底层地面，有时也用"地面"来泛指楼地面。

楼层地面的基本构造层次为面层和基层（楼板），底层地面的基本构造层次为面层、垫层、基层（地基）。一些有特殊使用要求的楼地面，仅靠上述基本构造层次难以满足使用功能，因此，常需设置相应的其它构造层次，如结合层、找平层、防水层、防潮层、保温（隔热层）、隔声层等。

（一）面层

面层是楼地层与人和设备直接接触的表面层，直接经受着人走动和家具、设备移动时所产生的摩擦，承受着各种物理和化学的作用，因此，根据不同的使用要求，面层应具有坚固、平整、不起尘、易清洁、防水、耐腐蚀、有弹性、温暖性好的性能。

楼地面的名称是以面层的材料命名的，按面层材料与施工方法的不同，分为整体式面层和块料面层、木面层、涂料面层和卷材面层等五大类。

整体面层是指用整浇加工形成的面层，如水泥砂浆、水磨石等；块料面层是指用铺贴块状或板状材料形成的面层，如陶瓷锦砖、缸砖等；木面层是指用硬木条板或硬木拼花木条作成的面层；涂料面层是指用各类地面涂料涂刷而成的面层；卷材面层是指用铺贴卷状材料而形成的面层，如塑料地毡、橡胶地毡及各种地毯等。

（二）垫层

垫层用于地坪层中，是承受由底层地面传来的荷载并传给基层的构造层，根据材料的性质，垫层分为刚性垫层和柔性垫层两类。刚性垫层有足够的整体刚度，受力后不产生塑性变形，适用于自身厚度较薄、强度较低的面层，如整体面层和厚度小的块料面层。

柔性垫层由松散的材料组成，无整体刚度，受力后产生塑性变形，柔性垫层的材料如砂、碎石、炉渣等，适用于厚度大的块料面层。

垫层的厚度应由计算确定，一般最小厚度可参考表4-1。

垫　层　名　称	厚　　度 (mm)	强 度 等 级 或 配 合 比
混 凝 土	60	M7.5
四 合 土	80	1:1:6:12（水泥：石灰膏：砂：碎砖）
三 合 土	100	1:3:6（熟石灰：砂：碎砖）
灰　　土	100	2:8（熟石灰：粘性土）
砂、炉渣、碎石	60	
矿　　渣	80	

（三）找平层

找平层是在地坪层的垫层或楼板层的楼板上起找平或找坡作用的构造层，找平层常用的材料是1:3水泥砂浆，厚度为20mm。若为细石混凝土，厚度为30mm。

（四）结合层

结合层是块料面层或卷材与下层结合的中间层，主要起上下结合的作用，结合层有胶凝材料结合层和松散材料结合层两类，应根据面层及下层的材料来选择，前者如水泥砂浆、沥青等，适用于厚度较薄的块料面层，后者如砂、炉渣，适用于垫砌厚度较大的块料面层。

（五）防水层与防潮层

防水层的性质有两种，一种是防止地面上的腐蚀性液体由上向下渗透扩散，这种情况下，防水层应设在楼板或垫层之上。另一种是防止地下水通过地面渗入室内，此时，防水层应设在地基与垫层之间，防水层的材料有防水卷材、防水砂浆及防水涂料等。

防潮层是防止地基中的潮气因毛细管作用透过地面的构造层，地面防潮层应与墙身防潮层相连。

（六）保温、隔热层

保温、隔热层是用以改变地面热工性能的构造层，用于上下房间有温差的楼面或保温地面。

（七）隔声层

隔声层是隔绝撞击声的构造层。用于隔声要求较高的楼层。

二、常用楼地面构造

（一）整体式地面

1. 灰土、三合土地面

灰土和三合土地面是在夯实的土层上直接铺设灰土或三合土，经夯实拍平即成，这类地面价格低、施工方便、耐冲击，但防潮性差。灰土地面采用粘土与石灰粉干拌、夯实，厚度约100mm，石灰与粘土比例为3:7，如在3:7灰土中掺合40%～50%的骨料（煤渣、碎砖）即成三合土地面。灰土和三合土地面常用于临时建筑。灰土地面构造见图4-18(a)。

2. 水泥砂浆楼、地面

水泥砂浆是当前使用最多的一种低档楼地面，优点是施工简单、造价低廉、强度较高、能防潮防水，其缺点是表面粗糙、易起尘、不易清洁、吸湿性较差、南方黄霉季节易反潮，且导热系数大，在不采暖的建筑，冬季时会有冰冷感。

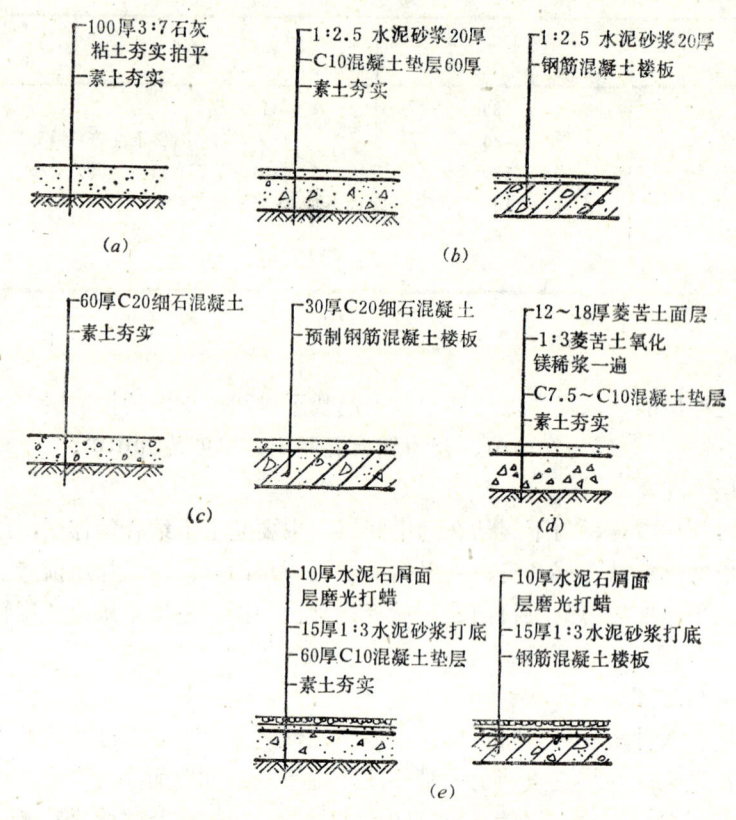

图 4-18　整体式地面

　　水泥砂浆楼、地面是以15～20mm厚1:2.5水泥砂浆做面层，其基层必须是刚性的，即钢筋混凝土楼板或混凝土垫层，底层地面下的混凝土垫层一般为60～80mm厚的M7.5混凝土或50mm厚M10混凝土〔图4-18（b）〕。

　　3.细石混凝土楼、地面

　　细石混凝土是由1:2:4的水泥、砂、石子配合而成，可直接铺在钢筋混凝土楼板或夯实的素土上或100mm厚的灰土上，振捣后在表面撒1:1水泥砂子压实抹光〔图4-18（c）〕。这种楼地面刚度较大，防水性也较好，不易起灰。

　　4.菱苦土楼、地面

　　菱苦土楼、地面是以菱苦土、氯化镁溶液、木屑、滑石粉及矿物颜料等配制而成的，有单层和双层两种做法，单层做法的菱苦土与木屑比为1:2，厚度为12～18mm。双层做法的底层菱苦土与木屑比为1:4，厚10～15mm，面层菱苦土与木屑比为1:2，厚10mm，菱苦土面层下的基层必须是刚性的，用于地面时，应选用混凝土垫层。用于楼面时，菱苦土可直接铺在钢筋混凝土楼板上，但楼板表面不平时，应加做1:3水泥砂浆找平层。

　　菱苦土楼地面保温性较好，有一定的弹性，且美观，缺点是不耐水，易产生裂纹。

　　菱苦土楼地面构造见图4-18（d）。

　　5.水磨石楼、地面

　　水磨石楼地面的面层，是用中等硬度的石子（如白云石或彩色大理石粒）与水泥拌和，浇抹硬结后经磨光而成。水磨石具有天然石料的某些特性，因此表面光洁、耐磨、不易起尘、易清洁，缺点是造价较高，施工麻烦，且更易出现反潮现象，常用于厕所、厨房、门厅、过道、楼梯等处，生产性建筑中的孵化车间也常用水磨石地面。

水磨石面层的材料为1∶1.5～2.5的水泥石屑浆，有本色和彩色之分，本色水磨石采用普通水泥，彩色水磨石采用彩色水泥或白水泥加颜料。为了美观和防止面层产生不规则裂缝，水磨石面层应预先设置玻璃或金属嵌条。由于水磨石面层较薄，且对平整要求较高，因此面层的下面必须设置找平层。水磨石楼地面构造见图4-18（e）。

（二）块料式楼地面

1.缸砖及陶瓷锦砖楼地面

缸砖是由粘土和矿物原料烧制而成，一般为红棕色，形状有正方形、六角形、八角形等，尺寸常为100mm×100mm×10mm、150mm×150mm×9～13mm，装饰地砖的尺寸常为200mm×200mm×8mm、200mm×300mm×8mm、300mm×300mm×8mm，用水泥砂浆与找平层粘结。

陶瓷锦砖（即马赛克，其材料特点已在第三章中介绍过）一般可采用1∶1～1∶2水泥砂浆与找平层或结构层粘结。

缸砖和陶瓷锦砖都具有强度高、平整、耐磨、耐水、耐腐蚀、易清洗的优点，适用于作卫生间、厨房、化验室等房间的楼地面。缸砖与陶瓷锦砖楼地面构造见图4-19。

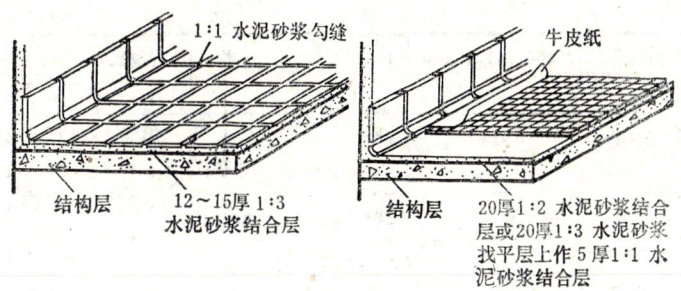

图 4-19　缸砖与陶瓷锦砖楼地面

2.预制板、天然石板楼地面

预制板常见的有水泥花砖、预制水磨石板。天然石板有花岗石、大理石等。水泥花砖即水泥砂浆预制板，尺寸常为200mm×200mm×15mm，预制水磨石板尺寸常为500mm×500mm×25mm，这两类面层均采用水泥砂浆作结合层，天然花岗石、大理石板属于高档装饰材料，一般多用于较高级的公共建筑的大厅、走道，其面层平整度要求极高，宜采用干硬性水泥砂浆做结合层，必要时须设有找平层。

预制板、天然石板楼地面构造见图4-20。

3.粘土砖、混凝土块地面

粘土砖、混凝土块由于厚度大、重量重，一般仅用于底层地面。粘土砖地面的

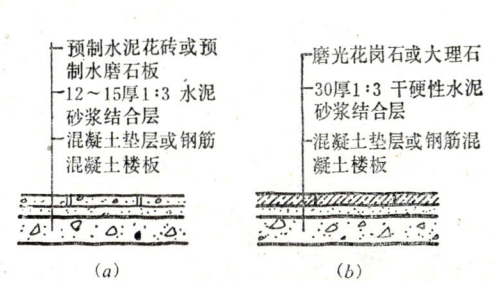

图 4-20　预制板、天然石板楼地面

（a）预制板楼地面；（b）天然石板楼地面

保温性、吸湿性较好，可直接平铺在夯实的土层上，用于一些要求不高的房屋以及生产性房屋中（如作猪床）。

混凝土块地面具有强度高、耐冲击、易维修等优点，由于多数混凝土块厚度较厚，因此常采用干砂做结合层，缝隙填灌水泥砂浆。

（三）木楼、地面

木楼、地面具有导热系数小、温暖、富有弹性、便于清洁、不起尘、不返潮的优点，但耗费木材，适用于住宅和有特殊要求的房间及舞台地面等。木楼地面分为粘贴式、实铺式和架空式三种。

1.粘贴式木楼、地面

粘贴式木楼、地面，是采用硬木拼花木条作面层，并用胶结材料粘贴在找平层上的一种楼地面构造。硬木拼花木条的常用尺寸可参照表4-2，胶结材料常用木地板专用粘合剂，也可以采用聚胺酯、聚醋酸乙烯等胶结材料。为了避免木材干缩使木地板之间产生缝隙，木地板应做成各种拼缝形式，依厚度不同，可采用平口缝、错口缝、截口缝、销板缝和企口缝。

常用木地板规格、层数、选用树种   表 4-2

地板名称	规 格 （mm）			层 数	选 用 树 种
	长	宽	厚		
普通木地板	≥800	75、100、125、150	18～23	单 层	红松、杉木、樟子松、铁杉、华山松、四川红松、柏木、落叶松 ②
硬木条地板	≥800	50	18～23	单 层 双 层	柞木、色木、水曲柳、榆木、核桃木、桦木、黄菠萝、槐木、楸木、青岗栎、麻栎、胡桃楸、花榈木、红桧柚、柳安、橡木
拼花木地板	250	30、37.5、42、50	10～18	单 层①	
	300		18～23	双 层	

① 单层拼花木地板只适用于粘贴式。
② 东北、内蒙地区所产落叶松，纽纹多，易开裂翘曲，不宜用于高温低湿场合。

粘贴式木楼地面构造见图4-21。

2.实铺式木楼、地面

实铺式木楼、地面是在钢筋混凝土楼板或刚性垫层上作找平层后，直接放置满涂沥青或防腐油的中距为400mm的木搁栅上，搁栅下部宜铺设一层油毡条（宽约120mm）。搁栅之间可填干炉渣（应留出10～20mm的高度），再在搁栅上铺钉面层木板。面层木板可做成单层或双层的。

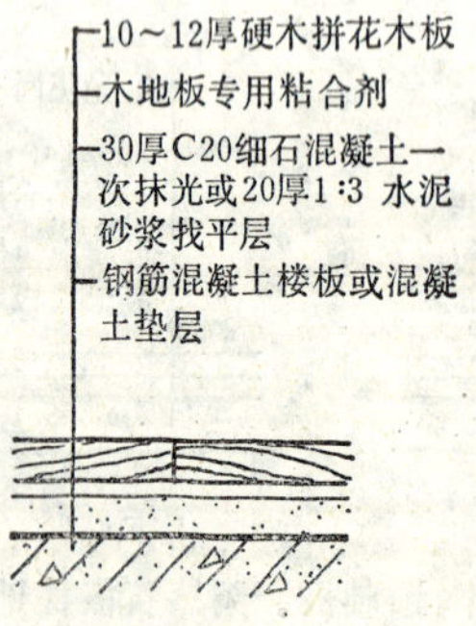

单层做法是在搁栅上直接钉长条硬木地板作为面层，双层做法是在搁栅上钉毛木板，上铺一层油纸，再铺钉长条硬木地板或拼花硬木地板，毛板与上层地板应交错45°斜铺，油纸既起防潮作用又起缓冲作用。为有利于防腐，板的底面应涂防腐油，板与墙之间应留出10～20mm的空隙，并在踢脚板

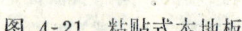

—10～12厚硬木拼花木板
—木地板专用粘合剂
—30厚C20细石混凝土一次抹光或20厚1:3 水泥砂浆找平层
—钢筋混凝土楼板或混凝土垫层

图 4-21 粘贴式木地板

上设通风孔，使搁栅间的架空层形成对流通风。

实铺式木楼地面构造见图4-22。

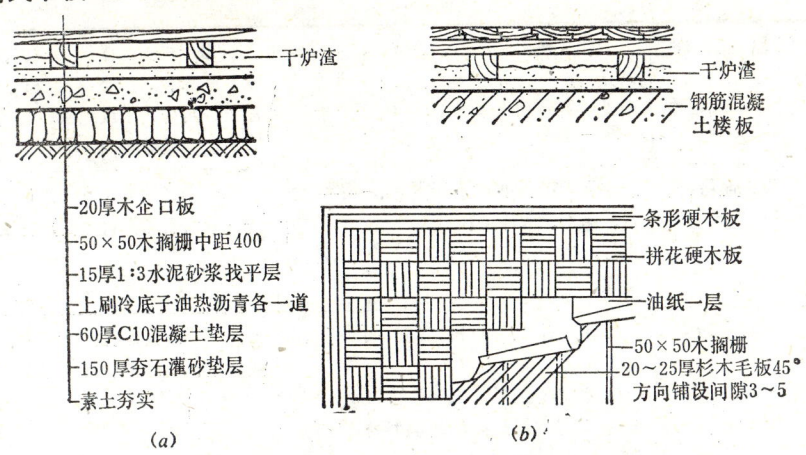

图 4-22 实铺式木楼地板

(a)实铺式单层木地面；(b)实铺式双层木楼面

3.架空式木地面

架空式木地面适用于底层地面，是将木搁栅架空搁置在墙上或地垄墙上的垫木上，搁栅和垫木的四周应满涂沥青或防腐油，垫木下部应铺油毡一层。墙或地垄墙之间的地面应填100mm厚灰土，以防止潮气上升和生长杂草。地垄墙和外墙上还应设置通风洞和通风篦。

架空式木地面的面层做法同实铺式，也有单层和双层两种。

架空式木地面构造见图4-23。

（四）涂料类楼、地面

涂料楼、地面是水泥砂浆或混凝土楼地面的表面处理形式，它对解决水泥砂浆

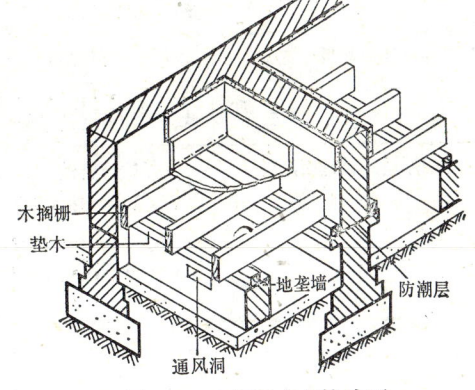

图 4-23 架空式木楼地面

易起灰和美观的问题起了重要作用。地面涂料一般要求与水泥砂浆有较好的粘结性能，并具有良好的耐碱性、耐水性、耐擦洗性和耐磨性。地面涂料又分为水乳型、水溶型和溶剂型三类，其中水乳型和溶剂型地面涂料又具有良好的防水性能。

水乳型地面涂料有氯-偏共聚乳液地面涂料（如RT-170地面涂料）、聚醋酸乙烯厚质涂料及SJ82-1等；水溶性地面涂料有聚乙烯醇缩甲醛水泥地面涂料（如777水性地面涂料）、109彩色水泥涂料以及804彩色水泥地面涂料等；溶剂型地面涂料有聚乙烯醇缩丁醛涂料、H80环氧涂料、环氧树脂厚质地面涂层以及聚氨酯地面涂料（即聚氨基甲酸酯地面涂料）等。各类地面涂料的性能和适用范围见表4-3，可供设计时选择。

（五）铺贴卷材楼、地面

常见铺贴卷材楼地面有塑料地毡、橡胶地毡和各种地毯等。这类材料具有表面美观、干净、装饰效果好的优点，并具有较好的保温、消声性能，可用于公共建筑和居住建筑。

常见地面涂料的性能与用途　　　　　　　　　　　表 4-3

名　　　称	性　能　特　点	用　　　途
氯—偏共聚乳液地面涂料（RT—170地面涂料）	无味、快干、不燃、易施工，涂层坚固光洁，有良好的防潮、防霉、耐酸、耐碱、耐磨和化学稳定性	适用于机关、学校、商店、宾馆、住宅、仓库、工厂企业及公共场所的地面涂层，可仿制木纹地板、花卉图案、大理石、瓷砖等地面
聚醋酸乙烯酯水泥地面涂料	涂层无毒、不燃、干燥快、粘结力强、耐磨、耐冲击、有弹性感、装饰效果好，生产工艺简单，施工方便，价格便宜	适用于民用及其他建筑地坪，可代替部分水磨石和塑料地面，特别适用于水泥旧地坪的翻修
聚乙烯醇缩甲醛水泥地面涂料（777水性地面涂料）	无毒、不燃、经济、安全、干燥快、施工简便、经久耐用 （此涂料分为A、B、C三组分，A组分为425号水泥；B组分为色浆；C组分为面层罩光涂料）	适用于公共建筑、住宅建筑以及一般实验室、办公室水泥地面的装饰
804地板涂料	耐磨性好、粘结力强、干燥快、涂层表面光洁、能调出多种颜色、施工方便	适用于宾馆、招待所、医院、旅社、办公室、住宅的地板以及内墙
聚乙烯醇缩丁醛地面涂料	具有成膜性好、粘结力强、漆膜坚韧、无反射光、耐磨、耐晒、防水、耐酸、耐碱等特点	适用于公共建筑和民用住宅的地面装饰
H80环氧地面涂料	具有良好的耐腐蚀性能，耐磨、耐油、耐水、耐热、不起尘、施工操作简单、装饰美观效果好	适用于机场及工业与民用建筑中有耐磨、防尘、耐酸、耐碱、耐有机溶剂及耐水等工程项目
聚氨酯厚质弹性地面涂料	良好的防腐蚀性能和电绝缘性能，耐酸、碱、盐和油，有较高的强度、弹性及粘结力。光洁不滑、耐磨、耐压、耐水、美观大方、行走舒适，可代替地毯使用	适用于会议室、放映厅、图书馆作弹性装饰地面，工业厂房的耐磨、耐油、耐腐蚀地面以及地下室、卫生间的防水装饰地面

　　塑料地毡系以聚乙烯树脂为基料，加入增塑剂、石棉绒等经塑化热压而成。其成品有卷材和片材两种，片材可在现场拼花，卷材可铺，也可同片材一样，用粘合剂粘贴在水泥砂浆找平层上。

　　橡胶地毡是以橡胶粉为基料，掺入软化剂，在高温、高压下解聚后，再加入着色补强剂，经混练、塑化压延成卷的地面装修材料，具有耐磨、柔软、防滑、消声、弹性好的特点，且价格低廉，铺贴简便，既可干铺，也可用粘合剂粘贴在水泥砂浆找平层上。

　　地毯的类型按材料可分为合成纤维地毯、混纺地毯、纯羊毛地毯；按织造方式可分为纺织地毯和无纺织地毯。由于地毯毯面平整丰满、图案典雅、色调宜人，因此具有柔软舒适、清洁吸声、美观卫生等特点，适用于装饰要求较高的房间。铺设地毯的房间可依不同的功能要求，采用满铺或局部铺设。由于化纤地毯的重量轻，不经过专门的铺设，人走在上面，地毯易起皱移动，因此这类地毯尤其需要专门的施工工具和方法进行铺设，有采用配套粘合剂满贴固定的，也有采用四周用倒刺条扎住来固定的。

三、踢脚板与墙裙

（一）踢脚板

设踢脚板是楼地面与墙面相接处的构造处理措施，其作用是遮盖楼地面与墙的接缝，保护墙面，防止拖洗地面时把墙面弄脏。踢脚板所用的材料除陶瓷锦砖和细石混凝土楼、地面以外，一般均与楼、地面面层材料相同。如水泥砂浆楼、地面可用水泥砂浆踢脚板，水磨石楼、地面可用水磨石踢脚板，木楼、地面可用木踢脚线等等。踢脚板的高度一般为120～150mm（图4-24）。

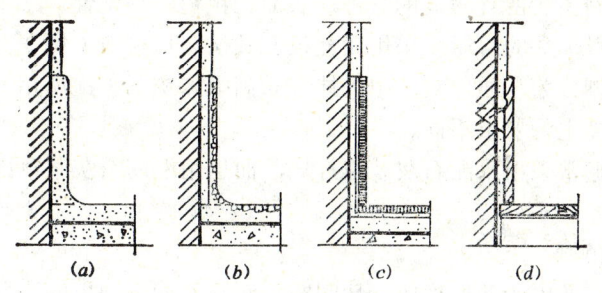

图 4-24 踢脚板构造

(a)水泥砂浆踢脚板；(b)水磨石踢脚板；(c)缸砖踢脚板；(d)木踢脚板

（二）墙裙

墙裙是踢脚板的延伸，在厕所、厨房、浴室、盥洗室等房间中，墙的下部容易污染和受潮，为保护墙面，便于清洗，应做900～1800mm高的墙裙，常用的墙裙材料有水泥砂浆、水磨石、瓷砖。有些房间中为了美观和清洁也可做木墙裙，如会议室、接待室等（图4-25）。

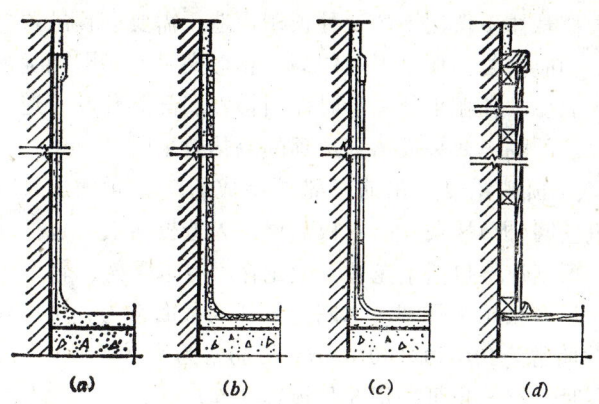

图 4-25 墙裙构造

(a)水泥砂浆墙裙；(b)水磨石墙裙；(c)瓷砖墙裙；(d)木墙裙

第五节 顶 棚

顶棚又称天花或天棚，根据房间使用要求的不同分为简易顶棚、直接抹灰顶棚、直接钉顶棚和吊顶棚四种。房间中顶棚构造如何，直接影响房间的使用和视觉感受，因此，应根据房屋的使用要求、美观要求和经济合理的要求，确定顶棚的构造。一般来说，顶棚应整齐简洁，能加强反射光量，且有利于卫生。

一、简易顶棚

简易顶棚是指在钢筋混凝土楼板或砖拱楼板的底部，直接喷刷石灰水二道，以形成具有一定光亮顶棚的做法，这种做法简单方便，价格极低，适用于对顶棚要求不高、标准较低的房屋和某些生产性用房。

二、直接抹灰顶棚

由于简易顶棚往往留有楼板的痕迹，表面较粗糙，平整性、平滑性差，且不美观、易积尘，因此，一般标准的房屋多采用在楼板底做抹灰后再喷（刷）浆的顶棚，根据质量标准，这种抹灰顶棚分为普通抹灰、中级抹灰和高级抹灰三种，所用材料基本相同，主要是平整度和细腻程度上的要求不同。

直接抹灰顶棚常采用水泥石灰砂浆打底，面层用纸筋石灰浆罩面，刷浆可用石灰水、大白粉或涂料。

三、直接钉顶棚

当楼板下方有凸出的肋形构件，且间距较密时（如正槽板的边肋、木搁栅楼板的搁栅等），如考虑美观、隔声需另做吊顶处理，可在小肋（或木搁栅）下钉木条，然后在木条下钉木板顶棚，或做灰板条，钢丝（板）网抹灰顶棚，或钉人造板材顶棚，这种做法与做吊顶对比构造简单、节省材料，且提高了房间净空高度。

直接钉顶棚构造见图4-26。

40×60顶棚搁栅

10号铅丝

木条或灰板条抹灰

图 4-26　直接钉顶棚

四、吊顶棚

吊顶棚是指将顶棚悬挂于楼板上的一种顶棚构造。需要设置吊顶棚的房间一般有以下几种情况：当房间的功能需要顶棚呈不同的高度和形式时（如影剧院观众厅的顶棚）；当楼板为梁板式楼板，而要求顶棚平整简洁时；当楼板底部要敷设管道、电缆，而又不允许外露时，为增强楼板层的隔声效果或增强屋顶的隔热效果时。

吊顶棚是由面层、顶棚骨架、吊筋三部分组成的。吊顶面层材料很多：有抹灰面层（包括板条抹灰、钢丝网（板）抹灰）；木板面层；人造板面层（包括纤维板、胶合板、石膏板、矿棉板等）。顶棚骨架包括主龙骨、次龙骨，有木骨架、轻型薄壁型钢骨架及铝合金骨架三种，农村房屋多采用木骨架，木制主龙骨的截面常为50mm×70mm、50mm×80mm，次龙骨的截面常为40mm×40mm，吊筋常为ϕ6钢筋，当吊顶重量很大时，吊筋应加粗，标准不高时，有的也可采用8号镀锌铁丝。

吊顶的构造做法一般是先将吊筋预埋入钢筋混凝土楼板中[图4-27（a）]，间距1m，并用吊筋固定顶棚的主龙骨，当楼板为预制板时，可将吊筋插入预制板的板缝中[图4-27（b）]。也可以不用预埋的方式，采用膨胀螺栓来固定吊筋的方法[图4-27（c）]。主龙骨间距约1.2～1.5m，将次龙骨固定在主龙骨上，次龙骨间距一般为400～600mm，最后在次搁栅下做抹灰面层或钉木板条或人造板材。

图4-28是吊顶棚构造的例子。

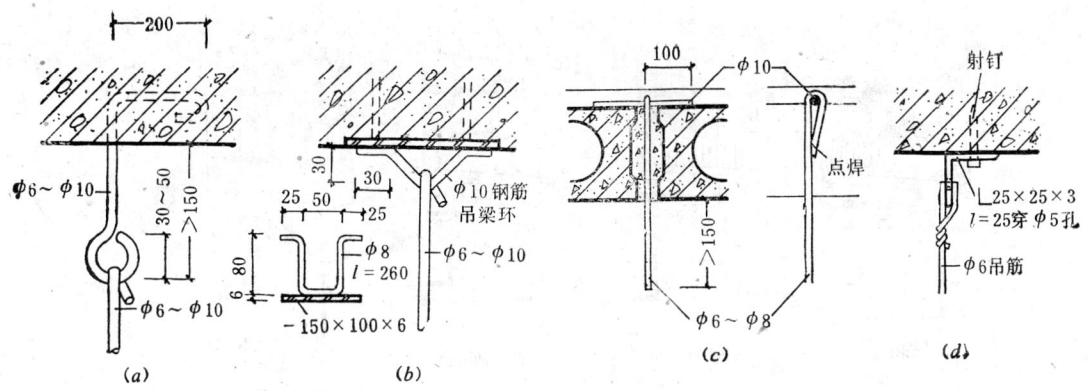

图 4-27 吊筋的固定

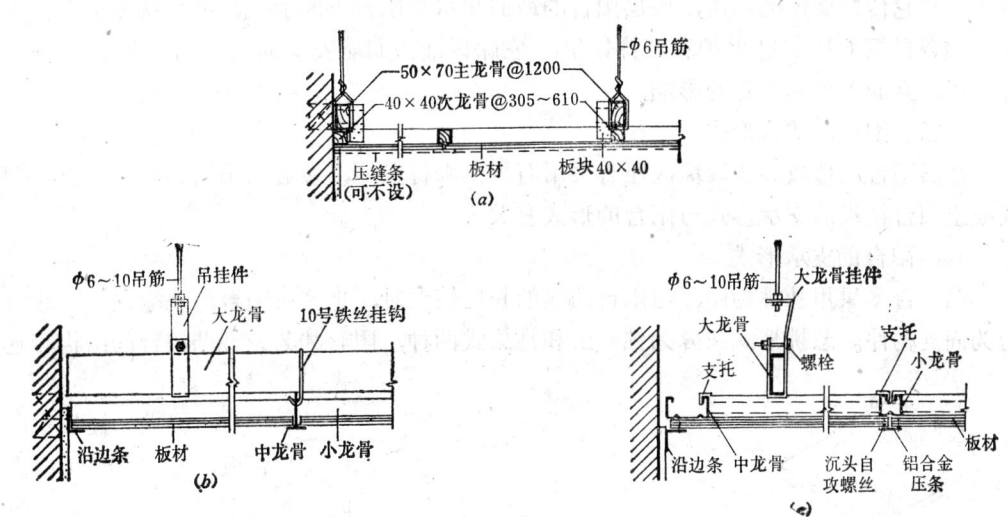

图 4-28 吊顶棚构造

(**a**)木龙骨吊顶；(**b**)铝合金龙骨吊顶；(**c**)轻钢龙骨吊顶

第六节 阳台、雨篷

一、阳台

阳台是供人们进行户外活动的空间，常设于住宅、旅馆、医院建筑中，以便供休息、眺望和凉晒等用。

（一）阳台的形式和组成

阳台设于外墙上，按其与外墙的相对位置来分，阳台分为凸阳台、半凸阳台和凹阳台三种， 凸阳台是指全部阳台在外墙 以外［图4-29(*a*)］， 凹阳 台是指阳台凹入墙面之内［图4-29(*b*)］，半凸阳台则是部分凹进墙内，部分挑出墙外［图4-29(*c*)］。

阳台按封闭状况分为敞开式阳台和封闭式阳台，一般阳台均做成敞开式，仅在严寒地区有时在阳台的栏板上方设窗做成封闭式阳台［图4-29(*d*)］。

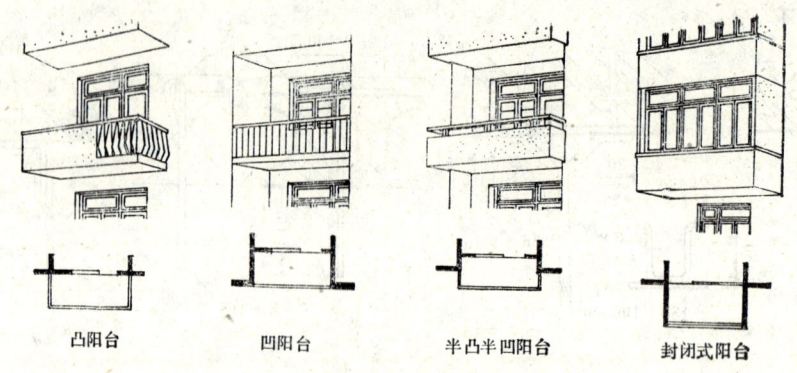

凸阳台　　　　　凹阳台　　　　　半凸半凹阳台　　　　封闭式阳台

图 4-29　阳台的形式

阳台是由阳台楼（地）板和阳台栏板（杆）两部分组成。阳台楼板起承受阳台上的荷载，并将它传给墙体的作用，底层阳台的地面起承受阳台上的荷载，并直接传给地基的作用。阳台栏板（杆）起 保护和装饰作用， 它除保证人们能安全 地在阳台上从事 各种活动外，还对立面美观起一定的影响。

（二）阳台的结构形式

楼层阳台的楼板除少数地区还有采用石板、木材以外，多数均采用钢筋混凝土，钢筋混凝土阳台楼板的支承形式与阳台的形式有关。

1.凸阳台的支承形式

凸阳台多采用悬挑构件，当阳台凸出的长度较大时，也可在阳台的外缘立柱，此时阳台为简支构件。悬挑形式又分为挑板式和挑梁式两种，图4-30为悬挑凸阳台的结构布置形式。

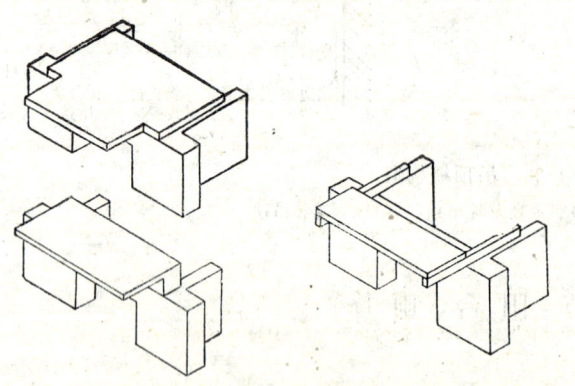

图 4-30　凸阳台的支承形式

（1）挑板式　挑板式即楼板为悬臂板，悬臂板可以由室内房间的楼板挑出形成，也可以由纵墙上的压梁挑出形成，为保证阳台稳定和不致倾覆，压梁上应有一定的墙体压重。

挑板式阳台的底面较平整、简洁、美观，但挑长不宜过大。

（2）挑梁式　挑梁式是指在内横墙上设挑梁挑出或将横梁挑出，再在挑梁上搁置或浇捣阳台板，这种阳台的板底不如挑板式平整美观，但挑长可做得较大，且刚度较好。

2.凹阳台的支承形式

凹阳台的阳台楼板可直接搁置在两侧的墙上，也可在阳台外缘设边梁，将楼板搁置在边梁和阳台内侧的纵墙上。

3.半凸阳台的支承形式

半凸阳台的阳台楼板可采用凸阳台中的挑梁式做法，如凸出长度不大，也可沿外墙设一小梁，将凹入部分的楼板支承在阳台内侧的纵墙上和小梁上，并延伸挑出。

（三）阳台栏板和栏杆

阳台栏板（杆）应满足坚固、安全、美观的要求。栏板（杆）的高度应高于人体的重心，一般多层房屋的阳台不应低于1050mm。阳台栏板和栏杆按材料可分为金属栏杆、钢筋混凝土栏板与栏杆 砖砌栏板。图4-31为阳台栏板（杆）形式示例。

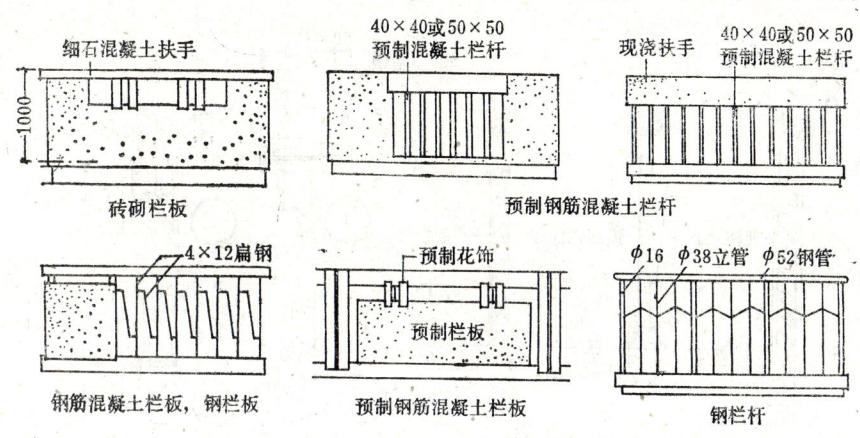

图 4-31　阳台栏板（杆）形式示例

1.金属栏杆

金属栏杆是指栏杆的立杆、花饰为金属制成，栏杆的扶手（压顶）可以由金属或混凝土或木材构成。栏杆的立杆可选用方钢、圆钢、扁钢和钢管做成，栏杆形式和图案可由设计确定或按当地标准做法。为安全起见，居住建筑的栏杆不宜采用横式栏杆，以免儿童攀登，立杆的水平净距应不大于120mm。

金属栏杆与阳台板的连接一般用预埋铁件焊接式或预留孔洞插入式两种，前者是在阳台板上预埋钢板或钢筋，将栏杆与预埋件焊接连接，这种方式耗钢量较大；后者是在阳台板上预留孔洞，安装栏杆时将其插入，再用水泥砂浆填实，这种方式较经济、简便，但不适用于预制阳台板。

金属栏杆与钢管扶手采用焊接连接，与钢筋混凝土扶手的连接是将栏杆插入扶手模板内，再浇捣混凝土。金属栏杆与木扶手的连接是用扁钢与栏杆焊接后，再用木螺丝将扁钢与木扶手连接（图4-32）。无论什么材料的扶手（压顶）均应与墙体连接牢固。

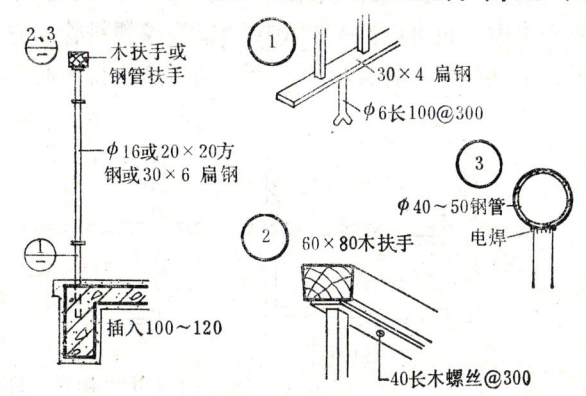

图 4-32　金属栏杆的连接

2.混凝土栏板和栏杆

采用钢筋混凝土栏板或栏杆可节省钢材，减少金属构件的维护费用（如油漆等），且易于将栏板和栏杆的形式相结合，有利于立面处理。目前采用较为广泛。其形式有多种多样。

钢筋混凝土栏板或栏杆与阳台板的连接有多种做法（图4-33）。除现浇钢筋混凝土栏板采用插筋连接外，预制钢筋混凝土栏板和栏杆可采用将栏板或栏杆中的钢筋，与阳台板的预留钢筋以及房屋墙内伸出的锚固钢筋绑扎或焊接在一起的方法，或者是将栏杆或栏板中的预埋铁件与阳台板上的预埋铁件焊接在一起。

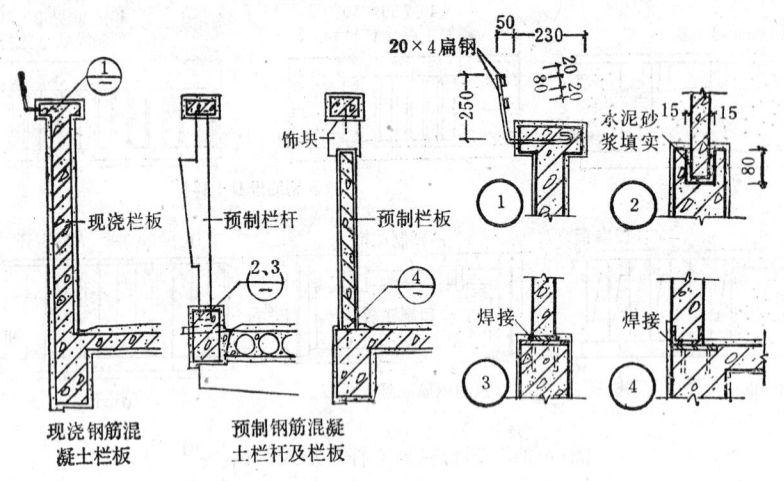

图 4-33 钢筋混凝土栏板、栏杆的连接

3.砖砌栏板

砖砌栏板可节省钢筋和水泥，节省造价，但自重较大，不够轻巧，可以做成全部实体的，也可以砌成部分漏空的，还可以与混凝土花格相结合，做成形式多样的栏板形式。

砖栏板的厚度一般为半砖厚，在栏板上部的灰缝中或混凝土压顶中应加入2φ6通长钢筋，并将钢筋端部与墙内伸出的锚固钢筋绑扎或焊接在一起。

（四）阳台的排水处理

为防止阳台上的雨水侵入室内，阳台的地面应比室内地面低20～50mm。并设置不小于1%的排水坡度，坡向排水口（图4-34）。排水口可以是阳台板上的地漏，它直接接入雨水管之中，也可以是φ38mm的钢管或塑料管，它伸出阳台栏板外面，直接将雨水排到室外，故这种排水管又称为水舌。为了防止排水时落到下层的阳台上，排水管伸出墙外的长度应不小于60mm。

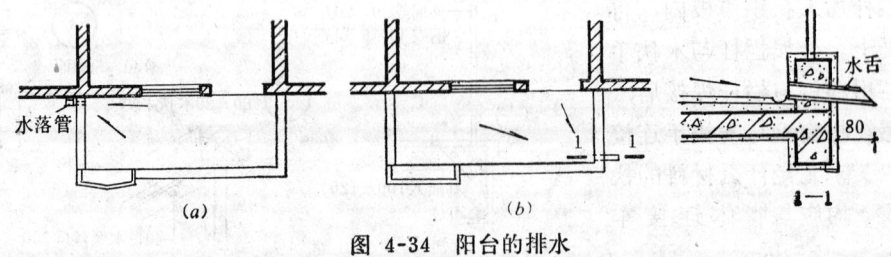

图 4-34 阳台的排水

二、雨篷

雨篷是房屋入口处遮雨、保护门扇的构件，也是立面处理时重点处理的部分之一。对

雨篷的要求是应坚固、美观、防水、排水通畅。

雨篷采用现浇钢筋混凝土构成，雨篷的支承形式常和凸阳台的挑板式相似，当雨篷伸出墙面的长度较大时（大于1.5m），常采用反梁的挑梁式，即雨篷板的底面与伸出的挑梁的底面在同一标高上[图4-35(a)]。

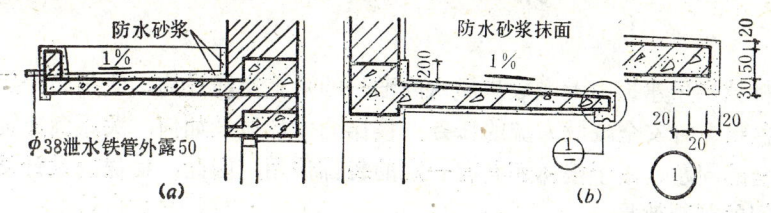

图 4-35 雨篷构造

从建筑立面考虑，有时要求雨篷正立面应有较大的高度，因此常在雨篷板的外缘及边缘用砖砌出一定高度（亦称翻口）或用混凝土浇筑出一定高度。雨篷的排水方式可与阳台排水相同，对一些要求不高的挑板式雨篷，也可不设翻口，使雨水从雨篷的正面或侧面自由落下，雨篷上部应用防水砂浆抹面（抹成1%的坡度），并抹至外墙的250mm高度以上[图4-35(b)]。

复 习 思 考 题

1.现浇钢筋混凝土楼板有哪些优缺点？楼板各构件的经济尺寸各在什么范围？楼板构件在墙上的支承长度应是多少？

2.预制钢筋混凝土楼板有哪些主要类型？各有什么特点？

3.预制钢筋混凝土楼板的板缝为什么要灌缝？有什么要求？为什么要加强楼板的锚固构造？各部位如何做法？

4.预制装配式钢筋混凝土楼板在梁上的搁置方案有两种，其中之一是将板搁置在花篮梁上，这种布置方案有什么优点？

5.分析一幢房屋的楼板布置，说明哪些是承重墙？哪些是非承重墙？

6.砖拱楼板有什么优缺点？如何解决拱的推力问题，常采用哪些措施？

7.对楼面、地面的要求是什么？一般楼地面按材料、构造和施工方式不同可分为哪几类？各类又有哪些做法？

8.地面垫层有刚性和柔性两种，各为哪些材料？举例说明刚性和柔性垫层各适用于什么面层？

9.楼板下的顶棚有哪些类型？钢筋混凝土楼板下的吊顶棚是由哪几部分组成的？各部分起什么作用？常用吊顶有哪些材料？

10.吊顶棚中，顶棚搁栅的间距是根据什么来确定的，试说明几种不同面层做法时，顶棚搁栅的间距。

11.阳台有哪些形式？凸阳台常用的结构形式有哪些？阳台栏杆或栏板有何作用？阳台地面应如何满足排水要求？

12.雨篷的构造要点是什么？当雨篷中必须设梁时，为什么常将雨篷底面做成平整的面？

第五章 楼 梯

楼梯是村镇房屋建筑中大多数房屋室内唯一的垂直交通设施，它担负着正常情况下通行人流和紧急状态时安全疏散人流的任务。楼梯的设计质量如何，关系到建筑物是否能满足使用和安全的问题。由于楼梯还具有一定的装饰作用，因此，楼梯的设计质量也直接影响到建筑空间的美观效果。

除楼梯外，还有台阶、坡道等垂直方向的联系设施，其设计同样应满足使用、安全、美观等要求。

第一节 楼梯的组成和类型

一、楼梯的组成

楼梯是由楼梯段、平台及中间平台、栏杆或栏板等部分组成。图5-1为楼梯组成示意图。

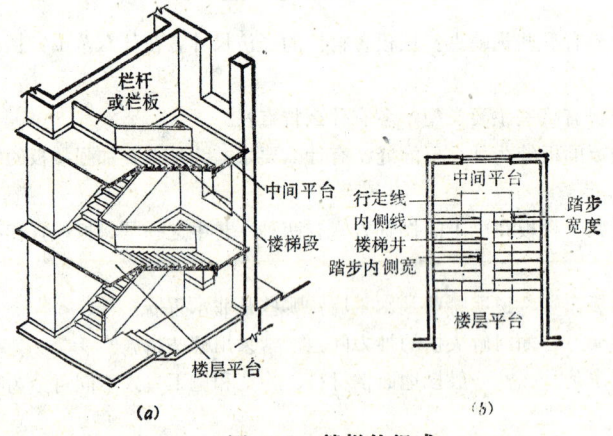

图 5-1 楼梯的组成
(a)楼梯透视 (b)楼梯平面各部分名称

（一）楼梯段

楼梯段主要是由斜板和踏步组成，根据结构布置的需要，楼梯段斜板可分为板式和梁板式两种。一个楼梯段中的最多踏步不应超过18级，这样，上楼梯时不易感到疲劳，同时，每个梯段的最小踏步数也不应少于三级，以避免由于易被疏忽而造成事故。

两个楼梯段之间的空隙称楼梯井。

（二）平台及中间平台

连接楼地面与梯段端部的水平部分称为平台，位于两个楼层之间的平台称为中间平台（或中间休息平台），一般楼梯在每层内都要设一个中间平台，当房屋的层高较大时，要设二个甚至更多的中间平台。平台起缓解疲劳、联系、转向和缓冲等作用。

82

（三）栏杆或栏板

为了确保在楼梯上行走时的安全，梯段和平台的临空边缘应设置栏杆或栏板，栏杆或栏板的顶部应设置供人依扶用的扶手。当梯段较宽时，尚要设置靠墙扶手及中间扶手。

二、楼梯的类型

楼梯按所在位置分，有室内楼梯和室外楼梯；按使用性质分，有主要楼梯、辅助楼梯、疏散楼梯、消防楼梯；按所用的材料分，有木楼梯、钢楼梯和钢筋混凝土楼梯，其中以钢筋混凝土楼梯为多用；楼梯按梯段形状及与平台的相对位置分，有直跑式、双跑式、双分式、双合式、转角式、三跑式、四跑式、八角式、螺旋式、曲线式、剪刀式、交叉式等（图5-2）。

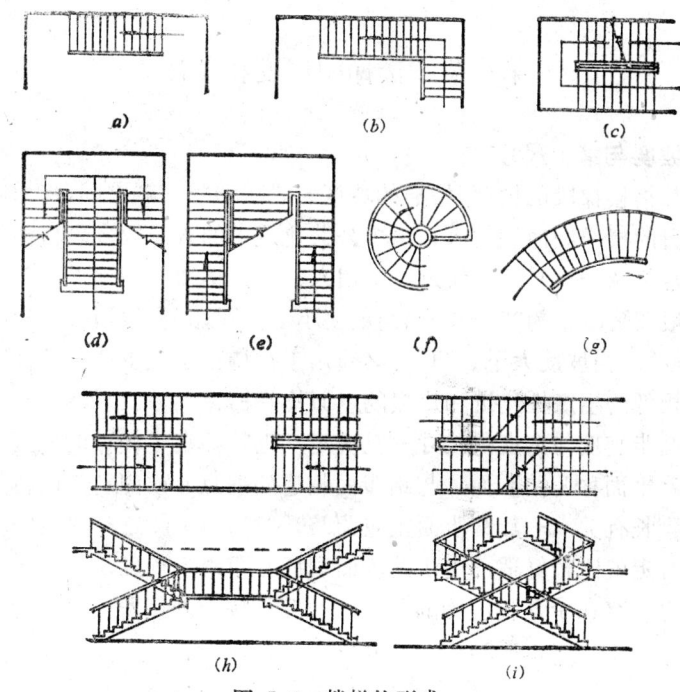

图 5-2 楼梯的形式

(a)单跑楼梯；(b)曲尺式双跑楼梯；(c)双折式双跑楼梯；(d)双分式楼梯；(e)双合式楼梯；(f)螺旋式楼梯；(g)曲线式楼梯；(h)剪刀式楼梯；(i)交叉式楼梯

楼梯的形式，应根据使用要求以及在房屋中所处的位置来确定，一般建筑中，以双跑式最为多见。以下为几种常见楼梯的特点：

（一）直跑式

又称单跑式楼梯，所占楼梯间的宽度较小，但深度较深，这种楼梯较适用于住宅等层高较小的房屋，尤其适用于仅有两层的这类房屋。

（二）双跑式楼梯

这种楼梯由于两梯段并列布置，减少了楼梯间的进深，因此，容易与一般房间组合在一起，故采用较广，是目前使用最多的形式。

（三）双分、双合式楼梯

双分式、双合式楼梯相当于两个双跑楼梯并排在一起，因此，通过能力大且较有气势，适用于公共建筑。两者的差别是较宽梯段的位置不同。

（四）转角式楼梯

这种楼梯适用于两层房屋，尤其适用于小面积的房间中布置楼梯，如住宅的户内楼梯，由于布置在墙的转角处，所以使房间的面积利用率较高。这种楼梯也称为曲尺式楼梯。

（五）三跑式、四跑式楼梯

这两种楼梯适用于层高较大，楼梯间接近方形的公共建筑，对于有儿童经常使用的某些建筑（如住宅、小学校），为防止儿童在栏杆上溜滑，不宜采用上述形式。

（六）弧形楼梯

弧形楼梯具有较强的装饰性，可丰富室内空间的效果，宜用于公共建筑的大厅。

第二节　楼梯的尺度和设计

一、楼梯的坡度与踏步尺寸

楼梯的坡度是指楼梯段的坡度，楼梯的坡度一般在20°～45°之间，楼梯坡度越小，行走越为舒适，但所占的楼梯间面积越大。由于公共建筑中的人流较多，楼梯使用率高，故一般坡度较平缓，常为22°～29°。居住建筑使用人数少，楼梯使用率低，为节省辅助面积，因此楼梯坡度一般较陡，常为27°～35°。当坡度小于20°时，宜采用坡道形式。楼梯段的最大坡度不宜超过38°，当坡度大于45°时，必须用手扶持扶手上下楼，故称爬梯，爬梯只适用于某些使用率极低的生产性建筑和房屋的屋面检修梯。

楼梯段上的踏步高度与宽度的尺寸一旦决定，也就确定了楼梯的坡度。

楼梯踏步的水平面称为踏步面，与踏步面相连的垂直（或倾斜）面称为踏步踢板，踏步面宽度与人的脚长有关，一般踏步面宽应为250～300mm，这样，人的脚可基本或完全落在踏步面上，行走就比较舒适，由于踏步面宽度（即踏步宽度）与踏步踢板高度（即踏步高度）的尺寸之间存在着互相制约的关系，一般可按下列经验公式计算踏步尺寸：

$$2h+b=600～610\text{mm} \quad \text{或}$$

$$h+b=450\text{mm}$$

式中　h——踏步高度；

b——踏步宽度。

从上式可看出，踏面宽度越宽，踏步高度就越小，坡度也就越小，反之，踏面宽度越窄，踏步高度就越高，坡度也就越大。各类建筑物使用功能不同，对踏步尺寸有不同的要求，其尺寸应符合表5-1的规定。

楼梯踏步的最小宽度和最大高度（m）　　　　　　　　　　表 5-1

楼　梯　类　别	最　小　宽　度	最　大　高　度
住宅共用楼梯	0.25	0.18
幼儿园、小学校等楼梯	0.26	0.15
电影院、剧场、体育馆、商场、医院、疗养院等楼梯	0.28	0.16
其他建筑物楼梯	0.26	0.17
专用服务楼梯、住宅户内楼梯	0.22	0.20

注：无中柱螺旋楼梯和弧形楼梯离内侧扶手0.25m处的踏步宽度不应小于0.22m。

楼梯踏步高度与宽度常用尺寸可参考表5-2。

楼梯踏步尺寸参考表(mm)　　　　　　　　　　表 5-2

名　　称	住　宅	学校、办公室	剧院、会堂	医院(病人用)	幼儿园
踏步高(h)	156~175	140~160	120~150	150	120~150
踏步宽(b)	250~300	280~340	300~350	300	250~280

　　当踏步宽度较小时，为使落脚方便舒适，可以采取加做踏口或使踏步踢面向外倾斜的方式加宽踏步面。踏口的挑出尺寸不宜过大，一般为20~25mm，否则会影响行走的方便（图5-3）。

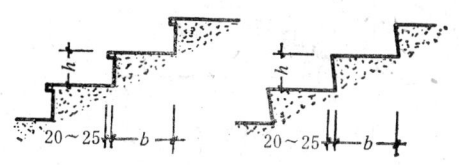 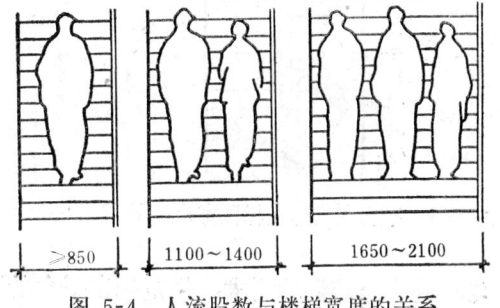

图 5-3　增大踏步面的措施　　　　　　　图 5-4　人流股数与楼梯宽度的关系

二、楼梯的宽度

　　楼梯的宽度包括楼梯段的宽度以及平台的深度，楼梯宽度的大小直接影响楼梯通行能力和疏散速度。确定楼梯的宽度，包含两方面的含义：一是确定每一部楼梯的宽度，二是确定楼梯的总宽度（即一幢房屋中楼梯的总宽度，有关建筑物楼梯的总宽度确定详见第十二章第一节）。

（一）楼梯段的宽度

　　楼梯段的宽度是指梯段边缘或墙面之间垂直于行走方向的水平距离，梯段的宽度应考虑梯段净宽的要求，并符合基本模数的整数倍，必要时可采用1/2M的整数倍数。

　　楼梯段的净宽一般是指楼梯段两侧扶手中心线的间距，或扶手中心线与楼梯间墙面之间的水平距离。从防火安全考虑，防火规范规定一部疏散楼梯最小宽度不应小于1.1m；不超过六层的单元式住宅中一边设有栏杆的疏散楼梯，其宽度可不小于1m。供日常主要交通用的公共楼梯的梯段净宽，应根据建筑物的使用特征，按人流股数确定，并不少于两股人流。一般每股人流宽度为0.55+(0~0.15)m，其中0~0.15为人流在行进中的摆幅，人流众多的场所应取上限。例如通行两股人流的楼梯段净宽应为（0.55m×2）~（0.70m×2），即1.10~1.4m；通行三股人流的楼梯段净宽应为（0.55m×3）~（0.70m×3），即1.65~2.1m（图5-4）。

　　住宅的户内楼梯，可按通行一股人流来考虑，但除了人的宽度外，还应考虑携带物品、搬运家具所需的宽度，当一边临空时，不应小于0.75m，两边为墙时，不应小于0.9m。

　　两个梯段内缘之间的空隙称为梯井，梯井的宽度应考虑消防、安全和施工的要求，从消防角度出发，公共建筑物的楼梯井不宜小于150mm，从儿童的安全出发，梯井不宜大于100mm，否则应采取防止儿童攀滑的措施。

（二）楼梯平台的深度

楼梯平台的深度是指平台边缘之间或与墙面之间垂直于行走方向的水平距离，楼梯平台的净深是指平台扶手处的最小宽度，即转弯处扶手中心线至平台边缘扶手中心线的距离或至墙面的距离，这一宽度应不小于楼梯段的净宽。一般情况下，应尽量使平台深度大于楼梯段的宽度，以加大平台处的通行能力，弥补转弯处因人流转向对通行能力的影响，也有利于家具搬运时转向的方便（图5-5）。

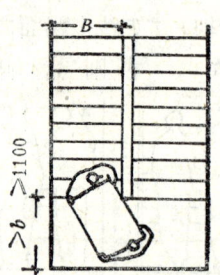

图 5-5　平台宽度与楼梯段宽度的关系

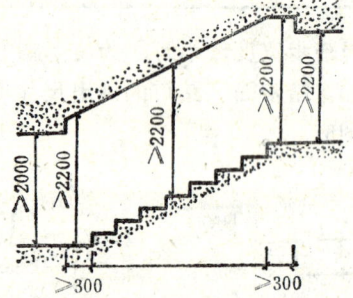

图 5-6　楼梯的净空要求

考虑到安全疏散的要求，规范规定平台的净深不应小于1.1m。

三、楼梯的净空高度

为满足楼梯的正常使用，楼梯的净空高度不能过低。对楼梯净空高度的要求包括楼梯段的净高要求和平台上部或下部过道的净高要求。

楼梯段的净空高度不应小于2.2m，楼梯段的净高是指自踏步前缘线（包括最低和最高一级踏步前缘线以外0.30m范围内）量自直上方突出物下缘间的铅垂高度。平台上部或下部过道的净高不应小于2.0m，这一净高是指底层平台下的地面至平台下部，或平台面至上一层平台下部突出物下缘的垂直距离（图5-6）。

一般情况下，多数民用建筑由于层高常在2.8～4m之间，因此，底层中间休息平台下的净高均不大，如平台下需要做过道与室外联系时，应妥善解决平台下净高不足的问题，常用的处理方法有四种（图5-7）：

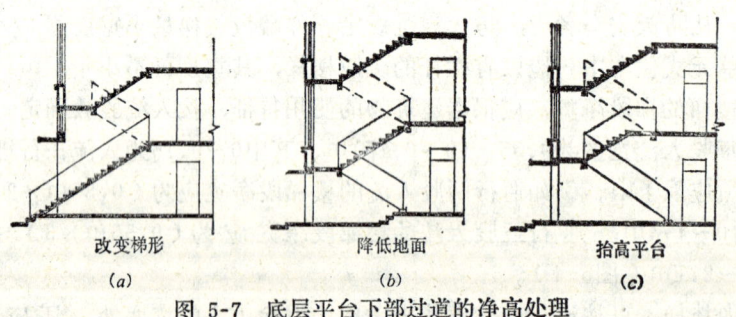

改变梯形　　　　　降低地面　　　　　抬高平台
（a）　　　　　　　（b）　　　　　　　（c）

图 5-7　底层平台下部过道的净高处理

1.将底层的双跑梯段改为单跑梯段，楼梯间进深不够时，梯段可伸至室外[图5-7(a)]，这种方式适用于层高较小的住宅建筑。

2.降低底层中间平台下的地面标高，以提高平台下过道的净空高度。为防止室外地面的雨水流入室内，降低后的地面至少应高于室外50mm[图5-7(b)]。

3.将底层两个梯段做成不等长梯段，提高底层中间平台的标高，从而增大平台下部过道的净高[图5-7(c)]。

4.采用提高底层中间平台标高或降低平台下地面标高相结合的方式，以满足所需净空高度。它适用于上述第二或第三种方式均不能单独解决净高问题时。当房屋的层高较小，且室内外高差不大时，常采用这种方式。

四、楼梯的栏杆与扶手

除了墙承式楼梯（见本章第三节）以外，楼梯段的一侧或两侧以及平台的临空处应设置栏杆，在人流多的公共建筑中，当楼梯的净宽大于或等于1.8m时，应在墙上设靠墙扶手。

室内楼梯的扶手高度，自踏步前缘线量起，不宜小于0.9m，靠楼梯井一侧水平扶手超过0.5m长时，其高度不应小于1.0m。幼儿使用的扶手也不宜降低，可采取在500～600mm高度处另加设一扶手的作法。

楼梯扶手的高度见图5-8。

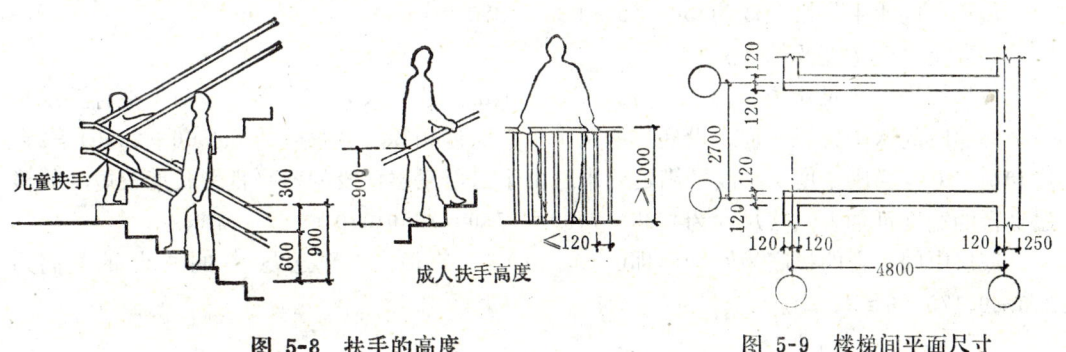

图 5-8 扶手的高度   图 5-9 楼梯间平面尺寸

五、楼梯构造设计步骤

（一）楼梯构造设计的步骤

单部楼梯的构造设计常根据以下步骤进行：

1.根据房屋类型、层高，确定每层楼梯的级数及踏步尺寸。

2.根据楼梯间的平面尺寸和已确定的楼梯形式，确定每层的梯段数和每梯段的级数。

3.确定楼梯段的水平投影长度和宽度。

4.确定平台的宽度和标高，核定楼梯的净高。

5.绘制楼梯平面图和剖面图。

（二）楼梯设计举例

已知某一住宅楼，层高2.8m，层数三层，楼梯间开间2.7m，进深4.8m，底层中间平台下设过道作出入口，室内外地坪高差为0.65m，楼梯间平面如图5-9所示。试设计此双跑楼梯。

设计：

1.确定踏步尺寸和每层的级数。

因住宅为居住建筑，楼梯使用不频繁，坡度可取略大一些，即踏步高度可相对高一些，踏步宽度相对小一些。根据2.8m层高，设每层踏步为16级。

$h = 2800 \div 16 = 175\text{mm}$，符合表5-1的要求。

$b = 600 - 2h = 250\text{mm}$，符合表5-1的要求。

2.确定每层的梯段数和每个梯段的踏步级数。

由于底层休息平台下要做过道，必须提高底层平台标高才有可能满足净高要求，因此选定底层为长短不等的两个楼段，2～3层为等长的两个梯段。等长梯段的踏步级数为 $16 \div 2 = 8$ 级，设底层长梯段的踏步级数为 $8 + 2 = 10$ 级，则短梯段的踏步级数为 $8 - 2 = 6$ 级。

3.确定梯段宽度和梯段的水平投影长度

楼梯间开间净尺寸为 $2700 - 2 \times 120 = 2460\text{mm}$，这个尺寸内必须包含两个梯段的净宽加上扶手中心至梯段边缘的距离，以及楼梯井的宽度。设梯段净宽为1100mm，扶手中心至梯段边缘的尺寸为70mm，则梯井宽度为 $2460 - 2 \times (1100 + 70) = 120\text{mm}$。

由于梯段中的踏步面数总是比踏步踢板数少1，故：

等长梯段的水平投影长度为 $b \times (n - 1)$ 即 $250 \times (8 - 1) = 1750\text{mm}$；

长梯段的水平投影长度为 $250 \times (10 - 1) = 2250\text{mm}$；

短梯段的水平投影长度为 $250 \times (6 - 1) = 1250\text{mm}$；

4.确定平台宽度及标高。

楼梯间进深净尺寸为 $4800 - 2 \times 120 = 4560\text{mm}$，这个尺寸内必须包含两个平台深度和一个楼梯段的水平投影长度。设底层的两个平台深度相等，其尺寸为 $(4560 - 2250) \div 2 = 1150\text{mm}$（＞梯段宽度），故已满足要求。由于二至三层梯段的水平投影长度较短，故楼层平台的宽度可加大，其尺寸为 $4560 - 1150 - 1750 = 1660\text{mm}$。

底层中间平台的标高为 $h \times n$，即 $0.175 \times 10 = 1.75\text{m}$，二至三层中间平台的标高为 $2.8 + 0.175 \times 8 = 4.2\text{m}$。

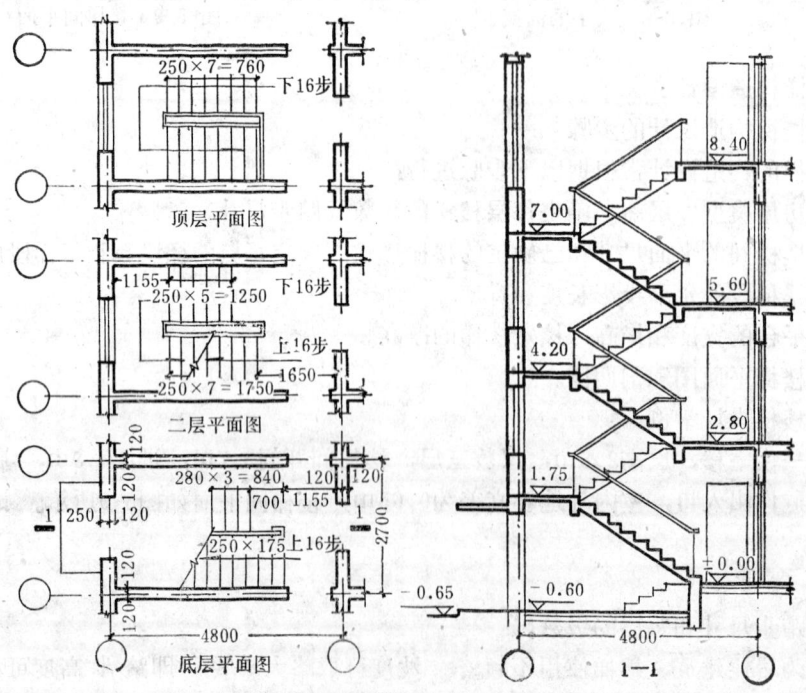

图 5-10　楼梯平面图和剖面图

5.核算楼梯的净高。

底层平台标高为1.75m，设平台梁为0.35m高，平台梁底标高则为1.45m，为使过道净高满足要求，将平台下部的地面标高降低为－0.60m，并设四个台阶与底层地面平台相联。

此时，平台下的净高为1.45－（－0.60）＝2m，满足要求。

再核算梯段的净高，最不利处是二层楼层平台的平台梁底至底层长梯段的垂直距离，其净高为2.8－0.30－0.175×2＝2.15m，与2.2m的净高要求相差甚小，在住宅中基本可满足使用要求。

6.根据以上数据绘制楼梯的平面图和剖面图（图5-10）。

第三节　现浇钢筋混凝土楼梯构造

现浇钢筋混凝土楼梯是将楼梯段与平台整浇在一起，因此，整体性好，刚度大，坚固耐久，且抗震性能好，特别是不受吊装机械设备的限制，故目前在农村建筑中使用较广。这种楼梯的灵活性大，对异形平面的楼梯间尤为适用，但施工中需要立模、绑扎钢筋、浇灌混凝土，工序多且施工复杂、工期长。由于浇捣以后需要一定的养护时间才能拆除模板，因此施工中难以利用它作垂直运输和交通使用。

现浇钢筋混凝土楼梯按楼梯段的结构传力特点，分为板式楼梯和梁板式楼梯两种。

一、板式楼梯

板式楼梯的楼梯段相当于一块直接搁置在平台梁上的斜板，平台梁之间的距离即为板的跨度，楼梯段应沿跨度方向布置受力钢筋，这种楼梯段的底面平齐，整洁美观，不易积尘，也便于施工。当梯段跨度较大时或荷载较大时，采用这种楼梯不经济，因此，板式楼梯多适用于住宅等荷载小、跨度较小的楼梯段。

板式楼梯见图5-11（a）。

二、梁板式楼梯

梁板式楼梯的楼梯段由"斜板"和斜梁组成，斜板承受着上方的荷载，并传给斜梁，再由斜梁传给平台梁，因为板的跨度就等于梯段宽度，而梯段宽度一般都小于梯段的跨度，所以梁板式与板式

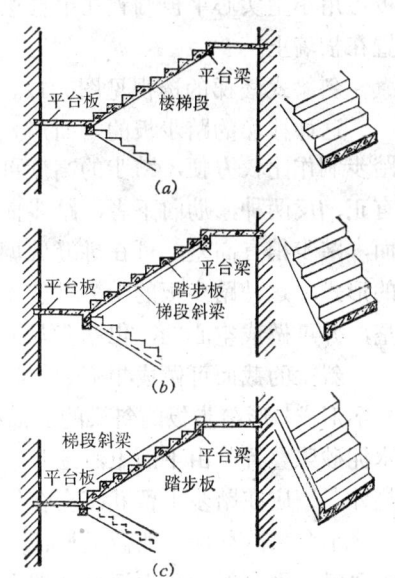

图 5-11　板式楼梯与梁板式楼梯
（a)板式楼梯；（b)梁板式楼梯梁在下面（明步)；（c)梁板式楼梯梁在上面(暗步)

楼梯相比，在板厚相同的情况下，它可以承受较大的荷载，当荷载不大时，板可以做得较薄。楼梯段靠墙一侧也可以不设斜梁，而将板搁在楼梯间的墙上。楼梯段的斜梁通常露在板下，称为明步[图5-11（b）]，也可以将斜梁反到上面，称为暗步[图5-11（c）]。当斜梁反到上面并与栏板相结合，做成栏板形式的斜梁时，即形成栏板式楼梯。

第四节　预制装配式钢筋混凝土楼梯构造

预制装配式钢筋混凝土楼梯是将楼板的组成构件在预制厂或工地预制，施工时在现场装配组成。这种楼梯的施工工期短，可减轻工人的劳动强度，装配结束后即可为施工所利用。

预制装配式楼梯，构件合并的程度应与施工机械装备相适应，根据我国农村目前施工机械设备的状况，主要采用小型预制构件装配式楼梯。

一、小型构件装配式楼梯

小型构件装配式楼梯，是把楼梯的组成部分划分为若干构件，使每一构件做到体积小，重量轻，以便达到易于制作、便于运输、少用机械、安装简便之目的。这种楼梯即使在只有小型吊装设备或者没有吊装设备的情况下也能适用。

小型构件装配式楼梯按支承方式有墙承式、悬挑式、梁承式三种。

（一）梁承式

梁承式楼梯由斜梁和踏步构成梯段，由平台梁和平台板构成平台，其结构布置形式为：预制踏步搁置在预制斜梁上，斜梁搁置在预制平台梁上，平台梁搁置在横墙上，平台板可用小型实心平板搁置在平台梁和纵墙内，也可以采用实心平板、空心板、槽形板等搁置在横墙上。

斜梁式楼梯的透视见图5-12。

这种楼梯的踏步板的断面形式有一字形、L形和三角形三种[图5-12（b）]，一字形踏步制作比较方便，踏步的高度可以调节，可加做立砖踏步踢板，也可以漏空；L形踏步有正、反两种，肋向下者，踏步面和下面的踏步踢板交接处为完整的整体，接缝在肋的下面，踏步稍有高差，可在拼缝处调整，肋向上者，接缝在板下，因而踏步必须做成有踏口的形式，这种踏步板的受力性能不如肋向下者；三角形踏步的最大优点是拼装后底面平整，并可做成空心的，但踏步尺寸较难调整。

斜梁的截面可做成矩形或L形，这两种截面的斜梁都可用以支承三角形踏步板，支承一字形或L形踏步板的斜梁的侧面必须做成锯齿形[图5-12（c）]。三角形踏步板一般用水泥砂浆叠置，由下而上，逐步叠砌，L形与一字形踏步由于自重较轻，除用水泥砂浆铺垫外，还应在踏步上留孔，套在锯齿形斜梁上的插铁上，再用水泥砂浆将孔洞填实。

平台梁的截面一般做成L形，或做成带有槽口的矩型[图5-12（d）]，以便搁置斜梁，需要时，平台梁的顶面还可搁置小型平板作平台板。平台梁与斜梁应用铁件焊牢，也可以用插铁套穿在斜梁的预留孔中并用水泥砂浆窝牢[图5-12（c）]。

斜梁式楼梯也可以在靠横墙的一侧不设斜梁，将踏步板的一端直接搁置在墙上。

（二）墙承式

墙承式楼梯是把预制踏步板搁置在两道墙上，构成楼梯段，这种楼梯最适合于单跑楼梯。双跑楼梯采用这种构造时，必须在楼梯井位置加设一道墙作为踏步板的另一支座（图5-13）。这种楼梯与梁承式楼梯对比，省去了斜梁、栏杆，也可不设平台梁，因此比较经济，但中间的一道墙，对搬运家具等物品不便，对上下人流的视线有一定的遮挡，对于楼梯间的采光和通风也有一定的影响，并且会使空间感到闭塞，为弥补这视线方面的不

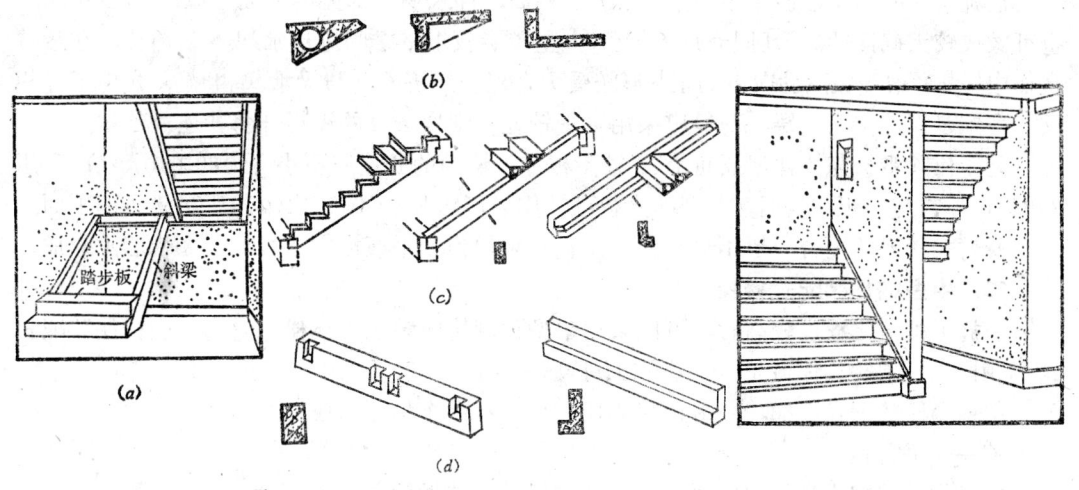

图 5-12 斜梁式楼梯
(a)透视；(b)踏步板；(c)斜梁形式；(d)平台梁

图 5-13 墙承式楼梯透视

足，可在这道墙上适当开洞。

墙承式楼梯采用的踏步板形式与梁承式相同，砌墙时用水泥砂浆铺垫。平台可不设平台梁，用预制钢筋混凝土平板或空心板、槽形板直接搁置在横墙上构成，也可以设平台梁搁置小型预制平板。

（三）悬臂式楼梯

悬臂式楼梯又称为悬挑式楼梯[图5-14（a）]，这种楼梯的踏步板为悬挑构件，挑长可达1.5m。其一端砌入墙内，另一端悬空，因此，这种楼梯具有结构新颖、美观轻巧、构件较少的特点，但用钢量较大，不能承受较大的冲击荷载，不能用于7度以上的地震区的房屋。

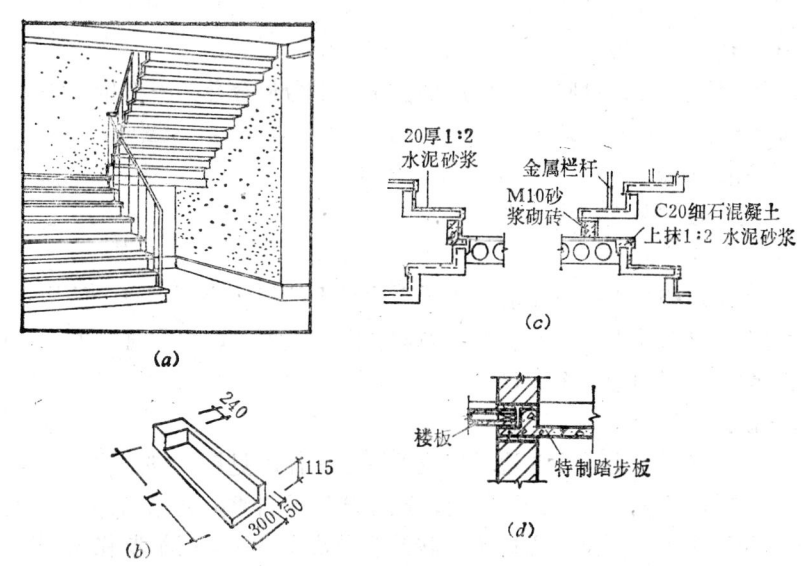

图 5-14 悬臂式楼梯
(a)透视；(b)踏步板；(c)踏步板与平台板连接节点；(d)踏步板与楼板相遇节点

这种楼梯的踏步板多采用一字形和L形截面，伸入墙体部分的截面可以同踏步相同，也可做成较大截面的矩形[图5-14（b）]。L型踏步板上下之间应用水泥砂浆铺垫，在悬臂楼梯中，L形踏步板以肋向上的正L形较受力合理和经济（这与梁承式和墙承式中正好相反）各踏步板悬空的一端，一般应采用重量较轻、刚度较好的钢栏杆将其连成整体。

为了使踏步板与墙体嵌固可靠，踏步板伸入墙内的长度应不小于180mm，宜采用240mm，当与楼板相遇时，L型踏步板可做成异形踏步板[图5-14（d）]压在楼板的下面。

悬臂式楼梯的平台一般不设平台梁，直接采用预制平板或空心板搁置在横墙上形成。

二、中型构件装配式楼梯

当施工机械化程度较高时，可以采用中型预制构件装配式楼梯，它与小型构件装配式楼梯相比，可减少构件数量，加快施工进度。

中型构件装配式楼梯，一般由楼梯段和平台板两个构件组成。

（一）平台板

中型构件装配式楼梯中的平台板一般有两种构造做法：

1.平台板与平台梁分开的形式

当受当地施工机械能力的限制时，可将平台梁与平台板分开，平台梁采用L形断面，用以支承楼梯段，平台板可采用预制钢筋混凝土槽形板或空心板[图5-15（a）]。

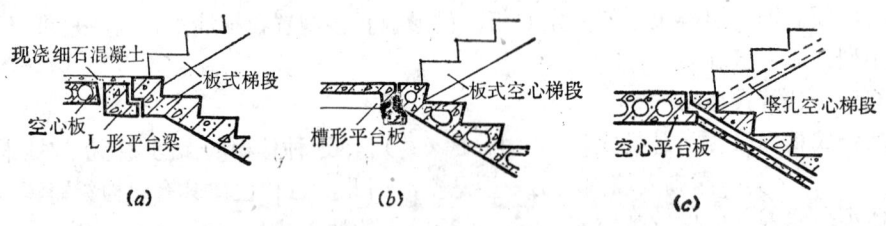

图 5-15 板式梯段和平台板形式

（a）板式梯段、平台梁、空心板平台；（b）板式横孔梯段、槽形平台板；（c）板式竖孔梯段，空心平台板

2.带平台梁的平台板

当吊装机械能力许可时，常采用平台梁与平台板合并为一个构件的做法，这种平台板一般做成槽形板，它的一条肋加大成L形，用以搁置楼梯段[图5-15（b）]。

（二）楼梯段

楼梯段有板式和梁板式两类：

1.板式楼梯段

板式楼梯段相当于斜放在上、下平台边肋上的板，底面平齐。结构形式有实心与空心两种，实心板自重较大，空心板有纵向和横向抽孔两种，纵向抽孔厚度较大，横向抽孔孔型可以是圆形或三角形（图5-15）。

2.梁板式楼梯段

梁板式楼梯段是由踏步和边梁组成的一个构件，见图5-16。这种结构形式，比板式楼梯段节约材料，为进一步节约混凝土，减小梯段的自重，常采用的方法有：将踏步面与踏步踢板间的阴角处去角以提高底板；将踏步做成空心；将踏步做成折板式等[图5-16（d）]，以上三种做法中，节约材料最多的是折板式，但是梯段的底面不平整，预制时要用双面模板振动冲压成型，施工工艺较复杂。

（三）梯段的搁置

楼梯段搁置在平台梁上或基础上，在安装前应在平台梁或基础上用水泥砂浆铺垫，然后安装楼梯段，再用水泥砂浆将竖向缝隙填实以确保楼梯段的稳固，为了增强楼梯的整体性，还必须用铁件将梯段与平台梁或基础焊接起来（图5-17），也可以将梯段套在平台梁或基础的预埋插铁中，并用水泥砂浆窝牢。

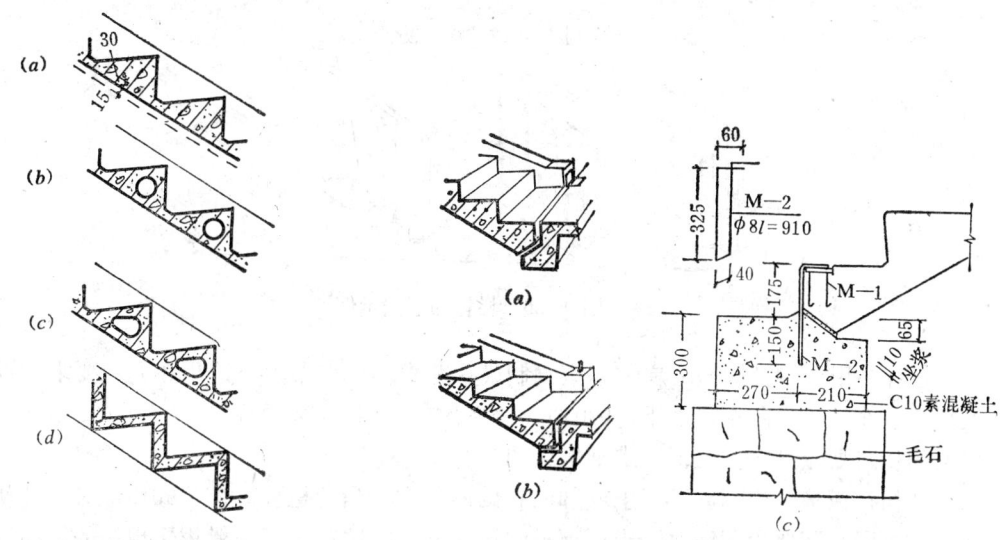

图 5-16　梁板式梯段及节约材料措施

图 5-17　楼梯段与平台梁、基础的连接
（a）预埋钢板电焊；（b）插筋套接；（c）与基础连接

三、楼梯细部构造

（一）踏步

踏步表面应平整并且耐磨，便于清扫，因此一般均应作抹灰或镶贴面层，抹灰材料可以用1:2水泥砂浆（15～25mm厚），标准较高的建筑可以用水磨石（25～30mm厚）；镶贴做法可以采用陶瓷锦砖面层或缸砖面层或梯沿砖面层等（25～30mm厚），见图5-18。

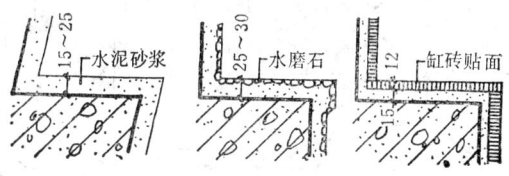

图 5-18　踏步面层构造

当踏步表面过于光滑时，行走中容易滑倒，为了上下楼梯的安全，踏步表面宜有防滑措施，尤其是使用人数多的楼梯，一般常在踏步面边缘部位设置防滑条。防滑条所用的材料，要求表面应比较粗糙，能增加摩擦力，同时应比踏面材料更耐磨。防滑条按构造方法有三种形式（图5-19）：第一种是做凸起的防滑条，常用材料有金钢砂水泥砂浆或水泥铁屑砂浆或陶瓷锦砖；第二种是做凹下的防滑凹槽；第三种是设防滑包角，常用的材料有金属（铜、铝合金）、缸砖包角等。

（二）栏杆、栏板和扶手

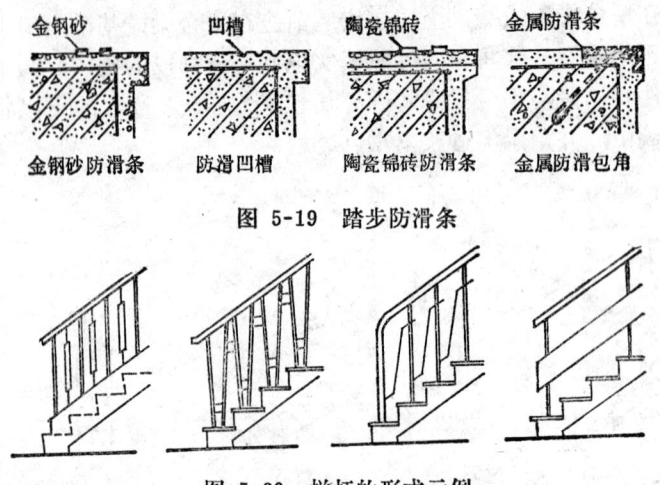

金钢砂　　凹槽　　陶瓷锦砖　　金属防滑条

金钢砂防滑条　　防滑凹槽　　陶瓷锦砖防滑条　　金属防滑包角

图 5-19　踏步防滑条

图 5-20　栏杆的形式示例

栏杆多用方钢、圆钢、扁钢等型钢制成，其式样应根据安全适用和美观要求来设计，栏杆垂直件的净空隙不得大于110mm。住宅、幼儿园等建筑的栏杆，不宜采用儿童容易攀登的横向划分图案。栏杆形式举例见图5-20。

楼梯栏板多采用钢筋混凝土或加筋砖砌体制作，当砖栏板厚度为60mm时，外侧要用钢筋网加固，还要用钢筋混凝土压顶把它连成整体。这些栏板一般用于现浇的钢筋混凝土楼梯中，图5-21（a）为栏板构造示例。楼梯栏板还可以做成现浇钢筋混凝土的（与现浇梯段整浇），成为栏板式梁式楼梯，简称栏板式楼梯，如图5-21（b）。

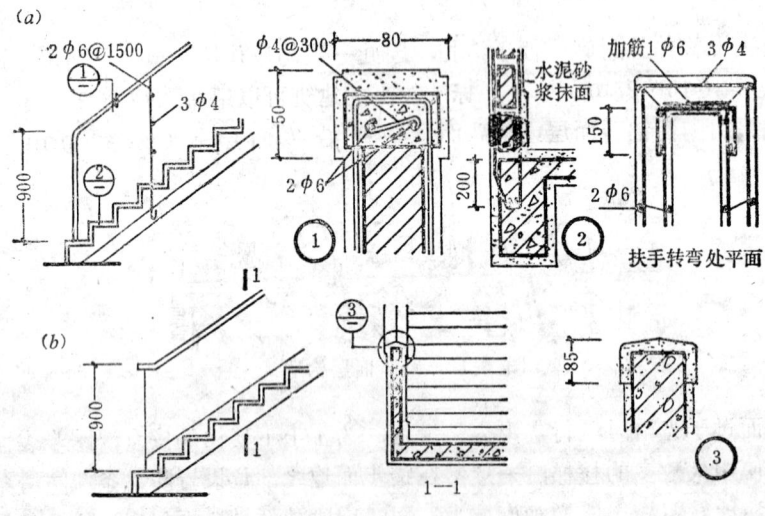

图 5-21　栏板构造示例

楼梯栏杆或栏板顶部的扶手，其材料应当表面光滑、手感好、坚固耐久。常用的有木扶手、钢管扶手、塑料扶手、水泥砂浆和水磨石扶手，其中的木扶手，因为温暖感好，且美观大方，故最受欢迎。图5-22为扶手类型。

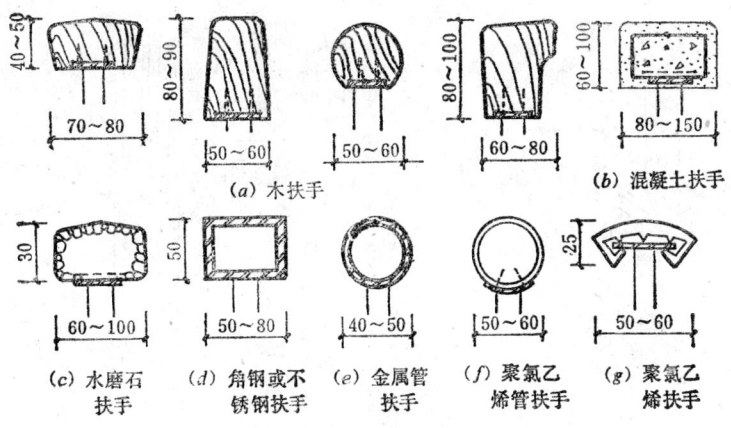

(a) 木扶手　　　　　　　　　　　　　　　　(b) 混凝土扶手

(c) 水磨石
扶手　　(d) 角钢或不
锈钢扶手　　(e) 金属管
扶手　　(f) 聚氯乙
烯管扶手　　(g) 聚氯乙
烯扶手

图 5-22　扶手类型及连接

　　无论是栏杆、栏板或扶手，为了稳固安全，均应有可靠的连接。栏杆与楼梯段的连接常采用焊接式和插入式两种，焊接式是在梯段的踏步或斜梁上预埋钢板或通长扁钢，将栏杆与铁件焊牢[图5-23(a)]；插入式是在踏步或斜梁上预留100mm深，40～60mm×40～60mm的孔洞，将栏杆插入，再用水泥砂浆填实，为使栏杆不易拔出，栏杆端头宜作打弯或开脚处理[图5-23(b)]，加筋砖砌栏板的钢筋应伸入楼梯段斜梁200mm（图5-21）。栏杆与扶手连接方式应视扶手材料而异，见图5-22。

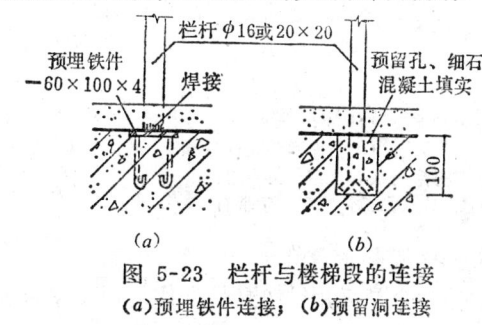

图 5-23　栏杆与楼梯段的连接
(a)预埋铁件连接；(b)预留洞连接

第五节　台　阶　与　坡　道

　　台阶有室内台阶和室外台阶之分，室内台阶一般位于有较大高差的地面交接处起衔接作用，如某些公共建筑中的门厅与走廊之间（图5-24），以及住宅、宿舍等建筑的底层楼梯间内。室外台阶一般位于房屋的入口处，由平台和踏步组成，平台起缓冲作用，踏步起室内外地面高差的过渡作用。有些建筑（如医院）的入口处需考虑车辆通行时，可用坡道代替台阶，或将台阶和坡道组合在一起。

　　台阶除使用功能外，还有一定的装饰作用，尤其是入口处的台阶更应注意美观问题。

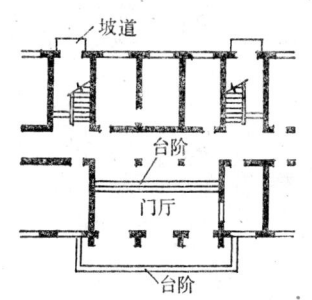

图 5-24　台阶与坡道的位置

一、台阶的形式

　　台阶有单面踏步式，三面踏步式，单面踏步带垂带石、方形石、花池等形式，以及台阶与坡道相结合的形式（图5-25）。

二、台阶的构造

　　台阶的构造一般与地面相同，也有垫层和面层，但也可以采用石砌台阶或砖砌台阶。

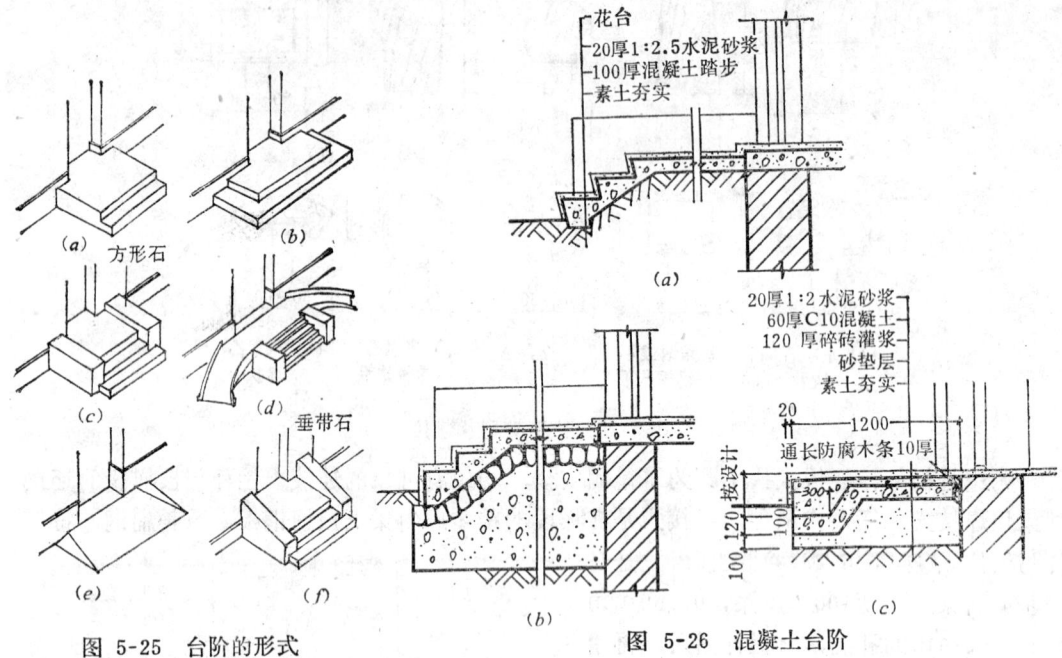

图 5-25 台阶的形式

(a)单面踏步式；(b)三面踏步式；(c)单
面踏步带方形石；(d)坡道与踏步结合；
(e)坡道；(f)单面踏步加垂带石

图 5-26 混凝土台阶

(a)不考虑冰冻的台阶构造；(b、c)北方季节性冰冻
地区的台阶构造

（一）混凝土台阶

这种台阶是采用 C10 混凝土作垫层，垫层作成踏步形，然后再抹水泥砂浆或水磨石面层，也可以铺贴缸砖等面层材料[图5-26(a)]。北方季节性冰冻地区，为避免台阶遭受冻害，应在混凝土垫层之下做砂垫层[图5-26(b、c)]。此外，北方地区室外台阶的面层应较为粗糙，否则冬季飘雪后容易滑倒行人。

（二）砖砌台阶

砖砌台阶是用150mm厚1:3:6碎砖三合土作垫层，用1:3石灰砂浆或水泥砂浆铺砌粘土砖，砖的表面可以抹上水泥砂浆面层或不抹灰。这种台阶比较经济，节省水泥，可用于要求不高的出入口[图5-27(a)]。

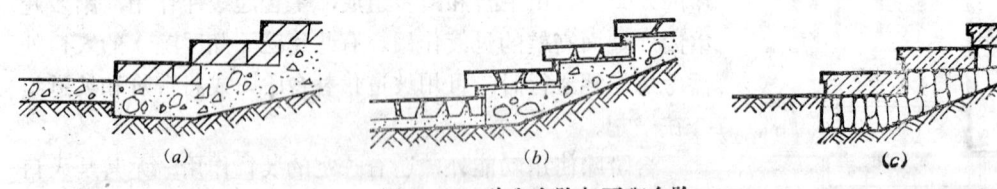

图 5-27 砖砌台阶与石砌台阶

(a)砖砌台阶；(b、c)石砌台阶

（三）石砌台阶

石砌台阶具有强度高，表面较粗糙，不易滑倒，抗冻性、耐久性好的特点。是一种理想的室外台阶的材料，常用于石材来源丰富的地区。石砌台阶一般采用经过加工的料石做成，也可以采用毛石，用水泥砂浆砌筑，并用1:2水泥砂浆勾缝。石砌台阶的垫层可采用

100mm厚1:3:6碎砖三合土或混凝土垫层。石砌台阶构造见图5-27(b)。

三、地面坡道构造

某些需要通行车辆的生产性建筑或民用房屋的室外出入口，或因安全疏散要求不适合做台阶的出入口（如影剧院），常设地面坡道。地面坡道的坡度一般为1/6～1/12，通行车辆的坡道，坡度不宜大于1/8。地面坡道的做法一般与地面做法相同，也可以采用砖砌或石砌坡道。

（一）混凝土或水泥砂浆坡道

这种坡道与相应的地面构造相同，在季节性冰冻的北方地区，同样应在混凝土垫层下设砂垫层。当坡度较大时，坡道面层应作防滑处理，常用做法有在面层上划防滑齿槽或设防滑条两种（图5-28）。

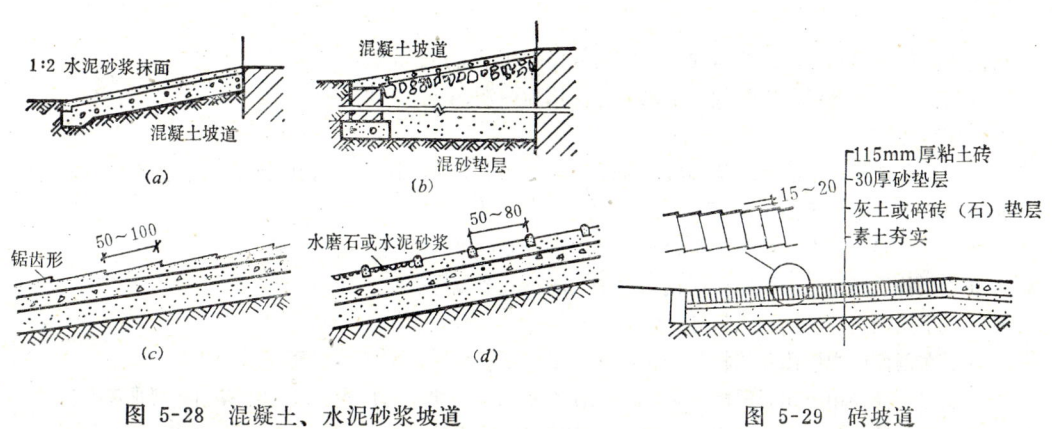

图 5-28 混凝土、水泥砂浆坡道

(a、c、d)不考虑冰冻的坡道构造；(b)北方季节性冰冻地区的坡道构造

图 5-29 砖坡道

（二）砖坡道及石坡道

砖坡道和石坡道造价低廉，且有一定的防滑作用，故可用于对平整和美观要求不高的出入口（如生产性建筑中的牲畜舍屋等）。这类坡道是用灰土或碎石作垫层，垫层上铺30mm厚粗砂，再密排115厚粘土砖或150厚块石，如图5-29。

复 习 思 考 题

1.楼梯由哪些构件组成？各起什么作用？

2.试述单跑、双跑、三跑楼梯的特点和适用范围？为什么双跑楼梯使用最广？

3.楼梯的坡度是根据什么确定的？为什么楼梯踏步的高宽之和应等于或接近一个常数？

4.楼梯梯段和平台的宽度如何确定？

5.楼梯的净空高度有哪些规定？栏杆扶手高度有哪些规定？

6.为什么要规定楼梯踏步的最小宽度和最大高度？当踏面宽度较小时，如何在不改变坡度的前提下增大宽度？

7.现浇钢筋混凝土楼梯中，板式和梁板式楼梯各有什么特点？

8.小型预制构件装配式楼梯有哪些类型？各有什么特点？其预制踏步板各有什么形式？

9.画图表明楼梯栏杆与楼梯段及扶手的各种连接构造。

10.室外台阶的形式有几种？常用的构造类型有哪些？严寒地区如何设置防冻胀层？

作业二 楼 梯 设 计

一、目的要求

掌握楼梯构造设计的主要内容，训练绘制和识读施工图的能力。

二、作业条件

1.三层教学楼梯（双跑式），层高3.6m，室内外高差0.45m。

2.给出层高、楼梯间开间和进深尺寸，楼梯间墙的厚度（墙为承重砖墙）及门窗尺寸。

3.现浇式钢筋混凝土楼梯。楼梯段形成步数、踏步尺寸、栏杆形式、踏步装修材料均由学生自行确定。

三、作业要求

1.本作业共包括六个内容：首层平面图、标准层平面图、顶层平面图、剖面图、栏杆（栏板）详图、踏步详图。

2.比例：平面图和剖面图为1:50，详图为1:10（扶手可用1:5或1:2）

3.图纸：2号绘图纸，以墨线绘成，不能使用描图纸。

4.深度

（1）在各平面图中绘出定位轴线，标出定位轴线至墙边的尺寸。绘出窗（门）、踏步、折断线，标注出楼梯的上、下指示箭头和至上层的步数和踏步尺寸。

（2）在各层平面中注明中间平台及各楼层平台（或走廊地面）的标高。

（3）在首层楼梯平面图中注明剖面剖切线的位置及编号。

（4）平面图上标注出三道尺寸。

（5）在剖面图中绘出顶层栏杆扶手，其上用折断线切断，暂不绘层顶；

（6）在剖面图中绘出梯段断面形式，栏杆（栏板）、扶手的形式，墙、楼板和楼层地面及顶棚；首层地面、室外地面（平台下做出入口时，还应绘出台阶或坡道）。

（8）在剖面图中标出首层地面、室外地面各层平台、各楼层地面、窗台及窗顶的标高，平台下做出入口时还应标出门顶、雨篷上、下皮标高。

（9）在剖面图中标出定位轴线，并标注定位轴线间的尺寸，标注出详图索引号。

（10）详图中注明材料、作法和尺寸，并标出详图编号。

第六章 屋 顶

屋顶是房屋最上层起覆盖作用的部分，它除了起防御自然界的风、雨、雪、太阳幅射热和冬季低温影响的作用以外，还必须承受作用于屋顶上的风荷载、雪荷载和屋顶自重等荷载，同时，屋顶还是整个建筑外观的组成部分，对建筑物的造型和美观起着重要的影响。

第一节 概 述

一、屋顶的组成和类型

（一）屋顶的类型

由于屋顶所用材料和承重结构形式不同，屋顶的外形是多种多样的，各种形式的屋顶归纳起来大致可以分为坡屋顶、平屋顶、曲面屋顶和多波式折板屋顶等四大类。目前，村镇建筑中主要采用前两类。

1.坡屋顶

坡屋顶是采用瓦材做屋面的一种屋顶类型。坡屋顶是村镇房屋建筑中较常用的屋顶形式，有单坡、双坡、四坡、歇山等多种形式，单坡顶用于跨度较小的房屋，双坡、四坡顶等用于跨度较大的房屋。

（1）单坡屋顶 单坡屋顶是向一个方向倾斜[图6-1(a)]，常用作厨房或坡屋的屋顶，它的屋脊大多是靠着围墙或正屋的山墙。单坡屋顶的构造较简单。

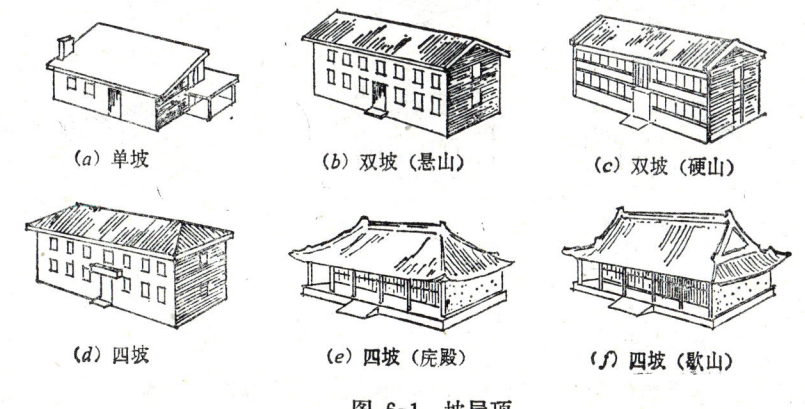

| (a) 单坡 | (b) 双坡（悬山） | (c) 双坡（硬山） |
| (d) 四坡 | (e) 四坡（庑殿） | (f) 四坡（歇山） |

图 6-1 坡屋顶

（2）双坡屋顶 双坡屋顶的屋面向两个方向倾斜，使雨水由前后两坡排出，这种屋顶是坡屋顶中应用最广的形式[图6-1(b)]。此种屋顶，又因屋面是否伸出至山墙以外，分为悬山和硬山两种[图6-1(b、c)]。

（3）四坡屋顶 四坡屋顶的屋面为四个坡面，相互接合[图6-1(d、e)]。雨水顺四个坡面排下，亦称为庑殿式屋顶。这种屋面的构造较复杂。

（4）歇山屋顶　歇山屋顶是四坡屋顶的特殊形式，在房屋两端的坡面上有直立部分的山墙，上装百页气窗[图6-1(f)]。这种屋面构造也较复杂。由于这种屋顶不像庑殿屋顶那样过份庄重，且有玲珑曲折之美，故常用于采用坡屋顶的公共建筑中。

2.平屋顶

屋顶坡度小于10％称为平屋顶。

当屋面采用防水性能好的材料时，其排水坡度可以做得很小，一般平屋顶的常用坡度为2～3％，如屋顶为上人屋顶时，可取1～2％。平屋顶按屋面是否挑出外墙面及外墙是否高于屋面，分为挑檐平屋顶[图6-2(a)]、女儿墙平屋顶[图6-2(b)]和挑檐女儿墙平屋顶[图6-2(c)]以及盝顶平屋顶[图6-2(d)]。

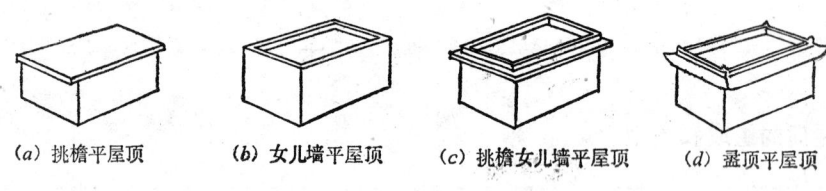

(a) 挑檐平屋顶　　(b) 女儿墙平屋顶　　(c)挑檐女儿墙平屋顶　　(d) 盝顶平屋顶

图 6-2　平屋顶

3.曲面屋顶

曲面屋顶的屋顶轮廓线呈曲线形，它是由各种薄壳结构或悬索结构构成，有双曲屋顶、球形网壳屋顶、扁壳屋顶、鞍形悬索等（图6-3）。这类结构的内力分布合理，能充分发挥材料的力学性能，因而能节约材料，但施工复杂，故常用于大跨度的大型建筑。这类屋顶在村镇房屋建筑中采用较少。

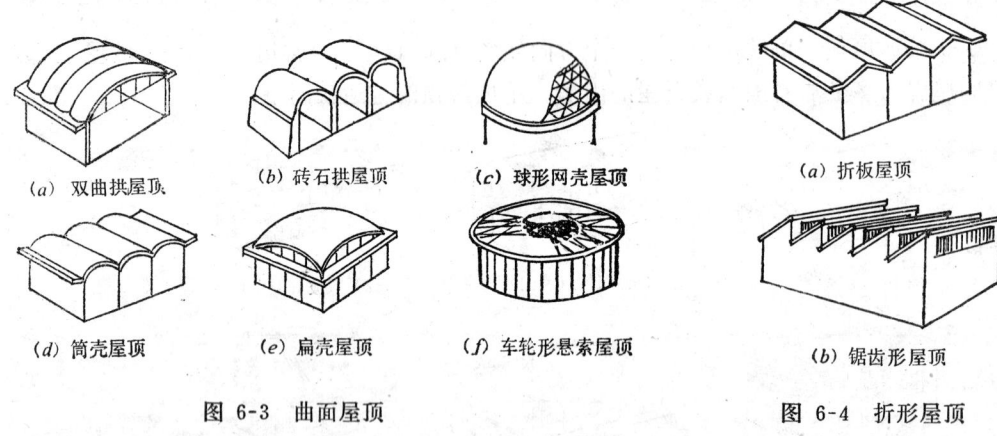

(a) 双曲拱屋顶　　(b) 砖石拱屋顶　　(c) 球形网壳屋顶　　(a) 折板屋顶

(d) 筒壳屋顶　　(e) 扁壳屋顶　　(f) 车轮形悬索屋顶　　(b) 锯齿形屋顶

图 6-3　曲面屋顶　　　　　　　　　图 6-4　折形屋顶

4.多坡式折形屋顶

折形屋顶有折板屋顶和锯齿形屋顶。折板屋顶是由钢筋混凝土薄板形成的折板构成屋顶，常采用于较大跨度的建筑，锯齿形屋顶是由若干跨度斜置的屋顶构成（图6-4）。它可利用屋顶的高差来采光，常用于生产性建筑。

（二）屋顶的组成

屋顶是由屋面、承重结构、保温（隔热）层和顶棚等部分组成。

1.屋面

屋面是屋顶的面层，它直接承受自然界风、霜、雨淋、阳光等各种侵蚀，因而，屋面材料要能经受自然界各种有害因素的长期作用，同时，要有良好的防水抗渗能力，还应具有一定的强度，以便承受风雪荷载和屋面检修荷载和上人时的活荷载。

2.承重结构

屋顶承重结构的作用是承受屋面荷载和自重，承重结构按受力特点分，有平面结构和空间结构两类，村镇建筑各类房屋的内部空间一般较小时，可以采用平面结构，如屋架、梁板结构等。空间结构有薄壳、网架、悬索等，由于施工技术要求较高，故目前在村镇房屋中一般很少采用。

3.保温（隔热）层

保温层是严寒和寒冷地区的采暖房屋为防止冬季室内热量透过屋顶散失而设置的构造层，隔热层是炎热地区为了夏季隔绝太阳幅射热由屋顶进入室内而设置的构造层。保温层或隔热层应选用导热系数小的材料，其位置依屋顶类型和屋面材料而异，坡屋顶多设置在顶棚与承重结构之间，其它屋顶一般设在承重结构与屋面之间（隔热层也可以设在屋面之上）。

4.顶棚

顶棚是屋顶的底面，当承重结构为梁板结构时，顶棚可采用直接抹灰顶棚或做吊顶。在坡屋顶建筑中，如需要室内顶棚平整、清洁和美观，必须设置吊顶。平屋顶的顶棚或吊顶与楼层的相同，坡屋顶的吊顶可挂在承重层上，也可搁置在墙上形成。

屋顶的组成见图6-5。

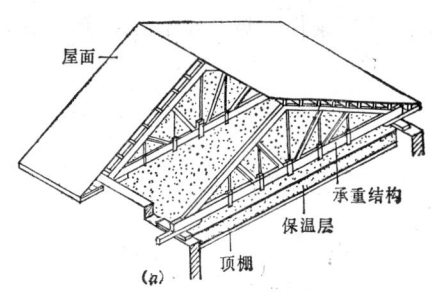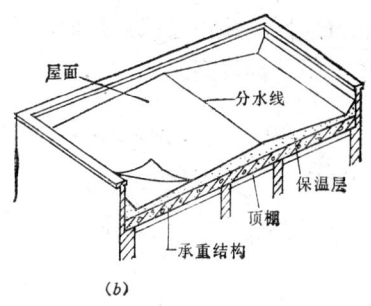

图 6-5 屋顶的组成

(a)坡屋顶；(b)平屋顶

二、屋顶的设计要求

屋顶是建筑物的重要组成部分，屋顶设计必须满足强度、刚度、稳定性、耐久性以及防水、排水、保温（隔热）等要求。同时应做到自重轻、构造简单、便于就地取材、施工方便、造价经济和便于维修等。屋顶设计还应与整体建筑协调，满足美观的要求。

解决屋顶的防水和排水是屋顶构造设计中的首要任务，屋顶的防水和排水性能如何，取决于屋面材料和构造处理。为使防水良好，就必须采用具有一定抗渗能力的材料或不透水材料覆盖整个屋面，为使排水迅速通畅，就必须合理确定屋顶的排水坡度，布置好排水系统。屋面的防水和排水是相辅相成的，屋面坡度的大小往往取决于屋面材料的防水性能。采用防水性能好、单块面积大、接缝少的屋面材料，如油毡、镀锌铁皮等，屋面坡度可以小一些。若采用粘土瓦、小青瓦等单块面积小、接缝多的屋面材料时，坡度就必须大一些。图6-6为不同材料适宜的坡度范围，图中粗线部分为常用坡度。

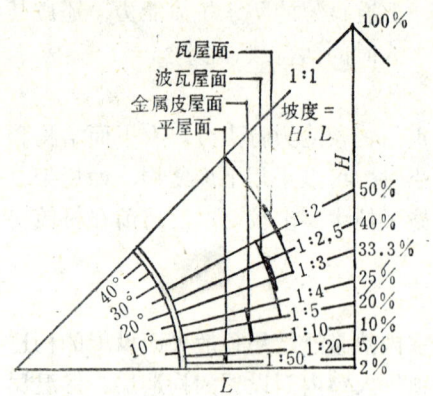

图 6-6 屋面材料与坡度的关系

第二节 平屋顶构造

一、平屋顶的排水

由于平屋顶坡度较小，因此，平屋顶的排水和防水的质量如何，将严重地影响到屋顶是否渗漏、室内是否可以正常使用的问题。排水，就是利用屋面坡度，把雨水因势利导地迅速排除，使渗漏的可能性缩小到最小范围；防水，是利用防水材料，堵塞屋面防水构件的缝隙，做到无缝、无孔、防止雨水渗漏。因此，排水与防水同是防止雨水渗透的措施。平屋顶的排水应解决好排水坡度、排水方式和排水系统的布置三大问题。

（一）屋面坡度的形成

平屋顶屋面坡度的做法一般有材料找坡与结构找坡两种；

1.材料找坡

材料找坡亦称为垫坡，这种做法是将屋面板水平搁置，在屋面板上采用轻质材料如水泥炉渣等垫置出屋面排水坡度［图6-7(d)］，材料找坡形成的坡度不宜过大，否则要增加材料和荷载，增加屋面的造价。

在北方地区，屋顶设保温层时，也有采用将保温层兼作找坡层的作法，这种作法虽然构造简单，但造价较高。

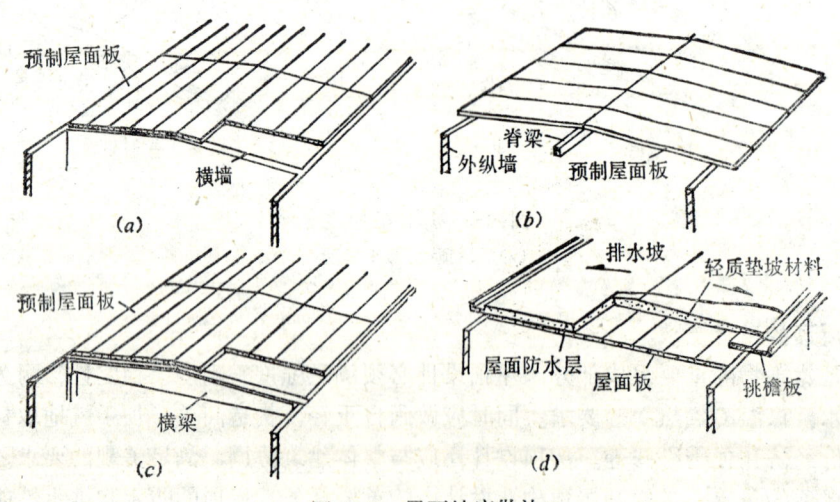

图 6-7 屋面坡度做法

2.结构找坡

结构找坡亦称撑坡。这种作法是由屋面板倾斜搁置形成坡度，屋面板以上的各构造层的厚度不变化。在横墙承重的房屋中，一般用砖墙或卧梁找坡，用梁承重时，梁的顶面应做成坡度[图6-7(*a*、*b*、*c*)]。这种做法的优点是可以减轻屋面荷载,省工省料,较为经济,其缺点是室内顶棚是倾斜的,且对上人使用或今后加层较为不利,特别对平面凹凸变化较多的建筑,结构和构造均较复杂,一般在屋面变化处均需加垫坡。

（二）平屋顶的排水方式

排水方式分为无组织排水和有组织排水两类。

1.无组织排水

屋面雨水经屋檐直接下落称为无组织排水,或自由落水。无组织排水的檐部要挑出,形成挑檐。这种做法构造简单,造价低,但落水时,雨水会溅湿墙身勒脚,有风时雨水还可能淋湿墙面,使墙面受污染。无组织排水用于年降雨量小于或等于900mm,檐口高度不大于10m或年降雨量大于900mm,檐口高度不大于8m的房屋,以及次要建筑。严寒地区为了防止檐沟挂冰,也常采用。图6-8为无组织排水示意。

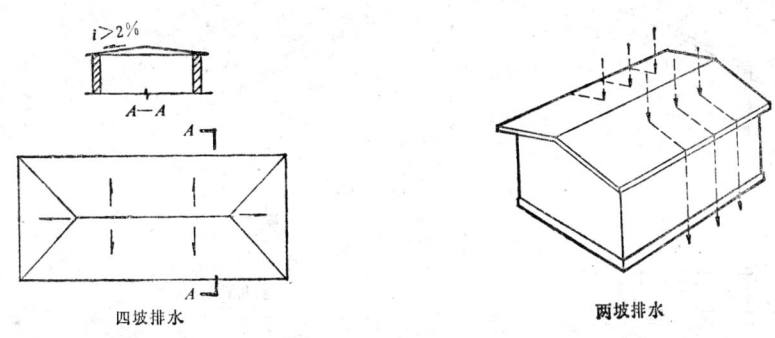

图 6-8 无组织排水

2.有组织排水

为防止雨水自由下落时对墙面和地面的冲刷而影响房屋的耐久性和美观,一般檐口高度较高的建筑或年降雨量较大时,均应采用有组织排水。有组织排水是在屋面上设置与排水方向垂直的纵向天沟,使雨水经天沟并通过雨水口和雨水管有组织地排到地面或排水沟中。

有组织排水根据雨水口及雨水管的位置,又分为外排水和内排水两种。

（1）外排水　外排水是建筑中最常用的形式,屋面可做成四边有外檐沟的四坡排水或两坡排水,或两边有外檐沟的双坡排水[图6-9(*a*、*b*)],也可以沿四周做女儿墙,女儿墙与屋面相交形成内檐沟[图6-9(*c*)]。檐沟的纵向坡度应不小于5‰,也不应大于10‰,屋面的雨水经外檐沟或内檐沟的雨水口接入外雨水管排至地面。

此外,还可以做成女儿墙带檐沟的外排水形式,即在女儿墙下部设排水口或做成栏杆的形式,女儿墙下的檐口处再设外檐沟,使屋面的雨水经排水口再流入外檐沟[图6-9(*d*)],这种形式的排水比女儿墙外排水有利。

屋面上的女儿墙,由于高出屋顶,地震时容易震坏,所以在地震设防区,除了上人屋面或建筑造型需要以外,应尽可能少用女儿墙或尽量减少女儿墙的高度。

（2）内排水　多跨房屋和高层建筑,以及有特殊需要时常做成内排水方式。内排水的屋面必须设置天沟,将雨水汇集起来经雨水口流入室内雨水管再由地下管道（沟）把雨水排到室外排水系统中。平屋顶内排水的示意详见**图6-10**。

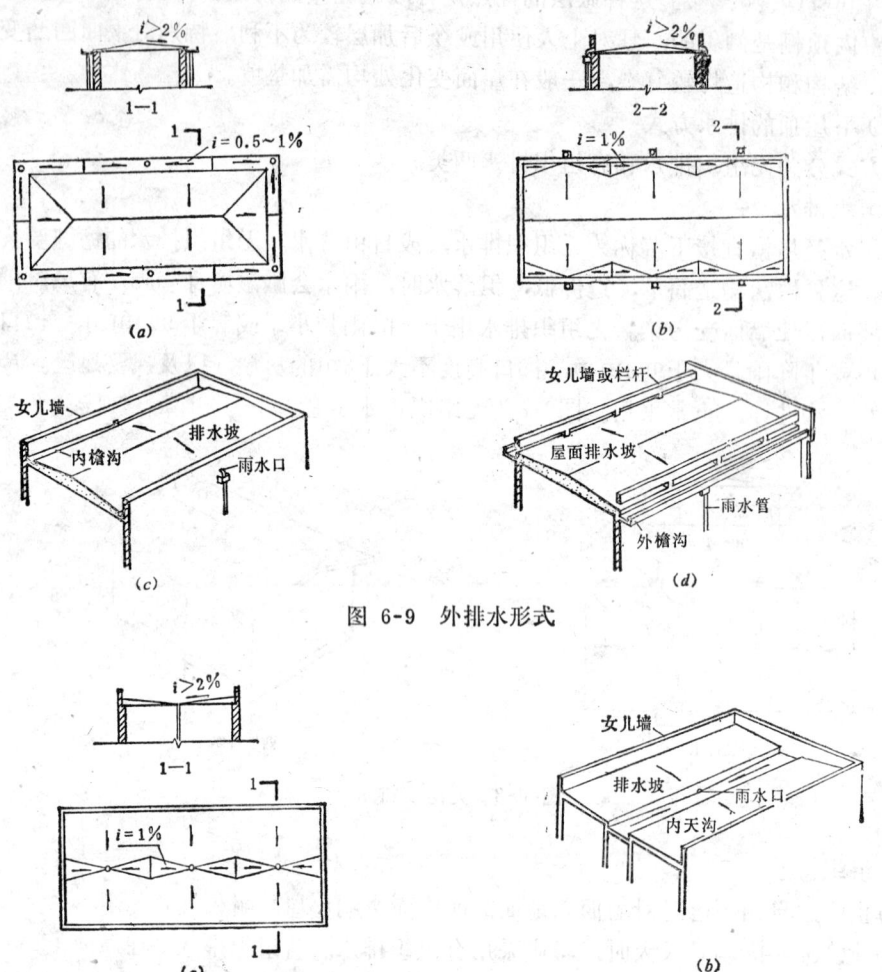

图 6-9 外排水形式

图 6-10 平屋顶内排水示意

（三）平屋顶排水系统的组织

合理组织排水系统，主要是确定屋面排水方式和排水方向、檐口的排水方式和雨水口、雨水管位置。

1．屋面排水方式和方向的确定

屋面排水方式的选择主要应考虑降雨量、房屋高度、屋顶平面形状和面积大小及建筑造型。为了使雨水迅速排除，屋面的排水方向应该直接明确，减少转折。图6-11为一带气楼的厨房屋面排水做法比较：其中图(a)在厨房屋面处的A线处形成天沟，防水构造比较复杂，容易漏水；图(b)虽避免了天沟，但还是有B、C两处泻水点，若处理不好，会使气楼屋面的雨水通过B、C两处冲刷影响大屋面的防水效果；图(c)气楼屋面改为单坡，虽两面坡度不同，但避免了上述弊病，是比较好的排水组织方案。

2．檐口排水方式的确定

檐口排水方式如前所述一般有四种，即挑檐、檐沟、女儿墙和女儿墙带檐沟。选择檐口形式时应根据屋面的排水方式、排水方向以及建筑物的造型要求来确定。

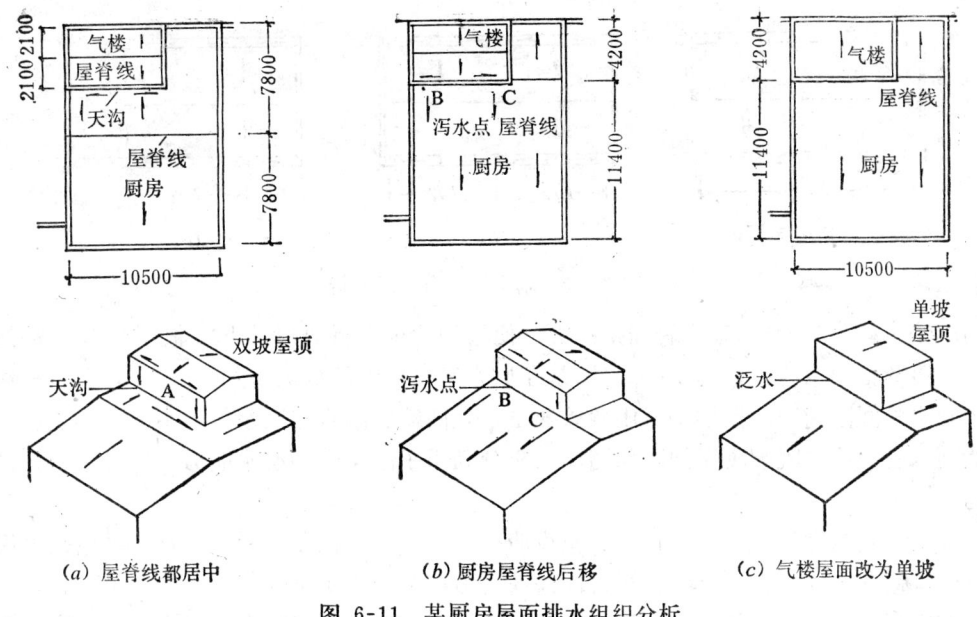

(a) 屋脊线都居中　　　　(b) 厨房屋脊线后移　　　(c) 气楼屋面改为单坡

图 6-11 某厨房屋面排水组织分析

3.雨水口、雨水管的布置

雨水口及雨水管的布置通常与屋面的形状大小、降雨量、檐口排水方式以及立面美观要求等因素有关。

雨水管的数量应足够，以便使雨水能迅速排走。雨水管的数量主要与屋面面积、降雨量和雨水管的直径有关。根据经验公式，当已知房屋所在地区的降雨量后，可以计算出一定管径雨水管的容许集水面积。经验公式为：

$$F = \frac{438D^2}{H}$$

式中　　F——每个雨水管的容许集水面积（m²）；

　　　　D——雨水管直径（cm²）；

　　　　H——每小时降雨量（mm/h）

例如：某地区每小时降雨量 $H = 140\text{mm/h}$，选用雨水管 直径 $D = 10\text{cm}$，则每个雨水管的容许集水面积为：

$$F = \frac{438 \times 10^2}{140} = 312.85\text{m}^2$$

如果某屋面的水平投影面积为1000m²，应设四个雨水管。

按上式计算得出的雨水管数量尚未考虑屋面排水坡度，檐沟坡度大小的影响，因此，实践中还应作适当调整。由于雨水管的间距与数量有关，当按计算求出的雨水管数量较少时，可能造成雨水管间距太大，这不仅会增加檐沟的起坡高度，增加檐口的厚度和重量，还会减小檐沟的有效集水断面，从而影响屋面的排水。工程实践中，一般可按当地经验间距来确定雨水管的间距，如上海地区，平屋顶雨水管的间距不超过24m，福州地区一般不超过15m。

雨水管布置应均匀，应尽量使每根雨水管的雨水流量接近。图6-12是一屋面雨水管分

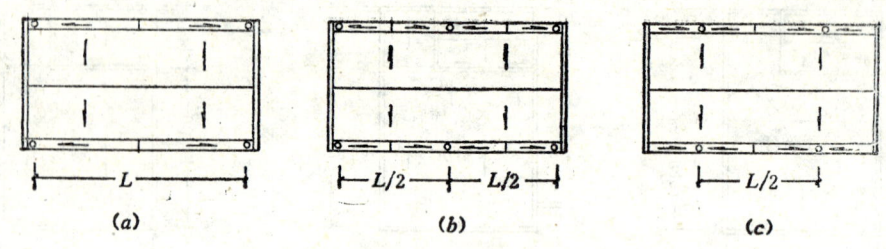

图 6-12 雨水管分布位置分析

布的比较分析。图(a)的雨水管间距过大，使檐沟的过水断面积减小，很不合理（虽然按计算每边两根雨水管已足够）；图(b)是在原方案中，中部每侧增加一根雨水管，虽然解决了雨水管间距问题，但增加了雨水管数量，且两端的雨水管汇水量太小；图(c)是将两端的雨水管内移，既解决了间距问题，又充分利用了雨水管的汇水能力，能各雨水管排水均匀。

雨水管还应尽量做到直上直下，减少曲折，以免杂物积存，影响排水。平屋顶采用的雨水管有镀锌铁皮、石棉水泥、塑料、铸铁、镀锌钢管、陶土管等雨水管，前三种有圆形断面和矩形断面，后三种只有圆形断面，雨水管用铁卡固定在墙上，雨水管下部应离散水或明沟顶面200mm以上，以防地面积雪或积土埋没出水口。

二、平屋顶的防水

由于平屋顶坡度平坦，流水速度比较缓慢，有时甚至在屋面表面会形成一层薄薄的水层，因此，平屋顶的防水原则应该是在排、防结合的前提下，以防为主。

平屋顶防水各地有很多不同做法，归纳起来主要有柔性防水、刚性防水和涂料防水。

（一）平屋顶柔性防水屋面

柔性防水屋面又称卷材防水屋面，是采用防水卷材和沥青胶结材料或粘合剂粘贴组成防水层的屋面。防水卷材目前主要有油毡、玻璃布等纤维卷材、橡胶无胎卷材和合成橡胶卷材等，沥青胶结材料有：沥青玛碲脂以及各种冷沥青胶结材料。粘合剂用于合成卷材，因卷材性能不同，所用粘合剂各异。

卷材防水屋面分为冷施工和热施工两类，近年来发展起来的新型卷材均采用冷施工，热施工的传统施工工艺随着新型防水材料的问世正逐步被淘汰，但由于在短期内油毡热施工防水屋面还未能完全被取代，故以下除介绍新型卷材冷施工防水屋面以外，还将介绍热施工的油毡防水屋面。

1.油毡防水屋面的基本构成

油毡防水屋面是由基层、防水层及表面保护层等基本层次组成，寒冷和严寒地区需要设置保温层时，还应增设保温层、隔气层和相应的找平层。油毡防水屋面的构造层次见图6-13。

（1）基层 屋面的卷材防水层，要求铺设在一个平整、洁净、坚硬的基层上，而一般现浇屋面板、预制屋面板以及保温层的表面均难以满足其平整的要求。因此，应在结构层做1:3水泥砂浆找平层，厚度为15～20mm；在松散材料做成的保温层上则需做 $20\sim3^{0}$ mm厚。

找平层施工后，其表面一般均留有因水分蒸发而形成的孔隙和小颗粒粉尘，这将有碍

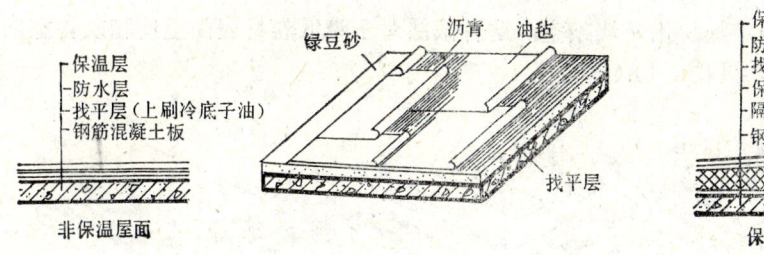

图 6-13 油毡防水屋面的构造层次

于油毡防水层与找平层的结合。为了使第一层的沥青胶结材料能和找平层牢固地结合，要在找平层上涂刷一道既能和沥青结合又容易渗入水泥砂浆表层的稀释的沥青溶液（即冷底子油）。干燥后再分层铺设防水层。

（2）防水层 油毡防水屋面的防水层是由油毡和沥青胶结材料层层交替粘合而形成的一层整体的、不透水的防水覆盖层。油毡是连续搭接的，并有一定的韧性，可以适应一定程度的胀缩和变形，是屋面防水层的主体。沥青胶结材料粘附在卷材上、下之间，形成一个满浇的薄层，既是结合层，也是防水层。

油毡的层数与屋面坡度有关，如以往的平屋顶一般铺两层油毡，在底、中、上浇涂三层沥青，故通称二毡三油。1991年建设部颁布了《关于治理屋面渗漏的若干规定》，规定自1991年起，使用石油沥青油毡做屋面防水材料的，应不少于三毡四油。油毡一般由檐口到屋脊一层层向上铺设，上下搭接80～120mm，左右搭接100～150mm，坡度较大时也可以垂直于屋脊铺设。

（3）表面保护层 油毡防水层暴露在大气中，不仅要受到大气的侵蚀，而且夏季受太阳辐射热的影响很大，使表面温度升高，从而加速防水层的老化，特别是卷材和沥青组成的防水层表面为黑色，最容易吸热，夏季在太阳辐射下，表面温度常高达60～80℃，容易使沥青胶结材料融化流淌并加速油毡和沥青胶结材料的老化。因此，需要在防水层表面设置保护层，以隔绝太阳辐射热和紫外线的影响。保护层分上人屋面和不上人屋面两种做法。

不上人的油毡防水屋面的防水层表面常采用绿豆砂或砂保护层，绿豆砂是指粒径为3～5mm的粗砂，绿豆砂保护层的做法是在防水层的表面涂刷2～3mm厚的热沥青胶结材料，趁热将预热过的绿豆砂均匀地散在胶结材料上。砂保护层是指用中砂做成的保护层，宜用于合成卷材表面，其做法是边刷粘合剂边均匀满铺撒砂。绿豆砂和砂表面有色浅、耐风化、颗粒均匀的特点，可以减少吸收辐射的热量，从而降低防水层的表面温度，又由于绿豆砂和砂将防水层与大气隔绝，可以延缓卷材的老化。

上人屋面的保护层，应满足耐磨，以及降低防水层表面温度、保护卷材防水层的要求，其保护层主要有细石混凝土保护层，板材实铺保护层和板材架空保护层三种做法：细石混凝土保护层一般由30～40mm厚C20细石混凝土做成，由于细石混凝土属于刚性材料，外界温度变化时容易起拱、开裂，所以施工时应每隔2m左右设一道分仓缝，并在接缝处用柔性材料如沥青油膏等填塞[图6-14（a）]；实铺板材保护层是在防水层上用干铺法或粘贴法铺设一层预制混凝土板或斗底砖等板材，干铺时可用砂或碎石做垫层，厚度一般为30～50mm，粘结时一般用20mm厚水泥砂浆做结合层[图6-14（b）]；板材架空保护层是将预制混凝土板等板材用砖块架空，这种做法对于降低卷材表面温度和改善室内气温都很有利，但造价较高[图6-14（c）]。

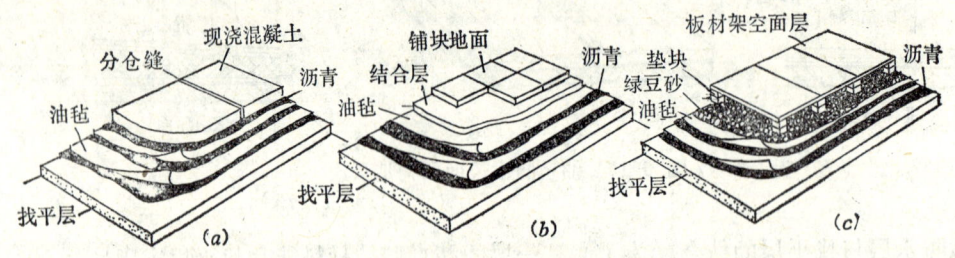

图 6-14　上人屋面保护层

（4）保温层与隔气层　寒冷及严寒地区的平屋顶要设置保温层，其作用是为了使冬季室内热量不致散失过快、保持室内温度比较稳定，同时也防止室内表面因温度过低产生凝结水。保温层一般设在结构层和防水层之间，保温层应选择导热系数小，容重轻的材料，常用的有散状、块状和整体式等三类。散状材料如干炉渣、炉渣、膨胀珍珠岩等；块状材料如预制膨胀珍珠岩板、膨胀蛭石板、泡沫混凝土板以及加气混凝土块等；整体式的有现浇轻质混凝土或白灰炉渣等。

　　冬季采暖的房间，室内温度较高时，空气中的水蒸气将向屋顶内部渗透，由于卷材防水层的阻碍，水蒸气聚集在屋顶内部，特别是聚集在吸湿能力较强的保温材料中，接近屋顶外表面的保温层就会出现凝结水，降低保温层的热阻，从而降低保温效果。夏季屋顶外表面温度很高，积累在保温层内的这一部分水分会蒸发成蒸气，蒸气受热膨胀时可使卷材鼓起。随着日夜之间、冬夏之间气温的变化，鼓泡也随着胀大和收缩，一旦油毡防水层由于本身的老化而逐渐丧失柔性，以致于不足以适应鼓泡的胀缩变形时，防水层就会出现裂缝（图6-15），使防水层遭到破坏，屋面即出现渗透。为防止出现上述现象，须在钢筋混凝土板面上涂刷两遍热沥青，叫作隔蒸汽层（简称隔汽层），以阻止蒸汽向上渗透。或在钢筋混凝土板上先抹20mm厚的1:3水泥砂浆找平层，然后铺一毡二油。

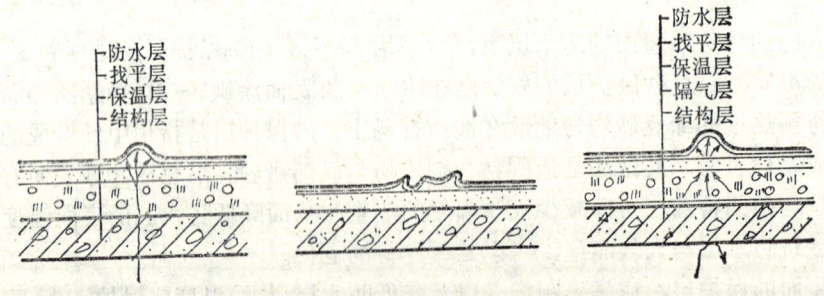

图 16-15　卷材防水层鼓泡的形成与破裂

　　防止出现鼓泡现象，除了设置隔汽层以外，还应控制材料（保温材料和找平层）的含水率和消除由于湿操作带来的水分。此外，比较有效的是设置透气层（即蒸汽扩散层）的办法。其原理是：在防水层的底部设置一个厚度很薄，面积很大的空间，使存留在屋顶层上的膨胀了的蒸气有一个较大的扩散场所，并可在屋顶上设排气口将水汽排掉。透气层的做法很多，工程中比较简单易行的是改进首层卷材的铺贴方法，如采用点贴法和条贴法，这两种方法不仅可以防止鼓泡现象，而且还可以加强油毡对基层开裂的应变能力(图6-16)。

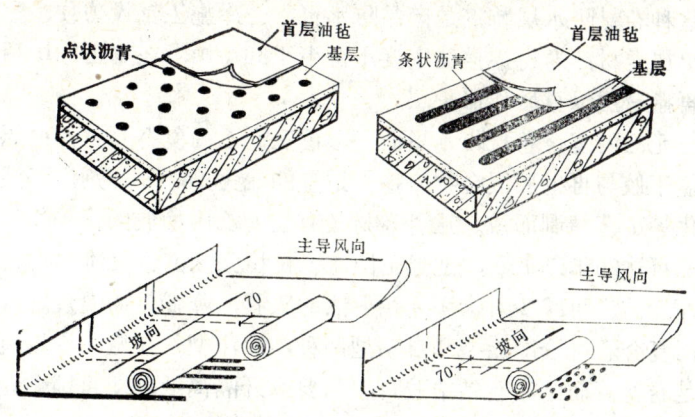

图 6-16　卷材的条贴法和点贴法

2.冷施工新型卷材防水屋面

传统的油毡防水层系采用热涂沥青胶来粘贴油毡，因而污染环境、劳动强度大、火灾危险大、垂直运输困难，且油毡铺贴应力大。我国已于1990年研制成功用冷沥青胶结材料（如LQ—冷玛琋脂）粘贴石油沥青类的纸胎油毡、油纸、玻璃纤维油毡、玻璃布油毡等防水卷材和玻纤薄毡、玻璃布、无纺布这一新技术。LQ—冷玛琋脂等冷沥青胶结材料的问世，改革了沥青防水卷材的施工工艺，克服了热施工的弊病。用冷沥青胶结材料施工的沥青类卷材防水层，其表面质量平整、铺贴应力小、便于铺实粘牢，减少了防水层的胀缩、翘边等质量缺陷。

冷施工新型卷材防水屋面是采用粘合剂（与卷材相配套的专用粘合剂）粘结新型防水卷材而形成防水层的。新型卷材近年来在国内发展较快，类型较多，这类卷材的共同优点是冷施工、铺贴方便、耐老化、重量轻、弹性好。这类卷材防水屋面的构造组成与油毡防水屋面有所相似，但并非完全相同，且因材而异。以下介绍几种常用的新型卷材防水屋面。

（1）水貂LYX系列氯化聚乙烯橡胶防水卷材防水屋面　水貂LYX系列氯化聚乙烯橡胶防水卷材属于中、高档系列防水卷材，该系列产品主体材料采用了特种合成高分子材料氯化聚乙烯（CPE）。由于氯化聚乙烯分子结构的饱和性以及氯原子的引入，在受到氧、臭氧、阳光、潮湿和热的作用下，主链不易发生断裂，因此氯化聚乙烯具有优良的耐老化、耐臭氧、耐油、耐燃性，这种卷材形成的防水层有高强度、高延伸、耐气候、使用寿命长、重量轻、施工维修简便等特点，该系列卷材产品有LYX-603氯化聚乙烯橡胶卷材（简称603卷材）。LYX-703氯化聚乙烯橡胶三元共混防水卷材，后者的主要技术指标达到了日本JISA6008一类标准，但价格低于三元乙丙橡胶卷材，是建设部"八五"期间重点推广产品之一。

这类卷材采用单层冷施工方法，其配套的粘合剂分为卷材搭接胶粘剂、基层胶粘剂和溶剂等三种。卷材铺贴时不需冷底子油和保护层，卷材可以在 -50～+80℃气温条件下使用，不受任何影响。因此构造和施工均十分简便。

（2）聚氯乙烯（PVC）防水卷材防水屋面　聚氯乙烯防水卷材以聚氯乙烯树脂为主要成分掺入改性材料、增塑剂、填充料等配料，压延成片材，并辅以专门制作的冷胶料供施工粘接用。这种卷材防水层特点是产品防水可靠、冷施工铺设方便、屋面荷载轻。这种防水屋面也为单层卷材，卷材搭接缝宽度不得小于60mm，在施工24h后，在卷材上应涂一层冷粘剂，再撒一层绿豆砂作保护层。

（3）彩色三元乙丙复合卷材防水屋面　彩色三元乙丙复合卷材，面层为彩色三元乙丙橡胶，底层为氯丁胶与再生胶混合物，掺入适量的硫化剂等外加剂，经塑练、混练、压延成片、复合硫化等工艺精制而成。这种卷材具有三元乙丙橡胶的优异特性，防水功能优良，使用寿命长（可达20年以上），适温范围宽、抗拉强度高、延伸率大、耐挠屈疲劳好。彩色卷材表面光洁、可减少对太阳光幅射热的吸收，降低屋面温度。

彩色三元乙丙复合卷材分冷涂型和自粘型两种，冷涂型是在施工现场边涂冷胶料边铺贴卷材，自粘型是卷材背面已涂有粘结胶料，只要撕开隔离纸，即可铺贴卷材。

3.卷材防水屋面的细部构造

卷材防水屋面必须处理好檐口、排水口、变形缝、女儿墙及伸出屋面的管道与屋面接缝处等节点的防水构造，因为这些节点都是防水层被切断的地方，是防水的薄弱环节，如处理不当，就会造成渗漏。以下介绍其节点构造（变形缝构造另见第八章），这些节点构造做法适用于热施工及冷施工的卷材防水屋面。

（1）檐口及雨水口　卷材防水屋面的檐口包括自由落水檐口、挑檐沟檐口、女儿墙檐口、女儿墙带外檐沟檐口等类型。

在檐口构造中，防水处理的关键在于卷材边缘的"收头"处理和雨水口处卷材处理，如果处理不当，就有可能使雨水顺着卷材边缘倒灌入屋面，图6-17（a）为自由落水檐口卷材边缘收头处的渗水情况，这种檐口应采用油膏嵌缝或用镀锌铁皮出挑的办法[图6-17（b、c）]，但后者施工较复杂，并要做防锈处理。挑檐沟檐口中，一般在檐沟中要加一层卷材，其檐沟口的卷材收头做法有压砂浆、嵌油膏、插铁卡住以及以上几种的混合应用等（图6-18）。

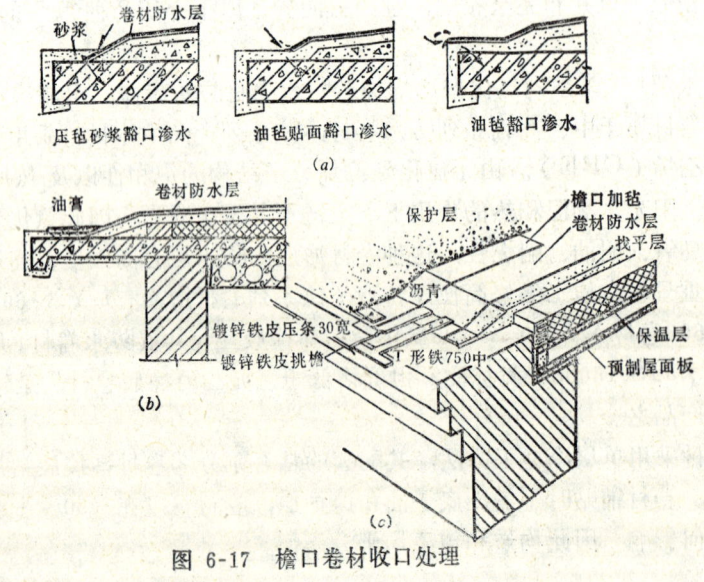

图 6-17　檐口卷材收口处理

有组织排水屋面的雨水口分为设在檐沟（包括外檐沟和内天沟）底部的水平雨水口和设在女儿墙上的垂直雨水口两种。雨水口应该排水通畅，不易堵塞和渗漏。檐沟和内排水的雨水口都是在水平面上开洞，通常安装铸铁定型水斗或用钢板焊制的水斗，上面再加设栅格罩或镀锌铁丝罩，为防止渗漏，雨水口处应加铺一层卷材（图6-19）。

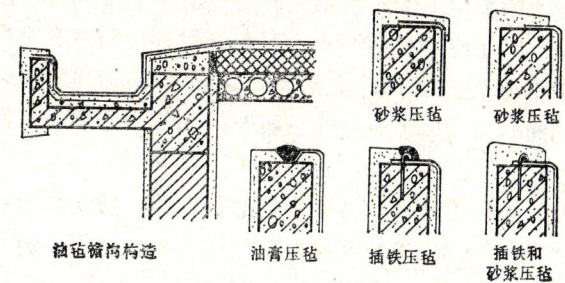

图 6-18 檐沟卷材收头处理

有女儿墙的各种檐口构造中，在墙根和排水口处漏水的机会较多，所以这些部位的防水要特别加强。女儿墙外排水檐口中的垂直雨水口一般采用钢板焊接的或铸铁的排水头及铁箅，沿排水口附近的内檐沟或屋面应做排水坡度。屋面防水层应卷贴在女儿墙上，并做好收头，在垂直雨水口处，防水层应伸入排水头之中。

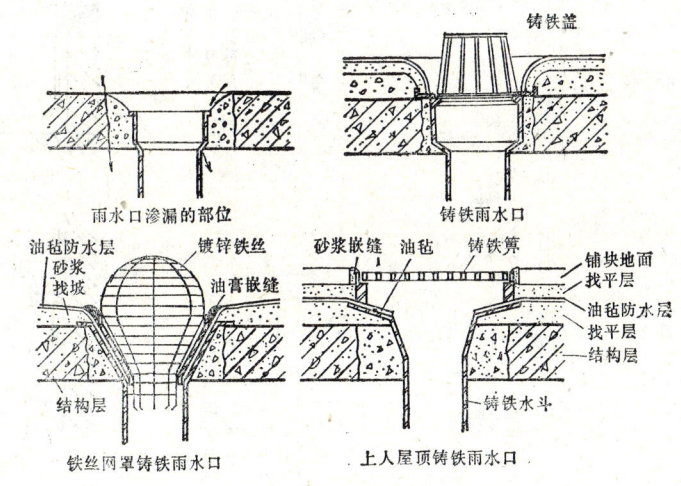

图 6-19 水平雨水口构造

有女儿墙的几种檐口构造处理详见图6-20。

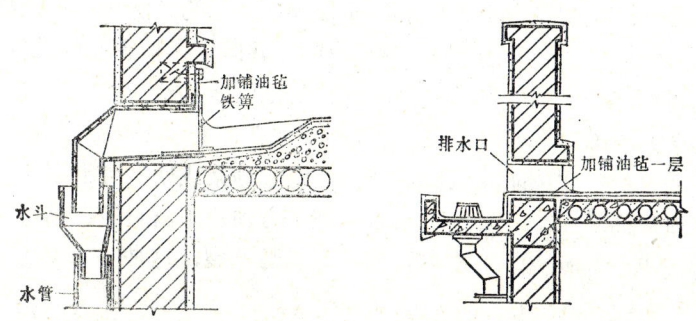

图 6-20 有女儿墙的几种檐口构造

（2）泛水　屋面防水层与垂直墙面相交处的构造处理称泛水。如女儿墙、出屋面的楼梯间墙、烟囱、屋面检修口等屋面相交部位，均应做泛水，以防止渗漏。

泛水的基层下部应用水泥砂浆或混凝土做成圆弧（$R = 50 \sim 100 \text{mm}$）或钝角（大于 $135°$），以便使卷材粘严实，否则卷材直角转弯时易断裂而且不能铺实。卷材竖向粘贴的高度应不小于250mm，通常为300mm。为加强泛水处的防水能力，一般在泛水高度内及屋面的200～500mm内加铺一层卷材。砖墙上贴卷材做泛水时，应用水泥砂浆找平，并刷冷底子油。

卷材的收头处也是易渗水的部位，为了防止卷材收头处固定不牢与墙面脱开而渗漏〔图6-21（a）〕，须把卷材上口压住，通常的做法有在卷材上口的墙内留槽，将卷材固定在槽内，用砂浆或油膏嵌固，还有采用压砖、压混凝土、压镀锌铁皮等做法。各种做法均要在泛水的上部挑出1/4砖，并用水泥砂浆抹出滴水线，以排除上部流下的雨水，保护收头部位不受影响，详见图6-21（b）～（h）。

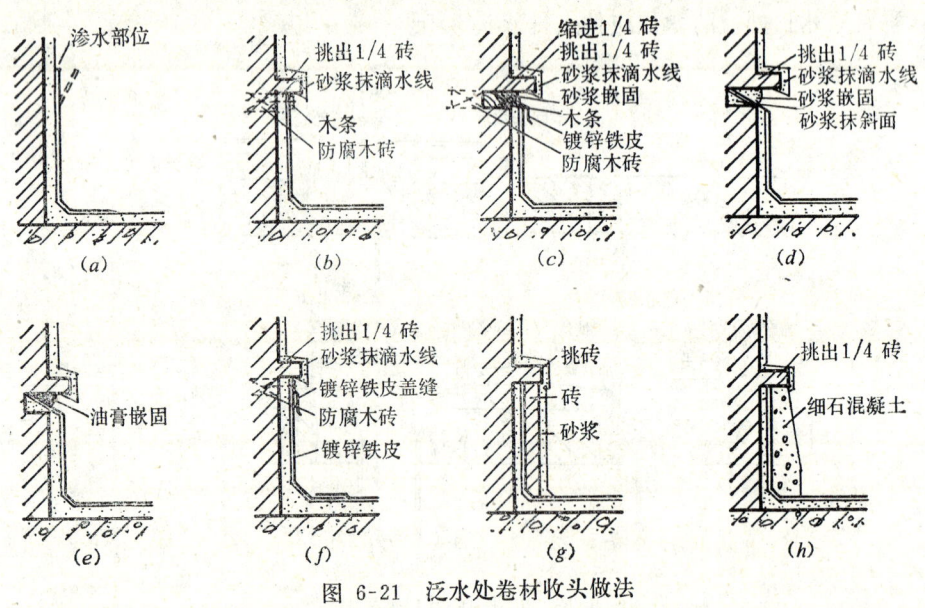

图 6-21　泛水处卷材收头做法

在防水层与出屋面的砖砌烟囱相交处，应将卷材卷起不小于250mm，并用铁丝绑扎在烟囱上，卷材上口烟囱四周作挑砖，并用1:3水泥砂浆将卷材边缘抹牢（图6-22）。

多层房屋中不上人屋面，还常设有上人孔（屋面检查孔），为了防水，屋面检查孔要突出屋面之上，检查口周围的卷材要卷起不小于250mm，并固定在检查孔的孔壁上，检查孔的盖板应能遮住卷材的边缘，图6-23为屋面检修口处的泛水构造。

（二）平屋顶刚性防水屋面

刚性防水屋面是以刚性材料作为防水层的屋面，如防水砂浆或密实性混凝土的屋面。刚性防水屋面与柔性防水屋面对比，具有构造简单、施工方便、节省材料、造价低、维修方便和便于上人使用等优点，其缺点是对变形较敏感，容易开裂，这种防水层主要用于非保温的屋面。

1.刚性防水屋面的类型和构成

（1）刚性防水材料的抗渗性能和改善措施　刚性防水材料主要是指防水砂浆和细石混凝土，这些水泥制品的抗渗能力主要取决于制品的空隙率。由于砂浆和混凝土在拌合时的用水量一般都超过水泥凝结过程所需的用水量，多余的水在砂浆或混凝土硬化过程中逐渐蒸发而形成许多空隙和互相连贯的毛细管网。这些空隙和毛细管网都将降低其制品的抗渗能力。

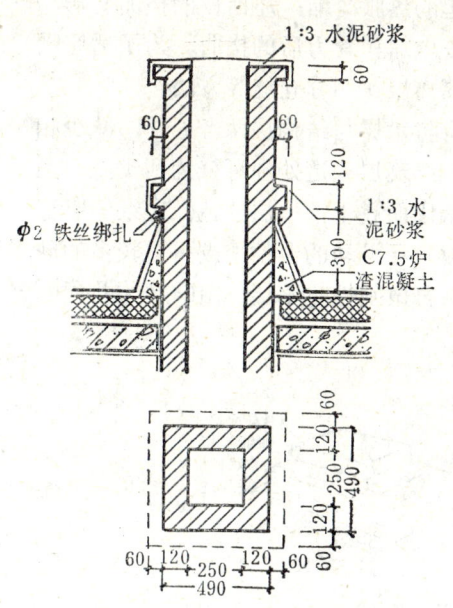

图 6-22　烟囱处泛水

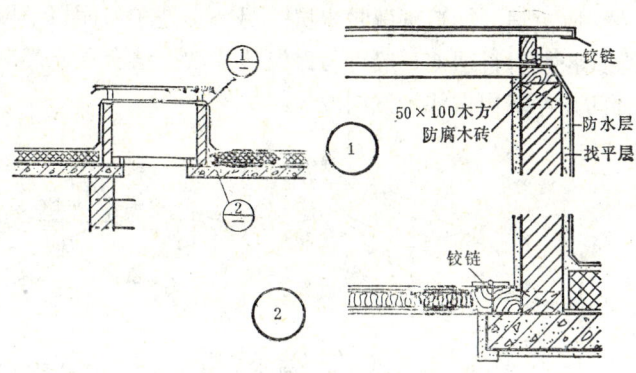

图 6-23　屋面检查口泛水

为了改进砂浆和混凝土的防水性能，通常可采用加防水剂或泡沫剂，以及提高密实性制成密实混凝土的方法。在砂浆中加入防水剂后，能产生不溶性物质堵塞毛细孔道；在砂浆或混凝土中加入泡沫剂，利用泡沫气泡的表面张力使气泡成为封闭的互不连通的细小空泡结构，从而破坏砂浆或混凝土中的毛细孔道；施工中注意骨料级配、施工质量和操作方法，如控制水灰比，初凝前用铁滚碾压，蓄水养护等，均可提高砂浆或混凝土的密实性。

（2）防水砂浆防水屋面　这种屋面是采用砂浆作防水层的屋面，适用于屋面板及檐沟为现浇密实性钢筋混凝土时的防水。具体做法是：在现浇钢筋混凝土结构层上先刷一道纯水泥浆，然后抹20mm厚1:2水泥砂浆（掺5%防水剂），抹灰时面层撒少量干水泥用铁抹抹光。这种做法构造简单，层次少，施工速度快，当基层整体性较好时，一般不易开裂（图6-24）。但在无可靠的防水结构层上，不应采用这种防水层。

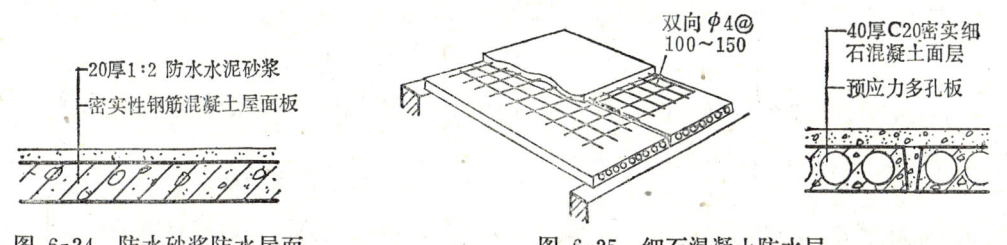

图 6-24　防水砂浆防水屋面　　　　　图 6-25　细石混凝土防水层

（3）细石混凝土防水屋面　当屋面板为预制钢筋混凝土构件时，刚性防水层常采用密实性细石混凝土做成，具体做法是：在预制空心板或槽形板的结构层灌缝以后，在板面浇捣30～45mm厚C20细石混凝土，为防止挠曲和裂缝，一般配以ϕ3@150或ϕ4@200双向钢筋网，钢筋宜置于中层偏上，以防止表面出现裂缝（图6-25）。

（4）刚性防水屋面裂缝和处理　刚性防水屋面的最严重问题是防水层在施工完成后出现裂缝而漏水。裂缝的原因有很多，如气温变化引起的热胀冷缩；屋面板的挠曲变形，地基的沉陷；屋面板徐变等，其中最常见的原因是热胀冷缩和受力后的挠曲。为了适应受力和气温变化引起的变形，一般应采用设置浮筑层（隔离层）和分仓缝等方法。

浮筑层是设在结构层和防水层之间的构造层，它将防水层与结构层两者分开，减少相互间的制约，从而防止防水层开裂，故也称为隔离层。浮筑层构造处理可分为两类：一类是在屋面板上用砂浆找平，再用沥青、废机油或石灰水刷面或干铺一层油毡、废纸等以形成一隔离层，然后再做防水层；另一类是在屋面板上做一可滑动的含粘土或石灰较多的砂浆或松散材料层（一般可与保温、找坡层结合），然后再做刚性防水层。图6-26为几种刚性防水浮筑层做法示意图。

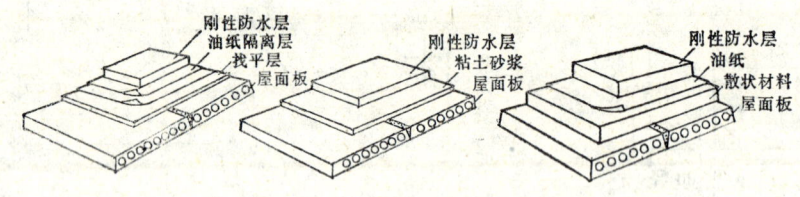

图 6-26　刚性防水浮筑层做法示意

分仓缝也称分格缝，是防止不规则裂缝，适应屋面变形而设置的人工缝。分仓缝将屋面防水层（细石混凝土层）"化整为零"，使防水层中因热胀冷缩产生的内力较小，因而不致于因超过混凝土材料的抗拉强度极限而裂缝。分仓缝的间距大小和设置部位均须按照结构变形和温度胀缩等需要确定。每仓的面积以不超过20m²为宜。分仓缝的位置一般设在屋面板的支座处、屋脊处，以及结构变形敏感的部位，（如预制板搁置方向变化处、现浇和预制板相接处、两边支承与三面支承相接处等），图6-27为分仓缝位置示意。

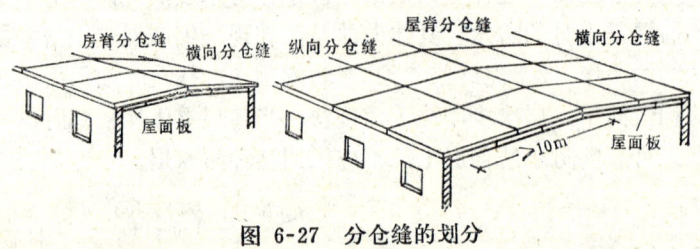

图 6-27　分仓缝的划分

分仓缝的宽度为20～30mm，为了有利于伸缩和防止渗漏，分仓缝应进行处理，处理方式有嵌缝式、贴缝式和盖缝式三种。

嵌缝式是在面层的缝内用油膏嵌缝，厚度约20～30mm，为不使油膏下落，缝内下部须用弹性材料（如沥青麻丝）填实（图6-28）。这种做法的关键是嵌缝材料的质量要高。

贴缝式做法是在嵌缝式的基础上，在分仓缝上用卷材粘贴，卷材常用油毡或玻璃纤维布，一般采用一布（毡）二油或二毡三油，在覆盖层与防水层之间，应局部干铺一层油毡或油纸，使覆盖层卷材有较大的伸缩余地（图6-29）。

盖缝式做法是用特制的盖瓦盖缝，应注意盖瓦坐浆的位置，以免出现爬水现象（图6-30）。

114

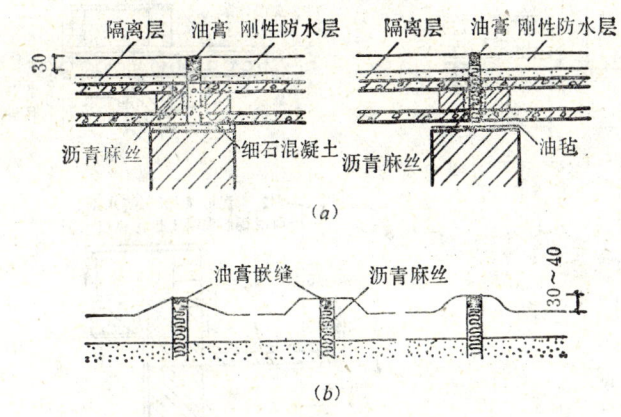

图 6-28 嵌缝式分仓缝构造

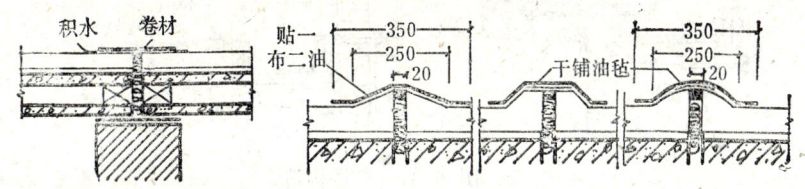

图 6-29 贴缝式分仓缝构造

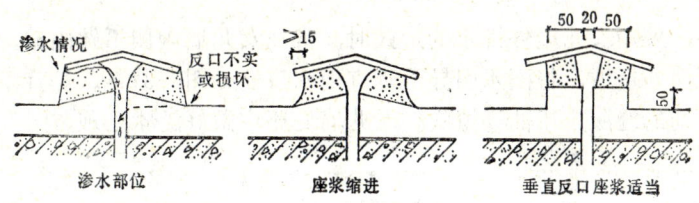

图 6-30 盖缝式分仓缝构造

2.刚性防水屋面的细部构造

以下仅介绍檐口、泛水等部位的构造节点

（1）檐口 檐口做法有挑檐、挑檐沟、女儿墙及女儿墙带外檐沟等。

挑檐的做法有多种，挑檐部分的屋面有与现浇圈梁同时浇捣的；有利用预制板挑出的；有的利用挑梁挑出；在挑梁上支承挑檐屋面板的；还有直接利用细石混凝土防水层挑出作檐口的。挑檐构造的主要问题是边缘处抹灰收头和做滴水线的问题，此外，当挑檐屋面与室内房间上方的屋面为不同结构（指现浇与预制）、不同防水层时，应在交接处的防水层上设缝（此缝类似于分仓缝），并处理好缝隙，以防渗水[图6-31（a、b、c）]。

檐沟有预制檐沟和现浇檐沟，当屋面板与檐沟均为现浇钢筋混凝土时，其节点构造比较简单。当檐沟为现浇，屋面板为预制板时，应处理好相接处的防水构造和不同防水层之间的关系，一般应在预制板与圈梁交接处（结构变形的敏感部位）干铺一层油毡，油毡宽度约为墙厚加150mm，其目的是使屋面的防水层能与圈梁完全隔离，以避免因两者变形不一在交接处出现防水层的开裂，此外，还应处理好屋面细石混凝土防水层和檐沟防水砂

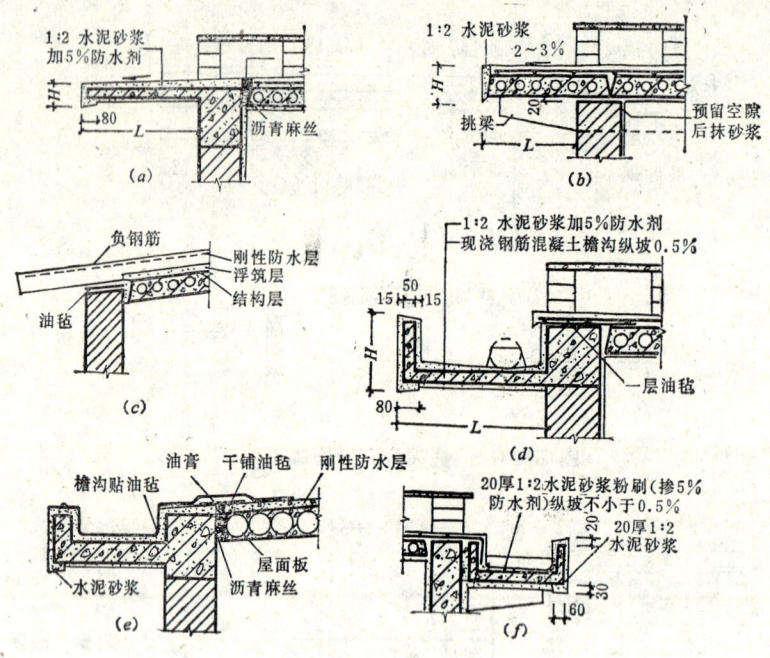

图 6-31 挑檐构造

浆防水层交接处的搭接构造，可将屋面防水层伸出50mm左右并在下部抹出滴水，也可局部贴卷材[图6-31（d、e、f）]。

在南方地区，采用女儿墙外排水的形式时，常在女儿墙内侧不做内檐沟，此时应在与女儿墙相接的屋面处垫坡，将雨水引导至垂直雨水口处（图6-32）。垂直雨水口与排水斗（弯头水斗）之间的缝隙应用油膏填实。女儿墙处还应做好泛水处理。

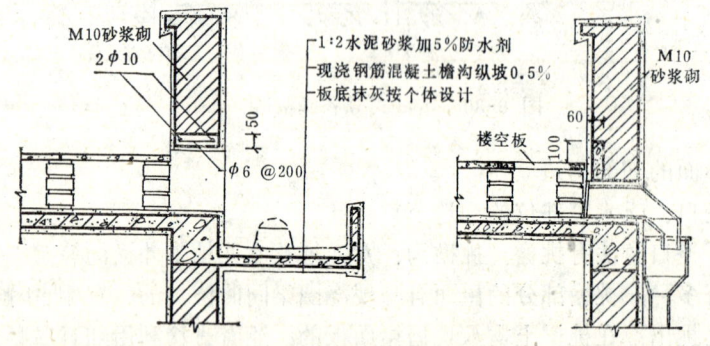

图 6-32 有女儿墙的几种檐口

当采用女儿墙带外檐沟的檐口形式时，女儿墙下部的排水洞可根据屋面的大小、坡度来布置。排水口的四周应抹防水砂浆，以防雨水由排水口渗入女儿墙。

2.泛水 刚性防水屋面女儿墙等处的泛水，如果防水层与女儿墙等垂直构件之间采用刚性连接的方法，虽然构造简单，但往往会因温度和结构引起的变形而使转角处防水层开裂（图6-33）。因此，妥善的做法，是在此处采用柔性节点处理（图6-34）。

当结构层为现浇钢筋混凝土屋面板时，由于板面上的防水砂浆防水层很薄，无法做成与细石混凝土防水层类似的柔性节点处理。为避免出现如图6-33（b）所示的渗漏，可在

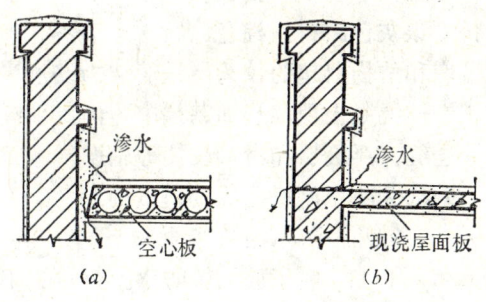
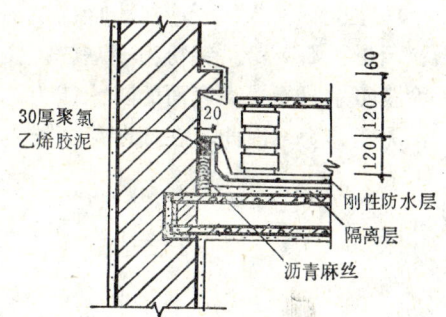

图 6-33 女儿墙处渗漏原因   图 6-34 女儿墙泛水的柔性节点

女儿墙的内侧处，在现浇屋面板上作一个反口，反上一段高度（反口应与现浇屋面板整体浇捣），反口高度应不小于250mm，反口上方的女儿墙 或墙体 应作一皮 挑 砖， 挑 出60mm，并用水泥砂浆抹出滴水线，屋面的防水砂浆

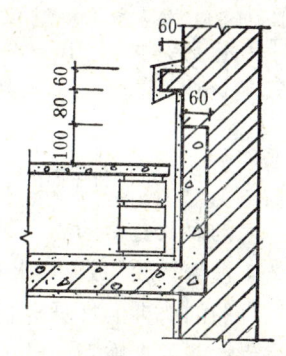

防水层应卷上抹至挑砖的下部，详见图6-35。

（三）平屋顶涂料防水屋面

涂料防水屋面是指在钢筋混凝土屋面或钢筋混凝土装配式的无保温屋盖体系中，板缝采用油膏嵌缝，板面压光而具有一定自身防水（构件自防水）能力，并附加涂刷一定厚度的无定形液态改性沥青、高分子合成材料，经常温交联固化能形成一种具胶状弹性涂膜的涂料层的防水屋面，或在板面找平层和保温屋面找平层上采用防水涂料层的防水屋面。

图 6-35 现浇屋面板的女儿墙泛水

1.涂料防水屋面的涂料类型 涂料防水屋面的防水涂料分为薄质 涂料和 厚质涂 料 两类：

（1）薄质防水涂料 薄质防水涂料分为三大类：第一类是沥青基橡胶防水涂料，分溶剂型（再生橡胶沥青涂料）和乳液型（水乳型再生胶沥青涂料、氯丁橡胶沥青涂料），上述两种类型中均分为双组分（JG-2A、B）和 单组分（S.R）涂料。第二类是化工副产品防水涂料，分溶剂型（PMC-1防水涂料）和 乳液型（水乳型焦油 防水 涂料）。 第三类是合成树脂防水涂料（聚氨酯防水涂料；APP型冷胶涂料）。

（2）厚质防水涂料 厚质防水涂料有石灰乳化沥青涂料、膨润土乳化沥青涂料、石棉沥青防水涂料以及粘土乳化沥青涂料等。

2.涂料防水屋面的构造组成 由于各种涂料性能不一，因此各种涂料防水屋面的构造层次也不完全一致，其基本构造层是找平层（基层）和涂料防水层。有些涂料防水层要求先在找平层上刷一道稀释的原涂料，然后再涂刷防水涂料防水层。

涂料防水层有加筋布和无筋布的作法，因此有三胶、四胶、一毡三胶、二毡四胶、一布一毡四胶、一布四胶、二布五胶、二布六胶等构造做法，具体应依涂料本身的性能和防水要求来确定。采用的加筋布有玻璃布（如用于面层的120-D 型平纹中碱涂覆 玻璃布、用于下层的100-D/130-Ⅰ型平纹中碱涂覆玻璃布）和合成加筋布等。

根据涂料的性能，有些涂料表面必须做保护层或覆盖层，以减少紫 外线对 涂料的 损害，并防止机械性损伤。涂料表面保护层的材料有三类：砂子（粒径0.5～1mm）；膨胀蛭石、云母、石英粉、铝粉、石屑粉；浅色涂料（银灰色涂料、棕色涂料）。

涂膜防水只能提高表面的防水能力，而对温度和结构引起的较为严重的结构或基层开裂，仍无能为力。因此，在预制屋面板或大面积钢筋混凝土现浇屋面基层中，仍应设置分仓缝、浮筑层和滑动支座等辅助措施。图6-36为防水涂料屋面的节点构造。

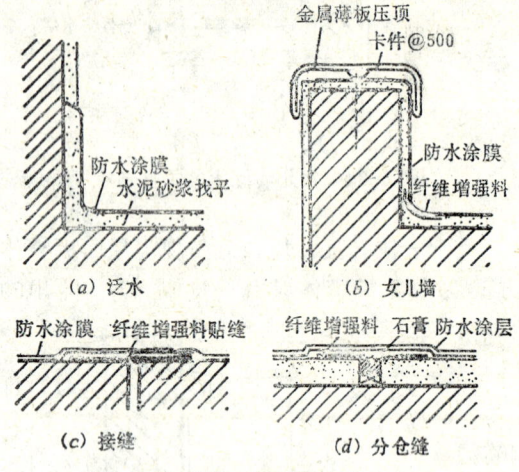

图6-36 防水涂料屋面的节点构造

3.几种防水涂料屋面

（1）氯丁胶沥青防水涂料 氯丁胶沥青防水涂料是以氯丁橡胶和沥青为基料加工而成的一种新型防水涂料。它具有成膜快、强度高、耐候性好、难延燃、基本无毒、无味、不污染环境、冷施工、抗基层裂缝好、对硬水和金属离子不凝聚、应用面广的优点。

氯丁胶沥青防水涂料可根据防水要求做成涂刷三层、一布四胶、二布六胶的防水层达到规定厚度，这种涂料对各种复杂的屋面、天沟以及有振动的屋面的防水尤为适合。

（2）再生橡胶-沥青防水涂料 再生橡胶-沥青防水涂料由再生橡胶、沥青和汽油为主要原料，经油法再生及研磨制浆等工艺制成，具有较好的耐水性、抗裂性、柔韧性、耐寒性和耐久性，可冷施工、操作简便等优点。

这种涂料防水层分底层、中层、面层。底层：涂一层，宜用力薄涂；中层：涂2～3层，可厚涂，也可将涂料浇灌于涂层表面，立即用长排刷或胶辊将其均匀铺开；面层（保护层）：在涂刷涂料后，接着在涂层表面均匀撒上细砂或云母粉并随即用胶辊往复滚压。

（3）SDP-851焦油聚氨酯防水涂料 聚氨酯涂料是近年来发展起来的新型防水涂料，其中SDP-851焦油聚氨酯防水涂料在有防止阳光照射条件下其性能极佳，施工方便、修补容易。它是以带有异氰酸基（—NOC）的化合物为主剂（称A液）和煤焦油为填料的固化剂（称为B液）所构成的双组分反应型高分子涂膜防水材料。

这种涂料防水屋面，施工时只需将主剂（A液）和副剂（B液）按1：2比例均匀混合后，涂刷在屋面防水基层上，数小时后，经反应得到一种富于弹性的整体化橡胶状防水层。这种涂料具有使用方便，冷作业，液态施工整体防水效果好（是其它防水卷材无法达到的），耐油、耐臭氧、耐海水性能好，不燃烧，气密性、水密性高、固化期短、附着力强、维修容易的优点，该产品1991年已正式列为建设部"八五"期间推广项目。使用该涂料宜加保护层。

（4）"AAS"隔热防水涂料 "AAS"涂料是一种新型的浅色隔热防水涂料，该涂料是由底层和面层两部分组成，底层的防水涂料为"F881"，系以水性再生橡胶乳液掺加一定的轻质碳酸钙和滑石粉配制而成。面层的AAS隔热防水涂料由丙烯酸丁酯-丙烯腈-苯乙烯等多元共聚树脂为基料，掺加反射率高的金红石型二氧化钛、玻璃粉等填料配制而成。

以水乳型再生胶涂料作基层，AAS涂料作面层的复合涂层，它既能大量地反射太阳幅射热，又可降低屋面温度，起到良好的隔热效果，又具有良好的耐水、耐碱、耐热、耐冻融、抗裂、耐老化、耐污染等性能，是一种优良的防水材料。

这种复合涂层的施工方法是：施工前把混凝土板面清扫冲洗干燥后，将881胶微温溶解后刮涂在板面上，再平铺玻璃布，边涂刷二道AAS隔热防水涂料（即一胶一布二涂）。

（四）粉末防水屋面

拒水粉（亦称憎水粉、隔热镇水粉）近几年来被作为新材料引入屋面防水，它是以天然矿石为主，与高分子化合物及添加剂经化学反应而成的粉末材料，具有极强的憎水性，并集防水、防潮、隔热、保温于一体。使用该粉末作防水材料，解决了油毡、沥青类材料难以解决的耐候、抗裂、耐老化、抗冲击等问题，具有构造简单，施工方便、不污染环境、抗振抗裂、造价较低等优点。

采用拒水粉做成的新型粉末防水屋面，其构造自上而下为保护层（细石混凝土或水泥砂浆），隔离层（卷筒纸）、防水层（拒水粉）、找平层（水泥砂浆或细石混凝土），具体做法是先在结构层上设找平层，在找平层上铺拒水粉，一般不上人屋面铺粉厚度为5～7mm，上人屋面为9～11mm，然后在拒水粉上铺隔离纸。屋面坡度≤15%时平行于屋脊方向铺设，由下向上进行，屋面坡度＞15%时垂直于屋脊方向铺设，纸搭接宽度：长边应大于50mm，短边应大于70mm。最后在隔离纸上筑保护层，不上人屋面保护层一般为20mm厚1:3水泥砂浆；上人屋面可采用35～40mm厚C20混凝土，为适应保护层的变形缝，可根据房间开间大小和楼板的排列情况设分仓缝。上述拒水粉的铺粉和隔离纸的铺设应同步进行，并在铺纸后立即浇筑保护层。

由于粉末防水屋面的防水层为粉末，因此，不适合在坡度大于30°的屋面上采用，当需在屋面女儿墙上采用时，应在防水构造上作特殊处理。在女儿墙泛水，覆面层分仓缝以及异形屋面处，宜配合采用涂层防水（如氯丁胶乳沥青二布六涂）作封闭层。二布六涂与拒水粉的搭接宜在200mm以上。

（五）提高平屋顶防水质量的措施

近几年来的工程质量调查表明，我国目前屋面防水工程存在问题较多，屋面渗漏已成为当前房屋建筑中最为突出的质量问题。造成屋面防水工程渗漏的原因很多，但从总体看是综合的原因，即设计、材料、施工、维修、使用等原因。防水工程是一个系统工程，要解决渗漏问题，首先要求设计合理，同时要保证防水材料和施工的质量，归纳起来，应从以下几方面加强之：

1.严格进行屋面防水设计

应从建筑结构及构造等方面采取有效措施，尤其是要认真处理好重要部位的构造节点，并使屋面结构层以及女儿墙具有足够的防裂抗渗能力。

2.合理选用防水材料

选择防水材料应根据建筑物的重要程度来选择，重要的建筑物应选用高档防水材料（如三元乙丙橡胶卷材、聚氨酯涂膜等）；比较重要的建筑物宜采用中档防水材料（如改性沥青柔性油毡、乙丙系列涂料等）；一般建筑则可采用一般防水材料；对于小面积但易出问题的屋面（如厕所、卫生间），考虑施工方便宜采用涂膜（料）施工，不宜采用卷材。

选择防水材料时应根据使用条件和材料性能来选择，如根据当地气候条件，考虑最大降雨量、最大温差。上人和不上人屋面宜选用不同防水材料，上人屋面和设架空板的屋面防水层上都有一定的荷载及需要在防水层上再次施工。故不宜采用薄质涂膜或一般卷材；在采用蛭石，膨胀珍珠岩等做保温层的屋面中，由于此类材料抗压强度低、吸水率高，施工时易将水吸入保温层中，所以不宜采用普通卷材做防水层，可用延伸率高，抗拉强度较大的弹塑性材料。

选择屋面防水材料还应考虑防水材料的质量。应选用质量可靠的防水材料，其耐久性应保证不低于10年。

选择屋面防水材料还要考虑施工简便，价格适宜，且维修方便。

3.适当加大屋面的坡度及防水层的厚度

单从防水角度看，平屋顶的坡度以不小于3％为宜，适度增大屋面坡度，可提高屋面泄水速度有利于增强屋面防水能力。防水层的厚度对屋面防水性能及使用年限十分重要，因此应根据使用部位及材料性能分别确定，如油毡防水层以不小于三毡四油为宜，涂膜防水层的厚度与抗老化、截面抗拉能力、密实性有密切关系，应防止有些生产厂家为降低产品成本，人为地减少使用厚度，造成防水层先天不足，还应避免施工单位偷工减料，减小厚度，造成防水性能差的残次品屋面。

4.精心施工、确保施工质量

屋面防水工程应由防水专业队或防水工施工。施工中必须认真按设计和规范要求进行屋面尤其是屋面细部（如泛水、变形缝、檐沟阴角、落水口、出屋面的管道根部等）的施工，以确保施工质量，并实行防水工程质量保证期制度。

三、平屋顶的隔热

南方地区夏季太阳辐射热通过屋顶传入室内，使室内气温升高，环境恶化，因此，须对屋顶进行隔热构造处理，以降低其对室内的影响。

常用的隔热降温构造的做法有以下几种：

（一）实体材料隔热屋面

利用实体材料蓄热系数大及热稳定性好的特点，可以使实体材料的隔热屋顶在太阳辐射下，内表面温度比外表面温度有较大的降低，且内表面出现高温的时间常能延迟3～5h，但是，这类实体材料的容重较大，会使屋面荷载增大。

实体材料隔热层的做法有以下几种：

1.混凝土板或大阶砖实铺屋面；

2.堆土屋面、其上植草；

3.砾石层屋面；

4.蓄水屋面；

（二）通风降温屋顶

在屋顶上设置通风的空气间层，利用间层中空气的流动带走一部分热量，使屋面变成二次传热，可降低屋顶内表面的温度。实践证明通风降温屋顶比实体材料降温屋顶的降温效果好。

通风间层的位置有两种：

1.设于结构层以下的通风间层

结构层以下的通风间层，是指设有通风的吊顶层，通风口一般设在檐口处（图6-37）。

这种间层高度较大，如果通风组织得好，可具有较好的隔热性能，但造价较高。

2.设于结构层以上的通风间层

设在结构层上面的通风层通常采用预制混凝土块或大阶砖作面层，四角用垫块架空，架空层内空气纵横向均可流通，如果把垫块铺成条状，使它与主导风向一致，两端分别处于正压区和负压区，气流可更为通畅，当房屋进深大于10m时，应在中部加设通风口（图6-38）。

通风层也可以由预制的拱形、三角形、槽形混凝土瓦放在屋面上形成，这种做法施工方便，用料也省，但屋顶不能上人[图6-38(b)]。

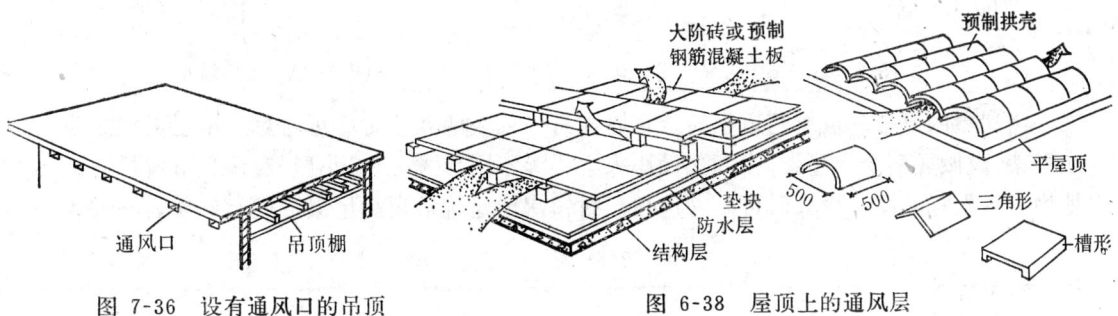

图 7-36　设有通风口的吊顶　　　　图 6-38　屋顶上的通风层

（三）反射降温屋面

利用屋面材料的颜色和光滑度对热幅射的反射作用，也可以降低屋顶内表面温度，例如屋面采用浅色砾石铺面或用石灰水刷白等方法均对降温产生一定的效果。

第三节　坡 屋 顶 构 造

一、坡屋顶的承重结构

采用不同的材料和结构形式时，其屋顶的形式也必然不一样，而同一种形式的屋顶也可以采用不同的结构方案。坡屋顶中常用的支承结构有山墙承重和屋架承重两类：

（一）山墙承重

当建筑物的横墙间距较小（如住宅等）时，可以把顶层横墙的上部砌成三角形，直接搁置檩条以支承屋顶荷载，这种支承方式又称为硬山搁檩。

采用这种支承方式的檩条有方木、圆木檩，也可以是预制钢筋混凝土檩条或钢筋混凝土挂瓦板。檩条的间距与它支承的屋面板或椽条的截面尺寸有关，如果屋面板直接钉在檩条上，檩条间距为700～900mm，如果屋面板与檩条之间还设有椽条时，檩条间距可以放大到1000～1500mm。

采用木檩条时要注意搁置处的防腐处理，一般应涂沥青，山墙承重的结构形式如图6-39所示。

（二）屋架承重

屋架通常搁置在纵墙或柱上，由于省去了承重横墙，因而增加了房间内部空间划分的灵活性，能有一个较大的使用空间（图6-40）。村镇建筑的民用房屋以及生产性建筑，常采用三角形屋架，可以是木屋架、钢筋混凝土屋架、钢木屋架或钢屋架。一般为双支点屋

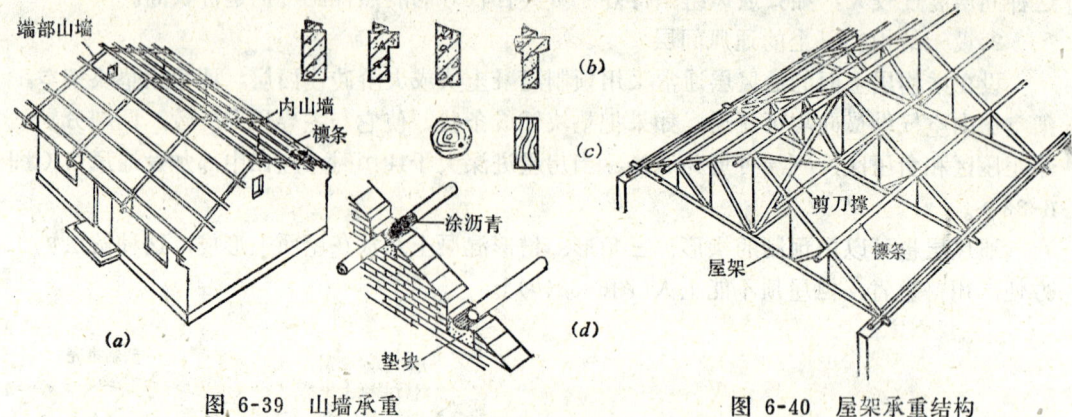

图 6-39 山墙承重   图 6-40 屋架承重结构

架，当房屋内部有一道或两道纵向承重墙或有一列或两列柱时，可考虑选用三支点或四支点屋架，或做成两个半屋架，中间架设小人字梁等不同形式，以减小屋架跨度，节省材料。各地均有屋架标准图，设计时可参考选用，村镇房屋建筑常用的屋架形式示例如表6-1。

常用三角形屋架形式   表 6-1

屋 架 形 式		跨 度	间 距	屋 面	坡 度	说 明
钢木屋架		9、12、15m	3～4m	机平瓦 小青瓦 木檩条	1/2～1/3	自重轻、施工方便，木材受压杆、钢材受拉杆，但要耗用木材
钢筋混凝土屋架	小构件拼装屋架	3～6m	3～4m	机平瓦 小青瓦 钢檩条	1/2～1/3	拼装构件小，施工方便
	组合屋架	9m 12m 15m 18m	4～6m	机平瓦 大瓦 木或混凝土檩条 挂瓦板	1/2～1/5	钢筋混凝土压杆，钢材受拉杆，但屋架重心偏高，需设支撑系统
	预应力三铰拱屋架	9m 12m 15m 18m	4～6m	机平瓦 大瓦 木或混凝土檩条	1/2～1/5	上弦为预应力T形构件 经济指标好 施工也比较简单
钢屋架	角钢屋架	9m 12m 15m 18m	4～6m	轻质瓦材 有时也用 混凝土檩条	1/3～1/5	上弦为双角钢，下弦腹杆为单角钢
	三角拱架屋架	12m	4～6m	轻质瓦材 有时也用 混凝土檩条	1/3～1/5	角钢和圆钢组成，自重轻 现场拼装需经常油漆维护
	薄壁型钢屋架	12m 15m 18m	4～6m	轻质瓦材 薄壁钢檩条 桁架式钢檩条	1/3～1/5	大城市能生产，需经常油漆维护

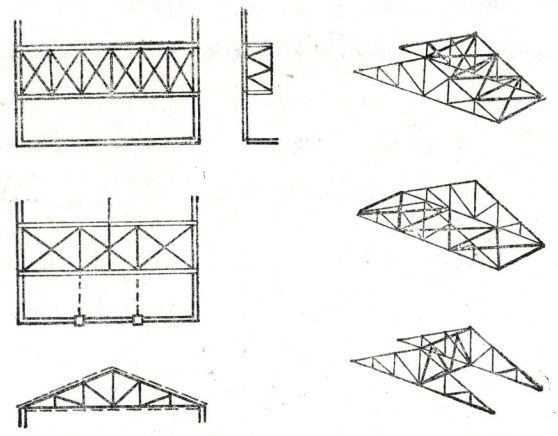

图 6-41　屋架支撑布置示意

为了确保屋架在安装阶段和使用中的稳定，在屋架之间要设支撑（又称剪刀撑或垂直支撑），必要时还应沿上弦或下弦设水平支撑，屋架支撑布置详见图6-41。

当跨度不大时，也可采用预制钢筋混凝土屋面大梁，它与屋架相比，刚度较好，制作简单，但自重较大，可用于某些生产性建筑。屋面大梁示例详见图6-42。

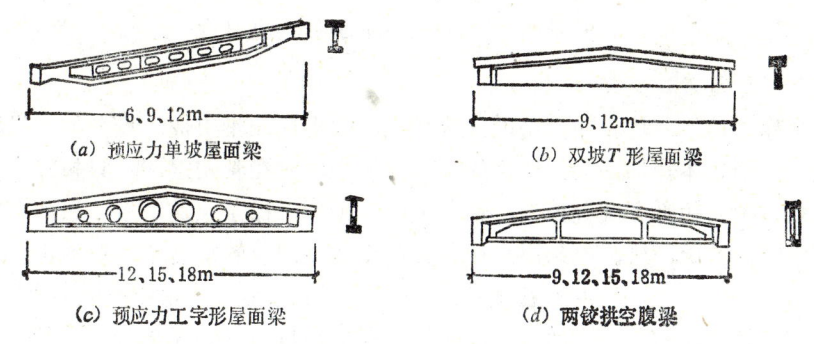

（a）预应力单坡屋面梁　　　　　　　（b）双坡T形屋面梁

（c）预应力工字形屋面梁　　　　　　（d）两铰拱空腹梁

图 6-42　屋面大梁示例

村镇建筑的民用房屋中，平面常有凸出或转折的部分，这些部分的屋顶结构有两种作法。当凸出部分或转弯部分跨度较小时，把该部分的檩条搁置在房屋的檩条上，或在转角处设置斜梁，详见图6-43(a、b)。当凸出部分或转角部分跨度较大时，可采用半屋架，屋架的一端支承在外墙上，另一端支承在内墙上，当无内墙时，支承在中间屋架上，详见图6-43(c)。

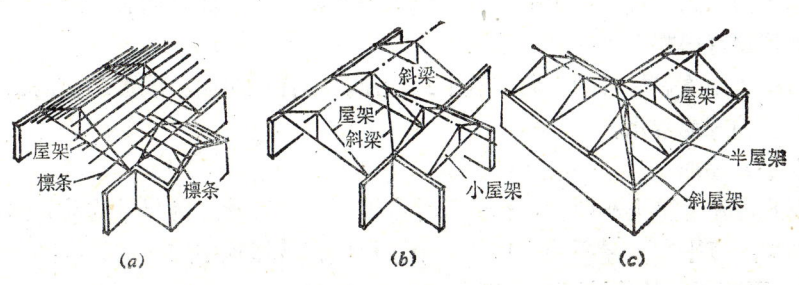

（a）　　　　　　　　　（b）　　　　　　　　　（c）

图 6-43　凸出或转角部分的承重结构

当屋顶做成四坡屋顶的形式时，其端部承重结构有两种做法，当跨度较小时，在转角处设斜梁；跨度较大时，用半屋架或加设梯形屋架，增加斜梁支点，减小斜梁的跨度。见（图6-44）。

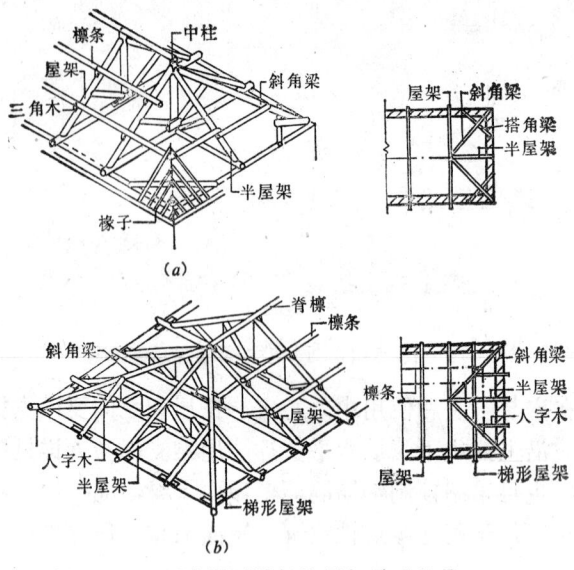

(a)

(b)

图 6-44 四坡屋顶端部的屋架承重结构

（三）梁架承重

梁架也称木构架，是我国传统的结构形式，它由柱和梁组成，檩条把一排梁架连系起来，形成了一个整体骨架。梁架结构的内、外墙均填充在骨架之间，只起围护作用，不承受上部荷载。梁架的梁上搁置檩条，檩条上搁置椽条，椽条上铺望板（屋面板）后再盖瓦。木构架中的柱子、梁、檩条以至椽条等构件依不同位置均有不同的名称。这种结构的

图 6-45 梁架结构示意和 剖面

示意 图 见 图 6-45。这种结构需要大量木材，由于我国木材缺乏，因此，梁架结构目前只有在林区中少量采用，或在一些仿古建筑中采用。

（四）椽架承重

椽架是采用小间距布置椽子的屋面承重方式，椽子的间距一般为400～1200mm，由于间距小，用料截面也较小，布置比较灵活。

椽架由椽木、拉杆（横木）、立拉、斜撑、横梁、卧梁（锁口）等构件组成，详见图6-46。利用屋顶作阁楼者，椽子的坡度可以大一些，以便使阁楼能有较大的净空。

二、坡屋顶屋面构造

坡屋面按所用覆盖材料的不同，有平瓦屋面、小青瓦屋面、波形瓦屋面和铁皮屋面等，其中前三种较为常用。

（一）平瓦屋面

平瓦有水泥瓦与粘土瓦两种，瓦的尺寸各地不一，每片瓦的尺寸约为400×230mm，厚度约15mm，每平方米屋面约需15块。平瓦屋面在坡屋顶中应用广泛，其坡度通长不应小于1/2.5。平瓦屋面的构造可分为三种：

1. 冷摊平瓦屋面

冷摊平瓦屋面是在椽条上直接钉挂瓦条，在挂瓦条上挂瓦。这种做法构造简单，造价低、节省木材、缺点是瓦缝易渗漏，屋顶的保温和隔热效果差。可用于标准较低的房屋，详见图6-47。

2. 屋面板平瓦屋面

屋面板平瓦屋面是在檩条或椽条上先铺钉屋面板，屋面板上再钉顺水条和挂瓦条后挂平瓦。

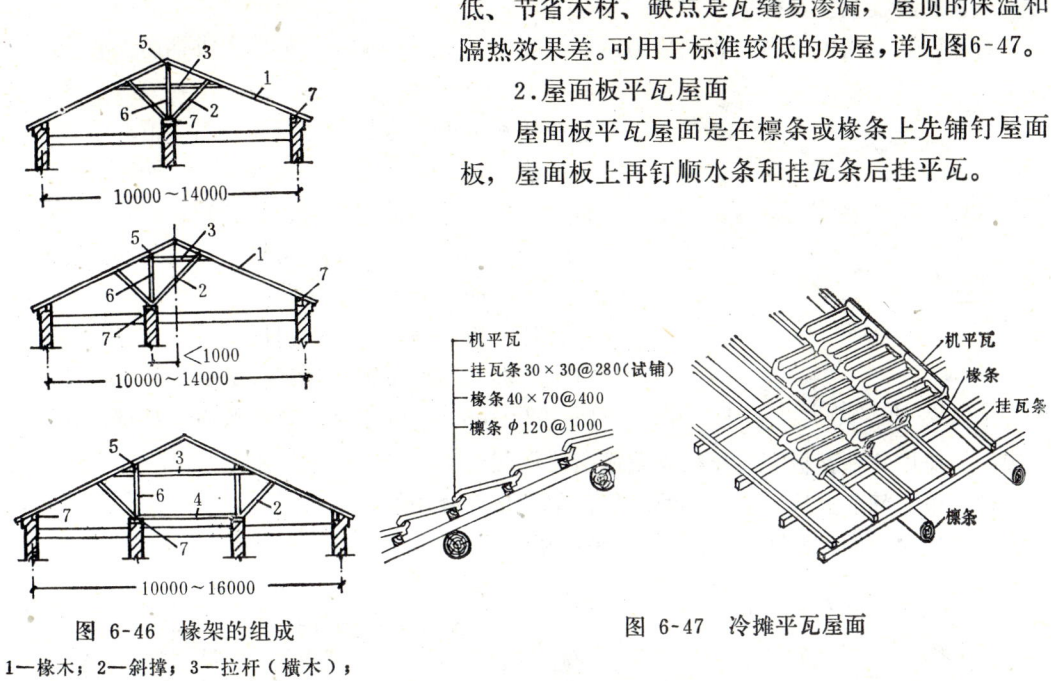

图 6-46　椽架的组成

1—椽木；2—斜撑；3—拉杆（横木）；
4—水平撑；5—横梁；6—立柱；7—卧梁

图 6-47　冷摊平瓦屋面

屋面板一般采用厚度为15～25mm的木板，板上平行于屋脊方向干铺一层油毡，油毡用垂直于屋脊方向的顺水条钉压，顺水条采用6×24mm左右的木条，间距500～600mm，顺水条上钉挂瓦条挂瓦。挂瓦条一般采用25×30mm的木条做成，间距280～310mm。这种做法的平瓦屋面的优点是使由瓦缝渗漏的雨水被阻于油毡之上，并可以沿油毡面和顺水条排下，不会渗入室内，且保温隔热效果也好，当不设吊顶时，其顶棚也比冷摊平瓦屋面美观。屋面板平瓦屋面的构造详见图6-48。

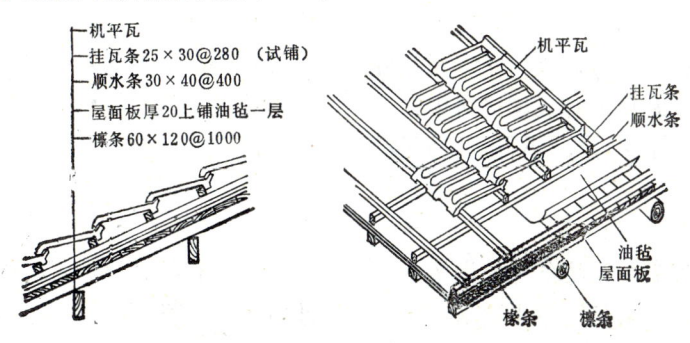

图 6-48　屋面板平瓦屋面构造

为了节约木材，有些地区可充分利用地方材料，采用不同的构造方法，例如：可用芦席代替木望板，但芦席应支承在檩条之上的椽条或椽架的椽条上。也可以采用苇箔、高粱杆、荆笆等代替木望板，支承要求同芦席。苇箔、高粱杆、荆笆等材料的上面用柴泥或麦秫泥直接贴瓦，这些做法不但节约了木望板，顺水条和挂瓦条等，冬天还可兼作保温层（图6-49）。

3.钢筋混凝土挂瓦板平瓦屋面

这种屋面是用预应力或非预应力钢筋混凝土挂瓦板搁置在横墙上或钢筋混凝土、钢

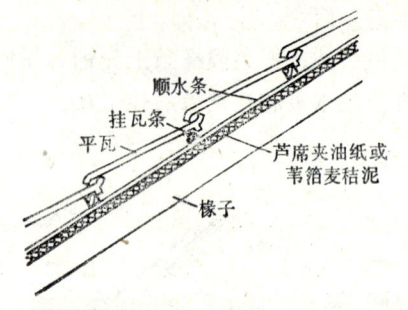

图 6-49 用植物作基层的平瓦屋面

屋架上，以代替檩条、屋面板、挂瓦条，平瓦直接挂在挂瓦板上。这是一种经济实用、节约木材的有效措施。挂瓦板不仅"一板多用"，而且底面平整，刷白或抹灰后其顶棚也较美观。这种作法的缺点是瓦缝中渗漏的雨水不易排除（虽然肋上有过水孔），因而易导致板缝渗水。

挂瓦板的截面有⊥形、⊔形和凵形等三种形式，可组合在不同的位置，挂瓦板的宽度为635mm，跨度为2400～4000mm，挂瓦板应与承重结构连接

牢固。一般应将挂瓦板套入屋架上弦或横墙混凝土垫块的预埋钢筋中，或用预埋铁件焊接。挂瓦板之间的连接，是将两块板的预留孔用8号铁丝扎牢，板缝用1:2水泥砂浆填实。各地均有挂瓦板的标准图，设计时可参考选用。挂瓦板平瓦屋面的构造详见图6-50。

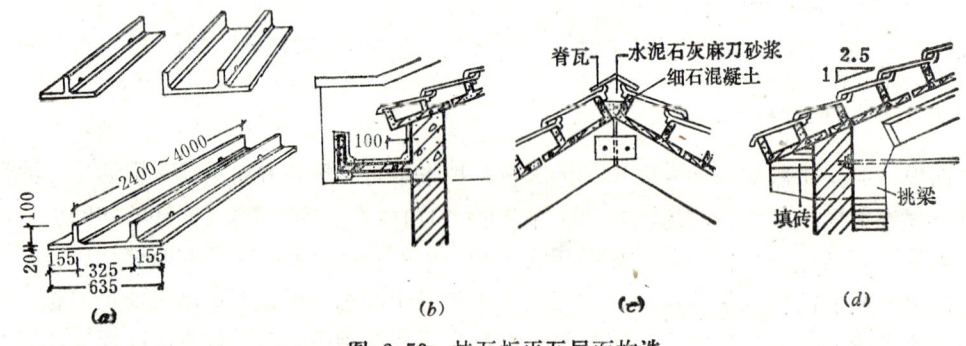

图 6-50 挂瓦板平瓦屋面构造

（二）小青瓦屋面

小青瓦又称板瓦、蝴蝶瓦。小青瓦尺寸规格各地不一，一般为180×180mm，厚8～12mm左右，小青瓦屋面是我国民居中常采用的一种屋面，目前有些地区仍有采用。小青瓦屋面的坡度应不小于1/2，小青瓦屋面按构造不同也分为冷摊小青瓦屋面和屋面板小青瓦屋面两类。

1.冷摊小青瓦屋面

冷摊小青瓦屋面是在檩条上的椽条上或椽架的椽条上直接铺放仰瓦，然后将盖瓦盖在仰瓦之间形成的。椽条可采用小圆木、半圆木、小方木或板椽，椽条的净距应不大于瓦的宽度，底瓦和盖瓦相行铺盖，用瓦的数量视搭接多寡而定，盖瓦盖在仰瓦上每边约1/3左右，上下瓦的搭接长度在少雨地区为搭六露四，多雨地区为搭七露三，每m²约170～190张瓦。冷摊小青瓦屋面构造详见图6-51。

2.屋面板小青瓦屋面

这种屋面是在檩条或椽条上铺钉木屋面板，屋面板上铺油毡一层，再将底瓦和盖瓦铺

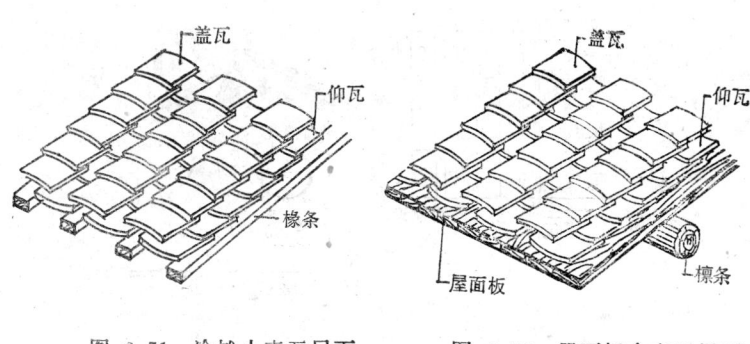
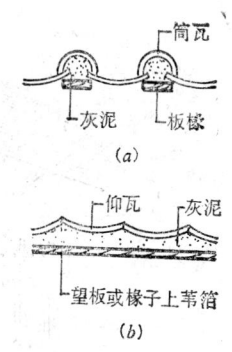

图 6-51　冷摊小青瓦屋面　　　图 6-52　屋面板小青瓦屋面　　　图 6-53　小青瓦屋面的
其它铺法

在油毡上（图6-52）。这种屋面可以有效地防止因瓦缝渗水而带来的屋顶渗漏，同时可以使底面较为美观，其缺点是需要大量的木材，因此，有些地区常采用椽条上铺设芦席、苇箔等植物或编织物来取代木望板及油毡，在芦席、苇箔上铺灰泥，灰泥上铺底瓦和盖瓦。

此外，各地对小青瓦屋面还有不同的铺法，如单层瓦、筒板瓦、双层瓦通风屋面等（图6-53）。

（三）波形瓦屋面

波形瓦有水泥石棉波形瓦、钢丝网水泥波形瓦，玻璃钢波形瓦、镀锌铁皮波形瓦等。其中以石棉水泥波形瓦使用最广泛。

波形瓦与平瓦相比，自重轻、强度高、尺寸大、接缝少，因而防渗漏性能好，可适用于较小的坡度，一般波形瓦屋面坡度为1/2～1/5。石棉水泥瓦的耐火性能较好，如采用钢或钢筋混凝土檩条时，可提高房屋的防火性能和耐火等级，但石棉瓦易折断破裂。

石棉水泥波形瓦分大波、中波、小波三种，尺寸各地不统一，一般常为1800×900mm左右，波高30～50mm。石棉水泥瓦可直接固定在檩条上，檩条可由木材、钢筋混凝土或钢材制成，木檩条的跨度不大于4 m，钢筋混凝土或钢檩条的跨度一般为4～6m。每块瓦必须搁置在三根檩条上，瓦的端部搭接也必须在檩条上，搭接长度不应少于100mm（图6-54），相邻两瓦应按主导风向搭接，其宽度：大波瓦和中波瓦应不少于半个波；小波瓦应不少于一个波。铺瓦时应由檐口铺向屋脊，屋架处盖脊瓦，以麻刀灰或纸筋灰嵌缝。

铺瓦时，为防止上下两排和左右两块瓦四块重叠不平使受压后折断，应在四块搭接处随盖瓦方向的不同，事先将斜对的两块瓦片割角，割角时对角缝不宜大于5 mm。这种铺瓦方式称为割角铺设[图6-54(a、b)]；另一种方式是不割角铺设，即将上下两排瓦的搭接缝错开，大波瓦和中波瓦错开一个波，小波瓦错开两个波，见[图6-54(c)]。

石棉瓦与檩条的固定方式依檩条的材料而异，当为木檩条时，采用套有防水垫圈的瓦钉直接将石棉瓦钉在檩条上，若檩条为钢檩条或钢筋混凝土檩条时，则采用镀锌钢筋钩或镀锌扁铁钩来固定[图6-54(d)]。瓦上的钉孔或螺栓孔应设在波峰上，并在安装前事先钻好。

（四）钢筋混凝土槽瓦屋面

槽瓦屋面是以断面呈槽形的钢筋混凝土屋面板为主，配合盖瓦与脊瓦等附加构件组成的屋面。槽瓦采用混凝土制成，其密实性较好，槽瓦的尺寸一般为：宽990mm，长3300～3900mm。槽瓦屋面的坡度为1/2.5～1/5。这种屋面适合于无保温要求、无较大振动的生

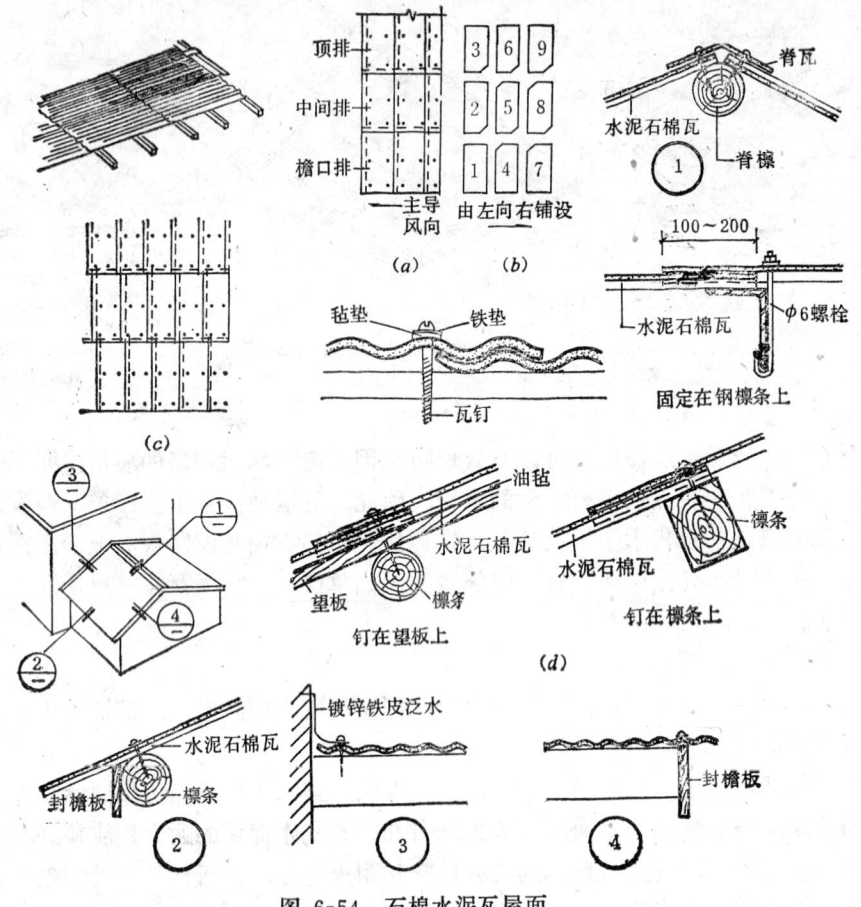

图 6-54　石棉水泥瓦屋面

产性建筑。它与平瓦、小青瓦屋面对比，具有节省木材，耐火性能好，施工简单，工期短等优点，其缺点是易出现破瓦、滑瓦、爬水、飘雨等现象。因此，应注意处理好以下几个关键环节的构造。

1.槽瓦的固定和搭盖

槽瓦端部应预埋挂环或在距端部50mm部位预留插销孔，通过钢筋钩或插销与檩条固定。采用预埋挂环时，应作好防锈处理。槽瓦上下搭接长度应不小于150mm，采用预留孔时应加大搭接长度，一般应不小于200mm。在有振动的车间或地震区须将插销与檩条上的预埋件焊牢。为防止飘雨、飘雪等，上下瓦缝处应填灰浆（或浸沥青石棉绳），但不能填满，以避免出现爬水现象，一般砂浆从缝口退入100mm（图6-55）。

2.盖瓦固定

槽瓦的横缝用盖瓦遮盖，盖瓦间接搭长度应不小于150mm，盖瓦间可用镀锌S形钩或镀锌钢筋钩固定。檐口处或天沟处，盖瓦亦必须用镀锌钢筋钩与檩条或檐沟或天沟固定，以防因振动引起盖瓦依次下滑。

三、坡屋顶屋面细部构造

坡屋顶的细部构造包括檐口、山墙、泛水、排水设施等，以下主要以较常用的平瓦屋面为例，介绍以上部位的构造。

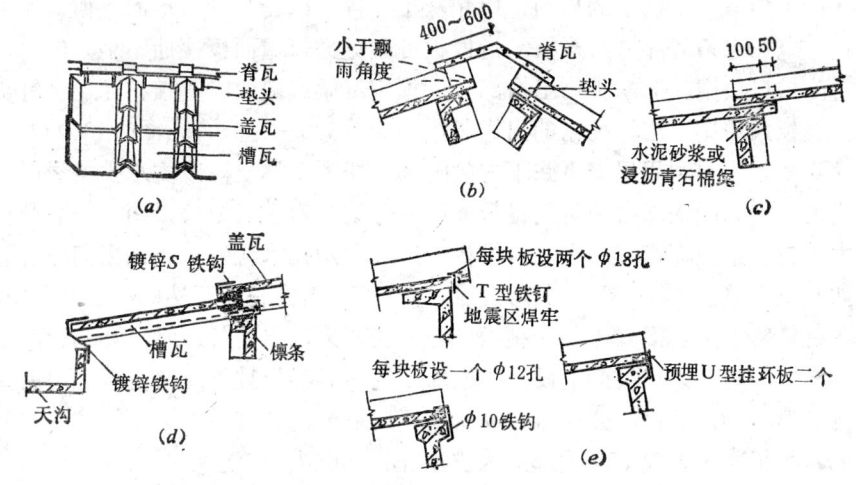

图 6-55 槽瓦屋面构造

（一）檐口

平瓦屋面的檐口有挑檐和包檐两类做法。

1.挑檐檐口

（1）砖挑檐　砖挑檐适用于雨水较少的地区，其出挑尺寸一般不超过墙厚的一半。檐口第一排瓦伸出砖挑檐的外缘50mm，详见图6-56(*a*)。

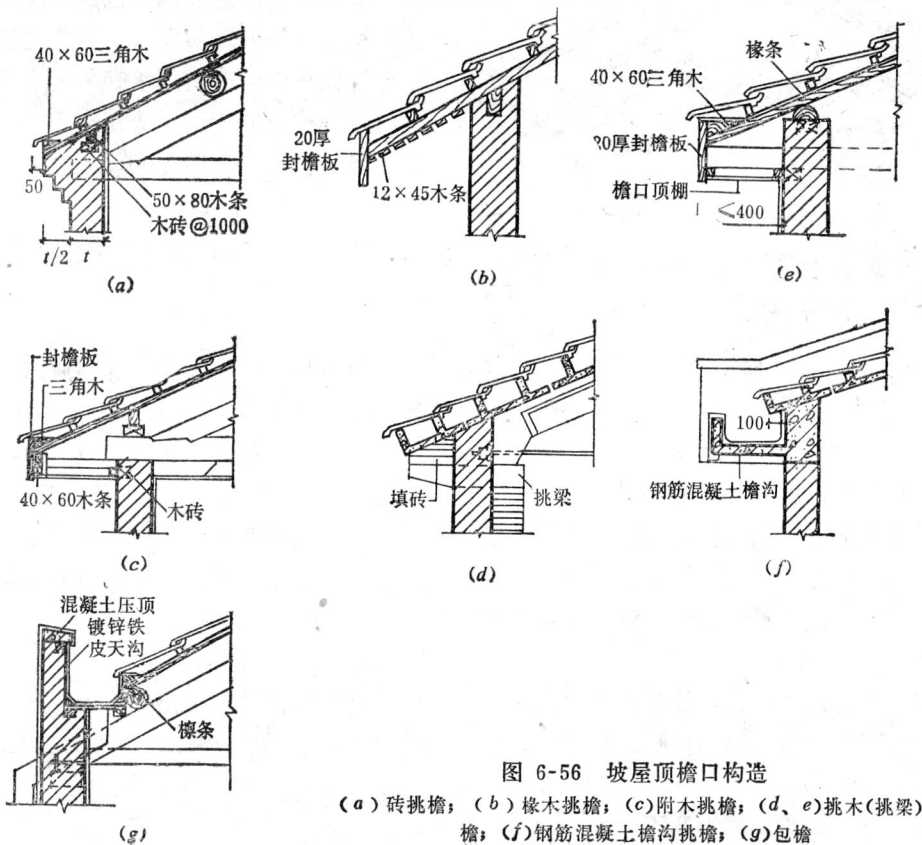

图 6-56　坡屋顶檐口构造

（*a*）砖挑檐；（*b*）椽木挑檐；（*c*）附木挑檐；（*d、e*）挑木(挑梁)挑檐；（*f*）钢筋混凝土檐沟挑檐；（*g*）包檐

（2）椽木挑檐　有椽条的屋面可以用椽子出挑，以支承檐口屋面，檐口处可以将椽子外露，也可以在椽条端部钉封檐板，封檐板可避免檐口屋面板挠曲不平，使檐口外形挺直，并可封闭檐口顶棚。椽木挑檐出檐部分的顶棚可做成斜面，直接在椽子上钉灰板条抹灰，或钉露缝板条顶棚。这种挑檐的出檐长度一般为300～500mm[图6-56(b)]。

（3）附木挑檐　利用屋架下弦下方的附木（托木）挑出，以支承挑檐屋面，这种形式称附木挑檐，附木的端部必须钉封檐板，下部可做成水平的檐口顶棚，一般是在靠外墙一边预埋木砖钉一条顶棚搁栅，在靠封檐板一边，利用托木再钉一条顶棚搁栅，搁栅间可钉灰板条抹灰或露缝板条。[图6-56(c)]，这种挑檐的出檐长度可达500～800mm。

（4）挑檐木或钢筋混凝土挑梁挑檐　当需要较大的出檐长度时，如果此时屋顶是采用"硬山搁檩"，则可以在横梁上设一挑檐木或钢筋混凝土挑梁，来支承挑出的屋檐，挑檐木要注意防腐，砌入墙体部分应涂刷沥青，压入墙内的长度应不大于挑檐长度的两倍。这种挑檐的封檐板和挑檐顶棚做法同附木挑檐[图6-56(d、e)]。

（5）钢筋混凝土檐沟檐口　有些建筑因立面处理需要，并结合屋顶排水要求，采用现浇钢筋混凝土檐沟作檐口，这种檐沟通常是与圈梁一起整浇的。这种挑檐，其屋面本身基本上并无挑出[图6-56(f)]。

2.包檐

包檐又称为女儿墙檐口，其构造是将墙砌到檐部以上，檐部以上的墙体称压檐墙（即女儿墙），这种做法适用于立面造型需要遮挡屋面的情况，如临街建筑常需采用此种檐口。女儿墙顶部应设钢筋混凝土压顶，防止砖块跌落伤人。屋面与女儿墙交接处要设镀锌铁皮天沟，由雨水管将雨水排至室外，这种檐口的天沟构造复杂且容易渗漏。包檐构造详见图6-56(g)。

（二）山墙

双坡屋顶的山墙常做成硬山和悬山两种形式。

1.硬山

硬山是将山墙与屋面等高或高出屋面形成山墙女儿墙的作法[图6-57(a)]。采用山墙与屋面等高作法时，应在山墙顶用1:3水泥砂浆抹出压边瓦出线。采用山墙

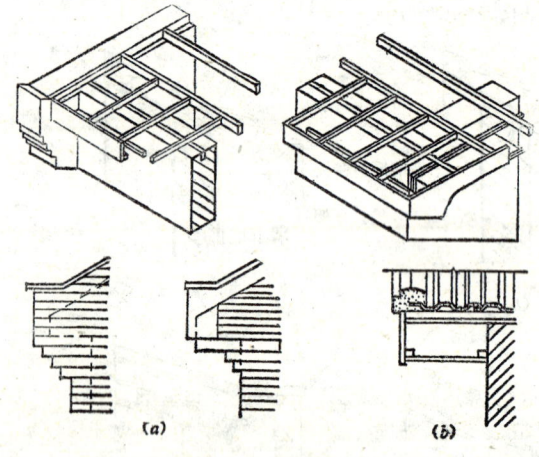

图 6-57　山墙构造
(a)硬山做法；(b)悬山做法

女儿墙作法时，屋面与山墙交接处应作泛水。硬山山墙的上部两端，为遮挡挑檐屋檐，常伸出纵墙外一定的长度，为支承伸出部分的墙体重量，常采用在下部逐层挑砖（每皮或两皮挑60mm）以及设预制钢筋混凝土挑梁的方式。

2.悬山

悬山是把端部开间的檩条以及屋面全部挑出山墙之外的作法，挑出长度一般为300～600mm，檩条的端部应钉搏风板封闭，檩条下面可钉木条作斜面顶棚，也可做灰板条斜顶棚[图6-57(b)]。

（三）斜天沟、檐沟及雨水管

坡屋面中两个斜屋面相交形成的斜天沟，一般采用450mm宽的镀锌铁皮制成，铁皮的边缘卷起包钉在两侧的木条上，其作用是防止溢水。如斜天沟两侧屋面板上有设油毡时，应将油毡包到木条上，斜天沟也可采用缸瓦或蝴蝶瓦做成，搭接处应用麻刀石灰浆窝牢（图6-58）。

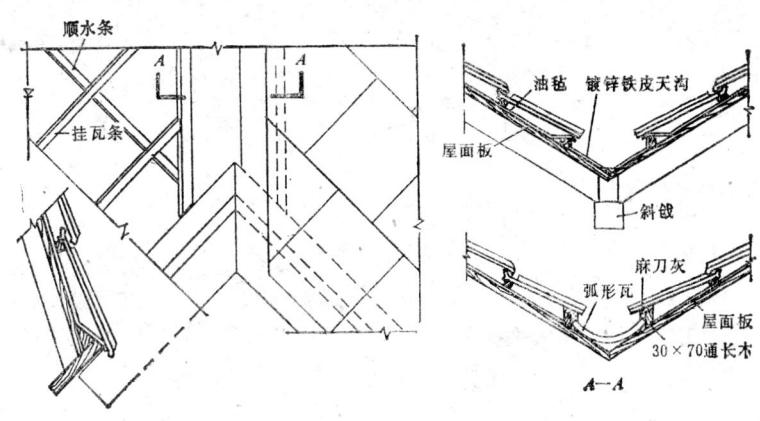

图 6-58　斜天沟构造

当平瓦屋面挑檐处需要作有组织排水时，常采用镀锌铁皮檐沟，可制成半圆形和矩形截面。雨水管也常采用镀锌铁皮，可做成圆形或矩形截面，雨水管间距以10～15m为宜。镀锌铁皮檐沟、雨水管的尺寸系根据屋面跨度以及整张铁皮的经济开料来确定（表6-2）。

此外，檐沟和雨水管也可采用石棉水泥、玻璃钢等材料制作。各类檐沟均用铁制卡具钉在屋面板或墙上，其间距依檐沟材料不同而异：镀锌铁皮为900～1200mm，石棉水泥为500～600mm。雨水管用2～3mm厚20mm宽的扁铁卡子固定在墙上，竖向间距为1200mm，距墙20mm左右。图6-59为檐沟和雨水管示意。

镀锌铁皮雨水管、檐沟规格　　　　　　　　　　　　　　表 6-2

雨 水 管				檐 沟		
断面形式	断面尺寸 （mm）	展开宽度 （mm）	净 面 积 （cm²）	断面形式 （尺寸：mm）	展开宽度 （mm）	适用跨度
	80×60	300	48.0		225	双坡<6m
	93×67	338	62.3			
	99×73	360	72.2		380	双坡6～15m
	128×90	450	11.51			
	φ65	225	33.2		455	双坡<15m
	φ90	300	70.8			

（四）山墙及烟囱泛水

山墙与平瓦屋面交接处的泛水做法有多种，可采用水泥砂浆或麻刀石灰抹灰泛水，泛水高度应不小于250mm[图6-60（a）]，也可采用小青瓦坐灰泛水[图6-60（b）]及镀锌铁皮泛水。镀锌铁皮泛水有统长铁皮泛水和踏步泛水两种，统长铁皮泛水是指将铁皮一端

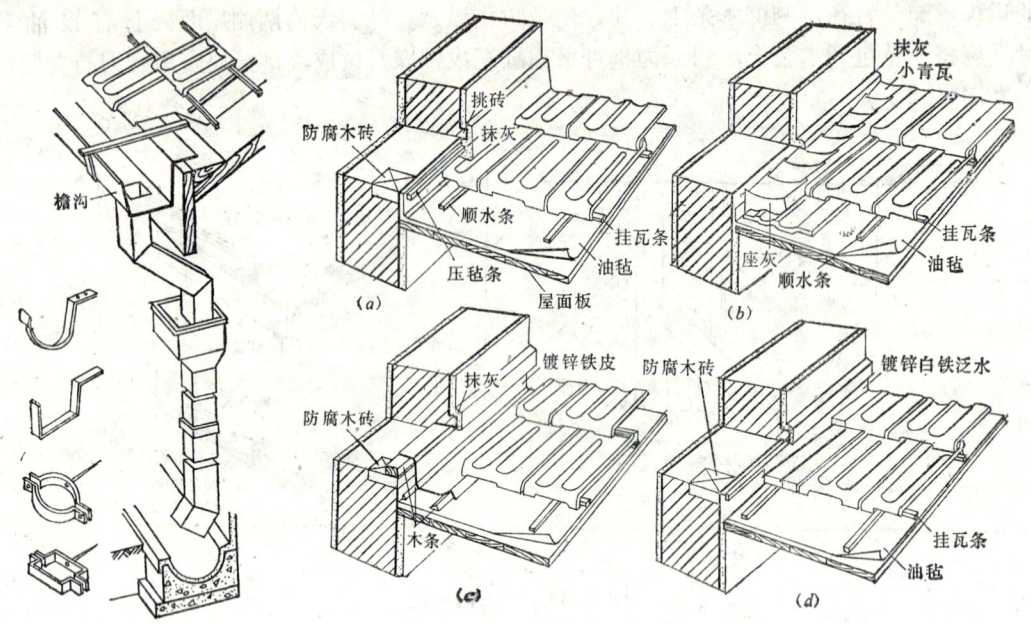

图 6-59 檐沟和雨水管

图 6-60 山墙泛水

压在平瓦之下，一端钉在山墙挑砖下的木条中[图6-60（c）]，踏步泛水则是铁皮一端搭盖在平瓦之上，另一端钉在山墙挑砖下的木条上[图6-60（d）]。

烟囱与屋面交接处四周均须做泛水，一般用镀锌铁皮泛水[图6-61（a）]，为节约铁皮，亦可用挑砖，做石灰麻刀砂浆抹灰泛水[图6-61（b）]。

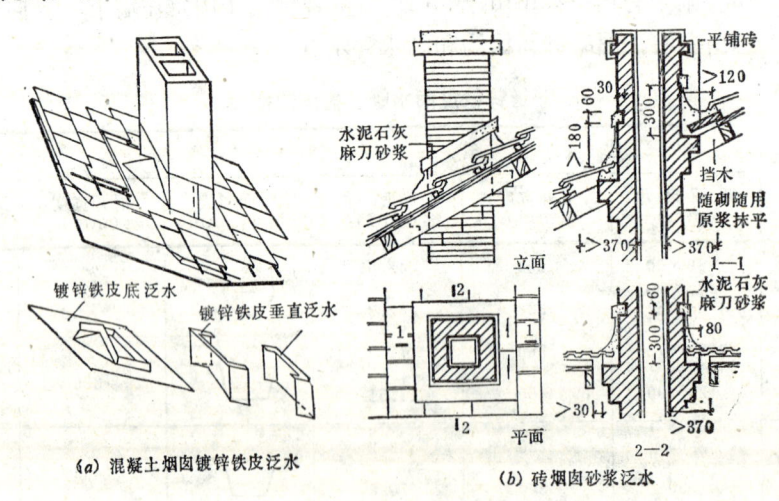

（a）混凝土烟囱镀锌铁皮泛水　　　（b）砖烟囱砂浆泛水

图 6-61 烟囱泛水

四、坡屋顶的顶棚、保温、隔热和通风

（一）坡屋顶的顶棚

为满足室内使用要求，坡屋顶的民用建筑通常需设置顶棚，将承重结构隐蔽起来。顶棚一般做成水平面，使室内空间达到规则完整，有时也可沿屋面坡度作成斜面顶棚，以争

取较高的空间。

1.平顶棚

坡屋顶中的平顶棚（即吊顶）是由吊顶面层、吊顶骨架（顶棚主龙骨、次龙骨）及吊筋等组成，其中吊顶面层、吊顶骨架与楼层中的吊顶相同（见第四章第五节），仅主龙骨的吊挂方式或支承方式，以及吊筋的作法与楼层吊顶有较大差别。图6-62（a）为坡屋顶吊平顶棚示意。

坡屋顶平顶棚中，主龙骨吊挂或支承的方式依龙骨材料、承重结构的方式和尺寸的不同有多种形式。

（1）采用木龙骨时主龙骨的布置　当屋架或横墙间距不大时，主龙骨可与屋架或横墙垂直布置，两端吊挂在屋架下弦上或支承在横墙上。为了减小主龙骨的支点跨度，防止主龙骨的挠曲，可在主龙骨中部用1～2道吊筋（ϕ6钢筋或50×50木条）吊在檩条上，檩条上的悬吊支点应尽可能靠近端部，形成斜吊，以减小檩条的跨中弯矩[图6-62（b）]。

当屋架或横墙间距较大时，主龙骨只能吊挂在檩条上，此时，主龙骨宜与屋架或横墙平行布置[图6-62（c）]，否则应使主龙骨设在檩条的铅垂面上。

（2）采用金属龙骨时主龙骨的布置　采用金属龙骨时，主龙骨一般均吊挂在檩条上，因此多与屋架或横墙平行布置。

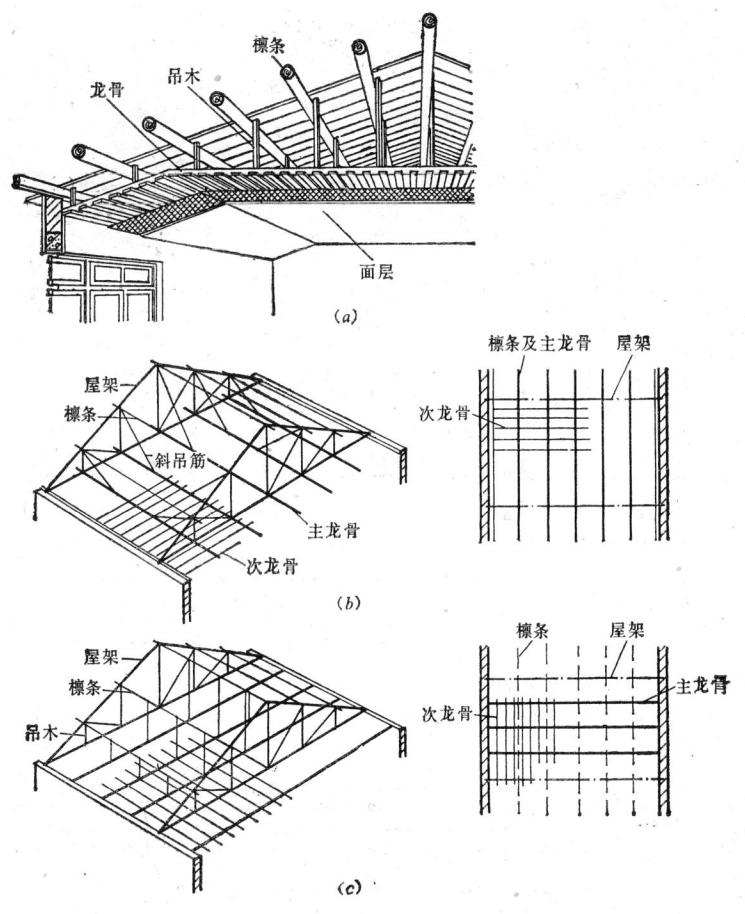

图 6-62　坡屋顶吊顶示意及木龙骨布置

当吊顶的主龙骨吊挂或支承固定好以后，便可在主龙骨下固定次龙骨，并做灰板条、钢丝网抹灰面层或钉人造板面层。

2.斜顶棚

设在坡屋面底部的斜顶棚，可全部是斜面，也可局部做水平面。斜面顶棚的做法通常是在檩条底面直接钉次龙骨，然后做板条抹灰或钉面板（图6-63），这种做法与楼板下直接钉顶棚的做法基本相似。

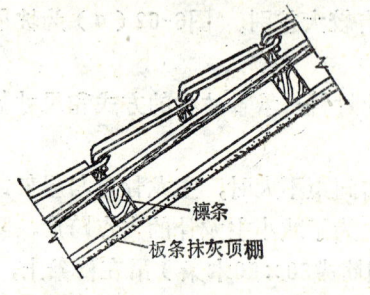

檩条

板条抹灰顶棚

图 6-63　坡屋顶斜顶棚

（二）坡屋顶的保温

坡屋顶的保温，一般有屋面层保温和顶棚层保温两种做法：

1.屋面层保温

屋面层保温是指将保温材料设在屋面板以上或檩条之间的构造做法。在这一方面，各地有许多行之有效的传统做法，如麦秸泥青灰屋顶，柴泥窝瓦屋顶〔图6-64（a、b）〕都是在屋面板与面瓦之间增设的保温层，具有一定的保温效果，又利用了地方材料，节省了造价。有些地区甚至采用面层兼保温层的做法，如草顶保温屋顶〔图6-64（c）〕。

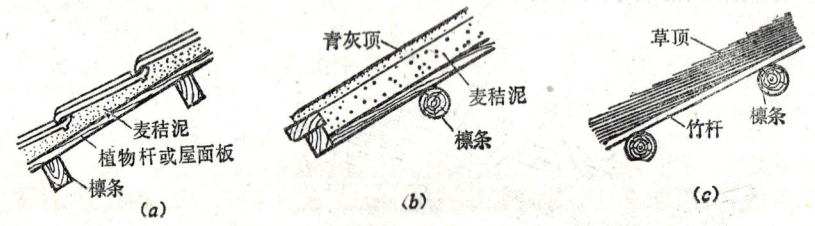

麦秸泥

植物杆或屋面板

檩条

（a）

青灰顶

麦秸泥

檩条

（b）

草顶

竹杆

檩条

（c）

图 6-64　屋面层保温构造

此外，还可以采用在檩条或椽子下钉保温板材，并在其上空间中填放保温材料的作法。

2.吊顶层保温

设有吊顶的坡屋顶，可采用吊顶层保温的做法。通常必须在次龙骨上铺板（木板或其它代用板），板上铺一层油毡作隔气层，在油毡上再铺设保温材料。保温材料多采用无机散状材料，如矿渣、膨胀珍珠岩、膨胀蛭石等。也可以采用地方材料，如砻糠、海带草、麦秸、锯木屑等，见图6-65。

（三）坡屋顶的隔热与通风

在南方炎热地区，坡屋顶应考虑隔热和通风措施，以减少太阳幅射热对室内的影响。

坡屋顶的隔热除了采用实体保温（隔热）材料做隔热层以外，比较合理和有效的方式是设置通风间层解决隔热问题。常用做法有以下几种：

1.通风屋面

通风屋面是将屋面做成双层，屋檐处设进风口，屋脊处设出风口，利用空气流动带走间层中的一部分热量，降低屋顶底面的温度。这种做法隔热效果的关键在于间层应有一定的高度和使气流通畅。结合屋面材料常用的做法有双层瓦通风屋顶，槽形板大瓦通风屋顶以及檩条或椽子下钉纤维板的通风屋顶等〔图6-66（a、b）〕。

2.吊顶棚隔热通风

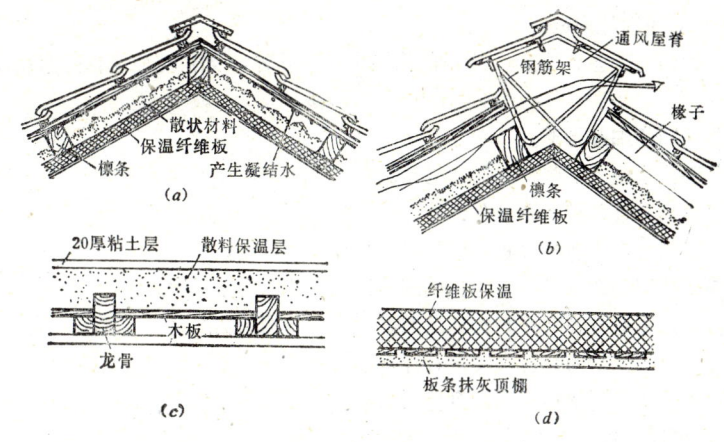

图 6-65 顶棚层保温构造

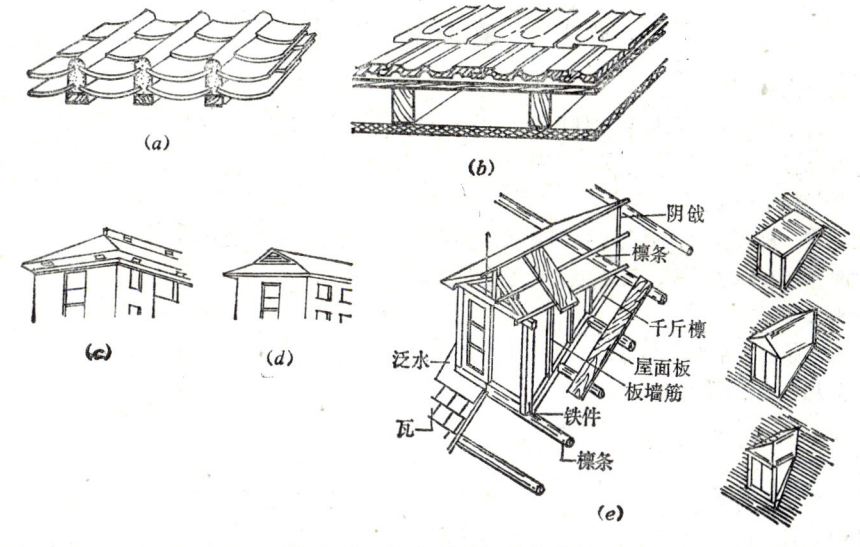

图 6-66 坡屋顶的隔热与通风

由于吊顶棚与屋顶之间的空间较大，若能通风通畅，则隔热效果优于双层屋面。因此，应妥善设置进出风口，组织好空气对流，通常可在挑檐顶棚处、歇山顶的山墙上设通风口，还可在屋顶上开设兼有采光作用的通风气窗（老虎窗），见图6-66（c、d、e）。

复习思考题

1. 屋面的类型有哪些？屋面的形式与什么因素有关？
2. 屋顶是由哪些部分组成的？它们各起什么作用？
3. 屋顶的坡度与哪些因素有关？为什么采用瓦材的屋面，其瓦材尺寸越小，屋面坡度越大？
4. 平屋顶常用的坡度范围是多少？如再平缓会有什么影响？
5. 平屋顶的排水坡度是如何形成的？两种方法各有什么特点？
6. 屋顶的排水方式有几类？排水方式主要由哪些因素确定？

135

7.在有组织排水方式中，雨水管的间距如何确定？为什么常常不按理论间距设置雨水管？

8.保温和非保温卷材防水屋面有哪些构造层次？各有什么作用？其构造上有什么要求？

9.卷材防水屋面的细部构造。

10.刚性防水屋面有哪些优缺点？常用的构造类型有几种？如何克服刚性防水屋面易开裂渗水的缺点？

11.刚性防水屋面的细部构造。

12.平屋顶的隔热措施有哪些？其原理是什么？

13.常用的坡屋顶有哪几种？各有什么特点？

14.坡屋顶支承结构有哪些？分析一幢房屋的屋顶支承结构。

15.平瓦屋面的基层构造方式有哪些？试画图说明各自的构造层次。

16.小青瓦的基层构造方式有哪些？试画图说明各自的构造层次。

17.坡形瓦屋面中，瓦材的铺设和固定有什么要求？

18.槽瓦屋面中，槽瓦的搭接和固定有什么要求？

19.平瓦屋面细部构造。

20.坡屋顶的隔热和通风构造有几种做法？

作业三　屋面排水设计

一、目的要求

掌握屋面排水设计方法和屋面细部构造，训练绘制和识读施工图的能力。

二、作业条件

1.给出教学楼平面图；

2.给出层高、层数、屋顶形式（平屋顶或坡屋顶由各地情况确定）；

3.降雨量按所在地区数据，排水方式由学生自定。

三、作业要求

1.本作业包括屋顶平面图和檐口、泛水节点详图。

2.比例：屋顶平面图1:100，详图1:10

3.用2号图纸，以墨线绘成，不能用描图纸

4.深度

（1）在屋顶平面图中绘出四周主要定位轴线，房屋檐口边线（或女儿墙轮廓线），分水线，天沟轮廓线，雨水口位置，出屋面构造的平面形状和位置。标注出屋面各坡面的坡度方向和坡度。

（2）在屋顶平面图中，标注出雨水口距附近定位轴线的尺寸、雨水口的距离。

（3）在屋顶平面图中标注出索引号。

（4）详图应注明材料、作法和尺寸，并绘出详图编号。

第七章 门 和 窗

门和窗是房屋围护构件中的两个重要配件。窗的主要功能是采光、通风以及供人们眺望等；门的主要功能是用于交通联系，有时也兼作采光、通风之用。由于它们是围护构件的一部分，因而在不同情况下也具有保温、分隔、隔声、防水等围护功能。某些门还有防盗、防火与隔火的功能（如防火门）。

此外，门和窗在建筑造型上，无论是对房屋的外观，还是对室内空间，都起着重要的装饰作用。

第一节 窗的作用与类型

一、窗的作用

窗的首要作用是采光与通风。采光包括日照和采光两方面；通风包括换风和通风两方面。就采光而言，各类建筑物均需有一定的照度标准，才能满足使用的要求，根据我国的能源资源紧缺的特点以及人们的生活习惯，室内的照度主要应依靠天然采光来达到，对于村镇房屋更是如此。因此，房间的开窗应有足够的面积和合理的位置。有些房间要求日光能射入室内，并保持有一定的日照时间，以满足卫生、舒适方面的要求，这就要求窗应有良好的朝向。窗的通风作用因地而异，在炎热地区，窗应起到组织穿堂风，调节室内温度的作用，因此要求位置合理并有较多的开扇，寒冷地区的窗通风要求不高，因此开扇可以少一些。

窗的第二个作用是围护。围护包括防风、防雨、保温、隔声等。在雨天，窗应能防止雨水流入室内，在风砂大的地区，窗应能防止风砂吹入室内。在寒冷地区，窗应有一定的保温能力，通常窗所散失的热量是同面积墙的2～3倍，如单层木窗的散热量为一砖墙的2.8倍，双层木窗的散热量为二砖墙的1.92倍，双层木窗的散热量约为单层木窗的一半。因此，寒冷和严寒地区的窗面积不宜过大，同时，还应设置双层窗。窗是噪声传入室内的主要途径，这主要是由于窗玻璃的面密度（单位面积重量）小以及缝隙不严密等原因造成的。一般单层窗的隔声量约为双面抹灰的一砖墙的0.35倍，双层固定窗的隔声量约为双面抹灰的一砖墙的0.9倍。因此，当房间的隔声要求较高时，应尽量不开或少开窗。

窗还有很突出的美观与装饰作用，窗的材料、形式、大小、尺寸以及组合方式均对建筑物的外貌和室内装饰都起到一定的影响。

二、窗的类型

窗按所用的材料可分为木窗、钢窗、铝合金窗、塑料窗和预应力钢丝网水泥窗等，目前村镇房屋建筑中采用最多的仍是木窗。木窗制作较方便，保温性能较好，造价低。但防火性能差，且耗费木材。因此，有条件的地区应尽量采用钢窗取代木窗，以节约木材，提高工业化水平。

窗按层数可分为单层窗和双层窗。除严寒地区采暖房屋和恒温室要求设双层窗以外，其它情况下一般均为单层窗。

窗按窗扇镶嵌材料，可分为玻璃窗、纱窗、百页窗、钢丝网水泥（通风）板窗等。

窗按开启方式，可分为固定窗、平开窗、转窗（上悬、中悬、下悬、立转）和推拉窗等四种基本类型。

（一）固定窗

固定窗是不能开启的窗，一般不设窗扇，将玻璃直接镶嵌在窗框上。固定窗只供采光、眺望用，通常用于走道、楼梯间的采光窗和一般窗的某些部位，严寒地区采暖房屋中如需大面积开窗时，为保温起见，宜尽量多设固定窗，减少开启窗。固定窗的形式见图7-1(a)。

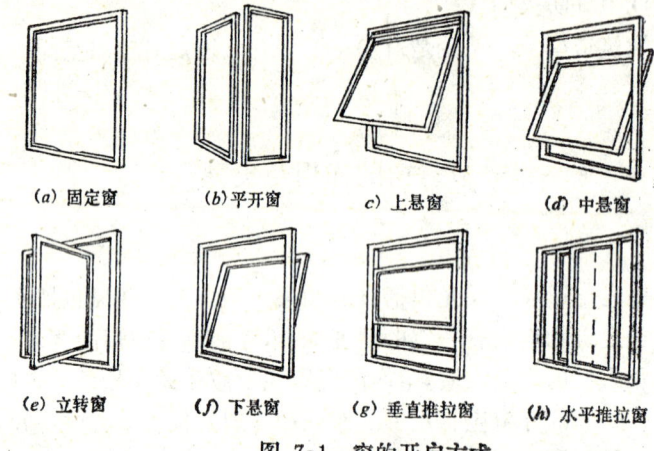

(a) 固定窗　　(b) 平开窗　　c) 上悬窗　　(d) 中悬窗

(e) 立转窗　　(f) 下悬窗　　(g) 垂直推拉窗　　(h) 水平推拉窗

图 7-1　窗的开启方式

（二）平开窗

平开窗为侧边用铰链转动、水平开启的窗，是一般建筑物中采用最多的形式，它有内开和外开两种，内开窗的窗扇开向室内，优点是擦窗方便，大风时不易损坏玻璃，缺点是要占用室内空间，不利于防雨以及挂窗帘等。外开窗的优、缺点与内开窗相反，一般多采用外开窗。平开窗见图7-1(b)。

（三）转窗

转窗是以旋转方式开关的，有水平旋转和垂直旋转两种，以水平旋转方式使用较多。上悬和中悬窗向外开，防雨效果较好，可作外窗使用；而下悬窗不能防雨，不适用于外窗，这三种窗常用于高窗及门上亮窗，以及作通风用。垂直旋转窗又称立转窗，转轴可设在中心或偏在一侧。立转窗出挑不大时可用较大块的玻璃，有利于采光和眺望，也便于擦洗，适用于不常开关的窗扇，但这种窗安装纱窗有困难，构造上也较复杂，对防雨不利。各类转窗均不能做成双层窗。

各类转窗的形式见图7-1(c、d、e、f)。

（四）推拉窗

推拉窗有水平推拉窗和垂直推拉窗两种，水平推拉窗一般上下放槽轨，开启时两扇或多扇重叠，这种窗因没有悬挑的部分，所以玻璃尺寸可做得较大，便于采光和眺望，且开启时不占空间。这类窗在村镇房屋中采用不多（城市的高层建筑中采用铝合金推拉窗较多），推拉窗有时也用于收发室等窗口。垂直推拉窗需要滑轮和平衡措施，这种窗很少使用，主要用作通风柜或传物窗用。

推拉窗形式见图7-1（*g*、*h*）。

此外，百页窗可用木板、塑料或玻璃条制成，有固定百页窗和可转动百页窗两种。主要用于通风和遮阳。纱窗用于防止蚊蝇进入，可做成平开的或推拉的。

三、窗的类型与采光效率的关系

窗的采光效率与窗户中玻璃所占面积的百分比有关，不同类型的窗，其窗料的挡光程度是不同的，图7-2表示了各种形式窗的采光面积百分比。从中可看出钢窗窗料的挡光程度比木窗窗料小，因而采光效率高。而不同立面形式的窗型，其挡光程度也不同。分格较少的窗型，采光效率较高，反之则较低。

材料	窗洞	钢窗		木窗	
窗的式样				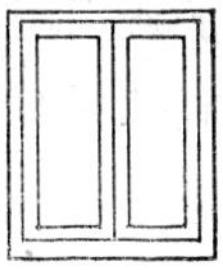	
采光面积百分比	100%	77%	74%	60%～64%	56%～60%
窗的式样		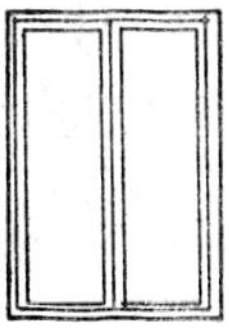	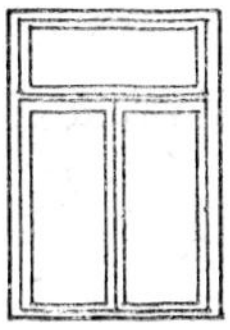	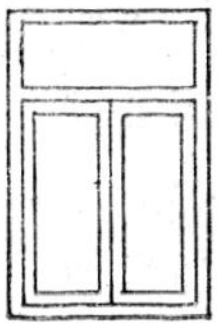	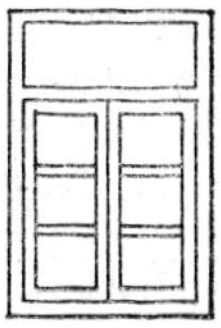
采光面积百分比	100%	79%	77%	54%～57%	47%～50%

图 7-2 窗的形式和采光面积百分比的关系

第二节 平开木窗的构造

平开木窗是村镇房屋建筑中使用最多的形式，无论是农村的居住建筑、公共建筑或是生产性建筑中，都广泛采用平开木窗，因此，以下着重讲述这类木窗的构造。

一、平开木窗的组成与尺寸

窗主要由窗框、窗扇以及五金配件组成。窗扇有玻璃窗扇、纱窗扇、百页窗扇等几种，可根据需要选用。窗用五金配件主要是用于窗的开启和固定，如铰链、风钩、插销等。窗框和墙的连接处，根据不同的装修要求，有时要加设窗台板、贴脸以及窗帘盒等附件。平开木窗的组成见图7-3。

窗的尺寸一般应根据采光和通风要求确定（详见第十二章第一节），同时应考虑结构和构造需要、建筑造型以及模数协调等因素。

从构造上看，由于窗扇必须承受风压和自重，它的尺寸过大时必然要加大窗料的断面，这不仅耗费材料，而且也不利于美观，同时，太大窗扇开启后所占用的空间也更大。

与此相反，若窗扇或窗框尺寸过小时，也是不经济的，不仅材料浪费，而且有效采光面积低。因此，窗扇和窗框的尺寸均应控制在合理的范围内。一般平开窗的窗扇宽度 为400～600mm，高度为800～1500mm，亮窗的高度为300～600mm。一般平开木窗的窗框宽度为600～3600mm，并以300mm为级差。窗框的高度为600～3300mm，以300mm为级差（由于住宅建筑的层高目前仍以100mm为级差，故允许窗高在1200～1600mm范围内以100mm为级差），若采用以平开方式为主，兼有其它方式的组合窗时，其高度可达3600mm。这种窗常用于层高较大的公共建筑或生产性建筑中。

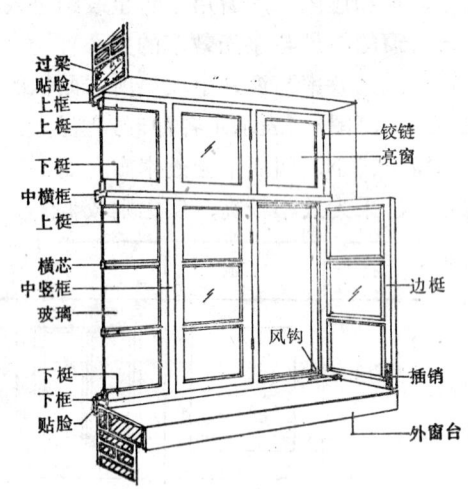

图 7-3　平开木窗的组成

目前各地都有木窗的通用图并有标准窗生产，使用时可根据各地标准图按需要选用。

二、平开木窗构造

（一）窗框

窗框也称窗樘，它既是悬挂窗扇的构件，也是窗扇与墙联系的构件，窗框是由上框、下框和边框等用榫接而成的。当窗高大于1500mm时，由于要设两排或三排窗扇，故需要在窗框内增设中横框，当窗宽大于1200mm时，为了在同排设置三个或更多的窗扇，故需在窗框内加设中竖框。

1.窗框的断面形状与尺寸

窗框的断面形状与尺寸与窗扇的层数、窗扇的厚度、开启方式，以及当地风力和洞口尺寸有关。一般尺度的单层窗窗框的净厚度常为40～55mm，净宽度常为90～95mm，中横框处如要做披水时，宽度应增加20mm，双层窗的窗框用一块料时，料的宽度也应增加20mm。

窗框要铲去深约10～12mm、宽与窗料厚度相等或略大于窗料厚度的铲口，以便加强窗扇关闭时的密闭性[图7-4(a、b)]。为节约木料，也可以用较小断面的木料钉上木条而形成带有铲口形式的窗框断面。

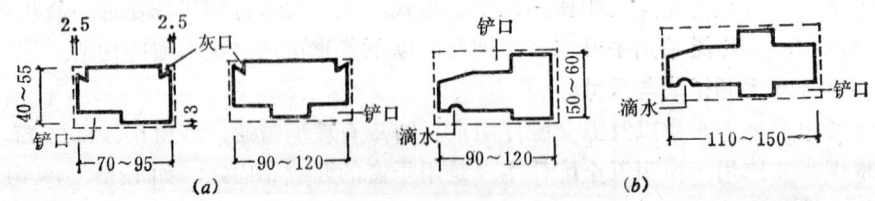

图 7-4　窗框的断面形状与尺寸
(a)上、下框、边框；(b)中横框

窗框与墙接触的面应在两角处铲出灰口，以利于安装后与嵌缝砂浆的结合，灰口的做法有很多，见图7-4(a)。为了减少窗框木在受潮或干燥时伸缩造成的变形和裂纹，宜在窗框的外侧设槽口（图7-5）。

当中横框需做披水时，其上表面应作斜面铲口，并在下表面的外缘处铲出滴水线，以防止雨水内渗[图7-4(b)]。

2．窗框与墙的连接和关系

窗框的安装方式有立口和塞口两种。立口是在窗框的上下框两端伸出半砖长的木段（俗称羊角或走头），边框外侧每500～700mm设一木拉砖（俗称木橛），羊角、木拉砖以及窗框外侧四周均刷沥青作防腐处理，待墙砌至窗台标高时，把窗框立在相应位置，而后砌墙[图7-6(a)]。这种做法使窗框与墙连接较紧密和牢固，但会影响砌墙施工，且窗框容易受损。塞口是在砌墙时先留出窗洞口，以后再安装窗框。为了使窗框与墙连接牢固，砌墙时在窗洞口两侧沿高度每隔500～700mm砌入一块经防腐处理的木砖，塞口后用铁钉将窗框固定在木砖上[图7-6(b)]。这种做法使砌墙与安装窗框分开，相互不影响，可加快施工速度，但缝隙较宽，窗框与墙结合的牢固性不如立口。

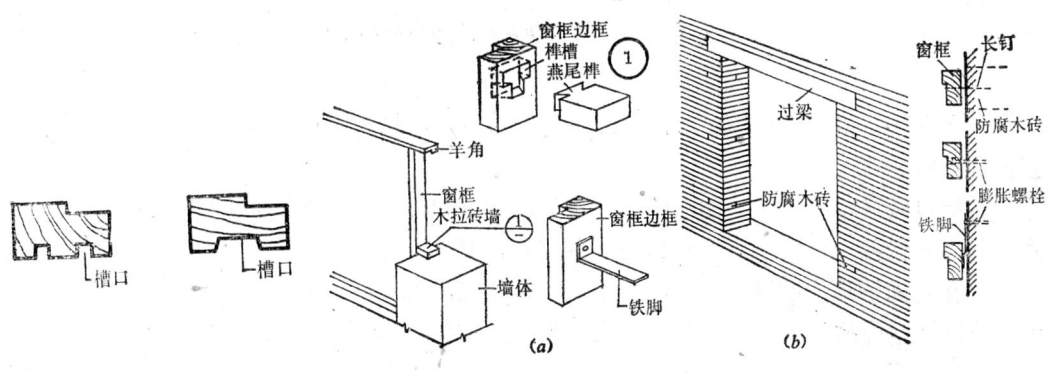

图 7-5　木窗靠墙一侧防变
　　　　　形的处理

图 7-6　立口与塞口

窗框与墙之间的缝，需进行处理，为了防雨，缝的外侧须用砂浆嵌缝，甚至可另加压缝条或采用油膏嵌缝。寒冷地区，为了保温和防止灌风，窗框与砖墙的缝隙应用纤维或毡类（如毛毡、玻璃棉、矿棉、麻丝）等填塞。缝的内侧缝隙应根据窗框在墙上的不同位置采用相应的处理方式。窗框内平时（窗框内表面与墙内侧抹灰面平齐），标准高的应设贴脸[图7-7(a)]，未设贴脸的应将抹灰灰浆嵌入灰口内[图7-7(d)]；窗框居中时（窗框位于墙厚的中部），标准高的可做筒子板[图7-7(b)]，未做筒子板的应将抹灰灰浆挤入灰口[图7-7(c)]。为防止贴脸和筒子板变形，贴脸和筒子板的背面也应开槽口。

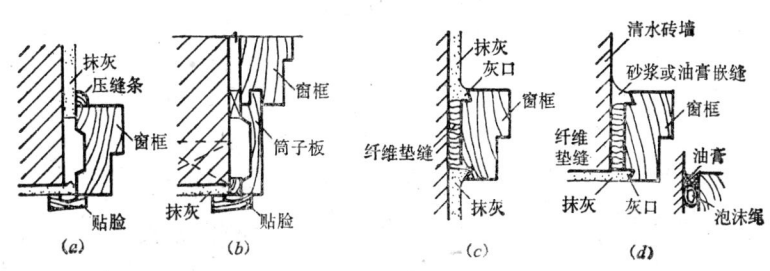

图 7-7　窗框不同位置时的缝隙处理

3.窗框与窗扇的关系

窗框与窗扇之间既要方便开启，又要在关闭时有一定的密封性。窗框与窗扇之间的密封性，一种是靠合理的构造形式来加强，另一种是靠填塞弹性材料来加强，前者较经济、方便，故常采用。后者构造复杂，维修费用高，主要用于对密封性要求很高的窗。

改善窗框与窗扇的结合形式是提高密封性的有效途径，一般可采用加深铲口、做异形铲口、设回风槽等措施（图7-8）。

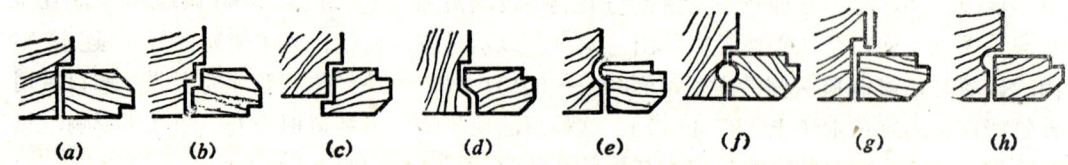

(a)　　*(b)*　　*(c)*　　*(d)*　　*(e)*　　*(f)*　　*(g)*　　*(h)*

图 7-8 窗框与窗扇的结合形式

加大窗框铲口深度至15mm，可减少空气渗透量，这种方法简单易行，无需加大窗框或窗扇用料。

将铲口做成特殊形式，如双铲口、盖口、鸳鸯口等，可增加渗透阻力，减少空气渗透。但这些做法一般要加大窗框或窗扇的用料，且施工较复杂。

如在普通铲口作回风槽处理，可形成减压空腔，既能防止雨水因毛细管作用渗入室内，使进入空腔的雨水沿腔下落，又能减低渗入空气的流速，使风砂沉落。

（二）窗扇

窗扇由上梃、下梃、边梃及窗芯（窗棂）等榫接而成。有些窗扇的下梃处还加设披水板。

1.窗扇的断面形状和尺寸

窗扇的厚度不论上下梃、边梃与窗芯均一律取齐，一般净厚度为35～42mm，以40mm居多，梃上、边梃的宽度也取一致，一般净宽度为52～60mm，下梃由于受力较大，宽度应加大20mm，窗芯的宽度约为27～40mm。

为镶嵌玻璃，在上下梃、边梃和窗芯上应做铲口（又称玻璃口），铲口宽度为10mm，深度为12～15mm（依玻璃厚度不同），铲口应设在窗的外侧，以利于防水和抗风，铲口的另一侧，也应做成各种线脚，以减少对光线的阻挡和有利于美观。

窗扇料的断面形状与尺寸见图7-9。两扇窗接缝处为了防止透风雨，一般做高低缝，为了加强严密性，常在一面或两面加钉盖缝条（图7-10）。

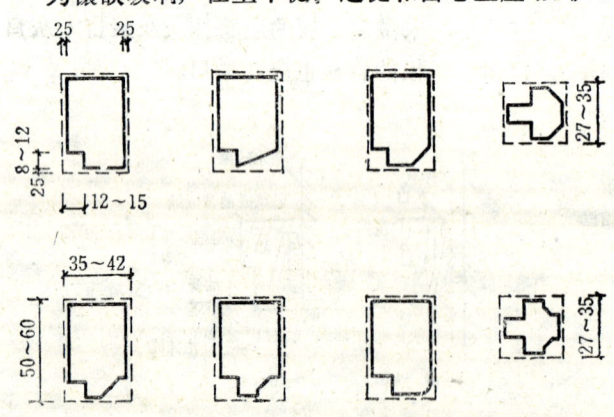

图 7-9 窗扇断面形状和尺寸

2.玻璃的使用与镶嵌

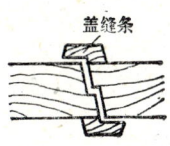

图 7-10 窗扇对缝与盖缝条

玻璃厚度的选择与窗扇分格的大小有关，一般用2～3mm厚的玻璃，如玻璃面积较大时，可采用5或6mm厚的玻璃，一般房屋用普通平板玻璃。需要遮挡或模糊视线的某些窗，可选用磨砂玻璃或压花玻璃，玻璃一般可用油灰镶嵌，有的地区则采用小木条镶钉，前者的密封性能好，但造价高，需常维修，后者的优缺点与前者相反。

（三）窗用五金

窗上装设五金配件，主要是为窗扇的开启和固定服务的。平开窗的五金配件包括启闭转动配件、启闭定位配件和推拉执手三类。启闭转动配件包括各种铰链，如普通铰链、抽心铰链、方铰链、长脚铰链（图7-11）。抽心铰链便于窗扇的拆卸，方铰链和长脚铰链可使窗扇开启180°，使窗扇与墙面平齐，一般房屋以采用普通铰链为多。启闭定位配件包括插销和风钩，推拉执手一般为拉手，简易者可省去拉手以插销代替。插销、风钩和拉手见图7-12。

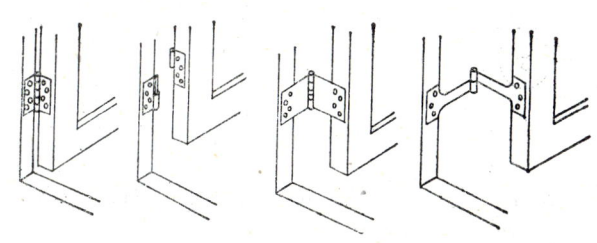

图 7-11 平开窗的铰链

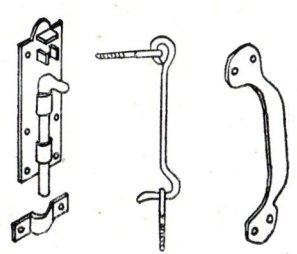

图 7-12 平开窗的插销、风钩和拉手

（四）平开窗构造举例

1.单层平开窗

单层平开窗是采用最多的平开窗形式，它不仅可用于广大的南方地区，在寒冷地区也可以用两个独立的单层窗组合成双层窗。图7-13为单层平开窗构造示例。

2.一玻一纱内外开木窗

不少地区为防止蚊蝇，设有纱窗，纱窗扇可与玻璃窗扇同用一个窗框，成为一玻一纱平开木窗。图7-14为一玻一纱内外开木窗构造示例。

3.双层窗

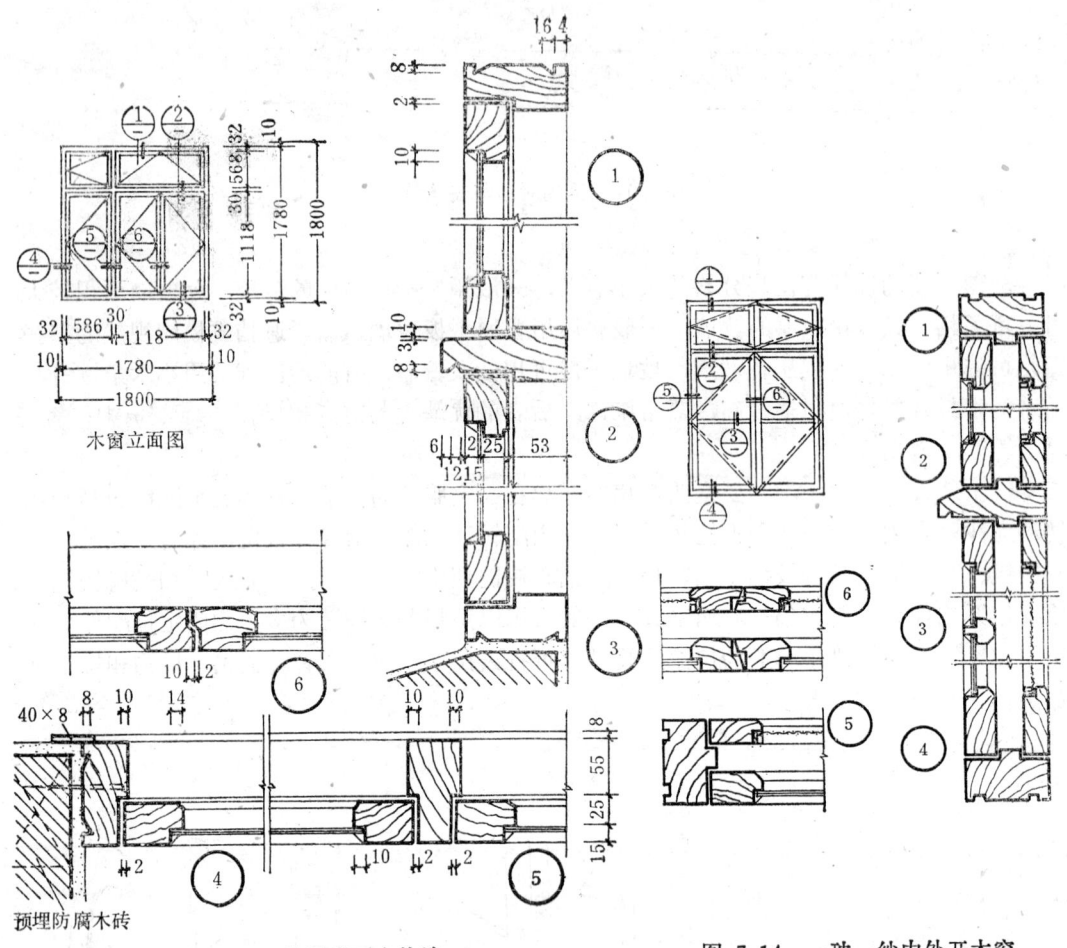

木窗立面图

预埋防腐木砖

图 7-13 单层平开窗构造   图 7-14 一玻一纱内外开木窗

　　双层窗通常用于保温、隔声要求高的房屋，双层玻璃窗，依窗扇和窗框的构造不同，通常分为子母窗扇、内外开窗、大小扇双层内开窗三种形式。

　　子母窗扇双层窗是指在一个窗框内，装上由两个玻璃大小相同，窗扇用料大小不同的两扇合并而成的子母窗扇，这种窗的子母扇可同时开启。其特点是省料，透光面大，有一定的密闭效果[图7-15(a)]。

　　内外开双层窗是在一个窗框上开双铲口，一扇向内开，一扇向外开。这种窗的内外开窗扇基本雷同，构造简单[图7-15(b)]。

　　大小扇双层内开窗是指两层窗扇一大一小，一起向内开，可共用一个窗框，也可以分设窗框。分开的窗框用料较小，间距可调整。图7-16为分开窗框的大小扇双层内开窗构造示例。图中的小气窗，是严寒地区为满足冬季通风换气，而又不使室内散热太多所设置的。

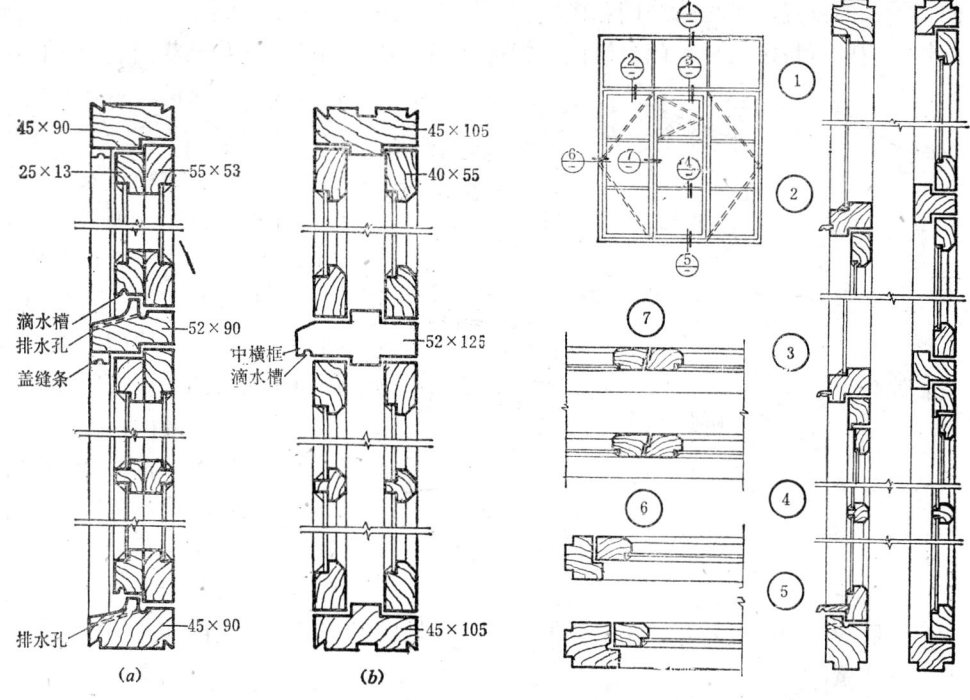

图 7-15 子母窗扇双层窗和内外开双层窗

图 7-16 大小扇内开双层窗构造示例

第三节　门的作用与类型

一、门的作用

门的首要作用是交通联系。交通联系包括通行与疏散，门平时供人们或车辆通行，联系室内外和各房间，在事故状态下门供人们作紧急疏散用，使人们在较短的时间内能安全地撤离出房间和建筑物。因此，门的大小、数量、位置和开关方向均应按照使用要求和防火要求妥善确定。

门的第二个作用是围护，围护包括保温、隔声、防雨和分隔等。门有外门和内门之分，采暖房间的外门应有一定的保温性能，尽量减少由于设门所散失的热量，要求保温的门可以在门的内部填充保温材料。门也是噪声传入室内的一个重要途径，目前一般建筑对门与窗的隔声要求都不高，需考虑隔声的门除门扇应具有一定的隔声能力（如做夹层门，内填吸声材料）外，还应在门扇与门框、门扇与门槛间的缝隙内加密缝材料，以确保隔声效果。外门还应该能防雨，但由于门上方一般均已设有雨篷，能防止雨水直接浇淋在门上，故门可不设防水构造。门也是室内外、房间与走廊、房间与房间之间的分隔构件之一，因此，门的构造还应满足坚固、安全和耐久的要求。

门与窗一样，还起到一定的美观和装饰的作用，尤其是房间入口的外门和某些重要房间的大门，对门的造型、尺寸、材料等均有较高的要求。因此，在满足通行和安全的基础上，还应注意门的美观，使之有利于建筑的立面处理和室内装饰。

二、门的类型

门按所在的位置，可分为外门和内门。

门按所用的材料，可分木门、钢门、铝合金门、塑料门等，近年来我国还生产出具有良好装饰效果的塑钢雕花门。目前，村镇房屋建筑一般多采用木门。但随着农村经济发展和农民生活水平的提高，塑料门、铝合金门也将逐步用于农村建筑。

门按开启方式，可分为平开门、弹簧门、推拉门、折叠门、转门和卷帘门等形式(图7-17)。

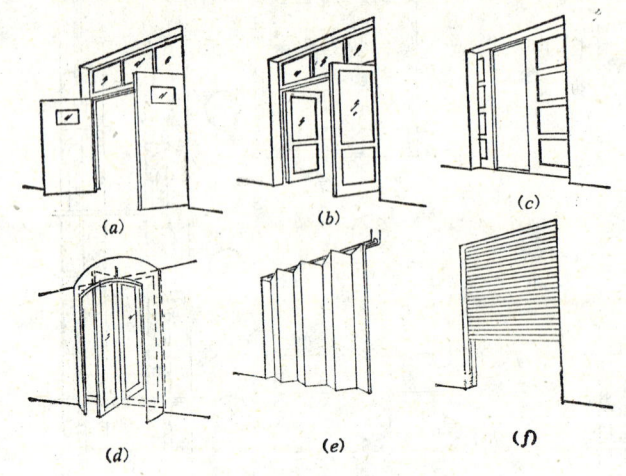

图 7-17　门的开启方式

（一）平开门

平开门是最常用的开启方式，其铰链安装在侧边，这种门构造简单、开启灵活、安装维修均方便。平开门有内开和外开，用作安全疏散的门一般应外开。在寒冷地区，为满足保温要求，可设内外开的双层门。

（二）弹簧门

弹簧门是平开门的特殊形式，侧边用弹簧铰链或地面用地弹簧转动，用于出入频繁，又要求无人时要关闭的门，弹簧门有单向弹簧门和双向弹簧门，一般多用双向弹簧门。弹簧门的缝隙比较大，门的构造和安装比较复杂。

（三）推拉门

推拉门是在上下轨道上滑行，门扇可暗藏在墙内或贴在墙面外，占用面积较少，门扇受力较好。推拉门的构造较为复杂，在民用建筑中主要用于两个空间需要扩大联系的门，在我国的朝鲜族居住地区由于民族习惯，也常采用推拉门，其它地区一般很少采用。此外，推拉门还可用于生产性建筑的大门。

（四）折叠门

折叠门是将多扇门扇用铰链联系起来，将边侧的门扇用铰链固定在墙上形成平开式折叠门，或在门洞的上下设轨道，在各门扇上下设滑轮或滚轴形成推拉式折叠门。这种门主要优点是开启后门扇占用面积较小，可用于营业厅的门或两个空间要求更为扩大联系的门，以及生产性建筑的大门。但这种门构造较复杂。

（五）转门

转门是将三或四扇门连成风车形，在两个固定弧形门套内旋转的门。对防止内外空气的对流有一定的作用，可用于人流出入频繁有空气调节的房间的外门和寒冷地区公共建筑的外门。一般在转门的两旁另设平开或弹簧门，以作为不需空气调节的季节或大量人流疏散用。转门构造复杂，造价较高，村镇房屋建筑一般尽量不用。

（六）卷帘门

卷帘门是用铝合金或钢板冲压成帘板，帘板之间互相套挂在一起，开启时由门上部的转轴将帘板卷起，这种门的高度不受限制，卷帘门有手动和电动两种。卷帘门制作复杂，造价较高，适用于非频繁开启的高大门洞。如大中型商业建筑及生产性建筑的大门。

此外，还有上翻门、升降门等，主要适用于生产性建筑和车库的外门。

第四节　平开木门的构造

平开木门是村镇房屋建筑中使用最多的一种形式。村镇中的民用建筑或生产性建筑均可采用。但生产性建筑的大门尺寸一般较大，故构造做法与民用房屋的大门有较大差别，本节仅讲述民用房屋平开木门的构造。

一、平开木门的组成与尺寸

一般平开木门是由门框、门扇、亮窗和五金配件等组成（图7-18）。门扇通常有镶板门、夹板门、拼板门、玻璃门、百页门和纱门等（图7-19）。当门的高度大于2100mm时，门扇的上方一般应设亮窗，主要为辅助采光和通风用，亮窗有平开、上悬、中悬和下悬等形式，与窗的构造基本相同。五金配件是固定门扇的配件，常根据需要来选用。

为保护墙角或满足装修要求，门框与墙的连接处，常根据门的位置特点加设贴脸或筒子板等辅助构件。

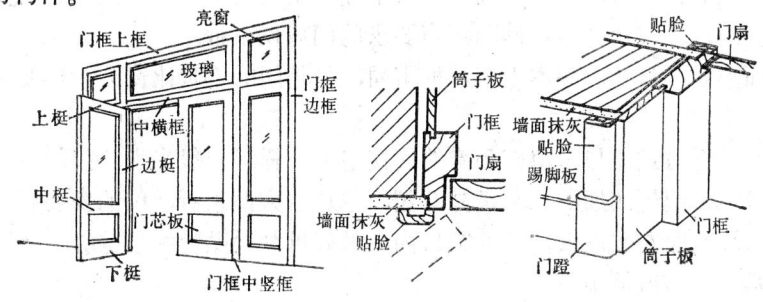

图 7-18　木门的构造组成

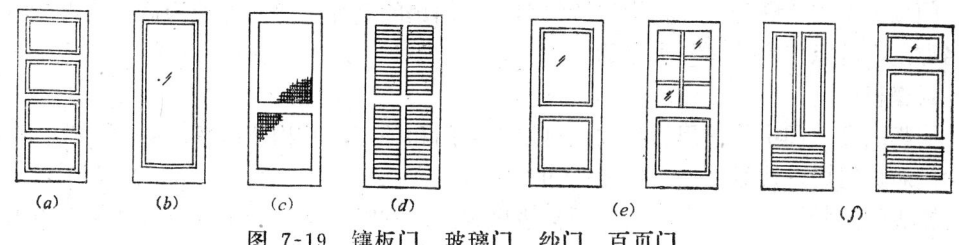

图 7-19　镶板门、玻璃门、纱门、百页门

门的高度和宽度与人体的尺度有关，应满足人的通行、携物、搬运家具器械的要求，同时还要符合模数尺寸的要求。

确定门的宽度时，通常要考虑通行人流的股数，通行人数少，使用不频繁的门可以按一股人流考虑；通行人流多，使用频繁的门应按两股以上人流考虑；通行人流很多时应按防火规范计算确定。

在一般房屋中，单扇门仅考虑一股人流携物通行，每股人流宽550mm，故一般为800～900mm，辅助房间的门可以为700～800mm。若需要通过两股或三股人流，即门的宽度需要1200～1800mm时，不能采用单扇门，这是因为门扇宽度过大后，其重量增加，不仅开关不便，也影响坚固耐久，这种宽度的门应采用双扇门（生产性建筑中由于可采用加大用料尺寸，加设斜撑及三角铁等办法，故门扇尺寸可做得较大）。如果门的宽度需要更大时，则可将几扇门并列在一起，做成四扇门。

门的高度如按人的通常尺度考虑有2000mm就足够了，因此门扇的高度一般为2000～2100mm，净高较大的房间的门，以及公共建筑入口处的大门，可以适当提高门的高度，但应在门扇的上方设亮窗，而不是将门扇做得很高，否则门扇过高过重，要增加门框负担和增大用料断面，且使用也不便。

目前，各地均有木门的标准图集和标准门的生产供应。门的宽度一般在700～3600mm范围内，有单扇、双扇、四扇门等，多数以300mm为级差，但也有少数门例外（如700、800、1000mm等）。门的高度一般在2100～3000mm之间，基本上以300mm为级差，仅在住宅建筑中，因层高的模数关系，使用的少数门有用100mm为级差的（如2500mm高的门等）。

二、平开木门的构造

（一）门框

门框又称为门樘，门框一般由边框、上框等组成。设有亮窗的门，在门框的中部应加设中横框，当为四扇大门时，其中部应设二根中竖框用以固定两侧的门扇。木门一般不设下框，有保温、防风、防水、防风砂和隔声要求的门应设下框。

门框的断面形状和尺寸，基本上与窗框雷同，只是门的重量比窗大，必要时尺寸可适当加大。

门框与墙的结合方式，与木窗框和墙的连接基本一样。一般来说，门的悬吊重力和碰撞力比窗大，因此，门框四周的抹灰极易开裂，单从这方面来看，门的安装宜采用立口的方式，并应确保抹灰时灰浆嵌入门框的铲口内，最好再加设贴脸木条盖缝（踢脚板处加门蹬盖缝）。标准高的可做筒子板。

（二）门扇

门扇可采用不同的材料和构造做法形成，门扇的名称反映了它的构造。通常所称的门的名称，都是以门扇的名称决定的。

1.镶板门

镶板门是木门中较常用的形式，可用作内门和外门，其构造简单，坚固耐久。它由骨架和门芯板组成。镶板门形式见图7-19（a）。

镶板门的骨架是由上、下梃和两根边梃组成，有时中间还设有一条或几条横中梃。门扇边梃和上、中、下梃同厚，一般净厚度为40～50mm，上梃、中梃及边梃宽度一致，一般净宽度为75～120mm，下梃考虑常被踢撞，所以习惯上常比边梃和其它梃加宽50～120mm，下梃与地面之间应留5mm的空隙。

门芯板可用10～15mm厚木板拼成整块再镶入边梃框。木板间的拼缝要结合紧密，不可因日后木板干缩而露缝，可采用平缝胶结、销键拼缝、高低拼缝或企口拼缝的形式[图7-20(a)]。也可采用多层胶合板、硬质纤维板、木屑板或其它板材代替木板。门芯板与边梃和上下梃的镶嵌结合可采用暗槽、单面槽或双面压条等构造形式。采用暗槽方式时应在边梃和上下梃中刨出槽口，槽口深度一般为12mm左右[图7-20(b)]。镶板门构造见图7-21所示。

2.玻璃门、半截玻璃门

如将镶板门中的全部门芯板换成玻璃并取消中横梃，即成为全玻璃门[图7-19(b)]，这种门的玻璃应采用5或6mm厚。

　　如将门扇上半部的门芯板改为玻璃，则成为半截玻璃门。半截玻璃门可做成大玻半玻门或小玻半玻门，前者是用5mm厚的大块玻璃代替门芯板[图7-19(e)]。后者是设有纵横芯，将玻璃划分为若干个小块，因此可采用3mm厚的玻璃。玻璃与骨架的镶嵌结合可采用单面压条、双面压条或油灰封固等形式[图7-20(c)]。

　　3.纱门、百页门

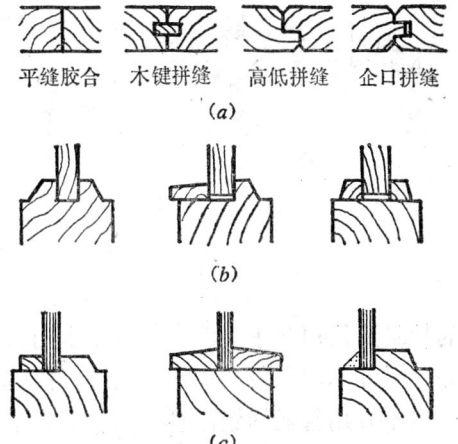

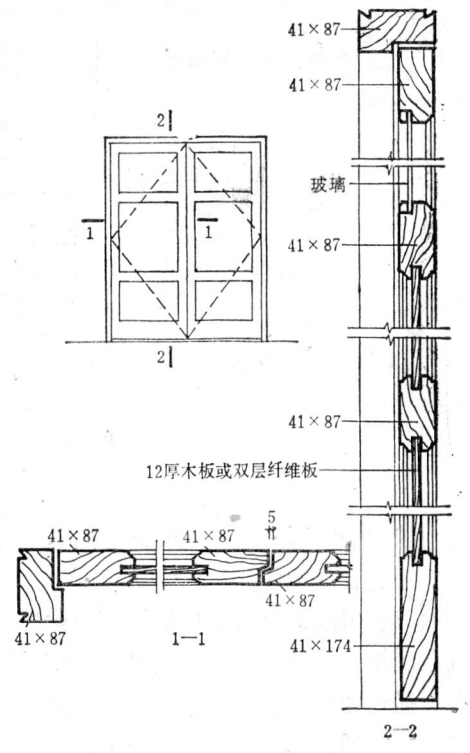

图 7-20　门芯板、玻璃的镶嵌结合构造
(a)门芯板拼缝形式；(b)门芯板的镶嵌；(c)玻璃的镶嵌

图 7-21　镶板门构造

　　如将门芯板改为窗纱，即成为纱门[图7-19(c)]，由于此门重量减轻，因此纱门骨架的断面尺寸可做得小一些，与镶板门相比，厚度可减小5~10mm，宽度可减小20~30mm。

　　如将门芯板全部改为百页条，则成为百页门，也可以仅在门的下部设百页，做成带百页的镶板门或带百页的玻璃门等[图7-19(d、f)]。

　　4.夹板门

　　夹板门是用小规格木料做成骨架，在骨架两面粘贴胶合板、纤维板等人造板材，这种门用料省、自重轻、外型简洁、保温隔声性能好，一般多用作内门。

　　夹板门的骨架，一般用32~35mm，宽34~60mm的木料制成外框、框内做成横肋条或纵横肋条。肋条的宽度同边框，但肋条的厚度较小，常为10~25mm，肋距约为200~400mm，装门锁处须另加附木[图7-22(a)]，为了不使门扇内温湿度变化产生内应力，一般在骨架间需设有通风孔贯通。通风孔设在上、下横框和中间的横肋上，孔径为8mm左右。

　　夹板门的板面一般采用胶合板、纤维板或塑料，用胶结材料粘贴在骨架上，夹板门的四周一般采用15~20mm厚木条镶边，其目的是使面板边缘不易损坏和起翘，并可较为整

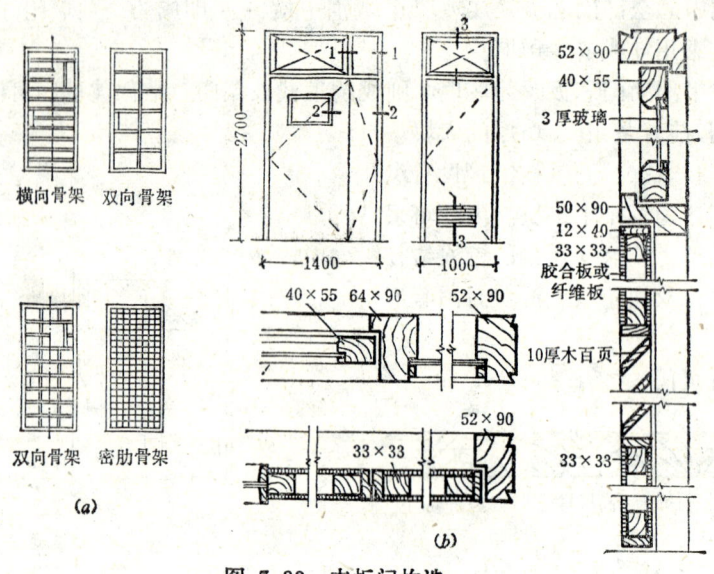

横向骨架　双向骨架

双向骨架　密肋骨架

(a)

2700

1400

1000

40×55　64×90　52×90

33×33

52×90

(b)

52×90
40×55
3厚玻璃

50×90
12×40
33×33
胶合板或
纤维板

10厚木百页

33×33

图 7-22　夹板门构造

(a)夹板门骨架形式；(b)夹板门构造示例

齐美观［图7-22（b）］。镶边后仍应留出通风孔。

（三）五金配件

木门所用的五金配件应根据门的位置、门扇的数量及使用要求来确定，常用木门所用的五金配件有铰链、插销、拉手、门锁、定门器等。平开木门一般采用普通铰链，插销分为普通插销和暗插销，美观要求较高的外大门，一般不宜用普通插销，可在门扇的上下端各设一个暗插销。公共建筑的外大门，也可选用装饰性较强的门拉手，为了使门打开时不致因风吹而晃动，可在墙上或地面上设定门器，定门器有卡式门扎头和磁性定门器等形式。目前采用磁性定门器较多。此外，近年来还有全位置定门制动器产品，可装在门扇的边角下部，用脚尖顺时针斜向踏下压帽，利用与地面摩擦固定在任意开启的位置，如用脚尖逆时针踏动压帽，压头会自动上弹复位。

第五节　钢门窗的构造

在房屋建筑中采用钢窗和钢门，是贯彻国家以钢代木的技术政策，节约木材的一项重要措施。随着农村经济的发展，村镇建筑必将得到迅速的发展，与此同时，建房用材与木材紧缺的矛盾势必日趋尖锐，因此，积极推行在农房建设中以钢门窗代木门窗已是当务之急。

一、钢门窗的类型和选用

钢门窗与木门窗相比，在坚固、耐久、防火等方面都有明显的优点，而且节约木材，透光面积大，造型美观。主要缺点是保温性能、密闭性能较差，且抗腐蚀性较差。这些缺点有待于今后材料、工艺、构造方面的改进中得到克服。目前有些地区已生产出表面喷塑处理的钢门窗，使抗腐蚀性能大大提高。

钢门窗是采用标准的钢门窗料在工厂制作生产的，目前我国采用的钢门窗有实腹式钢门窗和空腹式钢门窗两大类。

（一）实腹式钢门窗

实腹式钢门窗是采用热轧型钢制成，常用的型钢有25、32及40mm三种规格，实腹式钢门窗料的断面见图7-23。

（二）空腹式钢门窗

空腹式钢门窗的门窗料是用1.2mm厚的薄钢板，经冷轧和高频焊接，调直制成的中空料。由这种空腹门窗料制成的空腹式钢窗与实腹式相比，可减轻自重、节省钢材约40%～50%，其结构坚固，刚度较好，构造轻便，外形美观，唯抗腐蚀较差。空腹式钢门窗料我国目前有京66型和沪68型两种型号，图7-24、图7-25分别为京66型和沪68型钢门窗料的断面及尺寸。

目前各地均有钢门窗标准图集，可供选用，此外还有全国通用的钢门、钢窗图集。在有关的标准图集中，有钢门窗的立面图、宽度和高度尺寸，尺寸一般均以300mm为级差，所需窗的洞口宽度在1800mm以内，高度在2400mm以内的可直接选用，如窗洞口超过上述尺寸时，可按所需尺寸进行组合。图7-26为实腹式钢窗基本窗立面。

二、钢门窗与墙的连接

钢门窗与门窗洞口四周墙体的连接，一般是在墙上预留50mm×50mm×100mm的孔洞，把通过螺钉连接在钢门窗外框上的铁脚伸入孔洞，用1:2水泥砂浆或C15混凝土填实，铁脚每边应不小于2个，一般间距为400～500mm。若门窗顶为钢筋

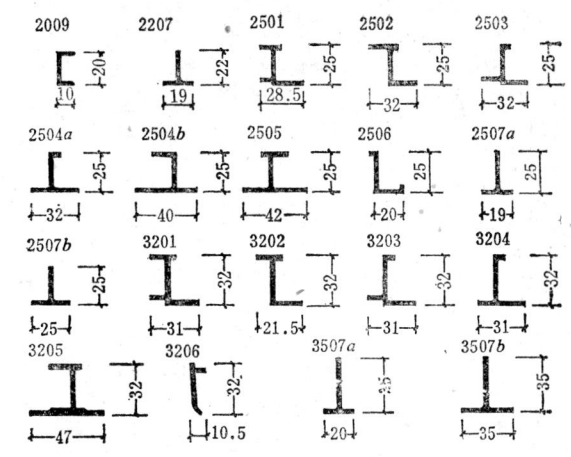

图 7-23 实腹式钢门窗料

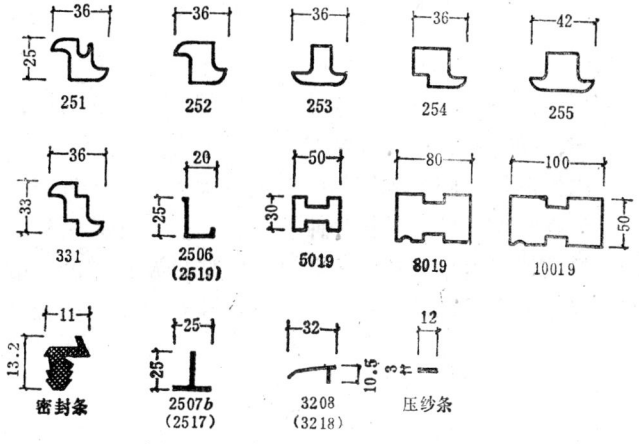

图 7-24 京66型空腹窗料

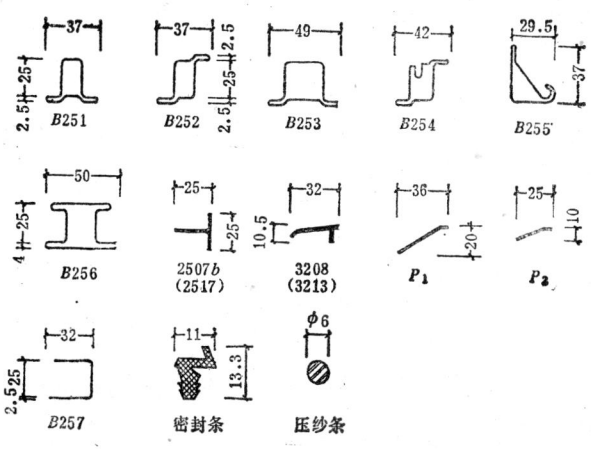

图 7-25 沪68型空腹窗料

高度 \ 宽度	单扇 600	双扇 900、1000、1200	三扇 1500、1800	四扇 1800、2100、2400
无亮窗 600、900、1200	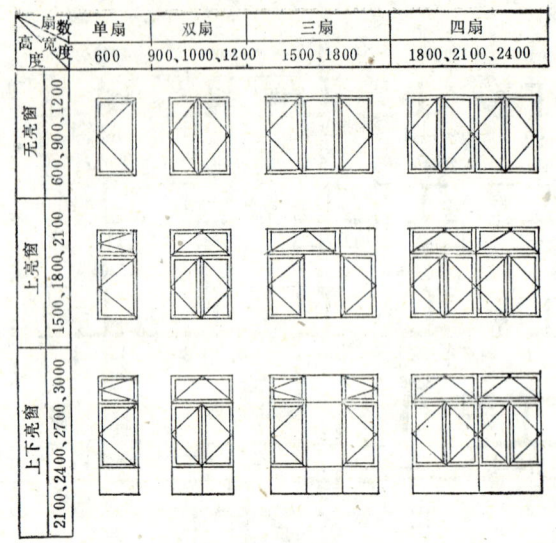			
上亮窗 1500、1800、2100				
上下亮窗 2100、2400、2700、3000				

图 7-26　实腹式钢窗基本窗（平开式）

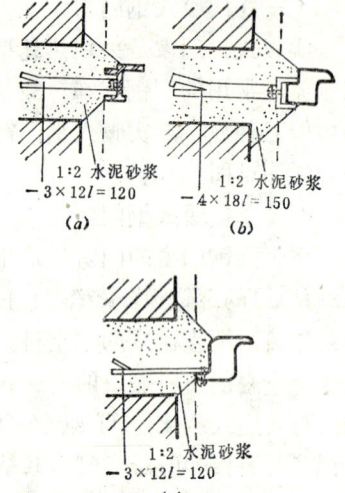

1:2 水泥砂浆 —3×12 *l*=120　(*a*)

1:2 水泥砂浆 —4×18 *l*=150　(*b*)

1:2 水泥砂浆 —3×12 *l*=120　(*c*)

图 7-27　钢门窗框安装节点

混凝土过梁时，梁上不便留洞，可在铁脚位置的梁上预埋钢板，安装时与连接在门窗框上的乛形连接件焊牢。图7-27是各种钢门窗框与墙的连接节点。

三、钢门窗的组合拼接

当钢窗尺寸较大或钢门的高度较大时，往往将若干个基本窗或将亮窗与门进行拼接组合，组合时须加设的拼接构件（横档与竖梃）是由标准图中确定的，拼接时用螺栓进行连接，缝隙处应填塞油灰（图7-28）。竖梃及横档的两端均须伸入窗洞四周墙体内，并用细石混凝土填实（图7-29），或与墙、柱和过梁上的预埋铁件焊牢。

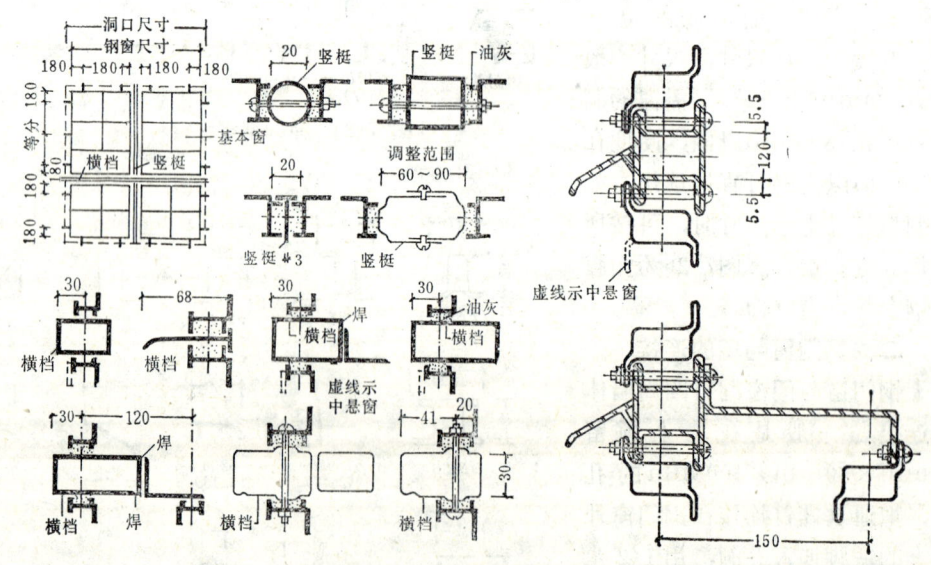

图 7-28　钢窗拼装构造

四、钢窗构造举例

（一）实腹式钢窗构造举例见图7-30。

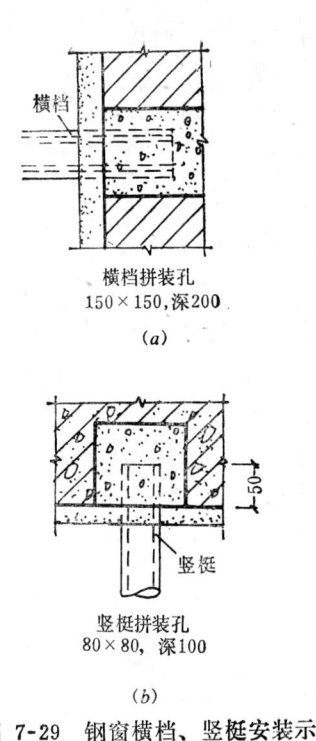

横档
横档拼装孔
150×150,深200
(a)
50
竖梃
竖梃拼装孔
80×80, 深100
(b)

图 7-29 钢窗横档、竖梃安装示例

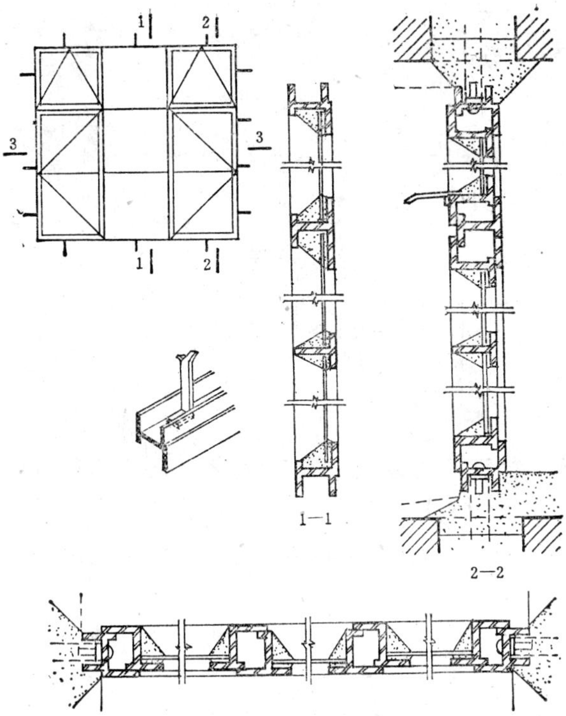

1
2
3
1—1
2—2

图 7-30 实腹式钢窗构造示例

（二）京66型空腹式钢窗构造举例见图7-31。

（三）沪68型空腹式钢窗构造举例见图7-32。

1
2
3
4
5
6
7

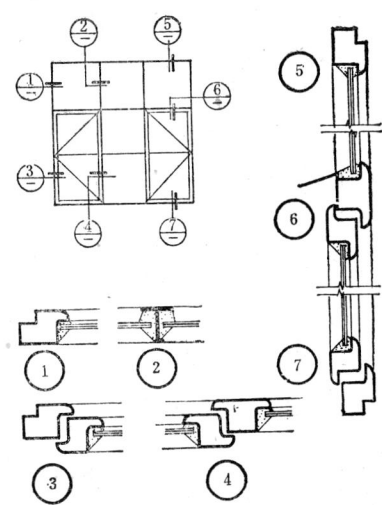

图 7-31 京66型空腹式钢窗构造示例

900～2100
900～2400
1
2
3
4
5

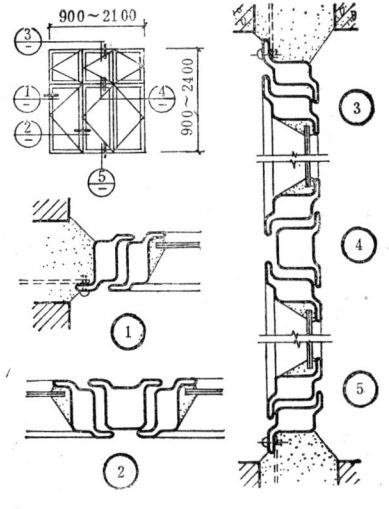

图 7-32 沪68型空腹式钢窗构造示例

（四）实腹式钢门构造举例见图7-33。

（五）京66型空腹式钢门构造举例见图7-34。

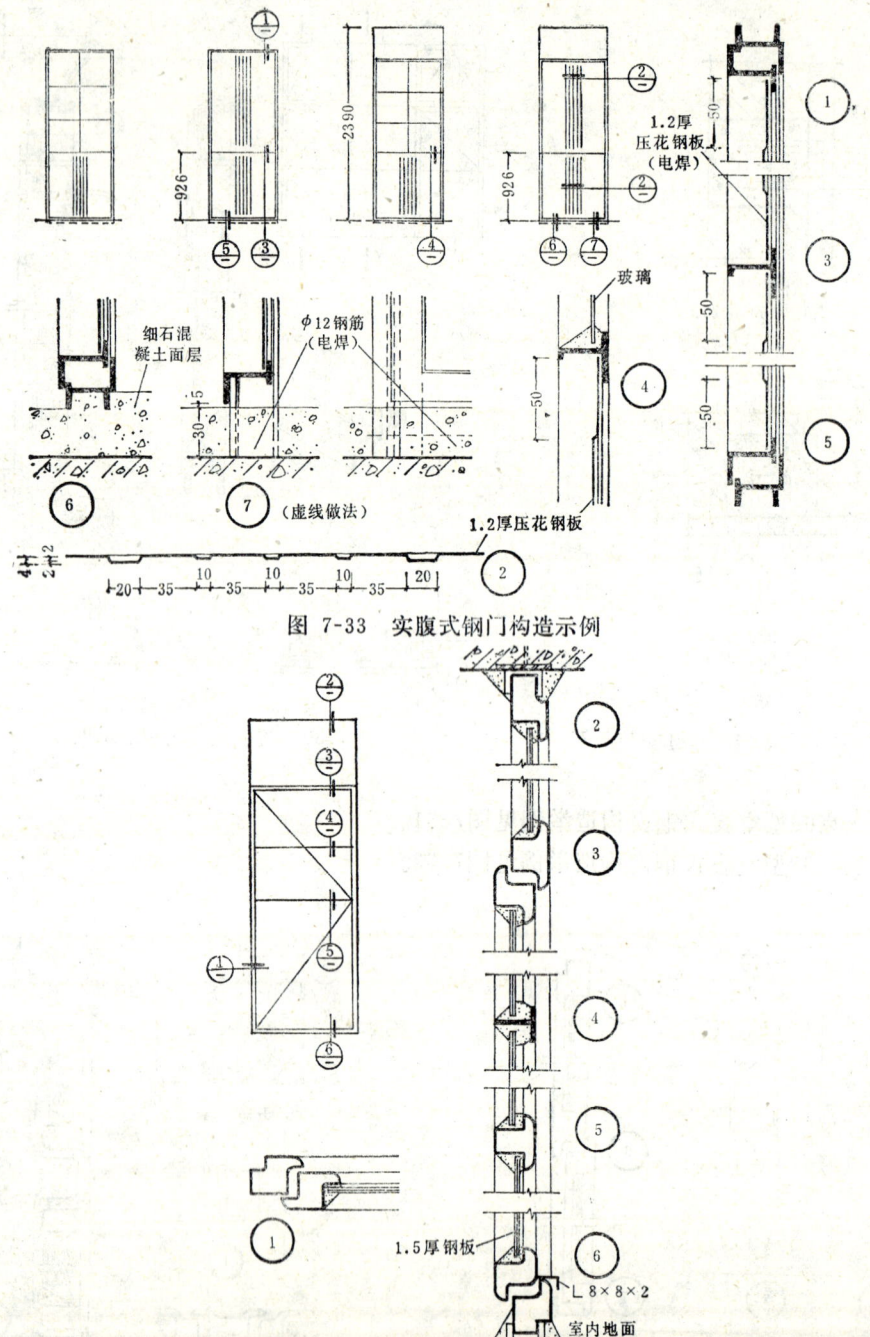

图 7-33 实腹式钢门构造示例

图 7-34 空腹式钢门构造示例

第六节 遮 阳

　　炎热地区的夏季，如阳光直射室内时，会产生眩光和使室内过热，影响正常的工作和学习，也影响某些物品的存放（如书库中的书籍、化学实验室的药品等）。因此，有些建筑须采取遮阳的措施。

遮阳措施有很多，可以利用绿化、挑檐、阳台、外廊、花格等构件，但是当客观上不具备这些条件或不能完全满足遮阳要求时，建筑物就必须设置遮阳板。

设置遮阳板应综合解决遮阳、隔热、通风和采光一系列问题，同时应做到构造简单、施工方便、经济、耐久、轻巧、美观。

一、遮阳板的类型

遮阳板按灵活性分，有固定式和活动式两类，一般多用固定式。

遮阳板从形式和遮阳效果上分，有水平式、垂直式、综合式和挡板式四种（图7-35）。

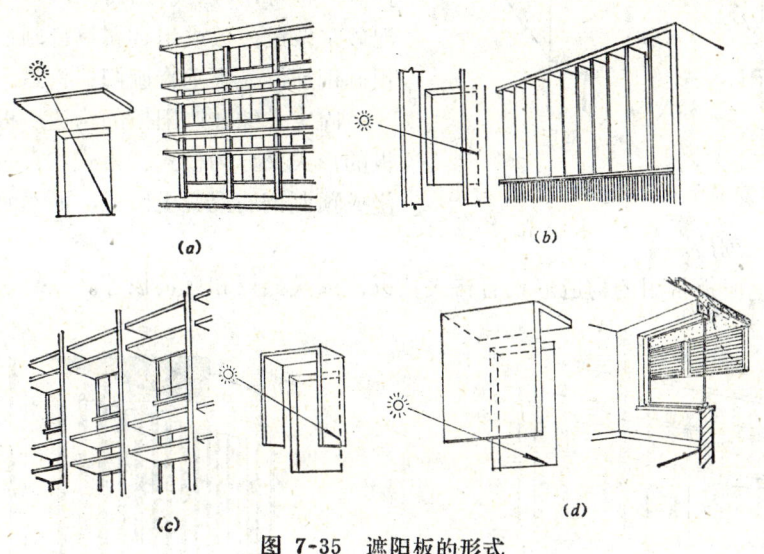

图 7-35　遮阳板的形式

（一）水平式

水平式遮阳板是利用构件的水平面阻挡由窗的上方斜射进来的阳光，它尤其适合于遮挡高度角较大的阳光，适用于南向及北回归线以南地区的北向窗口。水平式遮阳板伸出墙的长度越大时，遮阳效果越好，但对采光和通风不利。

（二）垂直式

垂直式遮阳板是靠构件的垂直面遮挡从侧面斜射而高度角较小的阳光，适用于东向和西向的窗口，结合立面处理，垂直式遮阳板也可以做成倾斜式的。

（三）综合式

综合式遮阳板是靠一部分构件的水平面及另一部分构件的垂直面阻挡太阳高度角小的由斜上方射入的阳光，适用于东南向和西南向的窗口。

（四）挡板式

挡板式遮阳板是利用构件的垂直面阻挡高度角较小的正射窗口的阳光。它适用于东和东偏南及西和西偏南方向的窗口。

二、遮阳板的构造

固定式水平遮阳板的种类有实心板、栅形板、百页板等；形式上有单层、双层及多层；有靠墙和离墙的。实心板制作简单但自重大。栅形板、百页板有利于通风，但制作复杂，采用双层及多层遮阳板可减小伸出的长度（图7-36）。采用离墙的遮阳板对通风、采光和墙面散热均有利。

水平式遮阳板多采用钢筋混凝土制作，板的支承形式有悬挑式（从过梁中挑出）、搁置式（搁置在凸出墙外的柱、壁柱、梁或墙上）以及悬挑和悬吊结合的形式（双层遮阳板的上层的板为悬挑、下层板悬吊在上层板下）。图7-37为钢筋混凝土多层水平遮阳板构造。

固定式垂直遮阳板常用钢筋混凝土现浇或预制，也可用1/2或1/4砖砌，也有用钢板网水泥砂浆做成薄板或用金属材料制造，图7-38为预制钢筋混凝土垂直遮阳板构造。

固定式综合遮阳板的构造，根据水平部分板的形式又分为板式、格式和百页式，常用现浇或预制钢筋混凝土做成，而垂直部分则可为钢筋混凝土或砌砖。

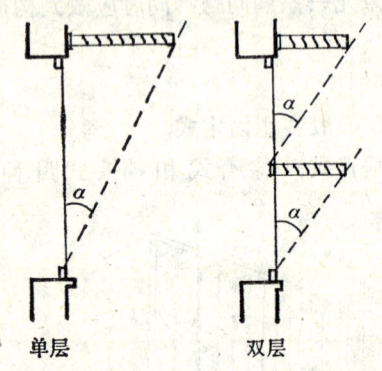

图 7-36　单、双层水平遮阳板伸出长度 对比

挡板式遮阳板常用的构造形式有格式挡板、板式挡板和百页板等。

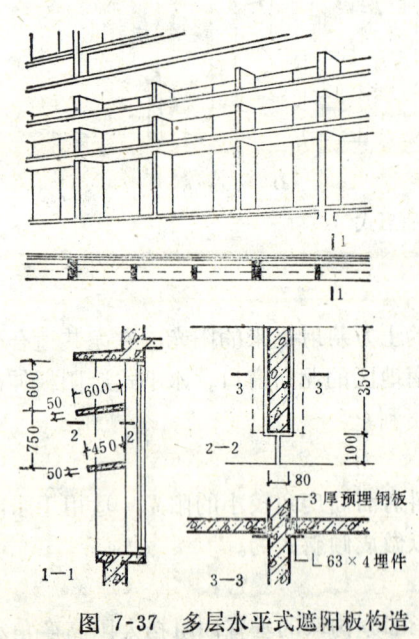

图 7-37　多层水平式遮阳板构造

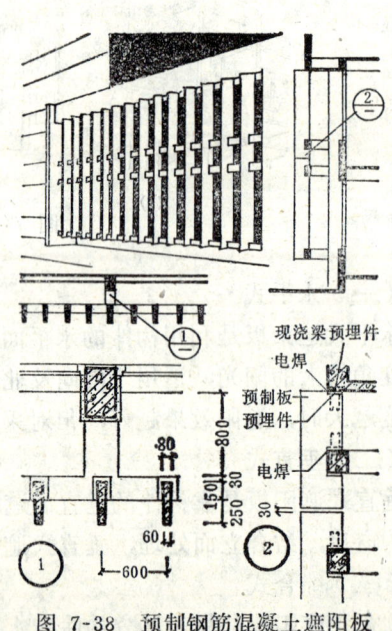

图 7-38　预制钢筋混凝土遮阳板

复 习 思 考 题

1.窗的作用有哪些？主要作用是什么？

2.窗有哪些开启方式？各有什么特点？各适用于什么房屋和位置？

3.分析水平开窗窗框和窗扇料的断面特征，为什么呈这种断面？

4.木门窗与墙体如何连接？门窗框如何防腐和防变形？

5.双层窗的构造形式有几种？各有什么优缺点？

6.门有哪些开启方式？为什么常采用平开门？

7.试比较镶板门和夹板门的优缺点？并说明各适用于什么地方？

8.识读木门窗的构造图。

9.钢门窗与木门窗对比，有哪些优点？钢门窗还有哪些不足？

10.钢门窗与墙体如何连接？如何拼接？

11.识读钢门窗的构造图。

12.遮阳的目的是什么？遮阳板有几种基本形式？各适用于什么情况？

第八章　变形缝、防震措施

为了避免建筑物因温度变化、地基变形或地震力等因素的影响而产生裂缝或破坏，常在设计时事先将建筑物划分成几个独立的部分，使各部分能自由地变形，这种在建筑物适当部位设置的竖缝称变形缝。

房屋震害的原因是复杂的，但房屋的结构布置、构件的整体性及局部构造尺寸均与震害的大小有关，因此，设计时必须从上述几方面采取防震构造措施，以减少地震时房屋遭受破坏的程度。

第一节　变形缝的类型与设置

变形缝因其功能不同可分为伸缩缝、沉降缝和防震缝三种。

一、伸缩缝

（一）伸缩缝的作用

建筑物的墙体等构件常因温度变化引起的热胀 冷缩及 材料的干 缩而出现 不规则的裂缝。为了防止出现这种裂缝，应将长度较大的建筑物用竖缝分成几段，使每一段的房屋均有自由伸缩的可能，这条竖缝即为伸缩缝，由于裂缝主要是由温度变化引起的，故伸缩缝也称温度缝或温度伸缩缝。

（二）伸缩缝的设置

伸缩缝要从基础顶面开始设置，并贯通至屋面。基础部分因埋于地下，受气温影响较小，所以不必断开，如建筑采用坡屋顶瓦屋面（包括波形瓦、槽瓦）时，因瓦屋面本身有伸缩的可能，所以，屋顶部分无须另做伸缩缝。

伸缩缝的间距与墙体的类别、屋盖和楼盖的整体性程度及屋面有无保温（隔热层）等因素有关。在采用钢筋混凝土楼、屋盖的房屋中，楼、屋盖整体性越好（如整体式或装配整体式的楼、屋盖），越没有可自由伸缩的余地，因此伸缩缝的间距就要越小。此外，无保温层的屋顶，屋顶受温差的影响大，热胀冷缩的幅度也大，因此伸缩缝的间距比有保温层时要小。表8-1为砌体房屋温度伸缩缝的最大间距限制值。

伸缩缝的宽度，一般为20～30mm。为了避免风、雨对室内的影响，在伸缩缝所穿过的墙面、楼面、屋面等相应部位，应对缝隙进行构造处理。

二、沉降缝

（一）沉降缝的作用

当房屋各部分荷载相差较大或地基土质相差较大时，就可能使 建筑 物 发生 不均匀沉降，过大的不均匀沉降必然会导致房屋墙体等构件受拉受剪，从而出现开裂破坏。为了避免出现上述现象，应在房屋的适当位置设置竖缝，把房屋划分为若干个刚度较好的单元，使各单元可以自由沉降，这种竖缝称为沉降缝。

砌 体 类 别	屋 盖 或 楼 盖 类 别		间距
各种砌体	整体式或装配整体式钢筋混凝土结构	有保温层或隔热层的屋盖、楼盖	50
		无保温层或隔热层的屋盖	40
	装配式无檩体系钢筋混凝土结构	有保温层或隔热层的屋盖、楼盖	60
		无保温层或隔热层的屋盖	50
	装配式有檩体系钢筋混凝土结构	有保温层或隔热层的屋盖	75
		无保温层或隔热层的屋盖	60
粘土砖、空心砖砌体 石砌体 硅酸盐块体和混凝土砌块砌体	粘土瓦或石棉水泥瓦屋盖		100
	木屋盖或楼盖		80
	砖石屋盖或楼盖		75

注：1.当有实践经验时，可不遵守本表的规定。
　　2.层高大于5m的混合结构单层房屋，其伸缩缝间距可按表中数值乘以1.3，但当墙体采用硅酸盐块体和混凝土砌块砌筑时，不得大于75m。
　　3.温差较大且变化频繁地区和严寒地区不采暖的房屋及构筑物墙体的伸缩缝的最大间距，应按表中数值予以适当减小。
　　4.墙体的伸缩缝应与其它结构的变形缝相重合，缝内应嵌以软质材料，在进行立面处理时，必须使缝隙能起伸缩作用。

（二）沉降缝的设置

为了满足自由沉降的要求，沉降缝必须从基础开始设置并贯通全部构件。沉降缝可以兼起伸缩缝的作用。

以下情况时应设置沉降缝：

1.房屋相邻部分高差较大（例如相差两层及两层以上）时，应在高差处设置；

2.房屋相邻部分的结构类型不同时；

3.房屋相邻部分的荷载差异较大时；

4.房屋相邻部分一侧设有地下室时；

5.房屋的长度较大或平面形状复杂时；

6.房屋相邻部分建造在地基土的压缩性有显著差异处；

7.分期建造房屋的交界处。

沉降缝的宽度比伸缩缝大，缝宽较大的原因是沉降缝处的地基应力叠加，产生的沉降量较大，为防止两侧房屋顶部产生挤压破坏，故缝宽须做得较大（图8-1）。沉降缝的宽度还随地基情况与建筑物高度而异（表8-2）。

在沉降缝所贯穿的墙体、地面、楼面和屋面处，应对缝隙进行构造处理。

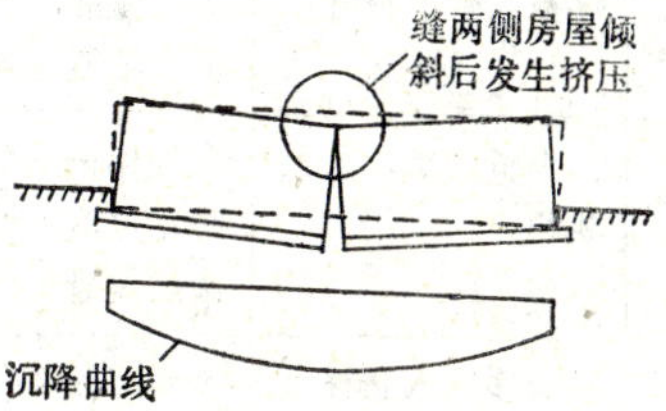

三、防震缝

（一）防震缝的作用

建造在地震区的房屋，当发生强烈地震时会遭到不同程度的破坏，地震作用破坏的大小，取决于地震烈度。我国地震烈度共分为十二度，不同烈度对房屋造成的震害程度见表8-3。某一地区的基本烈度是指该地区今后一定时期内，在一般场地条件下可能遭遇的最

图 8-1　沉降缝的挤压破坏

大地震烈度。对房屋进行抗震设计和采取抗震构造措施称为房屋抗震设防，抗震设防所采用的烈度称为抗震设防烈度，抗震设防烈度是按国家批准权限审定作为一个地区抗震设防依据的地震烈度。

当抗震设防烈度为 8 度或 9 度时，如建筑物立面高差相差 6m 以上；或建筑物有错层且楼板高差较大；或各部分构造形式、承重结构的材料截然不同时，一般在水平方向具有不同

表 8-2

沉 降 缝 的 宽 度

地 基 情 况	建 筑 物 高 度	沉 降 缝 宽 度 (mm)
一 般 地 基	＜5 m 5～10 m 10～15 m	30 50 70
软 弱 地 基	2～3 层 4～5 层 5 层以上	50～80 80～120 ＞120
湿陷性黄土地基		＞30～70

表 8-3

中 国 地 震 烈 度 表（1980）

烈度	人 的 感 觉	一 般 房 屋		其 他 现 象	参考物理指标	
		大多数房屋震害程度	平均震害指数		水平加速度 (cm/s²)	水平速度 (cm/s)
1	无 感					
2	室内个别静止中的人感觉					
3	室内少数静止中的人感觉	门、窗轻微作响		悬挂物微动		
4	室内多数人感觉。室外少数人感觉。少数人梦中惊醒	门、窗作响		悬挂物明显摆动，器皿作响		
5	室内普遍感觉。室外多数人感觉。多数人梦中惊醒	门窗、屋顶、屋架颤动作响，灰土掉落，抹灰出现微细裂缝		不稳定器物翻倒	31(22～44)	3(2～4)
6	惊慌失措，仓惶逃出	损坏——个别砖瓦掉落、墙体微细裂缝	0～0.1	河岸和松软土上出现裂缝。饱和砂层出现喷砂冒水。地面上有的砖烟囱轻度裂缝、掉头	63(45～89)	6(5～9)
7	大多数人仓惶逃出	轻度破坏——局部破坏、开裂，但不妨碍使用	0.11～0.30	河岸出现坍方。饱和砂层常见喷砂冒水。松软土上地裂缝较多。大多数砖烟囱中等破坏	125(90～177)	13(10～18)
8	摇晃颠簸，行走困难	中等破坏——结构受损，需要修理	0.31～0.50	干硬土上亦有裂缝。大多数砖烟囱严重破坏	250 (178～353)	25(19～35)

| 烈度 | 人 的 感 觉 | 一 般 房 屋 | | 其 他 现 象 | 参考物理指标 | |
		大多数房屋震害程度	平均震害指数		水平加速度（cm/s²)	水平速度（cm/s)
9	坐立不稳。行动的人可能摔跤	严重破坏——墙体龟裂、局部倒塌，复修困难	0.51~0.70	干硬土上有许多地方出现裂缝，基岩上可能出现裂缝。滑坡，坍方常见。砖烟囱出现倒塌	500 (354~707)	50(36~71)
10	骑自行车的人会摔倒。处不稳状态的人会摔出几尺远。有抛起感	倒塌——大部倒塌，不堪修复	0.71~0.90	山崩和地震断裂出现。基岩上的拱桥破坏。大多数砖烟囱从根部破坏或倒毁	1000 (708~1414)	100 (72~141)
11		毁 灭	0.91~1.00	地震断裂延续很长。山崩常见。基岩上拱桥毁坏		
12				地面剧烈变化、山河改观		

注：
1. 1~5度以地面上人的感觉为主，6~10度以房屋震害为主，人的感觉仅供参考，11、12度以地表现象为主。11、12度的评定，需要专门研究。
2. 一般房屋包括用木构架和土、石、砖墙构造的旧式房屋和单层或数层的、未经抗震设计的新式砖房。对于质量特别差或特别好的房屋，可根据具体情况，对表列各烈度的震害程度和震害指数予以提高或降低。
3. 震害指数以房屋"完好"为0，"毁灭"为1，中间按表列震害程度分级。平均震害指数指所有房屋的震害指数的总平均值而言，可以用普查或抽查方法确定之。
4. 使用本表时可根据地区具体情况，作出临时的补充规定。
5. 在农村可以自然村为单位，在城镇可以分区进行烈度的评定，但面积以1km²左右为宜。
6. 烟囱指工业或取暖用的锅炉房烟囱。
7. 表中数量词的说明：个别：10%以下；少数：10%~50%；多数：50%~70%；大多数：70%~90%；普遍：90%以上。

的刚度，这些建筑在地震作用的影响下将具有不同的振幅和振动周期，假如建筑物的各部分互相连接在一起，则地震时在接合处可能发生裂缝、断裂等现象，为防止这种破坏的发生，在这些部分的接合处，应预先设置竖缝，将建筑物划分为若干个体型简单、结构刚度均匀的独立单元，这种竖缝称为防震缝。

（二）防震缝的设置

防震缝应沿房屋全高设置，缝的两侧应布置墙，防震缝处的基础一般不断开，当防震缝兼与沉降缝结合时，基础应断开。防震缝的宽度也较伸缩缝大，其宽度依房屋高度和设计烈度不同而异，在多层砖混结构中，取50~100mm。防震缝处的墙面、楼面、屋面也应作构造处理。

抗震设防房屋的伸缩缝和沉降缝应符合防震缝要求。

第二节 变 形 缝 的 构 造

设置变形缝，必然要涉及到房屋的墙体、地面、楼板及屋盖等构件，对于变形缝在这些构件中所形成的缝隙，应根据变形缝的性质、位置、缝隙大小，进行相应的构造处理。如果所涉变形缝为沉降缝时，还须对基础进行结构处理（第二章已讲述，现不再重复）。

一、变形缝构造处理的原则

在进行变形缝的构造处理时应满足以下几点：

（一）应满足使用要求，尽量减少设缝后对使用的影响；

（二）应满足缝隙两侧房屋自由变形的要求；

（三）应满足美观和耐久性的要求；

（四）应使构造简单、施工方便。

二、墙身变形缝构造处理

（一）墙身伸缩缝

墙身伸缩缝做法分外墙伸缩缝和内墙伸缩缝两种。

1.外墙伸缩缝

当外墙厚度大于或等于240mm时，宜做成错口或企口缝的形式，厚度为240mm时，也可以做成平缝的形式，为防止风雨吹入，并保证缝两侧的墙在水平方向能自由伸缩，缝内可填塞耐腐蚀性好的塑性材料（如浸沥青麻丝），当外墙面为混水墙时，常用镀锌铁皮或铝皮调节片盖缝（图8-2）。

2.内墙伸缩缝

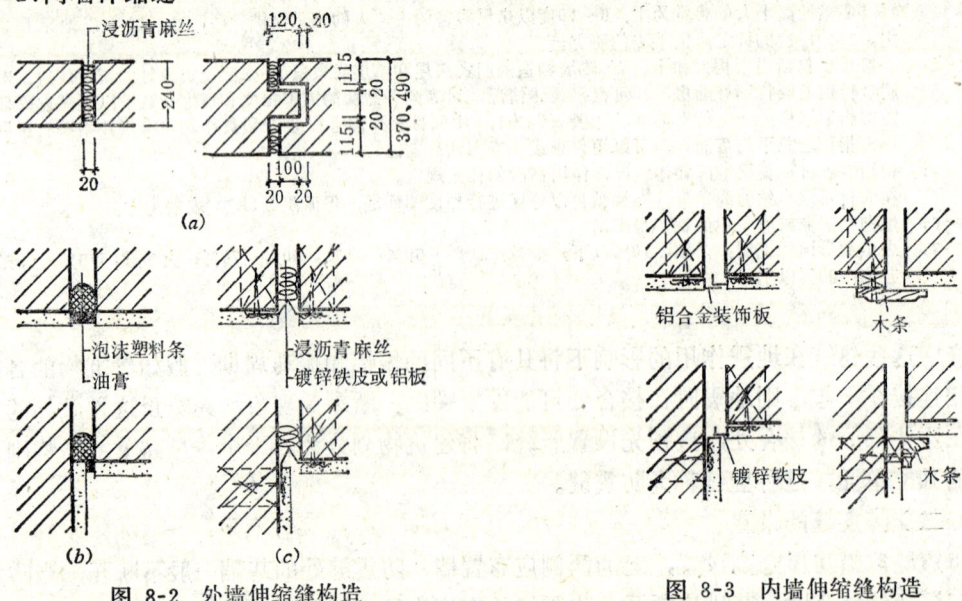

图 8-2　外墙伸缩缝构造　　　　　图 8-3　内墙伸缩缝构造

内墙上的伸缩缝，着重于表面处理，常采用木或金属盖缝条，一边固定在墙上，随墙自由伸缩，见图8-3。

（二）墙身沉降缝

墙身沉降缝构造与伸缩缝基本相似，不同点是沉降缝的墙均应做成平缝的形式，缝内不填塑性材料，更不可填刚性材料，以防止"挤压"。沉降缝中调节片的做法必须保证两个单元在垂直方向能自由沉降。墙身沉降缝也分为外墙部位做法和内墙部位做法。

1.外墙沉降缝构造

外墙沉降缝一般采用一副钩套在一起的金属调节片盖缝（图8-4）。

2.内墙沉降缝构造

内墙沉降缝缝隙两边均固定以木盖缝条，盖缝条搭接在一起，既能掩盖缝隙，又能保证上下的自由沉降，见图8-5。

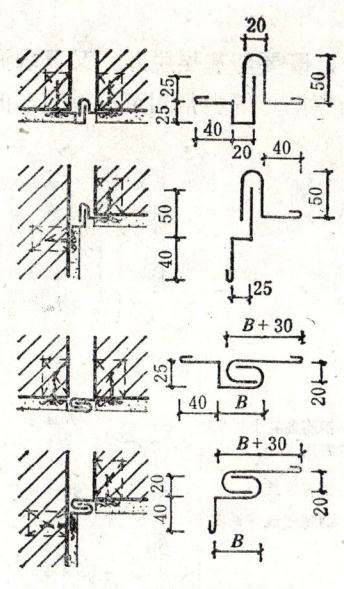

图 8-4 外墙沉降缝构造

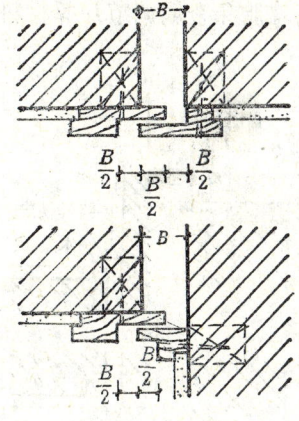

图 8-5 内墙沉降缝构造

（三）墙身防震缝

墙身防震缝的构造与伸缩缝、沉降缝有相似之处，由于防震缝较宽，地震时要受到地震作用，因此墙应做成平缝形式，缝内不填任何材料，墙身防震缝外墙部位与内墙部位构造也有区别。

1．外墙防震缝构造

外墙防震缝一般用厚度为2mm的铝板作调节片盖缝，详见图8-6(*a*)。

2．内墙防震缝构造

内墙防震缝仍采用木盖缝板，为防止震动时受冲击损坏，内侧应垫以泡沫塑料作缓冲。详见图8-6(*b*)。

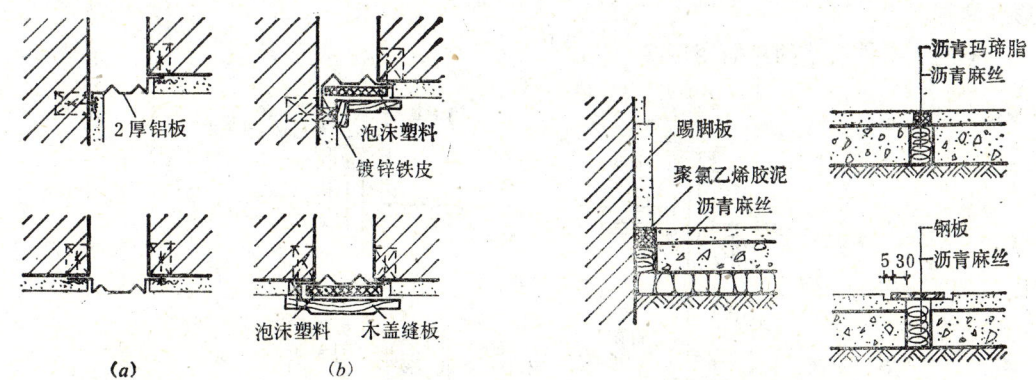

图 8-6 墙身防震缝构造　　　　图 8-7 地面变形缝构造

三、地面变形缝

地面各种变形缝的做法均相同，只是宽度大小有区别，变形缝处的混凝土垫层应断开，内填可压缩变形材料如沥青麻丝等。面层应视缝宽大小和使用要求，采用聚氯乙烯胶泥嵌缝或铺盖各类盖缝板，盖缝板有金属板、预制水磨石板、塑料板等，详见图8-7。

四、楼面变形缝

楼面各种变形缝做法相同，仅宽度有差异。在构造上，既要与基层脱开，又要求面层和顶棚均加盖缝板，盖缝板以允许构件之间能自由变形为原则。缝内常用可压缩变形的沥青麻丝、玛琋脂和金属调节片等材料作封缝处理，详见图8-8。

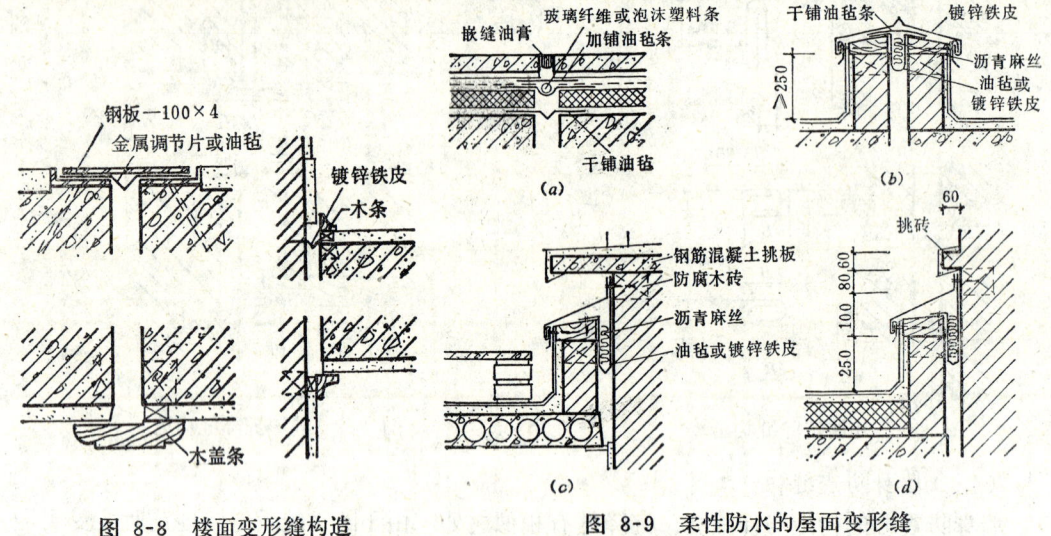

图 8-8　楼面变形缝构造

图 8-9　柔性防水的屋面变形缝

(a)上人保温屋面伸缩缝；(b)不上人非保温屋面变形缝；
(c)非保温屋面进出口处变形缝；(d)不等高保温屋面变形缝

五、屋面变形缝

屋面各种变形缝构造相同，也仅是宽度有差别。屋面变形缝的构造主要应解决防水和变形两个问题，防水处理与屋面泛水构造相似，不同的是在上口处须再加一盖板（如钢筋混凝土或镀锌铁皮盖板），并用沥青麻丝、金属或油毡调节片等材料封缝，顶棚需设盖缝板的则与楼面变形缝做法相同。屋面变形缝分柔性防水的屋面变形缝和刚性防水的屋面变形缝两种。

（一）柔性防水的屋面变形缝

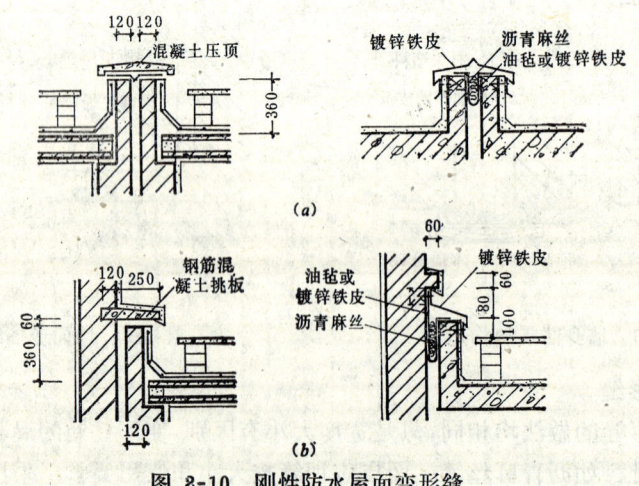

图 8-10　刚性防水屋面变形缝

(a)变形缝两侧屋面等高；(b)变形缝两侧屋面不等高

柔性防水屋面在屋面高低交接和平缝交接的变形缝处，一侧或两侧砌半砖厚的矮墙，然后采用相应的泛水、封缝和盖缝做法，见图8-9。

（二）刚性防水的屋面变形缝

刚性防水屋面在屋面高低交接和平缝交接的变形缝处，应利用现浇板或细石混凝土防水层形成的翻口作泛水，再作相应的封缝和盖缝处理，刚性防水的屋面变形缝具体构造各地做法不一，参见图8-10。

第三节 防 震 构 造 措 施

一、房屋震害特点

为防止和减轻地震对建筑物的破坏，房屋抗震设计除必须进行抗震计算外，更重要的是要做好抗震的结构布置和采用合理的构造措施。房屋震害的原因和表现形态是复杂的，但从历年积累的大量震害资料中可以归纳如下一些特点：

1.房屋体型复杂、平面交错、有突出部位的震害较重；体型简单、平面规整的震害较轻。

2.横墙承重的震害较轻，纵墙承重的震害较重。

3.房屋两端比中部震害重；转角处和伸出端比其余部分震害重。

4.房屋横向刚度弱时，上层震害重；横向刚度强，各层结构一致时，下层震害重；横向刚度强，各层结构不一致时，哪层弱哪层震害重。

5.屋盖重时房屋震害重；屋盖轻时震害较轻。

6.楼盖为预制板时震害较重；楼盖为现浇板时震害较轻。

7.设置圈梁，且布置得当时，震害较轻；不设置圈梁，或虽设置而布置不当时，震害较重。

二、房屋的主要抗震措施

根据多层砌体房屋，土、木、石房屋的震害特点，这类房屋的主要抗震措施包括以下几方面：

1.房屋体型和立面处理应力求简单，避免立面上的突然变化。

地震区房屋的体型应力求简单，各部分重量和刚度应力求均匀；立面应避免高低错落、局部突出，尽可能不做女儿墙、大挑檐、高烟囱，避免头重脚轻，尽量使重心下降，并限制房屋的总高度、层高以及高宽比。多层砌体房屋、多层石房屋的总高度和层高限值详见表8-4及表8-5。多层砌体房屋的总高度与总宽度的最大比值见表8-6。

2.房屋平面规整，避免不规则形状

房屋平面应力求规整，尽量避免凹进凸出的墙体。如因使用和立面要求，必须将平面设计得较为复杂时，可用防震缝分割成若干个独立单元，按防震缝设置原则划分，使每个单元体型简单，平面规整，结构相同。

3.纵横墙布置均匀对称，各自对齐拉通

墙体的布置对房屋的刚度和整体性影响很大。墙承重的房屋应优先采用横墙承重的结构体系，纵横墙的布置宜均匀对称，沿平面内宜对齐，沿竖向应上下连续；同一轴线上的窗间墙宜均匀，并应保证房屋的局部尺寸不超过表8-7的限值。能承担地震力的横墙叫抗震横墙，其厚度不应小于240mm，抗震横墙除应进行抗震验算外，还应限制其间距。多层砌体房屋和多层石房屋的抗震横墙最大间距见表8-8和表8-9。生土房屋每开间均应有横墙。

砌体房屋总高度(m)和层数限值   表 8-4

砌体类别	最小墙厚 (m)	烈						度	
		6		7		8		9	
		高度	层 数	高度	层 数	高度	层 数	高度	层数
粘 土 砖	0.24	24	八	21	七	18	六	12	四
混凝土小砌块	0.19	21	七	18	六	15	五		
混凝土中砌块	0.20	18	六	15	五	9	三	不宜采用	
粉煤灰中砌块	0.24	18	六	15	五	9	三		

注：房屋的总高度指室外地面到檐口的高度，半地下室可从地下室室内地面算起，全地下室可从室外地面算起。

多层石房总高度(m)和层数限值   表 8-5

墙 体 类 别	烈				度	
	6		7		8	
	高 度	层 数	高 度	层 数	高 度	层 数
细、半细料石砌体(无垫片)	16	五	13	四	10	三
粗料石及毛料石砌体(有垫片)	13	四	10	三	7	二

注：房屋的总高度的计算同表8-4注。

房屋最大高宽比   表 8-6

烈　度	6	7	8	9
最大高宽比	2.5	2.5	2.0	1.5

房屋的局部尺寸限值(m)   表 8-7

部　位	烈		度	
	6	7	8	9
承重窗间墙最小宽度	1.0	1.0	1.2	1.5
承重外墙尽端至门窗洞边的最小距离	1.0	1.0	1.5	2.0
非承重外墙尽端至门窗洞边的最小距离	1.0	1.0	1.0	1.0
内墙阳角至门窗洞边的最小距离	1.0	1.0	1.5	2.0
无锚固女儿墙(非出入口处)的最大高度	0.5	0.5	0.5	0.0

4.确保墙体的设计强度和连接构造

地震区的房屋，主要结构材料（如砖、砂浆、混凝土、钢筋等）应满足规范的规定，

楼、房盖类别	粘土砖房屋				中砌块房屋			小砌块房屋		
	6度	7度	8度	9度	6度	7度	8度	6度	7度	8度
现浇和装配整体式钢筋混凝土	18	18	15	11	13	13	10	15	15	11
装配式钢筋混凝土	15	15	11	7	10	10	7	11	11	7
木	11	11	7	4	不宜采用					

多层石房的抗震横墙间距(m)　　　　　表 8-9

楼、屋盖类型	烈		度
	6	7	8
现浇及装配整体式钢筋混凝土	10	10	7
装配式钢筋混凝土	7	7	4

如粘土砖的强度等级不宜低于MU7.5，砖砌体的砂浆不宜低于M2.5，砖烟囱的砂浆强度等级不宜低于M5。还应保证施工质量符合规范要求。

在多层粘土砖房中，应加强房屋外墙转角及内外墙交接处的连接，应沿高度每隔500mm设2φ6钢筋，每边伸入墙体1m(图8-11)。生土建筑外墙四角和内外墙交接处，宜沿墙高每隔300mm左右放一层竹筋、木条、荆条等拉结材料。

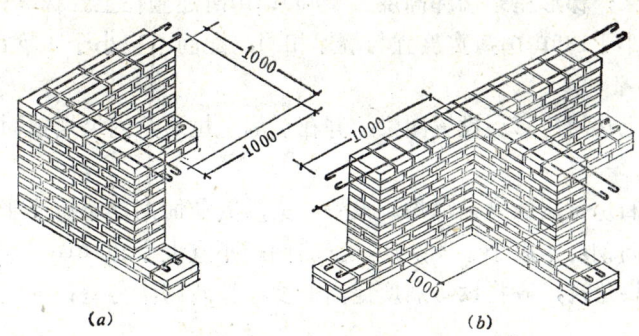

图 8-11　墙体间的连接

(a)外墙转角处；　(b)内外墙交接处

5.保证结构的整体性，重视圈梁和构造柱的布置

保证结构整体性的重要措施，是在砌体房屋和土、石房屋中设置钢筋混凝土圈梁。对于地震区的房屋，必须重视圈梁的布置，各类房屋应按规范的相应要求设置圈梁，多层粘土砖房，如采用装配式钢筋混凝土楼、屋盖或木楼屋盖时，横墙承重时应按表8-10的要求设置圈梁，纵横墙承重时每层均应设置圈梁，且抗震横墙上的圈梁间距应比表内要求适当加密。

现浇或装配整体式钢筋混凝土楼、屋盖与墙体可靠连接的房屋可不另设圈梁，但楼板应与相应构造柱用钢筋可靠连接。

设防烈度为6~8度的砖拱楼、屋盖房屋，各层所有墙体均应设置圈梁。

墙 类	烈	度	
	6、7	8	9
外墙及内纵墙	屋盖处及隔层楼盖处	屋盖处及每层楼盖处	屋盖处及每层楼盖处
内横墙	同上；屋盖处间距不应大于7m；楼盖处间距不应大于15m；构造柱对应部位	同上；屋盖处沿所有横墙，且间距不应大于7m；楼盖处间距不应大于7m；构造柱对应部位	同上；各层所有横墙

地震区圈梁的最小截面尺寸要求与非地震区相同，圈梁配筋要求依设防烈度不同而异，见表8-11。

配 筋	烈	度	
	6、7	8	9
最小纵筋	4ϕ8	4ϕ10	4ϕ12
最大箍筋间距(mm)	250	200	150

地震区的单层空旷房屋，应在柱（墙）顶标高处设置现浇圈梁，并宜沿墙高每隔3m左右增设一道圈梁；梯形屋架端部高度大于900mm时还应在上弦标高处增设一道圈梁，其截面高度不宜小于180mm，宽度宜与墙厚相同，配筋不应小于4ϕ12，箍筋间距不宜大于200mm。

地震区的灰土房屋应每层设置圈梁，并在横墙上拉通，内纵墙顶面宜在山尖墙两侧增砌踏步式墙垛。

地震区多层石房每层的纵横墙均应设置圈梁，其截面高度不应小于120mm，宽度宜与墙厚相同，纵向钢筋不应小于4ϕ10，箍筋间距不宜大于200mm。

地震区的砌块建筑，应将设防烈度提高一度，按砖砌体房屋在地震区设置圈梁的相应规定设置圈梁。

设置钢筋混凝土构造柱，是唐山地震后总结的经验。唐山地震实践表明，构造柱可以加强房屋抗震垂直地震力的能力；可以加强纵横墙的连接；可以加强墙体的抗剪、抗弯能力和延性；并可以约束墙面裂缝的开展，因而改善了房屋的抗震性能。

在设防烈度为6～9度的多层粘土砖房中，应按表8-12的规定设置构造柱。但外廊式和单面走廊式的多层砖房，应根据房屋增加一层后的层数按表8-12设置构造柱，且单面走廊两侧的纵墙均应按外墙处理。教学楼、医院等横墙较少的房屋，应根据房屋增加一层后的层数，按上述要求设置构造柱。

多层石房应在外墙四角和楼梯间四角设置钢筋混凝土构造柱，并且在6度时的隔开间或8度时每开间的内外墙交接处设置构造柱。

构造柱的最小截面为240mm×180mm，常采用240mm×240mm，纵向钢筋宜采用4ϕ10，箍筋的间距不宜大于250mm且在柱上下端宜适当加密；设防烈度7度时超过六

房屋层数				各种层数和烈度均设置的部位	随层数或烈度变化而增设的部位
6　度	7　度	8　度	9　度		
四、五	三、四	二、三		外墙四角，错层部位横墙与外纵墙交接处，较大洞口两侧，大房间内外墙交接处	7~9度时，楼、电梯间的横墙与外墙交接处
六~八	五、六	四	二		隔开间横墙（轴线）与外墙交接处，山墙与内纵墙交接处 7~9度时，楼、电梯间横墙与外墙交接处
	七	五、六	三、四		内墙（轴线）与外墙交接处，内墙局部较小墙垛处 7~9度时，楼、电梯间横墙与外墙交接处 9度时内纵墙与横墙（轴线）交接处

层、8度时超过五层和9度时，构造柱纵向钢筋宜采用4φ14，箍筋间距不应大于200mm；房屋四角的构造柱可适当加大截面及配筋。

构造柱与墙连接处宜砌成马牙槎，并应沿墙每隔500mm设2φ6拉结钢筋，每边伸入墙内不宜小于1m。

构造柱应与圈梁连接，隔层设置圈梁的房屋应在无圈梁的楼层增设配筋砖带，仅在外墙四角设置构造柱时，在外墙上应伸过一个开间，其它情况时配筋砖带应在外纵墙和相应横墙上拉通，其截面高度不应小于四皮砖，砂浆强度等级不应低于M5。墙角处的钢筋混凝土构造柱举例见图8-12。

设防烈度为7度时多层粘土砖房层高超过3.6m或长度大于7.2m的大房间，及8度和9度时，如外墙转角及外墙交接处未设构造柱，应沿墙高每隔500mm配置2φ6拉结钢筋，每边伸入墙内不宜小于1m，详见图8-11。

后砌的非承重砌体隔墙沿墙高每隔500mm配置2φ6钢筋与承重墙或构造柱拉结，每边伸入墙内不应小于500mm。设防烈度8度和9度时，长度大于5.1m的后砌非承重砌体隔墙的墙顶，尚应与楼板或梁拉结。

在地震设防地区，为加强多层砌块房屋墙体竖向连接，增强房屋的整体刚度，在中小型混凝土空心砌块墙中应设置芯柱，芯柱由灌入空心砌块孔中的混凝土和竖向插筋形成

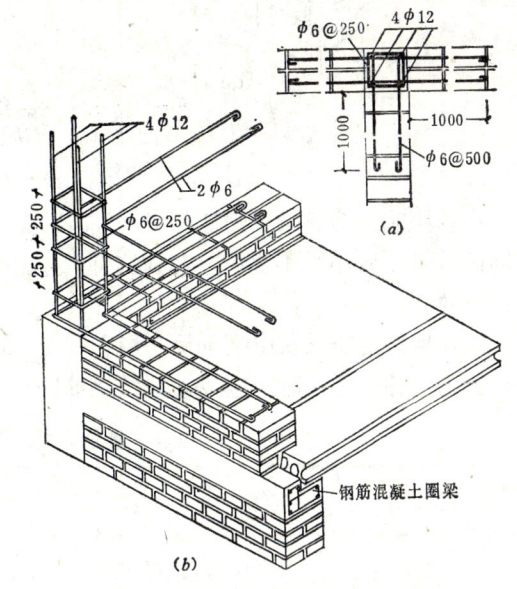

图 8-12　转角处钢筋混凝土构造柱
(a)内外墙交接处；(b)外墙转角处

（图8-13）。混凝土小型砌块房屋应按表8-13设置钢筋混凝土芯柱。（对于医院、教学楼等横墙较少的房屋，应按现有房屋层数增加一层来考虑）。

混凝土小砌块房屋芯柱设置要求　　　　　　　　　　　表 8-13

房 屋 层 数			设 置 部 位	设 置 数 量
6 度	7 度	8 度		
四、五	三、四	二、三	外墙四角，楼梯间四角，大房间内外交接处	外墙四角，填实 3 个孔；内外墙交接处填实 4 个孔
六	五	四	外墙四角，楼梯间四角，大房间内外墙交接处，山墙与内纵墙交接处，隔开间横墙（轴线）与外纵墙交接处	
七	六	五	外墙四角，楼梯间四角，大房间内外墙交接处，各内墙（轴线）与外墙交接处；8 度时，内纵墙与横墙（轴线）交接处和门洞两侧	外墙表角，填实 5 个孔；内外墙交接处，填实 4 个孔，内墙交接处，填实4~5个孔；洞口两侧，各填实1个孔

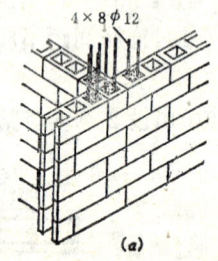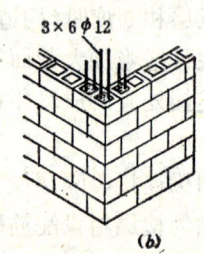

图 8-13　砌块墙中的芯柱
(a)内外墙交接处；(b)外墙转角处

小砌块芯柱的混凝土强度等级为C15，芯柱的竖向插筋应贯通墙身且与每层圈梁连接，插筋的数量不应小于 1 φ12，芯柱应伸入室外地面以下500mm，或锚入浅于500mm的基础圈梁内。

6~8度时的粉煤灰中型砌块房屋和 8 度时的混凝土小砌块房屋，在表8-14所列的部位未设置构造柱或芯柱时，应设置拉结钢筋网片。

砌块房屋拉结钢筋网片的设置部位　　　　　　　　　　表 8-14

烈　　度	设 置 部 位
6、7	外墙四角，楼梯间四角，山墙与内纵墙交接处
8	内外墙交接处，楼梯间四角

砌块房屋墙体交接处或芯柱、构造柱与墙体连接处的拉结钢筋网片，每边伸入墙内不宜小于1m，混凝土小砌块房屋可采用φ4钢筋网片，沿墙高每隔600mm设置。混凝土中砌块房屋可采用φ6钢筋网片，并隔皮设置。

6.保证楼盖、楼梯间的整体性

地震惯性力相对集中在楼板处，并通过楼板与墙体的连接传给下层墙体，因此，楼板与墙体的连接部位是力传递的必由途径。

多层粘土砖房，石房和生土房屋应尽量采用现浇钢筋混凝土楼板，现浇钢筋混凝土楼板或屋面板伸进纵、横墙内的长度，均不宜小于120mm。装配式钢筋混凝土楼板或屋面板，当圈梁未设在板的同一标高时，板端伸进外墙的长度不应小于120mm，伸进内墙的长度不宜小于100mm，且不应小于80mm，在梁上不应小于80mm。

当预制板的跨度大于4.8m并与外墙平行时，靠外墙的预制板侧面应与墙或圈梁拉结。

房屋端部大房间的楼盖、8度时房屋的屋盖和9度时房屋的楼、屋盖，当圈梁设在板底时，钢筋混凝土预制板应相互拉结，并应与墙梁或圈梁拉结。

楼、屋盖的钢筋混凝土梁或屋架，应与墙、柱（包括构造柱）或圈梁可靠连接。

坡屋顶房屋的屋架应与顶层圈梁可靠连接，檩条或屋面板应与墙及屋架可靠连接，房屋出入口处的檐口瓦应与屋面构件锚固，8度或9度时，顶层内纵墙顶宜增砌支撑端山墙的踏步式墙垛。

设防烈度为8度和9度时，多层砖房顶层楼梯间横墙和外墙宜沿墙高每隔500mm设2φ6通长钢筋，9度时其它各层楼梯间可在休息平台或楼层半高处设置60mm厚的配筋砂浆带，砂浆强度等级不宜低于M5，钢筋不宜少于2φ10。

突出屋顶的楼梯间，构造柱应伸到顶部，并与顶部圈梁连接，内外墙交接处应沿墙高每隔500mm设2φ6拉结钢筋且每边伸入墙内不应小于1m。

7.加强细部构造处理

房屋细部构造对震害的影响不可忽视。如挑阳台震害较轻，半凸阳台震害较重，在山墙端开间设置阳台和在楼梯间凸出部分的两侧设置阳台都会加重震害。还应不做或少做地震时易倒易脱的门脸、装饰物等。

复 习 思 考 题

1.建筑物设置伸缩缝的目的是什么？

2.砖石结构房屋，墙体伸缩缝最大间距和什么因素有关？

3.设置沉降缝的目的是什么？哪些情况下要求设沉降缝？沉降缝的缝宽与什么因素有关？

4.沉降缝为什么可以代替伸缩缝？

5.设置防震缝的目的是什么？缝宽如何确定？

6.识读墙身、楼、地面、屋面变形缝的节点构造。并能画出主要做法的节点构造。

7.什么叫设防烈度？地震设防区的多层砖石房屋的圈梁设置有何要求？配筋有何规定？

8.构造柱起什么作用？构造柱一般设于什么位置？构造柱的截面尺寸和配筋要求是怎样的？

9.地震区的砖石房屋为什么要限制横墙间距？

10.地震区砖石房屋为什么要限制房屋的高宽比？

第九章 建 筑 设 计 概 述

第一节 建筑设计的内容

房屋建造作为一项复杂的物质生产过程，通常有编制计划任务书、选择和勘测基地、设计、施工、以及交付使用后的回访总结等几个阶段。设计阶段是其中的关键环节，具有较强的政策性和综合性。

房屋的设计工作就是对将要建造的建筑物进行详细地计划，并完成以施工图为主要内容的全部设计文件，作为施工的依据。它通常包括建筑设计、结构设计和设备设计等部分，它们之间既有分工、又相互密切配合。建筑设计仅仅是设计工作中的一个组成部分。

建筑设计是建筑功能、工程技术和建筑艺术的综合。建筑设计人员必须根据设计的有关文件，通过调查研究，收集必要的原始数据和勘测资料，综合考虑总体规划、基地环境、功能要求、结构施工、材料设备、建筑经济、建筑艺术等多方面的问题，进行方案设计并绘制成建筑施工图纸，编写主要设计意图的说明书，同时其他工种也相应设计并绘制各类图纸，编制各工种的计算书、说明书以及概算和预算书，形成整套图纸和文件作为房屋施工的依据。

第二节 建筑设计的程序

建筑设计通常按初步设计和施工图设计两个阶段进行。对于较复杂的工程项目，必要时也有按初步设计、技术设计、施工图设计三阶段进行的。此外，在具体着手建筑设计前，还需要做好熟悉任务书、调查研究等一系列必要的准备工作。

建筑设计的整个过程是逐步深入、循序渐进的，各个设计阶段具体分述如下：

一、设计前的准备工作

（一）核实设计文件

1.主管部门的批文：主管部门有关建设任务使用要求、建筑面积、单方造价和总投资的批文，以及国家有关部、委或各省、市、地区规定的有关设计定额和指标。

2.城建部门同意设计的批文：内容包括用地范围（常用红线规定），以及有关规划、环境等城镇建设对拟建房屋的要求。

3.建设单位向设计单位委托设计手续：建设单位根据有关批文向设计单位正式办理委托设计的手续。规模较大的工程还常采用投标方式，委托中标单位进行设计。

4.工程设计任务书：由建设单位根据其使用要求，提出各房间的内容、面积大小以及其它要求等。工程设计任务书的具体内容及其面积、标准均须和主管部门的批文符合。

（二）熟悉设计任务书

在设计工作开始之前，应从以下几个方面熟悉设计任务书，以明确建设项目的设计要求。

1.建设项目总的要求和建造目的的说明；

2.建筑物的具体使用要求、建筑面积以及各类用途房间之间的面积分配；

3.建设项目的总投资和单方造价，并说明土建费用、房屋设备费用以及道路等室外设施费用情况；

4.建设基地范围、大小、周围原有建筑、道路、地段环境的描述，并附有地形测量图；

5.供电、供水和采暖、空调等设备方面的要求，并附有水源、电源接用许可文件；

6.设计期限和项目的建设进展要求。

设计人员在熟悉任务书的基础上，从合理解决使用功能、满足技术要求、节约投资等考虑，或从建设基地的具体条件出发，也可对任务书中的一些内容进行补充和修改，但须征得建设单位的同意；涉及用地、造价、使用面积的，还须经城建部门或主管部门批准。

（三）收集必要的设计原始数据

与建设项目相关的原始数据和设计资料常常作为建筑设计的边界条件而具有重要价值。

1.气象资料：所在地区的温度、湿度、日照、雨雪、风向、风速及冻土深度等情况；

2.基地地形的地质水文资料：基地地形及标高，土壤种类及承载力，地下水位及地震烈度等；

3.水电等设备管线资料：基地地下的给水、排水、电缆等管线布置以及基地上的架空线等供电线路情况；

4.设计项目的有关定额指标：国家或所在省、市、地区有关设计项目的定额指标。

（四）设计前的调查研究

在着手具体设计工作之前，应从以下几方面认真调查研究。

1.现场踏勘。对建筑基地的地形、地貌、周围环境等进行现场踏勘并核对已有资料与基地现状是否符合，如有出入应给予修正或补充；

2.调查建筑物的使用要求。通过对同类建筑的调查，了解已建同类房屋的使用情况；通过对使用单位的访问，了解建筑物的具体使用要求，并进行分析和总结；

3.调查施工状况。了解当地施工技术和起重、运输等设备条件，了解所在地区材料供应的品种、规格、价格等情况；

4.当地传统建筑经验和生活习惯：传统建筑中有许多结合当地地理、气候条件的设计布局和创作经验，根据拟建建筑物的具体情况，可以取其精华，以资借鉴。同时在建筑设计中也要考虑到当地的生活习惯以及人们喜闻乐见的建筑形象。

（五）学习方针政策：设计人员必须认真学习并贯彻有关建设方针和政策。既要满足功能要求，又要注意经济合理，正确掌握设计标准，创造优美建筑形象。

二、初步设计阶段

初步设计阶段的主要任务是在给定的基地范围内，按照设计任务书的要求，综合考虑技术经济条件和建筑艺术方面的要求，提出初步设计方案。在这个阶段中应确定建筑在基地上的位置及总平面位置，建筑各层平面的房间组合，立面、剖面设计，选定结构方案，考虑结构布置，说明设计意图，分析设计方案在技术上、经济上的合理性，并提出概算书。初步设计可按如下步骤进行：

（一）建筑总平面设计

方案设计首先可用1:500～1:2000的比例在建筑基地平面上研究建筑平面方案的大致布局，建筑与周围环境的关系，建筑出入口交通联系等。

（二）建筑物各层平面及主要剖面、立面设计

用1:100～1:200的比例，进行建筑单体的平面、剖面、立面的设计，标出房屋的主要尺寸以及部分室内家具和设备的布置。

（三）编制设计说明书

设计方案的主要意图、面积指标、平面系数和设计概算等。

（四）方案比较

在进行方案设计时，应争取多做几个方案进行比较，取长补短，选择较好的方案或将几个方案进行综合。

（五）方案审批

方案上报有关部门，审批意见送交设计单位。在方案送审的同时，应送出报告申请地质钻探。

三、技术设计阶段

技术设计的任务是在初步设计的基础上，进一步确定房屋各工种和工种之间的技术问题。在这一阶段，各工种互相提出要求，提供资料，共同研究，解决矛盾，取得各工种的协调，为各工种进行施工图设计提供依据。

四、施工图设计阶段

施工图设计阶段的主要任务是在初步设计的基础上，综合建筑、结构、设备各工种，相互交底，相互核对，深入了解材料供应、施工技术、设备等条件，把满足工程施工的各项具体要求反映在图中，做到整套图纸齐全统一、明确无误。施工图设计是建筑设计的最后阶段。

施工图包括建筑、结构、设备（水、电）等全部图纸，此外还要编制工程说明书，结构计算书和预算书。其中建筑施工图包括以下内容：

（一）建筑总平面图

表明建筑物或建筑群的位置和布局，基地范围内的绿化、道路和出入口的布置，以及其他设施的布置，使建筑物在总体上满足设计要求。

（二）建筑平面图

确定房间的大小和形状，各部分房间之间以及室内和室外的联系方式和组合关系，使建筑物在平面组合上满足要求。

（三）建筑剖面图

确定房间的高度和空间比例，高度方向空间的组合和利用，进行采光通风、垂直交通方面的设计，使建筑物在剖面形式上满足设计要求。

（四）建筑立面图

确定建筑物外部的体型组合、立面构图以及材料质感、色彩处理等等，创造良好的艺术形象，满足人们的审美要求。

（五）建筑构造详图

确定建筑物各组成构件的材料和构造方式，使建筑物在技术上和经济上满足设计要求。

第三节　建筑设计的依据

一、人体尺度和人体活动所需的空间范围

建筑空间以人的活动为主体，在建筑设计中运用人体工程学的知识，以人的生理、心理需求为依据来确定建筑空间范围，具有定量计测的科学依据。在建筑设计中各类房间的高度和面积大小、走廊、楼梯的宽度、踏步、窗台、栏杆的高度都与人体尺度和人体活动所需的空间范围直接有关。畜牧建筑还要考虑牲畜的尺度和活动空间。人体尺度和人体活动所需的空间尺度见图9-1所示。

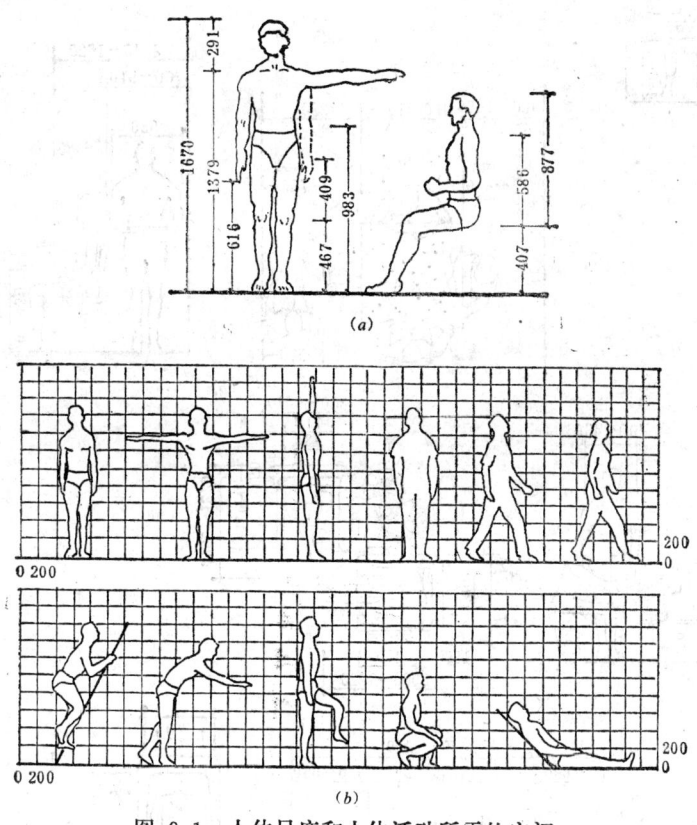

图 9-1　人体尺度和人体活动所需的空间
(a)人体尺度；(b)人体活动所需活动空间尺度

二、家具、设备的尺寸和使用它们的必要空间

家具、设备的尺寸以及它们在室内的布置和人们使用这些家具、设备的活动空间，是考虑房间内部设计的重要依据。村镇建筑设计还应注意随着农村人民生活水平提高所带来的家具、设备更新换代将对建筑设计造成的影响。例如，有条件的村镇在住宅设计中应考虑必需的卫生设备和燃气灶具设备等。图9-2所示为住宅室内空间与家具、设备、人的活动空间的关系

三、气候条件

温度、湿度、日照、雨雪、风向、风速等气候条件对建筑设计具有较大的影响。温

175

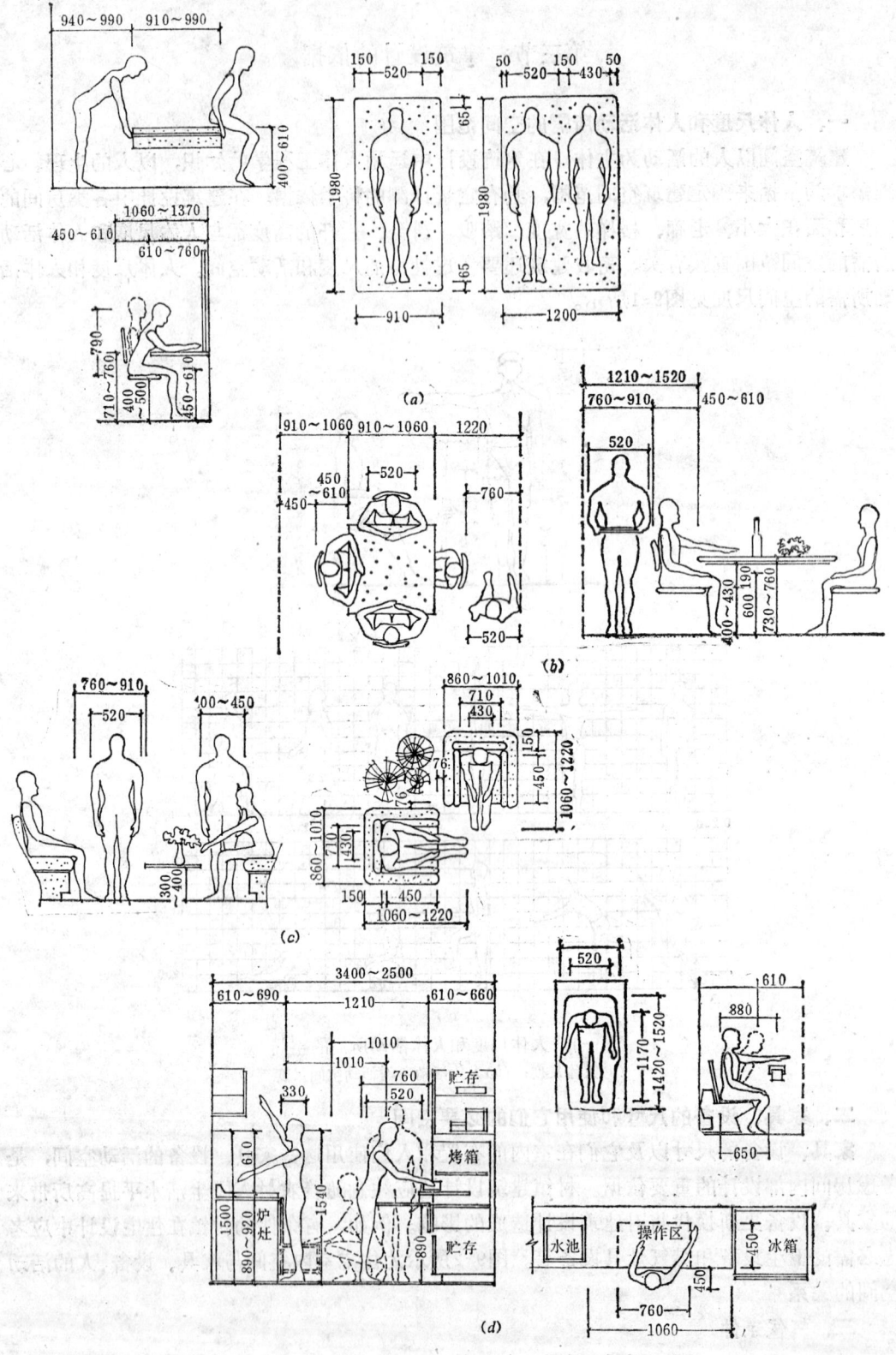

图 9-2 室内空间与家具、设备、人的活动空间的关系

度、湿度是房屋设计中考虑保温、隔热、通风、遮阳的依据。日照和主导风向是确定房屋朝向和间距的主要因素。雨雪量的多少，一定程度上影响到屋顶的形式和构造。风速的大小影响到高层建筑的结构布置和体型。

表9-1是我国部分城市的最冷最热月平均气温，图9-3是这些城市的全年的夏季风向频率玫瑰图。

城 市 名 称	最冷月平均 （℃）	最热月平均 （℃）	城 市 名 称	最冷月平均 （℃）	最热月平均 （℃）
北　　京	−4.8	25.8	汉　　口	3.4	28.6
哈 尔 滨	−19.7	22.9	长　　沙	4.2	29.6
乌鲁木齐	−16.1	23.2	重　　庆	7.4	28.5
天　　津	−4.7	26.5	福　　州	10.6	28.7
西　　安	−1.7	27.3	广　　州	13.7	28.3
上　　海	3.5	28.0	南　　宁	13.5	29.0

我国部分城市的最冷最热月气温① 表 9-1

① 据《建筑设计资料集》第一册第57、58页。

四、地形、地质条件和地震烈度

基地地形的平缓起伏、基地的地质构成、土壤特性和地耐力的大小，对建筑物的平面组合、结构布置和建筑物形体都有明显的影响。对于地形复杂、地质条件变化大的基地，要求建筑设计要能够顺应地势、灵活合理地布置建筑。

地震烈度是地面及房屋建筑遭受地震破坏的程度。地震烈度 5 度及 5 度以下地区，被认为地震对建筑物的损坏影响较小，建筑物可不考虑抗震设防。地震烈度 9 度以上的地区，被认为地震的破坏力过于强烈，一般应避免在这些地区建设。房屋的抗震设防重点，是对6、7、8、9度地震烈度的地区。设防烈度每提高 1 度增加建筑造价10％左右。对一些次要建筑可降低一度考虑。建筑的抗震设防设计已在第八章中讲述。

五、建筑模数和模数制

建筑模数是选定的标准尺度单位，作为建筑物、建筑构配件、建筑制品以及有关设备尺寸相互协调的基础。建筑设计应采用国家制定的《建筑模数协调统一标准》，使得建筑设计、构配件生产和建筑施工三方面的尺寸相互协调，从而提高建筑工业化的水平，降低造价并提高房屋设计和建造的质量和速度。

《建筑模数协调统一标准》详细的内容，详见第一章第二节。

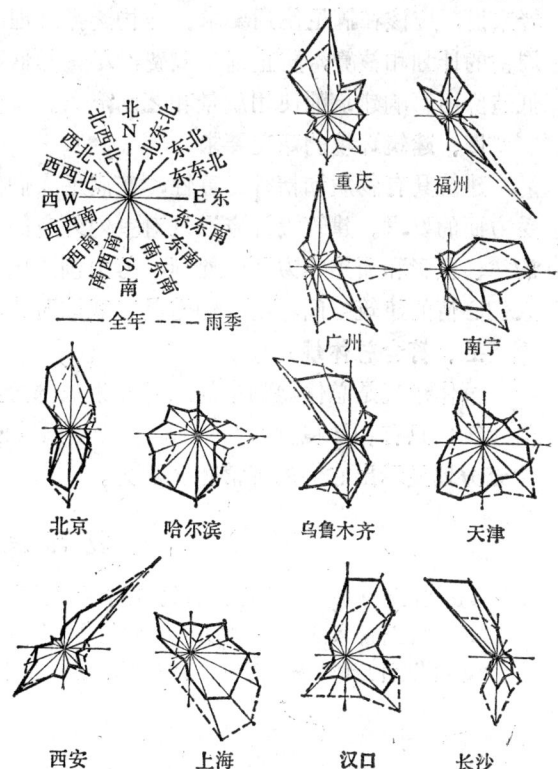

——全年 − − −雨季

图 9-3　我国部分城市的风向频率玫瑰图

第四节　建筑设计的要求

一、满足建筑功能要求

建筑物都有它的具体使用目的和使要要求，即使用功能。例如，居住建筑要满足人们休息、睡眠、日常生活的需要，学校教学楼要满足学生学习、教师工作的需要，影剧院要满足演出、集会的需要等等。建筑设计应创造出功能合理，舒适、方便的生活、工作、学习环境。

二采用合理的技术措施

建筑物的形成，是以一定的工程技术条件做为手段的。同时，工程技术本身——结构、设备等，需要消耗大量的建筑材料和施工费用。其它方面如电气照明、采暖通风、空调等设备、技术，对建筑空间的影响也很大。所以，建筑设计必须正确选用建筑材料，合理选择建筑结构和建筑施工方案，使房屋坚固耐久，便于建造。

三、具有良好的经济效果

在建筑设计中，经济问题是一个不容忽视的重要方面。它涉及建筑用地、建筑体积、建筑材料、结构形式、装修构造以及设备标准、维修管理等方面的问题。对建筑设计工作者来说，应该在满足使用要求、结构选择合理的情况下，按照国家规定的建筑标准，进行周密的计划和核算，防止铺张浪费，尽量降低建筑造价,同时,也应防止片面追求低指标、低造价而影响建筑的使用质量和艺术形象。

四、建筑环境的审美要求

建筑具有物质和精神二重性，在满足人们使用要求的同时，还必须满足人们在精神感受方面的要求。建筑设计应通过对室内外空间和体型、比例和尺度、统一和均衡、节奏和韵律、色彩和质感等方面的处理，努力创造出舒适美观，符合人的生理、心理要求，愉悦人们心情的建筑空间环境，创造具有我国时代精神的建筑形象。

五、符合总体规划要求

单体建筑是总体规划中的局部和组成部分，单体建筑应符合总体规划提出的要求。任何建筑，只有和环境融和在一起，并和周围的建筑共同组合成协调统一的有机整体时，才能充分地显示出它们的价值和表现力。

复习思考题

1.建筑设计一般可分为几个阶段？每个阶段的主要任务是什么？
2.建筑设计的依据主要有哪几点？它们是如何影响建筑设计的？
3.建筑设计应满足哪些要求？这些要求互相之间有否联系？为什么？

第十章 总 平 面 设 计

村镇建筑总平面设计是村镇建筑设计的一个不可缺少的阶段，总平面设计必须先行，单体建筑设计才有依据。一幢好的建筑设计，其室内外的空间是互相联系、互相延伸、互相渗透和互相补充的，应该形成一个统一而和谐的空间关系。合理的总平面设计，不仅能够解决室内各空间之间的适宜的联系方式，而且还可以从总体关系中解决采光、通风、朝向、交通等方面的功能问题；能够做到布局紧凑、节约用地；能够有机地处理个体与群体、空间与体型、绿地与小品之间的关系，从而可以使建筑空间与自然环境相互协调，达到既增强建筑本身的美观，又装点村镇面貌的目的。

村镇建筑总平面设计是在国家建设方针、政策指导下，根据一个建筑群的组成内容和使用功能要求，结合用地条件和有关技术要求，综合研究建筑物、构筑物以及各项设施相互之间的平面和空间关系，正确处理建筑布局、交通运输、管线综合、绿化布置等问题，充分注意利用地形，节约用地，使该建筑群的组成内容和各项设施成为统一的有机整体，并与周围环境及其他建筑群体相协调而进行的总体布局设计。

村镇建筑总平面设计的内容，一般包括下列几个方面：合理地进行用地范围内的建筑物、构筑物及其他工程设施相互间的平面布置；根据地形，合理进行用地范围内的竖向布置；合理组织用地内交通运输线路的布置；为协调室外管线敷设而进行的管线综合布置；绿化布置与环境保护措施。

完成上述任务需要大量的调研工作，并与有关各工种密切配合，作出多方案比较，最后确定较完善、合理的建筑群体空间组合。以下从几个方面来说明如何进行村镇建筑的总平面设计

第 一 节 总 体 规 划

村镇总体规划，是根据国家经济建设计划和区域规划要求，结合具体条件对村镇的各项建设用地所进行的统筹安排和全面规划，可使各项建设有计划有步骤地协调发展。建筑总平面设计是根据规划要求和近期建设计划，在某一用地范围内，对某一建设项目进行具体布置。所以，在进行建筑总平面设计时，就应该落实规划的指导思想和布置要求，使其成为整个规划布局的有机部分，而不妨碍村镇的合理建设。

例如，图10-1所示为某乡的总体规划方案，规划区内的各项建筑用地（如文化中心区、商业服务区、办公区、学校区、工副业区、农田区）的布局既考虑了满足功能分区在布置上的要求（如学校区位于环境较好、较为安静的区域，商业、文化、办公部分布置在中心地带，形成村镇中心区，且在工副业区上风向），又使每一部分在城镇中占有合理位置，相互间具有符合要求的联系与分隔，这就把村镇组成了一个联系合理而密切的有机整体，有利村镇的建设和发展。在这个村镇规划的公共建筑区域内的文化中心设计，其总平

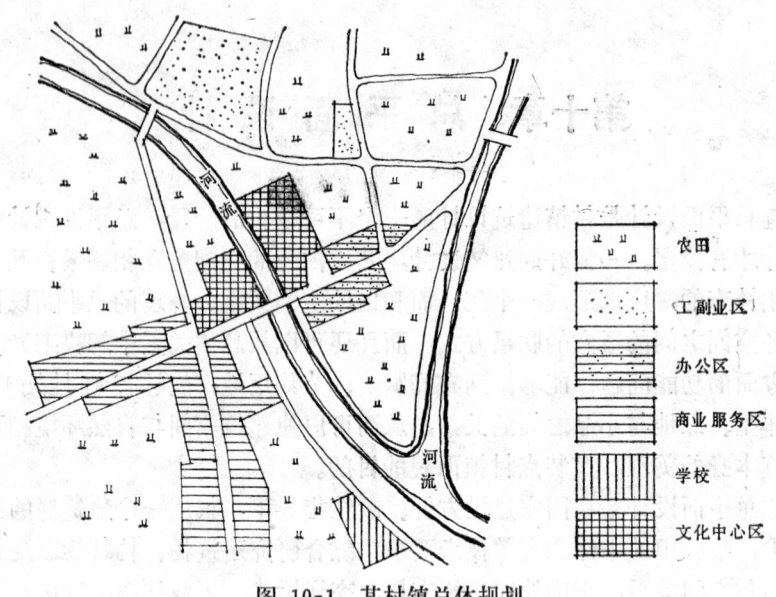

图 10-1 某村镇总体规划

面设计就要根据规划所规定的用地范围、道路红线、建设标准、建筑面积指标，结合文化中心性质、特点、规模和用地等条件进行具体布置。如图10-2所示，文化中心总平面考虑了影剧院、科技文化活动、娱乐活动等几部分各自的重要性、相互间的联系、人流路线的组织，结合道路、绿化广场的布置，做到既满足文化中心本身的使用功能的要求，同时又具体的体现了规划布局的要求。

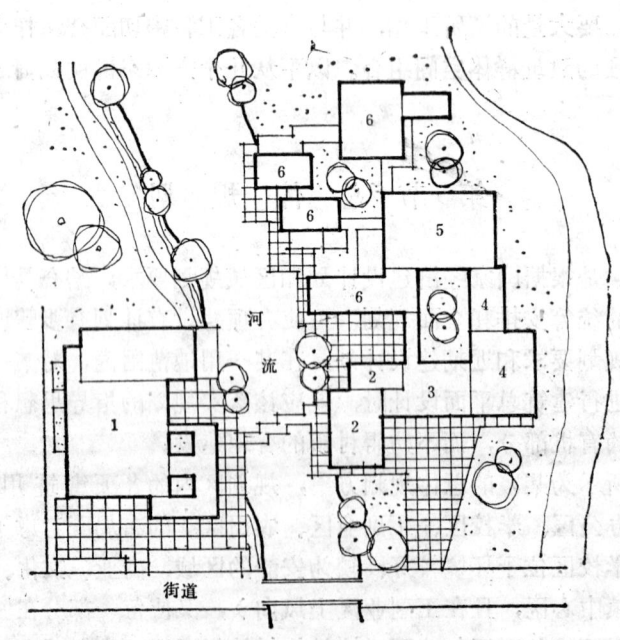

图 10-2 村镇文化中心总平面

1—影剧院；2—小卖、饮食部；3—门厅；4—娱乐、游戏室；5—多功能厅；6—科技文化室

第二节 基 地 环 境

拟建房屋既然是建造在一个特定的建筑地段上,因此必须考虑基地的环境对建筑布局和设计有什么影响。由于基地环境的不同,相同类型与规模的建筑就会有不同的布局与组合;即使基地的条件相同,周围的环境不同或具体处理不同,也会有不同的设计。"因地制宜"是很重要的,在设计中应该给予很好考虑。

图10-3是在不同基地条件下,两所中学的教学楼、室外场地、绿化、大门等的总平面布置示意。由于基地环境的不同,形成了两个平面形状和布局迥然不同的总平面。

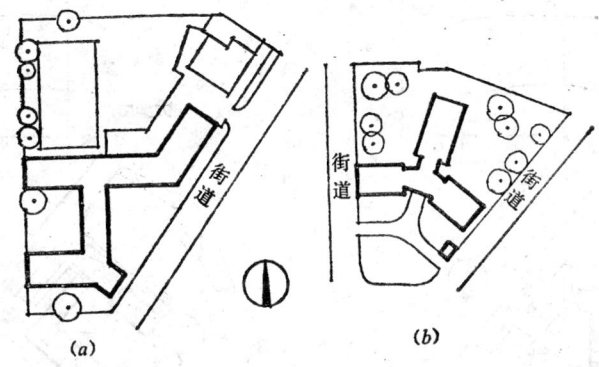

图 10-3 不同基地条件的中学总平面

图10-3(a)总平面设计是充分考虑了用地形状,在用地小的情况下,留出了较完整的运动场地,并为教室创造了良好朝向和通风条件。图10-3(b)总平面设计是在道路交叉口的三角地带上,结合地形将教学楼设计成丫形,既争取了教室的良好朝向,减少受街道交通的干扰,又照顾了街景。

图10-4是某小学总平面设计的四个方案,虽然基地条件一样,但却可以有几种不同的设计结果。方案一将教学、办公布置在同一跨度区,为了结构及使用合理将活动室分开设置成单层建筑。这个方案的优点是结构简单、施工方便,建筑物面向城市道路,人流、货流方便直接,教室与活动室分隔互不干扰,但建筑物的朝向不佳,占地较长用地紧张,同时建筑物垂直等高线布置,土方工程量较大,建筑物与运动场的联系不够直接。方案二在方案一的基础上将活动室垂直于教学楼布置,虽然缩短了建筑物占地长度,但建筑的朝向及减少土方工程量等主要问题未能解决,在现有地形条件下此方案还不理想。方案三为了解决建筑物朝向和减少土方工程量的问题,再进行组合产生了口字形方案,这种方案使主要教学用房获得良好朝向、占地长度缩短,并使部分建筑与等高线平行,可以减少土方工程量。但新的矛盾又产生了,建筑物距道路较近,校门口处没有疏散缓冲余地,并使面向道路的房间受干扰较大。方案四总结了以上3个方案的优缺点,进一步改进了总平面设计,其优点是教学楼和活动室均为南北向,采光、通风好,且相互干扰少,有较安静的教学环境;结构简单、施工方便;学校入口较宽敞、安全,利于疏散,传达室位置也较妥当;建筑物平行等高线布置,每栋建筑物采取不同标高,密切结合地形,造型灵活,减少土方工程量;教学楼与运动场联系方便。

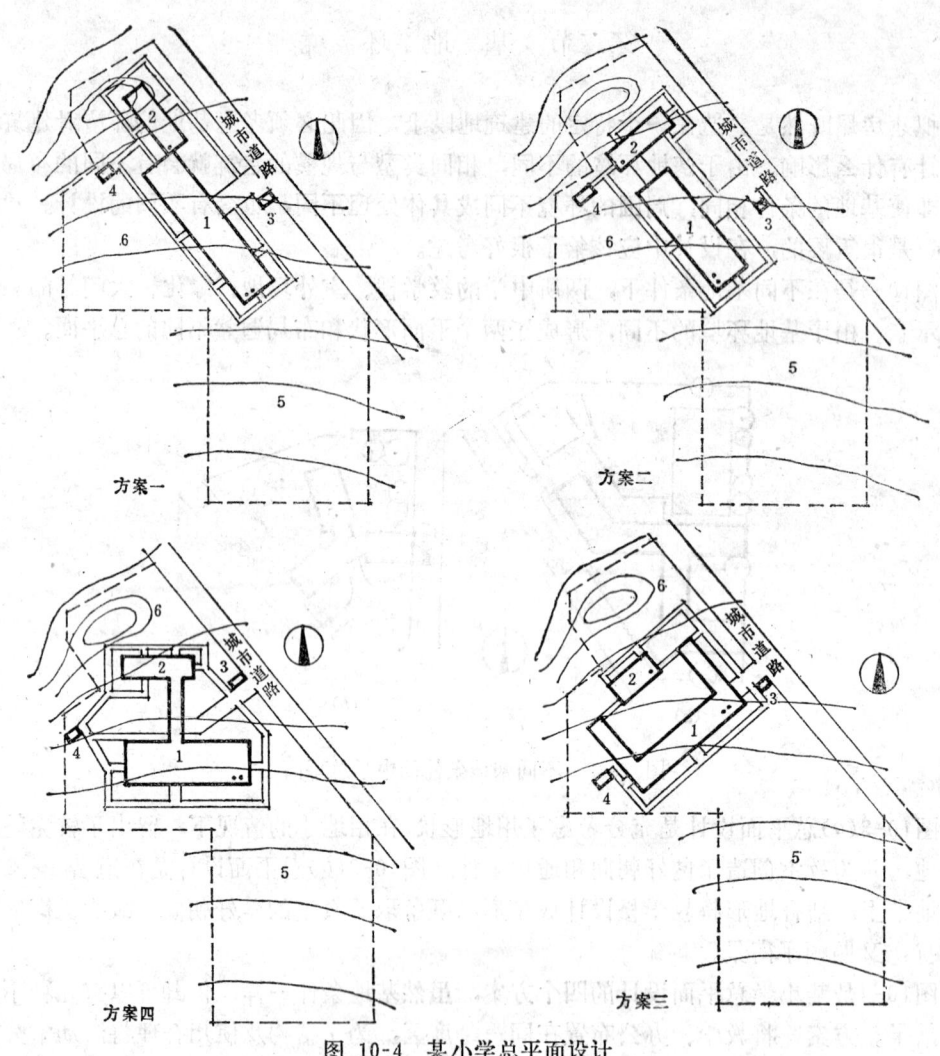

图 10-4 某小学总平面设计
1—教学楼；2—活动室；3—传达室；4—厕所；5—运动场；6—自然科学试验地

第三节 功 能 分 区

在村镇建筑总平面设计中，功能分区的目的是把建筑基地按其作用和性质的不同，划分为几个相邻的部分，并根据各部分的不同作用来决定它们之间的相互位置，并使它们之间有机结合起来。

在进行建筑总平面设计之前，应结合建筑用地现状，探索各单体建筑的基本尺寸及其组合形式；探索各个单体建筑、各种室外活动场地组合的合理性。这种合理性的取得，需在深入调研的基础上，对建筑物各组成部分及各有关房间的功能要求以及它们之间的内在联系，进行功能分析，找出其内在规律性，以此来指导设计实践。在考虑总平面布置时，需认真研究动与静、清洁与污染在环境上的要求，高与低在层数和部位上的要求，独用或公用的要求，相互关系的聚集与分离的要求，室外和室内在结合和联系上的要求。此外，在使用上应满足先后顺序的要求。

例如，综合医院的总平面，按照使用要求的不同划分为门诊部、住院部、辅助医疗和供应管理四个部分，门诊部是患者诊断疾病的场所，人流最大，进出频繁，宜布置在靠近出入口处。住院部分主要是病房，是医院的主要组成部分，其位置应安置在总平面中卫生条件最好的地方，尽可能避免外来干扰，以创造安静、卫生、适用的治疗和休养环境。辅助医疗部分需同时担负为门诊和病房服务的任务，为避免两部分病人穿行相互干扰，常将辅助医疗部分设置在门诊和病房之间，形成有机联系的整体。供应管理部分一般要求设在较僻静处，由于这一部分进出的交通运输频繁，因此宜设置在靠近次要街道处，并设置单独出入口，又因有噪声、尘土及烟尘等污物，应设置在门诊及病房的常年主导风向的下风向。图10-5中某医院总平面能比较突出地反映出这个特点。

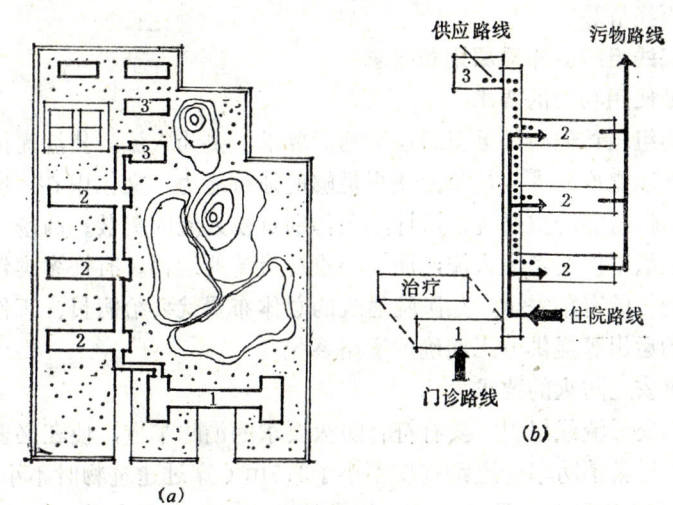

图 10-5 医院总平面设计

(a)总平面实例；(b)功能分区

1—门诊、治疗；2—病房；3—供应

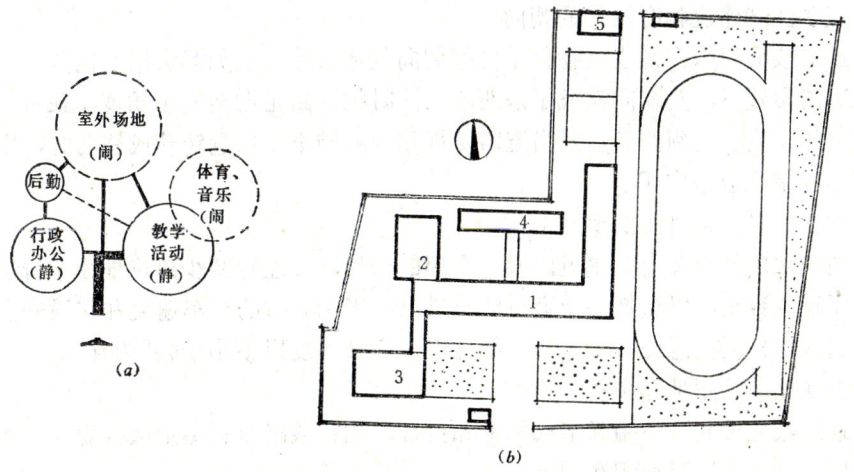

图 10-6 某学校总平面

(a)功能分区；(b)总平面实例

1—教学楼；2—办公楼；3—阶梯教室；4—附属建筑；5—体育器材室

图10-6是某学校总平面设计。根据功能要求，划分为教学用房、办公用房及辅助用房三部分。教学用房属于"静"的部分，办公用房属于"动"的部分，而厨房、锅炉房等辅助用房因其散发的噪声、烟尘、气味等影响其它区，为了避免动静相互干扰和污染区对其它区域的影响，将教学区布置在较为安静，有良好朝向、日照和通风的区域。办公用房与校外联系较多，布置在靠近出入口的部位上。厨房，锅炉房等则设在总平面的下风位。

第四节 交通流线组织

村镇建筑总平面设计中的交通流线组织是建筑物之间，以及建筑物同村镇整体之间联系的纽带。交通流线组织的是否合理，直接影响总平面设计是否满足功能要求、用地是否节省、投资是否经济等等。

一、交通流线组织的一般原则和要求

（一）满足使用功能的要求

交通流线的组织首先要满足交通运输功能要求，要为人流、货流提供短捷、方便的线路，而且要有合理宽度使人流及货流获得足够的通行能力。文化中心、影剧院、运动场、车站码头、交通枢纽等的交通流线设计，要特别重视人流的集散。商场、百货商店及旅馆等的交通流线组织不仅要考虑人流，而且要重视货流的运输。有许多类建筑群要特别做好内部的人流、货流的道路安排，如医院建筑的总体布置就要给病员、工作人员、供应线、污染物及尸体的运出等提供分工明确的道路系统。

（二）满足安全防火的要求

建筑总体的交通流线组织，要有符合防火要求的消防车道，使在必要时消防车可以到达所有的建筑。通常消防车的道路宽度不小于3.5m（穿过建筑物时不小于4m，其净空应有4m的高度）。根据消防的要求，建筑群内部道路间距不宜大于160m，口和L形建筑的总长度超过220m时，则应设置穿过建筑物的车行道供消防车通过。考虑人流的疏散，连通街道与建筑物内部院落的人行道，其间距不宜超过80m。

（三）注意建筑物有较好的朝向

交通流线的组织应为建筑物位于良好朝向创造条件。例如当道路走向为南北向，建筑物平行道路布置后，其朝向就成了东西晒，此时把道路走向转一个角度，便可减少或避免道路两侧的建筑物受到西晒。但当道路受规划的限制不能任意转动或移动时，则只能从建筑设计本身来采取措施了。

（四）满足城市规划的要求

交通流线的组织要同城镇道路网有合理的衔接，要注意减少建筑地段车行道出入口通向城市干道的数量，以免增加干道上的交叉点，影响城市的行车速度和交通安全。必要的车行道出入口，要注意交叉角度与连接坡度。交叉角度以不小于60°为宜。

（五）应节约用地和投资

交通流线应做到既适用又节约用地和投资，如将线路布置尽量做到短捷、顺直和避免往返迂回，以缩小道路面积和用地。

二、道路的主要技术要求和指标

（一）车行道宽度

车行道的宽度应保证来往车辆安全和顺利地通行。一般单车道的宽度小汽车为3～3.2m，载重汽车和公共汽车为3.5～3.7m。双车道宽为6.5～7.0m，4车道宽度为13～14m。

（二）转弯半径

道路转弯半径视车辆种类而定，一般小汽车和三轮车的转弯半径为6m，载重汽车的转弯半径为9m，而公共汽车和重型载重汽车的转弯半径为12m，如图10-7所示。

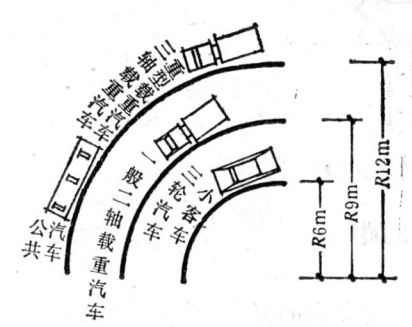

图 10-7 道路转弯半径

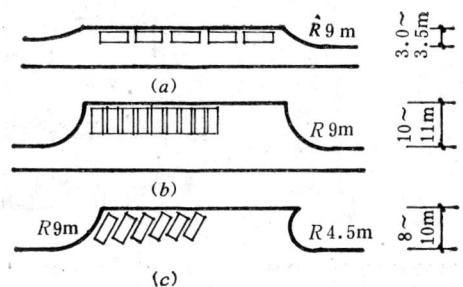

图 10-8 停车场形式

（三）停车场

在商店、剧院、旅馆、展览馆及高层建筑物的总体布置中，常常设置停车场。沿道路或在道路扩大区的停车道上停车时有三种形式，如图10-8。停车场的面积参考表10-1。

停 车 场 面 积　　　　表 10-1

所需尺寸 ＼ 停车方式	平 行 道 路	垂 直 道 路	与道路成45°～60°角
单行停车道的宽度(m)	2～2.5	7～9	6～8
双行停车道的宽度(m)	4～5	14～18	12～16
单向行车时两行停车道间通行道宽度	3.5～4	5～6.5	4.5～6
100辆汽车停车场的平均面积(万m²)	0.3～0.4	0.2～0.3	0.3～0.4(小轿车) 0.7～1.0(大型车)
100辆自行车停车场的平均面积(万m²)		0.14～0.18	
一辆汽车所需的面积(包括通车道) 小汽车　　(m²) 载重汽车和公共汽车(m²)	22 40		

（四）回车场

当采用尽端式道路布置时，为满足车辆调头的要求，须在道路的尽头或适当的地方设置回车场，其形式详见图10-9。

185

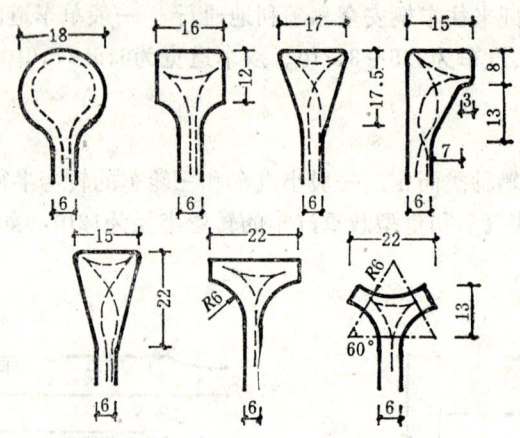

图 10-9 尽端式道路回车场（单位：m）

第五节 建筑的朝向和间距

村镇建筑在一定基地条件下，应保持一定的间距和满足朝向的要求。通常，建筑的朝向和间距主要应满足以下一些要求：

一、建筑朝向

建筑物的良好朝向，是和当地的气候条件、地理环境、建筑用地情况以及功能需要等有关。因此，在确定建筑朝向时，必须综合各种因素全面考虑。一般情况下，建筑朝向要求是：北方地区，主要考虑冬季室内应获得较多的日照时间和室内日照面积，墙面上能接受到太阳辐射热量、室内能获得较多的紫外线；在夏日室内及墙面应尽量少接受日照辐射热。而在夏日炎热的南方地区，则要考虑争取房间的自然通风，同时也要考虑防止太阳直接辐射、防止夏季暴雨袭击；对于我国中部地区，夏季热而冬天冷，既要考虑夏季的通风，也要考虑冬季能获得日照条件。对于中部、南部地区均要避免东西日晒。从全国各地的日照条件看，良好的朝向基本上是南向。我国部分地区建筑朝向可参考表10-2。

部分地区建筑朝向参考表   表 10-2

地　名	气　候　特　点	朝向适宜范围	较　好　朝　向
徐　州 合　肥	冬季较冷，夏季较热		南偏东10°～20°
南　京 南　昌	夏季气温高，湿度大，加之南北丘陵环绕，风速弱，属闷热地区	正南～ 南偏东30°	正南～南偏东8° 正南～南偏东15°
杭　州	受地形影响，夏季闷热天气较多，气候接近闷热地区	正南～ 南偏东30°	南偏东18°
福　州	冬天不太冷，由于海洋影响，夏天气温反不如长江中游地区为高，但西晒强烈，经常有台风	正南～ 南偏东22°30′	南偏东5°～10°
武　汉	夏季属闷热地区	南偏西15°～ 南偏东30°	南偏东15°
常　德	冬冷期短，夏热期长，属闷热地区，七月份西南风为主		正南～ 南偏西6°～10°

186

二、建筑间距

在进行总平面建筑布局时，必须考虑前后或左右相邻两栋建筑或一栋建筑前后两个体部之间的距离。如间距过大，不仅浪费土地并由于建筑布局不紧凑，增加道路及管线长度。如间距过小，则不满足日照、通风、卫生、防火等对建筑间距的要求。现将对间距各有关的制约因素分述如下：

（一）日照、通风等卫生要求

主要考虑成排房屋前后的阳光遮挡情况及通风条件。

对于一些成排的长向布置的房屋，如住宅、宿舍、学校、办公楼等，日照间距的要求，常常成为确定房屋间距的主要因素。原因是这些房屋，决定它们的间距的诸因素中，日照间距通常为最大。

房屋的日照间距的要求，是使后排房屋在底层窗台高度处，保证冬季能有一定的日照时间。通常以当地冬至日正午十二时太阳的高度角，作为确定房屋日照间距的依据，如图10-10所示。日照间距的计算公式为：

$$L = \frac{H}{\tan \alpha}$$

式中 L 为房屋间距，H 是前排房屋檐口和后排房屋底层窗台的高差，α 为冬季日正午的太阳高度角（当房屋正南向时）。在实际设计工作中，房屋的间距通常是结合日照间距、卫生要求和地区用地情况，作出对房屋间距 L 和前排房屋的高度 H 比值规定，如 $\frac{L}{H}$ = 0.8，1.2，1.5等等。

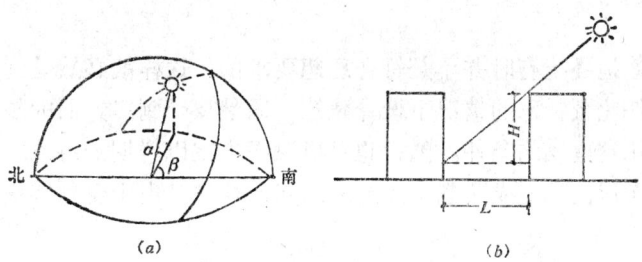

图 10-10 日照和建筑物的间距

(a)太阳高度角和方位角；(b)日照间距；
α —高度角；β —方位角

（二）防火安全要求

考虑火警时保证邻近房屋安全的间距，以及消防车辆的必要通行宽度。

根据防火规范规定，民用建筑之间的防火间距不应小于表10-3的规定。

（三）房屋的室外使用要求

房屋周围人行或车辆通行必要的道路面积，房屋之间对声响、视线干扰必要的间隔距离等。

（四）室外空间要求

根据房屋的使用性质和规模，对拟建房屋的观瞻，室外空间要求，以及房屋四周环境绿化等所需的面积。

（五）施工条件的要求

民用建筑的防火间距(m)　　　　　　　　　表 10-3

耐　火　等　级	耐　火　等　级		
	一、二级	三　级	四　级
	防　火　间　距　(m)		
一、二级	6	7	9
三　级	7	8	10
四　级	9	10	12

注：1. 两座建筑相邻较高的一面的外墙为防火墙时，其防火间距不限。
　　2. 相邻的两座建筑物，较低一座的耐火等级不低于二级、屋顶不设天窗、屋顶承重构件的耐火极限不低于1h，且相邻的较低一面外墙为防火墙时，其防火间距可适当减少，但不应小于3.5m。
　　3. 相邻的两座建筑物，较低一座的耐火等级不低于二级，当相邻较高一面外墙的开口部位设有防火门窗或防火卷帘和水幕时，其防火间距可适当减少，但不应小于3.5m。
　　4. 两座建筑相邻两面的外墙为非燃烧体如无外露的燃烧体屋檐，当每面外墙上的门窗洞口面积之和不超过该外墙面积的5%，且门窗口不正对开设时，其防火间距可按本表减少25%。
　　5. 耐火等级低于四级的原有建筑物，其防火间距可按四级确定。

　　房屋建造时可能采用的施工起重设备、外脚手架的位置，以及新旧房屋基础之间必要的间距等。

第六节　与地形结合

　　村镇建筑的基地环境有时并不是符合理想要求的，这样就必然受到各种因素的限制和影响，在地形条件比较特殊的情况下设计建筑，固然要受到多方面的限制和约束，但是如果能够巧妙地利用这些制约条件，通常也可以赋予方案以鲜明的特点。有许多建筑平面呈三角形、梯形、Y形、扇形或其它不规则的形状，往往是由于受到特殊的地形条件影响所形成的。

　　在山区或坡地上盖房子，应顺应地势的起伏变化来考虑建筑物的布局和形式。如果安排得巧妙，不仅可以节省大量的土方工程，同时还可以取得高低变化错落有致的效果。

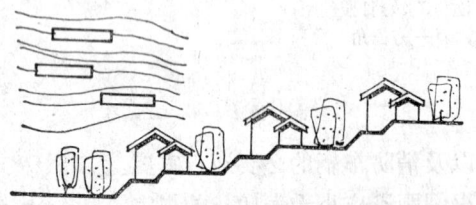

图 10-11　建筑物平行于等高线的布置

　　根据建筑物和等高线位置的相互关系，坡地建筑主要有以下两种布置方式：

一、建筑物平行于等高线布置

　　当坡地坡度小于25%时，房屋可以平行等高线布置。这样的布置房屋的道路和入口的台阶较易解决，房屋建造的土方量和基础造价都较省，但房屋靠坡面的房间采光、通风条件较差，如图10-11。

二、建筑物垂直或斜交于等高线的布置

　　当基地坡度大于25%，房屋平行于等高线布置对朝向不利时，常采用垂直或斜交于等高线的布置方式。这种布置方式，在坡度较大时，房屋的通风、排水问题比平行于等高线时较容易解决，但是基础处理和道路布置比平行于等高线时复杂得多。如果基地的坡度大于25%，房屋垂直于等高线时，以采用沿开间方向纵向错层的布置方式比较合理，如图10-12（a）所示。

房屋斜交于等高线的布置，通常是在结合朝向要求或基地具体地形地质条件的情况下采用。这种布置方式，排水和道路布置比房屋垂直于等高线的容易处理，但房屋的基础工程较复杂，建筑用地面积也比较大。采用斜交于等高线的布置方式，坡度较大时，房屋仍应采用错层布置，如图10-12（b）。

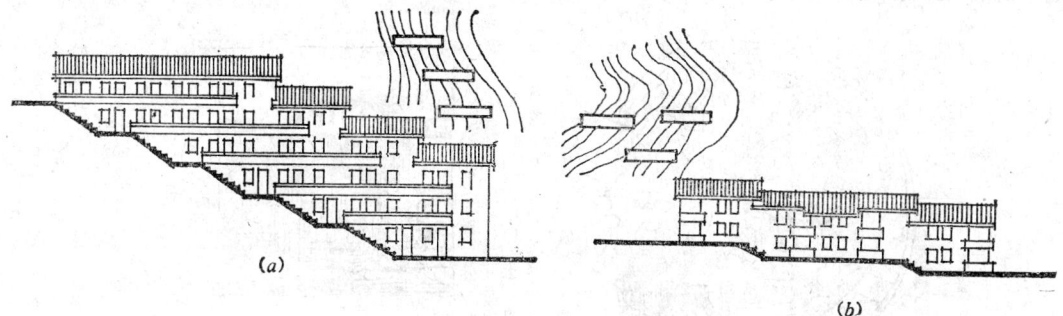

图 10-12　建筑物垂直或斜交于等高线的布置
(a)垂直于等高线布置；(b)斜交于等高线布置

第七节　外部空间的处理

在总平面设计中，外部空间的处理也是一个重要的课题。外部空间主要是借助于建筑体型、地面处理、绿化等界定因素来形成的，把若干个外部空间组合成为一个空间群，利用它们之间的分割与联系，既可以借对比以求得变化，又可以借渗透而增强空间的层次感。如果把众多的外部空间按一定的程序连接在一起，还可以形成统一完整的空间系列。

一、外部空间的对比与变化

利用空间在大与小、高与低、开敞与封闭以及不同形状之间的显著差异进行对比，将可以破除单调而求得变化。图10-13是某乡镇商业服务区的规划设计，在总体布置中有电影院、商店、食品店、报刊亭等公共建筑。这个建筑群室外空间的组合手法，采用了内广场的布局形式，其中群体建筑空间有大有小，有疏有密，体型有长有短，有方有圆，使整个室外空间富于对比与变化，并有较好的节奏感。

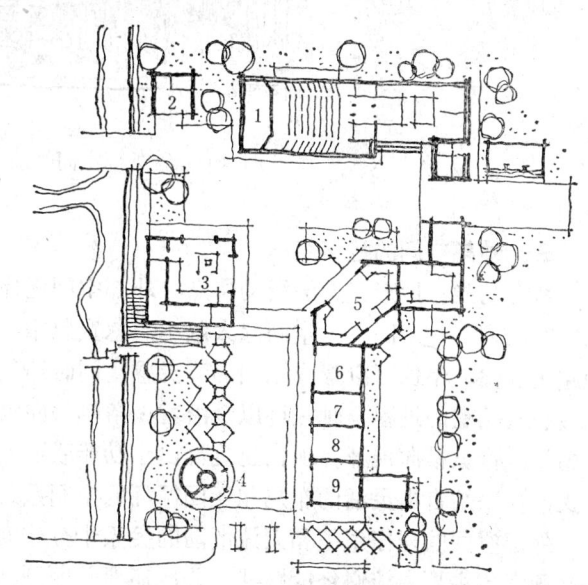

图 10-13　某乡镇商店服务区规划
1—电影院；2—茶室；3—食品商店；4—报刊厅；5—百货店；
6—书店；7—理发店；8—照相馆；9—饭店

二、外部空间的渗透和层次

外部空间通过分隔与联系的处理，也可以使若干空间互相渗透从而丰富空间的层次变化，例如，通过门洞从一个空间看另一个空间。我国古典园林建筑，往往有意识地通过特意设置的门洞或窗洞，自一个空间去观赏另一个空间内的景物，称作"借景"或"对景"，它一方面可借远方景物来吸引人的注意力而引人入胜，另外，被借景物恰好处于洞口的中央，似一幅画嵌于框中，特别是由于隔着一重层次去看，因而就感觉含蓄深远。此外，通过空廊、柱列、建筑透空的底层，树丛等都可以形成借景与对景的效果，如图10-14。

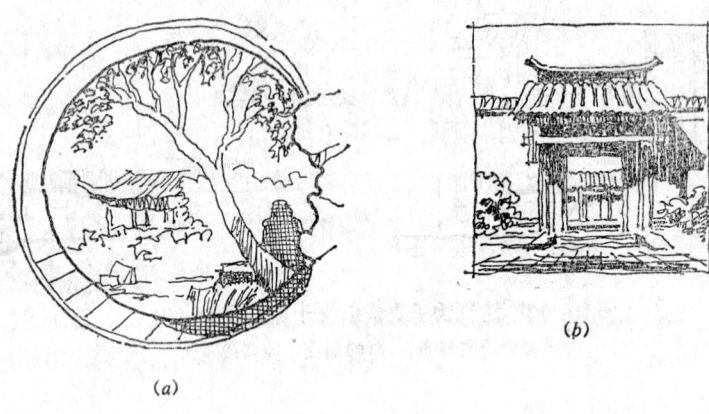

(a)

(b)

(c)

图 10-14 外部空间的渗透与层次

三、外部空间的程序组织

结合功能、地形、人流活动特点，外部空间程序组织可以沿着一条轴线逐一展开而形成空间系列。每个区段，空间忽大忽小，忽宽忽窄，时而开放时而封闭，配合着建筑体形的起伏变化，不仅可以形成强烈的节奏感，同时还能借这种节奏而使系列本身成为一种有机、统一、完整的过程。轴线可以是沿着一条轴线向纵深展开，也可以是沿纵向主轴线和横向副轴线作纵横向展开。现代建筑群由于功能联系比较复杂，一般都不取轴线对称的布局形式，多采用自由灵活的布局和迂回循环的空间系列。

外部空间的程序组织和人流活动的关系十分密切。一般来讲，外部空间的程序组织首先必须考虑主要人流必经的路线，其次还要兼顾到其他各种人流活动的可能性。例如在车站建筑中，旅客进站从问讯、买票、托运行李、候车到检票上车就是在使用功能上的联系顺序，旅客行进路线的方向比较明确。因此，车站建筑群体布置就应根据人流路线所形成的轴线来组织空间系列，使得空间既富于变化，而又围绕着轴线有条不紊地展开，形成完整、统一、和谐的序列。

复 习 思 考 题

1. 村镇建筑总平面设计应如何考虑基地环境和总体规则的要求？
2. 总平面设计中功能分区应如何满足要求？
3. 村镇建筑总平面设计中交通流线组织应考虑哪方面问题？有什么要求？
4. 建筑物的间距是由哪几方面因素决定的？其中起主要作用的是什么因素？为什么？如何确定建筑物的间距？
5. 在坡地上建造房屋应注意什么？如何处理？
6. 建筑群体的外部空间处理如何通过对景、借景、空间系列等手段来组织空间？

第十一章 平 面 设 计

第一节 平 面 组 成

建筑物是由许多不同功能的空间（房间）组成的，无论是由一、二个空间组成的小型建筑还是成百上千个空间组成的大型建筑，所包含的空间均可划分为主要使用空间、辅助空间和交通联系空间三大类。

主要使用空间，是指建筑中直接和经常被主要服务对象使用的空间。如影剧院中的观众厅；商店中的营业厅；教学楼中的教室；住宅中的卧室、起居室等。主要使用空间是建筑物的核心。

辅助空间，是指建筑中间接或断续被服务对象使用的次要空间。如住宅建筑中的厨房、卫生间；公共建筑中的厕所、盥洗室、贮藏室以及给水排水、采暖通风、电力照明的技术用房等。它们虽属次要使用空间，但也是不可缺少的一部分。

交通联系空间是建筑物的内部空间之间以及内外空间之间相互联系的部分，如各类建筑物中的走廊、门厅、过厅、楼梯和坡道等。交通联系空间部分和辅助空间一样，都是与主要使用空间相配套的服务性空间。

一幢建筑物设计得是否适用，除了要看主要使用空间、辅助空间的位置是否合适以外，还取决于交通联系空间的配置是否合理与方便。虽然以上三种空间是互相联系、互相制约，不能截然分开的，但是，为了叙述和学习的方便，以下按照设计的顺序来分析研究建筑平面的有关问题，先研究各组成部分的设计要点，然后再研究如何把若干个房间组合成为一幢建筑。

一、基本房间的平面设计

（一）基本房间的设计要求

基本房间（主要使用房间）是建筑的核心部分，正是基本房间不同的使用要求构成了建筑类型的差别。基本房间的设计，首先取决其功能要求，同时也要考虑建筑形象的精神要求，并受到构成建筑空间的技术条件（建筑材料及建筑技术）的制约。

对基本房间平面设计的基本要求有：

1.房间的面积、形状、尺寸应满足室内使用功能的要求。

2.门窗的大小和位置，应考虑房间的出入方便，疏散安全，采光通风良好。

3.室内空间应协调、美观大方，满足人们审美的要求。

4.房间的构成应有利于合理地布置结构，并做到构造合理，便于施工。

（二）基本房间的面积、形状和尺寸

1.房间的面积

房间的面积要根据功能要求、使用人数、家具和设备的布置以及必要的活动余地来确定，房间的面积由三部分组成：即家具或设备所占的面积；人们使用家具、设备及活动的面积；室内交通面积。图11-1是住宅中一个卧室的室内面积分析示意。

从图中可以看出，确定上述面积大小时，应考虑以下几方面：

（1）掌握室内家具、设备的数量、尺寸和布置方式。例如，不同的房间对家具、设备的数量、尺寸以及布置方式均有不同的要求。如住宅中家庭主要成员的卧室和儿童卧室对比，其家具组成就不一样，不论是数量、尺寸和布置形式均有差别，因此房间所需的面积必然不同。又如食堂中的餐厅，不仅要考虑餐桌的大小、数量，还要考虑餐桌的排列方式对面积的影响。

（2）满足人们使用家具、设备的人体活动要求。例如住宅的卧室，为了便于人们起床和就寝，床前应保证有一定的净空。又如教室中，学生就座、起立时桌椅间应有一定的距离。图11-2是卧室、会议室以及商店营业厅中，使用各种家具时，家具近旁必要的尺寸举例。

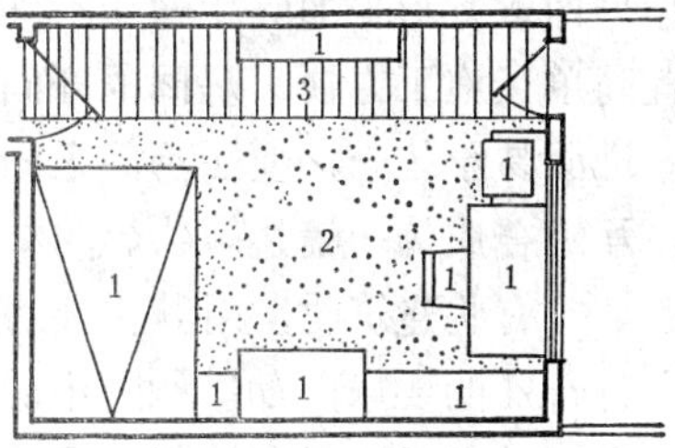

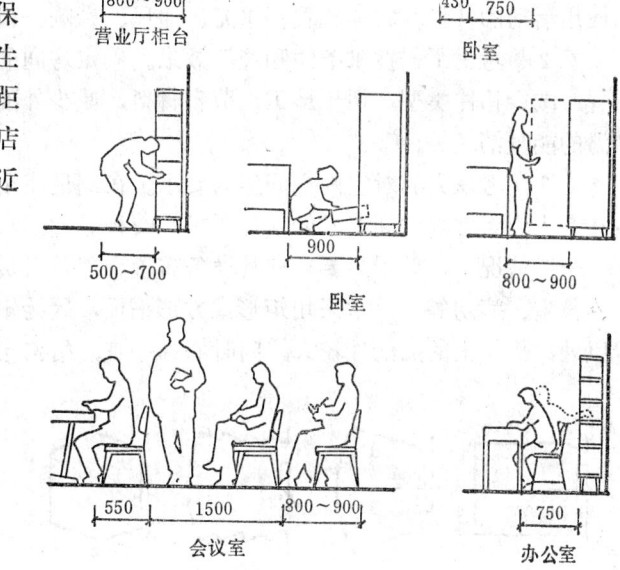

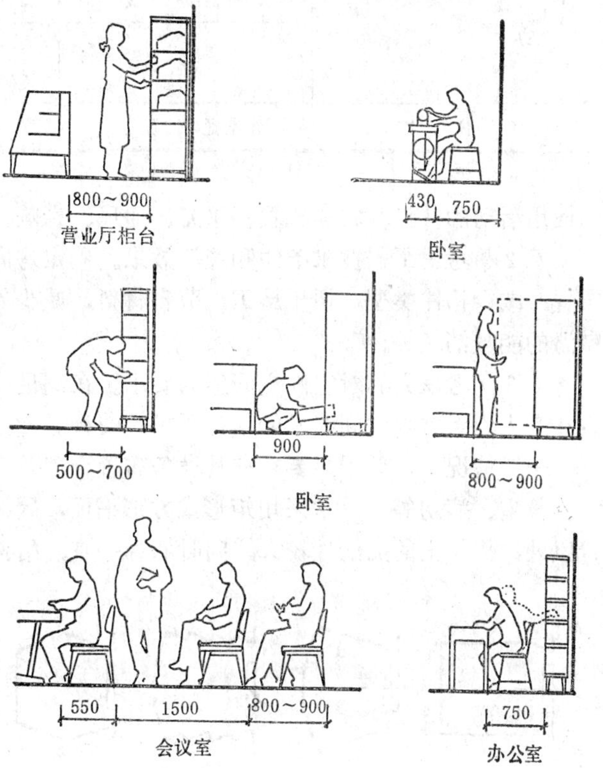

图 11-2　会议室、卧室、营业厅家具近旁必要尺寸

图 11-1　卧室室内面积分析

1—家具面积；2—活动面积；3—交通面积

（3）确定房间的使用人数和使用特点。如影剧院的观众厅，首先要知道使用的人数，才能确定其面积。但有些建筑物中，房间的使用人数并不固定，如商店营业厅中柜台顾客的数量和影剧院休息厅中休息观众的人数等。这种情况通常需要通过对已建的同类房间进行调查，掌握人们实际使用活动的规律，从而确定出比较切合实际的使用人数，以便计算出合理的使用面积。

（4）考虑经济条件。在实际工作中，国家或各地的主管部门，已对一些建筑物制定出符合我国当前或当地经济水平的建筑面积定额指标，可供设计时参照或参考。表11-1是部分民用建筑房间的面积定额参考指标。至于有些建筑，没有面积定额指标可循，则需要设计人员通过调查研究，收集资料，经分析比较，本着节约原则确定。

2.房间的形状和尺寸　初步确定了基本房间的面积后，就可进一步确定房间的形状和尺寸。确定房间的形状和尺寸时应考虑以下几个方面的要求：

（1）满足使用功能要求。房间的形状和尺寸与使用功能联系密切，设计时应考虑房

部分民用建筑房间面积定额参考指标　　　　　表 11-1

建筑类型　　　项目	房间名称	面积定额(米²/人)	备　　注
中小学校	普通教室	1～1.2	小学取低限
办公楼	一般办公室	3.5	不包括走道
	会议室	0.5 2.3	无会议桌 有会议桌
图书馆	普通阅览室	1.8～2.5	4～6座双面阅览桌

间使用活动的特点、家具布置、采光、通风、音响、视觉等因素的影响。

（2）考虑工程技术条件和经济效果。确定房间的形状和尺寸，应有利于房间的结构布置，减少构件类型，便于施工，节省材料，减少外围护结构面积，降低造价和降低保持室温的能量消耗等。

（3）考虑人们对室内空间感的要求。在满足使用功能和技术经济条件的基础上，还应注意人们对室内空间艺术的精神要求，使视觉空间与实用空间的使用功能相统一。

一般情况下，对于只要求家具设备布置合理及人员活动方便的房间（如居室、办公室、教室、病房等），常采用矩形或方形平面，因为矩形平面或方形平面除了便于家具布置以外，使用上的灵活性较大，同时墙身平直，结构布置简单且施工方便，房间的开间、进深易于统一，便于房间之间相互组合成为一幢建筑物。

有些建筑物，对其主要房间有特殊的要求，如影剧院中的观众厅，考虑声学和视线方面的要求，而采用扇形、钟形等平面

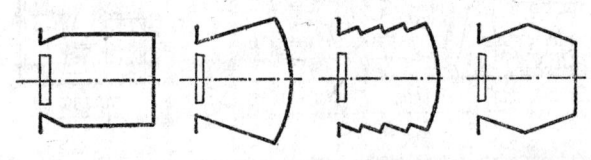

图 11-3　剧院观众厅平面

（图11-3）又如体育馆比赛大厅，考虑声学、视线、疏散等要求，除矩形外，还可采用圆形、椭圆、八角形等平面。采用这些平面形式的共同特点是可以避免视距过大，并有利于疏散口的均匀分布。

确定了房间的面积和形状，如果没有合适的平面尺寸，也不能很好地满足使用要求。决定房间的合适尺寸应从满足室内活动特点，有利于家具的灵活布置，有利于采光通风和结构布置等几方面的因素综合决定。

例如住宅中的卧室，为方便人们生活起居休息之用，需要有一定的活动空间和布置家具的墙面，其中床是主要家具，它的布置能否有多种可能性和灵活性，是决定卧室开间和进深（宽和长）的关键。如果希望卧室能布置一个双人床和一个单人床，则卧室的净长就应大于两个床的长度加上必要的间隙或一个双人床的宽度加一个单人床的长度再加一个床头柜的宽度和必要的间隙，即不应小于4.2m。卧室的净宽则应大于床的长度加上门的宽度和必要间隙，即不小于3.0m，详见图11-4。

确定房间的形状与尺寸，有时还应考虑周围环境和基地大小等总体要求，如图11-5表示了卧室的平面位置受到基地条件（朝向）限制时，为改善房间的朝向，房间平面采用了

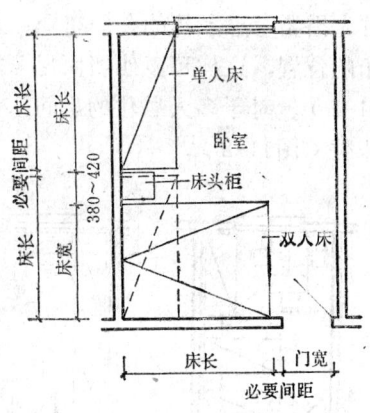

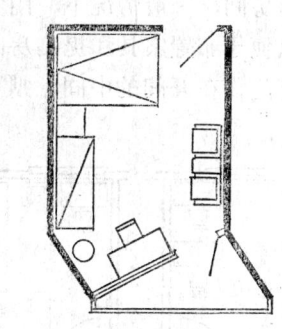

图 11-4　房间尺寸与家具尺寸的配合　　　　图 11-5　异形平面的卧室

非矩形的布置。

（三）门的布置

在房间的平面设计中，门的布置对于人们活动，内部空间的使用，家具的布置及安全疏散等影响很大。因此，要妥善选择好门的宽度、数量、位置及开启方式。

1.门的宽度和数量

门的数量取决于内外联系的需要，同时还要考虑房间容纳人数的多少以及在紧急情况下安全疏散的要求。根据防火规范要求，如果室内使用人数多于50人或面积大于$60m^2$，至少要有两个门，并分设在房间的两端，以保证疏散安全。会场、观众厅等人流量集中的公共活动房间，门的数量应根据疏散要求经计算确定。

门的宽度取决于人和家具设备的尺度、人流的多少以及房间的特点。一般单股人流通行宽度为600mm，因此，单扇门的宽度为600～1000mm。如住宅中的卫生间的门，只要通过一个人就可以，宽度可650～700mm。阳台的门或厨房的门取800mm即可，即稍大于一人通过的宽度。对于供少量人和普通家具出入的门（如住宅中的卧室、办公楼中的办公室等），宽度常采用900mm左右，这样的宽度可使一个携带东西的人，方便地通过，也能搬进床、柜、桌等尺寸较大的家具（图11-6）。双扇门的宽度为1200～1800mm，医院病房的门为了通行推车，常用1200～1300mm的不等宽双扇门。双扇门一般用于使用人数较多的公共场所，如影剧院的观众厅的门，由于防火和疏散的需要，多数都采用双扇门。

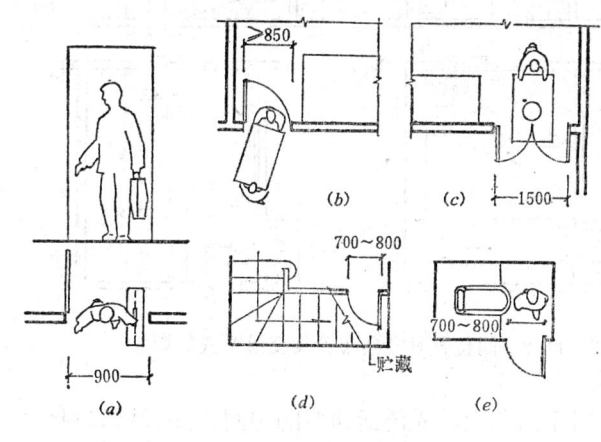

图 11-6　门的宽度

2.门的位置及开启方式

门的位置对室内家具布置，人流活动和房间面积利用等影响很大，还影响室内交通路线和安全疏散。

对于面积小，只需设一个门的房间，门的位置首先需要考虑家具的合理布置。如居室或办公室等房间，一般情况下，门宜设置在靠近墙角的位置，这样可以使墙面尽可能地保持完整，以便于布置家具和提高房间的利用率（图11-7）。对于多人居住的房间，如集体宿舍，若把门设在开间的中间，则可以布置更多的床位（图11-8）。

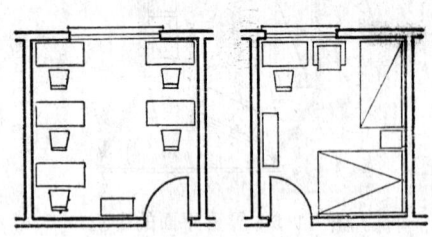
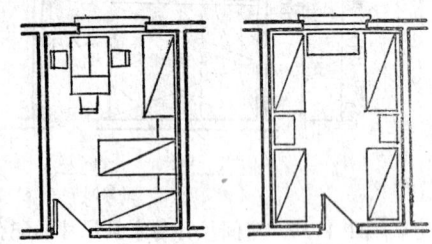

图 11-7　居室、办公室门的位置　　　　　图 11-8　集体宿舍床铺安排和门的位置关系

当房间的面积不大，而门的数量又不止一个时，门的位置应有利于缩短室内的交通路线，保留较为完整的活动面积，并尽可能留出能够布置家具的墙面，图11-9是带有阳台和带有套间的卧室门的位置不同时，对家具布置及交通路线的影响的例子。

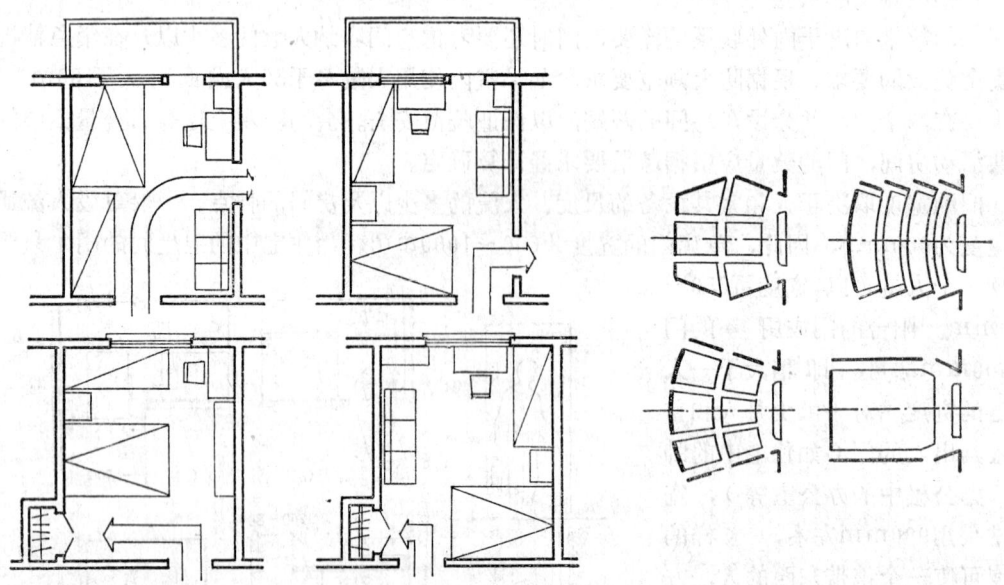

图 11-9　门位置对家具布置及交通路线的影响　　　　图 11-10　观众厅中门的位置

对于面积大，人流活动多的房间，如影剧院观众厅、商店的营业厅等，门的位置主要应考虑通行简捷和疏散安全，这类房间的门通常应较均匀地分设，以便于正常疏散和紧急疏散（图11-10）。

确定门的开启方向，要以房间的用途和位置为依据，使用人数少的房间，门多为内开，这样不会影响走道的宽度，即不影响公共交通。但在使用人数较多的房间，如合班教室，大型会议室或礼堂、候车室、阅览室以及观众厅中，房间的门应开向走道或直接开向室外，以确保紧急情况下能安全迅速疏散。

当一个房间中几个门的位置比较集中时，应注意协调这几个门的开启方向，避免门扇相互碰撞和妨碍人们的通行（图11-11）。

（四）窗的布置

窗的主要作用是采光和通风，因此，房间中窗的大小和位置，主要应根据室内采光、通风要求来确定。

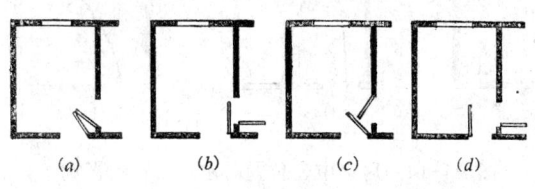

图 11-11　房间中门较集中时门的开启方向

1.窗的面积

房间中窗面积的大小直接影响到室内照度是否足够。各类房间的照度要求，是根据室内生产、生活、工作的精确细密程度确定的。实际工程中，通常以窗口透光部分的面积和房间地面面积之比作为初步确定或校验窗户面积大小的依据。根据房间的使用性质，我国将民用建筑和工业企业不同用途的房间分为不同的采光等级，采光等级越高的房间，其要求的采光面积比也越大。表11-2是根据房间使用性质确定的采光分级和采光面积比。确定出窗的采光面积以后，还应根据选用的窗的材料、形式、层数，再除以窗结构挡光折减系数，即得到所需的窗洞面积。

民用建筑中房间使用性质的采光分级和采光面积比　　　　表 11-2

采光等级	视觉工作特征		房 间 名 称	天然照度系数	采光面积比
	工作或活动要求精确程度	要求识别的最小尺寸(mm)			
Ⅰ	极精密	<0.2	绘图室、制图室、手术室、画廊	5~7	1/3~1/5
Ⅱ	精密	0.2~1	阅览室、医务室、健身房、专业实验室	3~5	1/4~1/6
Ⅲ	中等精密	1~10	办公室、会议室、营业厅	2~3	1/6~1/8
Ⅳ	粗糙	1~2	观众厅、休息厅、盥洗室、厕所	1~2	1/8~1/10
Ⅴ	极粗糙		贮藏室、门厅、走道、楼梯间	0.25~1	1/10以下

窗的面积大小也会影响到通风效果，在炎热地区，为了在夏季取得良好的通风效果，实际开窗面积，往往大于采光所要求的开窗面积。

2.窗的位置

房间中窗的平面位置关系到室内照度是否均匀，有无暗角和眩光。如果房间的进深较大，同样面积的矩形窗户竖向设置，可使房间进深方向的照度较均匀。中小学教室如采用单侧采光时，窗户应位于学生左侧，窗间墙的宽度从照度均匀考虑，一般不宜过大，同时，挂黑板的墙面和窗之间的距离要适当，应保持1000mm左右，以保证黑板上既不产生眩光，又不致于形成暗角（图11-12）。

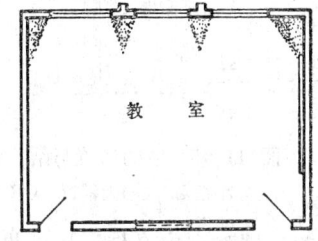

图 11-12　单侧采光的教室窗的平面布置

一般情况下，窗在平面上宜位于房间中部以保证房间开间方向光线的均匀性（图11-13）。有时，也应考虑窗的位置对家具设备布置的影响，如图11-14（a）所示的居室的窗开在中间，不便于床的布置，而图11-14（b）则家具布置方便。

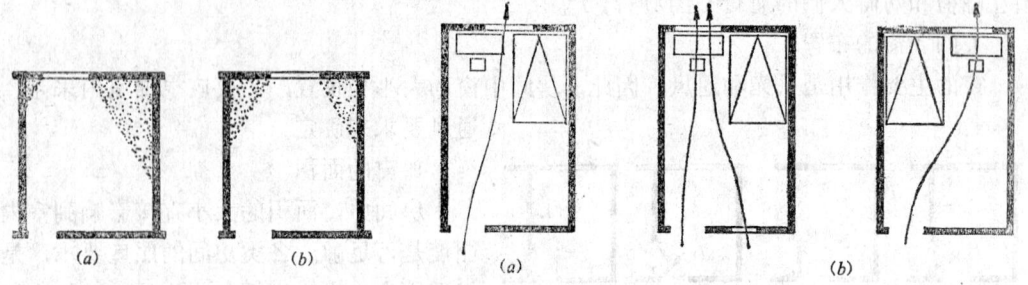

图 11-13　窗的平面位置对采光的影响　　　　图 11-14　居室中窗位置对家具布置的影响

　　窗的布置还应考虑气候、朝向等条件，在我国南方不宜在西墙面多开窗，在北方则不宜在北墙面多开窗。

　　窗的布置还应综合考虑结构、抗震等要求。砖混结构一般以承重墙段分隔，形成窗间墙，框架结构以承重柱分隔，有利于加大开窗面积，当柱与窗在一个平面时，形成大框窗，当柱与窗不在一个平面时，则形成带形窗，后者在当代建筑中应用较普遍（图11-15）。

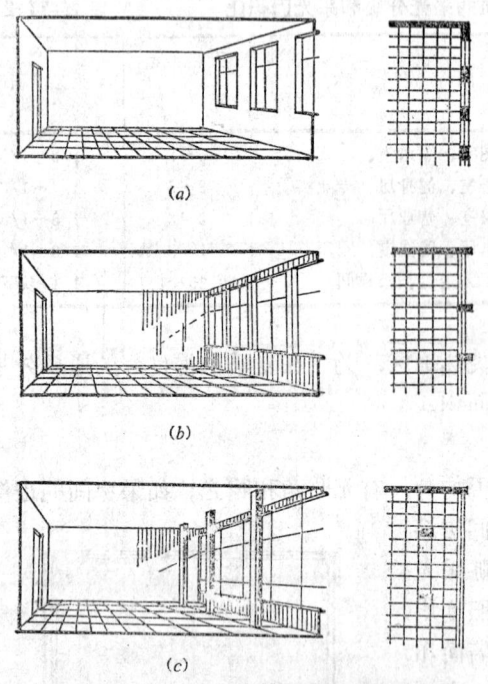

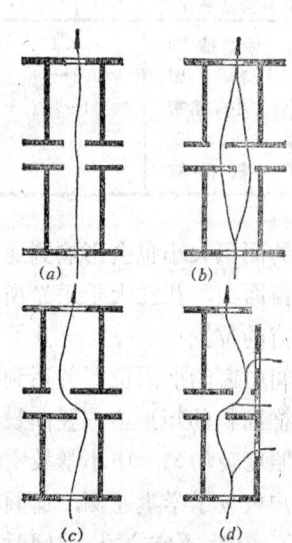

图 11-15　窗的布置与结构的关系　　　　　　图 11-16　门窗位置对穿堂风的影响
(a)小框窗　(b)大框窗　(c)带形窗

　　窗的位置对室内自然通风效果影响也很大，需要加强自然通风的房间，通常是利用房间两侧相对的窗户或相对的门窗来组织穿堂风。当门窗的相对位置采用对面通直布置时，有利于室内空气的流通，此时还应尽可能使穿堂风通过室内的主要使用部分（图11-16）。当房间的一侧不便于开低窗时，可在墙上开设高窗，如图11-12中的教室平面中，在靠走廊的一侧墙上设置了高窗，这样既不产生视线干扰和影响走廊通行，又利于改善通风。

二、辅助房间的平面设计

建筑物中的辅助房间的平面设计和基本房间的设计原则大体相同。设计厕所、盥洗室、浴室等房间，要根据使用特点和使用人数，首先确定所需要的设备数量，再根据计算所得的设备数量，考虑厕所、盥洗室的分间情况，初步确定面积和形状。在建筑平面组合中，这些面积和形状还要作适当调整，以便使它们能与其他房间合理组合。

（一）卫生设备的种类和数量

专用盥洗室（卫生间）中常用的卫生设备有大便器（可分为蹲式和坐式）、洗脸盆、浴盆或淋浴器等。公共厕所中的常用卫生设备有大便器（可分蹲式、坐式）、小便器（可分为小便斗和小便槽）、洗手盆和污水池等。公共盥洗室内的卫生设备有洗脸盆或盥洗槽以及污水池等。淋浴室中则安装淋浴器以及衣柜或挂衣钩等。以上卫生设备可依卫生要求、建筑标准和使用习惯选用，如在一些使用人数多而频繁的公用厕所中，为节省造价和维修费用，便于管理，可设水冲式大便槽；小便器有小便斗和小便槽两种，在标准较高的公共建筑中可选用小便斗。

每个建筑的厕所、盥洗室及淋浴室的卫生设备数量是根据使用人数确定的。表11-3列举了部分建筑的卫生设备数量参考定额。

部分建筑厕所设备数量参考指标　　　　　　　　表 11-3

建筑类别	男小便器（人/个）	男大便器（人/个）	女大便器（人/个）	洗手盆或龙头（人/个）	男女比例	
小　学	40①	40	20	90	1.1	
中　学	50①	50	25	90	1.1	
办 公 楼	20	40	15	40		男女比例按实际情况计算
图 书 馆	30	60	30	60	1.1	总人数按阅览室座位计算

① 设1.0m长小便槽。

（二）厕所、卫生间、盥洗室、淋浴室的布置

卫生设备的布置应满足使用者活动空间尺寸及设备安装技术的要求，在此前提下还应力求紧凑合理。图11-17为住宅、旅馆中卫生间设备的组合尺寸。图11-18是公用厕所、淋浴室及盥洗室中，考虑设备大小和人体所需尺度的基本布置方式和所需尺寸。

在公共建筑中，公用厕所一般应布置有前室并设两道门，设前室不仅显得比较隐蔽而雅观，而且前室可作为公共交通空间与厕所之间的缓冲带，有利于保持卫生，并减少臭气对公共交通空间的影响[图11-19(a)]。前室的深度应考虑两道门前后开启所占的位置，一般在1.5~2.0m左右。有盥洗室的公用厕所，常采用套间式的布置方式，这样可省去前室的面积，又使管道比较集中[图11-19(b)]。

某些较小规模的公用厕所，由于所需卫生设备数量较少，往往采用男女厕所合占一个开间的布置方式（图11-20）。这种布置比较节省面积，但要在男、女厕所之间的隔墙上设间接采光高窗，也可以只设隔断，利用隔断的上部达到间接采光的目的。

此外，在没有上、下水的地方，可以在建筑物附近，集中设置旱厕，这种旱厕同样应满足使用需要和卫生要求。旱厕的位置，应选择在建筑物的下风向，农村旱厕宜靠近猪圈，以便共同使用粪坑，但应注意猪圈卫生的影响。图11-21为农村旱厕示意。

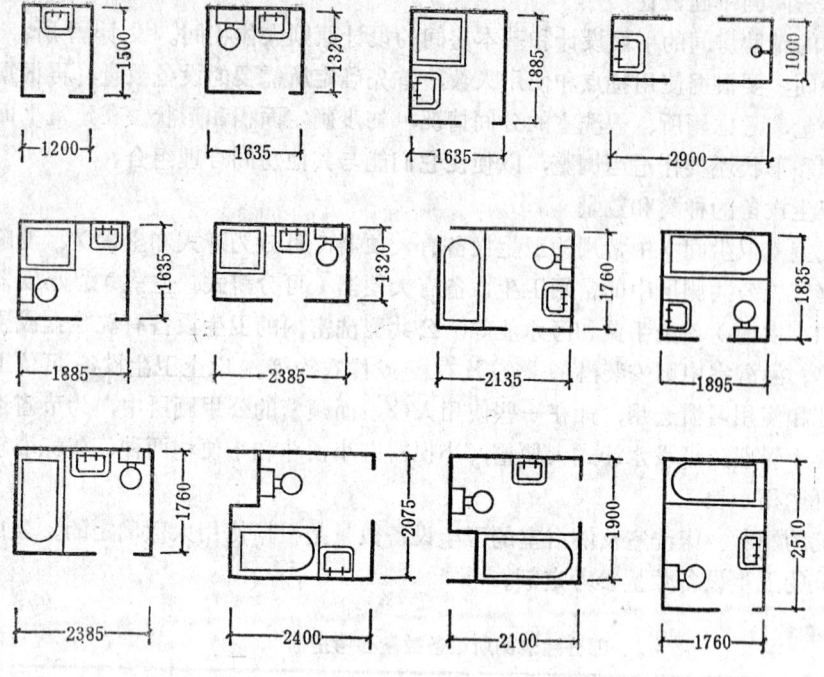

图 11-17 旅馆住宅卫生间平面布置

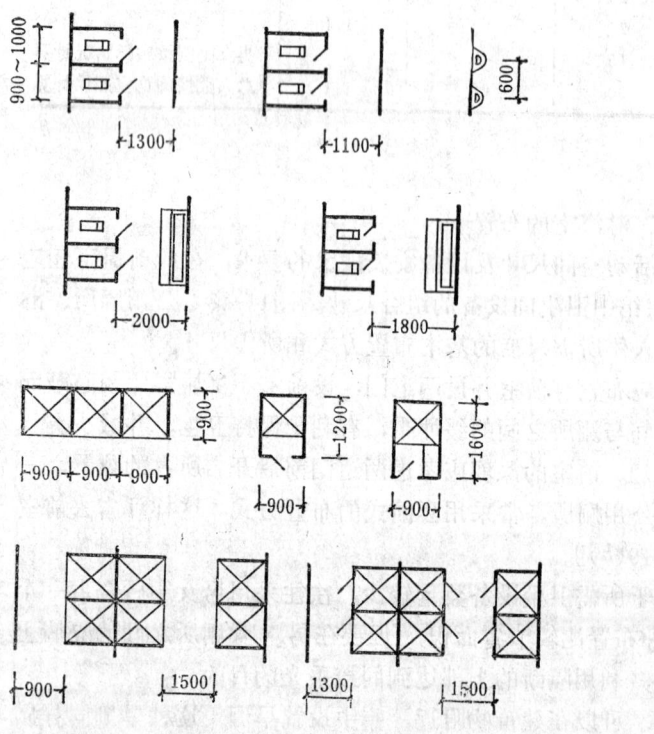

图 11-18 公用厕所、淋浴间组合尺寸

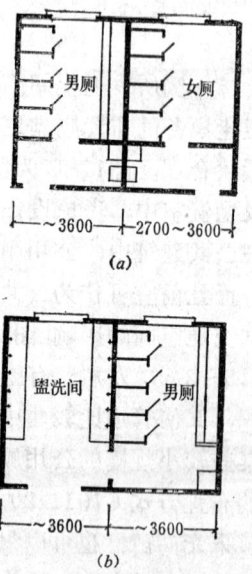

图 11-19 公用厕所平面布置示例

(a)附有前室的男、女厕所;(b)套间布置的盥
洗室和男厕所

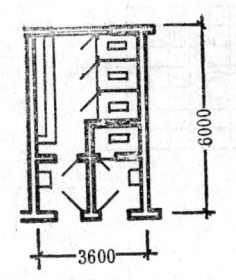

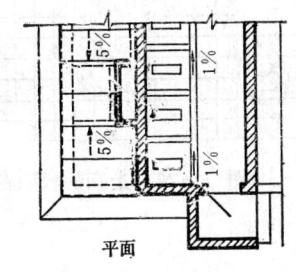

平面

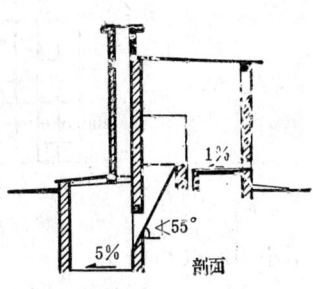

1%

5%

55°

剖面

图 11-20　男、女厕所占一个开间的布置　　　　图 11-21　农村旱厕示意

三、交通联系部分的平面设计

一幢建筑物除了有各种用途的主要使用房间和辅助房间外，还要通过一定的交通联系方式把房间与房间有机地联系起来，并通过出入口与室外相联系，以保证使用方便和疏散安全。在整个建筑中，交通部分所占面积的比重相当大，例如，在教学楼中约占25%～35%；办公楼中约占15%～25%；医院中约占20%～38%，这部分的面积设计得是否合理，不仅关系到各使用部分的联系通行是否方便，也将对房屋造价、建筑用地、平面组合方式等方面有很大影响。

建筑物内部的交通联系空间可分为三类：一是水平交通空间，如走廊等；二是垂直交通空间，如楼梯、坡道、电梯和自动扶梯（村镇建筑一般在近期内不设）；三是交通枢纽空间，如门厅、过厅等。

交通联系部分的主要设计要求是：

1.交通路线简捷明确，联系通行方便；

2.尺度恰当，人流通畅，在紧急疏散时能迅速而安全；

3.能满足一定的采光通风要求；

4.在满足使用要求的前提下，力求节省交通面积；

5.空间形象简洁宜人。

（一）水平交通空间的设计

水平交通空间的主要类型是走廊，走廊的主要作用是联系同一层内的各个房间，有时也附有其他从属的功能，例如：医院门诊部常将走廊加宽兼作候诊廊；教学楼的走廊内部常布置陈列橱窗或黑板报；展览馆常设计兼作观览和交通的展览廊。

走廊两侧均有房间时称"内廊"，走廊单侧布置房间时称"外廊"。外廊的外侧可以设计成封闭式、开敞式等几种方式。

1.走廊的宽度

走廊的宽度要符合平时人流通行和紧急状态下的安全疏散的要求。走廊的宽度通常按通行人流的股数计算，每股人流宽550～600mm，例如两人对面行走所需的宽度为1100mm（图11-22）；如兼有其它用途时，宽度需按具体情况适当加大。在具体设计时，走廊宽度的确定还应结合以下因素来考虑：

（1）人流的性质　如专供不带物件的人行走的走廊，其宽度可按图11-22确定；通行携带物件的人流时，宽度要结合物件的尺寸确定；专门运送货物的走道，应根据货物及运输设备的尺寸确定；医院建筑中的走道宽度应满足担架掉头的要求（按此要求，净宽要

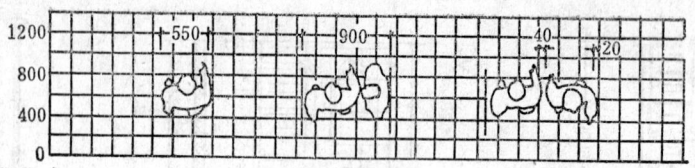

图 11-22　走廊的极限宽度

不小于2400mm）。

（2）人流的方向和数量　人流的方向有单流（单向）、对流（相向）、合流（分流、交叉等几种情况），如图11-23。在人流交叉处和对流的情况下，走廊要适当加宽些，人流多的主线应比人流少的支线宽一些。

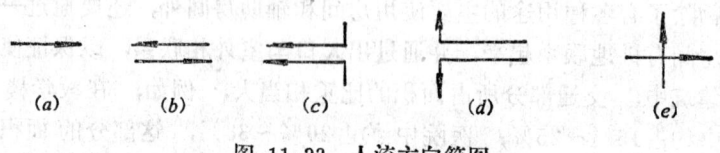

图 11-23　人流方向简图

（3）门开启方式的影响　走廊两侧房间的门一般向内开，当由于使用要求门必须开向走廊时，走廊宽度就要相应宽一些（图11-24）。

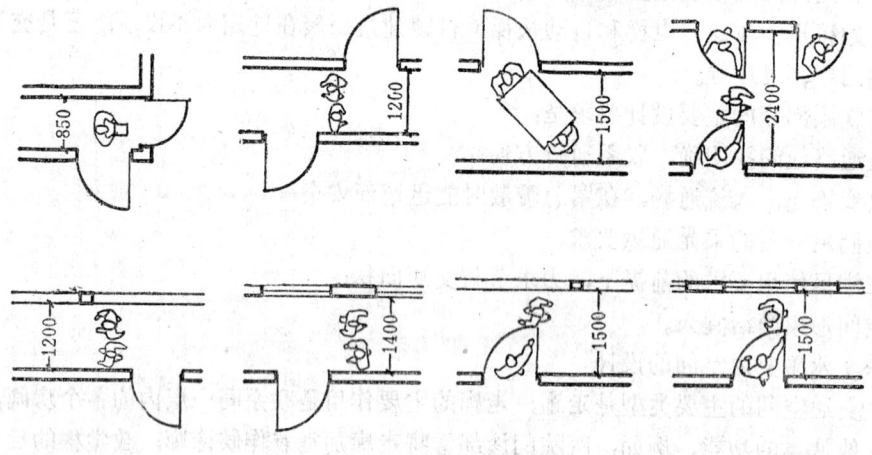

图 11-24　走廊的宽度

（4）走廊长度的影响　当走廊很长时，为使走廊空间不感到过于狭长，其宽度往往设计得比实际功能所需的要宽一些。

（5）防火疏散的要求　走廊的宽度，还应根据建筑物的耐火等级、层数和通行人数的多少，按防火规范的要求进行校核。表11-4为学校、商店、办公楼等公共建筑疏散外门、楼梯各自疏散宽度的指标。疏散走廊的宽度不应小于1.1m。

2.走廊的长度

走廊的长度是根据建筑物的性质，防火疏散要求决定的。根据走廊与楼梯及建筑对外出入口相对位置的不同，可以把走廊分段划分成袋形走廊和位于两个对外出口之间的走廊，袋形走廊是指走廊中的房间只有一个方向上设有疏散楼梯或对外出口。为满足紧急状态下的疏散要求，这两种走廊的长度应符合表11-5的规定。

层　　　　数	耐　火　等　级		
	一、二级	三级	四级
	宽　度　指　标　（m/百人）		
一　　层	0.65	0.75	1.00
二、三层	0.75	1.00	—
四、五层	1.00	—	—

注：①底层外门的总宽度应按该层或该层以上人数最多的一层计算。
②每层疏散楼梯的总宽度应按本表规定计算；当每层人数不等时其总宽度可分层计算；下层楼梯的总宽度应按其上层人数最多的一层计算。

疏散距离(m)　名　称	房门至外部出口的距离(m)					
	位于两个外部出口或楼梯间之间的房间			位于袋形走道两侧或尽端的房间		
	耐　火　等　级			耐　火　等　级		
	一、二	三	四	一、二	三	四
托儿所、幼儿园	20	15	—	18	13	—
医院、养老院	30	25	—	18	13	—
学　　　校	30	25	—	20	18	—
其它民用建筑	35	30	20	20	18	13

注：敞开式外廊建筑的房间门至外部出口或楼梯间的安全疏散距离可按本表增加5m。

　　走廊分为外廊和内廊两种形式，一般均采用天然采光。外廊具备良好的采光、通风条件；内廊由于两侧均布置房间，因此，采光通风条件较差，设计时除了应尽可能在走廊两端开窗外，应充分利用房间中门上的亮窗、玻璃门或高窗来补充走廊的光线和组织通风。当走道过长时，需在中部适应位置增设开敞空间或玻璃隔断间接采光（图11-25）。双侧布置房间的内廊，当一端设有采光口时，其长度不应超过20m，两端布置采光口时，其长度不应超过40m，否则中间应增设采光口或用人工照明加以补充。当利用天然采光难以满足采光要求时，如大型旅馆建筑中才考虑主要依靠人工照明。

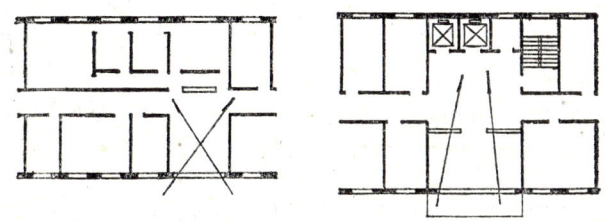

图 11-25　利用开敞空间或玻璃隔断改善内廊采光

（二）垂直交通空间的平面设计
村镇建筑中的垂直交通工具主要是楼梯和坡道。
1.楼梯

楼梯的主要作用是与各层的走廊直接联系，并与门厅、出入口相衔接，是楼层人流通行和疏散的必经通路。位于门厅的楼梯，还起着装饰空间的作用，位于室外的楼梯，还常常兼有丰富建筑造型的作用。

楼梯设计的主要任务是根据使用要求、人流通行情况和安全疏散要求，合理选择楼梯的形式，确定楼梯的尺度、数量和位置。

（1）楼梯的形式　楼梯的形式有单跑、双跑、三跑、剪刀式、弧形等，详见图5-1。单跑楼梯多用于层高较低的建筑或坡度较陡的次要楼梯，某些公共建筑，有时为解决集中人流的疏散也采用单跑楼梯，有时为强调空间气氛也常采用单跑楼梯。单跑楼梯具有方向单一，空间连贯、富有气势的特点。双跑楼梯是常用的楼梯形式，它不仅适用于一般楼梯及辅助楼梯，也适用于公共建筑的主要楼梯，在公共建筑中，双跑楼梯还可布置成双分式或双合式的形式。当平面上布置双跑楼梯进深不够，或为了布置电梯，或为了美观要求时，也常采用三跑楼梯。

弧形楼梯和剪式楼梯常用于大厅中，弧形楼梯具有较强的装饰性，剪式楼梯便于人流的双向分流。

（2）楼梯的尺度　楼梯的各部分尺寸要根据使用要求、通行能力、安全和防火规定来确定。其尺度包括楼梯段宽度、休息平台宽度、楼梯的坡度以及楼梯净空尺寸等，这些内容已在第五章中讲述过，这里不作重复。值得注意的是因公共建筑的楼梯分为主要楼梯、次要楼梯、内部使用或辅助用的小楼梯以及消防楼梯等，因此，设计时楼梯段的宽度、楼梯的坡度应根据楼梯的性质来确定，次要或辅助楼梯的坡度可以陡一些，楼梯段宽度可比主要楼梯小。

（3）楼梯的数量和位置　楼梯的数量和位置，关系到建筑物中人流组织是否通畅、疏散是否安全迅速，建筑面积是否经济合理等问题，楼梯的数量要根据使用性质，每层人数和防火要求来确定。通常情况下，公共建筑至少应设两部或两部以上楼梯。只有在每层面积较小和使用人数较少时才允许设一部楼梯，《村镇建筑防火规范》对民用建筑的具体规定见表11-6。从安全疏散考虑，《村镇建筑防火规范》规定建筑物内楼梯的总宽度应符合表11-4的规定，楼梯的总间距应符合表11-5的规定。

设置一个疏散楼梯的条件　　　　　　　　　　表 11-6

耐火等级	层　　数	每层最大建筑面　积（m²）	人　　　　　　数
一、二级	二、三层	400	二、三层人数之和不超过80人
三　级	二　层	200	第二层人数不超过20人

设置多部楼梯的建筑，楼梯应均匀地分布在建筑物中，也可把楼梯分出主次，把主要楼梯布置在门厅或门厅的附近，形成全楼交通重心，便于组织和分散人流。次要楼梯一般布置在建筑物的一端或走道的交叉处，楼梯底层应直接通向出入口，或靠近出入口以利于疏散。楼梯不必占用好的朝向，可设在北面、东、西面或转角处。图11-26为楼梯布置的例子。

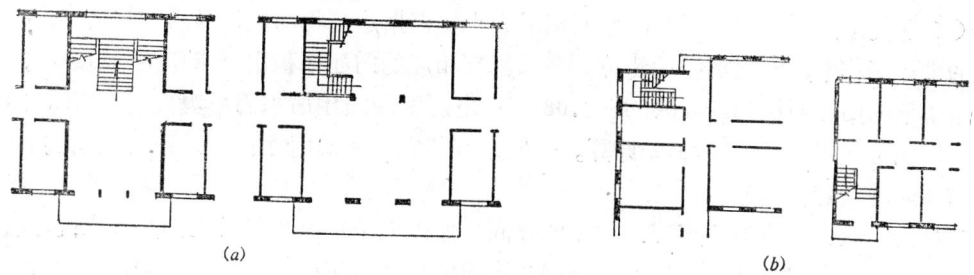

图 11-26　楼梯的位置

2.坡道

坡道是用斜坡代替踏步的垂直交通设施，它的特点是上下比较省力，坡度在10％左右。它适用于某些特殊功能要求的建筑，如医疗建筑中设置坡道，可方便运送担架和病床，并便于病人上下楼。在为残疾人提供服务的建筑中，为方便轮椅车上下楼，应设置室内坡道。车站、码头等人流密集的交通建筑出口，采用坡道要比踏步行走省力而安全。坡道的缺点是占地面积大。

坡道设计中，应选择合适的形式，确定适宜的宽度、坡度，并注意坡道地面的防滑处理。

室内坡道的形式常用的有双折形和马蹄形，两种，详见图11-27。

坡道宽度的确定方法同楼梯相似，某些建筑中还要考虑担架的宽度或轮椅车的宽度。

坡道的坡度应合适，室内坡道应不大于1：8，室外坡道应不大于1：10，供轮椅车使用的坡道不应大于1：12。并应有不小于1.50m宽的缓冲平台。当坡道的坡度大于1：8或采用光滑面层时，应有防滑措施。

供病人或残疾人行走的坡道两侧宜设置扶手，扶手应保持连贯，并至少延伸坡道起始及终了处0.30m，其高度为0.90m，供轮椅使用的坡道两侧应设高度为0.65m的扶手。

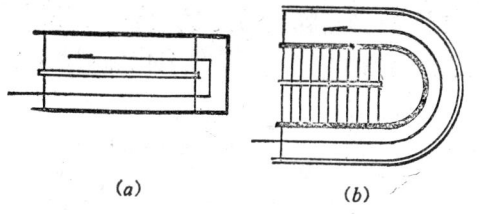

图 11-27　楼层坡道的形式

（三）门厅、过厅、门廊与门斗

1.门厅

（1）门厅的功能及位置　门厅是建筑物主要出入口处的内外过渡、人流集散的交通枢纽，在有些公共建筑中，门厅还兼有其他使用功能。例如医院、卫生院的门厅、常兼挂号、取药、收费及候诊等；学校教学楼的门厅常设布告、宣传、作业陈列等；旅馆的门厅常兼有旅客登记、休息、问讯、小卖、会客等功能。有的门厅还兼有展览、陈列的功能。

此外，门厅在整个建筑物中往往也是建筑艺术重点处理的空间，是建筑物首先给人以艺术感受和反映建筑物性质和特点的地方，特别在某些公共建筑中，门厅常常被看作是建筑物的"序言"。

门厅一般设置在建筑物的主要出入口处，次要出入口处通常不设门厅。在规模较大的公共建筑中，一般可设一个至几个门厅，如医院建筑，不同病科和功能路线有不同的出入口和门厅，但在一个建筑物中，主要门厅一般只有一个。有些建筑也可以不设门厅，例如商店建筑，往往一进门就是营业厅。

（2）门厅的面积和形状　门厅面积的大小要根据建筑物的使用性质和规模确定，在实际的设计工作中，不同类型的建筑大多数都有相应的门厅面积定额指标可供参考。例如，中小学的门厅面积为每人 $0.06 \sim 0.08 \text{m}^2$，电影院的门厅面积为每观众 0.13m^2，旅馆的门厅面积可按每床 $0.2 \sim 0.5 \text{m}^2$ 计算。一些兼有其它功能的门厅面积，还应根据实际使用要求相应地增加。

门厅的形状常为方形或矩形，门厅的开间一般以大于进深为好，因为宽浅式门厅有利于疏散。但兼有附属功能的门厅，其开间与进深的尺寸则应根据各种功能安排的实际需要来确定。

（3）门厅的布置方式　门厅的布置方式常采用对称式和不对称式布置两种。

对于追求庄严感的门厅，多采用对称式布局，它具有明显的轴线，方向性明确，常用于外观对称的建筑，可使出入口的地位更加突出（图11-28）。

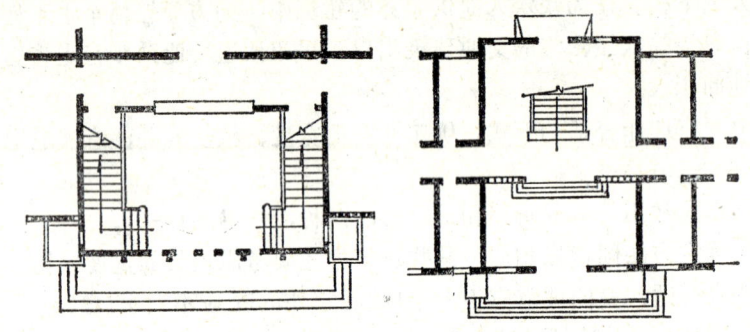

图 11-28　对称式门厅

对于追求亲切感的门厅，宜采用不对称式布局（即自由格局），不对称式门厅没有明显的轴线，门厅的布置比较自由和灵活，空间变化多样，所以显得轻巧活泼（图11-29）。

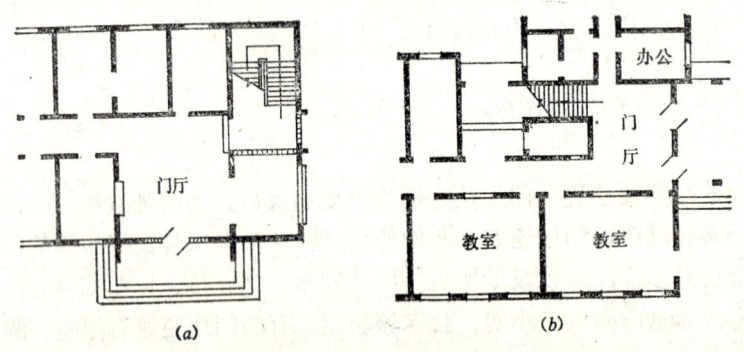

（a）　　　　　　　　　　　　　（b）

图 11-29　不对称门厅

（4）门厅的人流组织和空间导向　门厅设计的关键是组织人流，既要避免人流过多的交叉和干扰，又要便于人流集结及疏散，门厅还应具有一定的导向性，使人进入门厅后能明显的发现引向垂直交通的楼梯，能够很容易识辨通向主要空间和次要空间的方向。导向性往往可通过对走廊口门洞的大小、墙面的透空和装饰处理，以及楼梯踏步的引导等设计手法来达到。导向应显眼、明确，不可故作掩饰。

图11-30是北京和平宾馆的门厅，是一个在门厅内设有较多附属功能内容的实例，其门厅采用不对称布局，与旅馆建筑要求的亲切感相一致。这个门厅设计通过人流分析比较恰当地运用空间处理的导向性组织人流，尽量减少人流的交叉干扰。虽然整个功能比较复杂，但通过巧妙的空间组合显得亲切而灵活。

（·5）门厅的空间艺术处理　由于门厅是人们进入建筑物首先到达、经常经过和停留的地方，因此除了解决好使用功能问题外，还要处理好空间造型与艺术的问题，使空间达到功能和艺术的完美统一。

在较大尺度的门厅中，可以充分利用不同形式的隔断、楼梯、夹层、家具来增强门厅空间的层次感，还可以利用透空花隔断或玻璃隔断以借厅外之景观，使厅内空间更加丰富生动。图11-31为增加门厅空间层次的实例。

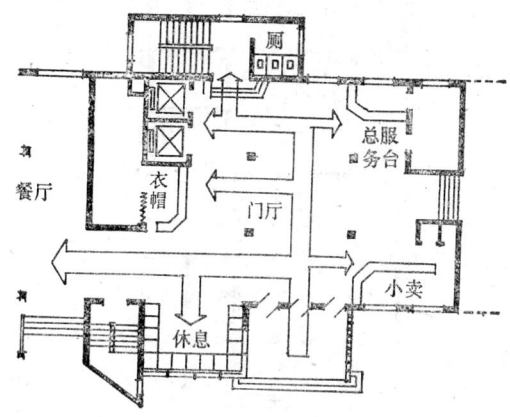

图 11-30　北京和平宾馆门厅

图 11-31　增加门厅空间层次的实例

2.门廊与门斗

（1）门廊　为了保证人们进入门厅前能遮雨，除可在门的位置处设雨篷外，还可采用设置门廊的方式。门廊的形式在纪念性建筑或要求显得庄重严肃的建筑以及交通建筑中采用较多。门廊除了遮雨的作用外，还起室内外空间过渡作用，并承担增加门厅空间层次的作用。如纪念性建筑的门廊，可给欲进入门厅的观众以一定的情绪准备。门廊还常起空间对比的作用，例如，较小面积的门廊与宽阔的门厅（或大堂）形成对比，可使门厅（或大堂）显得更加宽阔高大。又如窄而高的门廊可与宽而低的室内空间形成强烈的方向对比，给人们以鲜明的印象。

门廊的宽度、长度及高度应根据出入口处门的大小和人流的性质确定，还应与建筑物的立面造型和艺术处理相统一。

图11-32是设置门廊的例子。

（2）门斗　在气候寒冷或多风砂的地区，为了避免冷空气或风砂进入，入口处常设门斗。门斗也是室内外之间的过渡空间，它除了解决室内外冬季温差大的问题外，也是进

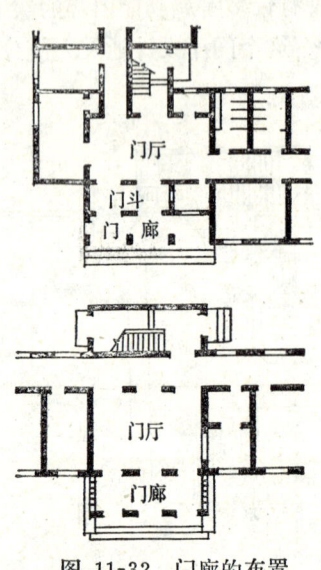

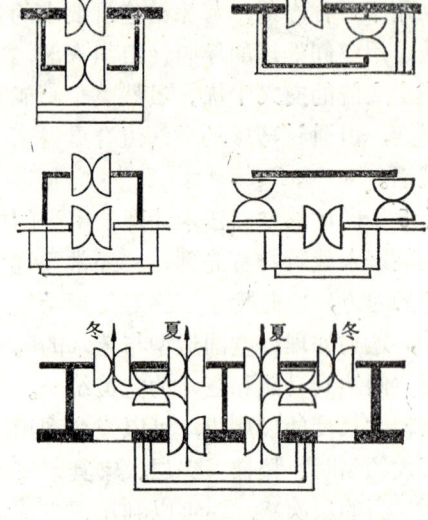

图 11-32　门廊的布置　　　　　　　　　图 11-33　门斗的布置

入室内的"准备空间"。由于门斗的面积一般不大，故该空间也常起烘托室内大空间的对比作用，达到欲扬先抑的效果。

　　门斗的最小尺寸和门的开启方式要考虑两道门开启时互不妨碍，避免人流被堵在里面出不来，门斗的两道门一般多作弹簧门，以保证经常关闭，起到挡风砂的作用(图11-33)。需要停放运输车辆的门斗，其尺寸应按车辆的尺寸来考虑（图11-34）。

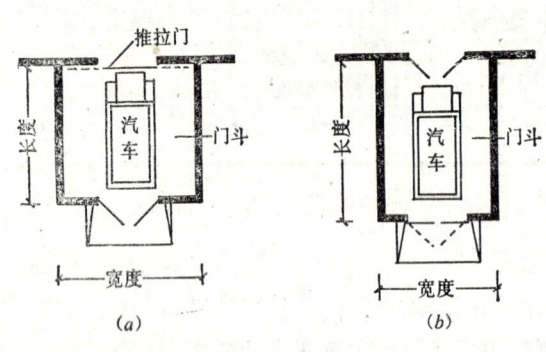

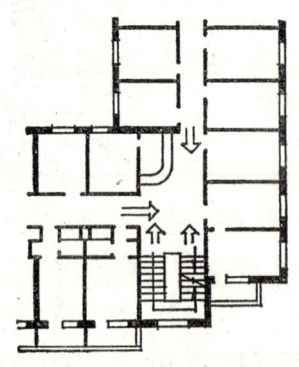

图 11-34　可停放车辆的门斗　　　　　　图 11-35　某旅馆二楼过厅

　　3.过厅

　　除了门厅以外，建筑中还常常利用过厅来组织人流和作为空间过渡，在下列地方，一般应设置过厅：

　　（1）建筑物内几条走廊与楼梯交汇的地方，一般需扩大面积形成过厅，以保证人流畅通，如图11-35设了过厅后，不仅保证了人流通畅，使短暂停留时不会阻塞交通，也解决了服务台与等候所需的面积。

　　（2）走廊与使用人数较多的大房间连接的地方，为了缓冲人流一般也需设过厅，如图11-36中的过厅，避免了此处人流阻塞的问题，也使走道与大房间之间有了过渡空间，从而增加了空间的层次与变化。

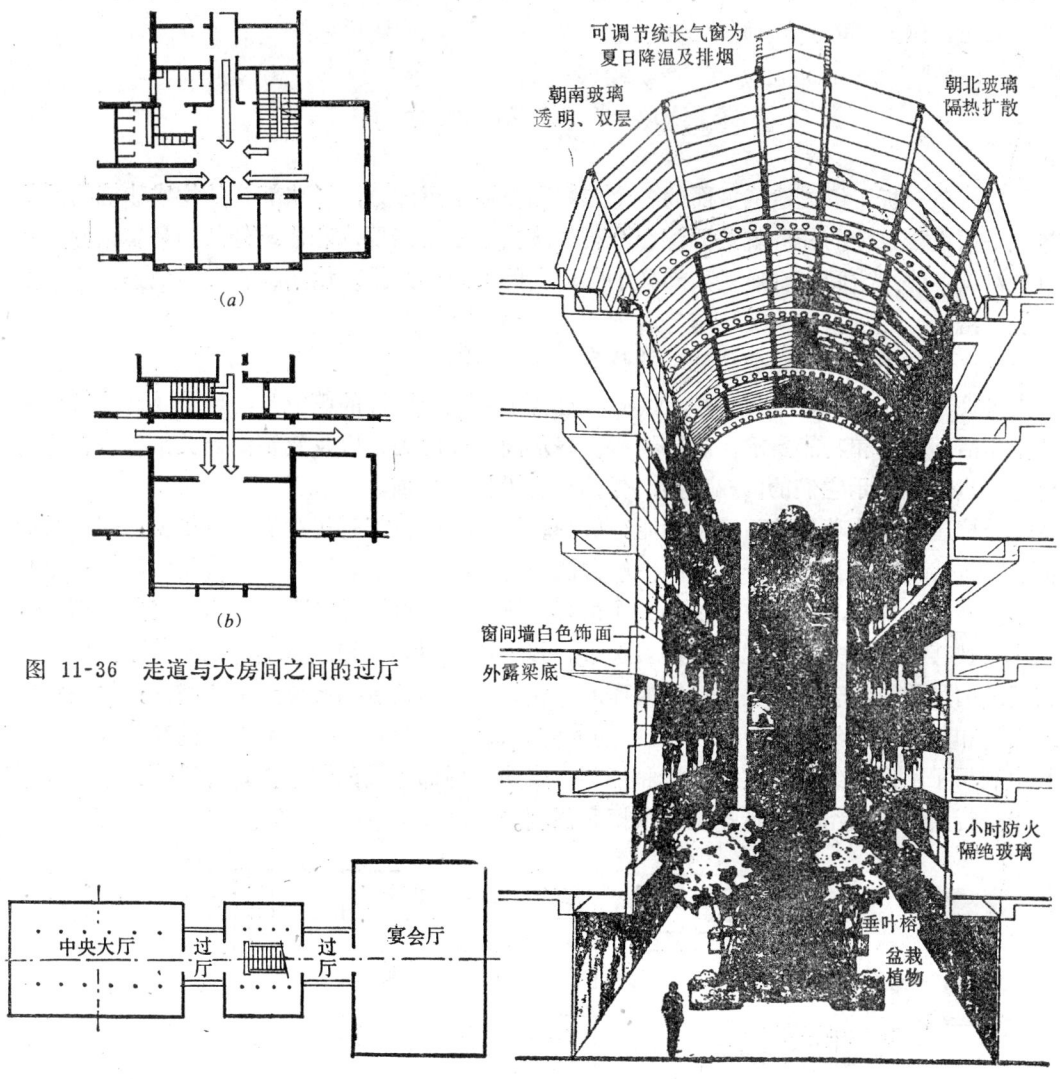

图 11-36 走道与大房间之间的过厅

(a)

(b)

图 11-37 大房间之间的过厅

图 11-38 中庭示例

中央大厅　过厅　过厅　宴会厅

可调节统长气窗为夏日降温及排烟

朝南玻璃透明、双层

朝北玻璃隔热扩散

窗间墙白色饰面

外露梁底

1小时防火隔绝玻璃

垂叶榕

盆栽植物

（3）几个大厅或大房间连接处，也可设置过厅，以达到空间衔接过渡的作用（图11-37）。反之，两个大空间如果以简单化的方法使之直接连通，常常会使人感到单调和突然。因此有人将这种过厅比喻成音乐中的休止符或语言文字中的标点符号一样，使之段落分明，并且有抑扬顿挫的节奏感。

过厅的面积大小应根据人流量来确定，还应考虑结构布置的方便，以及空间感的要求，设计时应注意节省交通面积。

4. 中庭

当前时兴在宾馆、商场等公共建筑的底层设置大尺度、大容量的内院大厅（内庭）或中庭，这种内院大厅与一般大厅的不同是布置了采光顶棚，故可从屋顶获取自然光，庭内一般都设置了水景、绿化和小品，故又称为"四季厅"。

中庭或"四季厅"是一种公共的多功能空间，常兼有休息、会友、饮食、购物等多种功能，故有的又称为"共享空间"，它能给人们带来一种恰在室内、似在室外的"小天地"意境。图11-38为一中庭示例。

第二节 平面组合设计

前一节分析了组成建筑平面的各个房间和交通联系部分，这些部分是构成建筑物的局部，平面组合设计的任务就是要综合分析建筑内部的功能要求和建筑外部的环境条件，对房屋建筑各使用空间和交通联系部分加以恰当的组织和安排。使其综合完善地解决建筑的功能、结构、经济、美观及环境等各方面的问题。

一、建筑平面的功能分析和功能分区

建筑物首先要满足使用要求，因此，进行平面组合设计的第一步，就是要对建筑内部的使用活动规律和功能要求、房间组成、各房间之间的关系以及建筑内外关系等进行分析研究，进一步揭示它们的内在联系，作为组合设计的依据。

分析建筑物的功能关系可画功能分析图。进行功能分析时，我们可以根据房间的功能特点，将其归纳成几个部分，并用图解方法来表示各部分的相互关系。常用圆圈或方块表示不同性质的房间，圆圈或方块的大小最好能显示出其重要性和大小，但不必成比例，再以线条按其功能的关系，把它们连接起来。线条可以不同粗细、虚实，表示其不同性质的联系，例如用粗细表示其联系频繁的程度，或表示主要人流和次要人流的路线；用虚实表示人流和货流的路线，或表示不同性质的人流或货流。图11-39为一般旅馆的功能关系图，其中利用了不同粗细、虚实的线段和箭头，表明了各部分间的关系。这种功能关系图为下一步进行建筑平面组合设计提供了依据和便利。

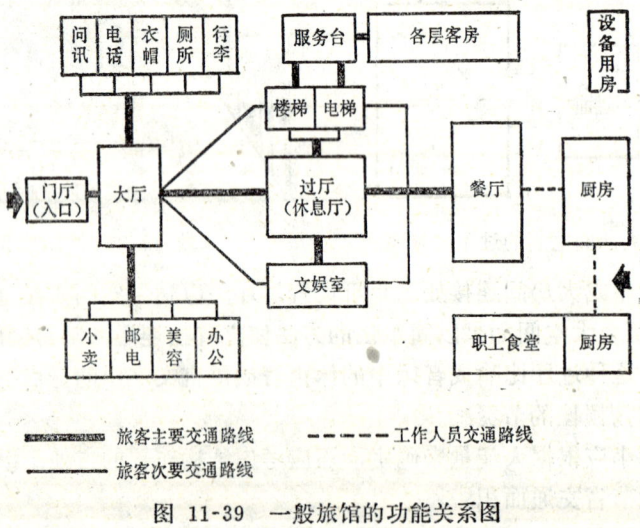

图 11-39 一般旅馆的功能关系图

分析建筑物的功能关系和勾画功能关系图时，应着重分析和表现各部分的主次、内外、分隔与联系、顺序等方面的关系。

（一）主次关系

一幢建筑物，各个房间的重要程度各有不同，有的是主要的，有的则是次要的。在进行平面组合设计时，就要根据各个房间的主次关系，合理安排它们的具体位置。一般来说，主要房间应布置在朝向较好的位置，以取得较好的日照、采光和通风条件，例如住宅中居住用的卧室是主要房间，应布置在较好朝向的一侧，而厨房、厕所，贮藏室则可放在较差的位置上，当条件不许可时，次要卧室（主要指供小孩居住的卧室）也可设在不利的朝向（图11-40）。

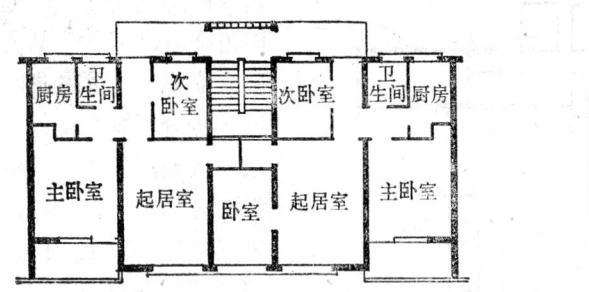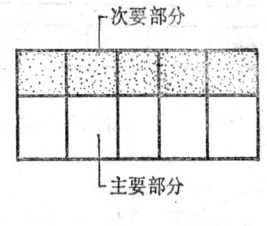

图 11-40 住宅平面组合的主次关系

（二）内外关系

建筑物中各部分房间，有的是对外联系功能居主导地位，而有的则是对内关系密切一些。对外性较强的房间，应布置在接近主要出入口或靠外的显著位置上。对内性较强的房间，应布置在靠内的较隐蔽的位置上，避免外来人流的干扰。例如，医院或卫生院的挂号、取药、问讯等房间，主要功能是对外的，而药房、供应等则主要是对内的。对商店来说，营业厅对外性最强，而库房是对内的，但为了运进货物，又具有一定的对外性，商店办公、生活用房则完全是对内的，因此，营业厅应布置在靠近主要街道的显著地位，库房则应靠近次要出入口布置，其它部分应布置在靠内的较隐蔽的位置（图11-41）。

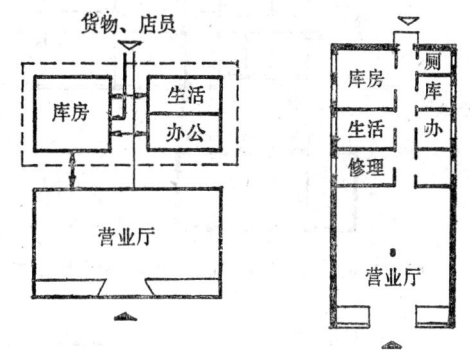

图 11-41 商店平面组合的内外关系

（三）分隔与联系的关系

建筑物内部的各个房间，有的要求有相互的直接联系；有的则只要求有间接的联系；有的要求绝对隔离；有的则只要求相对的分隔。功能分析时应处理好房间之间的分隔与联系的问题。例如，小学的教学楼通常包括普通教室，音乐、体育活动教室和教学行政办公室等三个功能上有区别的部分，各个部分除了应有方便的联系外，声响较大的音乐、体育活动教室部分与要求安静的普通教室部分和办公部分在布置上应有适当的隔离，以避免干扰（图11-42）。

（四）顺序关系

某些公共建筑中，有的房间之间有一定的顺序关系。例如在车站建筑中，旅客从问讯、买票、候车、检票到上车就是一种顺序关系（图11-43）；又如门诊部中，病人使用顺序是挂号、候诊、就诊、取药。因此在平面组合时应考虑这种顺序关系，使各个房间的排列关系符合使用顺序。

当建筑物中房间较多，使用功能又比较复杂时，功能关系的分析可以由粗到细逐步进行，可以按照它们的使用性质及相互关系的密切程度，进行分组分区，即把使用性质相同或联系紧密的房间组合在一起，以便平面组合时，能首先从几个功能分区之间的关系考虑，然后，再进一步分析各个房间之间的关系。例如医院建筑的医疗部分通常可分为门诊、住院、辅助医疗等三部分。其中，门诊、住院两部分都要求与辅助医疗（由化验、理疗、放射、药房、中心供应等组成）部分有密切的联系，且门诊部分较嘈杂，住院部分要求安静，因此，如用医疗部分来联系和隔离门诊与住院两部分，即能满足功能的要求（图11-44）。这一例子充分说明，复杂建筑的平面组合要在功能分区的基础上进行，解决了分区问题之后，再深入分析各个房间或各个部分之间的关系就比较容易了。

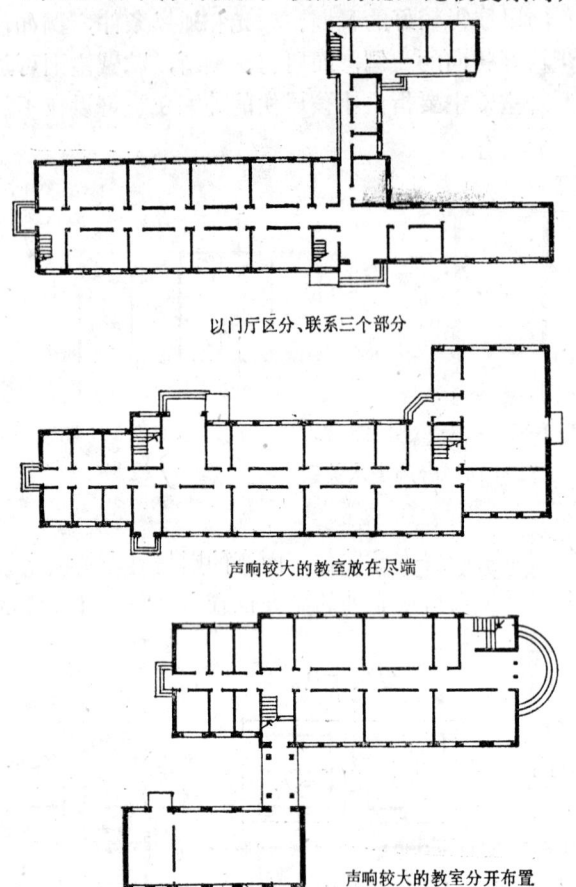

图 11-42 教学楼平面组合的分隔与联系关系

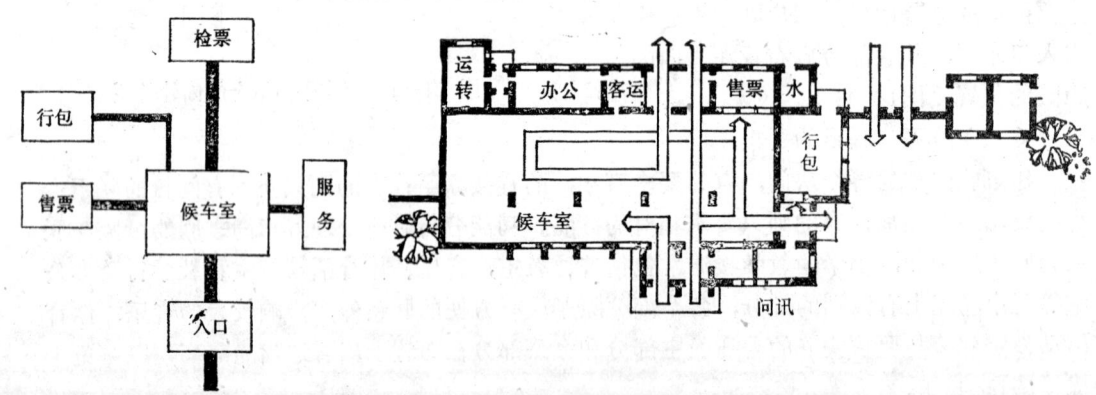

图 11-43 小型火车站平面组合的顺序关系

二、平面组合的原则

建筑平面组合是平面设计的关键，在进行平面组合设计时应考虑以下原则：

（一）应满足建筑功能要求

根据房间的使用性质合理安排"主与次"、"静与闹""内与外"的位置和联系及分

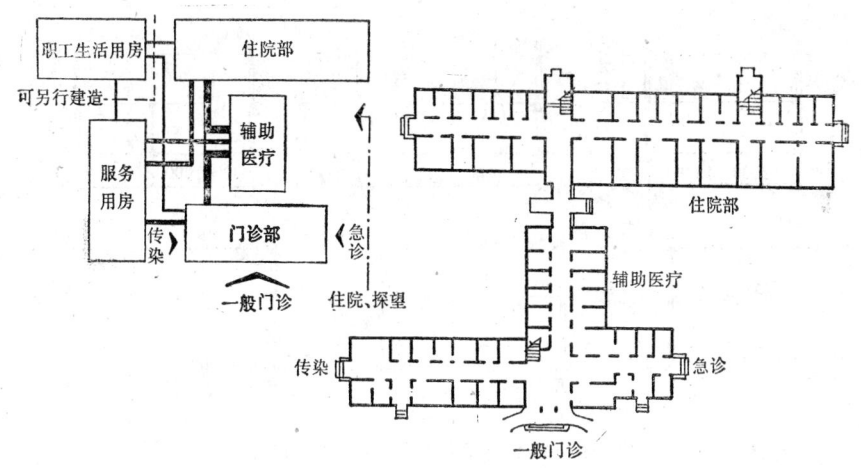

图 11-44　某医院平面图

隔的关系。根据流线的性质，合理组织人流及货流路线，使各种人流互不干扰，人流与货流互不干扰。

（二）应考虑结构布置的要求

要尽量统一房间的开间，进深尺寸，简化构件的种类。楼房建筑要把同样开间、进深的房间重叠在一起，对于混合结构的房屋，要求上下层承重墙体应对齐重合，承重墙布置要均匀，以保证刚度的要求，如有个别大空间的房间，应设置在顶层或单独设置在主体之外（图11-45）。

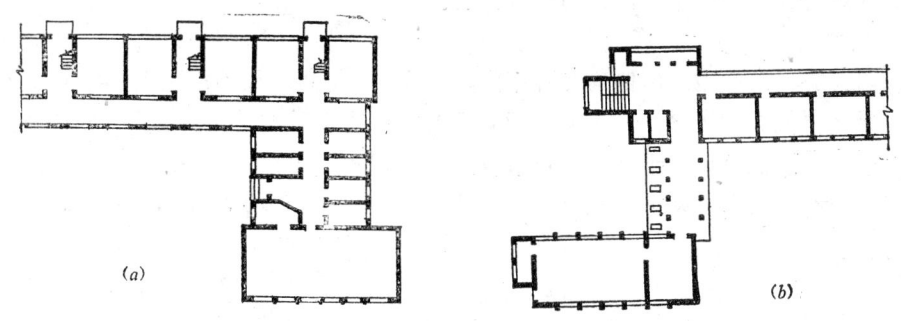

图 11-45　个别较大空间的布置

当为框架结构时，由于梁柱承重，墙体不承重，只起围护和分隔的作用，因此，房间布置可以比较灵活，门窗的开设也比较自由，但平面布置的柱网尺寸要求 统一。图 11-46 为某框架结构的平面

（三）应使建筑体型尽量简洁

要尽量避免建筑体型出现不必要的复杂化，以利于简化构造、方便施工和建筑物的抗震，并有利于创造良好的建筑造型。

（四）应适应周围环境

要根据总体规划、基地的形状、环境以及当地气候、地理条件等外界因素，因地制宜地确定建筑物的平面形状、朝向与间距。

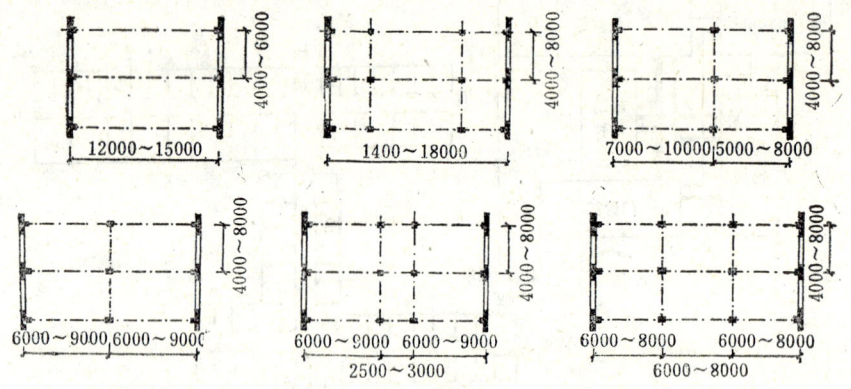

图 11-46　框架结构的柱网布置

三、平面组合方式

建筑功能分析和交通路线的组织，是形成各种平面组合方式内在的主要依据，一般建筑的平面组合常采用以下几种基本形式：

（一）走廊式

走廊式组合就是在走廊的一侧或两侧布置房间，各房间的相互联系和房间的内外联系主要依靠走廊。这种组合方式可保证各个房间不受交通路线的穿越，满足各房间单独使用的要求，房间之间相互干扰少，但交通面积多，走廊式组合常用于医院、学校、办公楼、集体宿舍、旅馆等建筑中，因为这些建筑物中的使用房间都要求能单独使用。

走廊式组合按房间的排列方式可分为两种：

1.内廊式

这种组合方式是在走廊两侧均布置房间，（图11-47）。内廊式 布置方式的 优点是：走廊所服务的房间数量较多，走廊的面积利用率高，有利于冬季保温；由于房间排列在走廊两侧，建筑物进深较大，平面紧凑可节省用地，因此，内廊式是一种比较经济的组合方式。内廊式组合的缺点是两侧房间之间的干扰较大，有一侧房间的朝向比较差，且房间的通风条件较差。

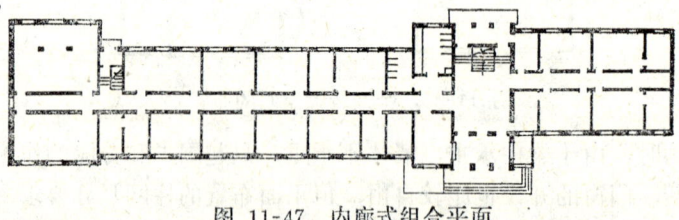

图 11-47　内廊式组合平面

采用内廊式组合时，应将主要使用房间布置好的朝向，而把厕所、贮藏室等次要房间以及楼梯布置在不好的朝向。还要注意解决好走廊的采光、通风等问题（解决的办法见本章第一节）。

2.外廊式

外廊式组合形式是指走廊的一侧排列房间，另一侧则临空。外廊式组合方式的主要优点是：可以保证各房间均有较好的朝向和通风，尤其适合于南方地区。其缺点是走廊的面积利用率比内廊式低，而且由于建筑进深小，外墙长度大，因此，建筑以及用地都不够经济。

外廊式组合按走廊与房间的相对位置可分为南外廊与北外廊，在南方炎热地区多设南廊，南廊可起到遮阳作用，使房间不致于在夏季受到烈日曝晒。外廊式用于北方较冷地区时则多采用北廊。北廊不仅可阻止来自北面的风砂侵袭，而且房间可以取得朝南的朝向。

从构造上分，外廊式又有开敞式和封闭式两种，开敞式指走廊外侧只设栏杆或栏板，封闭式是在栏板上方加窗封闭，成为暖廊（图11-48）。封闭式外廊（暖廊式）造价较高，可用于寒冷地区或疗养院、病房、图书馆等建筑。

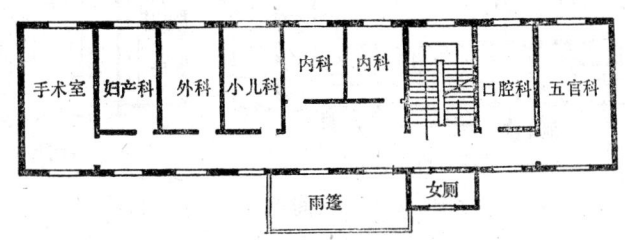

图 11-48 封闭式外廊的组合平面

从结构上分，外廊式又可分为有柱外廊和挑外廊，柱外廊是由柱来承担走廊的部分荷载（图11-49）。挑外廊则由挑梁支承走廊（图11-50）。

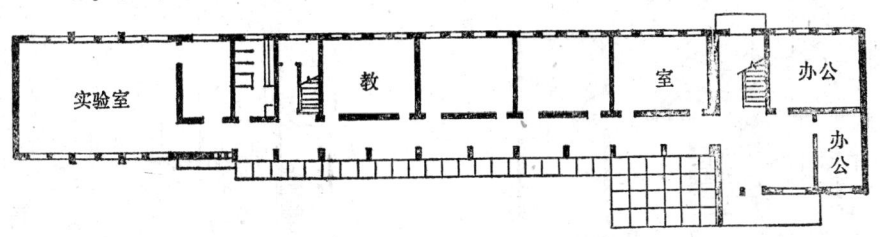

图 11-49 柱外廊组合平面

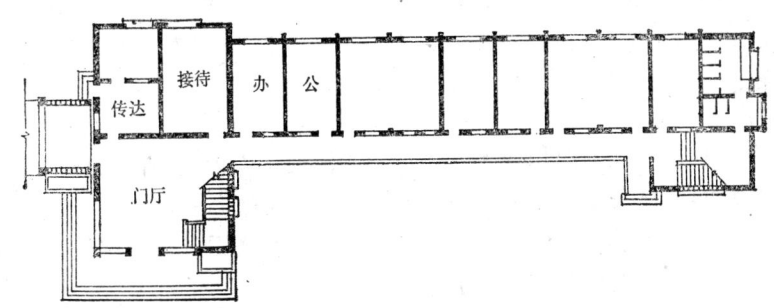

图 11-50 挑外廊组合平面

（二）套间式

套间式组合方式的特点是各个房间之间直接穿通而形成相互贯通的平面形式，因此，房间之间的联系最为简捷，交通面积与使用面积结合起来，面积利用上较为经济。

套间式组合方式常用于某些功能上要求各房间有明确、简捷、连续的联系，房间之间不需要单独分隔使用的建筑。如展览建筑、浴室、车站等（图11-51）。对于活动人数少，使用面积要求紧凑、联系简捷的住宅，在厨房、起居室、卧室之间 也常 采用 套间式 布置（图11-52）。

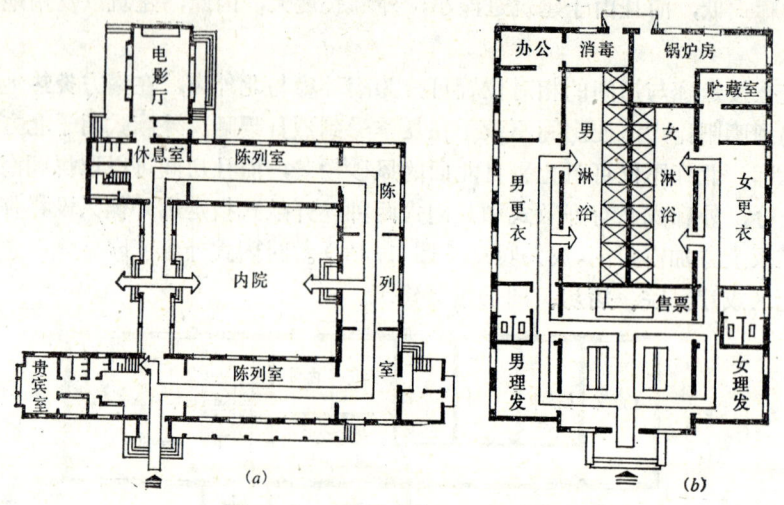

图 11-51 套间式布置的公共建筑

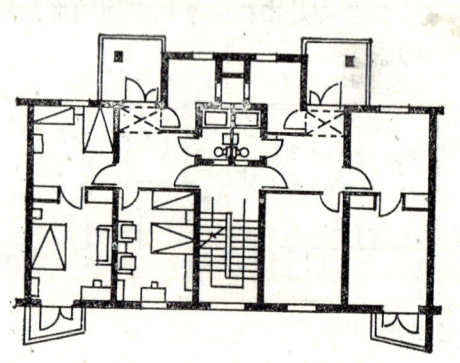

图 11-52 采用部分套间式布置的住宅平面

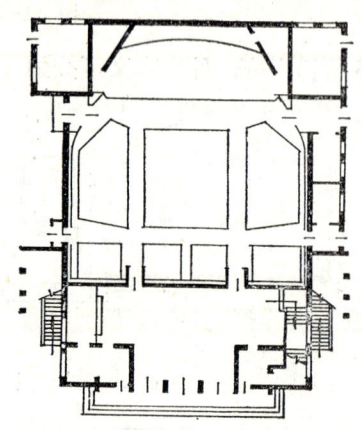

图 11-53 大厅式组合形式

（三）大厅式

大厅式组合方式是以一个面积较大、体量较大、使用人数较多的公共活动大厅为主，其他辅助房间环绕布置在大厅的周围，而形成一个整体（图11-53）。

这种组合方式有布局紧凑，主要房间与辅助房间之间联系紧密，使用方便的优点，从建筑造型上也容易取得主次分明、突出主体的效果。

大厅式组合常用于剧场、电影院、会堂、体育建筑、车站、商场、农村文化站等建筑。采用这种组合方式时，应首先保证人流路线通畅，满足人流大量集中的厅堂对正常交通及紧急疏散的需求，为此，应采用多通道分流，并保证通道宽畅，路程短捷，导向明确。此外，还要慎重考虑大厅的结构方案，选择合理经济的屋顶覆盖形式，通常，对视听要求不太高的建筑可在厅堂内设承重柱，以减小结构跨度，简化屋顶结构体系，如车站、食堂、商场、轻工车间等都可采用这种方案。对视听要求较高的厅堂，室内不宜立柱时，应选用大跨度的屋顶结构，如影剧院、体育馆的观众厅等。

（四）多组单元式

对于某些使用功能联系很密切的房间，可以将它们组织成一个相对独立的功能齐备的"功能单元"然后以楼梯间为核心，将几个功能单元组合起来形成一个"建筑单元"。每个建筑单元都是一组独立完整的空间，有时候，一个建筑单元也可以独立成为一幢建筑，如独栋式的农村住宅和城镇的点式住宅；大多数情况下是将多个 建筑单元 并排 组合 在一起，如毗连式（联排式）的农村住宅和大多数的城镇住宅均属于这一类（图11-54）。多组单元式也常用于公共建筑中，如幼托和中小学校的教学楼（图11-55）。

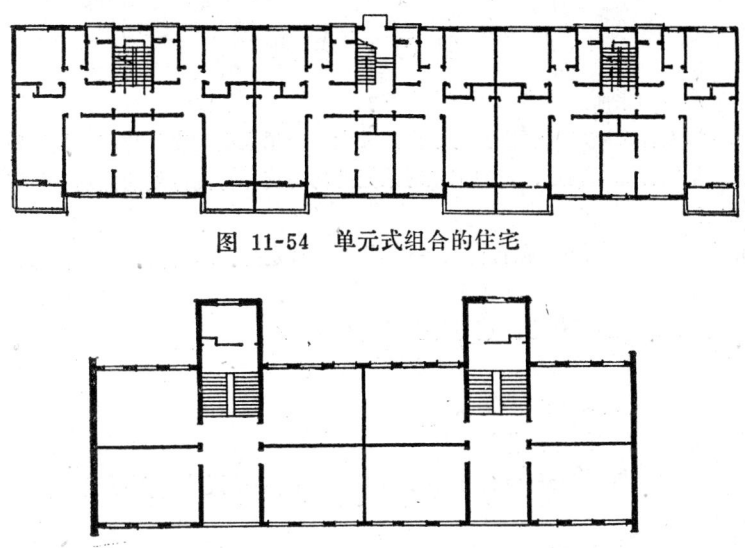

图 11-54　单元式组合的住宅

图 11-55　单元式组合的教学楼

单元式组合中，楼梯间是主要的交通联系空间，走廊或短或长。这种组合方式的优点是单元面积较小，空间组合集中、紧凑、单元独立性好，室内环境宁静、安适，单元完整性好，便于按需进行重复排列，且还具有空间定型化及构配件标准化的特点，有利于节省设计工作量及提高施工生产率。

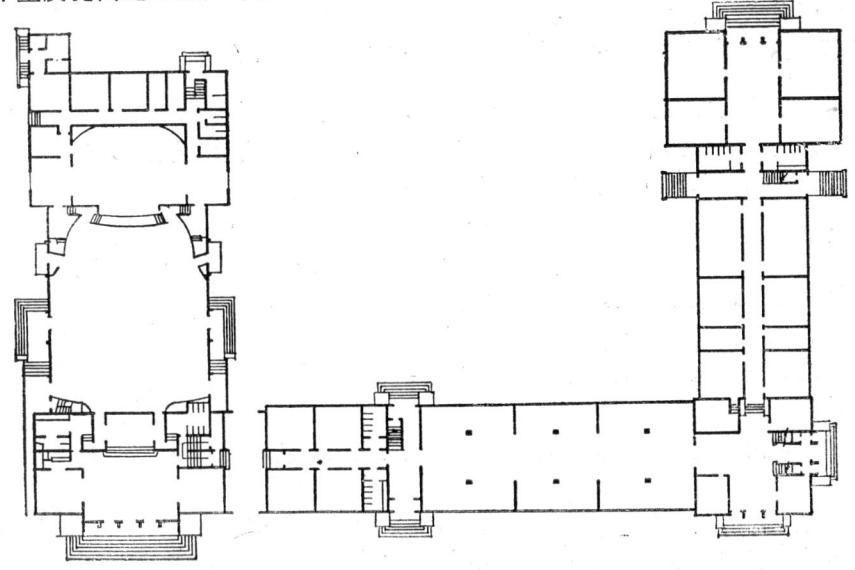

图 11-56　混合式组合形式

（五）混合式

在某些使用功能比较复杂的建筑物中，可能同时具有上述几种组合形式。这种混合式的组合形式常用于一些规模较大的公共建筑。图11-56为一俱乐部的底层平面布置，它包括剧场，展览室及其它文娱活动室等部分，因而形成了这种混合式的组合形式。

在工程实践中，对于各类建筑，也常采用以一种组合方式为主，再辅以其他组合方式的混合式组合方法。设计时应根据使用功能的需要进行合理的选择。

复 习 思 考 题

1. 为什么一般房间的平面形状多为矩形或方形？

2. 门的宽度主要按什么要求来确定？对于面积较大，使用人数较多的房间，门的数量有何规定？

3. 窗的面积主要按什么来确定？窗的位置对采光的均匀度和房间深处的照度有何影响？如何利用门窗组织房间的通风？

4. 厕所的卫生设备是按定额指标计算的，一般是如何规定的？厕所内卫生设备的布置应满足哪些要求？

5. 走廊的宽度是按人流股数确定，还与什么因素有关？

6. 楼梯的宽度如何确定？疏散楼梯的最小宽度是多少？

7. 公共建筑在什么情况下可以设一部楼梯？

8. 门厅主要作用是什么？过厅的作用是什么？

9. 进行平面组合设计前，首先应分析建筑物各部分或各个房间之间的功能关系，应着重分析哪些方面的关系？举例说明。

10. 平面组合的主要任务有哪些？

11. 平面组合中的走廊式、套间式、大厅式、多组单元式组合适用于何种情况？

12. 平面组合中的以一种组合方式为主，再辅以其他组合方式的混合式组合适用于何种情况？

作业四　传达室平面设计

一、目的要求

掌握平面设计的步骤与方法，训练绘制方案图的能力。

二、作业条件

1. 给出基地平面，作传达室平面设计；

2. 给出房间面积、数量及基地总平面图（可提供多种基地平面，由学生自行选择）；

3. 主导风向及最冷（最热）月平均气温根据所在地区数据；

4. 外墙厚度按地区气候特点由学生确定。

三、作业要求

1. 本作业包括平面方案和说明。

2. 比例：1:50。

3. 图纸：用3号图纸（绘图纸或描图纸均可），墨线绘成。

4. 深度：

（1）在方案平面图中，绘出房间开间，进深轴线尺寸，绘出墙体、门窗、台阶的位置，绘出家具布置。

（2）在方案平面图中绘出房屋周围环境（如道路、绿地等），绘出指北针。

（3）写出设计说明，包括建筑面积、使用材料、平面特点和技术经济指标。

第十二章 剖 面 设 计

剖面设计的主要任务是确定建筑物各部分的高度、层数，建筑空间组合和利用，解决建筑剖面与结构、构造的关系等问题。

剖面设计与平面设计、立面设计是不可分割的统一体。在进行平面设计时，就应对剖面设计作初步研究，在剖面设计后，还应对平面设计作进一步的调整和修改，因此，剖面设计应与平面设计密切配合，此外，还应注意对建筑型体和立面的影响。

第一节 室内高度的确定

确定建筑室内各部分的高度，是剖面设计中的首要内容，它是满足房屋使用要求，进行建筑空间组合的前提。它与房屋的使用，造价和节约用地等关系密切。

房间的高度包括"层高"与"净高"两个含义。层高指一层的高度，即相邻两层楼地面之间的距离；净高指楼地面到顶棚或楼盖梁底面的距离，一般是等于层高减去楼盖的厚度（图12-1）。确定房间的高度，首先需要确定室内的净高。

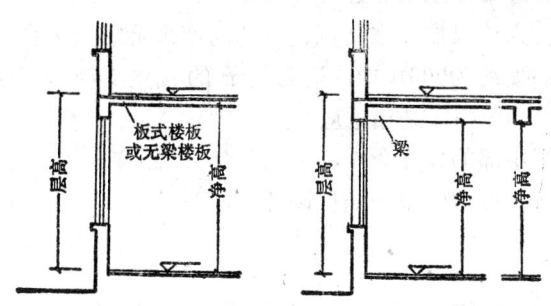

图 12-1 层高与净高的关系

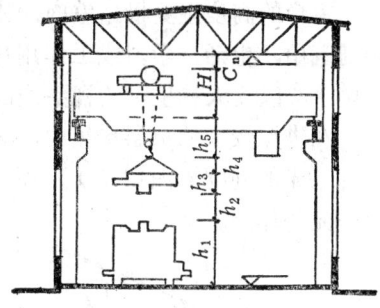

图 12-2 生产性建筑室内净高的确定

房间的净高应满足使用、卫生和经济上的要求，同时，也应考虑建筑空间给人的感受。具体应根据以下几个方面的因素来确定。

一、使用性质的影响

房间的使用性质是确定净高的首要因素，不同的房间有不同的用途和不同大小的设备，如住宅的起居室、卧室等，由于室内人数少，房间面积小，从人体活动的尺度和家具布置等方面考虑，室内净高可低些，一般可为2.7m左右。（我国《住宅建筑设计规范》GBJ96—88规定住宅层高不超过2.8m，起居室、卧室最低净高不小于2.4m）。若为集体宿舍，由于室内人数较多，又考虑到放双层床的需要，房间的净高要比住宅高些，一般净高要3.3m；又如教室等房间，使用人数更多，房间面积较大，房间的净高也要高些，一般为3.2~3.5m；生产性建筑，室内净高还要考虑生产用途，如农机站应考虑工艺设备和检修的要求（图12-2）。至于使用人数更多的房间，如影剧院的观众厅等其室内高度则需更高，常达10m以上。

二、采光、通风要求

建筑物采用天然采光和自然通风，无论从经济效果，还是从卫生条件、生活习惯等方面来考虑，都是有利的，因此，剖面设计中，要合理解决房间的高度、窗的竖向高度对室内进深方向天然光照度、通风效果的影响。

（一）采光要求

房间进深方向光线的强弱和照度的均匀，主要取决于侧窗的高度。房间的进深越大，要求侧窗的高度越大，因此，房间的净高也要越高。当房间采用单侧采光时，通常窗户上沿离地面的高度应大于房间进深的一半（图12-3），当房间为双侧采光时，窗户上沿离地面的高度不应小于房间进深的1/4（图12-4）。

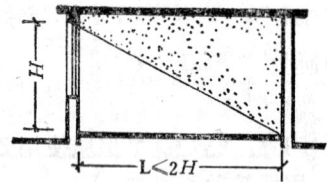
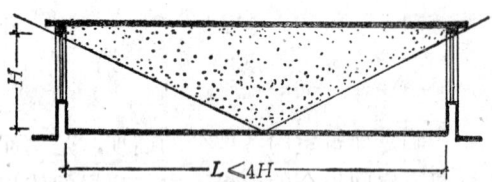

图 12-3　单侧采光时房间的高度与进深的关系　　　图 12-4　双侧采光时房间的高度与进深的关系

为了避免在房间顶部出现暗角，窗户上沿到房间顶棚底面的距离，应尽可能留得小一些，但须考虑房屋的结构、构造要求，即窗过梁或圈梁等必要的尺寸。

窗台的高度主要根据室内的使用要求、人体尺度和家具或设备的高度来确定。一般民用建筑中，生活、学习或工作用房的窗台高度约为900mm，这与桌子的高度（760～780mm），以及人就坐时的视平线高度（约1100mm）是相适应的。

在进深较大的单层房屋中，为改善房间中部的采光条件，常在顶部设置天窗，以解决天然采光的问题（图12-5）。顶部的天窗除了可增强室内照度以外，对室内的自然通风也有一定的作用。

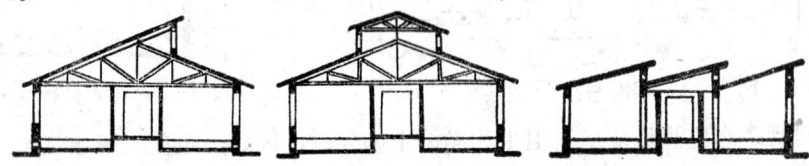

图 12-5　单层房屋的顶部天窗

（二）通风要求

炎热地区的房屋，利用空气的气压差（风压）组织好自然通风是降低夏季室温的行之有效的办法。以下阐述风压通风的基本原理：

风压的产生是由于风吹向建筑物时，迎风面气流受阻，速度减小而静压力增大，超过了大气压力，形成正压（＋）；然后绕过建筑物边缘流动，由于气流通道变大，静压变小，在建筑物的背风面，与风向平行的两侧面以及屋顶气流飞跃处，形成了负压区（一）。由此形成了空气压力差（即风压）。利用这种气压差，在迎风的墙面上开窗进气，在背风墙面上开窗排气，即可形成自然通风，如图12-6所示。

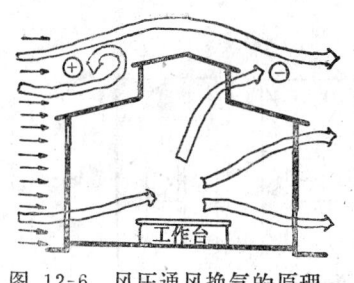

图 12-6　风压通风换气的原理

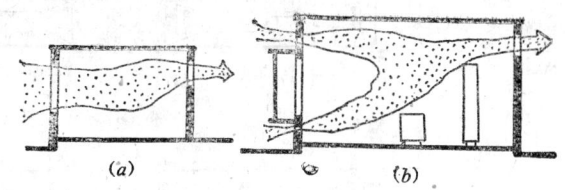

(a)　　　　　(b)

图 12-7　房间剖面中的进出风口位置

房间内的通风，要求室内进出风口在剖面上有一定高低位置，这对房间净高的确定也有一定影响。平面、剖面设计中为了加强风压通风的效果，通常是利用通直对应的窗或门来组织穿堂风，内廊式建筑也常利用内墙上的高窗或门上亮窗与外墙上窗口相配合组织室内通风（图12-7）。

某些温、湿度大的房间：如食堂的厨房、热车间，室内高度应考虑操作时散发大量蒸汽和热量的问题。这些房间还应充分利用热压组织通风，以下介绍热压通风的基本原理：

由于上述房间在使用中要散发出大量的热量，使室内空气温度升高、体积膨胀、密度小于室外空气（同样 1 m³ 空气，在普通大气压下，当温度为20℃时，密度 $\gamma = 0.120$ kg/m³，温度为40℃时，则为0.113kg/m³），这样便形成了室内外空气重力差，这时室内温度高、密度小的热空气就会自然上升，因此常在这些房间的顶部设置气楼或天窗，作为排气口。同时，室外温度低、密度大的空气则由外墙下部的窗口自然补充进入室内，由此形成了室内外空气的循环交换（图12-8）。这种由于热源作用而形成的空气重力差称为热压，热压大小的计算式如下：

$$P = 10H(\gamma_w - \gamma_n)$$

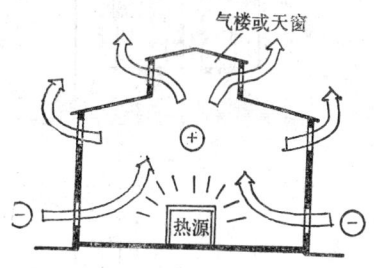

气楼或天窗

热源

图 12-8　热压通风原理示意图

式中　P ——热压（N/m²）；

　　　H ——上下进排气口的中心距离（m）；

　　　γ_w ——室外空气密度（kg/m³）；

　　　γ_n ——室内空气密度（kg/m³）；

由上式可知，热压自然通风的通风量，取决于房屋室内外温度差及进排气口的高度差。温差和高差越大，热压也越大，通风量就越大，因此应尽量压低进风口的位置，提高房屋高度，尤其是排气口（气楼或天窗）的高度，以加强通风排气效果（图12-5）。

三、空间比例要求

室内空间长、宽、高的比例，常令人们精神上产生一定的感受。当平面尺寸已经确定的情况下，室内空间的比例和效果的差别，在相当程度上取决于房间的高度，也就是说天花板的高低对室内的空间的尺度感具有直接的关系。一般来讲，房间的高度相对低一些，容易取得亲切的效果，相对高一些，容易取得严肃以至雄伟的室内气氛。如小面积的生活用房，层高低些，会使人感到亲切；宽度小的走道，若降低高度，则显得更贴切。当然也应注意防止面积大、层高低而造成压抑感，防止空间窄，层高大而带来拘谨感。图（12-9）显示了不同房间高度的空间效果。

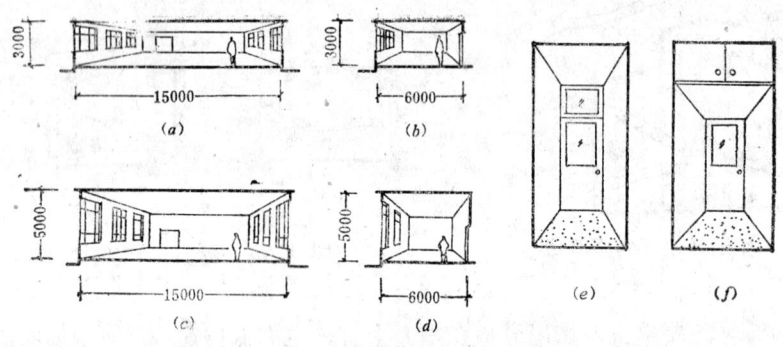

图 12-9　房间高度的对比分析

　　既然空间比例对人们精神感受的影响如此之大，设计时就必须根据房间的使用性质和人们的精神、心理方面的要求，来确定空间长、宽、高的比例和具体尺寸，以满足精神方面的需要。

　　即使是同样面积和高度的房间，由于窗户形式和比例的不同，也会给人以不同的感觉。图12-10是两个大小、高度相等的房间，一个开竖向窗子，显得空间较小和闭塞；另一个开横向窗子，则显得空间开阔和舒展，如果把玻璃窗窗台降低或改为大面积的玻璃门，并把室外自然景色引入室内，或使室内空间向室外延伸，这样将获得更为开扩的空间感（图12-11）。

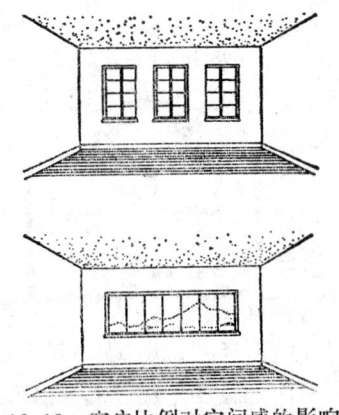

图 12-10　窗户比例对空间感的影响

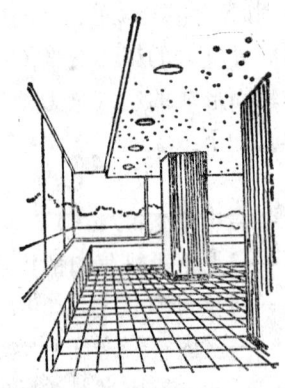

图 12-11　窗台降低后室内空间感更开扩

四、结构类型的要求

　　在房屋的剖面设计中，要考虑楼板、屋顶的结构形式，考虑梁、板等构件的厚度等对室内净高的影响。

　　坡屋顶具有较大的结构空间，如不做顶棚时，可将坡屋顶山尖部分作为房间空间高度的一部分，此时，屋顶所在层的层高便可定得较低一些。与坡屋顶相比，平屋顶因无山尖可利用，故平屋顶的房间层高应相对定得高一些（图12-12）。

　　楼板的结构形式不同，对房间的净高也有直接的影响，图12-13表明了无梁楼板和有梁楼板给人不同的空间感受。此外梁板的搭接方式也对净空高度产生影响，图12-14是采用矩形梁和花篮梁的分析图，可以看出，在层高相同的情况下，改用花篮梁，可提高房间

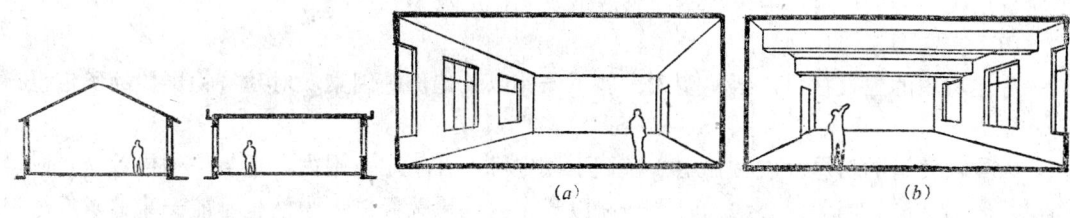

图 12-12　屋顶结构形式对　　　　　图 12-13　楼板形式对房间高度的影响
房间高度的影响

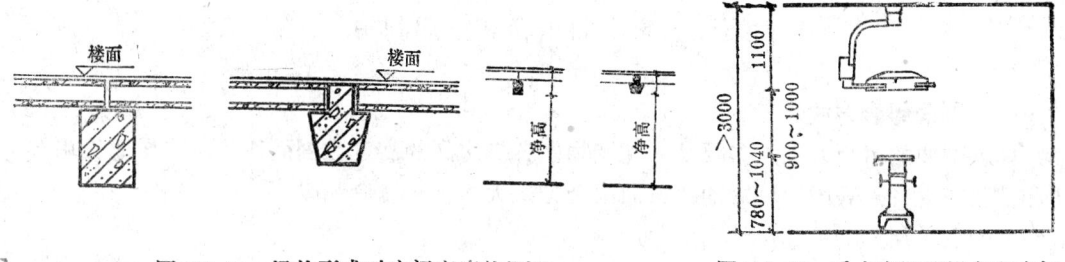

图 12-14　梁的形式对房间高度的影响　　　图 12-15　手术室照明设备和房间
净高的关系

的净高。

五、设备布置的要求

房间高度还取决于某些设备及其布置，如顶棚部分嵌入或悬吊的灯具，顶棚内外的一些管道所占的空间大小，都会影响房间高度的确定，图12-15为具有下悬式无影灯时，医院手术室内必要的净高。

第二节　层　　数

确定村镇房屋的层数要考虑建筑本身的使用要求、村镇规划、基地条件和节约用地的要求，还要考虑建筑物的防火要求以及建材供应和施工条件等方面的因素。

一、建筑物的使用要求

建筑物的使用性质对房屋的层数有一定的要求，如村镇公共建筑中，幼儿园、敬老院等建筑，为了安全、便于使用和与室外活动场地相联系，一般为1～2层，不宜超过3层；会场、影剧院建筑，为便于疏散及满足观众要求，常为单层；而办公楼、教学楼、旅馆等建筑，其层数可多一些。又如村镇生产性建筑中的工副业生产用房，为方便设备布置和运输，一般也常采用单层房屋。

二、规划要求

村镇总体规划对建筑层数也有一定的要求，尤其在村镇公共建筑区或公共活动中心，应考虑村镇景观组织和街景处理的要求，选择合适的建筑层数和总高度。

三、防火要求

建筑物的层数与建筑物的耐火等级有关。建筑物的耐火等级不同，对层数的限制也不同，如村镇民用建筑耐火等级为一、二级时，层数不应超过五层；耐火等级为三级时，最多允许层数为三层；耐火等级为四级时，最多允许层数为二层。

四、其它因素

房屋所用的建筑材料，结构型式、施工条件以及造价等因素，对建筑物层数的确定也有一定影响。

大量性建造的房屋如农村住宅、镇职工住宅等，在一定范围内，适当增加层数，可以降低住宅的造价，当为混合结构时，一般以五、六层最为经济。当然也不能一味追求经济性，非将农村住宅建成五、六层不可，一般还是以2～3层居多。

北方地区农村住宅，考虑到冬季采暖方便，目前仍较多采用单层房屋。

第三节　剖面组合和空间利用

一、剖面组合方式

建筑剖面的组合方式，主要是由建筑物中各类房间的高度和剖面形状、房屋的使用要求和结构布置特点等因素决定的、剖面组合方式大体上可以归纳以下几种：

（一）单层

单层剖面便于房屋中各部分人流或货流和室外直接联系。它尤其适合于屋顶覆盖面及跨度较大的房屋以及顶部要求自然采光和通风的房屋，如食堂、会场、影剧院、展览大厅及某些工副业生产用房等。严寒地区的农村住宅，为节约能源，也常采用单层（平房）的形式。单层房屋的主要缺点是用地不经济，且道路和室外管线较长。

（二）低层与多层

低层或多层剖面的室内交通联系比较紧凑，适合于多数房间高度相同的建筑，如办公楼、学校以及城镇职工住宅等。采用低层或多层剖面的组合应注意上、下层墙、柱等承重构件的对应关系。

（三）错层

错层剖面是在建筑物纵向或横向剖面中，房屋几部分之间的楼地面，高低错开，它主要适应于受地形限制，或因使用要求需采用不同层高的建筑。图12-16是一坡地上住宅的例子；图12-17是某教学楼的一个错层平面及剖面图。根据功能要求，办公用房与教学用房层高不同，办公用房层高低于教学用房，因此在平面设计中，把教学用房与办公用房分设在建筑物的东西两地，这样，在剖面组合时就可以使两边的楼层标高错开。

房屋剖面中的错层高差，多采用楼梯间来联系，即通过选择适宜的梯段数量，调整梯段的踏步数，使楼梯平台标高与错层楼地面的标高相一致。这种方法能较灵活地解决纵横向的错层高差（图12-16、17）。有些坡地中的错层建筑，也可利用室外台阶解决错层高差问题（图12-18）。

（四）夹层

在某些建筑中，有些房间的大小、层高相差很大，可将若干个层高低的小房间与层高大的房间组合在一个空间里，形成夹层的剖面，这种剖面组合常用于展览馆的陈列厅、有楼座的影剧院以及某些公共建筑的门厅部分。图12-19是采用夹层剖面的餐厅的实例。

二、剖面组合与结构的关系

房屋建筑的剖面组合，除了应考虑功能的要求外，还要兼顾荷载、构件及空间等多种

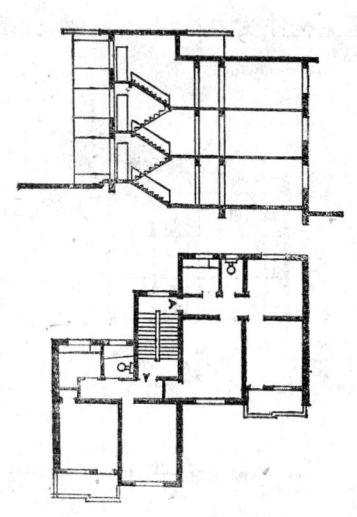

图 12-16　坡地中错层布置的住宅

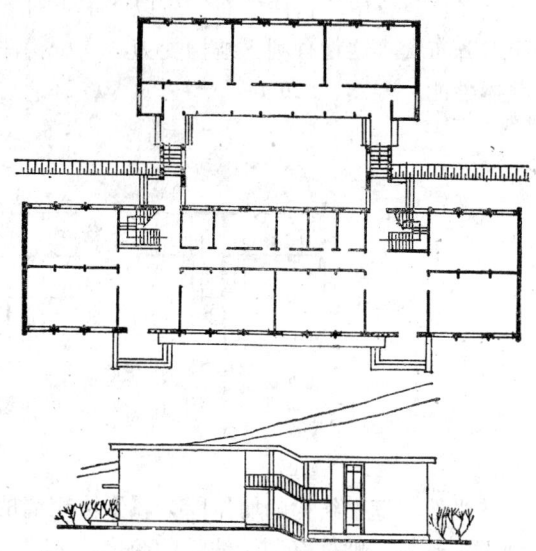

图 12-17　错层布置的教学楼

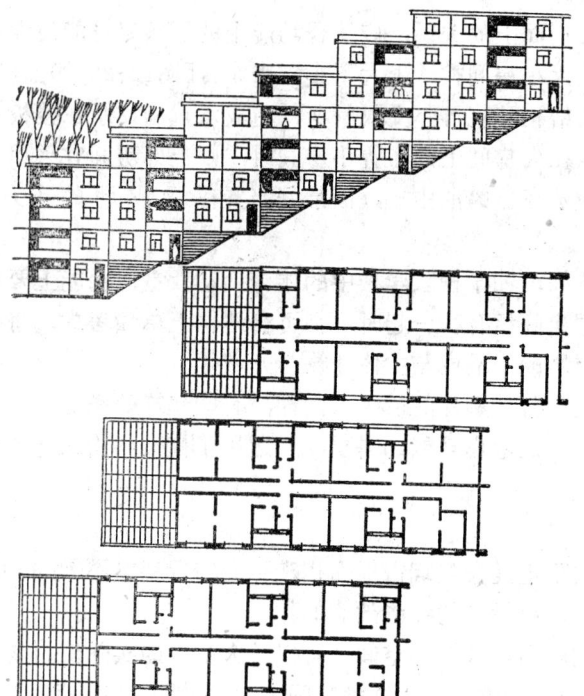

图 12-18　以室外台阶解决错层高差的住宅

图 12-19　某餐厅内的夹层处理

因素。

（一）考虑荷载的合理分布

多层建筑中，就荷载分布而言，应以"上轻下重"为原则，根据这一原则 来 安 排 人流、设备和空间，才能有利于结构布置、房屋稳定和抗震，也较为经济。

（二）考虑构件的合理布置

225

多层建筑中，构件的布置应以"上下对齐"为原则，无论是承重墙或承重柱，均应上下对齐布置，这将有利于结构受力，减少构件类型，避免构件受力不均，并能增强结构的整体性能。（图12-20）。

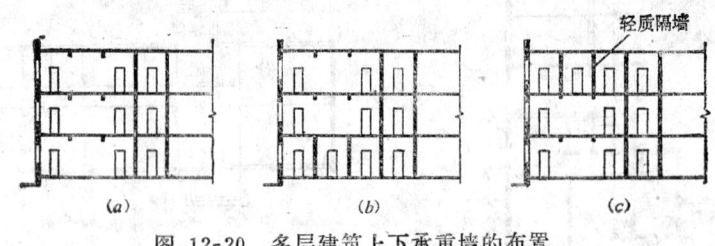

图 12-20 多层建筑上下承重墙的布置

当然，框架结构的墙体因为属于填充墙的性质，不一定要求"上下对齐"，不过能做到上下对齐，则更有利于结构的简化。

（三）合理考虑大小房间的组合

在多层建筑中，房屋建筑空间在剖面上的关系，应结合功能上的要求尽可能使大房间上下重叠，小房间上下重叠，或者使大小房间按"上大下小"来布置［图12-20(b)］。避免上层是小房间，下层是大房间（框架结构建筑可不受限制），造成承重墙支承在楼板上的不合理现象。如果由于功能要求需要在大房间上部布置小房间时，则上部房间宜采用不承重的轻隔墙，同时，它的位置要避免放在板跨的中央，而最好布置在 梁 或 肋 的 上方［图12-20(c)］。

有些建筑物中，有一些较大的房间，如学校教学楼中的体育活动教室，功能上要求布置在底层，而在结构上又难于与其它房间组合在一起时，则可在结构上单独考虑，将此部分做成单层建筑的形式，紧贴主体房屋的一端或与主体建筑分开布置。

实际工程中，大小房间的位置也常常有例外的情况，例如：有些建筑的底 层 为 营 业厅，而上层则为办公室或住宅，这主要是考虑功能的需要，并运用了框架结构的特点（图12-21）。

三、空间利用

充分利用建筑物内部的空间，实际上是在建筑占地面积和平面布置基本不 变 的 情 况下，起到了扩大使用面积，充分发挥房屋投资的经济效益的作用。

一些坡屋顶房屋，充分利用房间内山尖部分的空间，可以扩大室内的实际使用面积，我国许多地方民居，常采用图12-22所示的方式利用这类空间。

对于人们室内活动和家具设备布置以外的其余空间，也可加以利用。例如，在房间内部的顶部，走道的顶部或厨房案桌的上部设置吊柜（图12-23）；在食堂备餐间售饭柜台下设置存碗柜等（图12-24），都是充分利用空间的好措施。

楼梯间的底部和顶部，通常也是可以利用的空间，当楼梯间底层平台下不作出入口时，平台以下空间可作贮藏或厕所等辅助房间，楼梯间顶层平台以上的空间高度较大时，也能用来作贮藏室等辅助房间，但须 增设 一个 梯段，以通往 楼梯间 顶部 的 小房间（图12-25）。

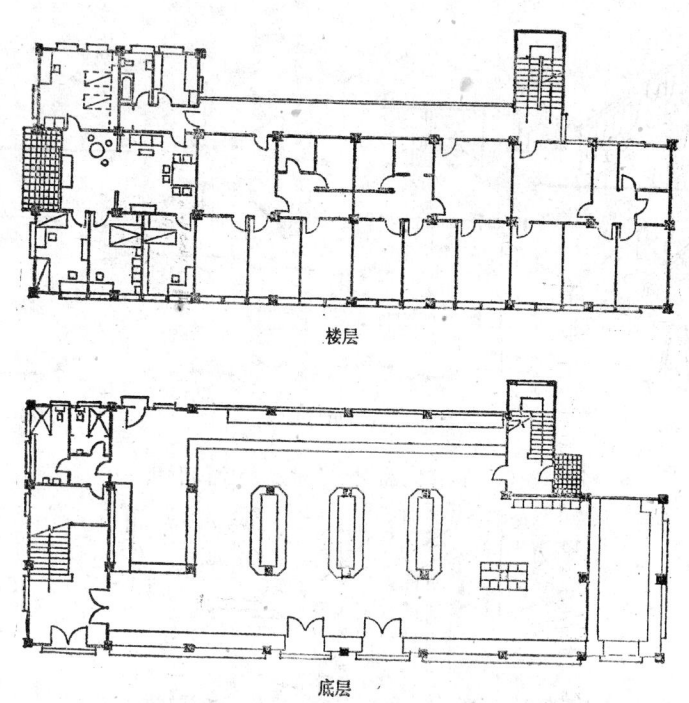

楼层

底层

图 12-21 底层商店上层住宅的空间组合

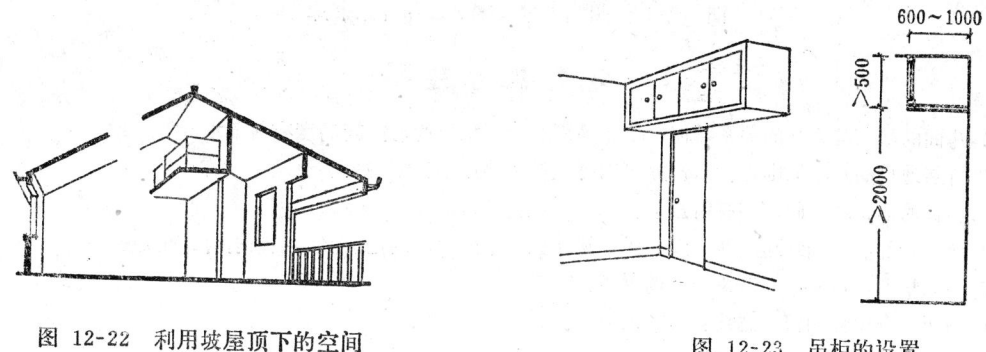

图 12-22 利用坡屋顶下的空间

图 12-23 吊柜的设置

图 12-24 备餐间售饭柜台下的存碗柜

在一些公共建筑中，当楼梯间进深尺寸较大时，也可在每层楼梯的中间休息平台后面设错层的小房间，该小房间可作辅助房间用，如作贮藏室、厕所等。

某些净空较高的房间，也可增设夹层或走马廊，以增加使用面积和交通联系面积，图12-26是阅览室中利用夹层空间设置开架书库的例子。

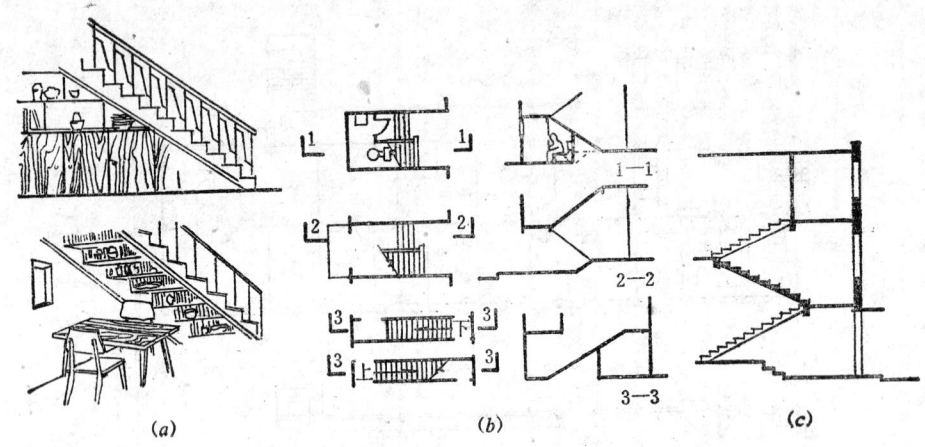

图 12-25　楼梯间顶层平台上部的空间利用

图 12-26　阅览室中设置夹层作开架书库

复习思考题

1. 房间的层高与采光的关系如何？单面采光和双面采光的房间其高度有何要求？

2. 自然通风的基本原则是什么？如何运用风压和热压加强室内自然通风？

3. 楼板的形式对房间净高有何影响？试举例说明？

4. 建筑物的层数确定与哪些因素有关？从防火要求考虑，对建筑物的层数有什么规定？

5. 什么情况下房屋需要做成错层的形式？

6. 剖面组合中应如何考虑结构方面的要求？

7. 剖面设计中的空间利用有哪些方法？

第十三章 立 面 设 计

建筑的首要目的是满足使用要求，但同时，它的体型、立面，以及内外空间组合等，还会给人们在精神上以某种特殊的感受。建筑表达的精神内容还往往可以反映一个时代、一个国家、一个民族的文化素质、精神面貌及社会经济状况。

建筑物的美观问题，既在房屋外部形象和内部空间处理中表现出来，又涉及到建筑群体与基地环境协调，以及建筑细部设计。其中，房屋的外部形象和内部空间处理，是单体建筑设计时，考虑美观问题的主要内容。有关内部空间的组织和处理，已在平面设计、剖面设计中有所涉及，本章将着重分析建筑体型和立面处理等美观问题。

建筑设计不同于纯粹的艺术创作，建筑的艺术处理过程要受到功能要求、物质技术及经济条件的制约。当平、剖面设计基本确定时，实际上建筑形体甚至主要的大致轮廓已经初步确定了，对立面外观形象的形成起主导作用的是建筑本身的平面内容和构成它的材料和构件，因而在设计时，应妥善处理好"适用、安全、经济、美观"的关系，努力追求合理的功能、先进的技术和美妙的形式。既要反对片面追求美观而不顾适用、经济的错误思想，也必须反对立面设计完全地服从平面、剖面、而不认真研究、改进、探索的倾向。

随着我国社会变革的发展和现代化进程的加速，人们的生活要求，审美观念也在飞跃地改变，这无疑地对建筑形式提出了更高的要求。在这种形势下，建筑设计人员应开动脑筋、勇于探索、巧于构思、具有创新意识，高质量地设计出具有时代性、民族性和地方性的建筑和建筑环境。

第一节 建筑体型与立面要求

建筑外观通常包括体型及立面两层意思，作为造型艺术，建筑与雕塑一样是靠体积来表现的，因而建筑艺术的语言主要是体型。体型或型体是指建筑的整体形象或轮廓，它是由各种几何形体组成的。通常，可以将建筑体型分为单一体型和复合体型两类。立面通常指建筑型体的各个竖直的外表面，当代也有人将屋顶称为"第五立面"。立面是由各种建筑构配件组成的，这些构配件包括承重构件、围护构件。门窗、阳台或凹廊、遮阳板、壁柱、花池、台阶、雨篷、勒脚、檐口等，它们分别属于建筑立面的台基、墙体、檐部。

在进行房屋的体型和立面设计时，应考虑以下几方面的要求：

一、反映建筑功能要求和建筑类型的特征

不同功能的建筑类型具有不同的内部空间组合特点，房屋的外部形象也应相应地表现这些建筑类型的特征。例如城镇职工住宅由于内部房间较小，人流出入较少，因而立面上常呈现出较小的窗户和入口，分组设置的楼梯和阳台[图13-1(a)]；教学楼由于采光要求较高，使用人数多，立面上往往形成高大明快，成组排列的窗户和宽敞的入口[图13-1(b)]；剧院建筑由于观演部分声响和灯光设施的要求，以及观众场间休息的需要，在建筑

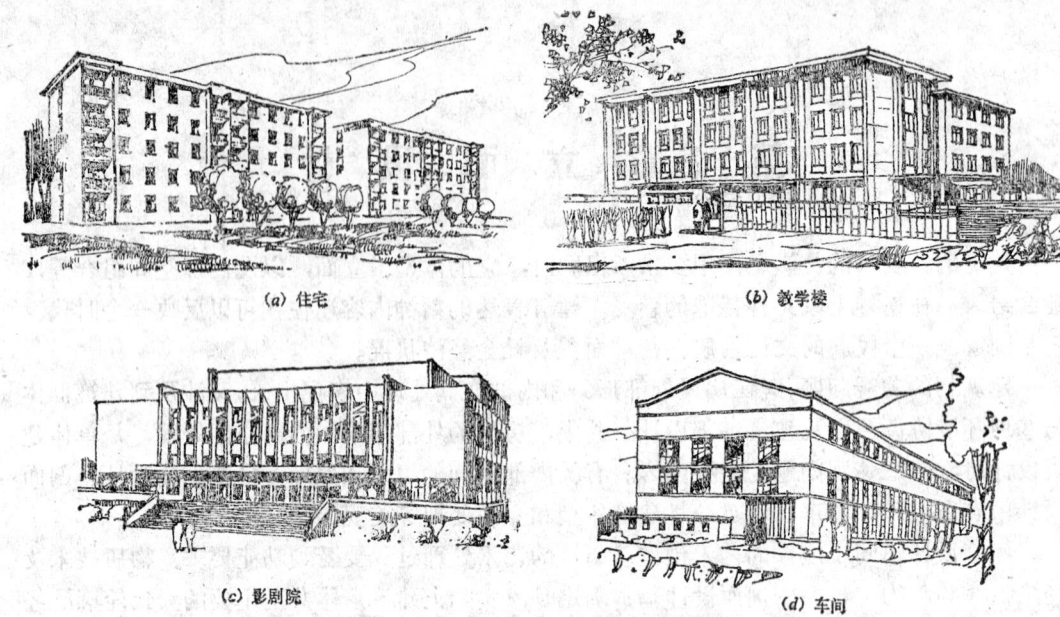

(a) 住宅　　　　　　　　(b) 教学楼

(c) 影剧院　　　　　　　　(d) 车间

图 13-1　不同建筑类型的外型特征

体型上，常以高耸封闭的舞台箱和宽广开敞的休息厅形成对比[图13-1(c)]。再如生产性的工副业用房，也常呈现出反映其特征的体型和立面[图13-1(d)]。

房屋外部形象反映建筑内部空间组合特点这一特征，正是建筑艺术有别于其他艺术的特点之一，建筑设计中应杜绝一切脱离功能要求，片面追求外部形象美观，表里不一的倾向，应力求使建筑物的外部体型能够正确反映其内部空间的组合情况，使形式与内容得到有机的统一。

二、结合材料性能、结构构造和施工技术的特点

建筑的内部空间和外部体型是由一定的建筑材料，结构系统所构成的，因此，建筑的体型和立面，必然与所用的材料，结构系统以及采用的施工技术，构造措施关系密切。

目前，村镇建筑大量采用砖混结构，由于这种结构类型对承重墙的受力要求，窗间墙必须保留一定宽度，窗户不能开得太大，因此，这类结构的房屋外观形象，应通过门窗的良好比例和合理组合，以及墙面材料质感和色彩的恰当配置，取得朴实、稳重的建筑造型效果（图13-2）。

图 13-2　砖混结构的外形特征

采用钢筋混凝土框架结构的房屋，由于墙体只起围护作用，建筑立面上门窗的开启具有很大的灵活性，建筑物的整个柱间可以全部开设横向窗户，有些框架结构的房屋，立面上外露的梁柱构件形成节奏鲜明的构图，显示出框架房屋的外形特点，还有些框架结构的房屋，将外墙悬挑出，并设转角的带形窗，使立面显得更为活泼明快（图13-3）。

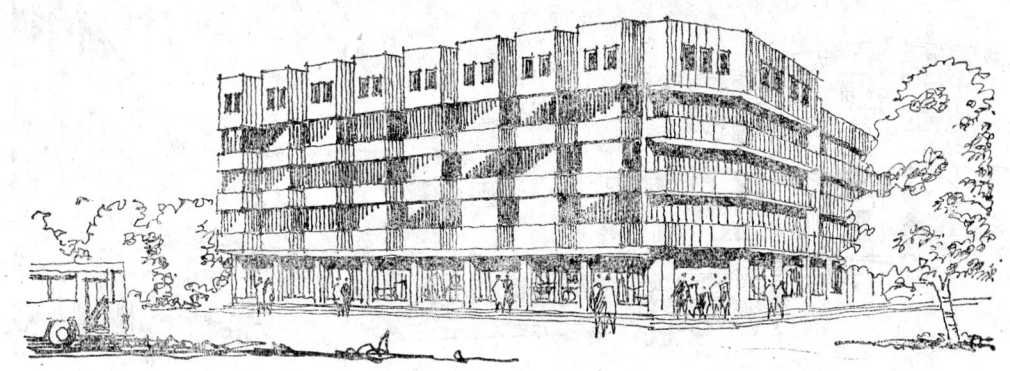

图 13-3　框架结构的外型特征

屋顶的承重结构形式也直接影响着建筑体型和立面。平屋顶建筑的体型一般较为简洁，坡屋顶建筑的体型一般轮廓较有变化，折形、曲面屋顶的建筑，其屋顶的轮廓（天际线）则显得较轻盈、活泼。当前，我国村镇建筑还有相当数量采用坡屋顶的形式，图13-4是采用坡屋顶的某综合活动楼立面。农村中的某些生产性建筑也常采用木屋架、混凝土屋架或钢木屋架支承的屋顶结构，其立面造型也有独特的特征。

图 13-4　采用坡屋顶的某综合活动楼立面

三、适应基地环境和规划的群体布置

单体建筑是规划群体中的一个局部，拟建房屋的体型、立面、内外空间组合以至建筑风格等方面，要认真考虑和规划建筑群体的配合，同时，建筑物所在地区的气候、地形、道路、原有建筑物以及绿化等基地环境，也是影响建筑体型和立面设计的重要因素。

例如山区或丘陵地区，为了结合地形条件和争取较好的朝向，往往采用错层的空间组合，从而产生了多变的体型（图13-5）；炎热地区，为减少阳光辐射和加强通风效果，立面上通常设置富有节奏感的遮阳板或通透的花格（图13-6）。而气候寒冷的北方地区建筑，则体型应尽量简单、完整；同时，立面开窗不宜过大，以利于冬季的保暖。

图 13-5　结合地形的错层住宅　　　　　　图 13-6　炎热地区房屋立面
　　　　　　　　　　　　　　　　　　　　　　　　　　　上的遮阳板

此外，建筑外形还应考虑地区特点，体现地方风格和民族风格。

四、符合建筑造型和立面构图的规律

美观的形象必然是符合形式美基本规律的产物，这些规律实质上就是正确处理整体与局部关系的法则，包括比例、尺度、韵律、节奏、均衡与对比等（详见本章第二、三节）。形式美的基本规律归纳起来就是"多样统一"，即在统一中求变化，在变化中求统一。只要这一规律运用得当，就能获得具有良好美感的建筑形象。

第二节　建筑构图要点和建筑风格

一、建筑构图要点

建筑的美在很大程度上取决于建筑外观的形式美，客观存在的建筑形式美要引起人们的美感，须经过景——情——意的过程，即建筑形象先给人直观的感知，再引起心理的共鸣，然后激发起自由而深化的联想，获得美的意境。

建筑构图是实现建筑美的必要手段，建筑构图的任务是创造建筑外观的安全感、尺度感、节律感、秩序感、色质感和整体感。

（一）安全感

建筑美的首要条件，是要给人们带来心理上的"安全感"，它包括外观的均衡与稳定。

均衡所涉及的主要是建筑构图中各要素左右、前后之间的"轻重"关系，显然，对称的建筑外观能够自然地达到均衡，这是因为对称的外观必然有一根满足均衡的对称轴线，轴线两侧在"重量感"上是完全等同的。对于非对称的建筑外观，为了达到均衡，应有一个类似于对称轴作用的均衡中心（即构图中心），这个均衡中心相当于杠杆平衡时的支点（图13-7）。

232

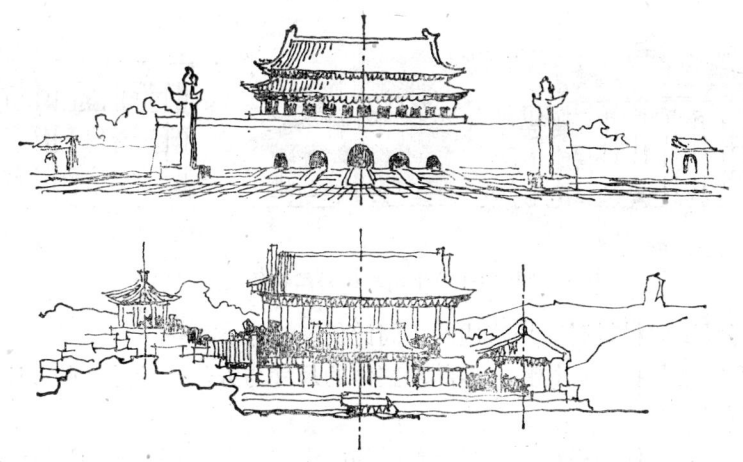

图 13-7 对称均衡与不对称均衡

此外，平衡还必然与稳定的概念联系在一起，稳定所涉及的主要是建筑构图中各要素上下之间的"轻重"关系，在生活体验中，由于受自然界的启发，人们在观察物体时，总是以下大上小、上轻下重而感到稳定，并将此作为审美的观点，因此，古今中外绝大多数建筑都遵守这一原则[图13-8(a)]。但随着科学技术的进步和人们审美观念的发展变化，稳定的概念有了新的发展，图13-8(b)的例子通过表现材料的力学性能和结构的合理受力，同样可取得构图上的稳定感。

(a)   (b)

图 13-8 构图的稳定

(a)传统的稳定概念；(b)现代的稳定概念

（二）尺度感

建筑构图应符合合理的建筑尺度感，它包括比例和尺度两方面的含义。

"比例"是建筑局部本身和整体之间匀称的关系，是建筑艺术中用于协调建筑物尺寸的基本手段之一。

建筑构图要研究建筑各种构件及整体之间如大小、高低、长短、宽窄、厚薄、粗细等问题，实践表明，它们之间只要具有和谐的比例，就能够引起人们的美感。然而，比例的优劣很难用数字作规定，主要靠设计者反复推敲，积累经验，以取得和谐匀称的效果。

比例与传统有关系，如我国云南民居的屋顶较平缓，这些比例关系是在长期发展的过程中形成的，有的可以赋予建筑某种独特的风格，比例与结构材料的关系极大，在梁柱结构体系中，构件之间的比例在很大程度上取决于梁的跨越能力。图13-9说明采用石、木、

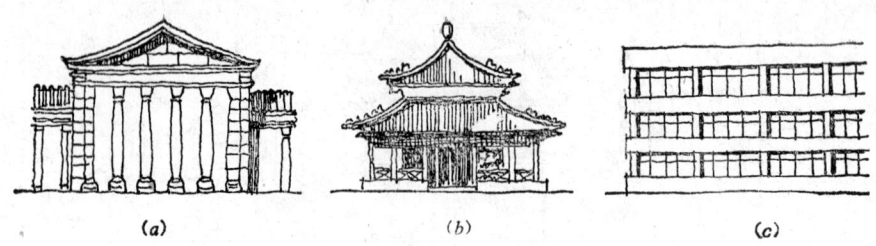

图 13-9 比例与材料结构的关系

钢筋混凝土三种不同材料时，所形成的不同比例。

"尺度"通常是指建筑构件、体部、整体的尺寸与人体尺寸之间的数比关系，即物与人的对比关系。

有一些建筑构配件如栏杆、踏步、普通的门窗扇、窗台及柜台的尺寸比较固定，也可能成为衡量整个建筑物尺度的标准。如果将上述这些为人们所习见的构件随意放大或缩小，就会使得建筑物的尺度产生不真实的效果，图13-10的小售货亭，体量较小，图(a)的立面用了"列柱"这种高大公共建筑所用的方法，结果是整个亭子看起来很象一个大模型；而图(b)无列柱，突出了柜台与人体的关系，显示了小货亭的特点。

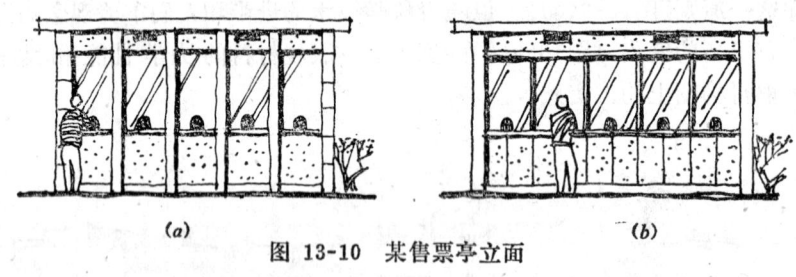

图 13-10 某售票亭立面

建筑物中也有一些构件的尺寸并不完全由功能来决定。例如门、窗的尺寸，单从功能上看，门只要略高于人体就行了，但是有些门出于美学的考虑却要求高大一些，此时，应注意避免大不见大的现象，做到大有大的形式，小有小的式样，切不可随便混淆（图13-11）。

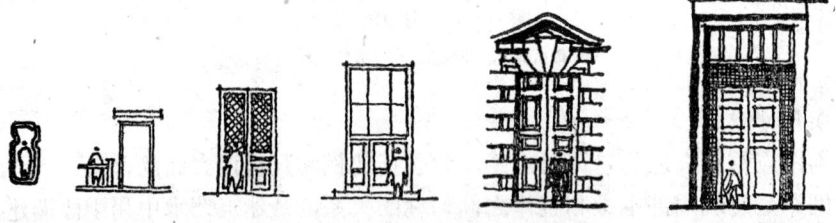

图 13-11 门的大小与形式的关系

（三）节律感

节律感是指建筑形式的节奏感和韵律感。"节奏"是建筑形式各要素的有规则的重复，"韵律"是建筑形式各要素的有秩序的变化。自然界中有许多事物和现象，往往由于有规律的重复或有秩序地变化而给人以美感。节律是一种既富于变化又便于统一的构图方法，在建筑领域里，人们广泛而普遍地应用节律构图法，以创造出具有美感的建筑。

利用建筑构件的形状、色彩、材质来组织节律，可以有以下几种方式：连续的节律，

234

即以一个形式要素（如阳台、或窗、或柱等）连续重复地排列〔图13-12(a)〕；渐变的节律，即按一定秩序组织微差变化的形式要素，如塔的重檐、漏窗等〔图13-12(b)〕；起伏的节律，即将立面上具有起伏特征的形式要素连续排列〔图13-12(c)〕；交错的节律，即让形式要素相互交织或穿插，如立面上相邻层交错开，或同一种构件交错布置，或不同色彩穿插〔图13-12(d)〕。

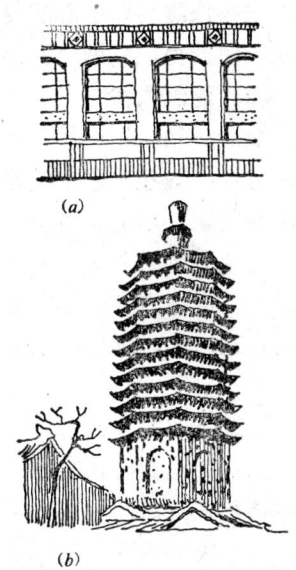
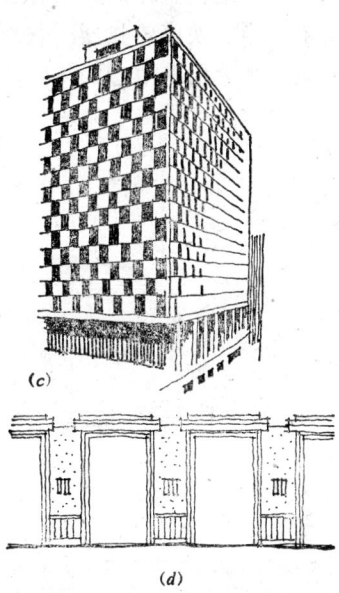

图 13-12　表现节律的方式
(a)连续的节律；(b)渐变的节律；(c)起伏的节律；(d)交错的节律

（四）色质感

色彩和材质是建筑表面极富表现力的装饰要素，也是塑造建筑外观美的重要物质手段之一。

建筑立面上的用色一般要解决基调及配色两个问题。基调是指建筑外观上大面积的主色调，基调选择要考虑建筑的性格特征、气候环境及人文环境等因素，现代建筑的基调一般倾向于调合的浅色调或白色调，以求达到素淡、柔和及明快的效果。为了求得色彩的生动变化，在基调确定后，还常采用对比法配色，但应注意使对比色与基调之间的呼应和统一关系，因此，对比色只能居于从属的地位，只宜用于小面积的色块或局部构件（如勒脚、窗套、遮阳板、阳台、栏杆以及檐部等）。

各种建筑材料的外表面都具有不同的质地，它给人们以不同的感觉，一般来说，砖石或混凝土表面，由于质地粗糙而显得较为厚重，面砖、金属、玻璃的表面，由于平整光滑而显得轻巧细腻。建筑构图中，可以充分利用材料的质感表现力，以加强材料之间粗细、坚柔、纹理等方面的相互对比，衬托的效果。

随着材料科学的发展，建筑外墙上采用的饰面材料越来越丰富，必然给色彩处理和质感应用创造了更为广阔的天地，但也应注意，不少装饰材料的价格是十分昂贵的，应根据功能要求和经济条件选择适宜的材料。

（五）秩序感

建筑构图中，常采用体型上或立面上的变化来防止外观单调呆板，以取得新颖、别致、甚至令人赏心悦目的效果。体型变化的方法有大小对比、形状对比、方向对比等，立面变化有虚实对比、凹凸对比等。

虽然建筑构图强调"变化"，但应避免因无组织的变化而造成的杂乱无章，其关键就是要利用主从对比，核心与外围的对比，重点与一般的对比，形成有条不紊的秩序和主次分明、重点突出的结构整体，如对称性建筑，常以两侧低矮的体量衬托中间高大的主体，使其主从关系明确，秩序感强烈，非对称性建筑的秩序感主要依靠均衡中心的妥善处理而获得。例如通过加大均衡中心的体量，或改变色彩或材质，使其得以强调或突出。

二、建筑风格

众所周知，建筑具有艺术和技术的两重性，既然是艺术，建筑就存在着风格问题。建筑风格主要包含民族风格、地方风格和时代风格。世界上各民族、各地方在一定历史条件下形成的建筑风格，都反映了它们当时的文明。

建筑上的民族风格、地方风格是指建筑形式上具有的某些民族、某些地方特征或特点，它在一定程度上标志着这个民族或这个地方建筑形式与其他民族、其他地方相比较而存在着的差异性。影响建筑风格的主要因素有两个：一是社会因素，包括政治、宗教、经济、科学技术以及民族文化传统等等；另一个是自然因素，包括地理条件、气候条件以及自然资源等等。

中华民族是一个有几千年历史的伟大民族，我国又是一个多民族的国家，生活在过去各个时代的各民族人民，从自己的时代所提供的经济技术条件和建筑内容出发，创立了自己时代的民族形式。它既区别于同时代其它民族的民族形式。也区别于前代和后代本民族的民族形式。图13-13是一些不同时代、不同民族、不同地区建筑风格的例子。

在村镇房屋建筑设计中，也要继承和借鉴传统，结合当地的自然环境条件，利用现代技术和艺术，塑造富

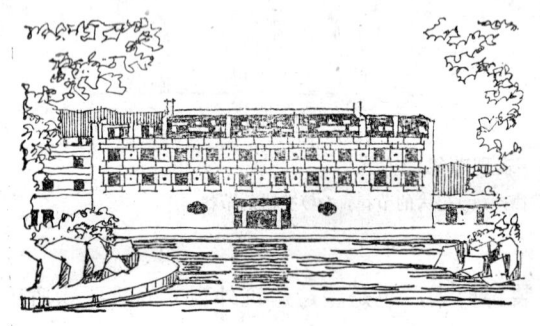

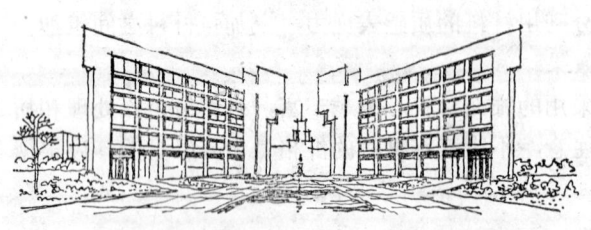

图 13-13 不同时代民族地区建筑风格

有民族传统、地方风格和时代气息的建筑形象。具体应做到以下几点:

1.使新建筑适应当地气候环境。我国各地区气候差别较大,建筑的地方风格应体现不同地区气候环境的特点,如岭南风格建筑,充分体现了对炎热地区气候条件的适应性。

2.继承传统文化,努力创新。继承和借鉴传统,是要融汇传统文化之精华,而不是简单地模仿或抄袭古代的优秀建筑,例如琉璃瓦、大屋顶、雕龙刻凤的屋檐,飞檐料栱、红墙碧瓦等,不能生搬硬套地用,否则只能是复古,取得适得其反的效果。

3.与周围旧建筑取得联系和呼应。新建筑应致力达到与周围准备保留的旧建筑取得联系和呼应,使其与传统建筑在一定程度上取得协调,同时起到保护文化、保护环境的作用。

4.新建筑要充分运用现代材料和技术,体现新材料、新技术的先进性,体现时代精神面貌和审美要求。

第三节 体 型 组 合

一幢建筑物,不论它的体型怎样复杂,都不外是由一些基本的几何形体组合而成的,建筑物体型组合的任务,就是在功能和结构合理的基础上,使这些要素巧妙地结合成为一个有机的整体。达到完美统一的效果。

体型组合的方式有对称式、不对称式两类。对称的体型组合有明确的中轴线,建筑物各部分组合体的主从关系分明,形体比较完整,容易取得端正、庄严的感觉(图13-14)。不对称的体型组合,其布局比较灵活,对功能关系比较复杂,或多变的基地地形条件较为适应,并容易取得舒展、活泼的造型效果(图13-15)。传统的建筑采用对称形式的较多,新建的建筑则较多采用非对称的形式。

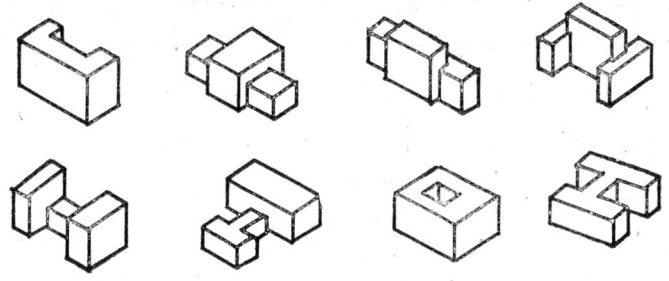

图 13-14 对称的体型组合

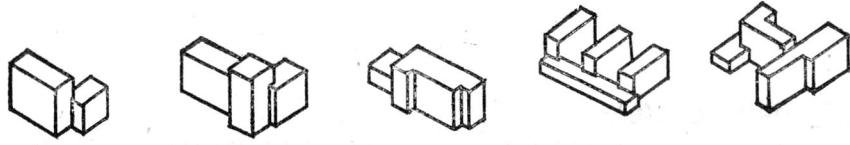

图 13-15 不对称的体型组合

各组合体之间的连接方式归纳起来有直接、咬接、插接三类(图13-16)。"直接"是两个部分的各立面直接组合,显得明确简洁;"咬接"是两个部分之间互有交叉的组合,显得紧凑而复杂;"插接"是在组合的两部分之间插入一个"插入体",即走廊或连

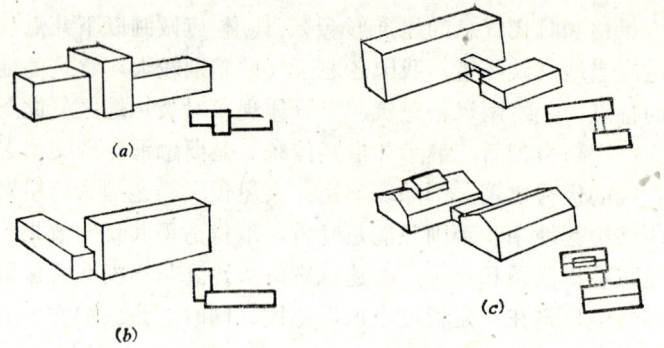

图 13-16　房屋各部分组合体之间的连接方法
(*a*)直接；(*b*)咬接；(*c*)插接

接体的连接。这三种组合方式常和房屋的结构构造布置、地区的"气候条件"、地震烈度以及基地环境关系密切，组合时应综合考虑，灵活运用。

体型组合应注意以下几点：

一、主从分明、交接明确

体型组合要注意分清主从关系。建筑物有几个形体组合时，应突出主要形体，通常可以通过各部分量之间的大小、高低、宽窄、形状的对比，平面位置的前后，以及突出入口等手法来强调主体部分。

不同体型的交接，要有明确的交待，图13-17中，图（*a*）由于连接处理不好，无凹凸变化显得体量之间区分不明确，而图（*b*）和图（*c*）各部分体量有所区分，并且交接明确、自然、美观。

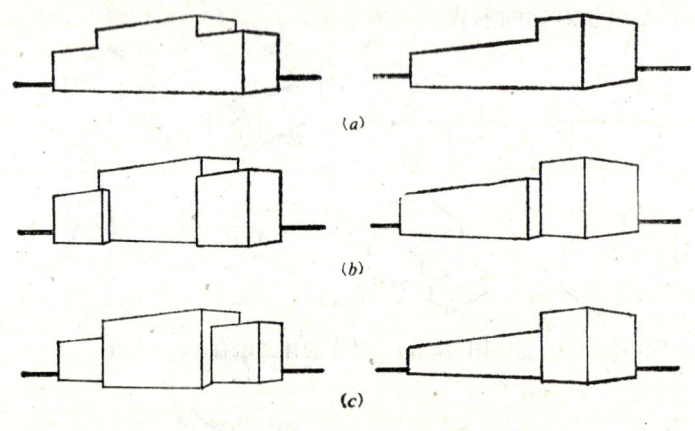

图 13-17　体型交接处理

二、完整均衡、比例恰当

对称的体型组合一般能达到完整和均衡，对于不对称的体型组合，应注意各部分尺寸的对应关系，如图13-18是一教学楼体型组合情况，其中图（*a*）楼梯间与其它部分等高，竖直的体量过小，不够突出，缺乏均衡感，图（*b*）入口部分包括楼梯间，体量过大，感觉臃肿，同样使房屋体形失去良好的比例关系；而图（*c*）的比例关系则比较恰当。又如图13-19，图（*b*）给人以左重右轻的感觉，而图（*a*）、（*c*）就显得较为均衡。

238

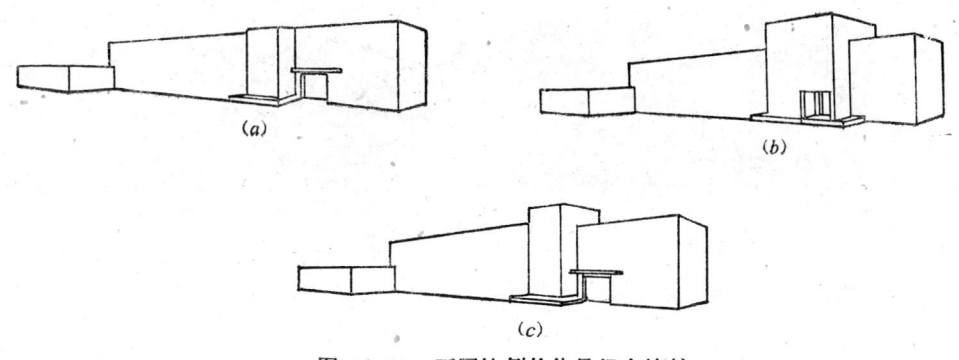

图 13-18　不同比例的体量组合比较

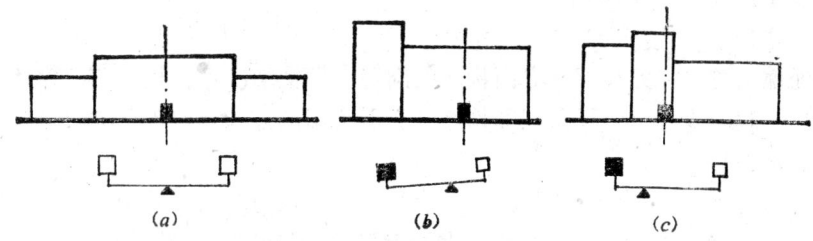

图 13-19　体型的均衡示意

三、体量对比、轮廓变化

为了丰富体型，避免单调重复，在体形组合时，各部分体量在大小、高低、横竖、曲直上应注意有适当的对比与变化（图13-20）。

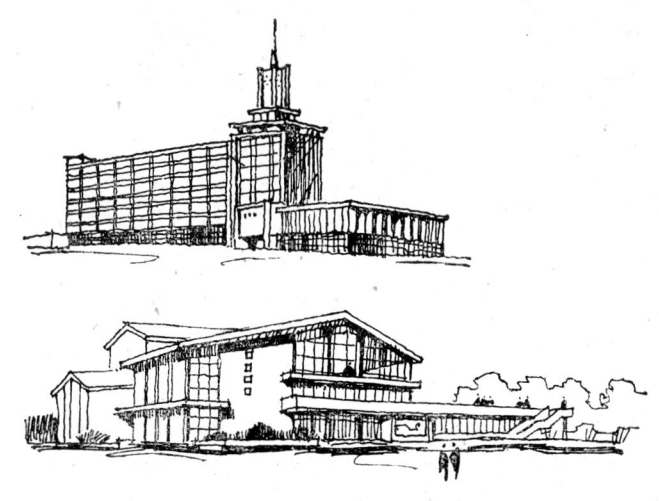

图 13-20　体量对比

建筑外形轮廓是建筑形象的一个重要方面，形状无显著特征时，可以改变层数形成高低起伏的外轮廓（图13-21）。

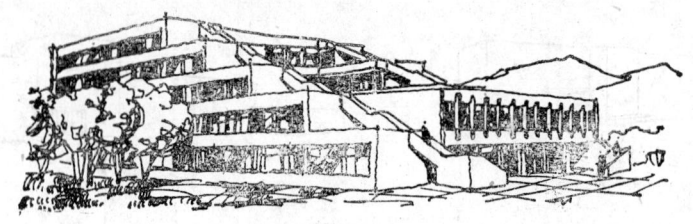

图 13-21 外轮廓变化

第四节 立面处理方法

立面处理是一项相当复杂的工作，除装饰之外，还要解决整体构图、虚实对比、材料、色彩及重点装饰等问题。

一、整体构图

立面处理的首要任务是解决立面构图的问题，即把墙、垛、柱、门、窗等构配件有规律地组织在一起，表现出一种条理和秩序。立面构图的方式有以下几种：

（一）水平构图

利用成组的水平线来划分墙面，可以取得舒展、轻巧的效果（图13-22）。通常用于水平划分的线条有窗户、阳台、挑廊、水平遮阳板、檐口及圈梁等构件。

图 13-22 水平构图的实例

（二）垂直构图

利用有规律的垂直线条来划分墙面，可使建筑显得高耸，给人以挺拔向上的感觉，当它用于较扁平的建筑时，可以造成视错觉，改善过于扁长的建筑的扁平感，当它用于细高的建筑时，可使建筑显得更加高耸。图13-23是垂直构图的实例。垂直划分的线条可为柱子、窗间墙、竖向遮阳板、墙架等。

（三）网格构图

网格构图就是利用长廊、遮阳板、柱子等构成一片完整的网格，网格构图揉合了水平与垂直构图的特点，容易取得完整统一、阴影突出、生动活泼的效果，如图13-24。

（四）成组构图

如果把立面上重复的阳台、窗户、窗间墙、结合房屋内部的功能特点在间距或大小上予以适当调整，处理成有规律的成组构图形式，可使立面产生一定的节奏感，显示出比较生动的外貌。住宅的立面常用成组构图来处理（图13-25），教学楼也常采用这种构图方式。

图 13-23　垂直构图的实例

图 13-24　网格构图的实例

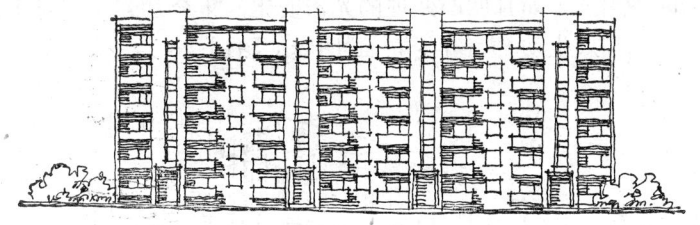

图 13-25　成组构图的集镇住宅

（五）散点构图

将立面上的某些构件(如阳台、窗户、花格)有规律地交错排列，就构成散点式构图。散点构图可以增加立面的活泼感和生动感，但应注意整体的和谐与统一。图13-26的例子通过窗户位置的相互交错，加强了构图的变化，使立面显得生动活泼。

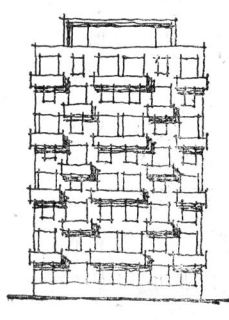
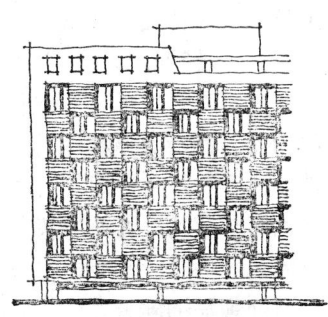

图 13-26　散点构图示例

241

二、虚实、色彩、质感对比

对比是立面处理的最基本的手法，对比包括虚实对比、凹凸对比、色彩对比和质感对比。

虚实对比是立面处理中的最基本的对比形式。在建筑的体形和立面处理中，虚和实是缺一不可的，仅有虚，整个建筑就会显得脆弱无力；仅有实，则会使人感到呆板、笨重、沉闷。虚实结合才能使建筑的外观既轻巧通透又坚实有力。不同的建筑中，立面上虚与实各自所占的比重不尽相同，而决定虚实比重的主要因素是结构和功能。砖石结构及生土建筑的门窗面积受限，故一般以实为主，框架结构由于外墙属于围护结构，虚实处理的灵活性很大，任何一个建筑都要避免虚实双方"势均力敌"的状态，若出现这种可能性时，必须充分利用功能特点把虚的部分和实的部分相对地集中在一起，而使某些部分以虚为主、虚中有实，另一些部分以实为主，实中有虚，这样，不仅就整个局部来讲虚实对比强烈，而且整体来讲也可以构成良好的虚实对比关系（图13-27）。

图 13-27 虚实对比

建筑立面的凹凸对比，不仅可以增加建筑物的体积感，而且凹凸处理的光影变化，也会加强虚实对比的效果，虚实与凹凸结合起来，可以构成生动、美观的立面图案（图13-28）。

图 13-28 凹凸对比

对比还包含色彩和质感的对比，进行建筑色彩处理无非是要解决调和和对比的问题，人们比较习惯于色彩的调和，但过分的调和则会使人感到单调乏味。我国传统建筑的色彩处理大体上就是以对比而达到统一的，无论是富丽辉煌的宫殿、寺院建筑，或是朴素淡雅的江南民居中的粉墙青瓦屋顶，都充分运用了色彩的对比。

色彩和质感都是材料的某种属性，色彩对比和变化主要体现在色相之间、明度之间以及纯度之间的差异性，而质感的对比和变化则主要体现在粗细之间，坚柔之间以及纹理之间的差异性。色彩和质感同时都受到材料的影响和限制，两者关系又十分密切。因此，设计时很难将色彩与质感分开来考虑，而是综合考虑材料这两方面的特性，当材料的质感相近时，常强调色彩的对比和变化，反之，当色彩相近时，则应强调质感的对比和变化。

三、重点处理与细部装饰

立面设计中的重点处理，主要是为了突出反映建筑的功能使用性质和立面造型上需要强调的主要部分或使人醒目的部位。例如建筑物的主要入口或楼梯间处，因为功能上要求这些部位应显著，易于发现，故通常作为重点处理的部位。有时对于某些反映建筑特征的部分，例如商店的橱窗。住宅的阳台等也常加以重点处理。

（一）重点处理

主要出入口的重点处理一般采用在门洞上装饰贴脸线脚，或者设置雨篷、门廊等方式。此外，还可以通过加大入口处的建筑开间，加大入口处主体体量，利用墙面凹凸，利用墙面水平和垂直构图的对比来突出入口，或增加踏步等措施。图13-29是住宅建筑上常见的入口处理方式。在一般的公共建筑中，可根据房屋建筑的功能特点和规模，采取上述方式突出重点，如图13-30。

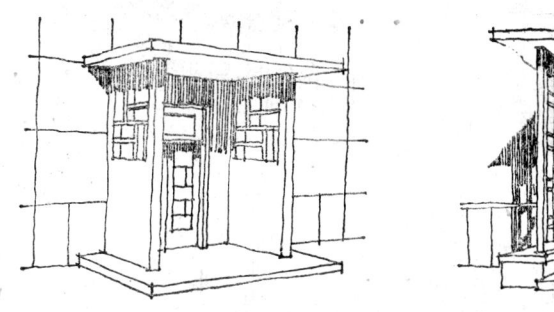

图 13-29　住宅入口处理

图 13-30　公共建筑入口的重点处理

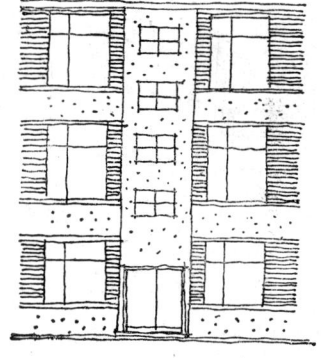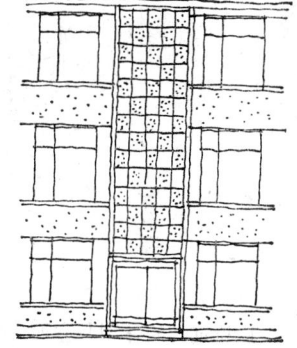

图 13-31　楼梯间立面的重点处理

在住宅建筑中，楼梯间常常是住宅的主要入口。因为楼梯间窗户与各层窗户的标高一般是不一致的（约错半层左右），如不加处理，往往会造成立面的零乱。楼梯间的常见处理方式有以下几种：将楼梯间窗开成小方窗或扁方窗，与墙面上的普通窗成一定的关系；把楼梯间窗做成上下直通的长窗户或者加设花格窗，形成全虚或较虚的墙面，与两侧实墙产生对比；凸出楼梯间，在楼梯间两侧开大片玻璃窗或花格窗，正面用大片实墙；形成虚实对比，并可加强体积感（图13-31）。

（二）细部处理

对于立面上体量较小，或人在近处才能看清楚的一些构件和部件，如各种凹凸线脚、勒脚、窗台、窗套、台阶、栏杆、遮阳板、雨篷、檐口及其他细部等，如果设计得比较粗糙，往往会影响整个建筑形象，使某些重点部位不够突出或不耐看，因此在设计中必须重视这些细部的处理，进行必要的点缀和细致的加工，图13-32为檐口、阳台、窗 户细部处理实例。

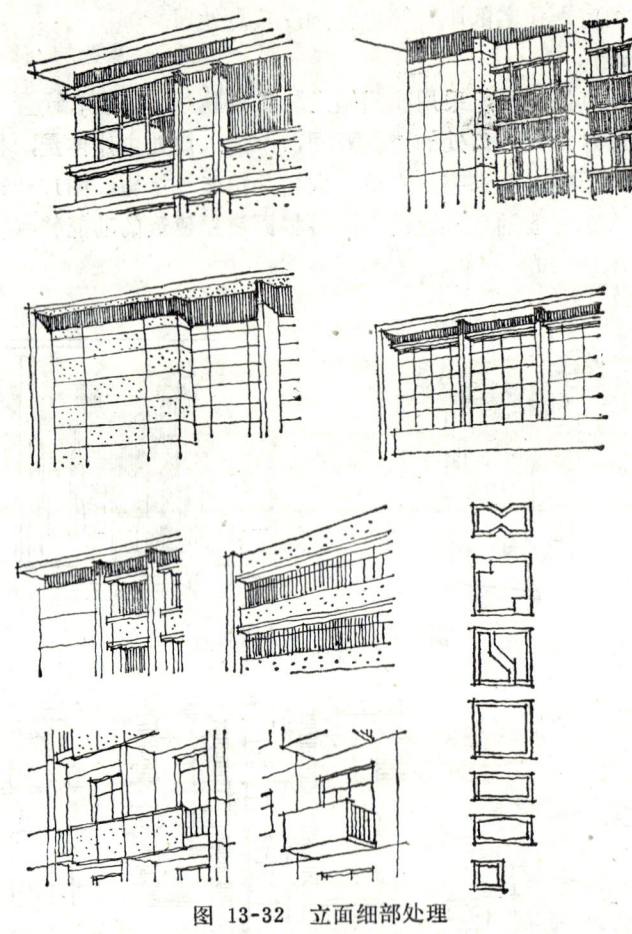

图 13-32　立面细部处理

复习思考题

1. 建筑物的体型与立面有什么区别？
2. 体型与立面设计应满足哪些方面的要求？
3. 建筑构图的原则包括哪些内容？
4. 对称体型和非对称体型的特点是什么？
5. 建筑立面构图的方式有哪几种？各有什么特点？
6. 建筑体型和立面处理中的对比方式有几种？
7. 立面的细部处理主要指哪些部位？为什么要进行细部处理？

第十四章 建筑方案设计

前四章介绍了总平面、平面、剖面及立面设计的知识，具备这些知识后，就可以进行建筑物的方案设计。然而，如何着手进行方案设计，如何综合运用上述知识解决方案设计中的问题，是初学者面临的两个难题，为此，本章将详细阐述方案设计的各过程和具体方法、步骤。

第一节 方案设计的作用和任务

建筑设计是一个由实践到认识，又从认识到实践，不断往复，逐步提高的过程。在这个过程中，将会遇到许多矛盾，因此建筑设计又是一个不断发现矛盾、分析矛盾，解决矛盾的过程。

建筑设计是分阶段进行的，一般可分为二个或三个阶段（初步设计，技术设计，施工图设计）。在建筑设计阶段中，初步设计阶段也叫方案设计阶段，是个关键性的阶段，它的好坏将决定整个工程设计的发展，也将决定今后建筑物的使用质量和艺术质量。

建筑方案设计的主要任务是根据建筑设计任务书和调查研究所得的资料，结合本地条件、功能要求、建筑标准、以及技术上和经济上的可能性与合理性，提出建筑方案，其中包括确定房屋内部各种使用空间的大小和形状；确定建筑平面空间布局和总平面布置；确定适当的建筑材料和设备型号、数量；确定合理的结构体系；以及根据建筑物的性质和内容，确定房屋的内外形式，并提出主要技术经济指标和建筑工程概算。

建筑方案设计的目的是为了征求设计单位的意见和供有关部门审批，因此一般初步设计应提出几个方案，以供比较和选择。

怎样进行建筑方案设计呢？为了说明问题的方便，本章将以一个小冷饮店设计为线索来介绍方案设计的思想方法和工作步骤，现将题目介绍如下：

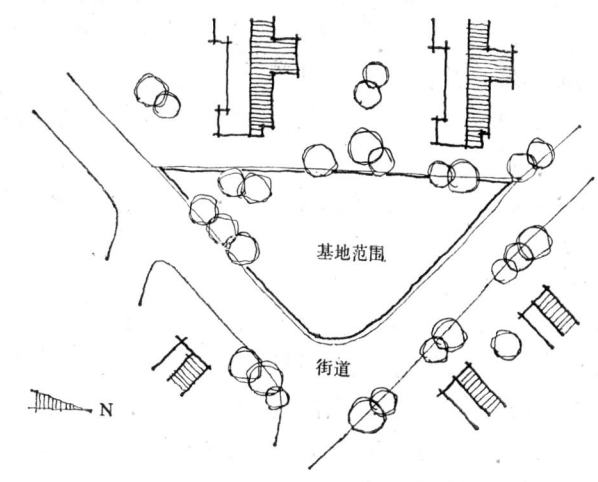

图 14-1 小冷饮店基地平面图

某集镇拟在住宅区的街道交汇处的三角形空地上建一幢小冷饮店，以方便居民生活。建筑基地如图14-1，建筑总面积为120m²，内部房间组成包括：营业厅90m²，加工间22m²，休息兼值班室5m²，卫生间3m²。

第二节 题目分析和调查研究

在方案设计的开始首先应针对所给的题目做好题目分析和调查研究工作，目的是收集有关设计资料，明确设计的要求和要点。

一、题目分析

不论是学校设计课所给的题目，还是实际工作中的设计任务书，不论是简单的题目还是复杂的题目，它们都有自己的特点和一定的针对性。接到题目后应进行分析，明确题目要求。

题目分析的目的是要明确设计任务书所提出的要求，弄清楚建筑物的性质是什么，有什么功能要求，周围环境有何特点，采用什么形式的组合方法，建筑风格是什么等等。

例如，针对小冷饮店设计这一任务，题目可做如下分析：

1. 营业厅是冷饮店的主要用房，应先考虑它的各种可能性。

2. 营业厅应作为整体构图的重点来考虑。

3. 冷饮店与饮食店有什么不同？

4. 建在街道交汇处，造型应较为轻巧、有趣？还是庄重、严肃？

再举一个略为复杂的题目，做为参考。

某12班小学教学楼设计，包括教室、教师办公室及辅助用房。题目特点分析如下：

1. 教学楼建筑最主要的用房是普通教室，根据这一特点，可先考虑普通教室的各种可能性。

2. 要满足学生的上课要求，普通教室在平面形状、视线、采光通风等方面应符合一定的功能要求。

3. 进行单元构思的同时应考虑整体布局，如运动场具有一定的噪声干扰应和普通教室有所隔离，但又必须联系方便。教师办公室应和普通教室靠近设置，但也要避免学生上下课对教师办公的影响。

4. 学校总体环境对教学楼有什么要求？周围环境特点是什么？这些问题的解决也会影响到教学楼的设计。

5. 小学教学楼应该反映学校建筑的性格特点，根据这一要求来考虑建筑物的造型、色彩和风格。

二、收集资料和调查研究

建筑设计是一项综合性很强的工作，它涉及的知识面很广，即使是一个具有丰富经验的建筑师，也不可能对所有建筑类型中的各种问题通晓无遗。因此，在动手作方案前，应做好收集资料和调查研究工作。

（一）收集资料和调查研究的内容

调查工作一般包括以下内容：

1. 了解任务特点、性质；弄清楚建设意图、有关方针政策、具体规定、核实投资、标准、使用要求和地区特点。

2. 已建同类建筑的指标、标准、资料文献、经验教训。

3. 基地条件与环境、规划要求、公用设施、道路交通、地形地貌、地质气象。

4.了解施工单位的施工力量、机具设备条件、材料构件等供应情况。

（二）收集资料和调查研究的方法

1.查阅有关文献资料，如设计手册、方案图集等。在这些资料中，有关的设计原则、面积指标和具体资料可供参考。

2.向设计单位和施工单位取经，向有关单位访问和索取资料，参观访问已建或正在施工的同类建筑，通过这种途径向有经验的设计人员学习，吸取有益的经验教训；收集同类建筑的实例图纸，分析其中的道理；学习古今中外优秀的建筑作品实录，以开阔自己的设计思路。

3.实际体验生活，掌握第一性资料。为了熟悉和了解建筑物的具体使用要求，可到相同规模的同类建筑中去深入调查研究，熟悉生活，实地去观察这类建筑由哪些房间组成，功能关系如何？各房间的实际用途，对它们的大小和高度等有哪些要求等等。

具体调查之前应草拟一个提纲，按不同的内容要求分别向不同的部门或对象作调查。例如，下面是对某一冷饮店的调查提纲：

1.基本资料

地点、面积、规模、层数、建造时间、造价、设计和布局上的重要特点、服务范围、工作人员数量。

2.使用情况

实际使用情况，设计更改原因，使用上较为满意的部分，哪些部分存在问题。

3.功能方面情况

营业内容和营业方式对建筑物布局有什么具体要求？

营业厅大小、形状及布置方式是否方便顾客使用？

冷饮餐桌、柜台、货架的大小、高低、式样和排列间距如何方便顾客和营业员使用？

营业厅的采光、通风、隔热、照明应采取什么方式？

工作间如何满足饮料的加工和配制？

冷饮店货物的进出口和货物保存有何要求？

冷饮店工作人员对值班、休息及卫生间等有什么具体要求？

冷饮店所处地段和周围环境对建筑有什么影响？

冷饮店体型、立面构图有何特点？

在调查过程中，除应细心观察外，还应做好记录，对有价值的资料应作测绘和拍照。

第三节 立意、构思、方案比较的过程和设计草图的画法

经过对题目的分析和调查研究，接下来应如何进行方案设计呢？下面我们就通过小冷饮店的设计任务，主要从思考方法和工作步骤方面，来介绍建筑方案设计的一般过程。

一、立意、构思阶段

所谓立意和构思，指的是在建筑方案设计的开始阶段，对所要设计建筑物的要求和特点，做一个全面的分析，并对建筑方案有一个初步设想。在建筑设计中，基本构思的好坏，对整个设计的成败，有着极大的影响。如果一开始的基本构思妥善合理，在以后的工作中就容易掌握全局，局部的缺点和不足也容易克服。相反，如未经认真开动脑筋，深思

熟虑，而又凭一时的念头，或条件反射而随手创作，则往往只能是平庸之作，甚至造成整个设计的返工和失败。

在一般建筑设计中，基本立意和构思主要是根据建筑物的性质和内容、服务对象和基地条件，找出建筑最主要的特点和最突出的性格，具体地说，就是根据建筑物的具体设计任务，在平面布局和空间处理上应采取什么样的组合方式，才能满足功能要求；在建筑体型组合和立面构图上应怎样处理，包括采用什么样的建筑材料和结构形式，才能表达这个建筑物的性格，才能达到一定的艺术效果。

以下就小冷饮店设计为例子说明基本构思的考虑：

冷饮店的功能——供附近居民冷饮、休息、交谊的场所。为满足这些功能，营业厅空间应较为宽敞，能满足家具布置、顾客活动的要求，室内气氛应较为轻松、愉快。营业厅还应有良好的采光通风和照明。工作间应与营业厅联系密切，以方便服务员工作等等。

冷饮店的地段——居住区两街道交汇处。冷饮店的主要入口，应考虑两条街道方向人流的进出，建筑平面应与三角形的基地协调。

冷饮店的性格——用轻松、活泼、亲切、近人的形式来配合周围的居民住宅楼。利用基地面积较大，冷饮店功能组合较为灵活的特点，来创造较为丰富、有趣的外部体型。

冷饮店的材料、结构——根据村镇的材料供应和施工队伍能力，采用当地取材容易的砖石和钢筋混凝土为材料，结构形式为砖混结构。

下面再举些例子，以加深对设计基本构思的理解。例如：公园里的茶亭，主要功能是供公园里游人休息、饮茶及眺望风景，应以开敞的廊榭和相对封闭的茶水供应处，形成虚实对比，以创造轻巧、活泼的性格特征。汽车站的候车廊，主要功能是供公共汽车乘客候车及调度管理，司机休息，拟以宽敞的廊和座椅，管理室的大片玻璃窗来体现整个建筑物轻巧、活泼、明快的性格。

从以上分析中，我们可得出如下结论：首先，方案的立意和构思需要对题目有一个全面的了解，对建筑特点、性格具有准确的把握。第二，好的构思不是那种置功能与技术于不顾的"超凤脱俗"，也不是某种新奇怪异的形式，方案的基本构思应该是对建筑功能、技术和艺术等各方面完整而有机的考虑，是外部形式和内部空间的统一。第三、方案表现能力是构思的一种外部体现，它同时又反过来促进方案构思的进一步完善。那种把方案构思当成单纯的构图训练，过多地注意设计图面的美术效果，而放松思想深度的挖掘，以及片面理解方案构思的重要性，而忽略了设计技巧的艰苦训练，养成眼高手低，好高骛远的毛病都是不可取的。

二、建筑组成及其功能关系的分析

这是方案设计的第二步。主要是对建筑内部的使用活动规律与功能要求，建筑内部房间的组成、各房间之间的关系以及建筑内外关系等等，进行分析研究。

按照功能分析的方法来分析小冷饮店各组成房间的功能关系，我们可以看到：小冷饮店的各个房间可以分成两个部分：一个是对外服务部分——营业厅；一个是内部使用部分——加工间、值班休息间、卫生间。对外服务的营业厅与内部用房以及内部各房间之间应有直接方便的联系。再进一步分析，冷饮店活动路线有三条，一是顾客进出营业厅的路线；二是内部工作人员出入的路线；三是货物由外面运入加工间，再由加工间进入营业厅的路线。为了使内部工作人员和货物出入的路线不与顾客进出的路线相干扰，除了营业厅有对外的出入口外，内部使用部分最好也有单独的对外出入口。小冷饮店功能关系如图14-2。

合理的功能关系图，对建筑平面图的产生有很大的指导作用，是建筑设计的一个重要方法，初学者尤应注意这方面的训练。

三、环境分析与总体布置

通过调查研究和功能分析，对于设计任务的实际需要和客观条件，功能要求有了一个较全面的认识、即可着手建筑方案设计。建筑方案设计的内容包括基地布置和建筑单体的平、立、剖面设计。首先，我们可以从建筑的总体布置开始入手。

任何建筑物都不能脱离一定的总体关系而孤立地存在，建筑设计应该放在一定的环境中去考虑，去推敲单体建筑空间和体型，才能构成一个完整的统一体，然后去合理组织建筑室内外的空间。

在进行总体初步分析时，要解决下列两个问题：

1. 基地环境对建筑设计有什么影响？
2. 建筑设计反过来对基地环境起什么作用？

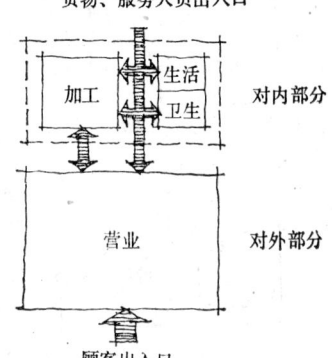

图 14-2 小冷饮店功能分析图

就这两个问题，小冷饮店的总体布置应该分析一下人流的方向，以确定基地出入口及建筑的主要面向问题；周围建筑的位置，以确定建筑物的间距；基地的气象条件，以确定建筑的朝向；基地的地形情况，以确定建筑物与地形的结合。有了对周围环境的分析以后，就可以"因地制宜"，着手进行总体布置。如图14-3所示为小冷饮店的总体布局的几种可能性。

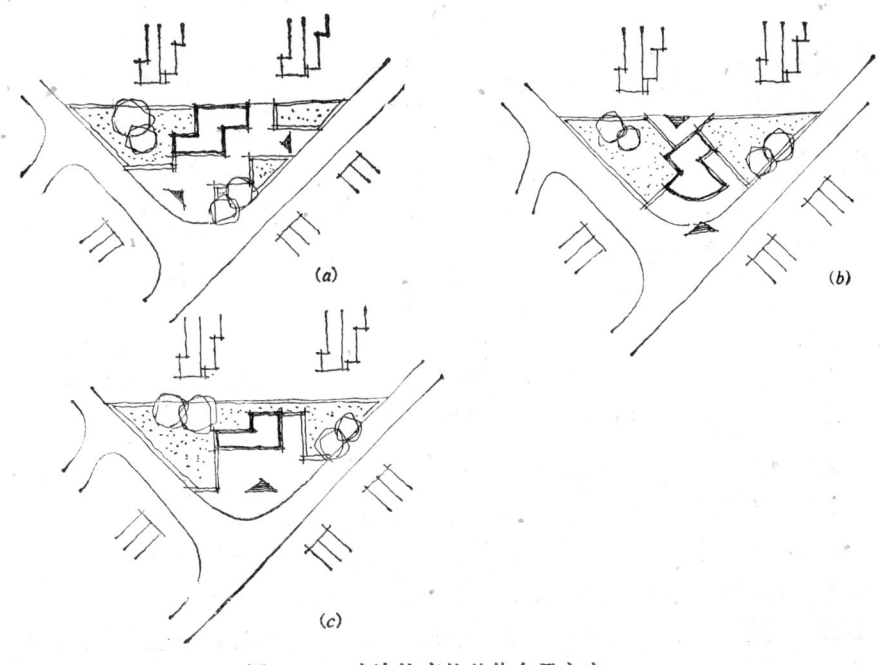

图 14-3 小冷饮店的总体布局方案

四、建筑单体方案

建筑单体的方案设计，一般可由平面图开始，因为建筑的基本功能要求在建筑的平面图里反映的最为具体，如房间的大小与多少，各部分房间的联系等等。但是，在做平面设计时，对立面、剖面也应有相应的设想，避免孤立地单方面考虑问题。

考虑建筑平面时，可先从各房间的组合开始。根据室内使用情况、家具和设备的布置、采光和通风的要求，以及结构的经济性和合理性来确定房间的面积、尺寸和形状。就小冷饮店来说，可先将题目所给的各房间面积按同一比例（如1:100或1:200）分别画出具体的形状，每个房间的长宽比例可按其使用的性质做临时的确定，以后尚可再做调整，如图14-4所示。

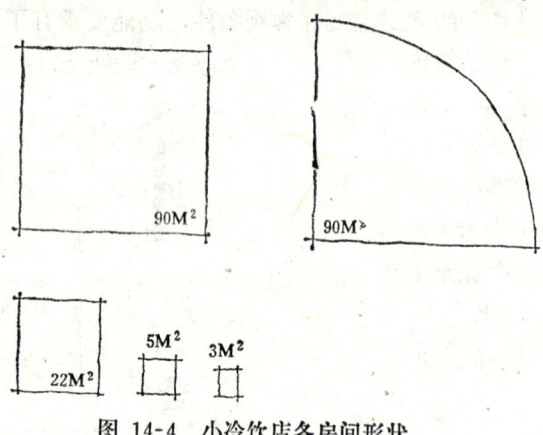

图 14-4 小冷饮店各房间形状

各房间平面尺寸和形状确定以后，即可根据各房间的使用要求和相互之间的功能关系，并结合地段的具体条件，进行单体平面组合。

在进行单体平面组合时，应注意解决各部分房间的相对位置及相互关系，各房间之间分隔与联系的方式以及门、窗、出入口的大致位置。

具体设计时，可用半透明的拷贝纸蒙在已有的图形上进行反复草拟、比较、蒙改，这样就会出现几个不同的方案。例如小冷饮店，根据上述要求，就可以得到几个较理想的平面组合方案，如图14-5所示。

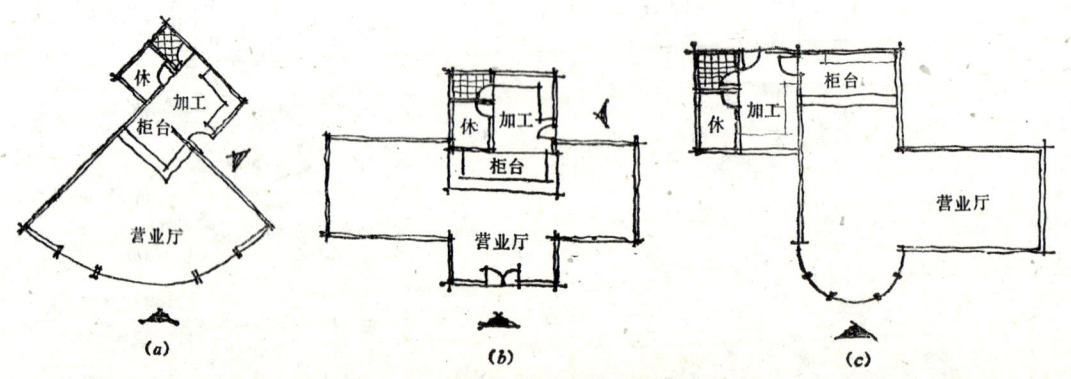

图 14-5 小冷饮店平面组合的几种方案

五、方案比较

在进行方案设计时，应该尝试多种方案的可能性，在明确基本构思的前提下，进行全面的比较。不要轻易推翻一个方案，因为任何一个方案，都可能有这样或那样的缺点，只要不影响基本构思的成立，只要是局部的次要的问题，就应该坚持在原有的基础上，进行改进和提高，况且不同方案之间，优缺点有时也可以互相弥补，取长补短，进行综合，由此产生出较为满意的方案。因此，多方案的比较过程，也就是方案的深入发展过程。

例如，小冷饮店设计，前面我们已得到了几个可供选择的方案，现在可将所做方案归纳为几类，进行全面地比较，与当初进行题目分析的设想对照，明确方案的基本构思，选出认为比较满意的方案，如图14-6所示。

在根据功能要求草拟平面时，应同时考虑到各个房间在剖面上的尺寸和组合关系，以及可能形成的外部形式。其中特别要注意体形组合是否符合建筑的性格和建筑艺术的要求。如果体型不符合要求，往往需要更动平面和结构方案。如图14-7，是根据冷饮店的平面方案所得到的剖面和立面图。为了能预见到房屋建成后体型效果，还应画一些鸟瞰图或透视图，或做些简单的模型，这对于从平、立、剖整体去考虑问题很有好处。

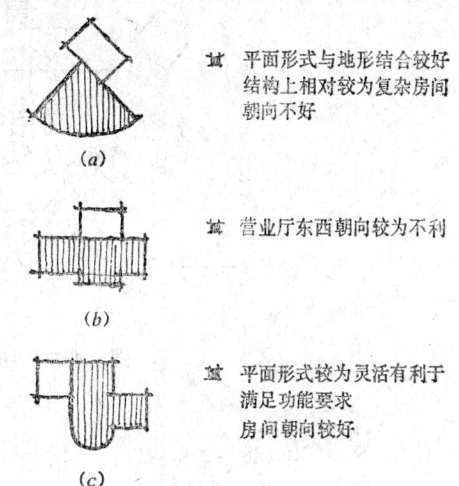

(a) 平面形式与地形结合较好结构上相对较为复杂房间朝向不好

(b) 营业厅东西朝向较为不利

(c) 平面形式较为灵活有利于满足功能要求房间朝向较好

图 14-6　方案比较

六、总平面设计

有了单体平、立、剖面方案，接下来就可以具体考虑总平面设计。这时总平面设计的内容，主要是根据建筑的单体方案，在总平面上确定建筑物的具体位置，并详细考虑道路、绿化、出入口以及室外活动场地等等的具体位置，图14-8为小冷饮店的总平面布置方案。

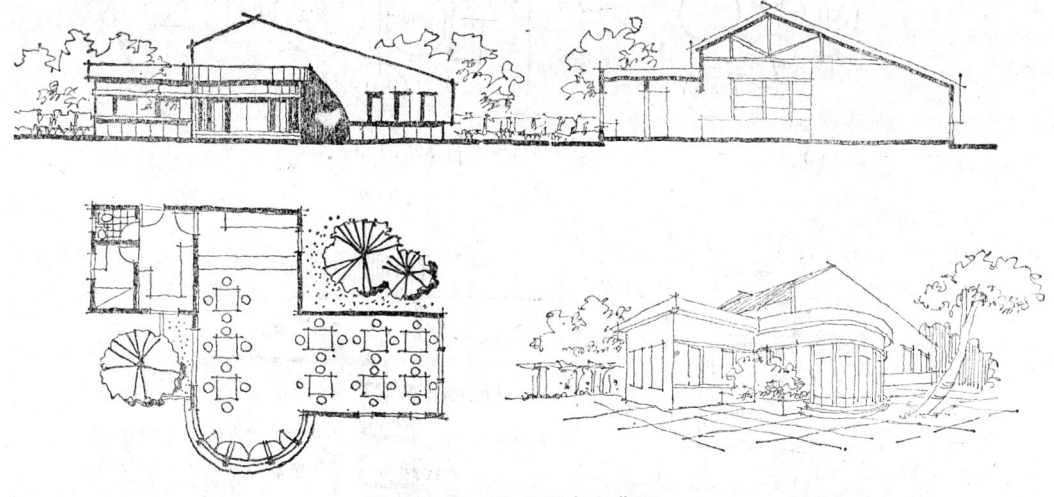

图 14-7　小冷饮店方案草图

七、设计草图的画法

建筑方案设计的整个过程，从基本构思的确立到功能分析，单体设计，方案比较都需要通过草图来将脑子里的想法转化为具体的图形。之所以采取草图的形式是因为在方案设计阶段，设计思路的发展往往较快，需要既快而又准确的绘图方法将设计意图记录下来。草图正是有这样的特点。

因此，草图是设计人员表达设计意图的重要手段之一。画笔可以用钢笔、炭笔、塑料

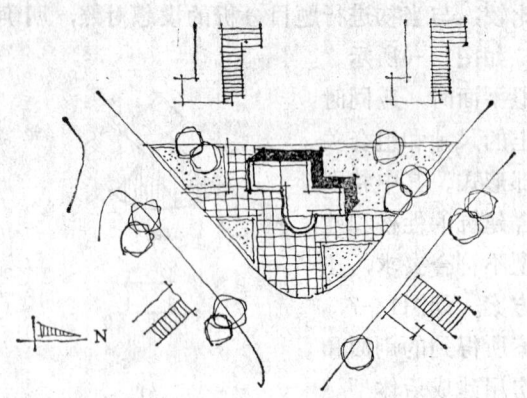

图 14-8 小冷饮店总平面方案

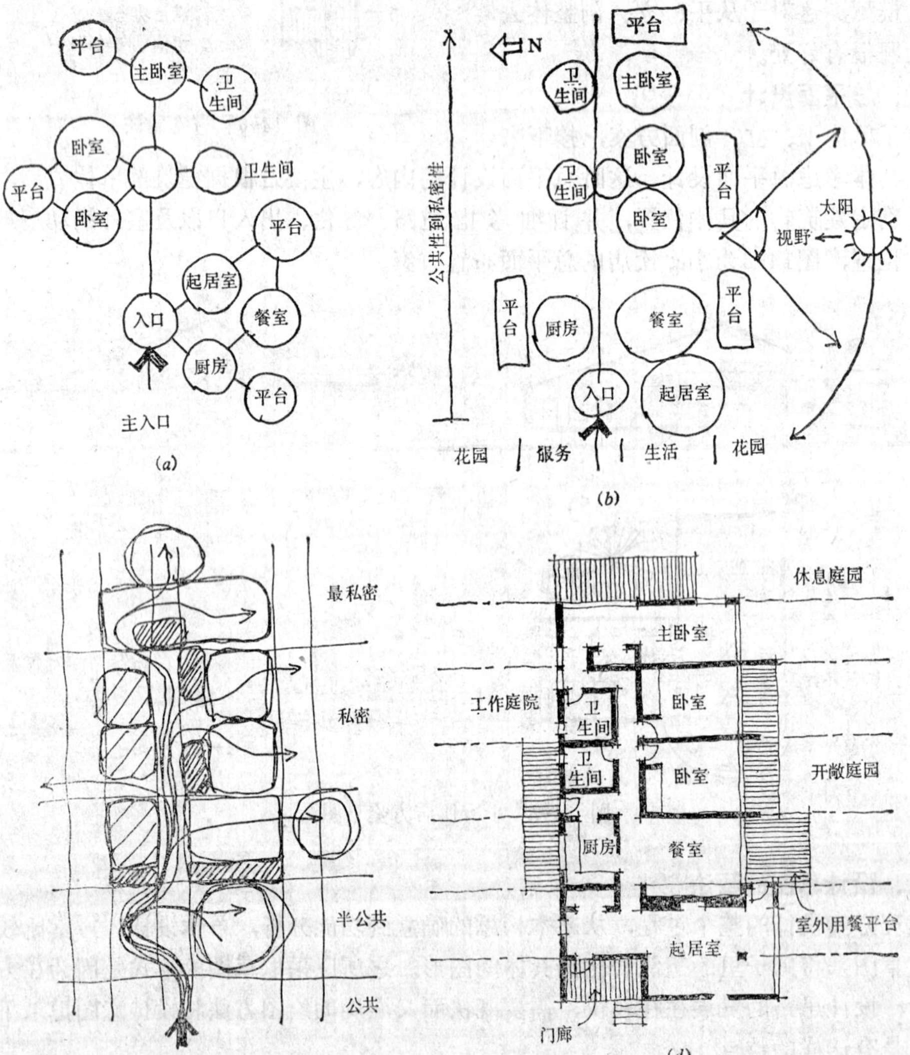

（a）

平台　主卧室　卫生间

平台　卧室　卫生间

平台　卧室　平台

起居室　餐室

入口　厨房　平台

主入口

（b）

N

公共性到私密性

平台

卫生间　主卧室

卫生间　卧室　平台

卧室

太阳

视野

平台　厨房　餐室　平台

入口　起居室

花园　服务　生活　花园

（c）

最私密

私密

半公共

公共

（d）

休息庭园

主卧室

工作庭院　卫生间　卧室

卫生间　卧室　开敞庭园

厨房　餐室

室外用餐平台

起居室

门廊

图 14-9 别墅平面设计

252

笔及水笔，而最常用的还要数铅笔。使用铅笔作徒手草图不仅速度快，易出效果，而且有丰富的表现力。软铅笔画图，线条可有粗细、浓淡之分，可随心所欲进行点、线、面、体组合，画出不同色调的艺术气氛。

徒手草图绝不等于潦草画图，而是要求设计者对所设计的对象能进行高度概括，省略掉那些对表达主要构思意图无关紧要的东西。徒手草图是难于做到尺寸十分精确的，但水平较高的草图确能做到与真实比例、尺寸相差无几，靠的是设计人员目测比例的精确程度和动手能力的强弱。绘制徒手草图的能力是建筑设计人员的基本功之一。这是素养问题，要靠勤学苦练来解决。

画铅笔草图首先是绘图工具的选择，一般情况多使用4～6B铅笔，软铅笔画方案草图，追求线条粗细、浓淡变化大，色调鲜明，表现效果强烈。草图纸采用半透明，表面略为粗糙的拷贝纸。过份光滑的纸张不挂铅笔末；不透明则不能反复蒙抄修改设计。

图14-9为某别墅设计从构思到方案设计各阶段由粗到细逐步具体化的草图实例。

第四节 方案推敲、发展的注意事项

经过方案比较和方案草图阶段之后，设计人员对于设计任务已经有了初步可行的方案，并且有了相应的平、立、剖面图和透视图。到这里，方案阶段还没有结束，下一步的主要任务是，将已定的方案做进一步的修改和细致的推敲，将前阶段中未及深入考虑的各种局部、细节，逐一具体化，为绘制正式图纸作好准备。

这一阶段的工作，随着方案的深入发展，草图的表现也应做相应的配合。一般说，工作愈深入，图纸也应愈具体。在前一阶段的方案构思期间，为了把握总体，而有意略去细节，因此通常采用小比例尺来绘制草图，当进行深入推敲比较时，比例尺可逐步放大。比如方案比较阶段平面图中只定出了房间的大致平面形状和大小，致于准确尺寸、门窗位置的尺寸等都还没有确定下来，而这些问题在这一阶段都应给予逐步解决，甚至某些室内家具设备的布置、台阶、门廊、雨篷、花格等的具体处理以及各部分空间和形体的具体交接等等都要给予确定。这一阶段工作的特点是，工作做得越深入细致越有利于方案的发展和提高。

在方案的发展推敲过程中应注意以下几个问题：

一、不要轻易推翻方案

在总的立意和构思确定以后，经过设计多方案的比较，这一阶段应明确发展的对象和方向，而不应反复变动，轻意推翻已经选定的方案。这一阶段工作的重点是发现问题，解决问题，不能无休止地停留在方案的反复上。

二、深入推敲，由整体到局部

方案的深入推敲，其正确的工作步骤应该是由粗到细，由整体到局部，这是整个设计阶段都应贯彻的原则。前一个阶段选定的方案，说明方案的总体布局已经完成，这一阶段的重点就是局部的推敲。一个建筑方案如果只有好的构思，而没有对各局部慎重而妥善的处理，终究算不上一个完美的设计。就象一个教学楼，虽有好的平面组合，空间关系，却具体教室处理不当，学生不能在一个良好的教室里上课，那么，这个设计仍然是失败的。

三、注意表现方法

深入推敲发展阶段的表现方法与深度和前一阶段方案草图有所不同。随着工作变得更加深入和细致，这一阶段的表现图也应该比较正规和准确。工作开始，仍可用拷贝纸进行蒙改，以便迅速作出比较，但工作进行到一定深度，就应该用工具画出比较正规的平、立、剖面图，以及透视图，如条件允许，还可以做出模型。这等于是将以前的工作进行一次整理和总结，使之建立在更可靠的基础上。

第五节 方案表现图

方案表现图的绘制是建筑方案设计的最后阶段，作为整个方案设计阶段的最后成果，方案表现图通常包括有建筑总平面图，建筑平、立、剖面，局部详图及透视图或模型。

方案表现图是建筑设计人员用来表达设计意图的应用绘图，是介于一般绘图和工程设计图纸之间的一种表现形式。一方面它要求尽可能准确地表现出设计者的意图，必须忠实于设计，对画面形象的准确性和其美感要求较高；另一方面，作为一种表现技法，它也同纯绘画作品，如素描，水彩等一样，应当具有较强的艺术性，应当比现实的东西更集中、更典型、更概括。

以下从几个方面简要说明方案表现图的绘制：

一、正式方案图的内容

（一）总平面图

比例1:500～1:1000，表明建筑物的位置，朝向；基地范围及四周尺寸；出入口及道路关系；绿化及将来发展用地等。

（二）建筑物的平、立、剖面图

比例1:100～1:200，表明建筑物的内部平面、空间布局和建筑物的外形。

（三）透视图、鸟瞰图或模型

预见房屋建成以后的外形及周围环境的关系。

二、绘图前的准备工作

绘制正式方案表现图前应首先做好准备工作，将已经完成的设计方案，绘成正式的底稿，底稿的深度要根据个人对表现图绘制的熟练程度来决定，初学者应尽量详细些，可将所有线条、注字、图标、配景等都预先画好。当然有些画种对底稿有特殊要求的，应当区别对待。但有一点应避免的是，在设计内容尚未全部完成时，即匆忙绘制正式图。这样做看起来似乎提高了速度，但在画正式图时图纸错误的纠正和改动，将远比草图中的效率低。

三、表现方法的选择

在建筑表现图中，对于一个建筑物，我们可以用各种手段来表现，例如铅笔、钢笔、水粉、水彩等不同工具或颜料。由于工具、颜料的性能和特点不同，所作出的表现图，不仅效果不一样，而且在技法上也有许多差别。选择哪种方法，应根据设计的内容和特点，以及个人掌握情况而定。铅笔和钢笔表现图画起来方便，速度较快，但由于不能反映色彩，用来作最后的建筑表现图受到一定的局限。但如果辅以彩色铅笔、水彩、马克笔而加上淡彩，则可以弥补其不足。近年来铅笔淡彩，钢笔淡彩，马克笔表现方法比较流行就是因为它们绘制简便，容易掌握，且绘制速度快。水彩和水粉表现图，在实际工作中用得最普遍。一般认为，水彩比较含蓄、柔和，但由于在色阶上不如水粉宽广，因而水彩表现图在色彩和对比度上不如水粉表现图鲜明、强烈。水粉表现比水彩表现在技法上较为简单。其它的表现方法还有：喷笔渲染、照片叠加、丙烯颜料渲染等。对于初学者来说，应首先熟悉地掌握一、二种基本的表现方法，以后再去掌握其它的方法也就比较容易了。

四、关于画面构思

方案表现图是由平立剖面图以及透视图所组成的，这些图各自都有特点，只有把它们巧妙地组合在一起，才能获得良好的效果。为此在着手绘制建筑表现图时，首先面临的问题就是图面组合。

画面构图首先要考虑的是画面容量。图幅过大会显得空旷、松散；过小则显得拥塞、局促。为防止单调应避免把同一类型的图集中于一个画面。第二，应注意画面的均衡，画面构图不能一边轻，一边重，看起来不稳定，也不舒服。第三，画面构图应有重点，讲求主从，区别对待。在一张图纸中，应当选择其中的某个表现图作为重点加以突出，并使其它表现图作为陪衬，起烘托重点的作用。如果主从不分竞相突出自己，整个画面必然会显得混乱。

图14-10为一正式方案表现图的实例。

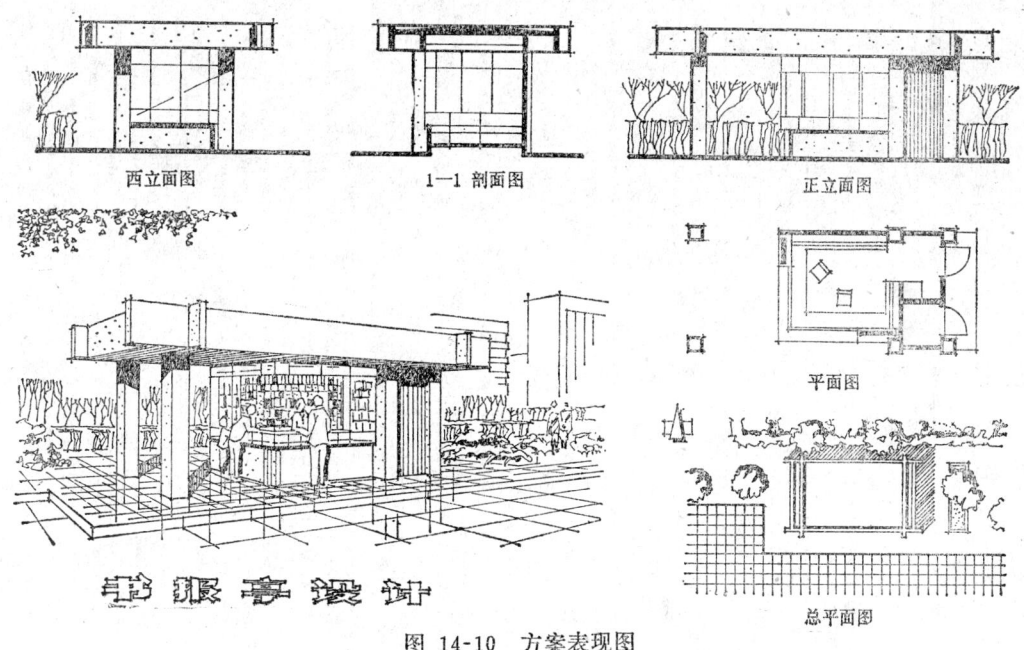

图 14-10 方案表现图

复习思考题

1. 题目分析的目的是什么？如何进行收集资料和调查研究工作？

2. 你能从日常接触到的公共建筑中分析出它的功能要求和建筑特征吗？能画出功能关系图吗？

3. 建筑总体布置方案和单体设计方案应考虑哪些内容，这两个过程有什么区别和联系？

4. 建筑平面、立面、剖面设计方案有什么联系，通常应从哪方面先开始入手？方案比较应注意哪些问题？

5.设计草图和潦草图有何区别？初学者如何进行草图绘制工作？

6.方案推敲、发展阶段工作与上一阶段有何不同？

7.正式方案表现图应画哪些内容，准备工作是什么？绘制时应注意哪些问题？

作业五 小型商店方案设计

一、题目——某小型日用百货商店快速设计。

二、目的要求

进一步学习对设计题目的快速立意构思，方案草图的快速表现手法。

三、设计条件

某集镇居住区拟建一小型日用百货商店，房间包括：营业厅30m²，商店库房10m²，休息，值班室5m²，卫生间2m²。

四、作业内容和要求

1.对设计题目进行功能分析，绘制功能分析示意图。

2.绘制平面图，立面图和剖面图，比例自定。

以单线徒手表示，用铅笔绘制，图纸可用拷贝纸。

五、时间安排

课内二课时。正式练习之前，可布置学生进行相关内容的资料收集、调查和测绘。

第十五章 村镇住宅设计

党的十一届三中全会以来，随着农村经济改革的深入，经济腾飞，村镇建设迅猛发展，农村面貌焕然一新，旧民居已成片换代，新民居如繁星灿灿，熠熠生辉。

农村经济的发展，带来了文化的提高，人们的居住意识随之发生变化，生活方式逐渐向城市化转变。农村住宅也已从过去的单一型转向多元型，从面积型转向功能型，从温饱型转向舒适型。住宅的平面形式、室内布置、外观造型、环境美化等方面都比旧式住宅有很大的发展。许多新建农村住宅，既保留了民居的特色，又适应了现代生活的需要，还涌现了为适应农村专业户居住的专业户住宅这一新的住宅形式，乡镇职工住宅已可同城市住宅相媲美。

第一节 农村住宅设计

农村住宅设计的任务是根据农村住房的特点，继承传统，适应新型生活、劳动和学习的需要，创造现代化社会主义新型农村的居住环境。

一、农村住宅的特点和组成

满足农民生活和生产两方面的需要，是农村住宅建筑的主要特点。农村住宅主要是由住房及院落两部分组成。住房部分包括堂屋（厅）、卧室、厨房、杂屋或储藏室等，也有包括卫生间，院落中常设有厕所、禽畜圈舍、沼气池、晾衣架及堆放柴草的棚子等，院落中还可以种植少量果木、蔬菜以及其它经济作物（图15-1）。

农村住宅建筑的另一个特点是有鲜明的地方性。设计时必须从实际出发，符合当地农民的生活习惯，吸取民居的传统特色，并根据地区特点，因地制宜，做到就地取材。

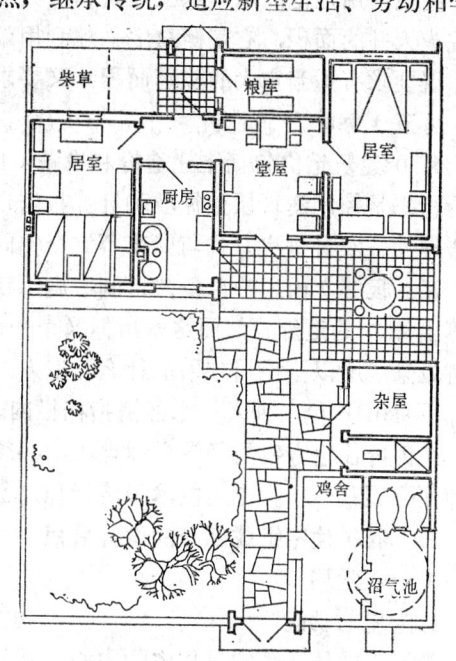

图 15-1 农村住宅组成

二、农村住宅的技术经济指标

当前，农村住宅的建房投资主要是农民个人，也有集体与个人兼有的，无论资金渠道如何，作为建筑设计人员，都要努力降低建筑造价，节约资金与材料，充分发挥投资效果。目前，对于农村住宅，尚无明确的统一建筑标准，尤其是当前各地农村经济发展水平不一，农民富裕程度差别很大，给建筑标准的统一带来更大的难度，设计人员在进行设计时，应根据国家和当地已颁布的有关政策以及实际情况妥善掌握。

控制和衡量住宅建筑标准的技术经济指标很多，主要有面积指标、造价指标、各类平面系数和体积系数等。目前常用的技术经济指标有下列几项：

（一）宅基地面积

根据《农村房屋管理暂行办法》，由省、市、自治区根据本地的实际情况，规定限额指标，由县级人民政府根据当地人均耕地面积，考虑农民家庭人口构成、副业生产发展等因素，确定具体指标，划给农民建房用地。

（二）每户建筑面积

每户建筑面积是指宅基地内所有房屋的建筑面积，建筑面积是建筑物勒脚以上各层外围水平面积的总和。

（三）使用面积系数

房屋的使用面积与建筑面积的百分比称为使用面积系数，它是衡量房屋面积利用率的一项指标，其中，使用面积是指房屋中各使用房间净面积的总和（不包括墙、柱面积以及在结构面积内的烟道、通风道等）。使用面积系数越高，说明建筑面积的利用率越高，经济性也越好，所以，在不影响使用功能的前提下，应设法提高使用面积系数。当然，也要防止过份压缩交通面积和结构面积而造成的使用上的不便和不安全。

（四）每户院落面积

指宅基用地范围内，除去建筑物及其他设施所占面积之外，形成的比较规整的前庭、后院或天井的面积，它是衡量宅基地利用效率的一项参考指标，要与实际布置情况对照衡量，既要求有适当宽大的院落面积，又要求室内外有机结合，划分适度，便于使用。

（五）每 m² 建筑造价

每 m² 建筑造价包括土建造价和设备（电照、室内给排水、沼气池、贮仓等）的造价。造价指标是控制建筑质量标准和计算投资用的，同时也可以衡量同一地区内住宅方案的经济合理性。农村建房方式与城市不完全相同，许多原材料（如砂、石、土）、半成品（如砖、瓦、板等）由用户自备、自制，施工建造的方式也各式各样，因此方案阶段无法精确计算出每 m² 的造价。然而这一指标又是一个十分重要的指标，缺少他就无法评定方案的经济效果，所以不论用户采取什么建造方式，仍然应按当地单位估价表算出总造价之后，折算成每 m² 造价，列入技术经济指标栏内。

在评价住宅方案的经济合理性时，必须综合应用上述各项指标进行全面分析比较，不能片面强调某一项。上述技术经济指标，常以表格形式列于设计方案图上。

三、农村住宅组成部分的设计要点

（一）堂屋

1. 堂屋的功能

堂屋（即厅）是农村住宅的中心，是具有生活生产甚至贮存等多种功能的房间。它既是接待亲友、节假日团聚、办理婚丧的场所，也是平日学习、休息和从事家庭农副业等活动的地方。堂屋还常起着连接各个卧室、厨房的交通枢纽作用。

2. 堂屋的尺寸

由于堂屋具有生活、生产、贮存等多种功能性质，因而堂屋一般要求宽敞些。堂屋内除陈设家具（主要为会客起居家具）以外，还存放部分农具及副业生产工具等。堂屋平面尺寸主要是根据当地使用要求、家具布置和房屋结构形式决定的。北方住宅堂屋的开间尺寸多为3.3m或3.6m，进深为3.9m，4.2m或4.8m，南方住宅堂屋的开间尺寸多为3.6m、3.9m，进深为4.8米、5.4m等，近年来新建的农村住宅堂屋的平面尺寸有扩大的趋势，这主要是由于堂屋功能的变化及受城市住宅的影响，生活方式向城市化转变而带来的。

3.堂屋的布局

作为整个住宅中心的堂屋，在住宅的平面布局中占有相当重要的位置。当住宅采用三开间型式时，堂屋一般布置在两边卧室的中间，其他房间则以堂屋为中心进行布置，（图15-2）有时也有布置在卧室一侧。

堂屋的形式有封闭式（图15-2）、开敞式（图15-3）和半开敞式（图15-4）三种，应根据地区气候及习惯选择，南方地区传统住宅的堂屋多为开敞式空间，室内宽畅明亮，有利于夏季通风，其缺点是雨水易往住宅内飘，且冬季时堂屋内气温较低，因此，新建农村住宅中大多均改为封闭式的形式。

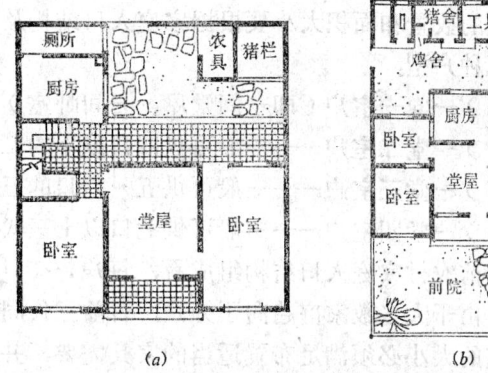

图 15-2 三开间型式的堂屋布置

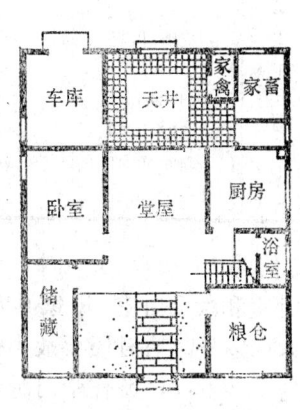

图 15-3 开敞式堂屋

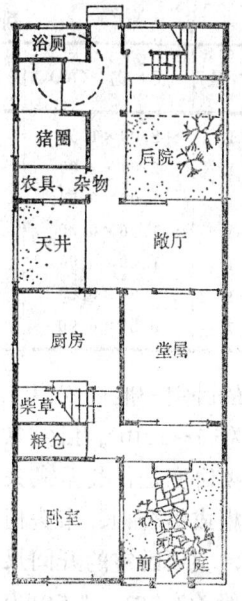

图 15-4 半开敞式堂屋

半开敞式堂屋是将堂屋与敞厅相连，可将敞厅作为堂屋的延伸，适合于南方炎热地区。

传统农村住宅的堂屋不仅位于轴线上，而且堂屋内的家具陈设也是遵照严整对称的形式排列，新型农村住宅的堂屋则不受对称性的约束，布置自由。

堂屋应尽可能面对前院，为携带农具进出方便，对外的门一般都设双扇，可设于中间或一侧，由于堂屋又是联系各个房间的枢纽，俗称"穿堂入室"，因此要注意开门的位置，尽量使堂屋面积得到充分的利用，还应注意堂屋与卧室、厨房、楼梯、院子、凹室及檐廊等的关系。

（二）卧室

1.卧室的数量与布置

农村住宅中的卧室一般是围绕着堂屋布置的，在平房的住宅中尤其如此。当住宅为楼房时，楼层主要由卧室组成，卧室应避免互相穿套，并应大小搭配，便于分室。

卧室的数量和面积大小要根据家庭人口结构及分室要求来合理确定，按房间数量可分为以下几种户型：

（1）一堂一室户（即一间堂屋、一间卧室）——供独身者住。

（2）一堂二室户——一般可供四口以下的二代人居住。

（3）一堂三室户——一般可供五～六口的三代人居住。

（4）一堂四室户——一般可供七口以上三代人居住。

从当前农村家庭人口结构组成看，每户4～5口人属于基本户型，因此一堂三室是较为常见的，由于大多数家庭趋向于分户，目前三代同堂的多口户已日趋减少。

卧室的大小必须满足布置适当的家具需要，并保证必要的室内活动空间，当前，农民使用的家具已从传统的旧式家具逐渐转向新式家具，家具尺寸基本上与城市的家具差别不大，家具的尺寸可参考表15-1。

卧室内的家具尺寸 表 15-1

家具名称	数量	长×宽（m）	占地面积（m²）	家具名称	数量	长×宽（m）	占地面积（m²）
双人床	1	2.00×1.50	3.00	书桌	1	1.00×0.60	0.60
单人床	1	2.00×1.00	2.00	书架	1	0.70×0.25	0.18
摇床	1	1.05×0.54	0.57	木箱	1	0.90×0.58	0.52
三扇柜	1	1.50×0.60	0.90	木椅	2	0.45×0.45	0.20×2
双扇柜	1	1.20×0.60	0.72	小凳	2	0.30×0.30	0.09×2
小柜	1	1.20×0.60	0.72	床头柜	1	0.42×0.42	0.19
方桌	1	0.90×0.90	0.81	缝纫机	1	1.20×0.43	0.50

农村住宅的卧室一般可分为大、中、小三种，大卧室约为15～17m²，中卧室13～15m²，小卧室为10～12m²。卧室按使用对象不同分为主要卧室和次要卧室，其家具布置也各有区别，主要卧室是供长辈或夫妻居住，室内除布置双人床以外，有时还要放小孩床，还有衣柜、小柜或组合柜、床头柜、缝纫机、箱子以及凳椅（沙发），兼作学习时还布置书桌等。因此，主要卧室的开间尺寸应考虑床的长度加上门的宽度再加上必要的间隙以及结构厚度，一般为3.3m、3.6m为宜。卧室的进深尺寸应考虑两架床的两种布置方式所需的尺寸，一般为4.8m左右。

次要的中、小卧室供家庭其他成员居住，应可放一张或两张单人床和供学生用的书桌及其他家具。次要卧室的开间尺寸宜为3.0m、3.3m中卧室进深尺寸常为3.3m、3.6m，小卧室的进深尺寸常为2.4m到3.0m，图15-5为大、中、小卧室平面示例。

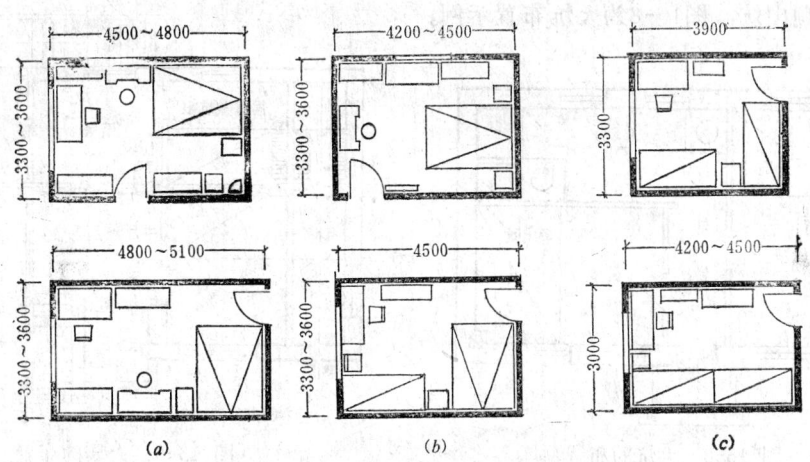

图 15-5 大、中、小卧室平面示例

(a)大卧室；(b)中卧室；(c)小卧室

卧室内部还应注意充分利用空间，如设置壁橱或吊柜等，作为储藏空间。如图15-6。

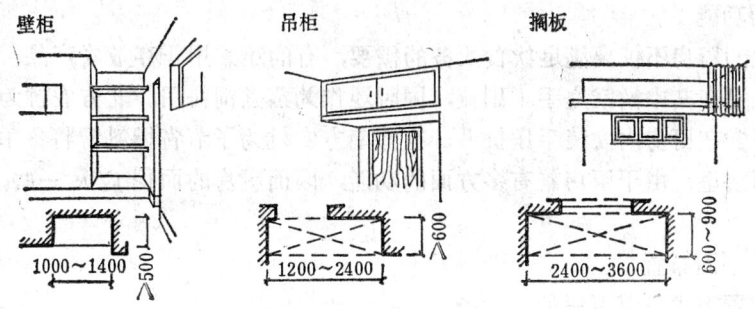

图 15-6 卧室中的空间利用

2.卧室的采光与通风

卧室的朝向选择及通风组织对保证户内的卫生及使用条件影响很大，对于大多数座北朝南的住宅来说，卧室应尽可能朝南，并在南墙上设置面积足够的窗口，以供采光、日照和通风的需要。北方严寒或寒冷地区住宅，应尽量避免出现有北墙的卧室。南方炎热地区住宅，设计时应注意创造良好的通风条件，一般可利用前后墙的门窗来组织穿堂风，在进深较大的住宅中，也可设置小天井拔风，如图15-7。

3.北方住宅火炕、火墙的布置

火炕是北方农村住宅较为普遍的取暖形式，有单独烧的炕和"一把火"两种，"一把火"既取暖又做饭，火炕充分发挥了黄土的蓄热性能和温度均匀舒适的特点。由于火炕上要放小桌，作为进餐、

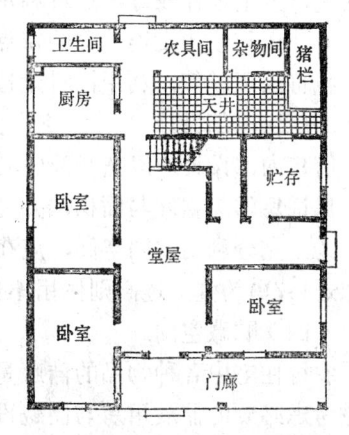

图 15-7 利用天井通风和采光

团聚，以及白天起居活动的中心，所以火炕一般是靠窗布置，故有南炕和北炕之分。靠山墙的又称顺山炕，图15-8为火炕布置示例。

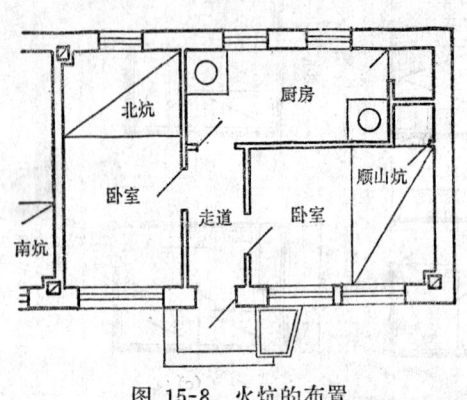

图 15-8　火炕的布置　　　　　　　　　图 15-9　火墙的布置

火墙是东北地区较讲究的采暖方式，有较大的散热面积，但需烧煤或木柴，火墙在室内可兼作隔墙，如图15-9中的住宅即采用火墙取暖。

（三）厨房

1.厨房的功能

农村住宅的厨房不仅要满足饮食炊务的需要，有的还兼用于存放农产品、家庭用具及小型农具，还可在其中做家庭手工副业，同时还作为蒸煮饲料用。北方农村为解决冬季饮用水问题，还常在厨房内安装手压机井，有些南方农村为了节省燃料常将冬季烤火用的火炉也合并到厨房里，由于厨房兼有多方面的功能，因而厨房的面积应大一些，多在10～14m²左右。

2.厨房的平面布置

厨房的布置形式有以下三种：

（1）位于住宅的底层　它的特点是位于住宅之内，使用方便，缺点是通风组织不当时，烟气对卧室影响大。

（2）独立于住宅之外　它的特点是在院落中独立建造，与居室脱开，可避免烟气影响居室，卫生条件较好，还可利用小料、旧料自行修建，其缺点是雨雪天时使用不便。

（3）与住宅毗连　它的特点是布置在住宅外与居室毗连，联系方便，不受雨雪影响，也可因陋就简，利用旧料建造。

3.厨房内部设计

厨房内部设计应以烹饪为中心来安排洗池、橱柜、火炉、燃料、水缸或水池及案台等等，保证足够的空间与面积，并考虑到操作的方便（图15-10）。

为了充分利用室内空间，应在适当位置设置壁橱、橱龛和搁板，搁板最上层的高度以不超过1.7m为宜，过高则使用不便，图15-11为厨房内部空间利用示例。

（四）贮藏空间

农村住宅中各种物品的储藏量很大，除季节物品外，还有粮食、农具与柴草等，设计时应考虑必要的储藏用房与储藏设施，否则，势必会占用卧室或其他房间的使用面积，不利于室内合理布置，影响使用和美观。

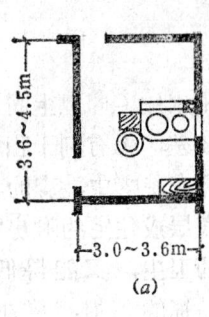

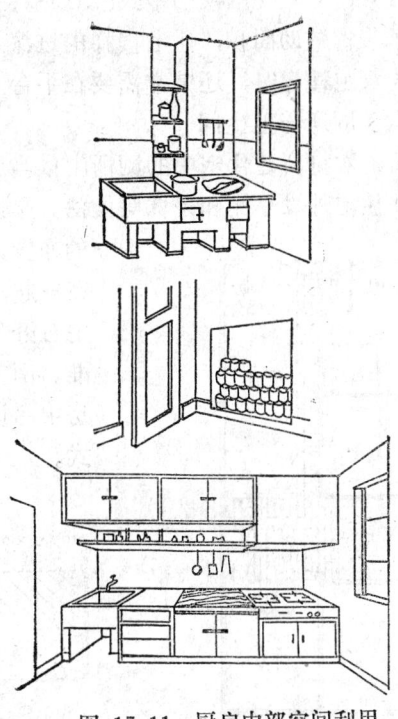

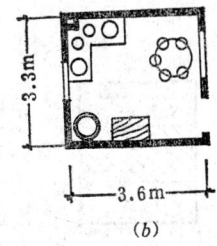

图 15-10　厨房布置示意

图 15-11　厨房内部空间利用

储藏用房一般是设杂物间，用以储存各类物品，除了设置专门的房间储藏物品外，还可以采用争取空间的办法解决物品储藏的问题，如利用坡屋顶山尖的局部空间，做成搁板，存放物品；通过增加房屋一定高度形成阁楼，平日可作储藏，必要时也可居住；利用室内外楼梯上下部空间解决储藏问题，如图15-12所示。

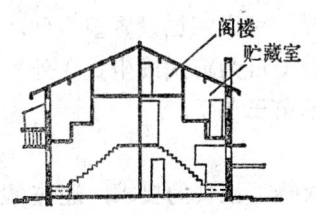

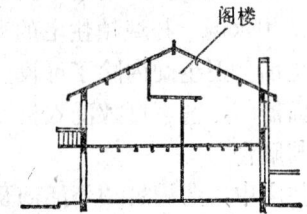

图 15-12　储藏空间的利用

（五）楼梯

当住宅为楼房时，楼梯的布置方式与住宅平面设计密切相关。楼梯可分为室内楼梯和室外楼梯两种。室外楼梯虽可避免对底层房间的干扰，但在风雨天使用不便；室内楼梯使用较多，但位置应适中。室内楼梯可做成有楼梯间的形式，这种形式使用较便利，对居室干扰少；也有做成无楼梯间的，以节省面积，同时兼有装饰作用，如将楼梯设在堂屋或厨房里作为其空间组成的一部分，面积较经济，但上下楼须穿越房间，使用上有一定干扰。还有一种是将楼梯做成半开敞式与敞厅相连，既避免了对底层房间的干扰，又解决了雨天使用不便的问题（图15-13）。

楼梯常用的平面布置形式有横式双跑[图15-16（b）]；直式单跑（图15-18）；直式

双跑[图15-16（a）]以及三跑式[图15-2（a）]、曲尺式（图15-7）等。

为了节省辅助面积，住宅楼梯的进深尺寸一般做得较小，因此，楼梯的坡度往往较大，当为双跑楼梯时，还常常需要在平台上做扇形踏步。

（六）厕所与卫生间

目前，农村新建住宅中的厕所，依当地条件不同，有的采用水厕（即卫生间），有的仍采用在住宅外设旱厕和茅坑等做法。旱厕和茅坑的卫生条件较差，但有利于积肥。旱厕的布置方式有多种，有的布置在院落中，有的与畜圈连在一起，也有布置在住宅的底层或住宅的附房中。与住宅分开建造，既有利于住宅的卫生，又能降低结构标准。南方农村有的还有使用马桶的习惯，常在住宅附房中另设一个马桶间。图15-14为几种旱厕的布置形式。

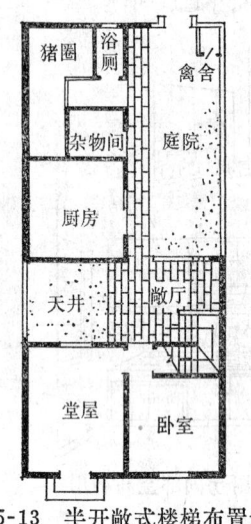

图 15-13　半开敞式楼梯布置示例

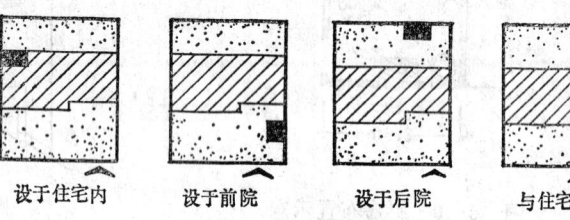

设于住宅内　　设于前院　　设于后院　　与住宅毗连

图 15-14　农村住宅的厕所布置形式

农村住宅旱厕应注意改进卫生条件，防止苍蝇孳生，厕所要有屋顶，以防雨淋和日晒，茅坑应不渗不漏，防止污染水源。

随着农民生活水平的提高，目前一些经济发达地区的农村或有上下水条件的农村，新建住宅已有不少采用水厕，与城镇住宅的形式一样，可以每层设置卫生间，大大改善了卫生条件，方便了生活。卫生间内除了可设置大便器（可为蹲式或坐式）外，还可设置淋浴器或浴缸以及洗面器等，甚至可放洗衣机（见本章第三节）。

（七）阳台与晒台

在有楼层的住宅中，为满足户外活动及晾晒衣物、粮食的要求，还应设置阳台和晒台，阳台设置的有关内容将在本章第三节中阐述。

（八）院落

1.院落的功能

院落是农村住宅中的重要组成部分，是农民农事生活所必需的，院中可饲养畜禽，堆放柴草、晾晒衣物、存放农具、杂物，有的院落还可栽花植树，种植蔬菜、瓜果等，有条件的还可设置花台、水池等，以美化居住环境，改善居住环境的小气候。

2.院落的布置形式

（1）前院式　这种院落是布置在住宅的前方，穿过院子再进入住宅，有利于避风向阳和照看宅门，并适宜饲养畜禽，其缺点是猪圈设在前院对环境卫生不利。北方地区冬季要求有日照，因此，前院式在北方农村采用较多。前院式布置如图15-15所示。

（2）后院式　这种院落多布置在住房的北面，有封闭式和半开敞式两种，后院式院

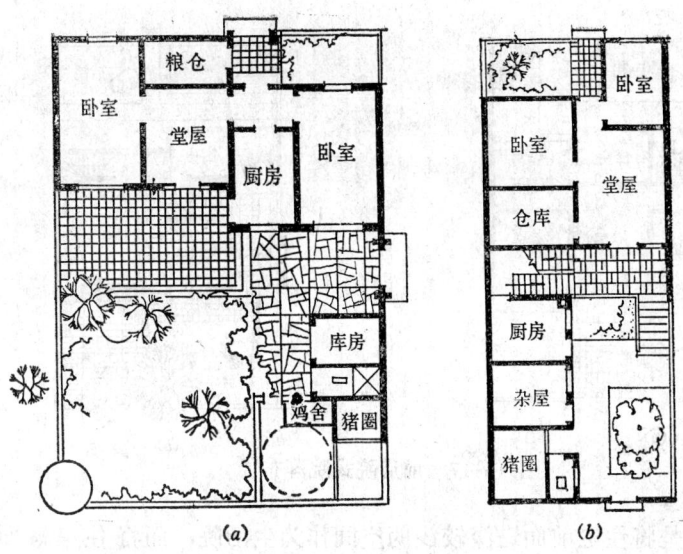

图 15-15 前院式院落布置

落比较隐蔽，院内能保持一定的阴凉，且布置灵活，这种形式在南方地区采用较普遍。其缺点是由于院落在住宅的后侧，使住宅及入口临街，影响了居室环境的安静。

后院式院落一般面积不大，这种院落内常沿房屋设置双向或单向走廊，以便于内外联系。院内可进行户外家务劳动，如晾衣晒物，饲养禽畜，还可堆放柴草，院子应设有后门或侧门，以便于柴草的运进和粪肥的起出，如图15-16所示。

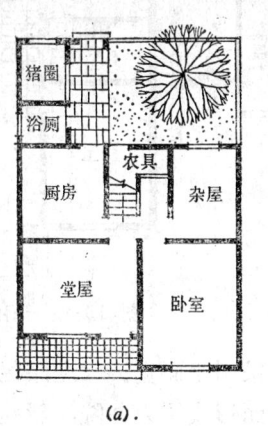 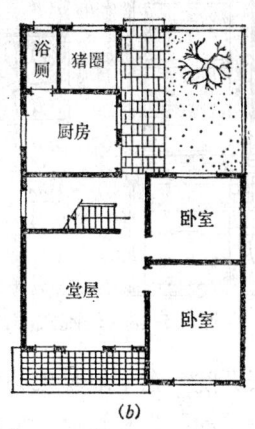

图 15-16 后院式院落布置

（3）前庭后院式 住房前后均设有大小不同的院落空间，位于住宅前面（多为南面）的作为生活庭院，位于住宅后面的则作为杂物院。生活院可作绿化用地或家庭小晒场，杂物院可作饲养家禽、堆放柴草、杂物的场地，这种院落的特点是功能明确、互不干扰，脏净分明，各有出入口，使用方便，如图15-17所示。

这种院落一般适用于基地面宽较窄、进深较长的住宅平面，设计时应使前后院有主次差别，避免前后院面积相等，也要避免面积过大而造成的不适用或浪费。

（4）侧院式 一般在住宅的前面与侧面构成一个既有分割，又相互联通的院落空

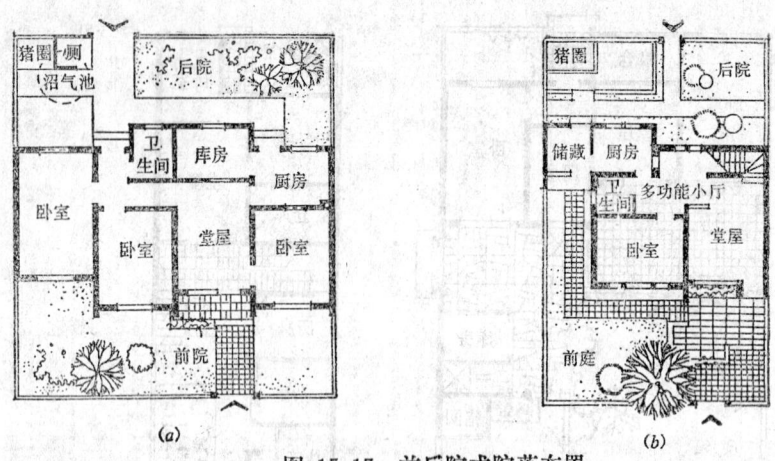

图 15-17 前后院式院落布置

间。常见的布置方法是将住宅前面进深较浅的空间作为生活院，而将住房侧面的面宽较窄，进深较深的空间作为杂务院，院子入口按其地形灵活设置。这种院落具有生活院与杂务院联系方便脏净又有所分割的特点。但占宅基地面积较多。这种院落常是在山坡地或村边地等地形条件下采用。侧院式院落如图15-18所示。

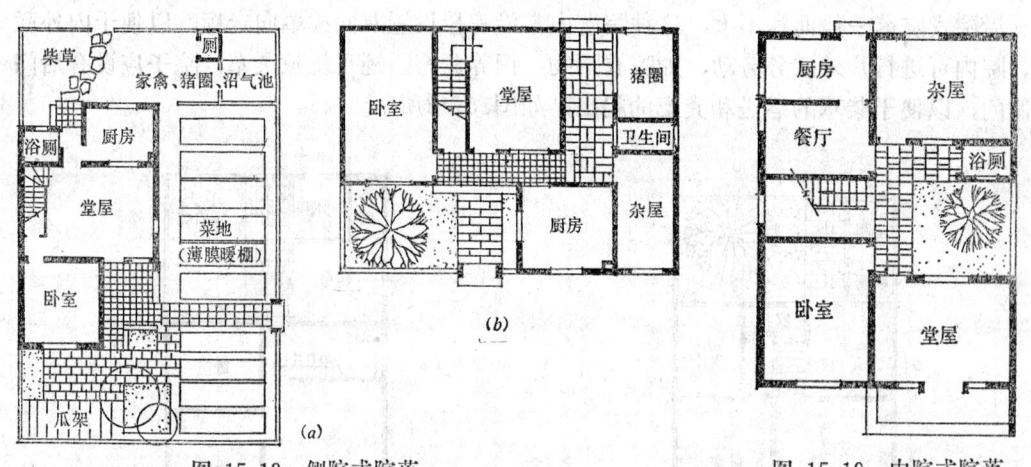

图 15-18　侧院式院落　　　　　　　　　　图 15-19　内院式院落

（5）天井院　在土地紧张的农村，为节省用地而采用小面宽、大进深住宅平面时，为解决中部房间的采光和通风，常在住宅中部设置天井而形成了天井院，新建住宅的天井院一般均较宽敞，可起到前院或后院的功能作用。其缺点是脏净不易分开，院内水井常常受猪圈渗水污染。内院可设在中部，又可设在前面或后面，图15-19为内院式院落的布置示例。

（九）猪圈、鸡舍

养猪、养鸡是农民主要家庭副业之一，猪圈、鸡舍应布置在院落中的适当部位，并与住宅分开建造，以利于卫生和采用较简易的结构，北方农村猪圈一年四季应都能照到阳光，南方炎热地区农村猪圈则不应过多晒到阳光，猪圈一般常与厕所靠近，以便于运土起肥。

随着农民收入和生活水平的提高，农村住宅中，家庭副业生产功能将逐步减弱，已有不少农民不在住宅庭院内饲养家畜、家禽，而将庭院作为以种植果木、花草为主的生活院落。

（十）沼气与太阳能利用

利用沼气可解决农村烧柴、照明问题，促进常年积肥，消灭寄生虫和病原菌，改善农村住宅与环境卫生，也有利于庭院绿化与美化，因此，农村住宅应大力推广建造沼气池。

建沼气池时，首先应注重池址的选择，宜选择在土质坚实，地下水位低的地方，应将沼气池、猪圈、厕所三者结合起来修建，并尽可能靠近厨房，以缩短输气管道。靠近树木或竹林建池时，应砍断池壁附近的树根或竹根，并将刀口处涂上石灰，以防树根生长伸入池内，造成漏水漏气。池基靠近房屋时，还应注意开挖深度对房屋基础的影响，并根据不同开挖深度采取相应措施，防止房屋倾斜或倒塌。

近十多年来，利用太阳能来取暖、热水、烧饭已逐步为农民所认识。我国太阳能资源丰富，尤其是西北和青藏高原，日照时间长，云量也少，晴天多，常年日照的时间为2800～3000 h，年总辐射能量是586～670kJ/cm²，东北与华北地区晴天较多，上述地区在建造农村住宅时应充分利用太阳能，以节约能源。图15-20为利用太阳能取暖的住宅方案，其中，起居室采用集热墙，后部两层卧房利用中庭的温室效应直接获取太阳热，同时加上锅灶余热加热火炕、火墙。

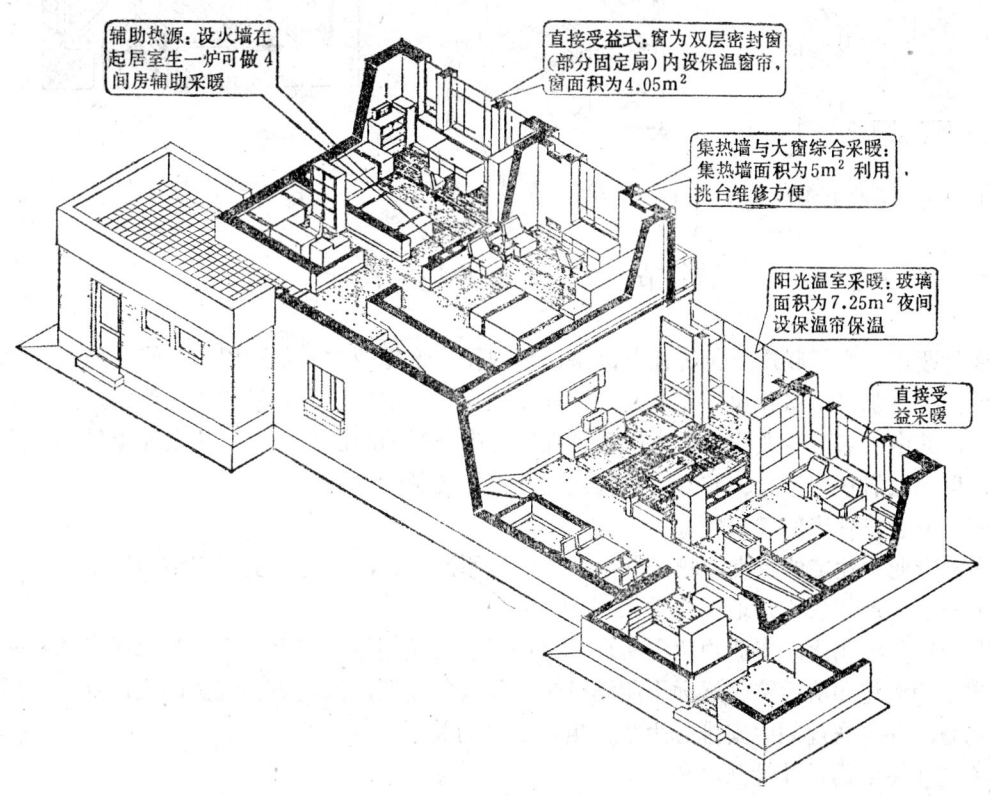

图 15-20 利用太阳能取暖的住宅示例

四、农村住宅组合形式

农村住宅根据院子、户内组合与住宅拼联户数等不同情况，可组合成独院式、双联式和联排式等形式。

（一）独院式

独院式是指每户住宅不与其他户相连，有独立的院子，这种组合方式的特点是：建筑四面临空，四面可开窗，平面组合灵活，朝向、通风、采光好，环境安静，干扰少，可根据需要组织院落（图15-21），因此在用地不太紧张的地区采用较多。独院式的缺点是占地面积大，建筑墙体多。

（二）双联式

双联式组合是将两户住宅拼联在一起，两户共用一面山墙（图15-22），双联式可使每户建筑三面临空，平面组合较灵活，朝向、采光、通风好，较独院式住宅能节约一面山墙和一侧院墙，这种形式采用也较多。

（三）联排式

联排式组合拼联的户数在三户以上，特点是中间户可有两面共用山墙（图15-23），故可节约投资，节约用地，但中间住户的院落只能布置在前后。目前农村土地日趋紧张，故这种形式采用较多。

图 15-21 独院式组合

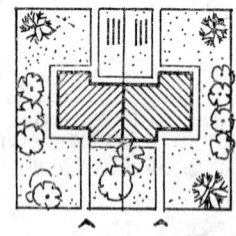

图 15-22 双联式组合

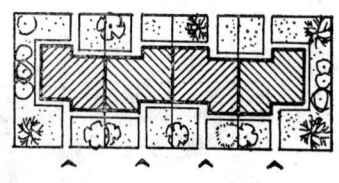

图 15-23 联排式组合

第二节 农村专业户住宅设计

农村改革，实行联产承包责任制以来，涌现了许多专业户，如种田、养蜂、经商、种花、农副产品加工、畜牧业等专业户。这种新型农户的出现，给农村的住宅建设提出了新的要求，其中一部分专业户的生产活动是在家庭内进行的，因此，要求住宅能提供完善的条件，以满足居住、生产、贮藏、经营运输及洽谈等活动的需要。

一、专业户住宅的特点

各类专业户住宅的特点，随经营生产的内容不同而异，但基本上可归纳为以下几点：

（一）生产用房（用地）比重大

与一般住宅相比，专业户住宅所需的生产用房（或用地）随生产规模扩大而增加，一般住宅中的堂屋和前后院已远远不能满足生产经营的需要，因此要有较多的生产及辅助用房和场地，并须在规划中安排好生活、生产二者的关系。

（二）住宅的对外性强

由于专业户的生产活动在户内进行，使住宅从较单一的居住型转向综合型，各种生产活动加强了住宅与外界的联系，甚至于还要在户内洽谈业务，宴请客人等。

（三）建筑标准高

一般来说，为了反映主人的经济实力、喜爱或文化素养，专业户的住宅大多要求有较高的舒适性，对交际空间、室内布置与装饰有一定的要求，有的甚至很考究。

（四）要求具备灵活性

与一般住宅不同，专业户的生产经营方式、内容以及规模要求住宅有良好的适应性，而经营方式、内容和规模又往往随着时间以及各种因素发生变化，因此要求住宅要有一定的灵活性，以适应扩大规模或改变经营内容的需要。

二、生产用房的组成和布置

生产用房的组成依不同的生产经营内容而异，如经商的专业户所需的用房主要有营业用房、库房，如养花和盆景专业户需要的用房主要有工具间、盆景制作间等，再如从事农副业或工业生产的专业户，则需要作坊、工场、车间、库房及辅助房间等。

一般来说，专业户住宅的居住用房对安静和私密性有一定的要求，对外联系则要求不高，而生产用房一般噪声较大，且对外联系密切。因此，生产用房一般均布置在底层，并与居住卧室有一定的隔离，且应尽量靠近外部出入口，经商用的营业房间应与街道相邻，并根据地段条件选择对外联系最有利的位置设门，使商店面向街道。各类营业活动所需的库房或辅助房间应与营业房间联系方便，图15-24的住宅，由于经营空间、辅助房间及生活用房关系得当，故可适用于营业、修理、饮食等三种不同的经营活动。

图15-25中的专业户住宅，针对生产用房数量多，项目复杂和使用房间大小不一，设备要求不同等特点，将不同用途的生产用房合排布置在一楼和二层的沿街一面，而将居住用房布置在楼梯另一侧安静的角落和三层。

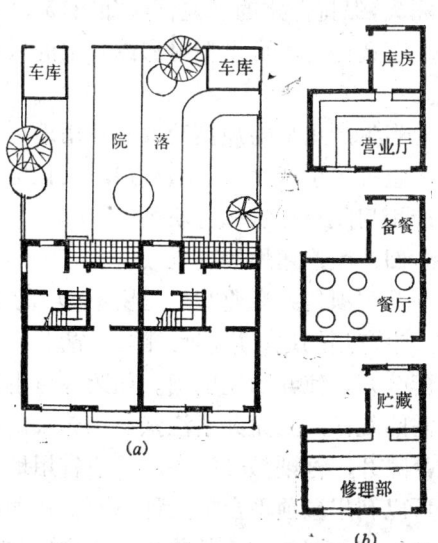

图 15-24 某经商专业户住宅

(a)住宅及院落；(b)住宅部分可适用几种经商活动

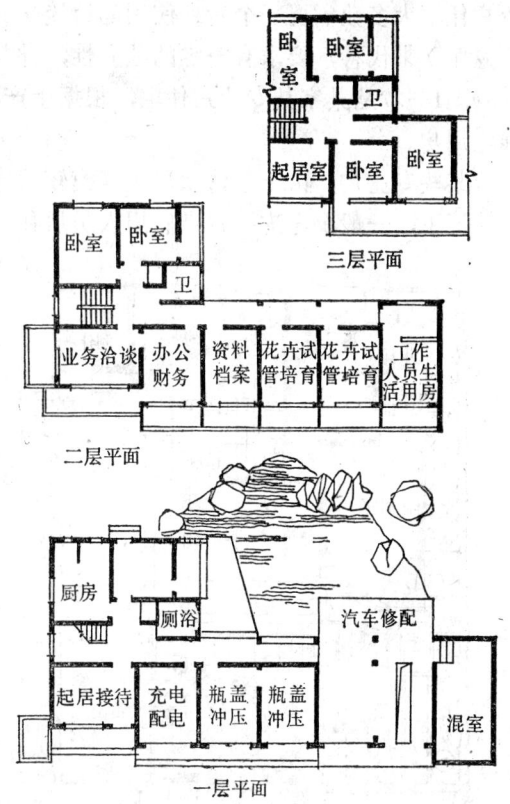

图 15-25 某专业户生产用房与居住用房的关系

生产用房的面积应根据生产内容、规模、以及设备、家具布置等因素确定，由于大多数农村住宅均为墙承重的砖石房屋，为了楼板布置的经济性，房间跨度不能太大。当生产用房需要较大的空间时，即出现下部为大空间的生产用房、上部为小房间的居住用房的情况，此时应在对应于上层约纵横墙交接处设置钢筋混凝土柱或砖柱，以支承上层的梁和墙。图15-26中的作坊需要较大的面积，因此采用了底层设柱的处理方式。

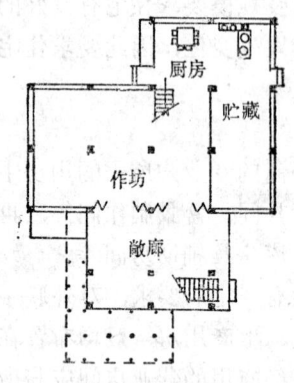

图 15-26 某作坊面积较大时的结构布置

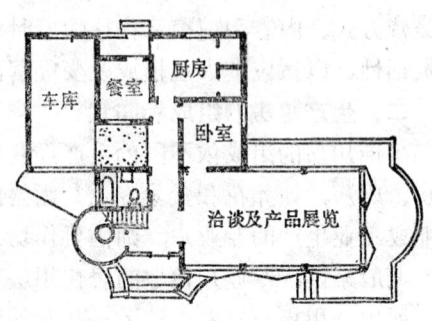

图 15-27 某专业户的洽谈室

三、居住用房与生产用房的关系

由于住宅中增加了生产用房，使居住用房的内容和位置也发生了一定的变化，一般专业户住宅大多数需要一个对外使用的洽谈房间，这种空间不宜简单地用对内使用的堂屋（或厅）来代替，要求有一定的独立性，并与生产用房联系方便，因此应尽可能单独设置。图15-27是某家具专业户住宅，根据生产项目的特点。设置了较大面积的洽谈及产品展览用房。

某些专业户，由于经营项目或规模较大等原因，需雇用外人承担生产或经营内容，这种情况下，一般要考虑设置供雇用人员居住的房间，这类房间宜与主人使用的居室有一定的隔离，保持一定的独立性，如图15-25所示。有条件时，可设在附房或住宅的底层内。

当生产用房的规模较大，且用地可能时，也可将生产用房单独建造，使住宅与生产用房既有分隔又有联系。

四、生产用地的布置

某些项目的专业户，需要较大的用地。生产用场地，应尽可能与生活及杂务院落分开，使其功能明确。如为种植生产所需的院落，则尤其要注意与饲养家禽的院落隔开，否则易受损失。为节省用地，也可以利用屋顶平台扩大种植面积，如种植花卉等。图15-28是养花专业户住宅的例子。住宅中注意合理划分生产、生活等

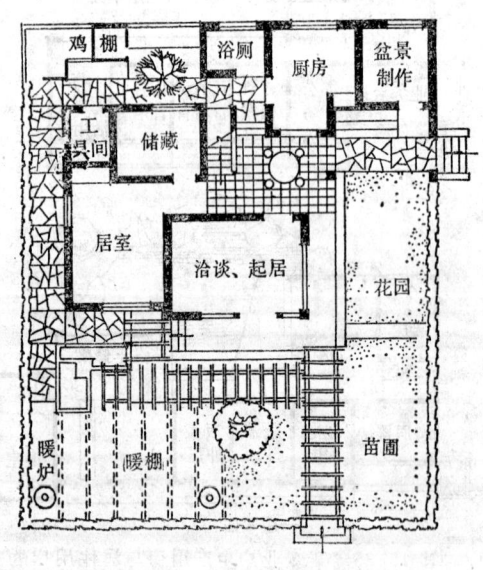

图 15-28 某养花专业户住宅

院落，并使生产院落、盆景制作间、洽谈室等均与出入口靠近，方便了运输和对外联系。且两处屋顶用来种植盆花，既争取了生产面积，又美化了环境。

第三节　镇职工住宅设计要点

镇职工住宅是为在镇上工作的企事业单位职工服务的居住建筑。它与普通农村住宅有较大的差别，而与城市职工住宅大体相似。

一、镇职工住宅的特点和组成

与普通农村住宅相比，镇职工住宅有以下几方面的特点：

（一）使用对象生活方式的城市化

镇职工住宅使用者的生活方式和城市职工没有什么差别，因此不需要提供小农生产的设施和场地，而要求住宅应具备舒适和完善的生活设施。

（二）层数与用地的制约性

镇职工住宅的层数根据规划要求一般均为多层，常为4～6层，有时底层还需建造商店，且住宅用地比农村更为紧张，因此应十分注意用地的经济性。

（三）套——单元——幢的组合方法

职工住宅是由若干套（户）组成住宅单元，再由若干个 住宅单元 组合成 一幢 住宅楼的。

通常，职工住宅中的套（户）是由卧室、起居室、厨房、卫生间、贮藏空间、室外活动空间（阳台或露台）等几部分组成。

镇职工住宅的组成详见图15-29。

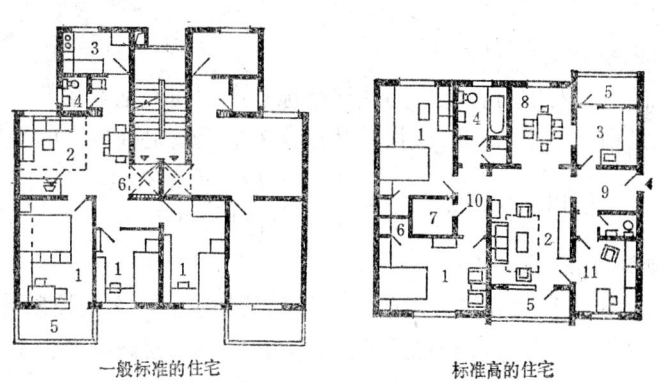

一般标准的住宅　　　　　　　标准高的住宅

图 15-29　职工住宅的组成

1—卧室；2—起居室；3—厨房；4—卫生间；5—阳台；6—吊柜或壁柜；7—储藏间或箱子间；8—餐室；9—前室；10—户内过道；11—书房

二、住宅的技术经济指标

镇职工住宅一般是由国家投资或集体投资或个人集资兴建的，也有是由房地产开发部门兴建后出售给单位或个人的，住宅的经济问题十分突出。由于职工住宅与农村的居民住宅在设计、建造方式上又有较大区别，故其技术经济指标也与农村住宅有较大不同，一般应把握以下内容：

（一）套型与套型比

套型是指供不同住户使用的成套住宅类型。根据我国目前经济水平和家庭人口以及使用对象的性质，国家规定的套型面积标准有三种：大套型（使用面积不小于45m²）；中套型（使用面积30～45m²）；小套型（使用面积18～30m²）。套型与每户中的卧室数量和房间组成关系极大，一般情况下，小套型的住宅可拥有1～2间卧室和一个起居室及厨房、卫生间等；中套型的住宅可拥有2～3间卧室和一个起居室及厨房、卫生间等；大套型的住宅则可拥有3～4间卧室和一个起居室及厨房、卫生间甚至再加一个餐厅。

套型比是指各种套型在总户数中所占的百分比。

套型、套型比直接影响到住宅的合理使用和投资（包括国家、集体或个人的）效能，因此各地区根据具体情况，对此都有一定的控制范围，确定和设计套型时，应根据面积标准，按照居住对象的实际需要进行设计，其首先要满足"合理分室"的要求，十二岁以上的孩子应与父母分室，大卧室的居住人数不宜超过3人。确定套型比时，应根据居住对象的情况（如年龄、职业、家庭人口），并考虑远近期相结合的问题及分配（或销售）上的方便和灵活性。

（二）主要技术经济指标

1.平均每套建筑面积

$$平均每套建筑面积(m²/套) = \frac{总建筑面积(m²)}{总套数(套)}$$

平均每套建筑面积反映了住宅的面积标准，国家规定职工住宅的建筑面积标准分为四类：一类为42～45m²/每套；二类为45～50m²/每套；三类为60～70m²/每套；四类为80～90m²/每套。有些地区还作了相应的补充规定，设计时应根据有关规定以及资金来源等情况来确定。

2.使用面积系数

这项指标的意义与农村住宅中的该项指标基本相同（见本章第一节），但需要指出的是，职工住宅是由多户组成，故该指标是指住宅单元或组合体内的平均使用面积系数即：

$$使用面积系数(\%) = \frac{总套内使用面积(m²)}{总建筑面积(m²)} \times 100\%$$

3.每m²建筑造价

每m²建筑造价指标与农村住宅的这一指标是相应的，它是控制建筑质量标准和计算投资的指标，它包括土建造价和设备造价。它和平均每套建筑面积是基建部门控制的两项主要指标。

三、住宅各组成部分的设计要点

（一）起居室

起居室（厅）是家庭成员团聚、娱乐、会客、进餐和进行某些家务劳动的场所。起居室应靠近入口、厨房。

起居室的大小取决于人们的活动范围和家具的尺寸，图15-30为各种起居活动所需尺寸范围。

起居室（厅）是住宅中面积较大的房间，其设计应宽敞、舒适。家具应分组布置，形成会客、进餐等几个小区域，餐桌的位置应邻近厨房，会客、学习的家具可占据室内的某

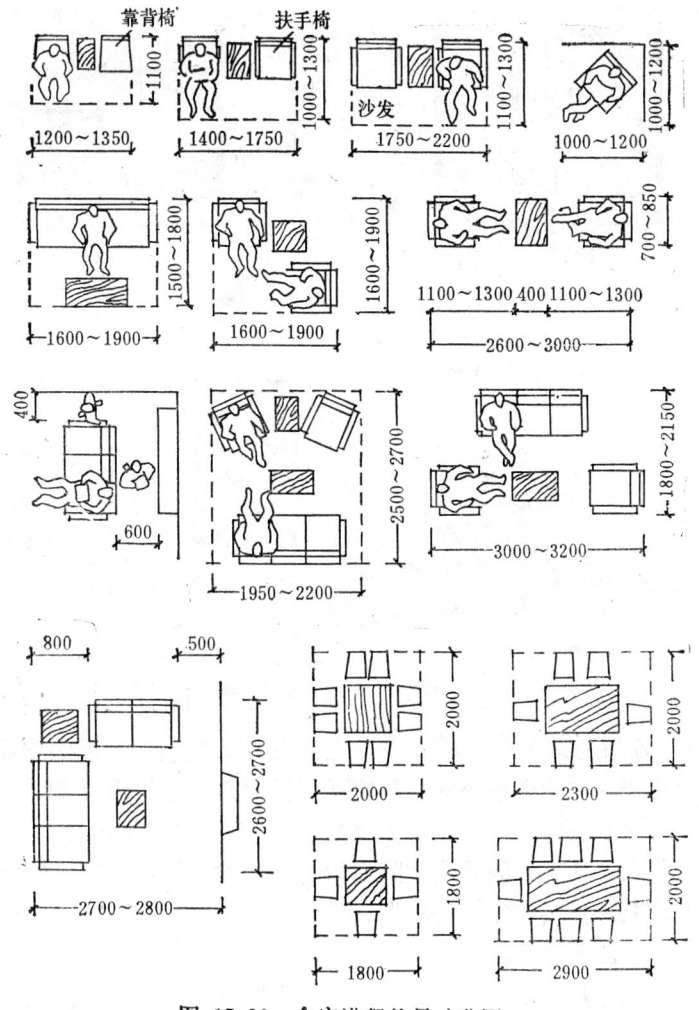

图 15-30 会客进餐的尺寸范围

一个角落。起居室中的门和交通面积的布置应有利于空间的完整性和家具的布置。

由于我国目前城镇住宅面积标准仍然较低，每户建筑面积较小，因此，某些家庭人口较多的住户可能将起居室兼作卧室使用。设计时应考虑这种可能性，并为其创造条件。

起居室兼卧室有多种做法，在小开间横墙承重住宅中，可采用独立的[图15-31（a）]，或带床龛和凹室的[图15-31（b）、（c）]，在后者这种布局中，床被安排在床龛和凹室里，床龛或凹室用帷幕或折叠式隔断与起居室相隔，既有一定的独立性，又不过份局促和闭塞。

在现代住宅设计中，还常常采用柜橱、帷幕和装饰性隔断灵活划分空间的做法。用这些分隔物划分空间时，空间似隔似断，可以取得良好的使用效果和视觉效果。图15-32（a）、图15-32（b）分别为用搁板架和玻璃隔断划分空间区域的例子。

（二）卧室

卧室是供家庭成员休息，睡觉的场所，某些卧室也兼作书房或供主人处理部分家务。

目前我国集镇住宅卧室的大小可以分三类，大卧室的面积约为 $12.5 \sim 15m^2$，中卧室

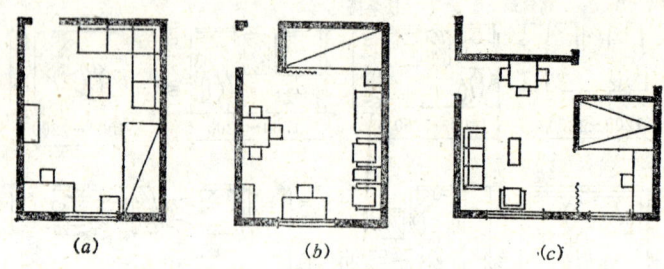

图 15-31 起居室兼卧室的布局方法

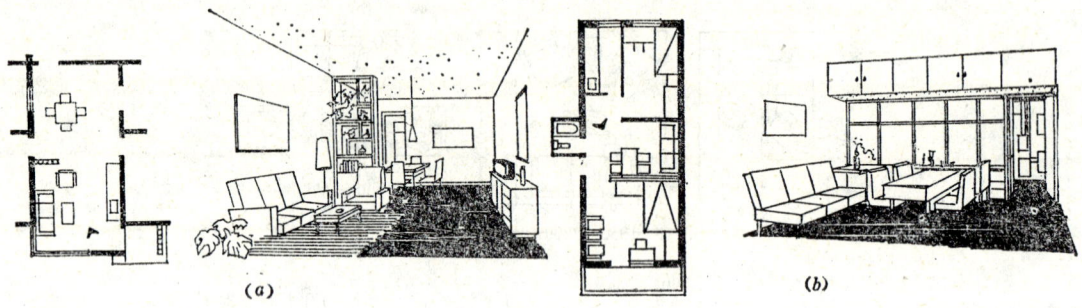

图 15-32 起居室的灵活隔断

约为 $8.5\sim10m^2$，小卧室约为 $6\sim8m^2$。一般情况下，大卧室供家庭主要成员居住，中、小卧室供其他成员居住。面积大小不同的卧室互相搭配有利于住户使用，特别是有利于分室。

卧室中的主要家具是床，因此确定卧室的开间，进深尺寸时应首先考虑床布置的可能性和灵活性，其次是考虑其它家具的布置。

卧室的开间，进深尺寸分析见第十二章。

决定卧室开间进深尺寸，除考虑家具尺寸与布置以外，还要考虑卧室的比例，门的位置以及壁橱的位置。因此，面积相同的卧室，当比例不同，门的位置和壁橱位置不同时，其使用效果是完全不同的，如图15-33～35所示。

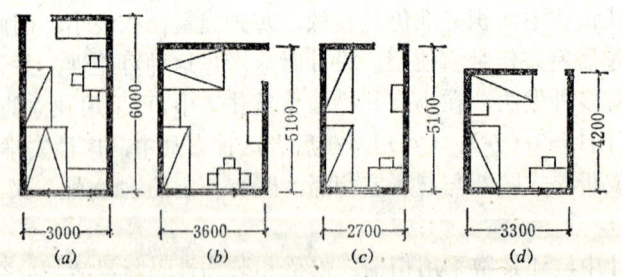

图 15-33 卧室的比例与使用效果的关系

（三）厨房

厨房是家务劳动的中心，厨房内的主要活动是烧水做饭，因此要满足洗、切、烧、藏四个基本操作活动。搞好厨房设计对方便生活，减轻家务劳动量和保持住户的卫生环境具有十分重要的意义。

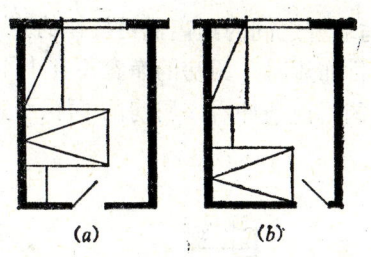

图 15-34 门的位置与使用效果的关系

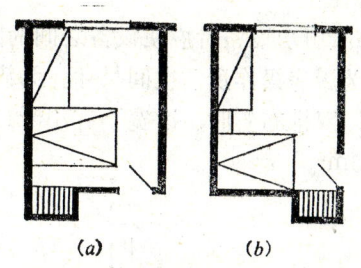

图 15-35 壁橱的位置与使用效果的关系

1.厨房面积与设备布置

厨房的面积大小应根据主要设备尺寸、操作活动空间尺寸和贮放 燃料 空间 要求 来确定。厨房的主要设备是水池、案板和炉灶。炉灶的种类、尺寸与燃料有关，燃料类型有木柴、煤、煤气或天然气或石油液化气及电等。目前镇职工住宅中仍多采用前两种。各类设备的长宽尺寸和上缘离地的高度如表15-2。

厨 房 常 用 设 备 的 尺 寸   表 15-2

设 备	尺 寸(mm)		
	长	宽	上缘离地尺寸
煤 灶	800~1200	500~700	780
蜂窝煤炉	400~500	400~500	450~550
煤 气 灶	600~700	250~300	780
液化气灶	650~700	300~350	650~700
液化气罐	330~350	330~350	650~700
水 池	550~600	500~550	800
洗 涤 槽	560~610	410~460	800
洗 衣 机	500~550	400~450	850~900
电 冰 箱	530~590	520~540	930~140

厨房设备可按单排、双排、L形和冂形布置，如图15-36(a)、(b)、(c)、(d)，在面积较大的厨房里,也可使主要设备独立于厨房的中间，成为所谓的半岛式[图15-36(e)]。

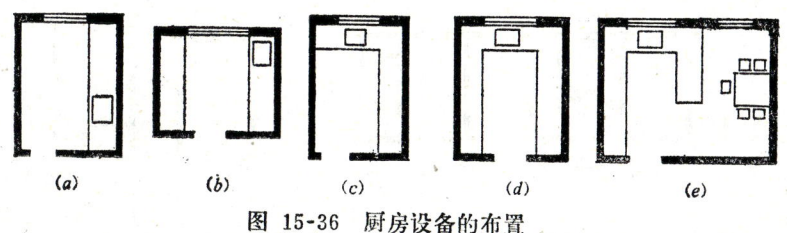

(a)　　　　　(b)　　　　　(c)　　　　　(d)　　　　　(e)

图 15-36 厨房设备的布置

单排布置的优点是操作方便，缺点是面积利用不充分，适用于设备较少和平面狭长的厨房。

双排布置能充分利用面积，但由于主要设备分置两侧，操作过程中要多次转身，使用时有所不便。

L形和冂形布置既有利于利用面积也有利于操作。其缺点是转角处 的 设备 使用时 可

275

能不方便。

布置厨房设备时应使设备之间的距离以及设备与墙壁之间的距离满足操作的要求。图15-37为厨房操作所需空间尺寸。为满足操作需要单排布置时，厨房的净宽不宜小于1.4～1.5m，双排布置时，净宽不宜小于1.7～2m，从我国目前条件看，厨房的面积不宜小于4～5.5m²。

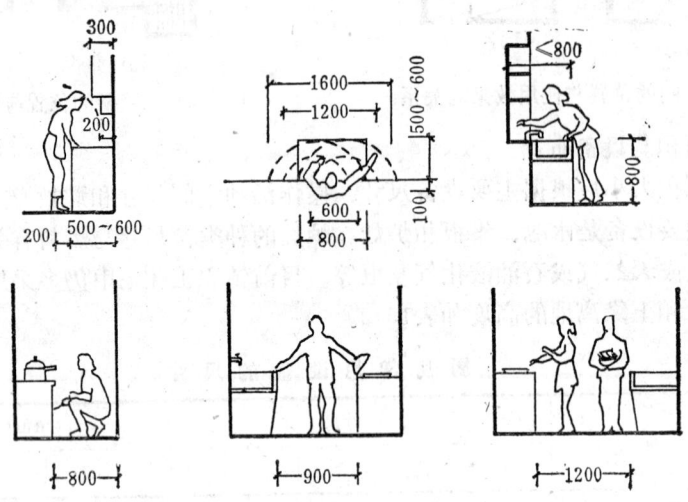

图 15-37　人在厨房内的活动范围

2.厨房的平面类型

厨房的平面类型可以归纳以下几类：

（1）独立式厨房　由户内走道或厅进入并呈独立房间的厨房称独立式厨房，这种类型目前采用较多[图15-38（a）]，其特点是厨房的三个墙面均可布置设备，热、气、烟、味对居室的影响较小，使用较方便，但有户内走道时，可能影响面积的利用率。

（2）穿过式厨房　进入户内或户内的某个房间而必须穿过厨房时，这种厨房称为穿过式厨房[图15-38（b）]，这种厨房的特点是炊事与交通功能相结合，有利于充分利用面

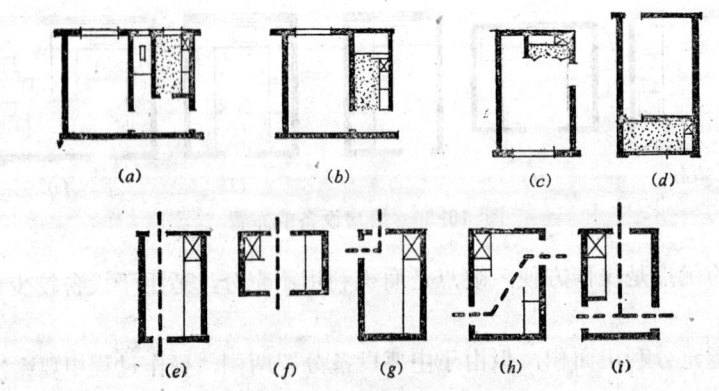

图 15-38　厨房的平面类型

(a)独立式；(b)穿过式；(c)壁龛式；(d)阳台式；(e)长穿；(f)短穿；(g)角穿；(h)斜穿；(i)复合穿

积，但有干扰，且易感到杂乱，影响观瞻。

穿过式厨房按交通线路的布置方法，可分为长穿、短穿、角穿、斜穿、复合穿等五种[图15-38(e～i)]。采用穿过式厨房时，应优先选用角穿或短穿的形式。

（3）壁龛式厨房 这种厨房的特点是炊事用具全部布置在壁龛内，壁龛与居室之间用折叠门、推拉门等相分隔[图15-38(c)]，可节省面积，适用于人口较少、使用液体燃料或电灶并有良好通风设施的住户。

（4）阳台式厨房 这种厨房的特点是与服务阳台结合布置，有利于节省面积，容易排除热、气、烟、味，并能将炊事与洗衣、晒衣等家务劳动结合在一起[图15-38(d)]，这种厨房在气候炎热的地区有一定的推广价值。

3.厨房的采光、通风、排烟、防水及贮存 厨房应有直接对外采光或开向走廊的采光窗，注意组织室内通风、排除油烟，并防止烟、煤气、灰尘等窜入居室。为及时排除油烟和蒸汽，还可在炉灶的上方另放排气罩。目前，我国城镇职工家庭已较普遍采用抽油烟机。用煤作燃料时，厨房必须设置烟道。抽油烟机排出的油烟最好应排至烟道。

厨房的墙面和地面要易于清洗，地面上应有地漏，并向地漏做坡度。如有洗衣机，应设低水池排除污水，低水池的边高不宜超过150mm以利于洗衣机排水管排放污水。

一般情况下，厨房内总要放置一定数量的炊具、餐具、粮菜、燃料及杂物，因此，设计时还应考虑充分利用厨房空间，最简易的办法是设置搁板或壁龛。目前，在城市中已开始采用将炊具、贮藏组合在一起的现代化厨房设备，它可方便使用，又美观大方，随着农村经济的发展和职工生活水平的提高，镇职工住宅中大量采用现代化厨房设备已是指日可待。

相邻两户的厨房在平面组合时，应尽量靠在一起，以便于上下水管道集中布置。

（四）卫生间

1.卫生间的种类与尺寸

住宅中的卫生间按标准有三种，一般标准的住宅可设具有大便器及淋浴器的卫生间；标准较高的住宅可设带有三件卫生器具（便器、洗面器、浴缸）的卫生间；标准更高的或人口较多的住宅，可分设仅有大便器的厕所和有洗面器、浴缸的卫生间，见图15-39所示。

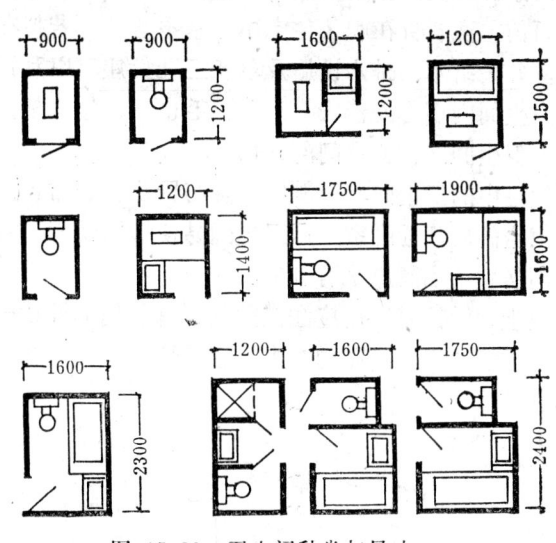

图 15-39 卫生间种类与尺寸

卫生间内尺寸最大的器具是浴缸，当卫生间面积较小时，应选用尺寸较小的浴缸或坐浴缸。当然，也可以考虑采用热水器的淋浴方法而不设小浴缸。此外，便器和洗面器的尺寸也应相应选择小一些的。图15-40为常用卫生器具的尺寸。

采用浴缸还是淋浴器，应根据住宅的标准和生活习惯来选择，在进行住宅设计时，还应考虑远期的需要，对于目前不设洗浴设施的卫生间，也应预留洗浴设施的位置，以便于

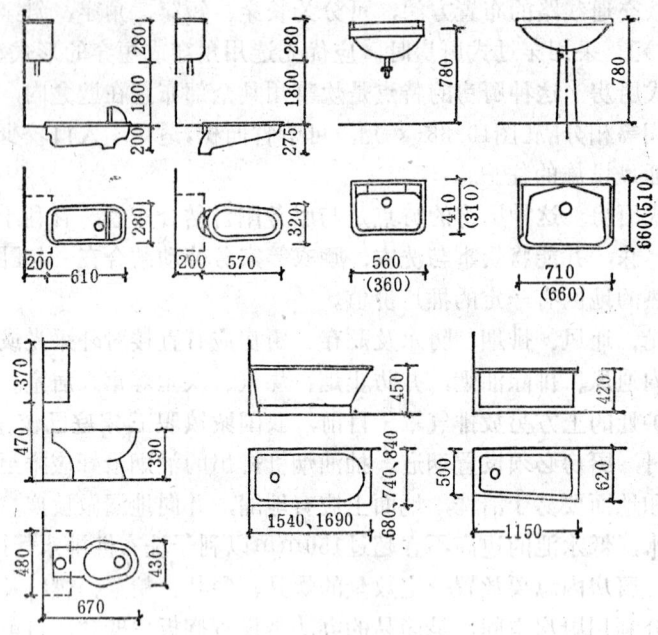

图 15-40 卫生器具尺寸

今后有条件时安装相应的卫生设备。

目前，洗衣机在职工住宅中已基本普及，若拟在卫生间内设置洗衣机时，应增加相应面积。并设给水、排水设施及单相三孔插座，以利用户使用和安全。

卫生间内还应妥善安排皂盒、毛巾架、挂衣架、镜箱、手纸盒等配件。

2.卫生间的位置及门的开设

住宅中的卫生间，一般应尽量与厨房相邻布置，以利于节省上下管道。从使用上来说，卫生间应靠近卧室，但卫生间易使墙面受潮，且臭味和噪声会影响居室，因此，卫生间能与居室适当隔离是有利的。

卫生间设计时，还应注意门的位置，门的开设一般有以下几种：

（1）卫生间门开向户内过道　这种方式对其他房间的影响较少，使用比较方便〔图15-41(a)〕。

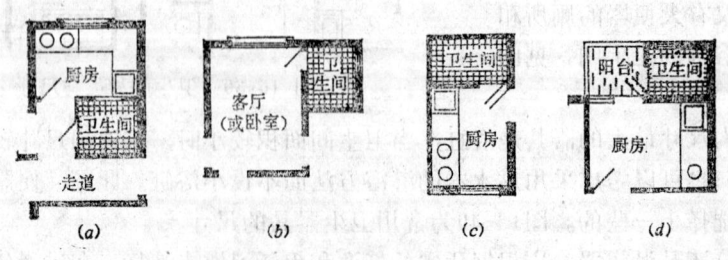

图 15-41　卫生间门的开向

（2）卫生间门开向起居室　这种布置方式可节省户内走道，且使用方便[图15-41(b)]。其缺点是不够隐蔽，布置不当时，可能会影响起居室墙面的完整性和观瞻效果。

（3）卫生间门开向厨房　为了不影响厨房设备布置，常将卫生间门开在厨房门后[图15-41(c)]，这种布置方式虽然与生活习惯和卫生要求有些矛盾，但由于能节约户内走道面积，同时能克服门开向起居室的缺点，故采用也较多。

（4）卫生间门开向阳台　为避免厨所臭气影响户内，在炎热地区可采用这种方式，但寒冷地区不适用[图15-41(d)]。

3.卫生间的采光、通风、防水与排水

卫生间最好直接开窗采光和通风，当无直接开窗条件或考虑其他因素而不直接对外开窗时，应设通风道，通风道的排气口设在顶棚下部，为便于进风，可在卫生间门的下部设百页或留不小于20mm的空隙，采光可通过高窗从邻近房间间接引入光线，但这样的房间最好不是要求安静的居室。在无直接或间接采光条件的卫生间中，也可采用人工照明。图15-42为卫生间间接采光的例子。

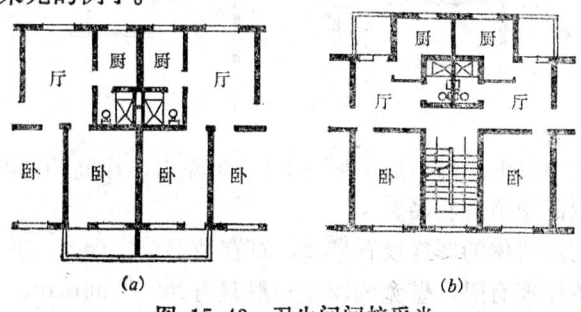

(a)　　　　　　　　(b)

图 15-42　卫生间间接采光

卫生间的地面和墙面要求要防水和易于清洗，依设计标准的高低分别采用水泥砂浆、水磨石或瓷砖墙裙，地面应比走道或其他房间低20～50mm，并向地漏方向做坡度排水。

（五）贮藏设施

住户的各种物品的贮藏量相当大，在设计中如未考虑必要的贮藏设施，势必占用居室或其他房间的使用面积，既不利于室内布置，也未充分利用空间。

1.贮藏物品的类型与数量

家庭贮藏物品大致可分为四类：一类是季节性物品，如季节性衣物、被褥、鞋、帽、凉席、蚊帐等；另一类是常用物品，如常用的衣物、鞋、帽、书籍、食品、炊具、儿童用品、雨具等；第三类是杂物，如瓶、罐、过期报刊等；第四类是箱子等大件物品。

贮藏物品的数量，与地区的气候差异、生活习惯、住户的经济状况、居住年限以及家庭成员的职业特点等因素均有关系。根据调查资料，一般设计可按0.5m³/人左右考虑，如果贮藏物品的堆放高度平均以300～500mm时，则展开的贮藏面积需要1～1.5m²/人。

2.贮藏设施及空间利用

（1）壁柜　壁柜的深度一般为600～700mm，宽800～1200mm，柜内设搁板，搁板的间距依贮物的种类和贮存的方法而定。壁柜可以设门或帘，设门时，还可在门的背面设计镜子、衣钩、鞋架和多用插架等。

壁柜的位置多设于卧室或起居室，为不影响家具布置，最好布置于门的背后（图15-43）。

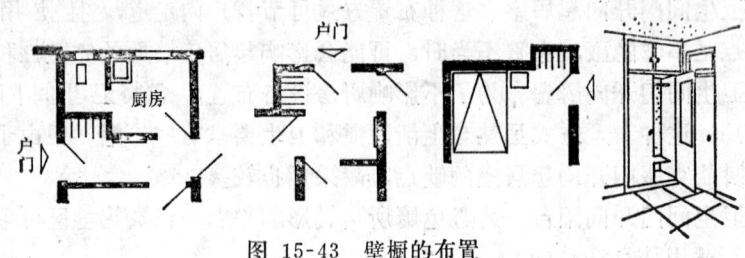

图 15-43 壁橱的布置

（2）吊柜 吊柜常位于房间的上部，常设于床的上部、内走道的上部、户门的上部或厨房走道的上部（图15-44）。

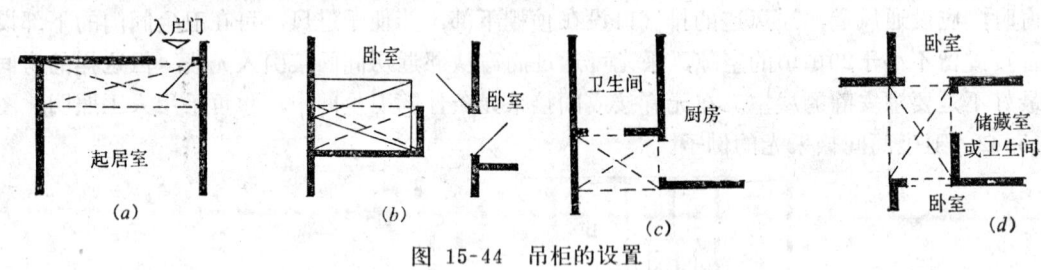

图 15-44 吊柜的设置

吊柜应离地面2m以上，吊柜的深度约600mm左右，净高为400~500mm。吊柜主要供存放不经常存取的季节性物品。

（3）壁龛 利用墙体的厚度设置壁龛，可存放书籍、食品、儿童用品或鞋、帽、雨具等物品。由于墙体厚度有限，壁龛的深度一般只有200~300mm，当存放的物品高度差别较大时，可调整搁板的高度，或做成博古架的形式，壁龛中的搁板（隔板）可采用预制搁板或木板，也可将壁龛制成部件或整体砌入墙内（图15-45）。

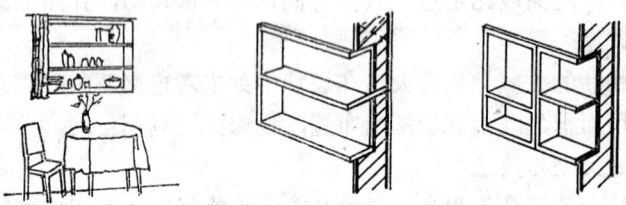

图 15-45 壁龛的用途与做法

（4）箱子间 在标准较高的住宅中，可设专门的箱子间。箱子间是一个以贮存箱子为主的贮箱室，也可存放其他杂物，箱子间的做法与壁柜相似，不同的是尺寸更大，除有存放箱子的面积外，还要考虑有取箱子或开箱取物的面积，箱子间可以直接采光，也可以是间接，但要注意通风防潮。通常在门的下部设百页，与门上的亮窗结合形成对流通风（图15-46）。

现代组合家具多带有较大的储存

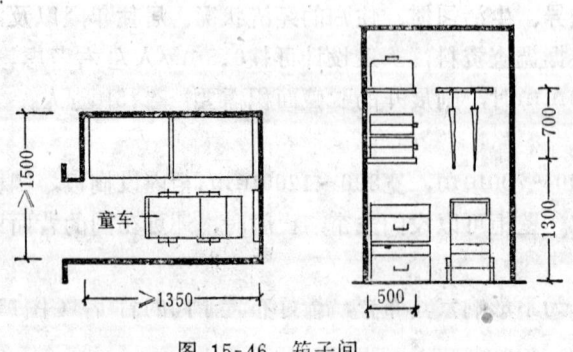

图 15-46 箱子间

空间，既美观又有利于存物，因此很受欢迎，随着越来越多的家庭采用现代组合家具后，住宅中的储存设施已逐渐被家具所取代，因此，从发展的趋势看，今后住宅的储存设施的数量将会日益减少。

（六）阳台

在多层住宅中，阳台一般是住户唯一的室外活动空间，可供住户从事户外活动，如乘凉、晾晒衣物，养花绿化以及某些家务活动。阳台还可沟通室内外的关系，并起到美化建筑、遮阳防晒、贮存杂物的作用。

1.阳台的形式

阳台的形式很多，从使用上分，有生活阳台和服务阳台。生活阳台供生活起居之用，多设在居室外侧且朝向较好的一面，阳台深度宜在1200mm以上。服务阳台多设在厨房的外面，供生炉子，堆杂物或从事某些家务活动用，深度不必太宽，一般为900～1000mm。阳台的形式有凸阳台、凹阳台、半凸阳台和封闭式等多种（参见第四章第六节）。

凸阳台悬挑于外墙以外，视野开阔、日照通风良好，缺点是户间视线干扰大，缺乏必要的私密性。

凹阳台凹入外墙之内，只一面临空，比较隐蔽，且能防风防雨，使用方便，缺点是占用建筑面积较多。

半凹阳台兼有上述两种阳台的特点，问题是构造较复杂。

封闭式阳台是将阳台的正面或三面临空装以玻璃窗，可作为房间的延伸和补充，但造价较高，多用于严寒地区或位于主要街道的沿街住宅。

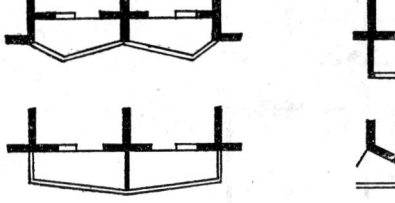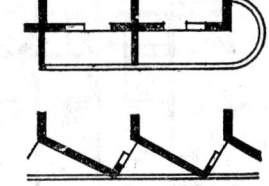

图 15-47　异形平面的阳台

2.阳台的细部处理

阳台的平面、立面形式对建筑形象有很大的影响，设计时应考虑建筑艺术的要求。

阳台的平面形式除矩形外，还可采用梯形、三角形或半圆形等（图15-47）。阳台栏杆有空心栏杆、实心栏板和半空半实的形式，应根据使用需要、气候特点、建筑形象及安全的要求综合确定。

阳台地面还应注意解决排水问题。

3.阳台的晾晒设施

住宅阳台朝向较好时，应结合考虑晒衣服的设施。可在阳台上部设置晾衣架或晒衣钩。除此以外，还可以在外墙上伸出短牛腿晒衣架，牛腿伸出墙面600～800mm，晾晒较方便，短牛腿可用钢筋混凝土或钢筋做成，见图15-48所示。

四、户内组合方法

户内各组成部分的组合方法有过道联系、直接套接、起居室辐射联接和混合式联接等。

（一）过道联系

这种方式的优点是每个房间都与过道相联独立性强，互相干扰小，主要缺点是户内交通面积大，面积利用率较低。这种方法一般只在局部用，见图15-49所示。

（二）套间联系

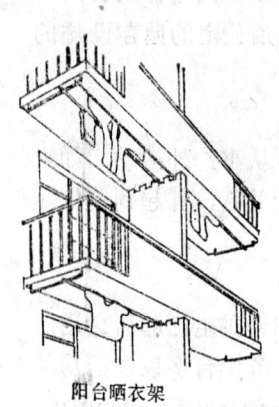

阳台晒衣架

图 15-48 晒衣架

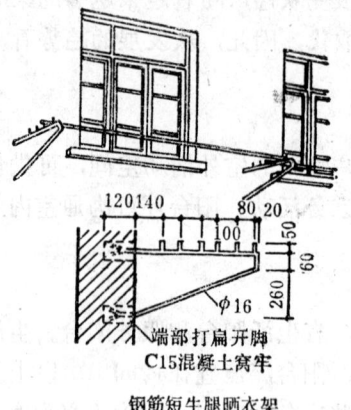

120 140   80 20
100
端部打扁开脚
C15混凝土窝牢
钢筋短牛腿晒衣架

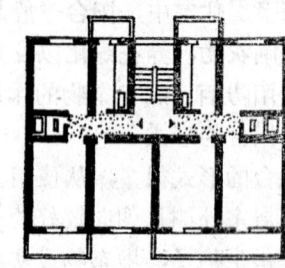

图 15-49 用过道联系的住宅

套间联系的优点是房间本身兼作交通面积，可以节省单纯作为过道的面积，房间之间的联系较简捷，缺点是房间之间干扰大，房间的灵活性小。通常有居室与居室相套、厨房与卫生间相套、厨房与居室相套等，应尽量避免居室间的穿套。各种穿套见图15-50所示。

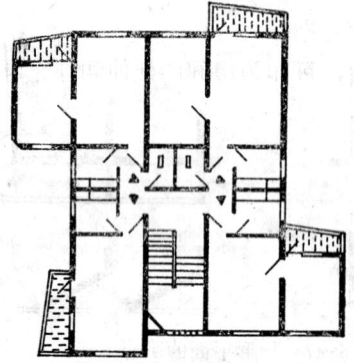

图 15-50 用套间联系的住宅

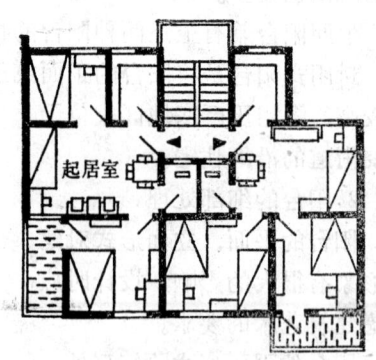

起居室

图 15-51 用起居室辐射联系的住宅

（三）起居室辐射联系

利用起居室与其它房间作辐射联系，既节省了专用走道的交通面积，又减少了房间之间的干扰，保证了房间的灵活性和独立性，这种方法是目前常采用的方法，这种方法也可看成是起居室与众多房间穿套的一种特殊穿套形式，故应注意起居室中门的开设，尽可能保持较完整的墙面（图15-51）。

（四）混合式联系

根据不同的户型和不同的要求，有时户内组合要采用上述两种或三种方法，并以某一种为主。因此称为混合式联系。

五、单元类型与组合

（一）单元设计的原则与平面类型

1.单元设计的原则

单元设计的任务是将住宅的各组成房间通过交通联系部分组合成为一个功能齐全的居住单位，并为下一步单元间的组合，进而形成一栋住宅创造可能性。因此，单元设计是住宅设计的一个重要环节，在设计时，应考虑以下原则：

（1）户型恰当，面积适宜 单元设计应根据国家或各地规定的住宅标准，恰当安排套型与面积，同时应具有组成不同套型比的灵活性，以满足居住者的实际需要。可设计成单一套型的单元，也可组成多种套型的单元，单一套型的单元，其套型比须通过组合体或小区内的各住宅群来实现，多套型的单元则增加了在单元内平衡套型比的可能性，单元中套型的确定应便于套型比的平衡，并有利于单元内各房间的平面组合。

（2）功能合理，使用方便 单元内的平面组合应满足各户的日照、朝向、采光、通风、隔音、隔热、防寒等要求，设计时应保证每户至少有一间卧室有较好的朝向，在炎热地区还应争取使每户都能有两个朝向，以利通风。在某些朝东、南、西皆可满足日照要求，而对通风要求不高的地区，可设计单朝向户。单元设计应考虑户内各种家用电器布置的可能性，如电冰箱、洗衣机的位置，并合理配备相应的设备设施。

（3）交通便捷，辅助面积小 单元设计应尽可能减少户外公共交通面积，并避免公共交通对户内的干扰，保证各户必要的私密性要求，选择进户门位置时，应考虑有利于户内的平面组合，使户内交通便捷。

（4）节约用地，经济合理 增大进深，减小面宽是节约用地的一项措施，此外，还可以通过控制层高来节省用地和造价。单元设计还应力争提高面积的使用率，充分利用空间。平面形状力求简洁、规整，并注意减少构件类型，便于设计标准化、构件装配化、施工机械化。

（5）便于单元组合和美观 单元内的平面组合也应考虑进行单元组合的可能性和灵活性，并有利于组合体的造型与美观，如房间中窗的位置和阳台的布置均对组合体的造型与立面产生影响。

2.单元平面类型

（1）梯间式 梯间式的每个住宅单元都以楼梯为中心，围绕楼梯布置若干户，由楼梯间直接进入各分户门，故又称为无廊式，每梯可安排2～4户，这种平面类型布置紧凑，公用交通面积少，户间干扰少，但这种类型的住户，超过2户时，有的户则会成为单朝向户，造成通风较差。因此，目前还是以一梯二户采用最多。

图15-52为梯间式单元的分户示意图。

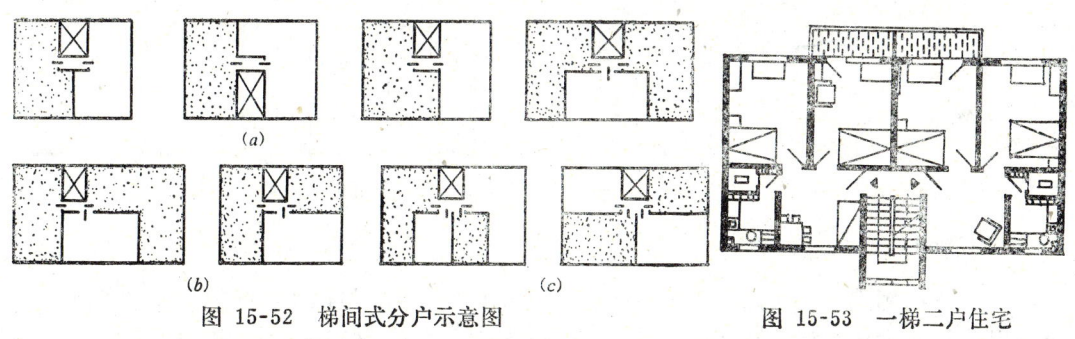

图 15-52 梯间式分户示意图
（a）一梯二户；（b）一梯三户；（c）一梯四户

图 15-53 一梯二户住宅

图15-53为一梯二户住宅组合示例；

图15-54为一梯三户住宅组合示例；

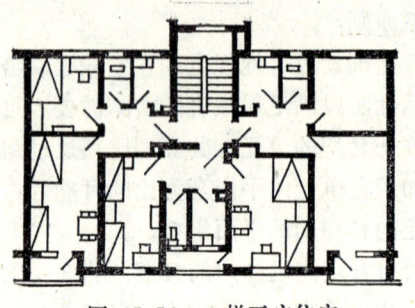

图 15-54 一梯三户住宅

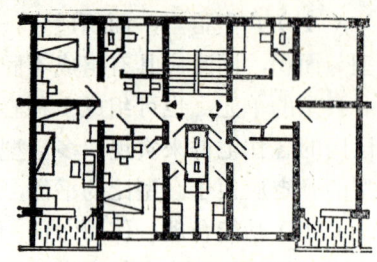

图 15-55 一梯四户住宅

图15-55为一梯四户住宅组合示例;

（2）外廊式　外廊式的特点是通过外廊从住宅的一侧进入户内，每户都占有全部进深，具有良好的通风和朝向，外廊还可为住宅提供户外活动场所，但户间干扰较严重。外廊式可适用于炎热地区。外廊式依走廊长短和服务户数多少又有长外廊和短外廊之分。

1）长外廊　每部服务户数多，户间干扰大，适用于布置中、小套住宅，每户占1～2个开间，当户数过多，走廊过长时应注意楼梯的位置和数量，以满足疏散的要求，图15-56为长外廊式住宅单元分户示意图。

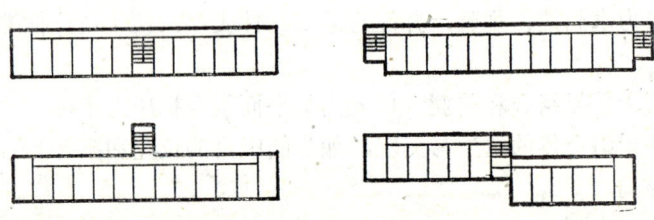

图 15-56　长外廊单元分户示意图

图15-57为长外廊式单元示例。

2）短外廊　楼梯和外廊服务户数较少，一般为3～5户，它具有外廊式的优点，又基本克服了各户间相互干扰大的特点。图15-58为短外廊式住宅单元分户示意。

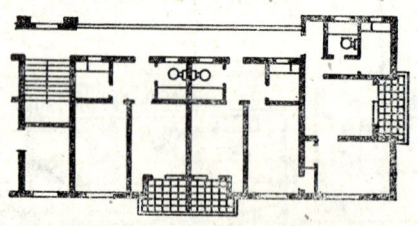

图 15-57　长外廊式住宅示例

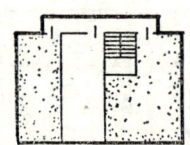 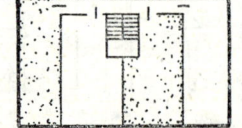

图 15-58　短外廊单元分户示意图

图15-59为短外廊单元示例。

（3）内廊式　内廊式住宅的特点是户门均在单元中部与户外走廊相接，交通面积紧凑，住宅进深大，有利于保温和节能，但内廊的采光、通风较差。内廊式有长内廊和短内廊之分，长内廊的各住户全部为单朝向户，故南方地区一般不宜采用。

1）长内廊　长内廊的服务户数多，交通面积利用率高，对节约用地有利，但户间干扰较大，内廊光线较差，也不便组织穿堂风，采用较少。

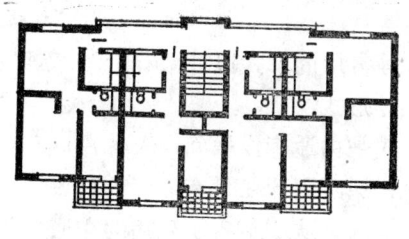

图 15-59　短外廊单元示例

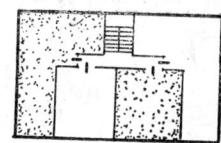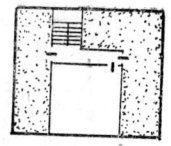

图 15-60　短内廊单元分户示意

2）短内廊　短内廊服务的户数一般为3～4户，保留了内廊式的优点，减少了户间干扰，在北方地区采用较多，图15-60为短内廊住宅单元分户示意。

图15-61为短内廊住宅单元示例

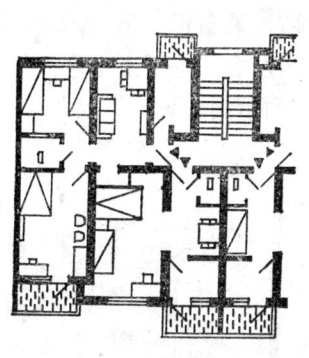

图 15-61　短内廊单元示例

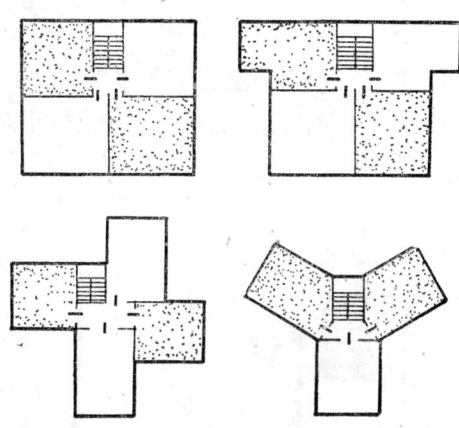

图 15-62　点式住宅分户示意

（4）点式　点式住宅的特点是一个住宅单元自成一幢住宅楼，故又称为独立式，每单元3～8户，四面均可以采光和通风，分户灵活，造型活泼，便于利用零星用地。有利于丰富住宅群体的空间形象，但点式住宅的外墙面积大，不利于采暖地区的保温和节能。图15-62为点式住宅分户示意。

图15-63为点式住宅示例。

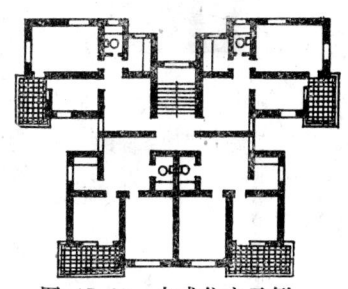

图 15-63　点式住宅示例

（5）天井式　天井式住宅的特点是能为中部房间提供直接采光通风等条件，从而加大进深，节约用地。其缺点是干扰较大，井底阴暗潮湿，采光较差且不易保持清洁。天井平面尺寸与建筑高度有关，并影响采光和防火，当住宅为五层时，其天井边长一般不宜小于2.5m。

内天井可以布置在中部或相邻单元的交接处，图15-64为天井式单元的分户示意。

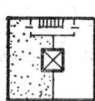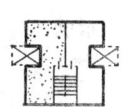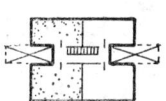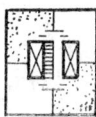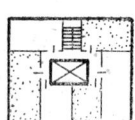

图 15-64　天井式单元的分户示意

图15-65为天井式单元的示意

除了梯间式、外廊式、内廊式、点式、天井式等常用的形式以外，有时还采用跃廊（层）式和复式等形式：

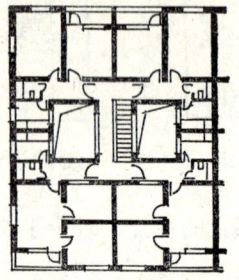

跃廊（层）式是由通廊或梯间进入各户后，再由户内小楼梯进入另一层，因此在设有通廊的跃廊式住宅中，只要隔层设通廊，从而节省了公用的交通面积，减少了干扰，并使每户有可能争取两个朝向，这种形式尤其适合于城市的高层住宅。图15-66是无通廊的跃层式住宅的平、剖面示例。

复式住宅是近几年来新出现的新型住宅形式，它是在一个小面积单元内，适当提高层高（一般提高到

图 15-65 天井式住宅单元示例

3.3m），然后根据人们家居对各部分空间高度的需要，巧妙地布置夹层，形成空间的重复利用，这种住宅与普通住宅相比，可使使用面积增加75%左右，每平方米造价约降低25%，并节约用地10～20%左右。图15-67是复式住宅的平剖面示例。

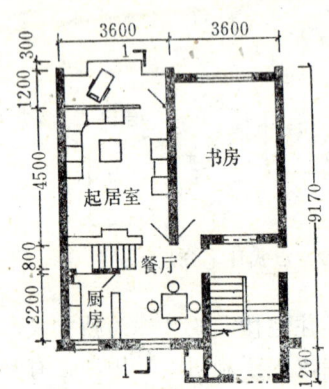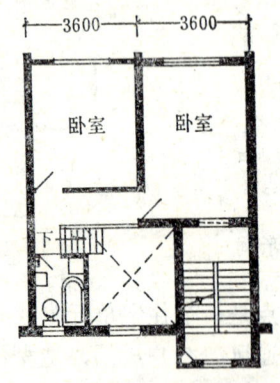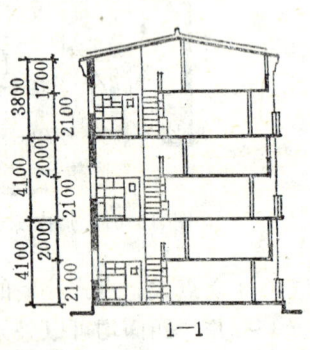

图 15-66 跃层式住宅示例

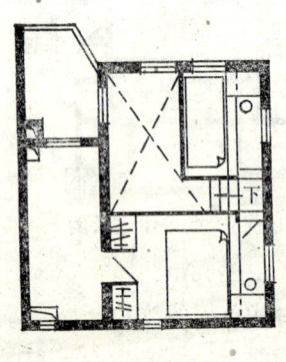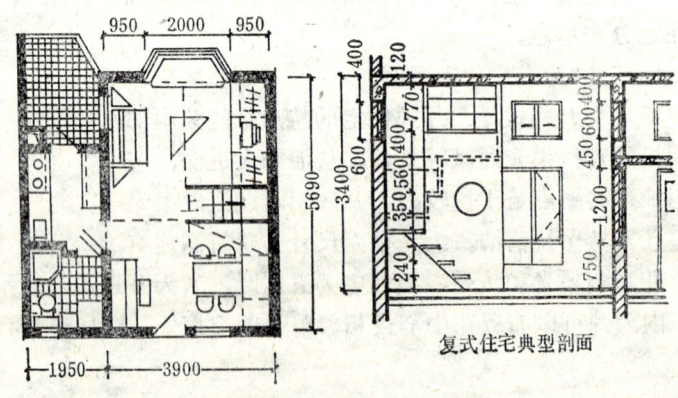

复式住宅典型剖面

图 15-67 复式住宅平剖面示例

（二）单元组合的原则与方式

1.单元组合的原则

（1）适应基地条件和环境 单元组合时，应根据基地大小、形状、朝向、道路、出

入口等地段环境特点，选择单元和进行单元组合，使组合体与基地环境相适应。

（2）满足规划和美观要求　单元组合应符合规划要求，根据规划对层数、高度、体型等要求，进行组合体设计，有利于丰富造型和立面美观。有利于组合体与建筑群布置相适应。

（3）注意节约用地　单元组合方式与用地的经济性关系极大，在满足使用，符合基地条件的基础上，应注意提高土地的利用率，节约用地。

2.单元组合方式

除了点式以外，一幢住宅是由若干个单元组合而成，根据平面组合的需要，应将单元设计成尽端单元和中间单元，有时还需要设计转角单元，以便组合成一幢完整的住宅。单元间的组合方式有两类：一类是单向组合，另一类是多向组合。

（1）单向组合　单向组合有平接、错接、转角接等。

1）平接［图15-68(*a*)］：体型简洁，施工方便，但比较单调。

2）错接［图15-68(*b*)］：可结合地形、朝向、道路灵活布置，有利于街景，但外墙面积增大，对保温节能和抗震不利。

3）转角接［图15-68(*c*)］：可适应规划要求和地形布置，可用平直单元或转角单元拼装。

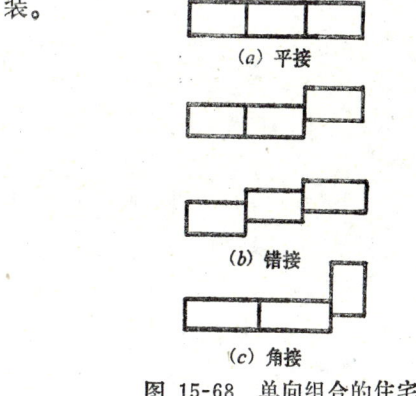

(a) 平接

(b) 错接

(c) 角接

图 15-68　单向组合的住宅

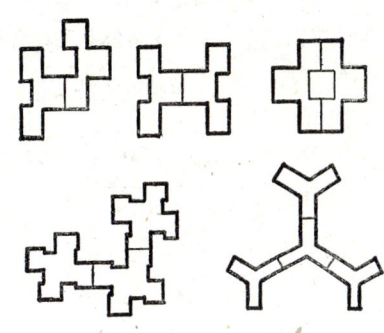

图 15-69　多向组合的住宅

（2）多向组合　多向组合（图15-69）体型灵活，空间多变，有利于打破单调感，但占地面积较大。

复习思考题

1.农村住宅由哪几部分组成？

2.农村住宅各房间的组合常采用哪些方法？

3.农村住宅的庭院有什么功能？有几种布置方式？各有什么特点？

4.为什么北方农村新建住宅还有采用平房的形式？

5.农村专业户住宅有什么特点？生产用房与居住用房如何布置？

6.镇职工住宅是由哪几部分组成？与农村住宅有哪些差别？

7.套——单元——幢的组合方式有什么特点？

8.平面组合的各种类型有什么特点？

9.单元间的组合有哪些形式？各有什么优缺点？

10.住宅的技术经济指标一般包含哪几点？

作业六 农村住宅方案设计

一、目的要求

通过方案设计训练，初步掌握农村住宅平面、剖面和立面设计的原理和方法，巩固所学的有关知识，提高方案设计的能力，提高绘制方案设计图的能力。

二、设计条件

1. 设计一低层的农村住宅；

2. 给出宅套地面积指标和建筑面积标准；

3. 给出气温、气象、地形等自然条件，其它条件可由学生自行设定。

三、作业要求与深度

1. 本作业内容包括住宅及院落平面图、主要剖面图、主要立面图及技术经济指标和设计说明；

2. 比例：平面图比例为1:50，剖面图、立面图比例可为1:100～1:50；

3. 图纸：用2号图纸或相当于2号图纸一般大小的绘图纸，以铅笔、墨线或其它工具绘制而成。

4. 图纸深度与要求

（1）反映出住宅内外空间组合的关系，房间的联系和分隔、内外关系；

（2）反映出住宅院落的布置及其使用功能；

（3）反映出立面处理和材料的应用；

（4）平面图及立面图应画出必要的配景；

（5）平面图中应画出室内家具和设备的布置；

（6）说明住宅的主要技术经济指标。

第十六章　村镇公共建筑设计

在村镇建设中，公共建筑占有十分重要地位，它反映了社会主义农村的新面貌。村镇公共建筑是供人们从事行政、教育、文化、商业、医疗、交通等公共活动的建筑物，随着农村经济迅猛发展和农民生活水平提高，村镇公共建筑的内容和要求不断在发生变化。

村镇公共建筑种类较多，功能复杂，规模有的也不小，因此要予以足够重视，精心设计。

本章着重分析几种常见的村镇公共建筑的设计原则和方法。

第一节　村镇商店设计

随着农村商品经济的迅速发展，集市贸易已成为当前农村生产流通的重要环节和增加国家、集体及农民个人收入的重要来源，是农村生产生活中必不可少的部分。在村镇建设中，商业网点的设置对整个村镇的布局、交通组织、环境面貌等各方面，都具有重要的影响，必须认真考虑，统一安排。

一、村镇商店的经营特点

村镇商店因经营产品、购销方式、自然地理、风俗习惯和服务范围的不同，有其自身的特点。

（一）经营内容的多品种

按市场布置一般有粮油、副食品、百货、农用物资、土特产、柴草、畜牧等。其中副食品与百货结合，常常形成综合商店。

（二）明显的季节变化

农村商店的经营状况受农业生产的季节性影响较大。各地农忙季节，农民除了急需购买化肥、农药等生产资料外，很少有空闲时间赶集，而每年冬春农闲季节，特别是节前和假日里，生活用品需求量大，时间充裕，使农副产品上市量相应增多，人们赶集次数明显增加。

（三）量大的瞬时集散

村镇各类商店常集中设置而形成集市，村民常有定期赶集的习俗。每逢集日，大量人流、货流主要来自镇外，黎明前开始上集，中午达到高潮，日落前散尽。目前经济发展较快地区的一般集镇，赶集人数约在2000人以上，中心集镇可达万人以上，而当传统节假日或物资交流会时，其规模常超过平时集市的4~5倍。集散的流量很大，时间短促，流向集中。这就给商店面积的确定、交通流线组织、商店选址带来很大影响。

（四）村镇商店的供销合作性质

村镇商店不同于城市商店，它主要是综合供销。通常由县商业局供给和调拨货物，向农民销售商品，再从农村收购农副产品，所以它是供销、收购的综合体。

二、村镇商店的类型

（一）综合商店

以销售副食品、百货为主，其规模、销售量都在村镇商店中占有主导地位。综合商店与多种服务行业结合，常常形成中心市场。

（二）专业商店

以销售土特产、粮油、农用物质、柴草、牲畜为主。这些商品通常由于不宜和其它商品混和销售或搬运不便，影响镇容环境等原因而单独经销，有的要求设在镇边形成专业市场。

（三）个体经销商店

以经销副食品、小百货为主。因其规模较小，其经销方式和内容均较为灵活，是农村供销网点的重要补充。

（四）摊棚式商店

为定期或不定期的农村集市设置的简单或永久棚式建筑。个别经济条件好的墟镇在楼房底层设敞开式空廊、二层为店铺式商店。

三、村镇商店的规模确定

村镇商店的规模一般应根据服务范围、人口数量、农民购买力、经济发展程度情况综合考虑。

农村商品交易规模周期变化幅度较大，每逢大集人流和商品交易量都比平时集市多上数倍，但一年之中大集次数不多，为使集镇建设紧凑发展，节约用地，村镇商店的规模多以平时集中规模为依据，确定商店面积。大集时考虑临时措施解决。

具体的确定，各地应依据调查，充分考虑当地商品交易品种、购销习惯、赶集方式、柜台设施、运输工具等的具体情况，不能简单地套用城市商店的面积指标。

四、村镇商店的选址与布置

1.村镇商店的选址应根据村镇总体规划的要求，结合村镇集市贸易场所来建立，也可开辟专用的步行街。

2.根据商品的性质、货源的来向，人流的集散，选在交通便利的地段，使货品来去便捷。切忌占用公路和集镇主干道，以防堵塞交通。

3.村镇商店应与村镇公共中心联系方便。考虑进镇赶集群众买卖的同时，综合使用集镇商业、服务业和文化娱乐设施的要求。

4.农村商店的供销、收购合作性质，要求基地应有一定面积的仓库、货场和停车场，以便停车装卸、临时存货和翻晒存放过久的货物。

5.村镇商店的设置应有利于集镇环境卫生和防火安全。易污染环境的生产资料、煤炭、化肥、农药、牲畜门市部和易燃烧的柴草、竹木制品的商店，宜设在集镇的边缘，下风位处，且有适当的隔离及绿化保护。

6.节约用地，力求不占耕地。村镇商店应优先选用荒地和不宜耕作的地段。采取"一次规划，分期征用"的办法，并要注意规划应具有一定弹性，以适应发展的多种可能性。

五、村镇商店的组成及要求

村镇商店有多种类型，其中综合商店规模较大，使用人数较多，设计比较复杂。以下通过对综合商店的设计原则和方法的分析来说明村镇商店的设计要点。

村镇综合商店根据功能要求和使用特点，可以分为营业厅、仓库、办公及辅助用房三部分。根据使用对象不同可分为顾客用部分和店用部分。综合商店的面积大致可划分如下：

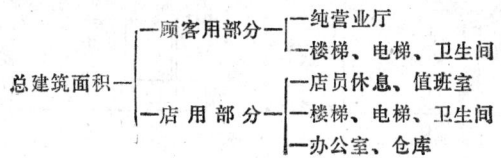

各部分设计要求如下：

（一）营业厅

营业厅是商业建筑的核心，营业厅设计的好坏是商业建筑设计成败的关键。

1.村镇商店营业厅的特点

首先是人多。尤其是集日和节假日，营业厅客流量为平时的数倍。这么多的人，在设计时就要考虑人流的组织、疏导、安全防火、空气污染、柜台的设置与防护，墙、地面的防污、耐磨与易清洗等等。

其次是农村商品的特点较城市不同，农村的商品品种较单一，但批量较大，相对要求后备库大，货品储存量也要多。柜台上要有足够的商品供日营业需要，否则，营业时从库房提货送到柜台十分困难。

再次是农村经济的发展较城市落后，村镇对商店的投资往往不多，因此对于营业厅装饰材料的选择，照明设计等都应符合当地的实际情况，避免盲目地追求高标准。

2.营业厅的功能分区与各部分尺寸

营业厅主要由二部分空间组成：售货部分：包括柜台、商品陈列场地、营业员活动场地；顾客活动部分：根据货柜的布置、构成了营业厅内的顾客流向，它与出入口位置、楼梯等上下交通设施的位置密切相关。

（1）售货部分　应考虑到货架、柜台的尺寸及营业员的活动范围、商品的种类等因素。不同的商品，它对货架和柜台的尺寸也有不同的要求。

各种商品的货柜长度范围可参考表16-1。

货架和柜台的布置形式可参考图16-1。

商 品 货 柜 长 度 范 围　　　　　　　　　　表 16-1

营 业 分 类	经 营 项 目	货位长度范围(m)	营 业 分 类	经 营 项 目	货位长度范围(m)
百 货 部	日用百货	10～20	副食部	水　产	4～6
	花纱布匹	8～12		酱菜调料	4～8
	针织服装	4～8	生产资料部	农　具	6～10
	鞋　帽	4～6		马　具	4～8
	文体用品	2～4		油漆颜料	4～6
	五金电料	2～4		家具杂品	8～12
副 食 部	糖果糕点	4～6	收购部	农副产品	
	烟酒罐头	2～4		土特产品	
	肉食禽蛋	3～4		废　品	
	水果蔬菜	4～10			

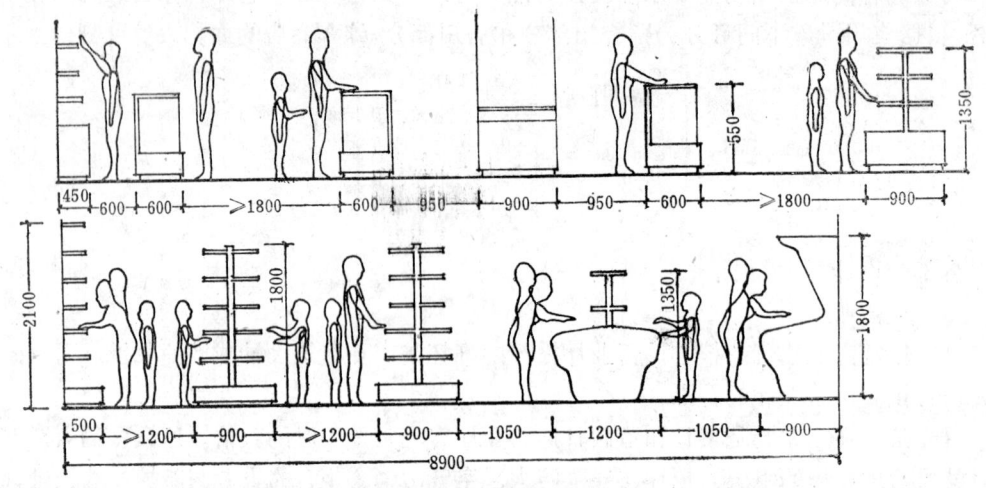

图 16-1　货架和柜台布置

货架、柜台可单面或双面沿墙布置，也可布置在营业室中间或混合布置。一般要求货架到柜台外沿的尺寸不小于2m。

货架和柜台的布置还应结合不同商品的位置来考虑。对于销售量大而选择性小的商品如日用百货，应布置在显著位置上；大而笨重的商品宜布置在端头；怕阳光直射的布匹、化学药品等可布置在山墙一侧。类别相近的商品如服装、针织、鞋帽柜台应紧连在一起。

（2）顾客活动部分　主要应组织好顾客的流线和保证流线的宽度能满足要求。

营业厅内的顾客通道宽度是根据商品的种类、人流的数量来确定的。若通道太小，易产生交通堵塞。若通道太大，则相对减少了货柜的面积，而且容易使人流失去方向性而造成交通混乱。

通道的宽度可依下列方法来确定：货架前站立顾客所需宽度为450mm，通行每一股顾客人流所需宽度为600mm，则通道宽度W由人流股数N来确定，即：

$$W = 2 \times 450 + 600N$$

根据人流的计算和经验，常用表16-2数据：

普通营业厅内通道最小净宽度　　　　　　　　　　表 16-2

通　　道　　位　　置	最 小 净 宽 度 (m)
1.通道在柜台与墙面或陈列窗之间	2.20
2.通道在两个平行柜台之间，如：	
A.每个柜台长度小于7.50m	2.20
B.一个柜台长度小于7.50m，另一个柜台长度7.50～15m	3.00
C.每个柜台长度为7.50～15m	3.70
D.每个柜台长度大于15m	4.00
E.通道一端设有楼梯时	上下两个梯段宽度之和再加1m
3.柜台边与开敞楼梯最近踏步间距离	4m，并不小于楼梯间净宽度

注：①通道内如有陈设物时，通道最小净宽度应增加该物宽度。
　　②无柜台售区、小型营业厅可根据实际情况按本表数字酌减不大于20%。
　　③菜市场，摊贩市场营业厅宜按本表数字增加20%。

人流通道应尽可能避免中间梗阻，尽量做到经纬贯通，使人流通畅。出入口、楼梯的位置与营业厅通道要有便捷的联系。图16-2所示为出入口、流线和楼梯的布置形式。

（3）营业厅层高的确定　不少人喜欢室内空间越高越好，特别是许多公共场合的室内空间往往形成高、大、空的情况，从而造成大量财力、人力的浪费。适当降低层高，通过色调处理以及适宜的灯饰提高室内照度、增加空间层次等方面采取一些措施，营业厅内并不会感到压抑，从而节约了投资。

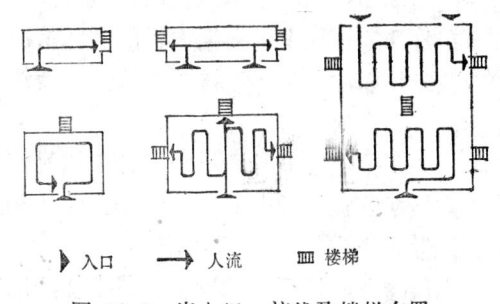

▶入口　　→人流　　Ⅲ楼梯

图 16-2　出入口、流线及楼梯布置

商店层高的确定，与营业厅的面积大小、内部的灯具布置、吊顶以及空调、通风等有关。通常一层营业厅的层高可稍高一些，其它各层可采用统一的层高。营业厅净高可参考表16-3。

营业厅的净高　　　　　　　　　　　　　　　表 16-3

通 风 方 式	自 然 通 风			机械排风和自然通风相结合	系 统 通 风 空 调
	单面开窗	前面敞开	前后开窗		
最大进深与净高比	2:1	2.5:1	4:1	5:1	不 限
最小净高(m)	3.20	3.20	3.50	3.50	3.00

注：①设有全年不断空调、人工采光的小型厅或局部空间的净高可酌减，但不应小于2.40m。
②营业厅净高应按楼地面至吊顶或楼板底面之间的垂直高度计算。

（4）橱窗设计　顾客对商店的第一个印象就是橱窗，它沟通室内外空间，直接反映出商店的特征。橱窗深度为700～1000mm，高度为2200～2400mm，剖面形式如图16-3。

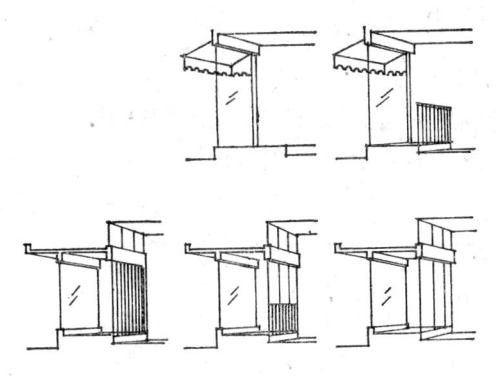

图 16-3　橱窗剖面形式

陈列橱窗外侧用5～6mm厚的玻璃封闭。玻璃外侧应设有木护板或铁栏栅。朝向店内壁有的是玻璃，有的是木板刷油漆。橱窗上部一般设有通风窗或百页窗以改善商店通风。进出橱窗的小门，尺寸为700×1800mm，小门设在橱窗侧面较好。橱窗朝向以南、东为宜，避免西晒，或适当考虑遮阳措施。

（5）照明设计　在构成商业建筑的诸因素中，照明占着非常重要的地位。从商店外部到内部，如能把有形的灯具和无形的光有机配合好，就可使商品乃至整个商店更加光彩夺目富有魅力。

传统的村镇商店营业厅大都主要依靠自然采光，这样往往达不到照度要求，昏暗的光线不仅严重影响商品的展示，日久天长，影响售货员的视力与工作效力。因此，大大提高村镇商店的照度和避免眩光是村镇商店照明设计的主要内容之一。

这里需要指出，根据我国农村目前的电力供应情况，综合商店要提高照度有时会遇到电力供应不足的困难。在这个问题上，应采取近远期结合的设计办法。灯具一次设计，一次布置达到标准照度要求。灯具控制实行分组控制，近期电力供应不足时使用部分照明，远期则用全部照明，以免二次改造困难。

在灯具的选择上，根据农村的实际情况，以日光灯照明灯具较好。它的优点是照度均匀，眩光较弱，若再用菱镜面做表面则装饰效果更好，还可避免眩光。缺点是会损失部分光能。

（6）其它部分 楼梯的设计要满足使用要求和防火安全的需要。楼梯的位置和尺寸大小应根据营业厅的平面形状、楼梯的使用人数来计算。楼梯的间距应符合防火规范的要求。疏散楼梯应用防火墙封闭。

多层综合商场可考虑设置供货电梯，以减轻货运的劳动强度。

营业厅内一般不设厕所，可考虑在商店外适当的位置设置厕所。

（二）仓库

仓库所需面积与营业厅有关，一般仓库不应小于营业厅面积的50%。仓库面积指标可参考表16-4。

仓库面积参考表　　　　　　表 16-4

货　物　名　称	按每个售货位置计算（m²）
首　饰	3.0
衬衣、纺织品、帽类、毛皮、装饰用品、文具类、照相光学器材、无线电	6.0
布匹、电气用品、书籍	7.0
鞋类、旅行用具、手工美术品、运动及猎具、乐器	8.0
油漆颜料	10.0
服装、玩具	11.0
五金、玻璃、陶瓷用品	13.0

注：当某类货品仅有一个售货位置时，存货面积应较表内标准增加50%。

一般百货库300~500m²，食品库100m²，生产资料库100m²，采购商品库100~200m²，仓库的内货架可单面或双面布置。走道宽度应能满足搬运货物的要求，如图16-4所示。仓库前后应有一定的堆货场地，仓库应布置在靠近道路的单独出入口。库房必须与营业厅密切联系，以便随时补充商品。

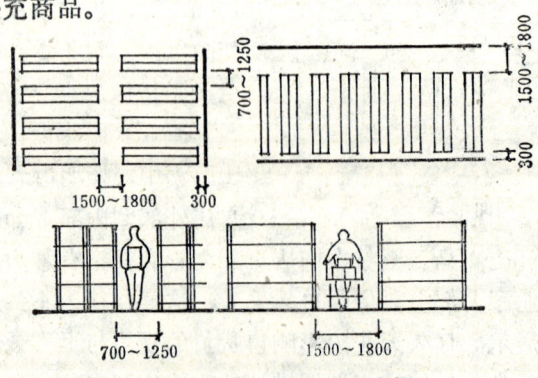

图 16-4 仓库货架布置

（三）办公及辅助部分

直接为商店服务的办公室一般有三、四间即可。办公室可和营业厅组合在一幢建筑物内，也可单独建。值班室最好在营业厅内。

六、村镇商店平面组合

村镇商店的营业厅和仓库部分可组合在一起，采取毗连建造的方式。这样能节约建筑用地和材料，取货方便，但通风采光不好。如建设地点较宽敞，可将仓库和营业室分开，但交通路线较长，联系相对不便，如图16-5。

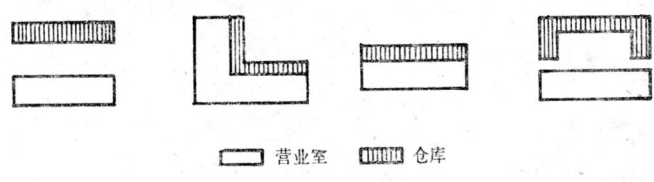

□ 营业室　▥ 仓库

图 16-5　村镇商店平面组合

农村商店多用平房或低层楼房，建楼房时通常是楼上楼下全用作门市部，办公和职工宿舍另建。当用地较紧时，也可以底层为商店，楼上做办公室或宿舍，形式如图16-6所示。此种形式虽可节约用地，但在结构上形成梁抬墙，不甚合理。

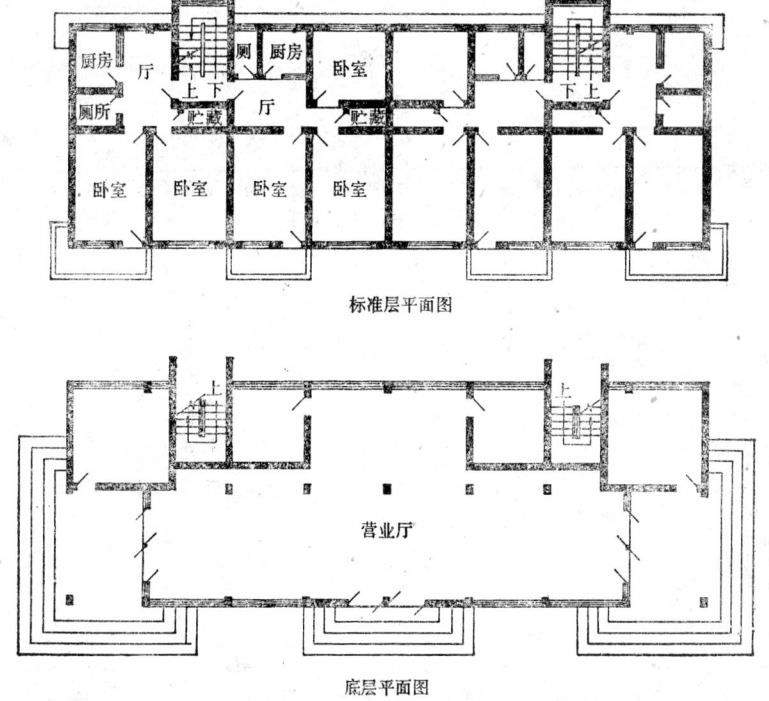

图 16-6　底层商店、楼层宿舍办公室的布置形式

如果底层为商店，楼层作办公室、宿舍的楼房，设计要点是要将顾客人流与职工人流严格区分开，一般是顾客人流从邻街面出入，而职工从楼后或两侧的楼梯间出入。这种底层的商店只能作百货、文具、书刊等门市部，不宜作饮食、煤炭、化肥、农药等易污染环境之类的门市部。

七、村镇商店设计实例，如图16-7。

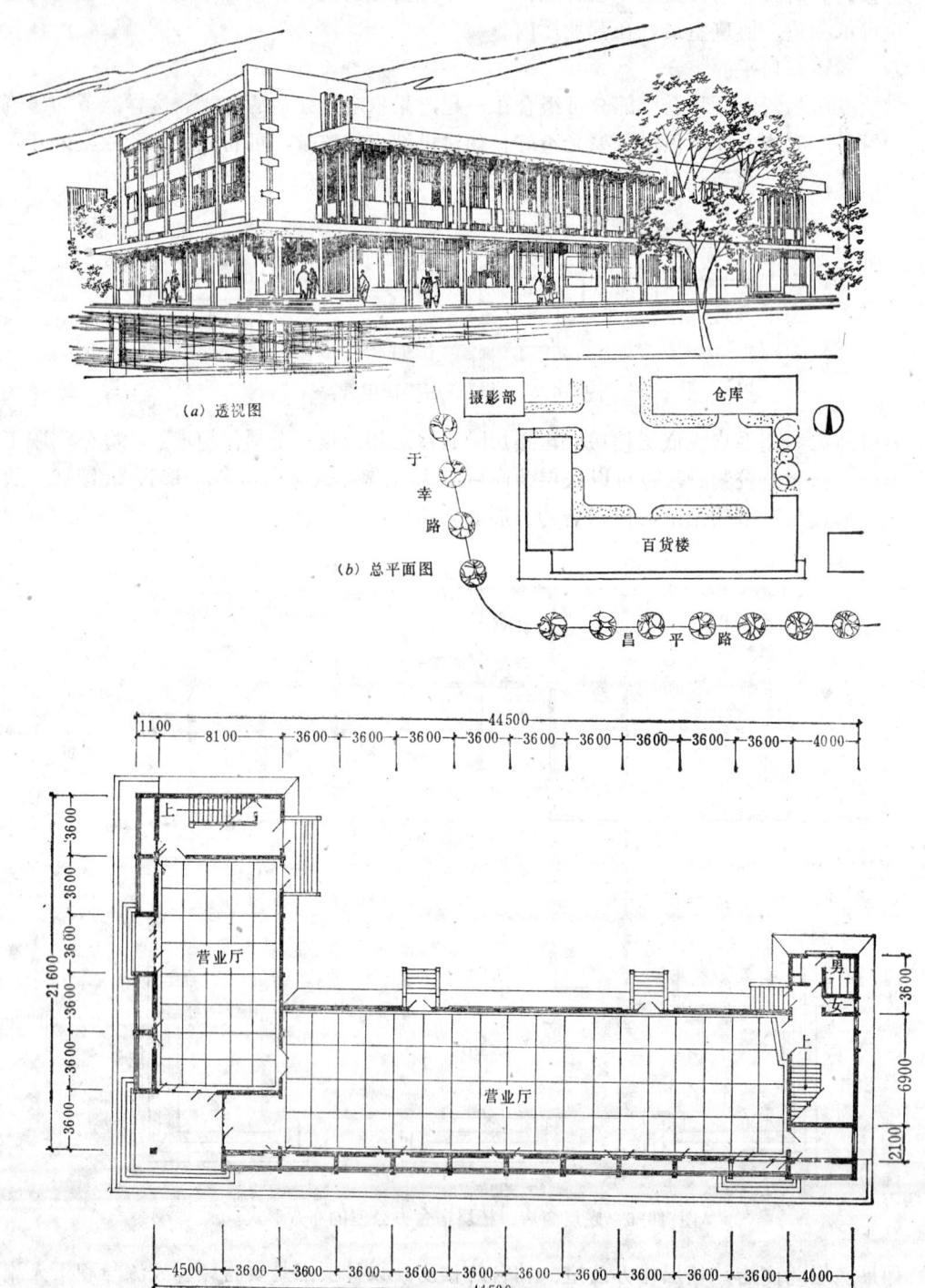

(a) 透视图

摄影部

仓库

于幸路

百货楼

(b) 总平面图

昌平路

营业厅

营业厅

上

男女

上

(c) 底层平面图

图 16-7 某镇供销社百货楼（一）

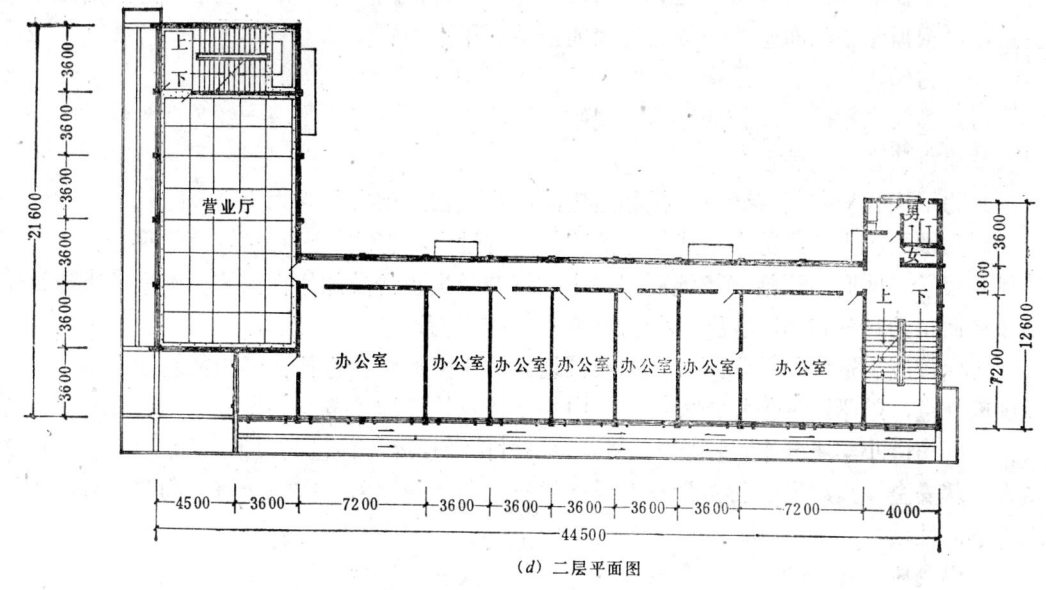

（d）二层平面图

图 16-7 某镇供销社百货楼（二）

本实例位于某镇西部，该镇总面积为64km²，供销社百货楼建在镇内的昌明路与于幸路的交叉口处。这里交通方便，是某镇西部较繁华的贸易中心。

供销社平面结合街道交叉口的地形，采用了L形平面。由于建筑用地较为宽敞，且商店多位于底层，故将仓库与营业楼分开单独设立。总平面内留有一定空地可供停车、堆货用。

供销社百货楼由营业厅、办公室及辅助用房组成，各部分平面布局分区明确、合理，较好地组织了顾客、营业员、办公室人员的流线，使其互不交叉、干扰。

该设计主要房间采光、通风良好，立面处理简洁、大方。

第二节　村镇中、小学设计

一、村镇学校的分类及规模

村镇学校一般在县、集镇设立中学，主要服务对象为居住在县城和集镇内以及附近乡村的学生；在乡、村一级一般设立小学，为全乡和附近乡村的学生服务。

我国现行学制，小学为六年，在正常情况下学校的规模为 6 的倍数，即12班、18班、24班等。初中、高中学制分别为三年，初中学生毕业后有一部分学生升入高中，还将有一部分学生到各种类型的中等技术学校学习。因此，初中班和高中班的班数可以相等也可以不相等，如每个年级为四个班，全校共24个班；或初中每年级为六个班，高中每年级四个班，共30班。另一种形式则是全部为初中或高中，学校的规模一般仍为 6 的倍数，即18班、24班等。

中小学校的班级人数，根据国家教委规定，小学每班近期为45人，远期每班为40人；中学每班近期为50人，远期为45人。

297

村镇学校的规模应根据本区居住人口数量及人口预测数字，确定近期及远期的就学学生数，再根据学校的布置及规划给学校的用地面积来确定。

二、村镇学校的校址选择

村镇学校在明确了学校的性质、规模之后，应综合分析选择一个较为理想的校址，为学校建设创造良好的物质条件。

1.用地面积应与新建学校规模相适应，中小学校必须有与学校规模相适应的用地面积。若用地面积太小，势必造成校园的建筑密度过大，影响校园及建筑物的采光、日照、通风和疏散。同时由于活动场地面积窄小，影响学生正常参加体育锻炼。国家教委建议中学用地面积为13～16m²/座位，小学为10～11m²/座位。

2.学校应有适宜的就学距离。学校校址应位于交通较为方便、学生能就近上学、位置适中的地点，就学路线便捷、安全。《中小学校建筑设计规范》规定，中学服务半径不宜大于1000m；小学服务半径不宜大于500m。村镇学校因居住较为分散，其服务半径可稍增大。从安全角度出发，村镇学校就学路线应避免横跨铁路、交通干道、沟壑、陡坡等易发生事故地段。

3.学校应有良好的环境。学校地段要求环境安静、卫生、地势干燥，宜于建筑和运动场地的布置，并位于工厂、畜牧场的上风方向，相隔距离不小于300m。

4.尽量少用耕地。村镇学校应不占或少占农田和耕地，尽量利用荒山坡地以及不宜于耕种的贫瘠土地。

三、村镇学校的总平面设计

村镇学校的总平面设计，必须根据村镇总体规划、学校规模、使用功能的内在因素和本地区的自然条件、学校用地的周围环境、地形地貌的现状等客观条件来进行。

（一）学校总平面各组成部分功能关系

学校建筑按照功能要求，可分为教学用房、办公用房及生活辅助用房、室外场地四部分。教学部分为教室、实验室等组成的教学区；办公部分可分为教师办公及行政办公；生活辅助部分由宿舍、食堂等组成；室外活动部分可分为体育场地和科学实验园地。

教学区要求安静，有良好的朝向、日照和通风的环境。此区的音乐教室要求与其他教室有所隔离，以免影响其他教室上课，也不希望校内外的噪声对它有干扰。行政办公与校外联系较多，应设置在靠近出入口的部位，同时还要和教师办公及教室区靠近。生活区的教工宿舍、学生宿舍应有较为安静的环境，教工宿舍可和教师办公室靠近布置。厨房、锅炉房等因其散发的噪声、烟尘、气味等影响其它区，故需与教学用房有所隔离，通常设置在总平面的下风向，并应在其附近设置次要出入口。体育场地和实验园地与教学区应有方便的联系。

图16-8为学校总平面布置的功能关系图，每个圈构成了各自独立的功能区，互相没有搭接的两个圈，代表了两部分有一定干

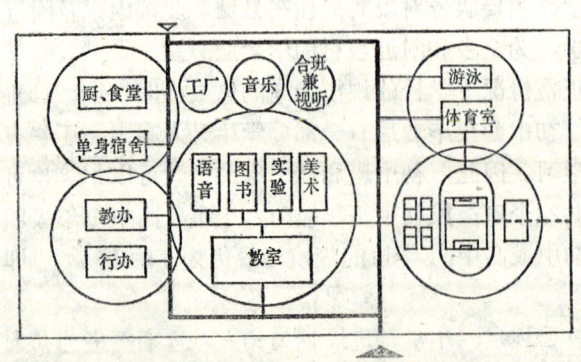

图 16-8 学校总平面布置的功能关系

扰，在布置时应该有所隔离。相互关系比较密切的两个区，在功能上有可能布置在一起，在图中表示为两个圈相互搭接。

（二）学校总平面布置方式

学校的总平面布置方式，主要取决于地形条件、自然环境和基建投资的情况，考虑到各部分功能关系，学校出入口位置、教学用房及体育活动场地的相对位置关系的不同，可以有以下各种不同的布置形式，如图16-9所示。

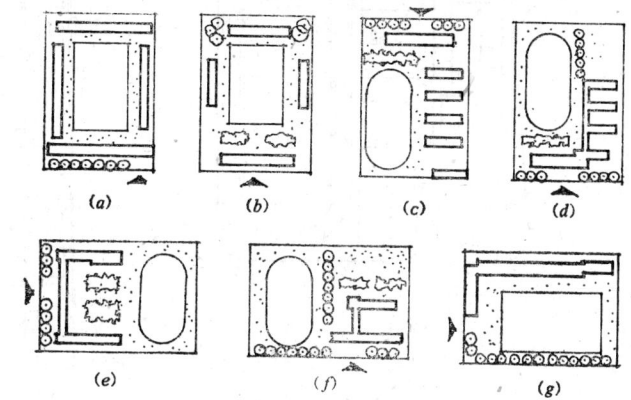

图 16-9 学校总平面布置形式

1.教学用房围绕体育场地布置。如图16-9（a）、（b）。这种围合式布置是将学校教学及生活用房，围绕体育活动场地四周或三面布置。由于周围的建筑物面向中间的活动场地布置，这样将有1/2～1/3的房间朝向不好，建筑日照及通风均较差。由于中间庭院为体育活动场地，上体育课班级所发出的声音会影响周围房间的安宁。

2.教学楼与体育场地前后布置。如图16-9（c）、（d）。这种布置方式一般适于南北向较长、东西向较短的地形，将教学楼设于学校用地的一端。一般将教学楼设于北端，将体育场地设于南端，这样体育场基本都处于阳光照射的范围内。

3.教学楼与体育场地并列布置。如图16-9（e）、（f）。这种布置形式适于东西向较长，南北稍短的地段，由于二者并列布置，二者均可获得良好的朝向，且体育场对教学楼的干扰较小。这种布局形式，出入口设置的位置有较多选择的可能性，总平面布置的灵活性也较大。因此是学校总平面布置较为有利的地形。

4.教学楼与体育场地各据一角的布置。如图16-9（d）、（g）。由于地形及功能分区的需要，可将体育场地与教学用房分别设置，且各据一角。这样布置，一般可使二者干扰最小，分区明确，出入口的设置及建筑物的体部组合，均较为灵活，适应性稍强。

（三）学校总平面布置实例（如图16-10）

本实例的（a）图，总平面用地为南北向长于东西向，为确保体育场地长轴南北向布置，将剩余较窄区域内的教学楼，采用了小庭院及梳式相结合的平面组合形式，从而保证了各教室的良好朝向、采光及通风条件。教学楼之间自然形成了休息、活动的良好场所。

本实例的（b）图，总平面为拐尺状地形，利用地形在北部设200m跑道的田径场及若干球场。教学楼采用集中式布置，教学楼周围布置有庭院、休息场地等。总平面布置功能分区合理，教学用房有良好的朝向，采光条件，教学环境较为适宜。

四、村镇学校教学用房设计

（一）教学用房的组成

中小学教学用房一般由三个部分组成。

教学部分：包括普通教室、专用教室（实验室及音乐教室、语言教室）、公共教室（合班教室、视听教室等）、图书阅览室、科技活动室及体育活动室。

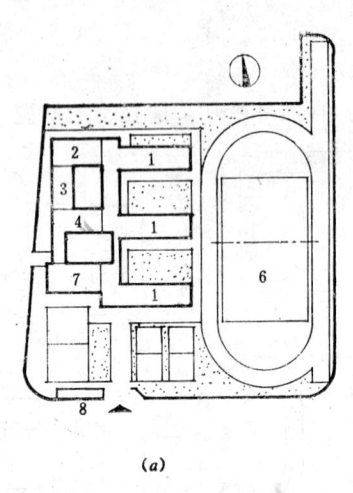
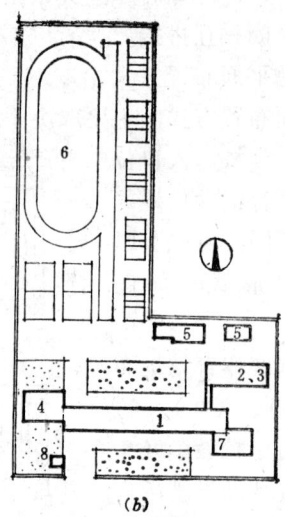

(a)

(b)

图 16-10 学校总平面布置实例

办公部分：包括行政办公室和教师办公室。

辅助部分：包括交通联系、厕所、取水点及储藏室等。

（二）各部分用房面积指标

村镇学校各部分用房的面积应根据学校规模、学生人数来决定。《中小学校建筑设计规范》建议学校主要房间使用面积可参考表16-5。

主要房间使用面积指标　　　　　　表 16-5

房 间 名 称	按使用人数计算每人所占面积（m²）			
	小　　学	普通中学	中等师范	幼儿师范
普通教室	1.10	1.12	1.37	1.37
实 验 室	—	1.80	2.00	2.00
自然教室	1.57	—	—	—
史地教室	—	1.80	2.00	2.00
美术教室	1.57	1.80	2.84	2.84
书法教室	1.57	1.50	1.94	1.94
音乐教室	1.57	1.50	1.94	1.94
舞蹈教室	—	—	—	6.00
语言教室	—	—	2.00	2.00
微型电子计算机教室	1.57	1.80	2.00	2.00
微型电子计算机教室附属用房	0.75	0.87	0.95	0.95
演示教室	—	1.22	1.37	1.37
合班教室	1.00	1.00	1.00	1.00

注：①本表按小学每班45人，中学每班50人，中师、幼师每班40人计算。

②本表不包括实验室、自然教室、史地教室、美术教室、音乐教室、舞蹈教室的附属用房面积指标。

③本表普通教室的面积指标，系按中小学校课桌规定的最小值，小学课桌长度按1000mm，中学课桌长度按1100mm测算的。

（三）普通教室的设计

普通教室是学校教学部分的主要用房。要求大小合适，视听良好，采光均匀，空气流通，结构简单，施工方便。

1.教室尺寸的确定

教室的尺寸取决于教室容纳的人数，课桌椅的尺寸，排列方式，以及采光、通风、结构、设备及施工等因素。

（1）教室容纳的人数，按国家教委规定：中学每班学生近期为50人，远期为45人，每人使用面积为1.08m²；小学每班近期为45人，远期为40人，每人使用面积为1.04m²。

（2）课桌椅的尺寸　应根据中小学生的身高及人体各部分的相应尺寸来制定。表16-6为适应不同身高学生的课桌椅参考表。

课桌椅尺寸表 单位：mm 表 16-6

适用学生身高		1650以上	1500～1650	1350～1500	1200～1350	不足1200	备 注
课桌	桌高 A	760	700	640	580	520	
	桌下空区高 B	600	550	500	450	400	
	桌面前后宽 C		420～450		400～420		
	桌面左右长 D 单人		550～600		500～550		
	桌面左右长 D 双人		1100～1200		1000～1100		
课椅	椅高 a	430	395	360	325	290	
	椅面深度 b	380	360	340	320	290	
	椅面宽度 c	360	340	320	290	270	

（3）课桌椅的布置　必须满足学生视听及书写要求，并要便于通行及就座，如图16-11。

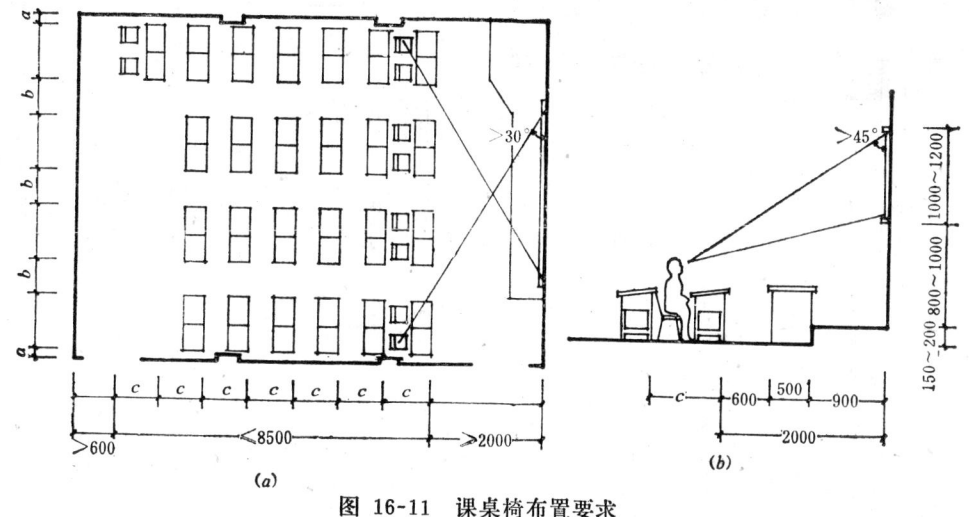

图 16-11　课桌椅布置要求

视距要求：第一排前沿距黑板面应大等于2000mm，以便布置讲台、讲桌及横向通路，还可避免第一排学生吸入过多粉笔尘。最后一排距黑板距离，小学生不宜大于8000mm，中学生不宜大于8500mm，以保证学生在正常视力、正常照度情况下能看清黑板上的粉笔字；到后墙面距离应大于600mm。

视角要求：教室课桌椅应布置在良好的视觉范围内，以保证学生良好的视觉条件。水平视角（即前排边座到黑板远端的夹角）应大于30°；垂直视角（即第一排学生的视线与黑板顶部构成的夹角）应大于45°。

座位的排列，每行不宜多于两个座位，行间距 b，中小学均不应小于550mm，以便于教师进行辅导和两个学生能侧身通过。排距（前后排间的距离）c，中学不宜小于900mm，小学不宜小于850mm；课桌椅距侧墙的距离 a，为60～120mm。

（4）教室的平面形状与尺寸 普通教室多数采用矩形平面，少数采用方形及多边边。

矩形教室：根据桌椅不同排列方式，平面轴线尺寸，中学可采用：9000mm×6900mm、9000mm×6600mm、9000mm×6300mm。小学可采用：8100mm×6600mm、8100mm×6300mm、9000mm×6000mm几种，如图6-12。矩形教室在满足使用要求与结构的经济合理性方面都有较大的优越性，采用较多。

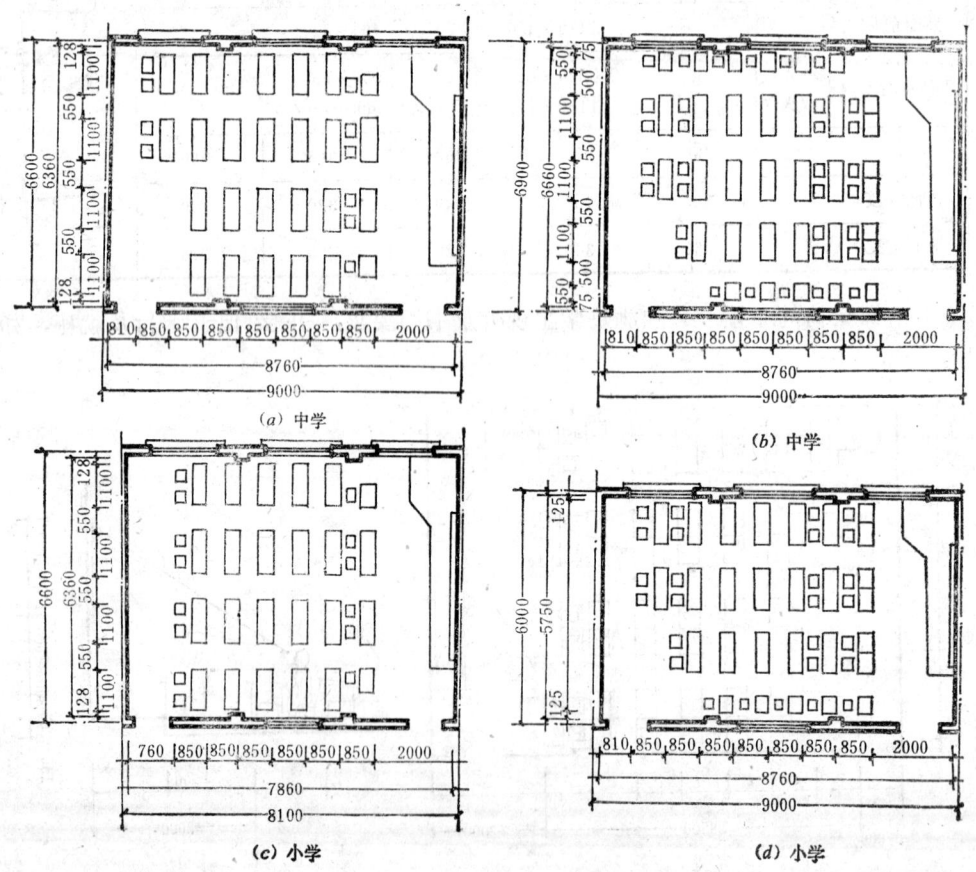

图 16-12 矩形教室平面布置

方形教室：教室的进深与开间基本相同，平面轴线尺寸可采用7200mm×7200mm、7500mm×7500mm、7800mm×7800mm及7500mm×7800mm等，由于教室短，教师讲课较为省力；由于最远视距较近，学生的视听条件较好。但方形教室也存在一定缺点，由于每排布置座位数较多，为保证视觉良好，前排两边需拆除的座位亦多；教室的有效面积利用系数比矩形教室低，并且单侧采光时，远窗座位桌面照度差（如图16-13），因此不宜用于内廊式组合。

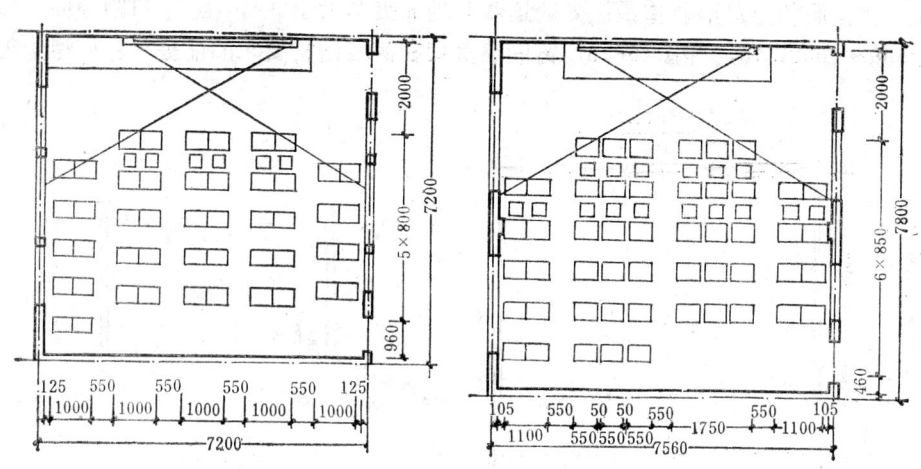

图 16-13 方形教室平面布置

多边形教室：有五边形、六边形等。国内采用较少，这种形式在采光、通风和座位排列上有其优越性，但在容纳同样人数的情况下，面积较上述形式要大，且结构与施工均较复杂。如图16-14。

（5）教室的层高 取决于气容量、采光均匀度、房间的比例及经济等因素。通常净高取3.1～3.6m。

2.教室的门窗设计

（1）教室门的设计 门的主要作用是交通联系，兼作采光、通风用。教室门的设置数量及宽度应考虑学校的使用特点，满足出入便捷，疏散迅速以及便于搬运室内家具设备的要求。

根据我国学校建设实践，大多数均在教室前后各设一门，门的宽度约为1000mm。如果设置两个门有困难时，可设一个较宽的门，其宽度至少能通行2～3股人流，即1200～1500mm。门洞高一般为

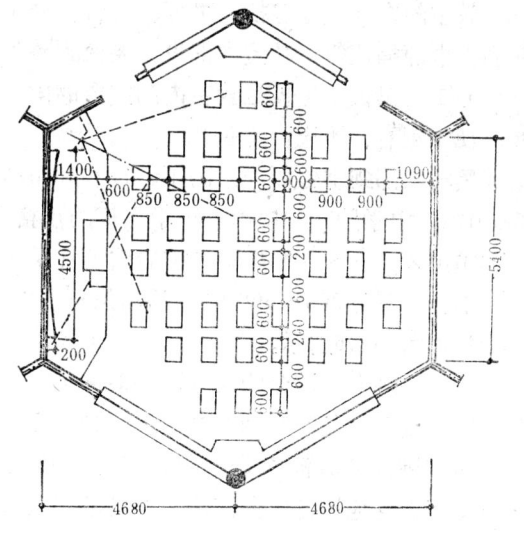

图 16-14 多边形教室平面布置

2400～2700mm。门的上部可设置亮窗，以利于室内通风及适量地增加黑板面的垂直照度。门一般向内开，以免影响走道中行人的通行。当室内容纳人数接近80人时，为满足防火要求，门必须外开并设两个出入口。

（2）教室窗的设计 教室窗的数量和尺寸大小，主要受采光标准与结构的制约，窗的高宽还应符合模数，外墙开窗还应考虑立面的美观要求。具体要求如下：

窗的大小按窗地比（洞口总面积与房间地板面积之比）1/4确定。一般采用窗宽为1500～2100m，窗高为2100～2700mm。

光线必须由学生左上方射入教室内，各座位的亮度要均匀，因此窗的上口要尽可能接近顶棚，使窗洞的上口至教室最深处的连线与地面夹角大于26°，窗下口距地面（即窗台高）为900～1000mm，如图16-15，窗间墙宽度在满足结构要求的前提下，应尽量缩小。

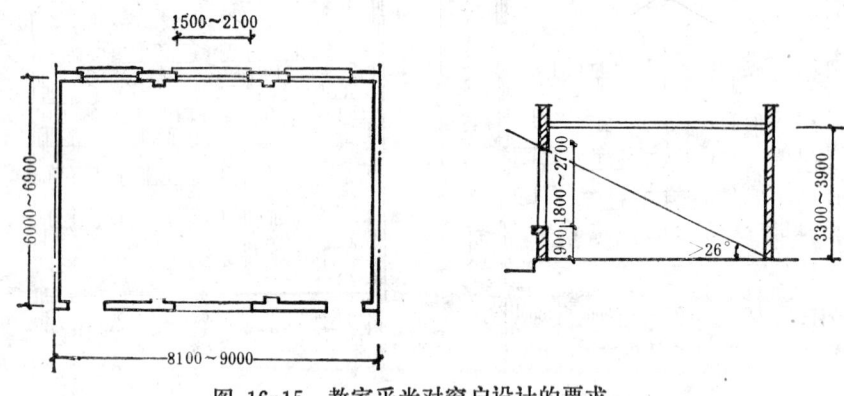

图 16-15　教室采光对窗户设计的要求

走廊上窗的开启方式，如向外开启，应注意不影响走廊行人的正常通行。为解决擦窗问题，可采用长脚铰链及抽心铰链等。如向内开启，不应影响室内学生听课。

3.教室的内部设施

教室的内部设施包括：黑板、讲台、展示栏、清洁用具柜、挂衣钩、窗帘盒、广播箱凹洞、电源插座等，教室内部设施要做到整齐美观、容易清洁。

（1）黑板　黑板是教室内的主要的固定家具，在教室前后墙居中设置、要求易于书写、便于观看、不应产生眩光。

黑板顶部到讲台面的距离不超过2000mm，黑板下沿到讲台面距离，小学为800～900mm，中学为1000mm。小学黑板的规格一般为1000mm×3000mm，中学黑板约为1000mm×3500～4000mm。前墙黑板宜采用磨砂玻璃面，为避开黑板的眩光，可将黑板向内墙方向移动300～500mm。后墙黑板一般作墙报及布告用，可用水泥黑板，尺寸同前。黑板构造如图16-16所示。

（2）讲台　讲台的尺寸，一般高为200mm，宽700～900mm，长度等于黑板的长度加上两端各延长200～250mm，同时应避免影响教室前门的开启，构造做法有木制讲台，砖砌讲台和钢筋混凝土讲台，讲台构造如图16-17所示。

（3）其他设备　如清洁柜，可放在黑板旁或后墙角，广播箱也宜嵌入墙内。以上设备均宜结合结构处理为壁龛式，以利室内美观。

4.教室为室内色彩

教室的室内色彩应有利于改善学习环境，提高学习效率，从光学、生理和心理学考虑，宜用反射率高（ρ=40％～80％），能给人以舒适、幽逸、宁静、安定感的色彩，如图16-18所示。

（四）专用教室的设计

1.实验室

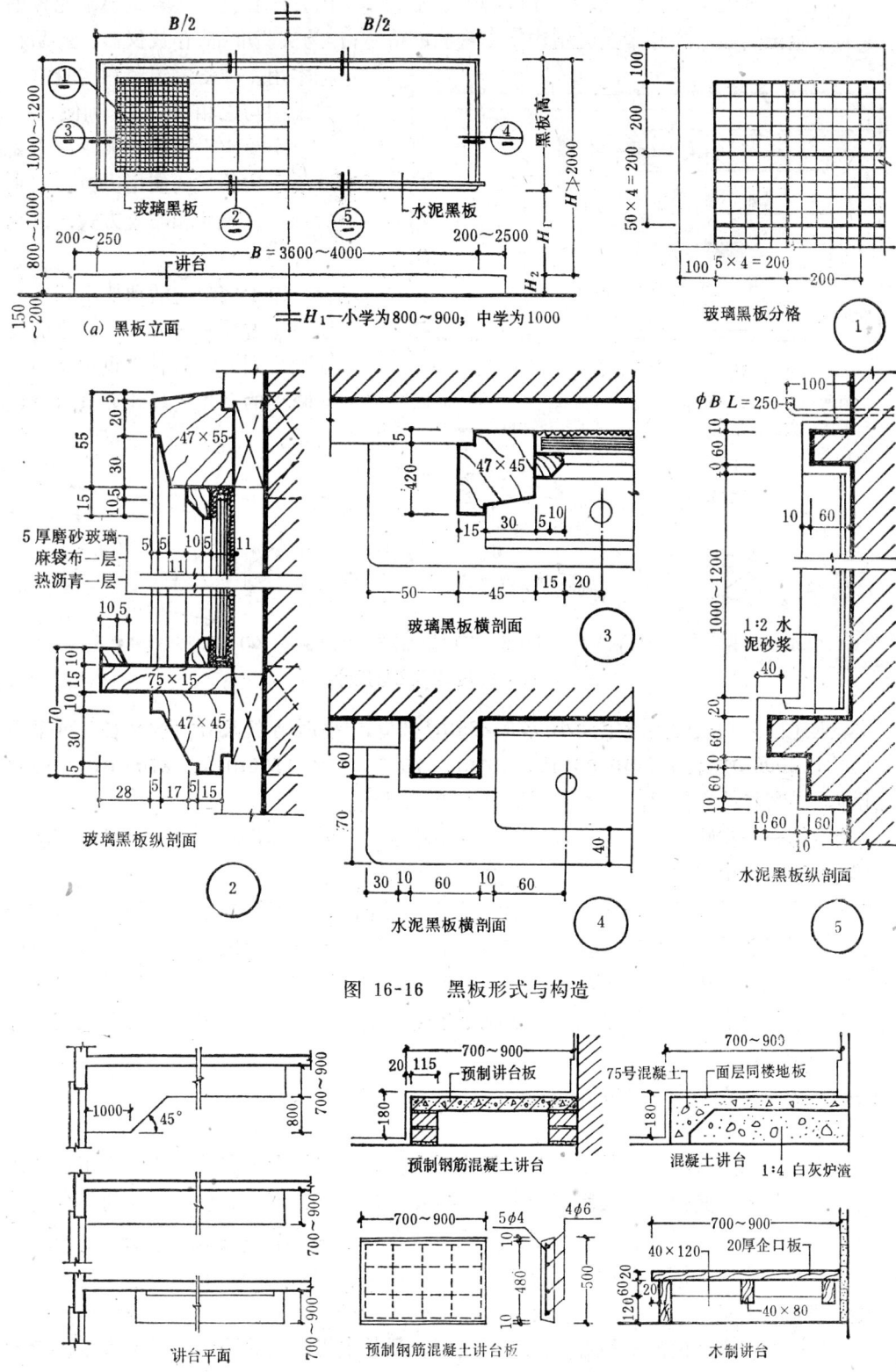

图 16-16　黑板形式与构造

图 16-17　讲台形式与构造

主要用于中学的化学、物理、生理课的实验室和小学的自然教室。实验室要求能容纳一个班的学生上实验课。每个实验室均须设一间准备室，作为实验准备，存放仪器、药品和标本用。准备室要紧靠实验室，并设门与之相通，以利使用。

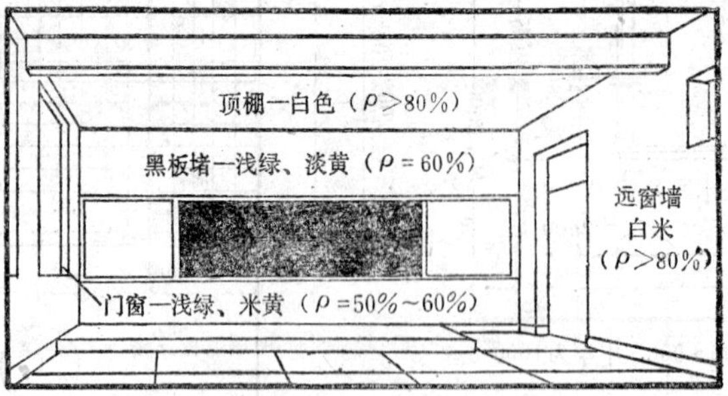

实验室平面尺寸大小，主要取决于实验室的使用人数、家具的形状、尺寸和布置方式，以及设备的要求。

由于实验的活动要求和实验设备所占面积较大，实验桌的尺寸和排列方式与教室也不相同。实验桌的形式及尺寸如图16-19所示。

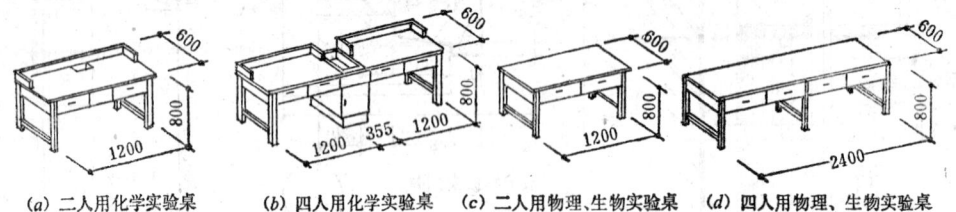

顶棚—白色（$\rho > 80\%$）

黑板墙—浅绿、淡黄（$\rho = 60\%$）

远窗墙 白米 （$\rho > 80\%$）

门窗—浅绿、米黄（$\rho = 50\% \sim 60\%$）

图 16-18 教室内表面色彩要求

远窗墙—白色（$\rho > 80\%$）　地面—水泥本色（$\rho = 25 \sim 30\%$）
后墙—白色、米黄（$\rho \approx 80\%$）　桌面—浅棕色（$\rho = 40\%$）

(a) 二人用化学实验桌　(b) 四人用化学实验桌　(c) 二人用物理、生物实验桌　(d) 四人用物理、生物实验桌

图 16-19　实验桌形式与尺寸

根据上述因素确定的实验室大小以75～85m²为宜，平面轴线尺寸（宽×长）可采用6600mm×12000mm、7500mm×10800mm、7500mm×11700mm、8700mm×9900mm几种，层高与教室相同。准备室面积约为30～50m²。

实验室第一排实验桌前沿距黑板的距离应不小于2.5m，最后一排实验桌后沿距黑板应小于或等于11.0m，实验桌沿纵向走道宽度应大于或等于0.6m。

各种实验室除设演示桌、黑板、学生实验桌、上下水、电气设备、挂衣钩、窗帘及幻灯机（或投影仪）外，还需考虑各种不同实验室的特殊要求。如物理实验室需设遮光通风窗；化学实验室要考虑设通风柜，并用通风管道通向室外以排除实验时产生的毒气；在化学实验过程中常有酸、碱溶液排出，对铁制下水管有腐蚀，所以其位置宜设置在底层，并用单独陶管排水。

实验室平面布置如图16-20所示。

2.音乐教室

音乐教室大小形状与普通教室相同，但由于上课时发出较大的音响干扰其他用房，在平面布置时应考虑与其他教室及教师办公室有所隔离。设计时可将它作为独立的部分安排在教学楼的尽端，或教学楼底层或顶层的尽端，或在教学楼外单独建造，音乐教室一般附有乐器室，两者紧密相连，并设门相通。

3.多功能大教室

一般全校设一个，供放映幻灯、录相、电视、科教电影、实验演示、观摩教学、学术报告和合班上课用。中学可设计成阶梯教室，使用面积按每座位1m²计算；小学的多功能

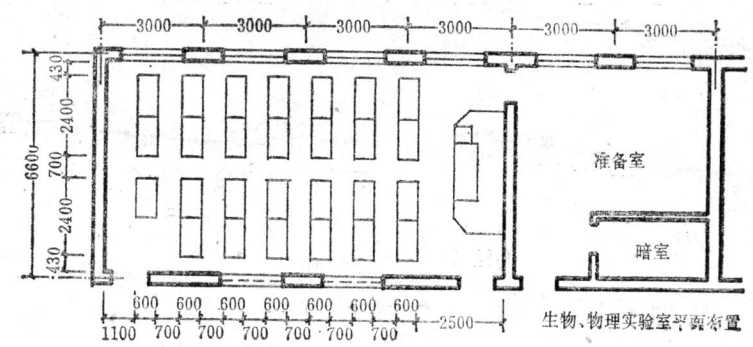

生物、物理实验室平面布置

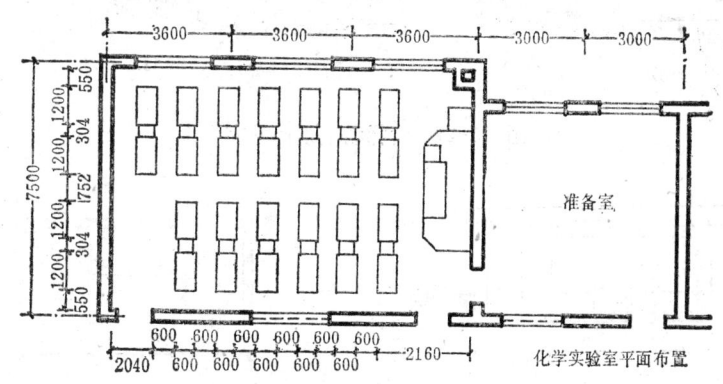

化学实验室平面布置

图 16-20　实验室平面布置

教室地面不宜起坡,以兼作文体室使用,　使用面积按每座位1~1.1m²计算,　教室的规模一般以容纳一个年级为宜。

多功能教室应设置一个电教器材贮存修理兼放映的房间,与教室紧密相连,并设门相通,放映室面积一般为40m²左右,其位置可设于教室前部,也可设于教室后部。

多功能教室内学生座位的布置,其水平夹角应与普通教室相同。第一排座位与黑板的距离应大于2.5m。最后一排座位与黑板的距离不应大于18m。座位数如为单侧疏散时,每排不宜超过7个,如为双侧疏散,每排不宜超过14个。

为了保证每排座位不被前排遮挡,阶梯梯级的高度,每级一般采用100~140mm,前面几排可低些,后面各排逐渐提高。阶梯宽度一般为800~1000mm,图16-21所示为阶梯地面升高实例。

由于多功能教室较大,讲台与黑板的布置也有所不同,如图16-22所示。

多功能教室平面布置实例如图16-23所示。

4.语言教室

语言教室是语言课教学的专用教室。根据功能可分为三种形式:听音型语言教室,听说型语言教室,听说对比型语言教室。对第一种类型,教室可与普通教室一样,增加必要的听音设备即可;对第二、三种类型,则要求教室无尘,并有良好的照明,顶棚和墙壁要做吸音处理。

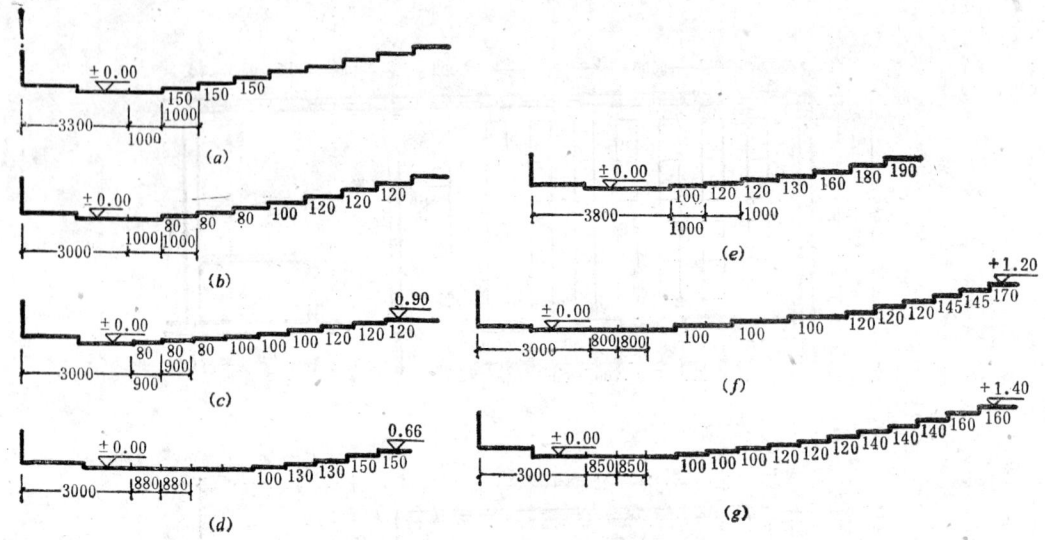

图 16-21 阶梯教室地面升高实例

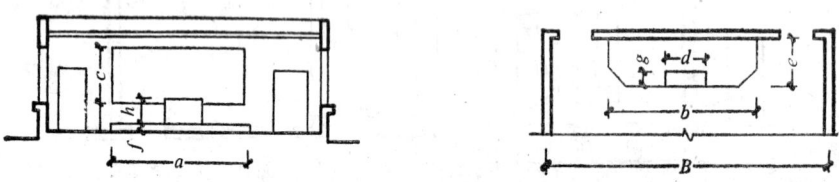

图 16-22 多功能教室讲台和黑板布置

a—黑板宽度为 $\frac{1}{2}\sim\frac{2}{5}B$；$b$—讲台长度为 $a+0.4m$；c—黑板高度为 $2\sim2.8m$；d—讲桌长度为 $1\sim1.2m$；e—讲台宽度为 $1.5\sim2.0m$；f—讲台高度为 $0.2\sim0.3m$；g—讲桌宽度为 $0.5\sim0.7m$；h—讲桌高度为 $0.9\sim1.0m$

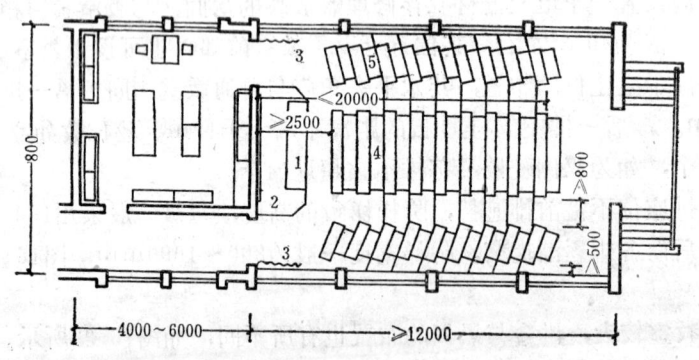

图 16-23 多功能教室平面布置

1—演示桌及讲台；2—推拉黑板及帘式银幕；3—帘幕；4—4人学生桌；5—2人学生桌

语言教室的面积指标以每座位使用面积 $1.57\sim1.73m^2$ 为宜，语言教室的容纳座位数，应按一个班级学生上课的需要设置。语言教室座位的布置应便于学生入座及离座，以采用双人连桌且两侧有纵向过道为宜。图16-24所示为语言学习桌的形状及尺寸。图16-25所示为语言教室座位的布置形式及最小尺寸。

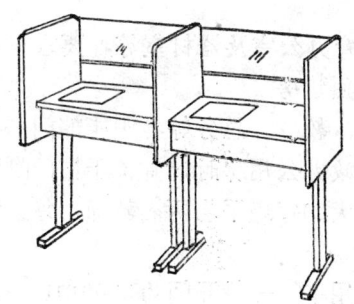
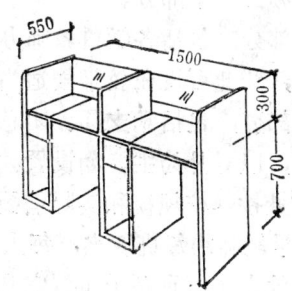

图 16-24　语言学习桌的形状及尺寸

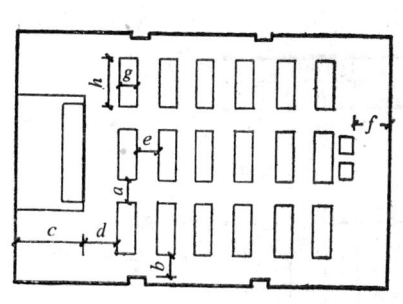

图 16-25　语言教室座位布置的基本形式及最小尺寸

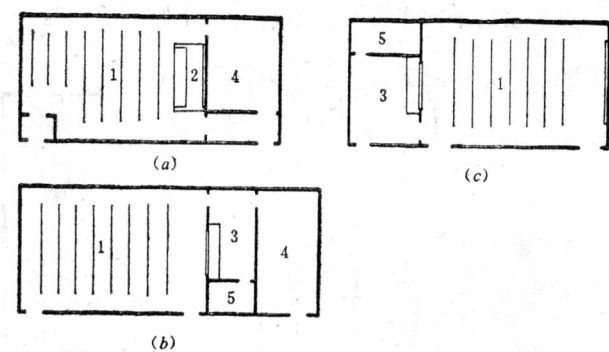

(a)

(c)

(b)

图 16-26　语言教室与控制台的位置关系
1—语言教室；2—控制台；3—控制室；4—准备室；5—录音室

　　语言教室设有控制台，控制台可设在教室的讲台上，也可以设在独立的控制室内。控制室可设在教室前部，面向学生，也可设在教室后部或教室的侧面，如图16-26所示。目前，我国各中学多将控制台设于教室内，便于教师接触学生及在教学过程中，便于使用常规教具和挂图。

　　5.图书阅览室

　　图书阅览室由阅览室、书库、管理室组成。供师生借阅参考书籍和课内外读物。其位置应方便师生使用，但又应位于远离运动场地和喧闹场所的环境较为安静的地方。如果设在教学楼内，最好在僻静的端部或顶层。

　　阅览室要有良好的采光通风，并便于疏散。书库要求室内干燥，通风良好，防火安全。书库与阅览室应紧密相连，有门相通，管理室亦可与书库合并。阅览室视学校规模大小，可以师生分别独立设置或合并一起。

　　图书阅览室布置实例如图16-27。

　　（五）办公用房设计

　　中小学校的办公用房分为教

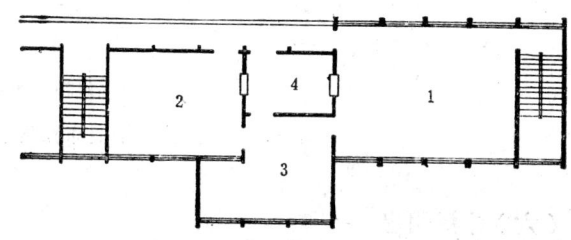

图 16-27　中学图书阅览室实例
1—学生阅览室；2—教师阅览室；3—书库；4—办公室

学办公和党政办公两个部分。

教学办公部分，包括各学科教师办公室、体育办公室及器材室等，要求与教室联系方便、环境安静，为此可设在教学楼适当部位或单独建房。

党政办公部分，包括党支部、团总支和行政、教务、总务等各职能部门，要求对内、对外联系方便，以对外为主。如设置独立一幢党政办公用房时，宜位于校门附近。

办公室数量按学校规模和实际需要定，小学大约每班平均两名教师，每人约占使用面积3.5m²。中学教师约每班3名，每人占4m²。

办公房间的大小要有利于布置家具和提高利用率，一般开间为3300mm～3600mm，进深为5100mm～6600mm，室内净面积小间约14～18m²，大间约28～40m²。层高一般为3000～3600mm。

办公室的平面布置及常用家具尺寸如图16-28。

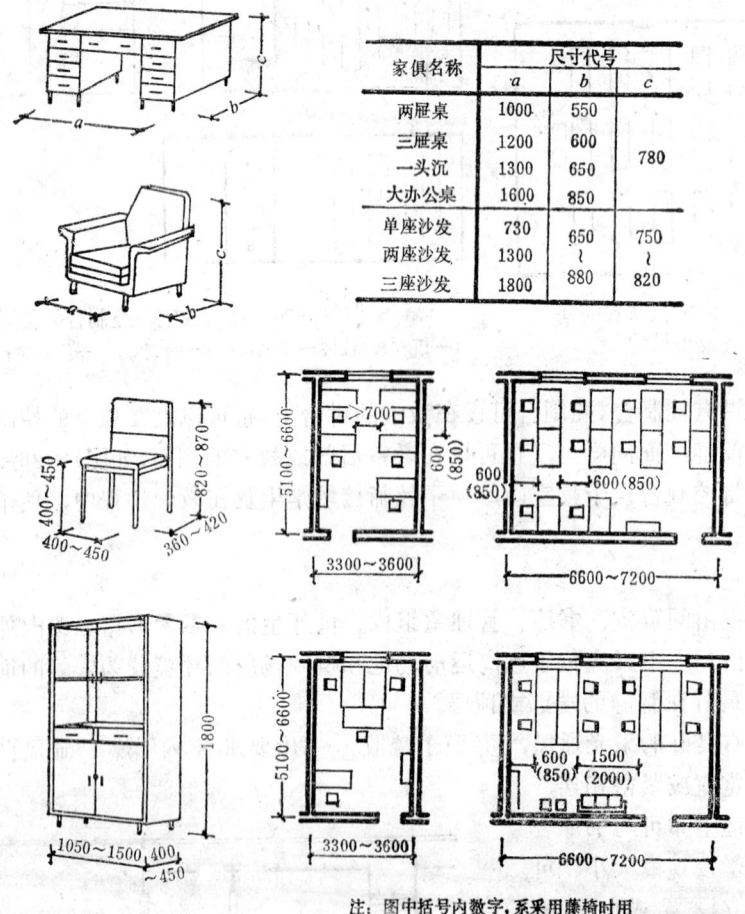

家俱名称	尺寸代号		
	a	b	c
两屉桌	1000	550	780
三屉桌	1200	600	
一头沉	1300	650	
大办公桌	1600	850	
单座沙发	730	650 ≀ 880	750 ≀ 820
两座沙发	1300		
三座沙发	1800		

注：图中括号内数字，系采用藤椅时用

图 16-28　办公室平面布置及常用家具尺寸

（六）生活用房

1.学生宿舍

村镇学校因部分学生离家较远，有较多的住读生，应按实际需要设学生宿舍和相应的

310

食堂、浴室、开水房等。一般学生宿舍每间不宜超过 8 人，即安放 4 个双层床位。如图 16-29所示。室内仅放一个公用小桌，不放自习桌，晚间在教室自习。室内还要放一个公用书架，或在墙上安装壁柜、搁板。每层设厕所、洗脸间、晒衣处等。

学生宿舍多采用走廊联系的平面组合方式，北方寒冷地区宜采用内廊式组合，南方炎热地区多采取外廊式或围廊庭园式组合。

2.食堂

学校食堂以独立设置为好，其位置应尽量远离教学区，也可以邻近教职工单身宿舍或学生宿舍。在用地紧张的情况下，食堂邻近教学楼、行政办公楼，用走廊相连，使用上也比较方便，但应处理好隔离上的要求。图16-30为一学生食堂实例。

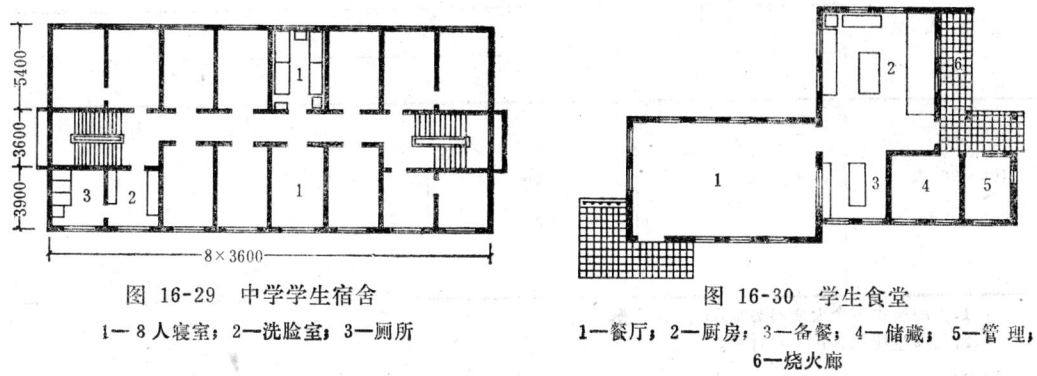

图 16-29 中学学生宿舍
1—8 人寝室；2—洗脸室；3—厕所

图 16-30 学生食堂
1—餐厅；2—厨房；3—备餐；4—储藏；5—管理；
6—烧火廊

五、辅助用房部分设计

（一）厕所

村镇中小学有条件的应尽量采用冲水厕所，使用旱厕不利于保持环境卫生。

厕所的位置应与教室有一定距离而不干扰教学；人流路线应短捷、不交叉。通常的做法有（如图16-31）：

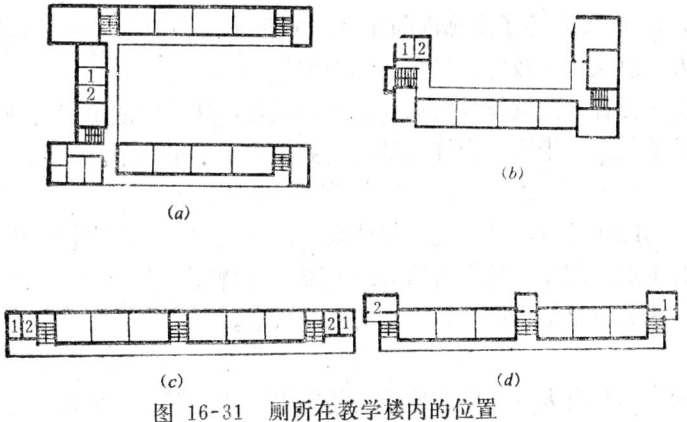

图 16-31 厕所在教学楼内的位置
(a)集中在教学楼中部；(b)集中设置在一端；(c)分散在两端；(d)隔层设置
1—男厕所；2—女厕所

1.设在教学楼中部。优点是人流均匀路线短，管道集中。缺点是使用厕所时对教室有干扰。

2.设在教学楼一端。对教室干扰较少，管道集中。但人流不均匀。

3.设两组男女厕所，分设在教学楼的两端。这种布置方法可使人流分散、路线短捷，也不干扰教室，但管道较分散。

4.男女厕所分层布置。男女生上下楼梯易形成交叉。这种布置要求紧靠厕所设楼梯，以减少厕所门前的人流，并适当加大楼梯的宽度。

教学楼内的厕所，当具备管理条件时，可以采用陶瓷大便器配以手动冲洗阀，这样能保证管道不堵塞和节约用水。否则，应采用通长式冲水大便器。厕所内卫生器具的数量，可根据表16-7来确定。

表 16-7

服 务 人 数	一 个 大 便 器 的 服 务 人 数			
	男 生		女 生	
	小 学	中 学	小 学	中 学
100人以下	20	25	20	20
100～200人	25	30	20	20
200～300人	30	35	20	35
300～400人	40	50	25	30

注：1.男厕所中每个大便器另加1m长小便槽。
2.男女生比例各按一半计算。

（二）交通联系部分

1.走廊

走廊的主要功能是联系同层的各个房间，有时也适当加宽兼做宣传、展示、休息、课外活动的场所。

走廊的形式有内廊、外廊、暖廊之分。内廊是为两侧房间交通联系服务的，较适宜的宽度是2.2m，内廊应处理好采光、通风、环境卫生等问题；外廊仅为一侧房间服务，适宜的宽度是1.8m；暖廊是为了走廊内的保温，或隔绝噪声而做成的封闭外廊，暖廊的外墙窗应尽量开大，以减少对教室通风采光的影响。

走廊的长度应符合《建筑设计防火规范》的规定，从房间的出口门到楼梯的距离应少于走廊的允许疏散长度。走廊的允许疏散长度见第十一章第一节。

2.门厅

学校教学楼的门厅具有集散人流、接待来访、布置宣传、广告栏等作用，同时也是建筑造型上处理的重点。门厅内的人流路线要简捷、通畅、尽量减少交叉，具有良好的采光、通风条件，优美、整洁、活泼、明朗的环境气氛。

3.楼梯

中小学校的楼梯具有人流集中、密度大的特点，其位置、数量和宽度应满足防火规范要求，详见第十一章第一节。

楼梯的形式不宜采用有楼梯井的楼梯或剪刀式交叉梯，除非在有楼梯井的一侧设防护措施，以防拥挤时发生意外。一般采用双跑式楼梯较为合适。

六、教学用房的组合设计

中小学校建筑是由多个功能不同的部分组成的。组合设计就是要将这些部分组合在一起，使它们之间形成一个有机的整体。

（一）组合设计的基本要求

1.组合设计应使各部分用房之间、各种用房与室外场地之间的相互关系满足教学活动的基本功能要求。

2.教学楼中各种用房的空间组合及交通空间的安排必须有利于内部交通流线的组织，使各种用房的联系方便、交通流畅。

3.合理考虑各种用房的相互关系，避免不利因素的相互干扰。如音乐教室、运动场的声响；实验室、卫生间的废气；走廊来往的人流等。

4.教学楼的组合设计应充分考虑到基地大小、地形地貌状况、地质条件等因素，灵活地组合教学楼的各个部分，在求得使用功能合理的同时，应有利于降低造价，有利于创造良好的空间环境效果。

5.在满足功能、结构要求的同时，组合设计应充分考虑建筑体量及形体的组合要求，创造适合中小学校特点的建筑形象，表现出青少年健康、向上、求实和勇于探索的精神。

（二）教学楼功能分析及各部分的组织关系

1.功能分析　如图16-32所示，反映了组成部分之间既相互联系，又相互独立的功能关系。这几个组成部分构成了一个有机的整体。

2.各部分的组合关系

（1）教室与教师办公室的组合　教室与教师办公室同层布置，二者联系方便，但学生的活动可能对教师办公室形成干扰。

教室与教师办公室分层布置。二者相互干扰较少，办公环境安静，但与教室联系较差，且办公室尺度受到教室开间、进深尺度的限制，有时不尽适用。

教室和办公室分别独立设置，通过楼梯间或过厅相连，既便于联系，又保持各自的独立性，较多采用。

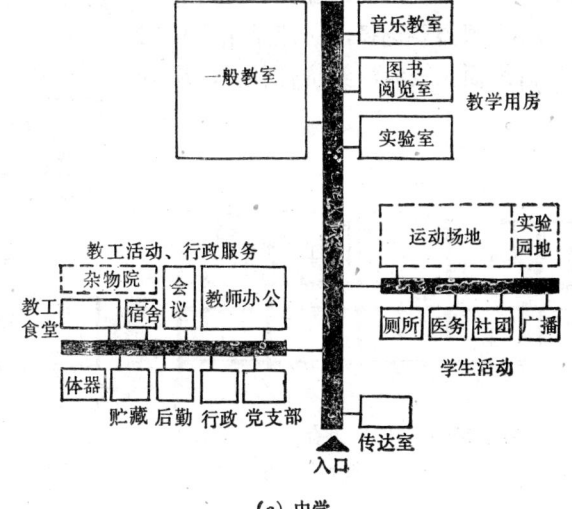

(a) 中学

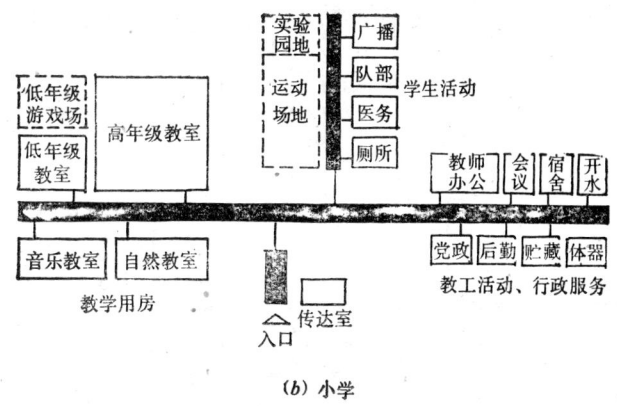

(b) 小学

图 16-32　学校功能分析图

（2）教室与实验室的组合　实验室与教室分别独立设置，实验室通过楼梯或过厅接在教学楼的端部或后部。这种布置方式联系方便，相互干扰少，便于管理，采用较多。

313

实验室与教室混合布置，联系方便，但易相互干扰，管理不便。

实验室单独成一幢建筑设置，与教室分开，管线集中，管理方便，但联系较差。

（三）教学楼的组合方式

中小学校的教学单元有多种组合形式。其中主要有内廊组合、外廊组合、组团式组合、单元组合及混合式组合等。

1.内廊组合

沿走道两边布置房间，如图16-33所示。这种组合的特点是教室集中，面积紧凑，内部交通线较短，房屋的进深较大而外墙较少，结构简单，管线集中。但内廊使用时间集中，人流拥挤，相互干扰大，采光通风不好，一部分房间的朝向较差。适用于北方寒冷地区。

2.外廊组合

沿走道一侧布置房间，如图16-34所示。这种组合方式采光通风较好，相互干扰小，房间的朝向可根据需要选择，一般采用南外廊较多。但占地面积较大，经济性较差，南方地区多采用。

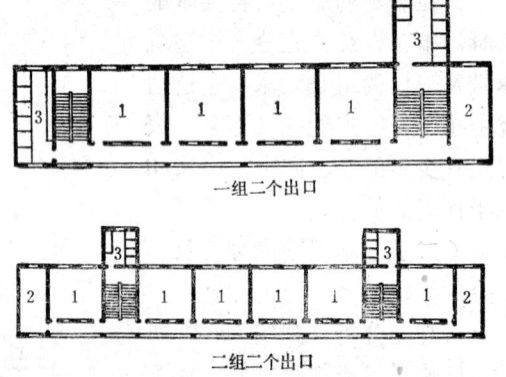

一组二个出口

二组二个出口

图 16-34 外廊组合
1—普通教室；2—教师办公及休息；3—厕所

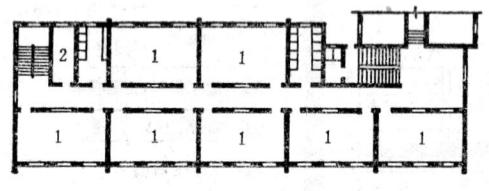

图 16-33 内廊组合
1—普通教室；2—教师办公室

外廊联结的方式不限于直线，也可任意方向自由伸展，灵活布置。

3.组团式组合

组团式是一种教学综合空间单元的组合，即将同一个年级的教室、休息室、存物室、卫生间及教师休息室等空间组成一个有机的独立团组（如图16-35），每个年级的教学管理、学生的学习与生活都较方便。

单元内环境安静、干扰少，内部交通流线短，便于解决采光、通风等问题，也容易划分班级活动的场地，是一种较好的组合方案，尤其适用于小学。

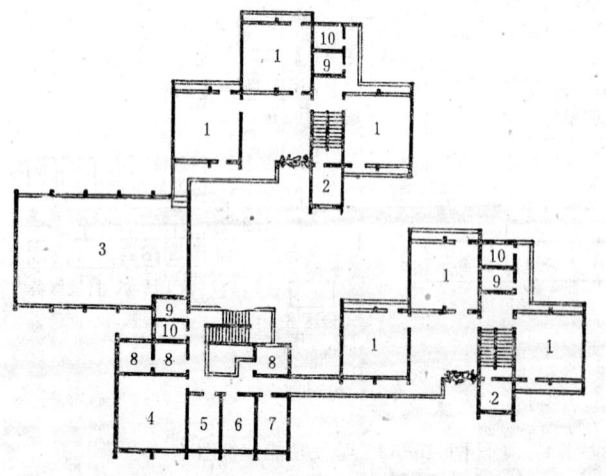

图 16-35 组团式组合
1—普通教室；2—教师休息室；3—多功能教室；4—会议室；
5—广播室；6—工会办公室；7—总务室；8—单身宿舍；9—
男厕所；10—女厕所

七、室外体育活动场地设计

村镇学校室外体育活动场地

应能容纳2～4个班级同时上体育课及全校学生同时作课间操。小学每学生不宜小于2.3m²，中学每学生不宜小于3.3m²。

体育活动场地一般设有田径运动场，篮、排球场，器械场地。有关场地布置资料见图16-36。

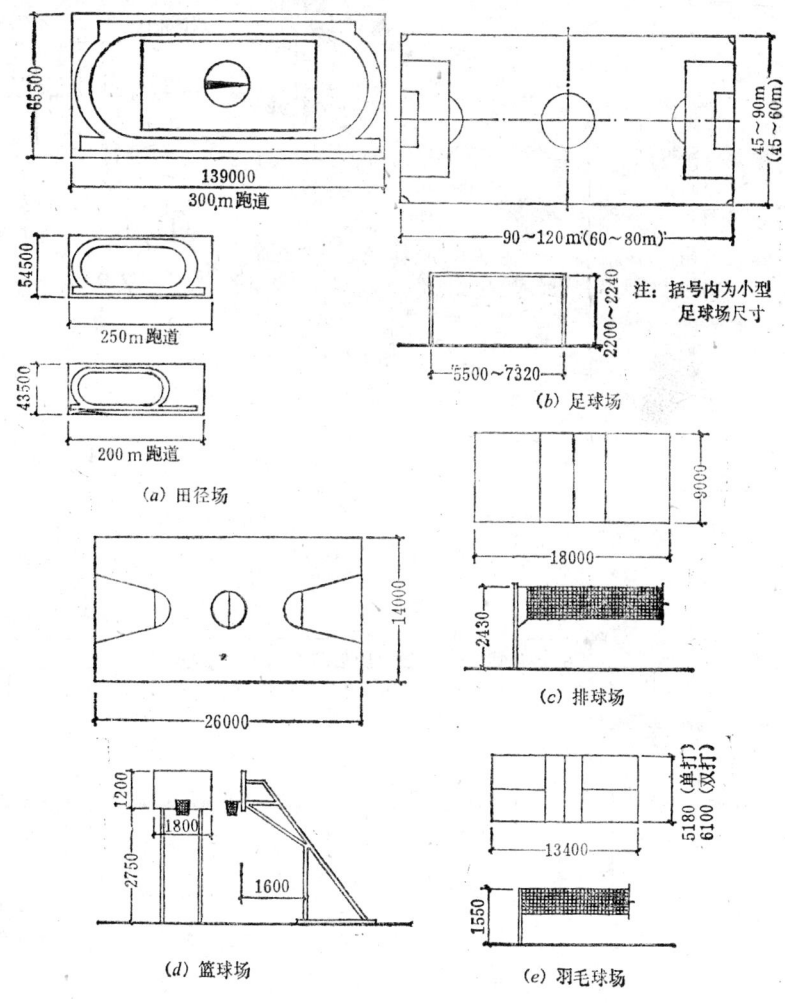

图 16-36　学校运动场布置资料

八、村镇学校设计实例（图16-37）。

本实例中心小学位于某镇东部，服务半径1.2km。该镇共32000人，该小学共设18个班，每班最多容纳54人，建筑面积2950.8m²，教室尺寸7800×6000mm。

由于学校用地较小，故得校内各种用房按功能关系有主次地组合成一栋集中的分支形状教学楼。此教学楼的组合是由教室区、办公区、食堂、专用教室、辅助用房等部分通过外廊、楼梯联结成一整体，各部分联系紧凑、使用方便、便于管理。主要教学用房具有良好的采光、通风和朝向。

由于总平面图采用了集中式布局，这样就保证了一定的室外场地可供学生开展体育和课外活动。

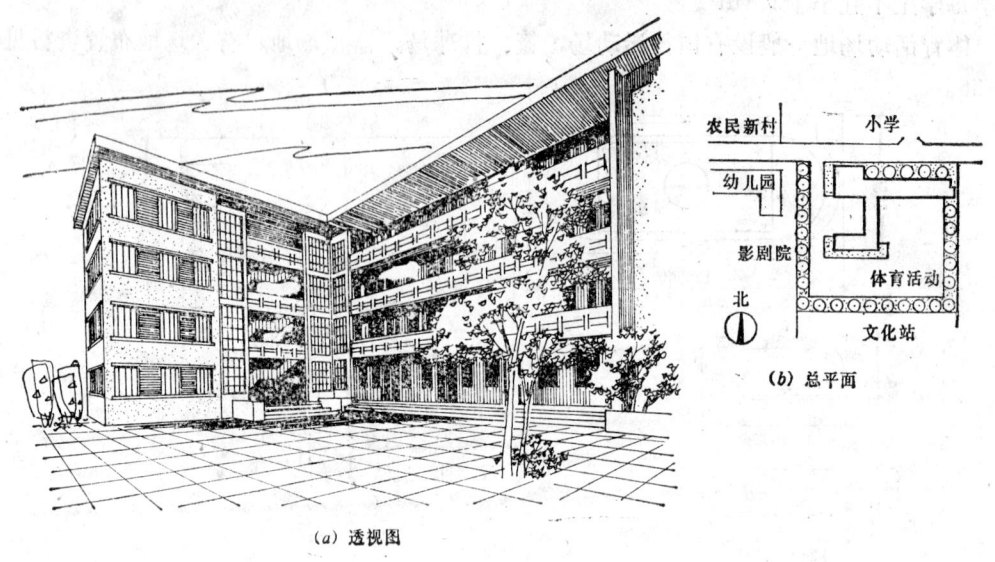

(a) 透视图

(b) 总平面

农民新村　　小学
幼儿园
影剧院
北
体育活动
文化站

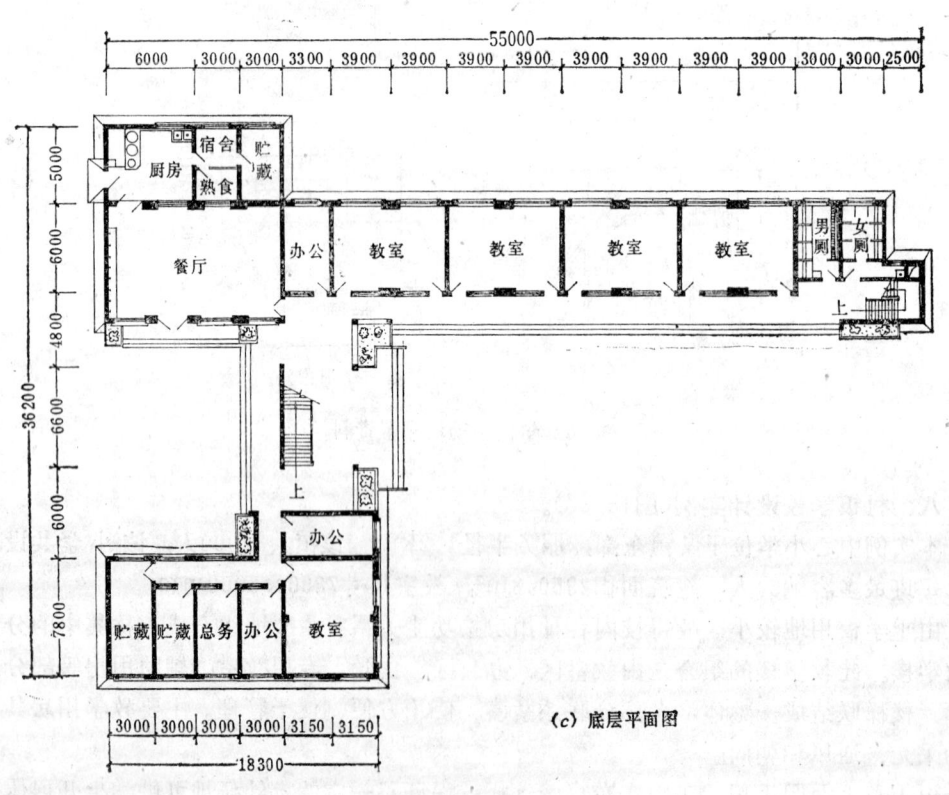

(c) 底层平面图

图 16-37　某镇中心小学教学楼（一）

316

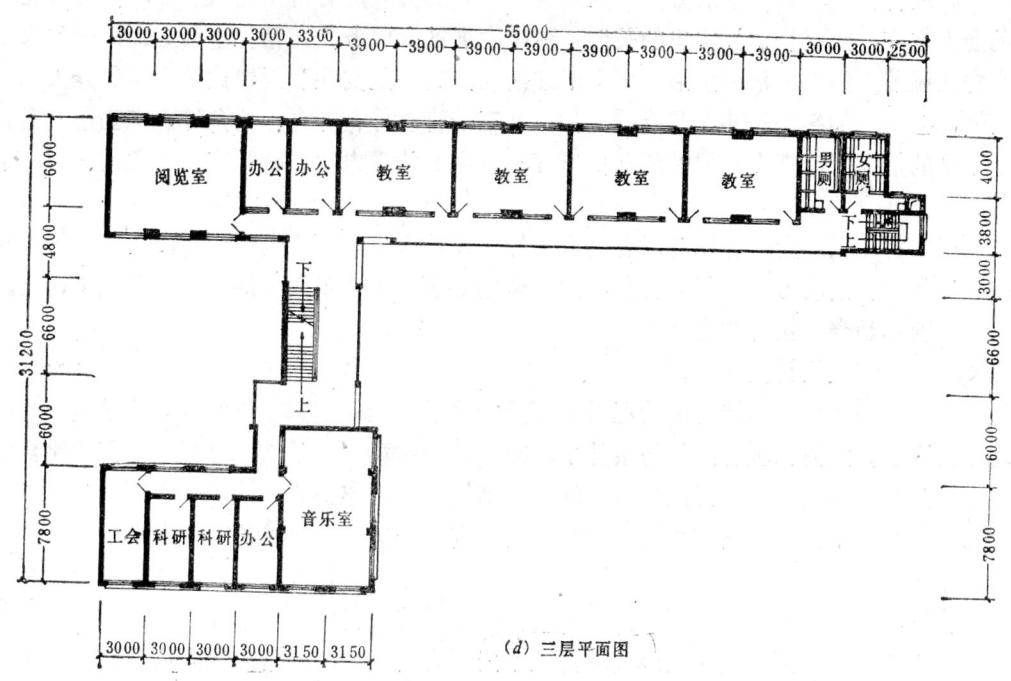

图 16-37 某镇中心小学教学楼(二)

图中标注：阅览室　办公　办公　教室　教室　教室　教室　男厕　女厕　下　上　工会　科研　科研　办公　音乐室

(d) 三层平面图

第三节　村镇敬老院设计

敬老院的建立是村镇建设中的一项新鲜事物。随着我国人口逐渐向老龄化发展，老人问题已成为社会生活中不容忽视的新问题。

目前，我国人口老龄化有这样一些特点：第一，出生率下降。目前一对夫妻只生育一个子女在农村已得到普遍实行，随着岁月流逝，老年人比重将日益提高。第二，人口寿命延长。我国1980年人口平均寿命已达到69岁。人口寿命的延长，必将导致老年人比率的增加。根据资料统计，一个5000人的集镇，60岁以上的老人就有400人，并且趋于越来越多。第三，身边无子女的老人户有增加趋势。如生育政策无大改变，独生子女率保持或超过90%，那么即使100%的独生子女长大结婚后与父母同居，老人户也要占总数的45%。若再加上因其它原因子女不在身边的老人户，那数量就更多了。

可是，目前在村镇建设中对老人问题考虑还较少，为乡镇老年人服务的建筑设施，现在应作为村镇规划建设的一个重要内容给予重视。村镇规划设计人员应根据我国的国情国力，研究老人的生理心理特征，分析他们的生活活动特点，在进行村镇规划建设时，尽可能地满足老人的生活要求，创造适应于他们的居住、活动环境，这是应该的，也是有可能做到的。

一、村镇老人生活特征分析

不论是集镇老人还是乡村老人，到了一定年龄后，生活重心通常会发生转移，由工作区转向生活区，由家庭外转向家庭内，大部分工作时间转为闲暇时间，由此产生了独特的生理、心理特征。在物质生活方面，人到老年，体弱力衰，日常生活需要照顾。身边无子女的老人家庭，需要社会、邻里的关照，希望发展社会服务。在精神生活方面，老年人最忌寂寞和孤独。为丰富精神生活，多有下述活动：其一是交往聊天，成为大多数老人的一种习惯，甚至生活必需；其二是继续工作；其三是喜欢养花养鸟、钓鱼等。在当前欣赏性娱乐不足的情况下，老人自娱性活动广泛开展，主要为看电视、打扑克、下象棋、健身活动等。

我国农村地域广大，各地情况有较大差异，设计人员应深入调查研究，了解当地老年人的人口状况、活动方式、行为特征，此乃是创造适宜于老年人生活环境的基础工作之。

二、村镇敬老院设计要点

（一）敬老院设计要求

1.敬老院的服务对象就目前情况看大都是一些无依无靠垂暮之年的老人及残疾者，其心境不言而喻。如何在现有的经济条件下，充分运用建筑设计手法，尽可能地创造比较舒畅、亲切的建筑空间，使之得以住得安逸、生活愉快、延年益寿。

2.敬老院属于社会福利事业的一部分，其投资与一般企事业单位有很大的不同，资金来源渠道多，投资零星。它要求规划设计应有足够的弹性，使得既能适应逐年投资、分期修建的特点，又要达到使用方便、空间完整、庭院谐美的目的。

3.敬老院的功能要求，各地因实际情况不同而有所差异。通常由老人居住区、医疗保健区、文化娱乐区组成。有的村镇敬老院以收养孤寡老人为主，因此主要设施是老人宿舍。而有的村镇敬老院则以老人的文化娱乐为主要内容，主要设施是文化娱乐建筑。二者的性质有较大区别，设计时要区别对待。

（二）敬老院的组成

老人居住区：包括老人宿舍、护理值班室、辅助房间（卫生间、储藏间）、交通联系部分。

文化娱乐区：包括老人活动室、图书阅览室等。功能活动室等。

生活服务区：包括食堂、洗衣房、购物等其他用房。

医疗保健区：包括诊室、治疗室、药房、隔离病房、值班室等。

室外活动区：太极拳、门球运动场地，还可根据地形设置一些绿地、水面、假山等。

村镇敬老院不要求上述设施齐全，而应力求空间的多功能利用，还应充分利用周围的村镇公共建筑，如合作医疗所、文化中心等设施。

（三）老人宿舍设计

老人宿舍是敬老院的核心建筑，它的设计应该既要象医院那样能满足一定的护理要求，又要象旅馆那样具有良好的集中服务，同时还得有住宅那样的舒适环境。

卧室是老人宿舍中的主要空间，老人每天的大部分时间要在其中度过，应有良好的小环境，有充足的阳光和新鲜的空气，当然还得满足睡眠、交谈和静态娱乐等功能要求。室内一般划分为睡眠区和活动区，活动区要求明亮，位于窗子附近，能从事交谈、下棋、打扑克等活动，睡眠区可靠内墙布置。

老人卧室以二床室或三床室为宜，床位太多，互相干扰大，睡眠有影响。卧室最好能带卫生间，否则应尽量就近设置。老人晚上去远离卧室的集中卫生间很容易感冒。但是，若敬老院均采用二床或三床室并带卫生间，会明显地增加投资。因此，应该寻求保证舒适环境降低造价的措施。分析卧室的功能，只要保证睡眠时的安静，活动区可多一些人聚集，反而可增加老人之间的交往，卫生间增加使用人数也是可能的，为此引出下列三个示意方案，见图16-38。作为活动区的厅堂功能较多，面积不宜过小，可作为老人日常起居活动的共聚空间，或娱乐，或做小手工，或闲聊，使他们生活在自然形成的新的小集体中，比较富有生活气息及人情味，客观上又有助于老人们的精神焕发。

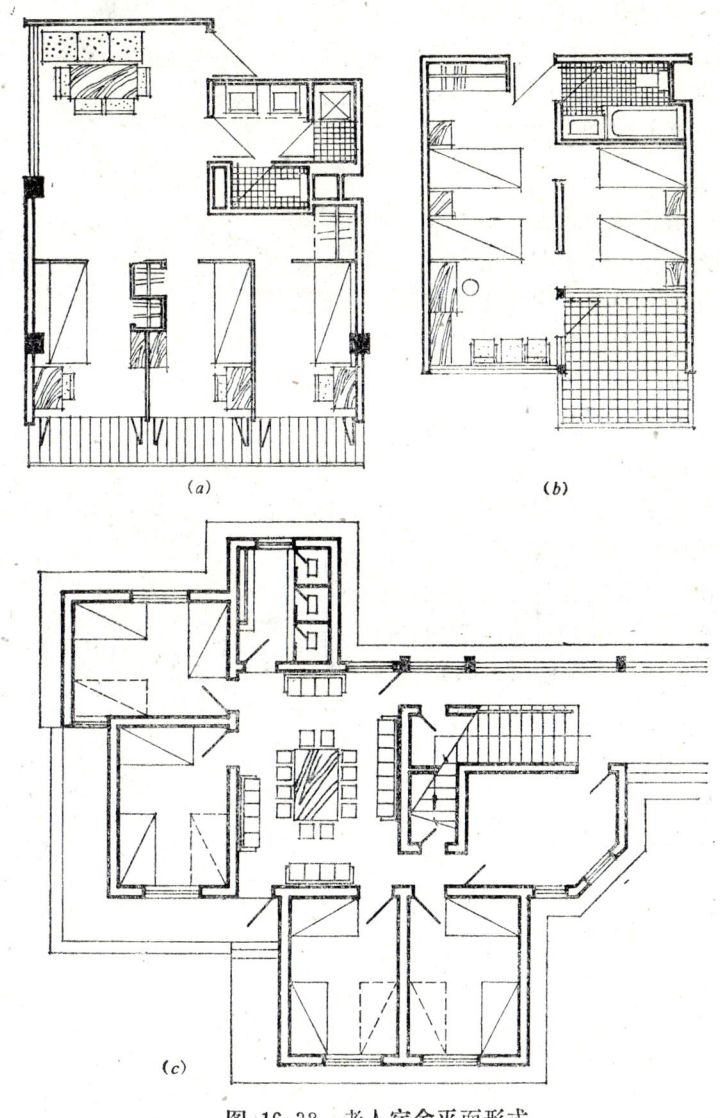

图 16-38 老人宿舍平面形式

　　敬老院一般没有严格的护理要求，可几个单元设一护理值班室，便于护理员及时料理日常事务。

　　阳台是敬老院卧室活动区的室外空间，能进行休息、交流、眺望、娱乐、日光浴、空气浴等一系列活动。如深度足够还能满足打太极拳活动的要求。老年人多喜欢接触大自然，喜欢晒太阳、打太极拳，因此，设置阳台对于敬老院有较大意义。尤其对于主要对象为年老体弱者的卧室，阳台更成为他们接触自然的主要场所。

（四）文化娱乐区设计

老人对文化娱乐的要求较为广泛，主要有报刊杂志阅览、打牌、打台球、喝茶聊天，若能组织说书、演戏等，将更受老人们欢迎。

文化娱乐区可设置多功能厅，供老人集体喜庆及说书唱戏之用。老人活动室每间面积可小些，可多设几间，以便于不同功能的划分，可供老人下棋、聊天、打牌、读书阅览之用。

老人的文化娱乐多属静态性质，相互干扰不大，可将文化娱乐区和老人宿舍合在同一栋楼内，且位于尽端，用楼梯或辅助房间隔开。北方冬季天寒多雪，南方风大多雨，且老人多数活动不便，将文化娱乐区和老人宿舍靠近设置有利于生活活动的便利。当然，考虑到分期建设的需要，或者文化娱乐区要为多栋老人宿舍服务，这时可将文化娱乐区集中设置较为有利，管理上也较为方便。最好应有步廊将每栋老人宿舍联系起来，使老人们日常生活活动不为风雨日晒所苦，又是早晚茶余饭后散步、游憩的好地方，如图16-39所示。

（五）医疗保健区设计

村镇敬老院通常只设一、二间保健室即可满足要求，负责为老人诊断和治疗一些常见病，危重患者则转到附近医院治疗。保健室可附设于老人宿舍，以方便联系，也可单独建。规模较大的敬老院，医疗保健部分比较齐全，有诊室、治疗室、药房、隔离病房等，并配备有专职医生。这一类型的敬老院通常将医疗保健区单独建立成一栋楼。

（六）生活服务区设计

可安排为老人服务的食堂、洗衣房、浴室、购物等项目，这部分用房宜集中设置，可位于敬老院的底层，或单独建立。

（七）室外活动区设计

老年人大多喜欢接触自然，喜欢户外

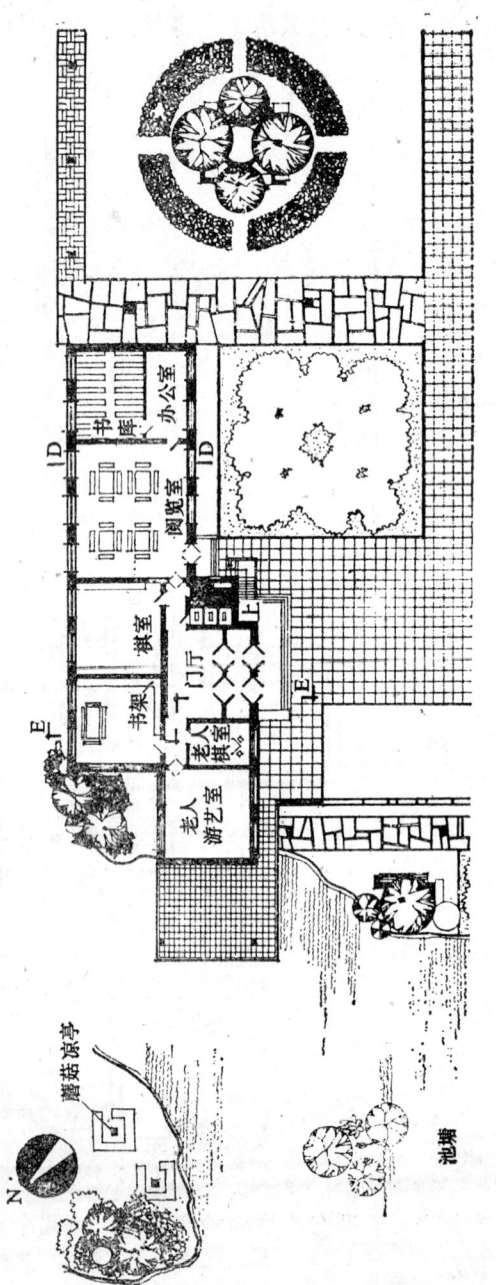

图 16-39 文化娱乐部分设计实例

运动，村镇敬老院应提供这种场地，让老人们在自然中沐浴阳光空气。

村镇敬老院室外活动场地应向阳设置，结合绿地、水面、山体等自然因素进行规划设计，但不能只赋予其观赏的作用，还应赋予其他功能。比如，老人健身锻炼的场地要较大块的硬地面，周围配置些凳、椅等简单设施。场地的设计要和景点联系起来，使老人感到活动方便又有趣味。

室外场地设计还应注意的是如何避免不良的自然因素，如夏天烈日、冬天寒风、还有雨雪，这些都限制着老人的活动。为此设计人员要寻找一种既能接触自然，又能避开不良因素的空间，这就是半室外空间，例如敞廊、阳台、联系廊、凉亭、架空层和封闭小院等。

敞廊、联系廊、凉亭、架空层等都是老人们极喜逗留的场所，不但因为它能遮阳避雨，乘凉消遣，而且由于它能创造丰富的建筑空间。图16-42为某敬老院，由二排居住幢组成，以廊联系，中间建水庭及绿化院子，在活动室底层设架空层与廊子联成一体，围绕水池，老人们在这些半室外空间里能不受气候影响地饱尝大自然的恩惠。

封闭院子也是半室外空间，它对于寒冷气候特别适合，在院子里可以获得充沛的阳光，且能挡住寒风。

（八）其它方面

村镇敬老院应以低层建筑为主，各部分构造应考虑老人的使用特点：楼梯坡度平缓，两侧设木扶手；楼地面不应做光滑的面层；厕所应争取用坐式大便器。考虑到轮椅使用者的要求，敬老院应做无障碍设计，从室外到室内应有连续可通过的坡道。

三、村镇敬老院的总体布置要求

（一）建筑布局

敬老院建筑是由多种功能部分组成的，建筑布局形式通常有三种：集中式、分散式和混合式。集中式将各种用房建在一幢楼内，这种方式联系方便，易于管理，用地省，造价低，节能好。但是各部分隔离差，相互干扰大，较难保持安静环境，而且往往建筑层数增加，老人使用不便，如图16-40。

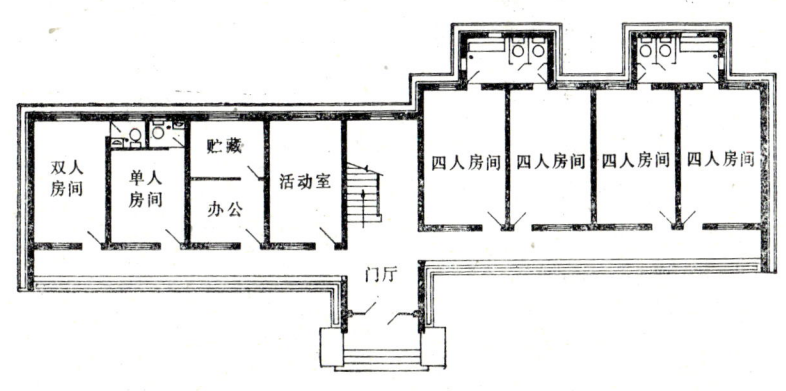

图 16-40 集中式布局

分散式布局根据不同功能分散建造在若干幢建筑中，彼此没有联系。这一形式隔离好，相互干扰少，有利于形成良好环境，易适应地形变化，同时还有利于分期建设，但也

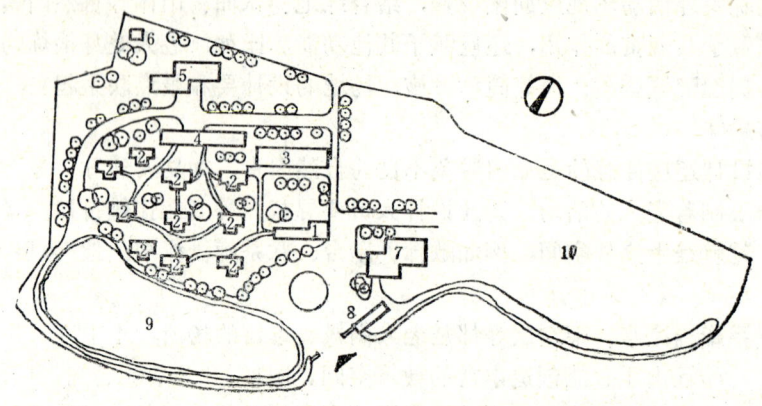

图 16-41 分散式布局

1—接待楼；2—老人宿舍；3—食堂；4—职工宿舍；5—医疗楼；6—太平间；7—综合服务楼；8—传达室；
9—水面；10—发展用地

带来占地较大、联系不便、管理困难，经济性差的弱点，如图16-41。

混合式可将分散式部分集中，也可将集中式部分分散，能吸取分散、集中两种形式的优点。混合式将建筑按功能分为几组，用厅、廊等联系起来，各部分既分隔又联系，布局灵活自由，也能适应复杂的地形条件，如图16-42所示。

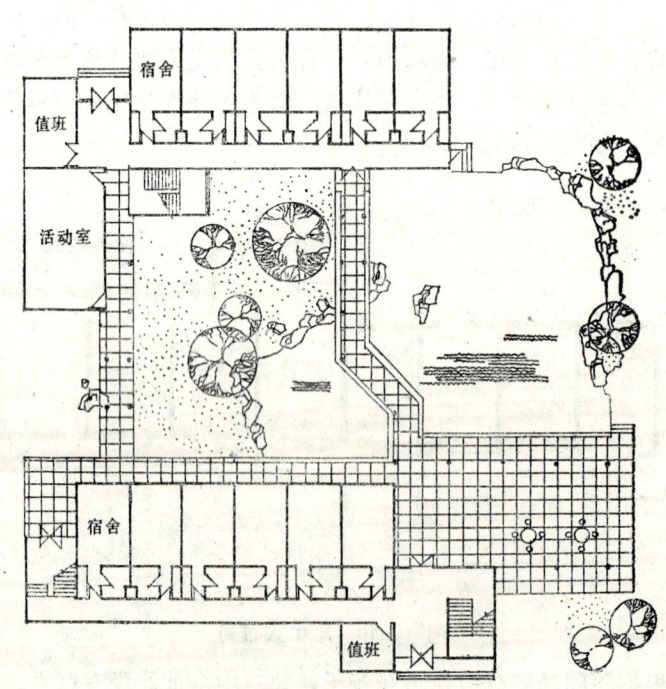

图 16-42 混合式布局

设计时对布局形式的选择，应该综合分析研究基地大小、地形、原有绿化情况、气候条件，以及敬老院的性质等因素，力求经济合理。

（二）功能分区

不同类别的用房都存在着使用功能、技术设备要求、空间形式、尺度以及结构类型的差别，因此敬老院的组合设计，应根据组合的基本原则将各类型的用房作分区处理，例如划分为老人宿舍区、文化娱乐区、综合服务区、医疗保健区等。各区之间的联系与分隔应满足功能要求。老人宿舍区和文化娱乐区应联系方便，要求位于向阳，上风向的位置。医疗保健区和综合服务区应位于下风向，和老人宿舍区可适当隔离。分区是为了使敬老院的组合更好的满足使用功能的要求及建造方便，但在特定的条件下，也可以灵活处理。

（三）环境处理

村镇敬老院应充分利用自然因素，创造优美环境，让老人在轻松愉快的氛围中安度晚年。从这个功能出发，敬老院建筑应力求轻松、活泼，与所在的自然环境良好地结合，创造美好的建筑空间，使建筑成为自然环境的组成部分。

村镇敬老院应很好地将当地自然景观，融合到敬老院建筑中来，比如溪流、山地、海滨等。水体是美好的自然环境，溪畔、湖边、海滨日照量大，紫外线丰富，空气新鲜，含氧量高，带有大量阴离子，对老人身体健康十分有利。敬老院建筑可贴近水面布置，甚至把水引入建筑内，使水体与建筑融为一体。

山区也是敬老院的佳地，与水体一样，这里空气清新、阴离子多、日照量大、紫外线丰富，而且风景优美，具有大自然本色。山地建筑从群体到单体都应结合山区的地形，依山就势，使建筑成为山地风景区的有机组成，与山共生。

乡土味是敬老院建筑应追求的另一种自然形式。每一个地区，由于当地的地理条件、风俗习惯、建筑材料等特点，经过长期历史过程，形成自己独特的乡土建筑特征，而这种特征往往是老年人所喜闻乐见的，敬老院应该追求这种乡土味，犹如当地环境中土生土长的产物，而不要盲目抄袭城市的现代建筑。

（四）选址要求

敬老院的选址除应考虑上述要求的风景优美的自然环境以外，还应注意以下几点：

1.符合村镇总体规划的要求，考虑适当的服务半径。

2.远离交通干道、喧闹市区和有污染产生的区域。

3.充分利用村镇已有的卫生院和文化中心。敬老院可以和这些设施有方便的联系，以节约投资。

4.考虑今后进一步发展的可能性，基地应留有余地。

四、村镇敬老院设计实例（如图16-43）。

本实例位于某县县城烈士公园东面山麓，设计规模为76个床位，主要是供对革命有功的孤寡老同志居住。城镇规划部门要求建筑的体量、造型、色彩等均与公园相协调。在平面设计上采用以活动室为中心的单元式布局，便于组织活动，有利于减轻老人的孤独感。在平面组合上还注意了结合地形保留原有大树，考虑部分室外活动场地。在造型上采用化整为零的手法，由大小不同的三个组团组成，缩小了体量和尺度，满足了城规部门的要求。

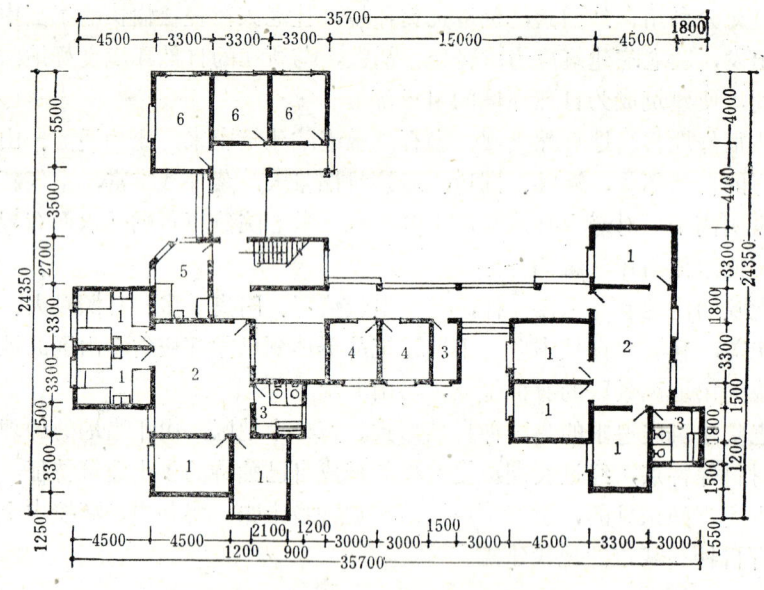

图 16-43 某县敬老院

1—卧室；2—活动室；3—卫生间；4—医疗；5—服务台；6—办公室

第四节 农村卫生院设计

农村卫生医疗机构是由县、乡、村三级医疗卫生网所组成的。以县医院为中心，乡镇卫生院为基地，村合作医疗站为基础。乡镇卫生院是农村卫生工作的基层组织，是联系县级医院和村合作医疗站的医疗卫生网的重要环节。

一、农村医院的规模与任务

医院规模的大小通常以床位数和门诊人次的多少为标准。农村医院的规模要考虑预防、治疗等方面的需要，根据医院所在地区人口稠密程度、地理环境、交通条件、服务半径、医院的医疗技术水平与专长和设备条件，以及当地有无地方病和结合战备需要等因素全面研究确定。

（一）县级医院

县级医院的规模为100～300床位，平均门诊量为300～1000人次/d，每床的用地面积为80～200m²，服务半径约为25～35km。

县级医院是全县医疗、预防、医学教育和科研的技术指导中心，医疗设备较为完善，门诊科室齐全。

（二）乡镇卫生院

乡镇卫生院的规模为20～50床位，平均门诊量100～200人次/d，每床的用地面积为70～150m²。服务半径为5～10km。

乡镇卫生院服务对象主要为本乡镇居民，负责接受村医疗站转诊来院的病人。设X光和一般化验，可做一般诊断与治疗，遇危重病人负责转送县级医院。

（三）村合作医疗站

村合作医疗站一般只设门诊、门诊量约为50人次/d，有些较完备的，也设有若干张简易观察病床，服务半径为1.5～3km。

村合作医疗站的主要任务是进行一般的诊断治疗，遇危重病人负责护送到乡镇卫生院治疗。负责开展本村的合作医疗，协助村卫生员做好卫生宣传、计划生育、医疗保健等工作。

二、农村医院的基地选择

农村各类医院的布点应符合农村三级医疗卫生网的统一规划，同时选址也应满足村镇总体规划的要求。

为了便于做好疾病防治和环境卫生保护，农村医院一般宜布置在城镇边缘或自然村口公路旁，以便医院污水处理和适当的卫生隔离，减少对居民区的感染。

由于农村医院的服务半径较大，农村交通条件还不方便，为了便于农民看病，农村各类医院应设在交通方便，人口较集中的村镇。但也应避免靠近公路干线，以免影响安静和卫生。

农村医院的选址应注意避免占用耕地，应充分利用坡地、荒地。

用地要求地势高爽，阳光充足，空气洁净，环境安静优美。应在工厂和畜牧区的上风位置，并有一定的防护距离和绿化带。

农村医院的选址既要考虑当前的实际情况，又要考虑今后发展要求，注意近远期结合。

三、农村医院的组成

（一）医疗部分

1.门诊部：各科诊室、候诊室、挂号室、收费室、药房、值班室、注射室等。

2.住院部：病房、值班室、护理室、治疗室等。

3.辅助医疗部：手术室、X光室、化验室、产房、理疗室等。

（二）总务供应部分

行政办公室、消毒室、浴室、厕所、水泵房、杂物房、停尸房。

（三）职工生活部分

职工宿舍、食堂、厨房等。

四、农村医院面积参考指标

目前，对于农村卫生院、乡村合作医疗站，国家还没有制定出统一的设计标准。下面列出的是卫生部曾经颁发的农村医院面积指标和陕西省农村医院使用面积指标（表16-8、表16-9）仅供作参考。

农村医院使用面积参考表（单位m²）　　　表 16-8

部　　　别		30 床	50 床	80 床	100 床
门诊部分		139	156	223	258
入院处		26	30	48	54
病房部分		322	454	770	912
手术部		44	58	88	96
放射科		—	—	36	36
理疗科		—	—	12	12
化验室		14	18	24	30
药房		20	24	32	36
病理解剖		12	12	16	16
行政办公		68	80	94	100
事务及杂用		20	30	50	58
营养厨房		24	32	54	70
洗衣房		22	34	42	50
使用面积总计		711	928	1489	1728
建筑面积总计	按K值65%	1092	1427	2290	2658
	按K值60%			2480	2880

农村卫生院面积指标（m²）　　　表 16-9

部　　别	陕西省通用设计			部　　别	陕西省通用设计		
	30 床	20 床	15 床		30 床	20 床	15 床
门诊部	110	88	81	厨房	84.5	50	41
出入院处	—	—	—	洗衣房	33.4	33.4	
X光室	33	28	20	事务杂用	66.8	66.8	33.4
检验科	22	11	11	停尸间	16.7	—	—
药房	44	41	33	使用面积总计	755.5	559	413
病房	216	161	131	建筑面积总计	1052~1149	818	638
手术部	79	46	46	折合每床建筑面积	35~38	11.0	35.0
行政办公	50.1	33.4	16.7	平面系数	70~74%	68%	65%

五、农村医院总平面设计

农村医院总平面应划分为医疗区、传染病隔离区和总务等区域。

（一）医疗区

医疗区一般应安排在医院用地中卫生条件较好的地段上，靠近主要出入口，建筑物应有良好的朝向、日照和通风，有一定的绿地，环境安静，并处于厨房等烟尘污染源的上风方向。

1.门诊部是医院中对外联系比较频繁的部分，与辅助医疗、住院病房应联系便捷，对外交通应直接便捷，要靠近医院主要出入口，方便病人就诊。

2.辅助医疗部门是医院中对病人进一步诊治的中心，是配药、发药、供应消毒器械和敷料的部门。既为门诊服务，又同时为病房服务。辅助医疗部门原则上应在门诊部与住院部之间适当部位，以利相互之间的联系。但由于医院规模的不同，辅助医疗部门的规模、内容，功能关系也随之变化。在农村医院中，化验、X光、理疗、针灸的使用率，门诊多于住院部，这部分用房的位置可接近门诊或附设于门诊部。而手术室、中心供应则应接近或附设于住院部。

3.住院部是病人住院治疗的用房，对外方便病人出入院，对内便于与各部分用房联系。但与有些部分，特别是门诊部分应有适当分隔，以免病人活动时交叉感染。

（二）传染病隔离区

传染病隔离区应位于其他医疗建筑和职工生活区的下风方向，并有适当的距离和防护绿化带隔离，但又须考虑联系方便。

（三）总务区

总务区要与医疗区联系方便，但又互不干扰。

锅炉房要接近蒸汽负荷中心，如营养厨房、病房等，但需注意防止烟尘对医院各部分用房的污染。

停尸房宜设在医院的隐蔽处，并有直接对外出入口。

（四）生活福利区

除值班宿舍外，职工住宅、宿舍及生活福利用房，一般不宜建在医院区内。如设在医院区内，应与医院各部分用房有一定的分区和距离，不能混杂。

（五）交通线路组织

交通线路组织应合理，路线简捷方便，不同使用路线（门诊病人与住院病人及清洁物与污染物垃圾等路线）应避免交叉，防止传染。

（六）出入口

出入口位置应明显，一般设医务出入口，供病人和医务人员使用；总务出入口，供食物、药品等使用；尸体应设专门出口，靠近停尸房位置。

村镇医院总平面布置实例如图16-44。

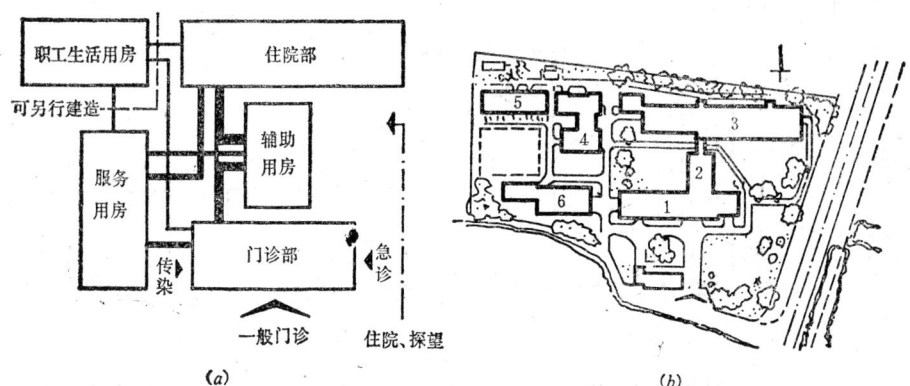

图 16-44 村镇医院总平面布置实例

1—门诊部；2—辅助医疗；3—住院部；4—食堂；5—宿舍；6—服务用房

六、门诊部设计

（一）门诊部的规模

门诊部的规模是以每天平均接待病人的次数即门诊人次来表示的。一般乡镇卫生院的门诊人次平均为100～200人次/d。

（二）门诊部的功能

门诊部的主要功能是对人体各种机能和各类器官进行诊断和治疗；为科研、医教、预防提供病例和调查统计资料；指导计划生育工作；急诊部负责紧急治疗工作。

（三）门诊就诊过程

1.就诊程序　首先在挂号处挂号，然后在候诊室等候就诊。初诊及复诊常在规定的时间挂号，急诊挂号不限时间。

2.诊断过程　经过候诊，病人依次到诊断室受诊，有些病人还需进行化验，放射等诊断检查后再回到诊断室受诊。

3.治疗过程　取药、打针、换药、理疗等为治疗过程。门诊部病人只在这里完成部分治疗任务。

图16-45所示为门诊进行程序及相互关系。

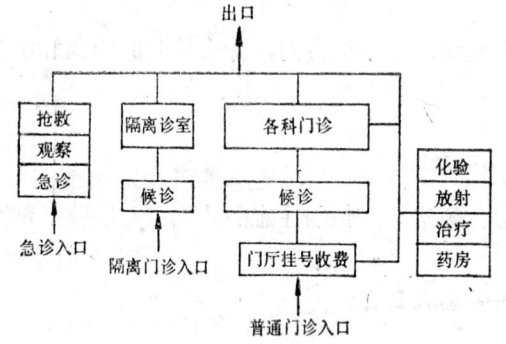

图 16-45　门诊进行程序及相互关系

（四）门诊部设计

门诊部的人流量大，就诊的时间也比较集中，在设计中要特别注意避免交叉感染的问题。

1.公用部分

（1）门厅　门厅是门诊部的交通枢纽，同时也是病人办理各种手续的空间，挂号、问讯、缴费、取药等窗口常设在门厅内。

（2）挂号室　挂号室是办理门诊病人就诊手续的地方，要求位置明显，并且有足够的等候面积。

（3）病历室　存放病人病情记录的房间。病历室应与挂号室紧密联系，亦可与挂号室合并，如图16-46所示。

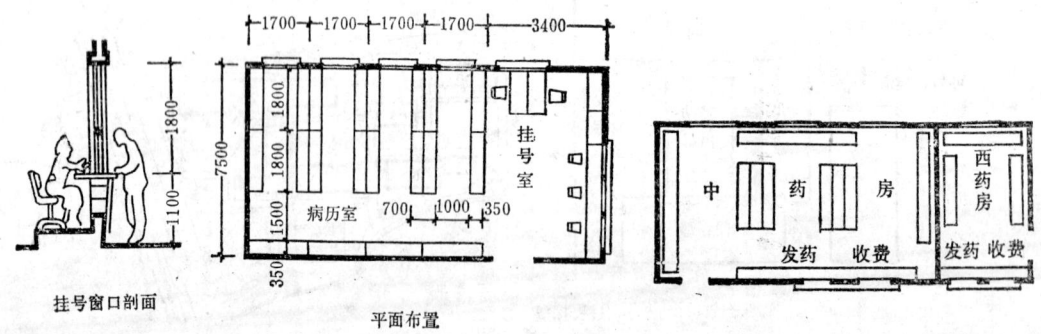

图 16-46　病历室与挂号室　　　　图 16-47　药房布置

（4）药房　门诊部药房主要是门诊部病人取药的地方。规模较大的卫生院一般分中药房和西药房，规模较小的卫生院或卫生站中。中西药房常合在一起，占两间房，面积约25m²，如图16-47所示。

328

2.候诊室

候诊室是病人等候诊断治疗的地方。候诊可以在扩大的门厅内，也可在加宽的走廊里，或是单独设候诊室。候诊室的具体布置形式如图16-48所示。

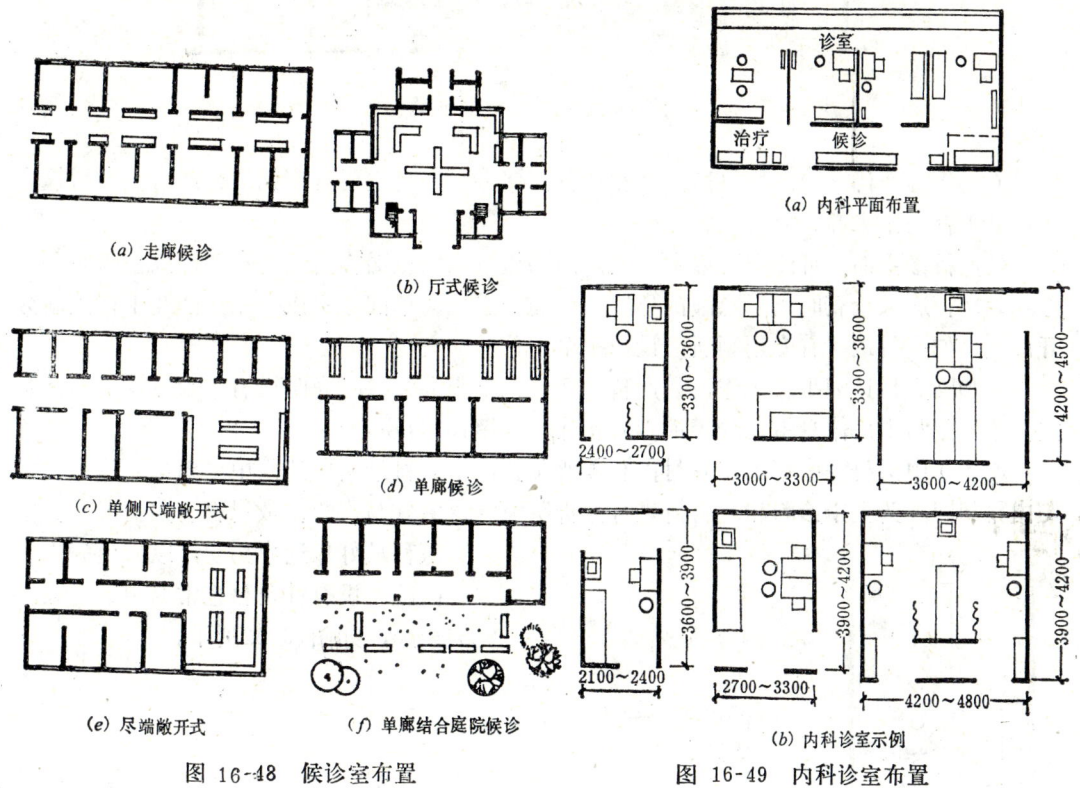

（a）走廊候诊

（b）厅式候诊

（c）单侧尽端敞开式

（d）单廊候诊

（e）尽端敞开式

（f）单廊结合庭院候诊

图 16-48　候诊室布置

（a）内科平面布置

（b）内科诊室示例

图 16-49　内科诊室布置

3.各科诊室

诊室是病人接受治疗的房间，是门诊部中最主要的部分。农村医院由于规模小，职工人数少，医护人员需要兼顾门诊、急诊和病房等各部门的工作。一般来说，分科分工不宜过细，门诊以多科综合为主，一般设五科（内、外、中医、妇产、五官），如果县以下医院有实行二十四小时值班制度的，一般可不设急诊室。

（1）内科　内科病人较多，约占门诊病人的30%左右，宜布置在底层靠近门厅一侧，也可布置在二层。内科约有50～70%的病人需要化验诊断，或拍片、透视，所以内科诊室与化验室、放射科联系要方便。

内科诊室有一位医生的诊室，也有两位以上医生的诊室。室内设备除桌椅之外，还应有检查床及洗手盆。当几个诊室相连布置时，内部最好相通，便于护士工作和医生会诊。内科诊室的尺寸及布置如图16-49所示。

（2）外科　外科就诊人数仅次于内科，外科病人大多行动不方便，宜设在底层。

外科诊室内有器械室、读片室、洗手盆。诊室与换药室、门诊手术室联系要方便。换药室宜设于本科出口处以便病人换药后即离院。洗手消毒是为手术室医生服务的，宜与手术室相通。外科诊室平面布置如图16-50所示。

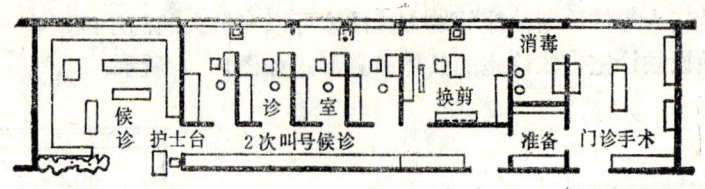

图 16-50　外科诊室布置

（3）妇产科　妇产科包括妇科和产科两部分。产科主要对产妇进行产前、产后检查及计划生育与手术等。

妇产科诊室面积可比内科诊室大些，因为检查床需三面临窗对光布置，以便检查和治疗。妇产科病人检查时需要隐蔽的环境，因而诊室应为单间诊室或采用大间及半截隔断分开诊室。妇产科最好有专用厕所，设1～2个蹲位。

为加强农村计划生育工作，妇产科设有计划生育办公室，同时设有手术室及术后休息室。手术室与术后休息室及洗手消毒室相邻，如图16-51所示。

（4）中医科　中草药在农村占有重要位置，中医科最主要的是中医内科，诊室设计与内科相同，为便于诊断和对病情进行分析研究。诊室宜与化验、放射科有方便联系。中医科最好靠近中药房，以方便病人。医院若设有针灸科也常与中医科设在一起，如图16-52所示。

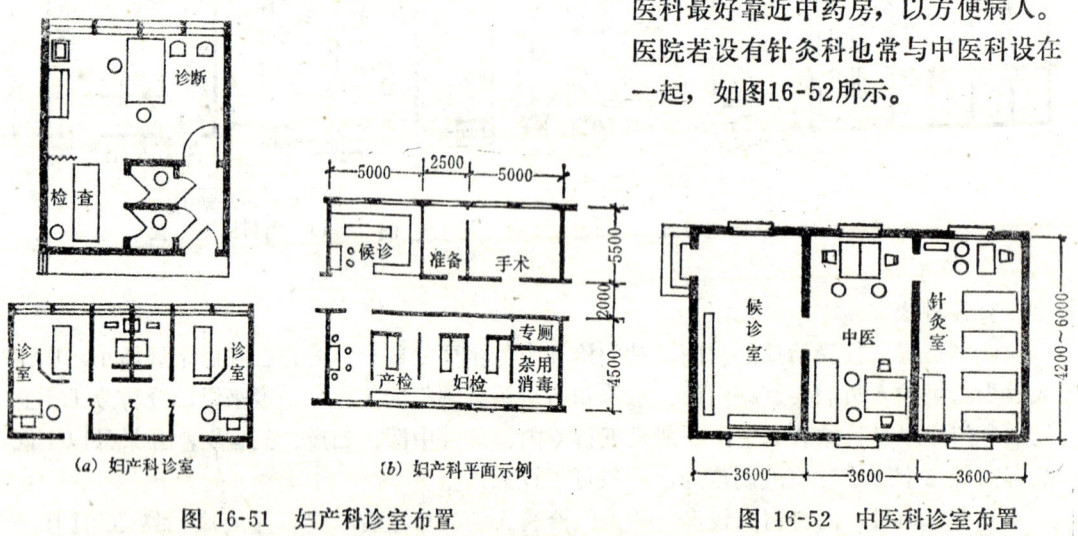

(a) 妇产科诊室　　(b) 妇产科平面示例

图 16-51　妇产科诊室布置　　　　　图 16-52　中医科诊室布置

（5）五官科　五官科包括耳鼻喉科、眼科、口腔科。

耳鼻喉科诊室要求光线充足、明亮，治疗椅面朝向窗口布置。诊室常分为若干小隔间，小隔间隔断高1.8m不到顶，如图16-53所示。

眼科诊室要求光线均匀柔和。诊室中有能在5m以外观看视力测验表的地方。如果距离受限制，可利用镜子反射，距离则减半，如图16-54所示。

口腔科诊室内主要是布置若干治疗椅及综合治疗台，治疗台上设有上下水及照明设备。技工室为镶配假牙的制作间。如图16-55所示。

五官科各诊室组合示例如图16-56所示。

4.门诊部的组合设计

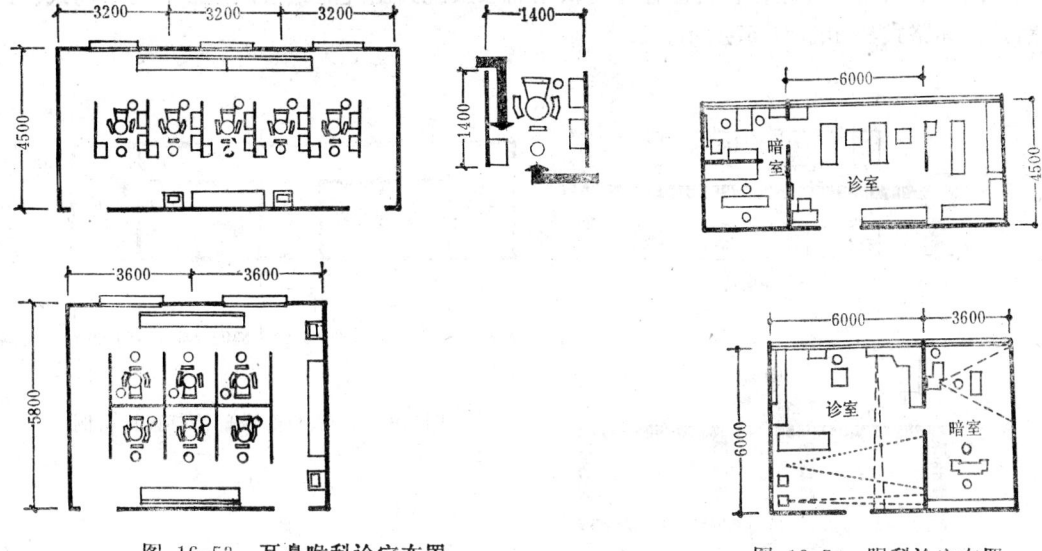

图 16-53 耳鼻喉科诊室布置

图 16-54 眼科诊室布置

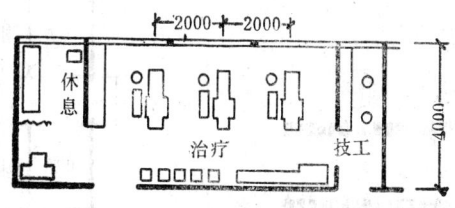

图 16-55 口腔科诊室布置

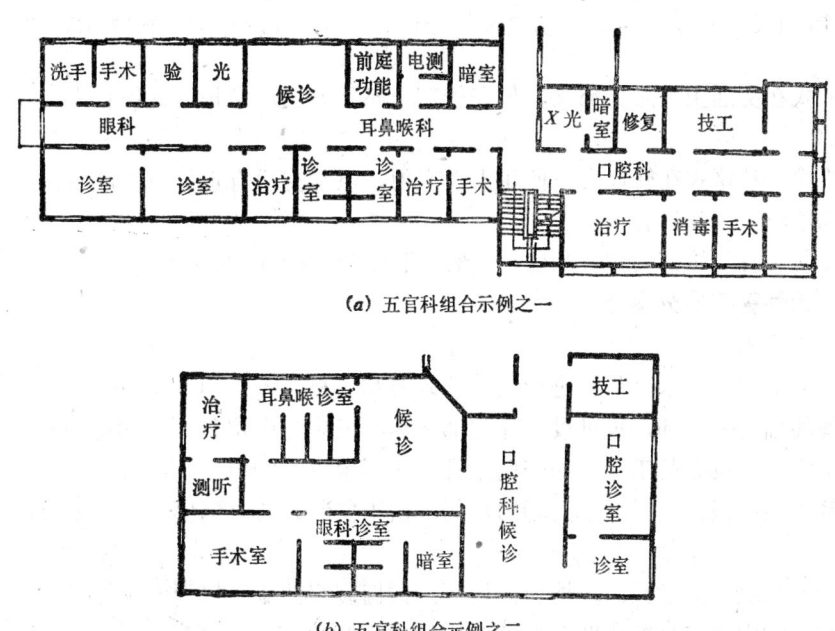

(a) 五官科组合示例之一

(b) 五官科组合示例之二

图 16-56 五官科组合示例

门诊部平面组合应符合就诊程序，根据病人入院到出院的路线，一般分为单向式、回路式、环路式，如图16-57所示。

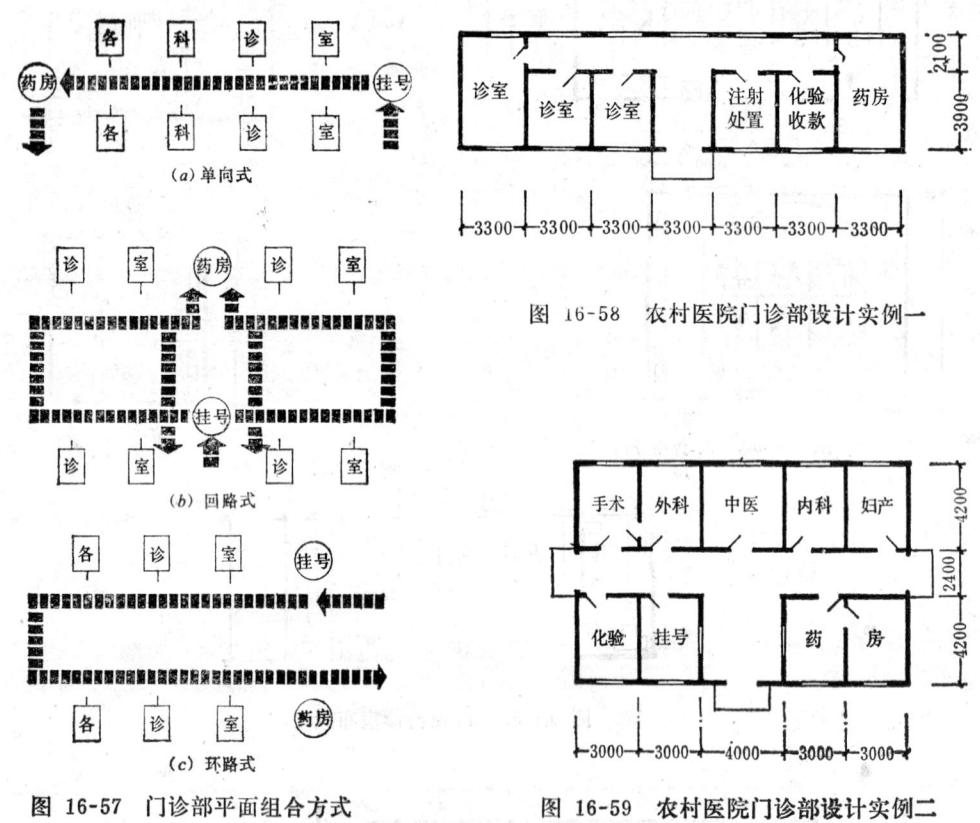

图 16-57 门诊部平面组合方式

图 16-58 农村医院门诊部设计实例一

图 16-59 农村医院门诊部设计实例二

单向式在交通上可避免交叉，但在管理上不够方便，常用于规模较大、使用人数较多的门诊部。

回路式、环路式在管理上、使用上较方便，但是交通有重复交叉的情况，农村卫生院分科较简单，多采用这种形式。

5. 农村医院门诊部实例　如图16-58、图16-59、图16-60所示。

七、辅助医疗部分设计

（一）手术室

农村卫生院的手术室只供进行简单的外科和产科手术之用。手术位置可在门诊部与住院部之间的辅助医疗部，也可设在住院部一端，但应与产房和外科病房联系方便。

手术室基本设备是手术台和照明器具。小手术室约20m²，大手术室30m²。另外设有更衣、洗手、器械、敷料等小的辅助房间，由于安装无影灯的要求，手术室净高应大于2.9m。

手术室的卫生要求较高，墙面、地面、顶棚应耐洗刷。墙面、顶棚最好全部油漆。为减少积灰，室内要尽量减少凹凸，墙角应做成小圆角。

手术室内手术是在无影灯下进行，不依赖天然光线，为了使室内照度均匀而不眩目并

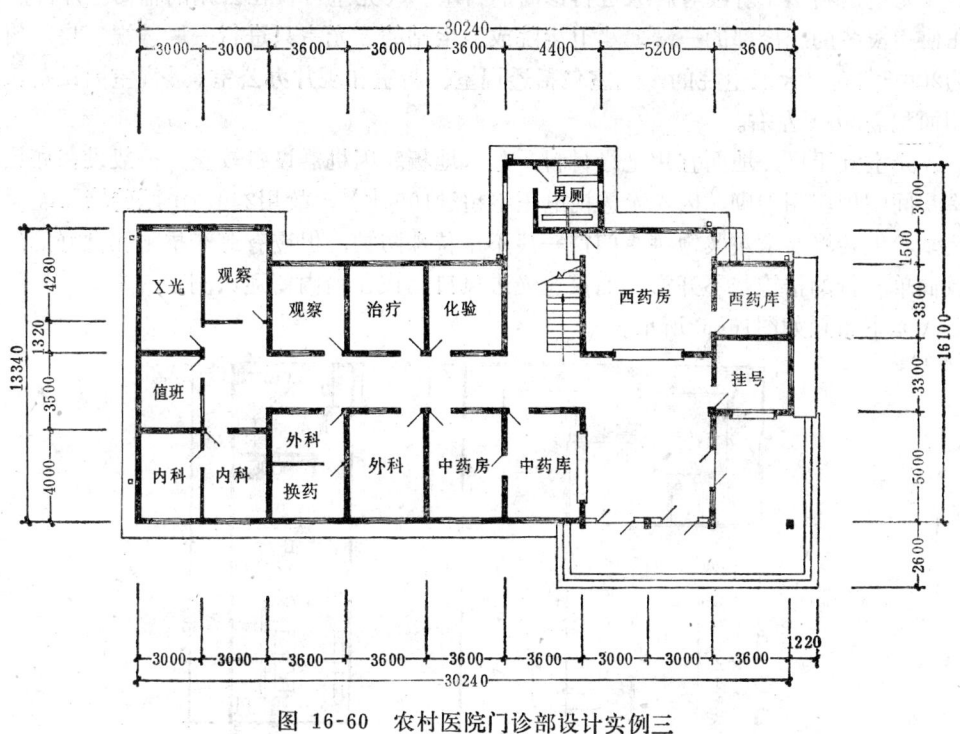

图 16-60　农村医院门诊部设计实例三

避免夏季阳光的辐射热，手术室以朝北为宜。手术室要求良好的通风，窗户应 有 遮 光 设备。

手术室门宽大于1.2m，以便将患 者 用推床推入室内。

手术室布置示例见图16-61。

（二）X光室

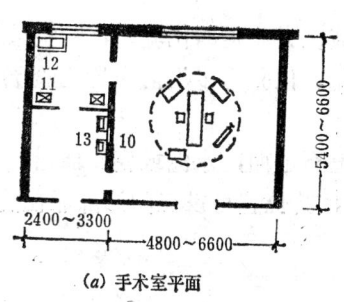

（a）手术室平面

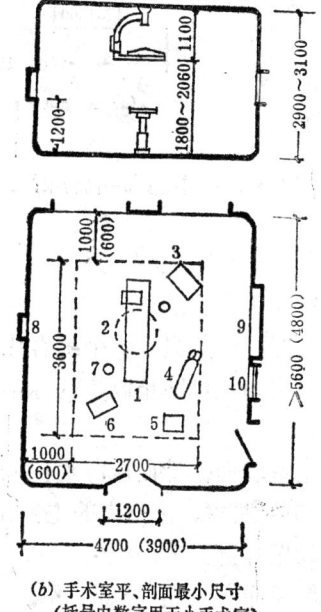

（b）手术室平、剖面最小尺寸
（括号内数字用于小手术室）

图 16-61　手术室布置

1—手术台；2—无影灯；3—器械台；4—氧气瓶；5—麻醉机；6—麻醉台；7—污物台；8—观片箱；9—嵌入式器械柜；10—观察窗；11—消毒箱；12—洗涤池；13—洗手池

X光室是利用X射线对病人进行诊断的科室。X光室可设在公用的辅助医疗部，也可设在使用较多的门诊部的一端。小卫生院或卫生站的X光室只进行一般透视，房间使用面积为20m²左右。大卫生院的X光室包括透视室、暗室和观片办公室，透视室因设备较大，使用面积需30m²左右。

X光室宜干燥，地面宜用绝缘材料，如木地板。因机器设备较重，一般设在底层。X光室房间四周应用砖砌，因X光透视电压不超过1000kV，故用240mm厚砖墙已能满足防护要求，但砖墙要求灰浆饱满。门窗一般不用特殊防护，但应有遮光措施和良好的通风。比较简单易行的措施是不开窗，而设遮光进风口，或在墙内留通风洞。

X光室布置如图16-62所示。

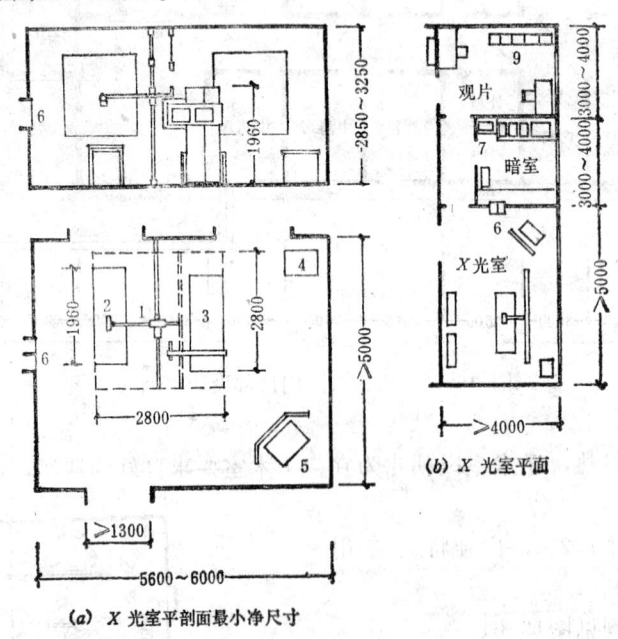

(a) X光室平剖面最小净尺寸

(b) X光室平面

图 16-62　X光室布置

1—X光机；2—平床；3—回转床；4—变压器；5—控制台；6—传片箱；7—洗片池；8—工作台；9—存片柜

（三）化验室

农村医院一般只设一个综合化验室做常规的血液、大小便的化验。化验室最好朝北，北向光线均匀且可防止收检的标本因日晒后引起变化。化验室多沿窗布置化验台和工作台。

化验室墙面、地面应方便洗刷，常用水泥或水磨石地面，水泥或瓷砖墙裙。房间使用面积约20m²左右。化验室的主要化验工作来自门诊，其位置可设在门诊部靠住院部的一端或辅助医疗部。

化验室布置见图16-63所示。

八、住院部设计

农村医院病床较少，一般采用混合单元。一个20～30床位规模的卫生院，只设一个护理单元，规模较大的设两个护理单元，如内、儿科和外、妇科。

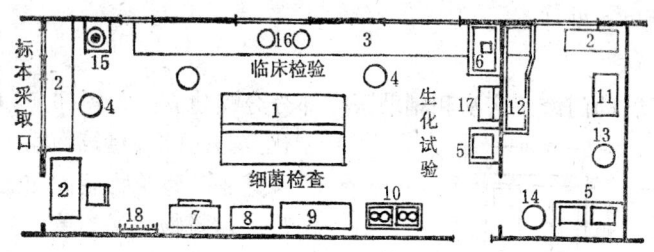

图 16-63　化验室布置

1—中心操作台；2—工作台（桌）；3—边操作台；4—工作圆凳；5—洗涤池；6—通风柜；7—冰箱；8—培养箱；9—无菌接种箱；10—天平台；11—干燥箱；12—鹅化池；13—消毒液缸；14—污物桶；15—离心机；16—显微镜；17—柜；18—挂衣钩

由于病房床位数量不多，为适应男女病人、不同病情病种病人的分房问题，不宜采用大病房，一般2～4床为好。农民多属自费医疗，住院时间一般不长，且生活护理大多靠陪伴的家属，夜间一般也在病房伴宿。小病房对改善卫生，减少相互干扰也较为有利。

（一）护理单元

农村医院护理单元由病房、辅助用房（医护办公室、值班室、治疗室和药品贮藏室）和公共交通部分（走廊、楼梯）组成。一般不设餐室和配餐室。妇产科病房可设分娩室和婴儿室。

护理单元通常采用走廊式平面组合。内廊式组合宜将辅助用房及单人病房布置在北向，病房应尽量布置在南向，南方地区气候炎热，多采用外廊式布置。

图16-64、图16-65为护理单元平面布置。

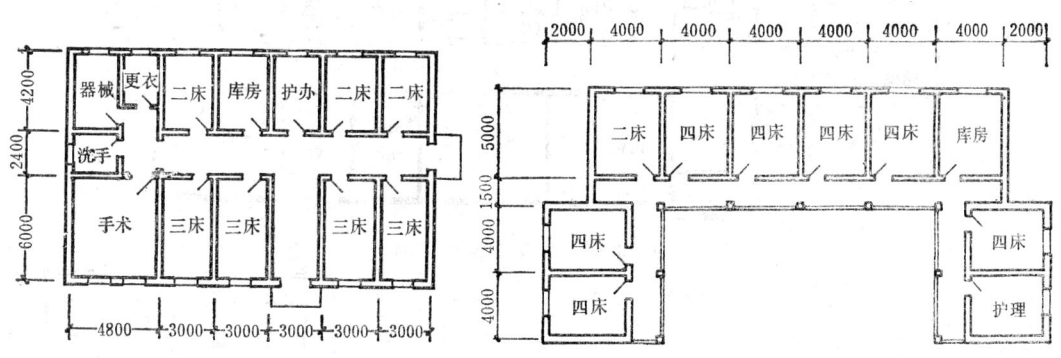

图 16-64　内廊式护理单元平面　　　　图 16-65　外廊式护理单元平面

（二）病房

农村医院病房以2～4床为宜，为了方便对危重病人的重点护理，避免对其他病人的影响，护理单元内应设置少量单人病房和两人病房，病房的尺寸应按病房床位的多少而定。通常开间为3.0～3.6m，进深为4.2～6.0m，病房一般设病床，床头柜和靠椅三种家具，如图16-66所示。

病房要求朝向、通风良好，环境安静，病房内的墙面、地面应尽量避免凹凸不平，以免积灰，墙面最好做1.2～1.5m高的油漆墙裙，色调应明朗轻快。

住院部实例见图16-67所示。

九、农村医院组合设计

（一）分立式

分立式是将医院的门诊、病房和辅助医疗部分分幢建立，如图16-68（a）。分立式的优点是医院各建筑物隔离好，易于防止交叉感染，建筑物朝向和通风较好，环境安静；建筑物结构简单，便于分期建设。缺点是占地面积大，交通路线较长，使各部分联系不太便利。图16-69所示为分立式布置的医院平面布局。

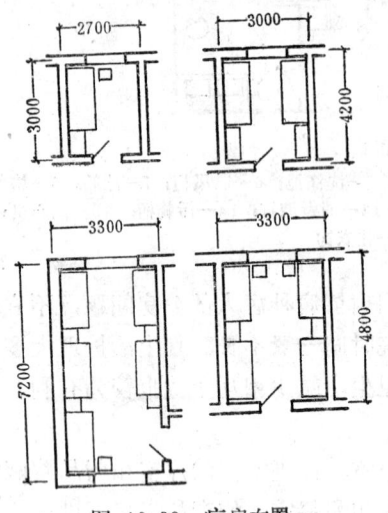

图 16-66 病房布置

（二）集中式

集中式是将门诊、病房和辅助医疗部分集中在一幢建筑内，如图16-68（b）。这种布置方式各部分之间联系方便，有利于综合治疗，建筑物占地面积少，管理集中，可节约投资与维修费。缺点是增加了交叉感染的机会，相互干扰大，不便于分期施工建设，一次性投资费用大。图16-70为集中式布置的医院平面布局。

（三）混合式

混合式是将病房和门诊分建，中间由共同使用的辅助医疗部将它们连在一起，而形成

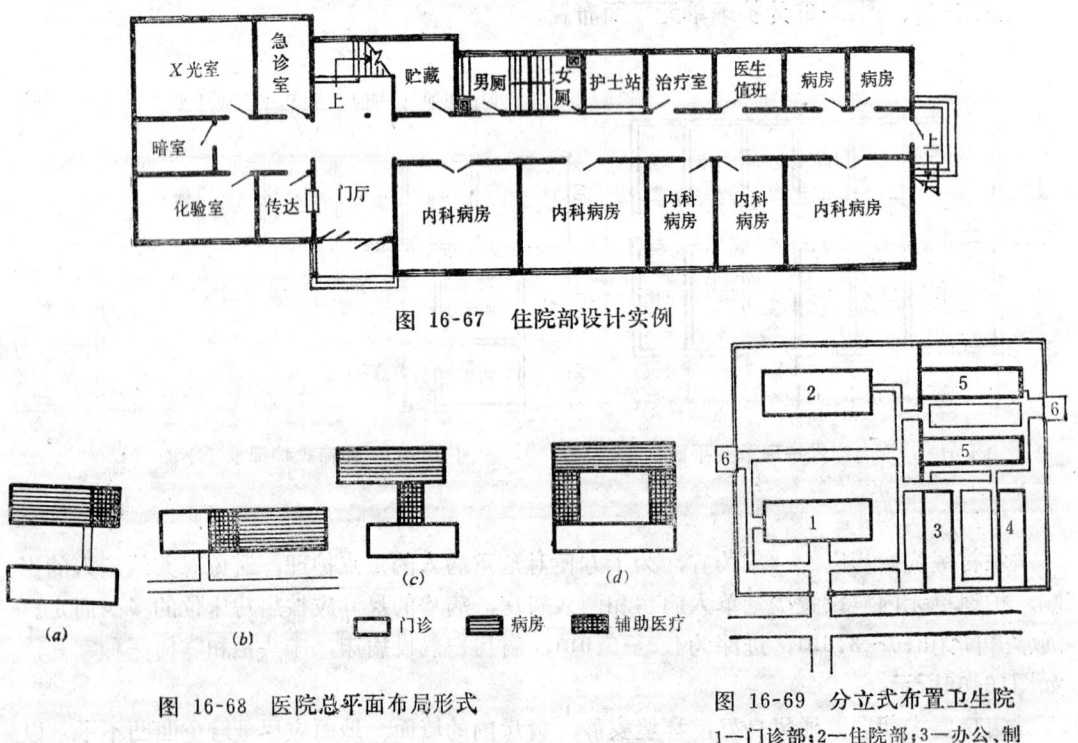

图 16-67 住院部设计实例

图 16-68 医院总平面布局形式

□ 门诊 ■ 病房 ▩ 辅助医疗

图 16-69 分立式布置卫生院

1—门诊部；2—住院部；3—办公、制剂；4—食堂、仓库；5—宿舍；6—厕所

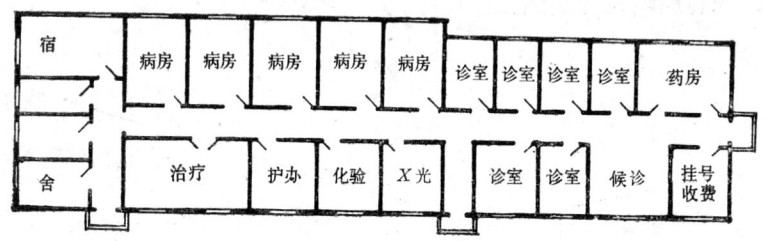

图 16-70　集中式布置卫生院

工字形或王字形的布置，如图16-68（c）。这是介于分立式和集中式之间的形式，其优点是门诊和病房既有一定隔离而又联系方便。有利于医院的管理，用地、投资较为节约。缺点是部分房间的朝向、采光、通风较差。图16-71为混合式布置的医院平面布局。

（四）院落式

院落式是将医院的医疗和服务用房围绕庭院布置，如图16-68（d）。其优点是庭院受外界干扰少，便于分隔和管理。但相互干扰较大，东西向房间较多。图16-72所示为院落式布局的医院平面。

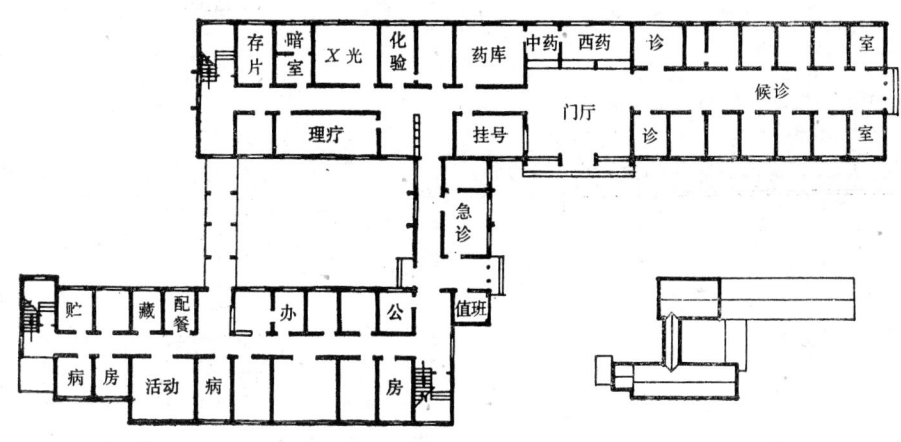

图 16-71　混合式布置卫生院

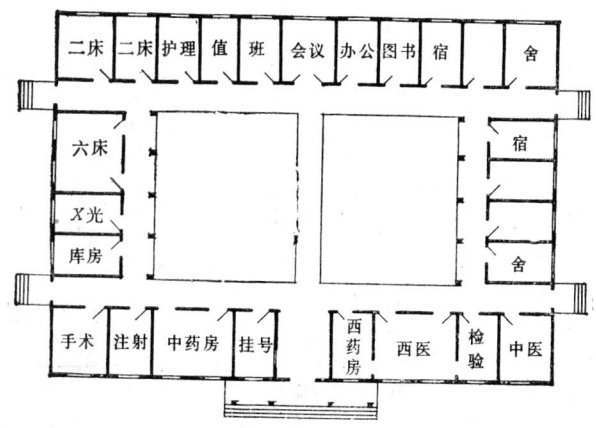

图 16-72　院落式布置卫生院

十、农村医院设计实例（图16-73）

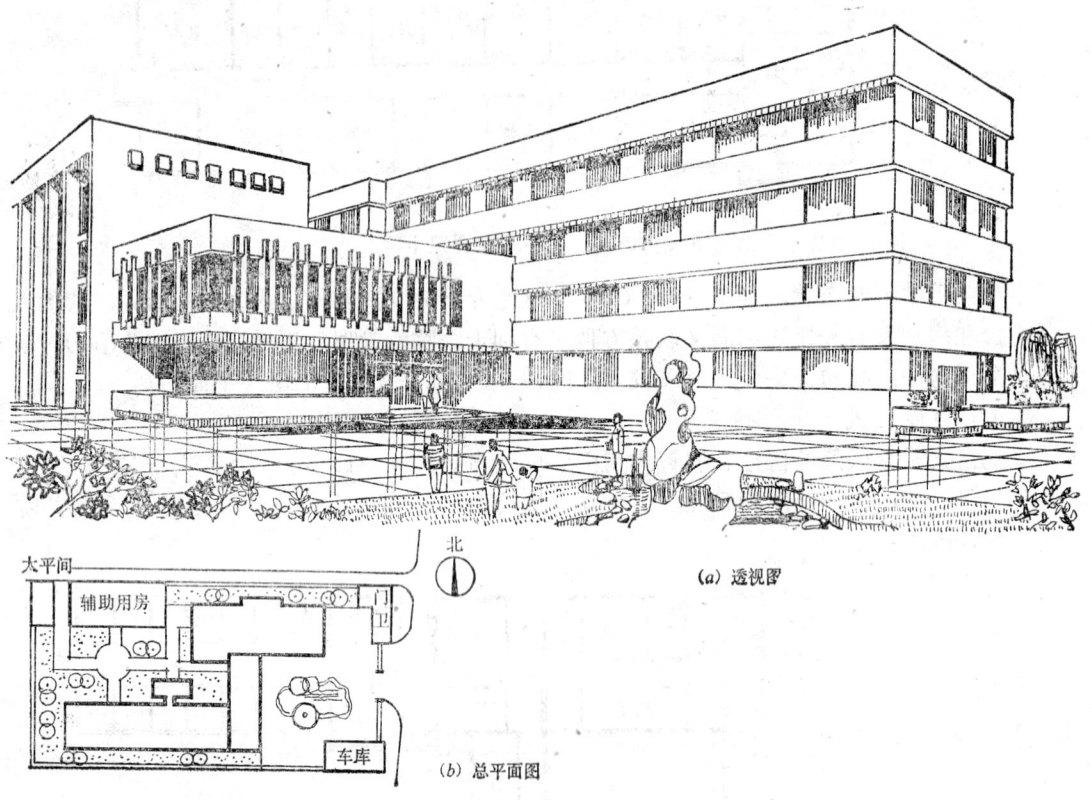

（a）透视图

大平间

辅助用房

车库

（b）总平面图

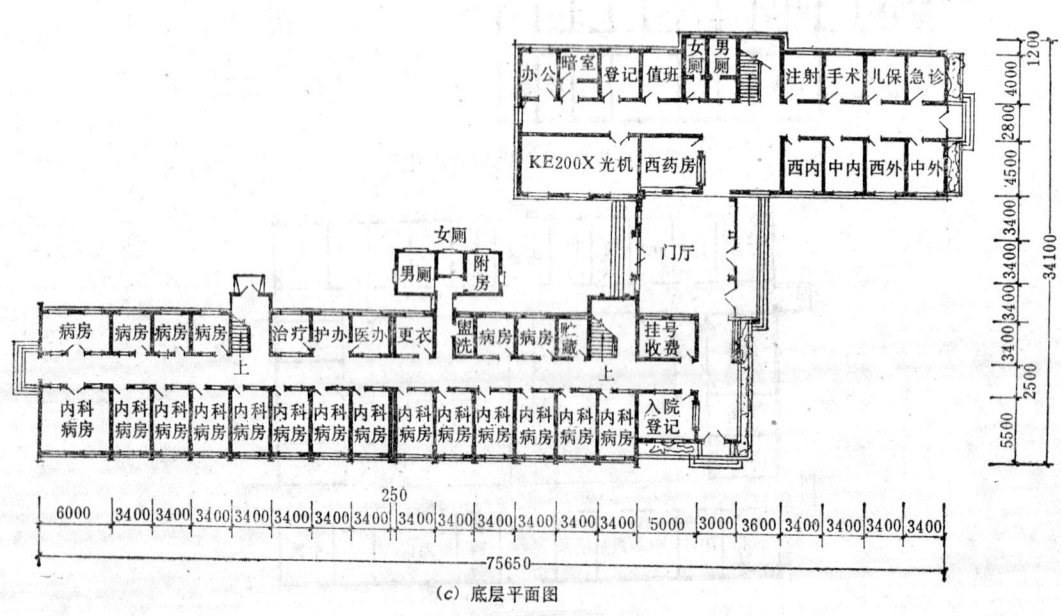

（c）底层平面图

图16-73 某镇中心卫生院（一）

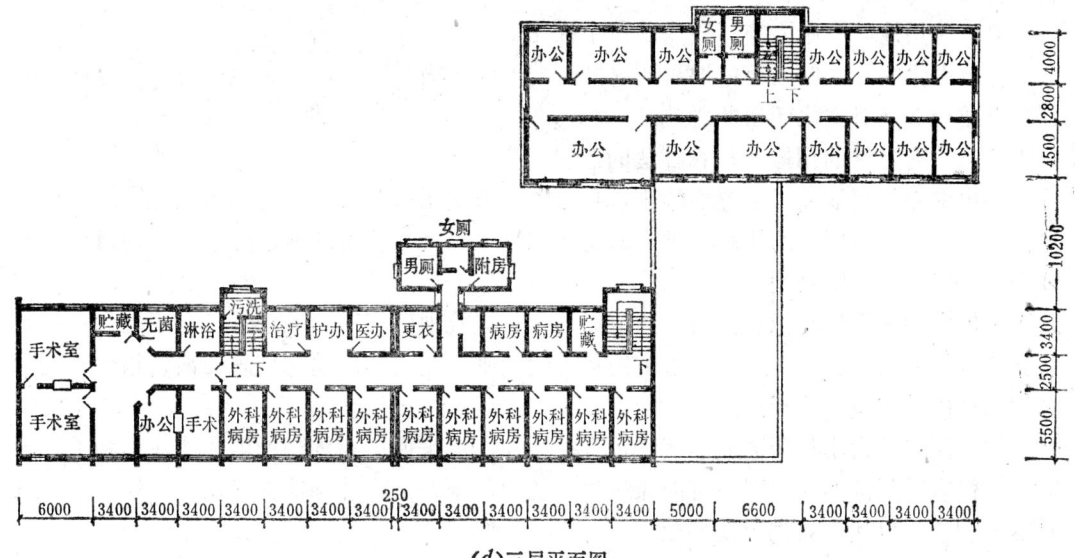

(d)三层平面图

图 16-73　某镇中心卫生院（二）

　　本实例为某镇中心卫生院，距县城约23km。服务对象为某镇及其周围五个乡的188000人，门诊量为200人次/d。

　　根据用地范围总平面采取混合式布置，门诊部设于主楼北部，一、二楼为门诊，三、四层为办公。病房部分位于主楼南部，设有100床位。辅助医疗部分设于中间的联结体部分。这种布置方式有利于各部分相互间的隔离、保持环境安静，同时各部联系便捷、医护工作方便、节约用地、节约投资，是一种较适合于乡镇卫生院的布置形式。

　　该卫生院有四个出入口：门诊、急诊、住院部、供应，以避免人流交叉感染，唯办公部分与门诊合用一个出入口不甚合理。门诊部的挂号、取药、注射等均分散设置，以避免人流过分集中。候诊室布置在加宽的走廊里。病房部分共四层，每层为一个护理单元，每个护理单元25个床位。采用内廊式组合，病房布置南向，辅助用房和单人病房布置在北向。

第五节　村镇文化中心设计

　　村镇文化中心是为广大农民群众提供学习科学文化知识，进行文化、体育、娱乐活动的场所，是整个农村乡镇建设的一个主要方面。村镇文化中心的建立，对于改善农村文化发展的落后面貌，丰富农民的文化生活，促进农村各项事业的发展，具有重要意义。

一、村镇文化中心的用地选择和总体布置

（一）要结合村镇总体规划要求

　　村镇的详细规划对主要的公共设施分布都作了布置，通常要照顾到公共文化设施布点的均匀和合理的服务半径，还要考虑到公共交通的方便和商业服务设施的配套情况。村镇文化中心，无论在性质上、标准上、体量上常常构成一个村镇的重要中心，对村镇面貌有重要的影响。因此，文化中心的选址应结合村镇总体规划要求，应有利于形成完整的、配套的公共活动中心。

（二）用地环境应安静、减少噪声干扰

村镇文化中心一般应避免把用地选择在繁忙的运输干道、铁路干线或露天体育场等附近，以减少噪声对文化活动的影响。

（三）有足够的用地面积和合适的形状

文化中心的用地除了布置主体建筑和必要的附属用房外，还要考虑人流进出场的交通疏散，车辆的停放所需的场地；供内部交通联系、道具等的运送和消防车出入的通路；以及必要的绿化、庭院场地等。

文化中心的性质、标准、所处的地段环境、以及地区气候、地形等，对用地大小的确定有着直接的关系。总之，应本着节约用地的原则防止因片面追求气魄而浪费用地，应避免占用良田，尽量减少拆迁。

用地面积的大小与所选地形形状也有联系。一般来说，不规则的地段往往不利于紧凑布置，但有时局部的不规则有可能通过建筑的灵活组合、室外场地、绿化等的处理，加以巧妙地利用，以达到布局紧凑的效果。

（四）注意用地和周围道路的关系

一般来说，两面临街，其中一面临次要街道的地段，对布置文化中心比较有利。这样可以利用次要街道疏散人流以减小或缓冲对主要街道的人流压力，保证交通安全、迅速。当然，从交通疏散来说，三面临街更为方便，但会带来噪声大，增加临街面处理困难等缺点。一面临街时，情况正好相反。

二、村镇文化中心的组成

村镇文化中心的基本组成为影剧院部分、科技文化活动部分（包括图书阅览室、教室、展览室等）、体育娱乐活动部分（包括乒乓球室、健身房、灯光球场、棋类活动室、舞厅、录相厅、电子游戏室等）。

其中影剧院部分不论在规模、标准、空间上还是在使用人数上均在文化中心内占有主导地位，也是村镇文化中心设计的重点。

三、影剧院设计

（一）影剧院的规模与组成

村镇影剧院应能满足上演小型戏剧、小型歌舞、放映电影和集会等多种用途，其规模以乡镇的人口密度和影剧院的服务半径为依据。乡镇影剧院的基本观众约6000人，中等乡镇则为8000人左右，大的乡镇则为万人以上。因此影剧院的容纳人数以1000座位左右为宜，最小不少于500座，最大不宜超过1200座。山区及丘陵地带应以800座为宜，平原地区可用1000座，人口密集的地区可根据情况在1200座以内。

影剧院的组成根据功能要求和使用特点可分为以下几个部分：

舞台部分：包括舞台（基本台）、侧台、后台（化妆室、服装、道具用房、卫生间等）。

观众部分：包括观众厅、门厅、休息厅、卫生间、小卖部等。

放映部分：包括放映室、倒片室、配电室、播音室、休息室等。

管理及辅助用房部分：包括办公室、售票房，规模较大的影剧院还应有排练厅、美工室等。

（二）舞台部分设计

1.舞台（基本台）

舞台是影剧院演出部分的中心。演员要在这里登台表演，电影在舞台上放映。因此，保证合适的演出空间，安排好直接配合演出的各种设备，是舞台设计的基本问题。

村镇影剧院的舞台，以演出地方戏曲、小型歌舞为主，对舞台要求可适当降低。同时限于投资能力，多采用较为简易的型式，但也应满足基本的演出要求。

（1）舞台深度　不同剧种因其表演、布景、灯光等各有特点而有不同的要求，加上大幕区，有的还要设假台口和防火幕等。考虑以上因素村镇影剧院舞台深度做到15~18m即可满足。

（2）舞台宽度　一般做法是与观众厅相等。这样对设置侧幕，留出天桥占用的宽度并控制合适的台口比例，都能适应。对于结构和外形整齐也有好处。

（3）台口宽度　应大于或等于表演区（大幕会有遮挡），还要考虑放电影时，宽银幕的宽度（一般为11~12m），故取值为12~14m。

（4）台口高度　首先与布景高度有关，其次要考虑电影银幕高度和台口本身比例。有楼座的观众厅还要保证楼座观众至少能看到天幕背景高度的2/3以上。布景一般高为6~7m，故台口高度通常做到6~8m。

（5）舞台高度　是指舞台面至棚顶或顶部工作天桥底面之间的高度。舞台面一般比观众厅前排地坪高1m左右。过高，前排观众看不见舞台面；过低，会使观众厅地面起坡加大，不经济。

由舞台面至棚顶高度主要根据悬挂布景需要的高度和遮挡观众视线的要求确定，由于台口高度一般已综合考虑了最大景片的高度，故舞台高度一般按2倍台口高度加1~2m即可。

舞台基本尺度如图16~74所示

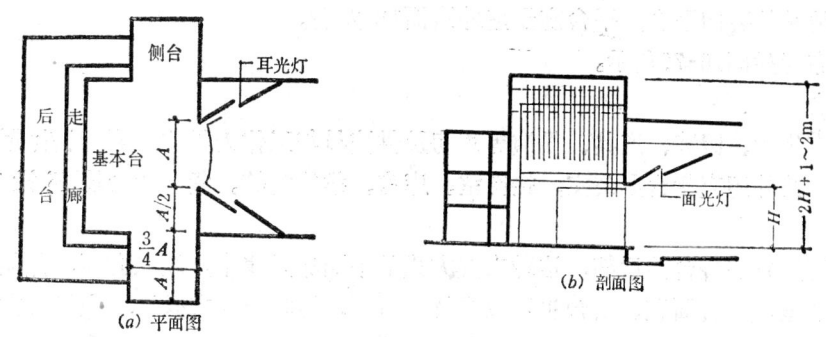

图 16-74　舞台基本尺度

（6）台唇　是指舞台自大幕线向观众厅延伸的部分，它的作用主要供演出前报幕或讲话用，故尺寸都不大，一般为1.5~2m，成直线或弧线形，如图16-75所示。

2.侧台

侧台，供存放、拆换布景之用及堆放道具等。根据舞台规模不同，有在一侧或两侧设置。侧台宽度一般应大于等于台口宽度，侧台深度等于表演区深度或为台口宽的3/4左右。为了运输布景、道具，至少一边侧台应设有宽阔的大门（必要时可供汽车直接出入）。

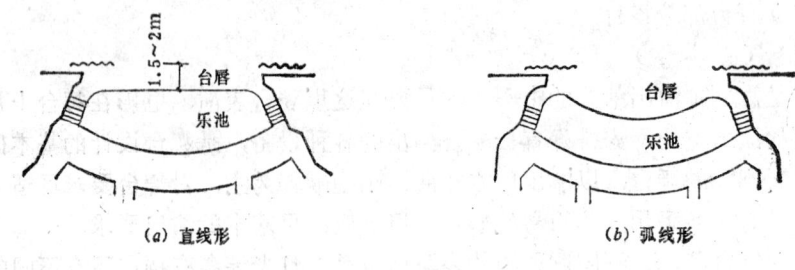

(a) 直线形　　　　　　　　　　　　(b) 弧线形

图 16-75　台唇平面形式

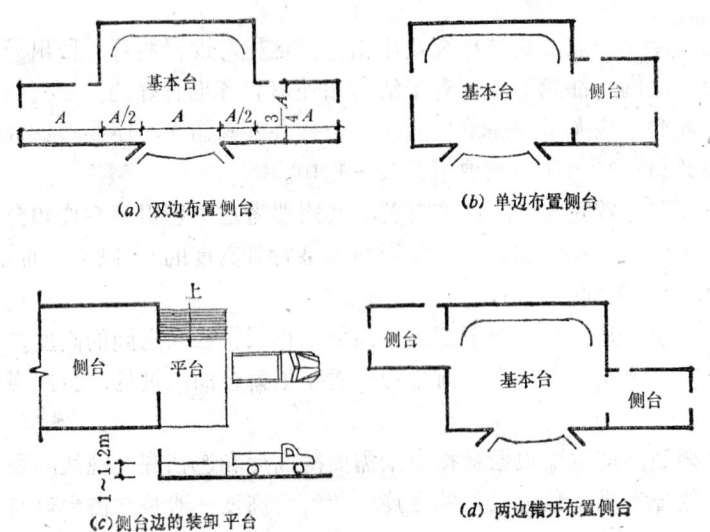

(a) 双边布置侧台　　　　　　　　(b) 单边布置侧台

(c) 侧台边的装卸平台　　　　　　(d) 两边错开布置侧台

图 16-76　侧台布置

门外设带坡道的装卸平台。平台高于室外路面1m左右。

　　侧台布置如图16-76所示。

　　3.后台

　　一般有化妆、服装、道具、候演等用房及供演员与工作人员使用的卫生用房（厕、洗、浴），此外还有舞台办公室、接待室、库房、维修室等。紧挨后台墙还设有跑场通道。

　　后台可设置在舞台的后部，这种布置方式的平面布置集中，联系方便，并能利用过道兼做跑场通道以节省面积。后台也可设在舞台一侧，这种布置方式演员上场较方便，与车台换景路线互不干扰，但存在着用房布置比较分散，管理不便，后台需专设跑场走道、面积较浪费等问题。后台布置如图16-77所示。

　　（三）电影放映部分设计

　　1.放映室

　　一般影剧院都设两台放映机，一台幻灯机和相应的电气附属设施。条件好的还考虑一台备用设备，防止因临时出故障影响演出。

　　放映室的位置要考虑合适的放映距离、放映角度、本身的采光、通风以及工作人员出入和送片的方便。

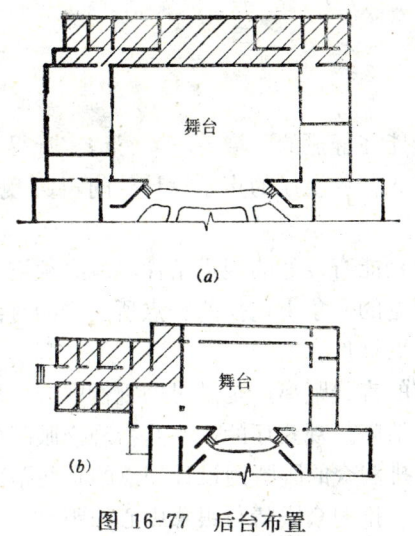

(a)

(b)

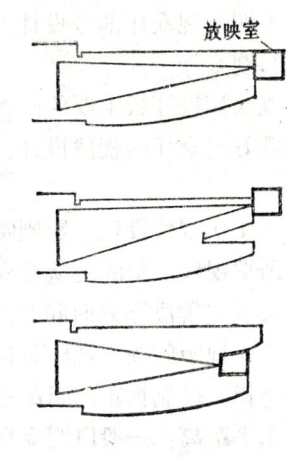

放映室

图 16-77 后台布置

图 16-78 放映室的设置位置

通常，放映室都设在池座或楼座的后部，如图16-78所示。

国产35mm固定式放映机，最远放映距离约36m，可满足一般影院的放映要求。放映室设于池座后部其放映角度较设于楼座后部为好。但从池座后部发出的光束对楼座观众看映像有一定影响。

放映室对采光要求不高，但通风要求良好，以减少放映过程散发出的余热和有害气体。

放映室的净宽应大于或等于3m。当倒片桌或电气设备放在放映间的放映机背后时，净宽应大于或等于3.5m。放映室的净高一般应大等于3.2m，这主要是根据通风、散热要求来确定的，如图16-79所示。

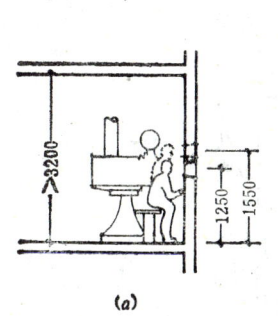

(a)

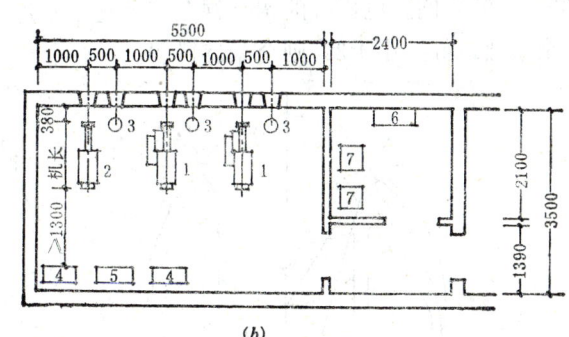

(b)

图 16-79 放映室布置

1—放映机；2—幻灯机；3—壁灯；4—整流器；5—配电设备；6—倒片桌；7—储片柜

2．放映孔

放映室的放映孔标高应比观众厅最后一排地坪高1.9m以上，以免光束受观众遮挡。观察孔一般在放映机右侧500mm处；孔中心离地面高为1.25～1.55 m；孔内径不小于150×150mm；外径不小于200×200mm。放映孔的大小与此相同，但高度应根据放映光轴倾角来确定。

3．电气部分、倒片装置、办公和附属用房根据规模和条件，可以和放映室合并设置，也可以分间设置。

（四）观众厅部分设计

1.观众厅

观众厅设计最主要的问题是保证每一观众能在舒适的环境下，看得清、听得好。为此要处理好观众厅的视线设计、观众厅的平面形式、观众厅的声学设计等问题。现分述如下：

（1）视线设计　影剧院观众厅要保证观众能有良好的视觉条件，就必须进行视线设计。所谓视线，指的是从观众的眼睛，到所观看的对象上选择的一点所连成的直线。视线设计要研究解决三方面问题：视距、视角和地面坡度。

1）视距问题　视距是指观众与对象之间的直线距离，是满足明视性中分辨度的一个控制指标。控制视距的目的是为了保证视觉的清晰。观众厅的视距是指观众眼睛到设计视点的水平距离。一般以观众厅中轴线上最后一排观众的眼睛到设计视点的直线距离作为视线控制的最远视距。对观看电影来说是指最后一排观众眼睛与银幕中心的距离。

一般剧院的最远视距要求是30～33m，电影放映的最远视距要求是36m。

2）视角问题　除了视距外，观看角度好坏对于观演效果也有着重要的影响。设计上对视角着重从三方面进行检验：水平视角、垂直控制角和水平控制角。

①水平视角　主要是控制观众厅中轴线上的观众眼睛与台口两侧框或银幕边的连线所构成的夹角，如图16-80所示。若水平视角太大，则座位距舞台过近，观看费力，头部不时要移动；水平视角太小，则座位距舞台过远，舞台目标小，且很多台框以外的东西进入视野，使注意力不集中，容易造成视觉疲劳。因此，水平视角太大太小都对观众厅良好的观演效果不利。根据人眼的视野角资料，其水平视野角为146°，垂直视野角为85°，而中心视野区，即视野角中最好的部位是水平角62°，垂直角48°。因此，剧院最好的水平视角应在30°～60°之间。电影院的水平视角，普通银幕应小于40°，宽银幕可以大于40°，一般取55°全景感最好，小于25°则全景感微弱。

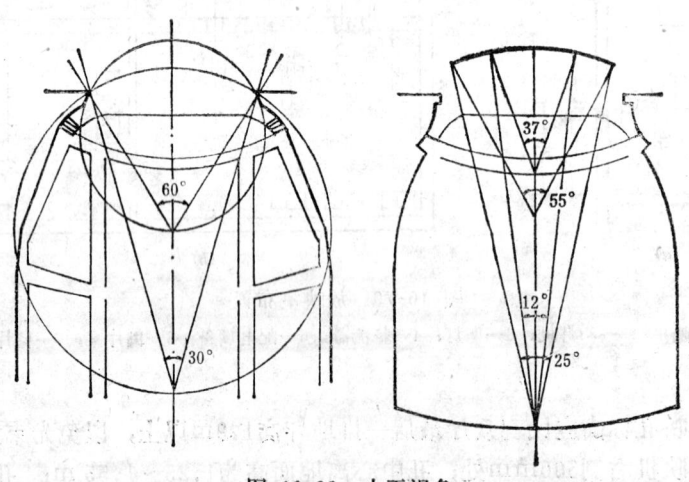

图 16-80　水平视角

在实际设计中，由于剧院观众厅靠舞台近的座位看和听有利，虽然水平视角超出正常范围，但观众却宁前勿后，因此设计时一般都应在舞台或乐池前留出必须的1～2m通道

344

后，开始布置第一排座位。远处的座位其水平视角可能小于30°，但由于剧情吸引人们的注意力，加上台口两侧的处理比较简洁的话，并不严重影响观看效果，因此最远座位主要由视距来控制。

对于普通银幕的电影来说，第一排座位的水平视角控制在37°以内，即相当于银幕宽度的1.5倍距离以外是比较理想的。在实践中，往往为了争取布置较多的座位，把这一数值缩小为1.3左右。对于宽银幕电影来说，第一排座位以距离银幕为0.8倍银幕宽为宜，且应不小于0.6倍。

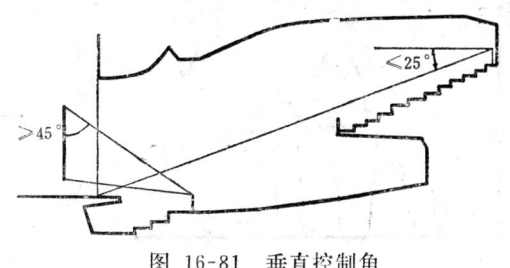

图 16-81 垂直控制角

②垂直控制角 包括俯视角和仰视角，如图16-81所示。前者控制楼座后排观众的观看条件，后者主要是看电影时检验池座前排观众的仰视情况。一般应使楼座最后一排中间座位的俯视角控制在20°以内，最大不超过25°；控制池座第一排中间座观众视线与银幕上边沿的垂直方向夹角应大于或等于45°。

③水平控制角 也称偏座控制角，是指天幕中心与台口相切的连线所夹的角度，如图16-82(a)所示。这一角度愈小，意味着观看条件愈好，观众能看到演出区的全部和天幕背景的极大部分，但座位区相对减少。随着这一角度增大，偏座区观众视线受台口遮挡也相当大。一般要求偏座至少能看到天幕背景1/2以上。因此水平控制角一般在41°～48°范围内。

观看电影时的水平控制角与观看演出时不同，如图 16-82(b)、(c)。由于所看到的是映在平画面上的景象，观众应能看到整个银幕画面，而且看到的映象无严重畸变。因此，其水平控制角是用观众厅两侧座位的极限线与银幕两边所成的水平夹角来表示，一般认为最好在57°以上，不应小于45°。

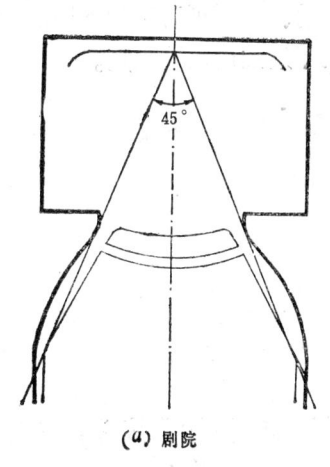

(a) 剧院

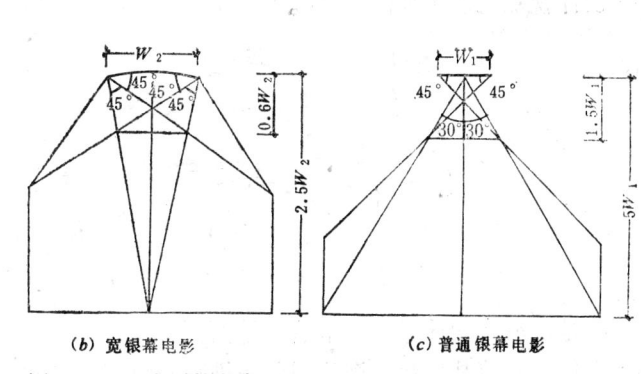

(b) 宽银幕电影　　　　　(c) 普通银幕电影

图 16-82 水平控制角

3）地面坡度设计 保证观众在观剧时视线不受或少受前排观众的遮挡，是视线设计的主要问题。解决的办法是使座位逐排升高，使观众厅地面形成一定的坡度。

地面坡度设计前首先要研究确定以下四方面问题：第一排座位的位置、设计视点的位置、排距、地面升起标准。

关于第一排座位的位置问题，已在前面视角部分讲过。一般标准剧院在采用硬座椅情况下，排距为76~80cm左右。楼座部分每排阶梯较高，排距也要比池座的适当加大，如图16-83所示。

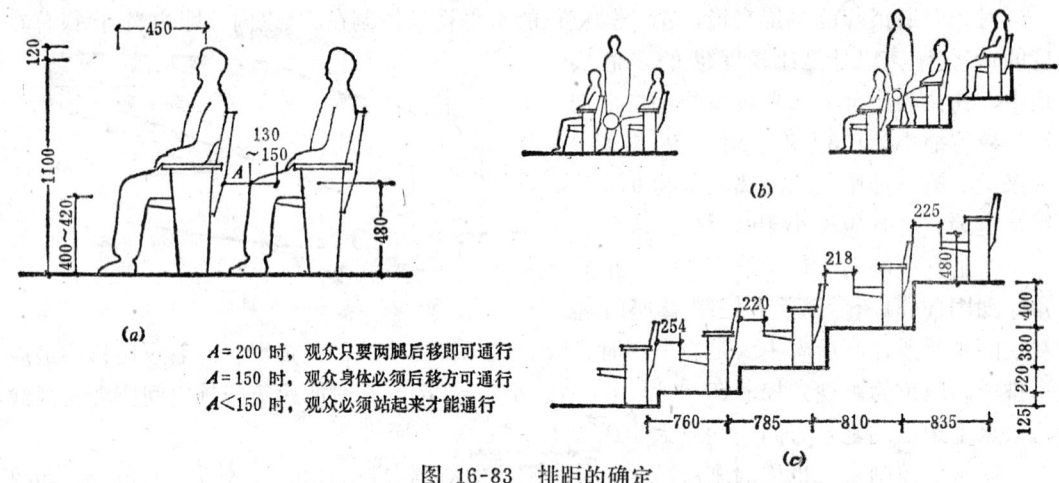

A=200时，观众只要两腿后移即可通行
A=150时，观众身体必须后移方可通行
A<150时，观众必须站起来才能通行

图 16-83 排距的确定
(a)不同排距的通行情况；(b)楼座与池座的排距；(c)不同坡度的排距

设计视点的位置，关系到观众能看到舞台演出的范围和地面坡度的升起大小。

①设计视点的位置 设计视点一般以舞台口大幕的垂直中心线为准。看电影的视点可定在银幕底边中点。看剧的视点若定得低，看到银幕画面比较全，但每排座位要求升起较高。为降低观众厅地面升起的高度，可将视点适当抬高，一般将观看演出时视点定在距舞台面20~50cm处（如图16-84）。银幕因悬挂较高，而且在大幕以内，因此这个视点对观看电影不会有影响。至于楼座，因处在俯视情况下，提高视点对它影响有限，但可使它的地面总升高大为减少。此外，为了改善池座后边的观看条件，前、后区可以采用不同的设计视点高度。把后边设计视点适当压低，实际上等于适当加大了后边的地面坡度。

设计视点的确定如图16-84。

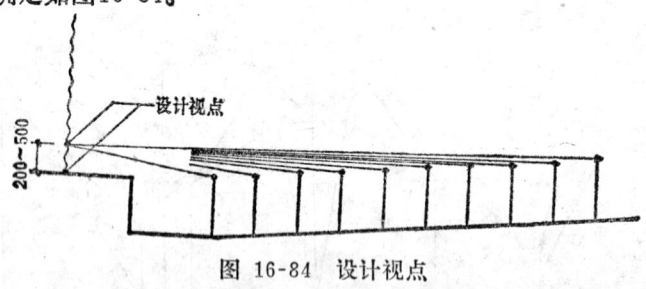

图 16-84 设计视点

②地面坡度设计标准和求法 地面坡度设计标准在视线设计中以"c"表示，简称"c"值。c值是指观众视线与前一排观众眼睛的垂直距离，一般为12cm。

一般来说，后排观众的视线要越过前排观众的头顶，才能保证视线不受阻挡，也就是说，后排观众的眼睛要抬高相当于前排观众的眼睛至头顶这一段垂直高度。根据我国有关实测资料认为通常这一高度是9~12cm。c值的具体确定，除上述因素外，还要结合演出性质、座位排列方式以及经济条件等综合考虑。

在影剧院设计中，大致可分为以下三种标准：

$c = 12cm$。这是观看条件最好的，无遮挡的视线设计标准。用这一标准设计，地面升高较大。

　　$c = 6cm$。这是一般常用的标准。其视线质量也是比较好的。这一标准相当于隔排升起$12cm$。因此要求观众厅中区座位错开布置，使后排观众视线能从前排观众头部之间的空隙穿过，再擦过前面第二排观众头顶落到设计视点上。观众厅两侧座位处在斜视情况下不需错位布置。

　　$c = 4cm$。这也是把中区座位错开布置，使隔两排时视线不受遮挡。采用这种标准，地面升起小。从这一点讲比较经济，但只能满足最低观看要求。

　　地面升起的三种标准如图16-85所示。

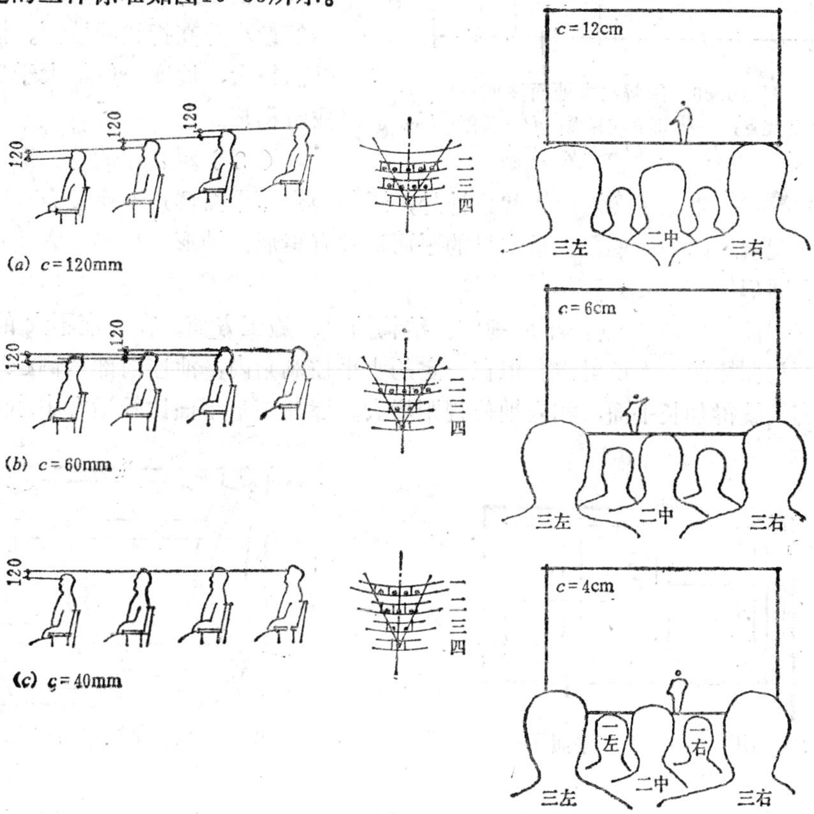

图 16-85　地面升起标准

　　地面坡度怎么求法呢？常用的有图解法、分阶递加法和相似三角形数解法等方法。下面仅介绍利用图解求地面坡度的方法。

　　如图16-86所示，假设设计视点在O点，$c = 6cm$，观众眼睛距地面高度为h'，设计视点至第一排观众眼睛的水平距离为l，排距为d'，求法为：

　　第一步，将已选定的以上各值，按选用的比例尺画出。

　　第二步，由O、A连线延长至B点，B点即第二排观众眼睛的位置；在B点上加$c = 6cm$，得点E，O、E的连线延长至F点，F点即第三排眼睛的位置；再加$c = 6cm$，……直至最后一排。

　　第三步，画出各排观众眼睛距地面的高度h'下端点即地面标高，它们的连线就是地面坡度线。

图解法画图应采用较大比例尺，以1:20或1:30为宜，过小误差太大，失去实用意义。

通过以上方法求得的结果，往往还需要根据其它设计因素进行调整，直至获得满意的结果后，再进行制图。

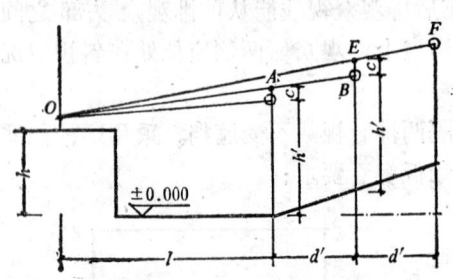

图 16-86 图解法求地面坡度

O—设计视点；c—地面升起标准；d′—排距；h—设计视点高度；h′—观众眼睛高度

观众厅池座地面的坡面有曲线形、直线形、折线形和阶梯形等。一般来说，曲线形地面符合坡度计算结果，可以降低升起高度，但施工不便；直线形地面，升起值大，很不经济；在实践中常采用接近曲线的最小升高折线的坡面。楼座由于每排升高较大，坡度一般都大于1:6，必须做成阶梯形。

（2）观众厅的平面形式及座位布置

观众厅的视听效果除了要考虑视线设计外，还与观众厅平面形式、座位布置有密切关系。

1）观众厅的平面形式 最常见的平面形式有矩形、钟形、扇形、六角形，此外还有马蹄形和圆形等。

矩形平面（图16-87），平面规整、结构简单、施工方便。在跨度不大的情况下，能有效地利用侧墙的一次反射声。但在一定的水平控制角内，池座前部两侧越出范围较大。为保持容量就得加长平面，相应地使视距增大。因此矩形平面比较适合中小型影剧院。

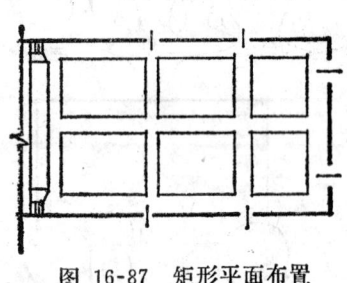

图 16-87 矩形平面布置

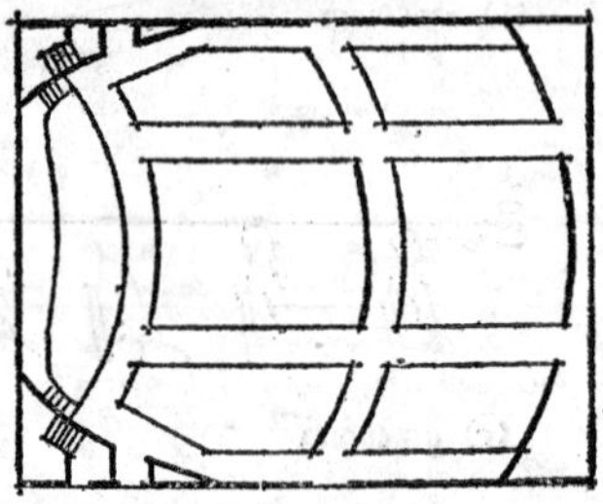

图 16-88 钟形平面观众厅

钟形平面（图16-88），基本与矩形平面相似，但其在水平控制角范围内的有效部分较矩形大，偏座区比矩形少。能有效地利用台口两侧墙改善音质，结构基本上可按矩形平面来处理，故应用较为广泛。

其它形状的平面形式，在村镇影剧院中应用较少。

观众厅的面积与其平面形式和内部座位，走道等的布置有直接关系，作建筑方案时，可按每个座位0.6～0.7m²估算。

2）观众厅的座位布置 除了应满足视线要求外，还要保证观众通行方便、疏散迅速、紧凑合理而且应与出入口和门厅、休息厅的布置方式统一考虑，通常有两种布置方式。

①短排法 如图16-89，一般设2～4个纵走道，2～3个横走道。规范要求，横走道之间的座位排数不宜超过20排。两纵走道之间的座位数每排不宜超过18个。如一侧靠墙，仅

一边有纵过道时，每排不宜超过9个座位。

短排法排距一般为76～85cm，座位宽通常为48～50cm，主要疏散走道宽度一般不得小于110cm。次要走道不得小于90cm。

短排法布置对于观众在内部通行比较方便，但走道占用了大量好座位区，迟到观众对边区观众干扰较大，观众厅内部空间也不够完整。

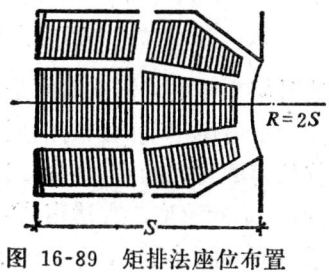

图 16-89 矩排法座位布置

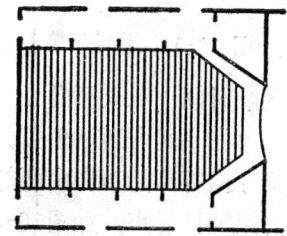

图 16-90 长排法座位布置

②长排法 如图16-90，这种布置方式采用适当放宽排距，取消一般观众厅中部的纵横走道，把观众厅布满座位。为了通行和疏散，规范要求排距应大于或等于90cm，每排座位不超过50个。

长排法的布置，要求加强其两侧的疏散出入口和侧厅的作用。因此，这种布置方式在疏散上是比较迅速、安全的。此外，观众厅内部空间完整，好座位区较多，适用于规模小，标准高的影剧院。

观众厅的座位排列，除了布置方式外，还要考虑一定的横排曲率，以便更好地面对表演区，一般要求曲率半径大于或等于两倍观众厅长度。

（3）观众厅的声学设计 观众厅的设计除了要让观众看得"好"外，还要让观众听得"好"，这就要求观众厅的声音效果必须有足够的响度、清晰度和丰满度。声音的响度可以用扬声器的电传音及合适的大厅体型处理给予保证，声音的清晰度与丰满度则须创造最佳混响时间。具体设计可从以下几方面进行考虑。

1）观众厅的体量控制 观众厅的体量与响度有密切的关系，如声源小，体积太大，声能密度就小，响度就不够，须用电声。一般音乐类房间超过20000m³须用电声，一般语言类房间超过2800m³须有电声。房间体量与混响时间的要求也有关系。因此，在空间体积上，影剧院一般以4.5～5.5m³/座为宜。

2）观众厅体型的选择 观众厅的体型设计对室内音质有很大影响，体型不同的观众厅，音质效果也是不同的。

观众厅的平面形状，村镇影剧院主要是矩形和钟形。矩形平面当跨度不大时，声能分布较均匀，能有效利用侧墙的一次反射声。但随着跨度增大，池座前部接受侧墙一次反射声的空白区也增大，影响到观众厅的声音质量。为了加强侧墙对声音的反射，将靠近舞台口部分的侧墙做成八字形，形成钟形平面，如图16-91（a）。

观众厅剖面形状，主要是对天棚的处理。一般都利用天棚作为主要的反射面，依据声音反射规律把天棚做成分段折线形状，使声音分布均匀，如图16-91（b）。天棚不宜做成大型凹面，以防声音形成聚焦，一般也不做成吸音面。后墙通常作吸声处理，避免对前面座席产生回声干扰。把后墙上部做成向前倾斜的反射面，还可增加后部座席的声音响度，如图16-91（b）所示。

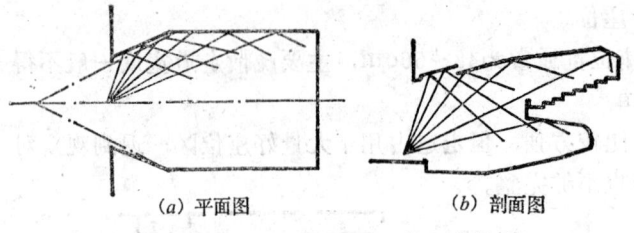

(a) 平面图　　　(b) 剖面图

图 16-91　音质与观众厅体形的关系

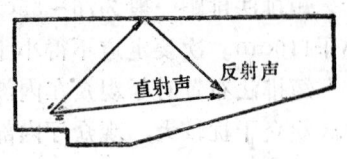

图 16-92　观众厅内声音的传播

3）混响时间　观众厅的音质设计，主要由混响时间来控制。混响时间是指发音停止后，由于声波在房间内通过顶棚、墙面等接触面的多次反射所出现的余音的延长时间。

在观众厅内听到的声音由两部分组成：一是直接从声源传来的直达声；二是由顶棚、墙面等反射来的反射声，如图16-92。由于声音传播有一定的速度，直达声与反射声往往不是同时被听众听到，而是有一定的时间间隔。如果时间间隔小于0.05s，则听众分辨不出直达声和反射声的区别，只觉得声音在加强和延续，如果间隔时间大于0.05s，听众就能分辨出反射声，也就是听到回声，这在观众厅是不允许的。

混响可以加强声音的响度和丰满度，但过长时间混响将影响声音的清晰，是观众厅内音质不良的重要原因之一。

混响时间可以采用下述公式计算：

$$T = \frac{KV}{\overline{\alpha} S}$$

式中　T——混响时间（s）；

K——常数，一般取0.16；

V——房间的容积；

$\overline{\alpha}$——房间内表面平均吸声系数；

S——房间内总表面积。

从公式中可知混响时间和观众厅容积成正比，和材料的吸声系数成反比。观众厅要创造良好的音质效果，就必须首先控制最佳混响时间。最佳混响时间是用实测方法得出的。不同规模与用途的房间所应保证的最佳混响时间不完全相同。中小型影剧院对500Hz的声音，混响时间可为1～1.5s。

观众厅由于容积大，如不处理往往混响时间过长，而影响声音的清晰度。所以通常需要敷设一些吸声系数较高的材料，以达到缩短混响时间的目的。这些材料常设在观众厅后部的顶棚和墙面上。同时，为了加强观众厅中部和后部的反射声，通常将靠近舞台的侧墙和顶棚做成反射面。如图 16-93，是观众厅吸声材料布置的例子。

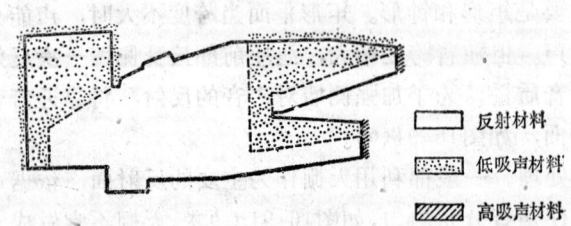

	反射材料
	低吸声材料
	高吸声材料

图 16-93　观众厅吸声材料布置

2.门厅及休息厅设计

门厅及休息厅主要是供观众在演出前及演出场间休息时，停留等候和交通休息等用。其面积的大小要根据影剧院的性质、规模以及地区差别等要求而定。一般情况下，门厅面积0.20～0.30 m²/座、休息厅

$0.30 \sim 0.34 m^2$/座。

（1）门厅　门厅是人们进入影剧院后首先到达的室内空间，主要起着分配人流和交通缓冲的作用，同时可隔离外界噪音并使人们的眼睛由室外至较暗的观众厅有个明暗适应过程。

门厅设计应考虑观众的入场及散场流线方向明确、线路短捷、通路分区明确并符合防火标准和疏散要求。

设在门厅中的服务、小卖部分位置要合适，不应被人流穿行，有足够的停留等候面积以便于观众使用。

门厅往往成为整个影剧院艺术处理的重点，它的处理应给人以开朗、活泼、亲切的气氛。

（2）休息厅　休息厅主要起观众等候开演、进行交谊和场间休息作用。设计上应满足以下要求：

休息厅的位置应方便观众使用，位置不能过偏，同时应注意人流路线的组织，保证必要的停留休息场地和设施。

休息厅要有良好的通风、采光条件，为观众创造一种轻快、明朗的环境。

休息厅的布置应注意景观处理，搞好室内外空间的结合。南方地区可利用室外绿化、庭院处理形成开放式休息厅。

（3）门厅及休息厅的布置方式

1）前接式　门厅兼休息厅紧接观众厅后墙布置（图16-94）。这种方式，面积紧凑、占地少、路线短捷、管理集中，村镇中小型影剧院使用较多。

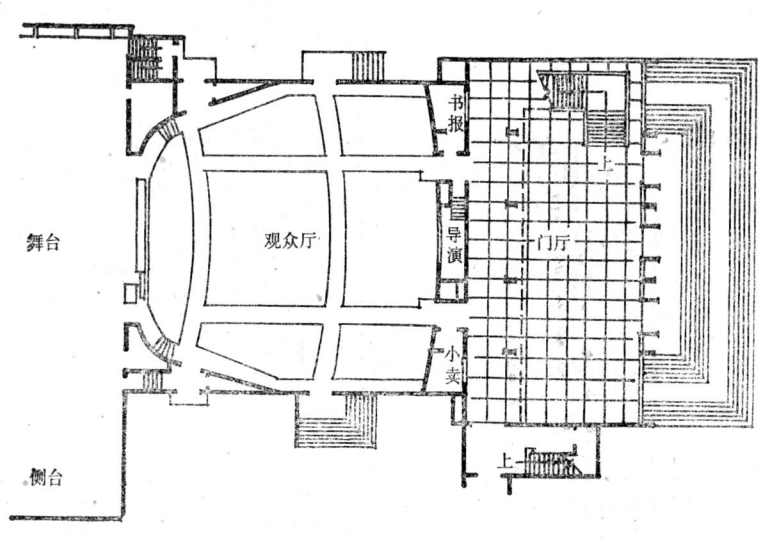

图 16-94　前接式布置

2）全包式　门厅、休息厅围绕观众厅布置（图16-95）。其优点是观众休息近便，有利观众厅对噪音的隔离，但面积指标较高。

3）半包式　由于基地的限制或地段处于转角位置，为了适应人流进退场集中在一侧的特点、减少临街面的噪音并处理好临街立面，常采用这种布置方式（图16-96）。它的面积比较集中，厅的空间处理可以比较宽敞。由于不对称的布置也能使造型比较活泼。

4）庭院式 休息厅与室外休息廊的绿化庭院相结合（图16-97）。休息等活动可以在空气清新，环境优美的庭院中进行，既适用又省面积，较适合南方地区采用。

3.影剧院的人流组织与安全疏散 人流组织与安全疏散是相互关联的一个问题的两个方面。前者主要是指平时人流集散的迅速、方便；后者是考虑一旦发生意外情况时，保证观众能迅速、安全撤离。

（1）人流组织 影剧院的观众厅容纳人数较多，观众的进场和退场都是在一定时间内进行的。因此，影剧院的平面布置应注意以下几点：

1）人流路线要明确、短捷、进场口要明显易找并有足够的数量和宽度。

2）厅的布置方式要合乎人流方向和使用特点，并避免在厅与厅等交接处形成瓶颈地段。

3）有楼座的观众厅要避免上下人流的交叉。交通设施，出入口的分布要均衡、避免人流过分集中或产生迂回。

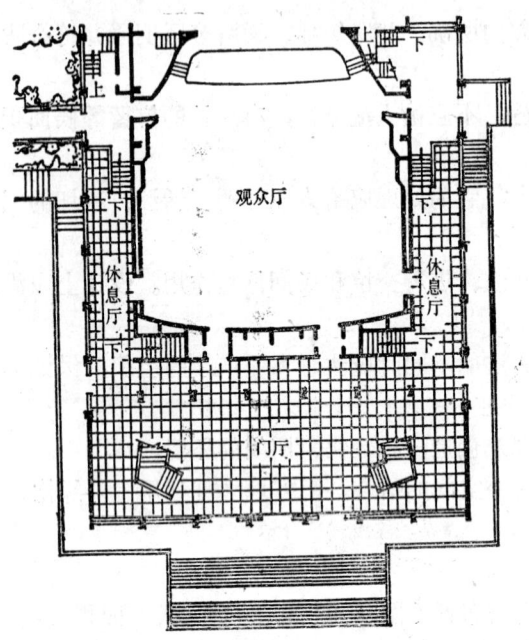

图 16-95 全包式布置

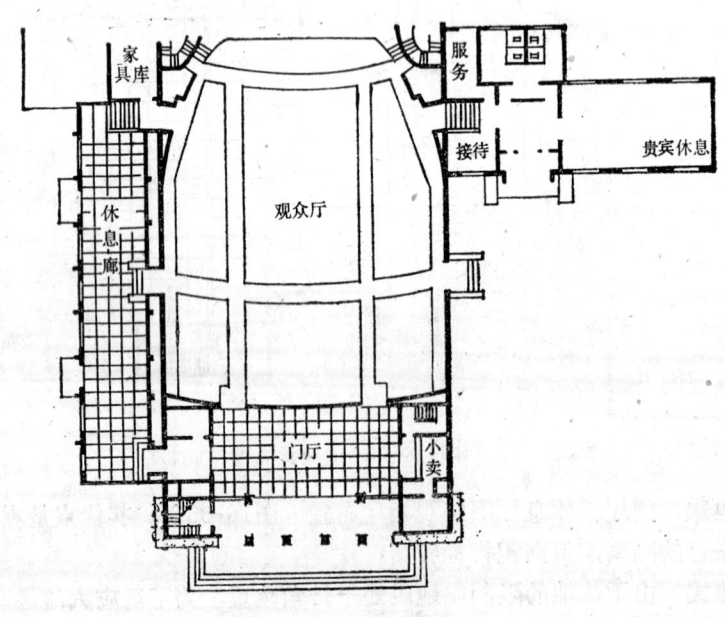

图 16-96 半包式布置

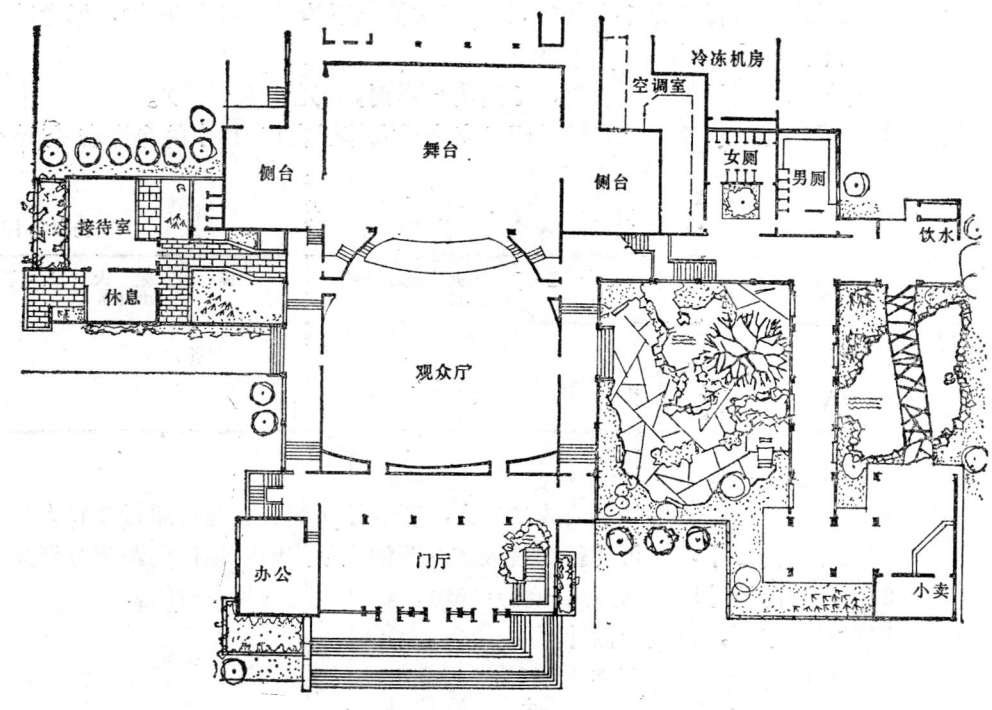

图 16-97　庭院式布置

　　4）采用短排法的观众厅，要充分发挥中间纵过道与前厅的作用，方便观众进场找座。在长排法的情况下，要避免由单侧进、退场，充分发挥两边侧厅的作用。

　　5）应注意解决上、下场观众候场与散场的矛盾，保证各有各的路线，方便管理、有利安全。

　　（2）安全疏散　影剧院设计必须考虑在紧急情况下，观众能迅速、安全疏散的要求。

　　火灾是造成紧急事故较主要的方面。火灾大多发生在舞台，因为舞台有大量木、布制布景、幕布、众多的灯具、电气设备等。一旦发生电线走火等事故，很快就会着起大火。火焰将很快吸收整个剧场的氧气，使观众在1～2min内就会感到喘不过气来。因此，影剧院设计必须严格遵守防火规范提出的一系列要求，在构造上、设备上要采取必要的防火、隔烟、排烟等措施，并要进行疏散时间的验算。下面将计算公式简介如下：

$$T = \frac{\bar{S}}{V} + \frac{N}{AB}$$

式中　T——建筑物中人流总疏散时间（min）；

　　　$\bar{S}$——使外门达到饱满的各第一道疏散口到外门的距离 s 与该疏散口人流股数 b 的乘积之和（Σbs），除以使外门达到饱满的各第一道疏散口人流股数之和（Σb），即 $\Sigma bs/\Sigma b$；

　　　V——人流速度（人自由行动的中等速度为60～65m/min，在人群密集的情况下，平地上是16m/min，楼梯上是10m/min）；

　　　N——疏散总人数；

A——单股人流通行能力（人/min），正常情况下为40～42人/min，紧急疏散情况下为25人/min；

B——外门可以通过的人流股数，（当$B>\Sigma b$时，仍按Σb计算）。

根据上述公式算出的影剧院总疏散时间T应小于或等于表16-10中的允许安全疏散时间。

允许安全疏散时间   表 16-10

观 众 厅 容 量	Ⅰ-Ⅱ级耐火建筑 （min）	Ⅲ 级 耐 火 建 筑 （min）
1200及1200人以下	4	不超过3
1201～2000人	5	

计算方法举例如下：

某剧院耐火等级为Ⅱ级，容纳观众为1200人，观众厅两侧各有宽可通行3股人流的太平门2个，观众厅正门2个，各可通行2股人流。两侧太平门距外出口的距离分别为$s_1=10\text{m}$，$s_2=20\text{m}$，正门距外出口的距离为$s_3=15\text{m}$。验算剧院的疏散时间。

【解】　因系对称平面，可按一侧计算$\bar{S}$

$$\bar{S}=\frac{\Sigma bs}{\Sigma b}=\frac{10\times3+20\times3+15\times2}{3+3+2}=15\text{m}$$

$$T=\frac{\bar{S}}{V}+\frac{N}{AB}=\frac{15}{45}+\frac{1200}{25\times16}=3.33\text{min}<4\text{min}\quad\text{满足要求。}$$

（五）村镇影剧院设计实例（图16-98）

四、科技文化活动部分设计

科技文化活动部分是为农民提供农业科技知识普及、农技交流、文化宣传活动的场所，根据实际需要可以设置图书阅览室、展览室、教室等用房。

科技文化活动部分应设在文化中心内远离运动场地、喧闹市街和交通干道，环境比较安静的地方。

（一）图书阅览室设计

图书阅览室一般包括阅览室、书库、管理室三部分。书库与阅览室应紧密相连，并有门相通。管理办公室一般可以和书库合并，或单独设间。

1.书库

书库要求具有良好的采光、通风、干燥及防火等条件。避免阳光直射室内，窗户宜朝北；其它朝向的窗户应增设窗帘或有效的遮阳措施。书库也不宜与厕所、水房等潮湿房间相邻。放在底层的书库应做架空式地板，以防地面回潮。

书库的面积决定于藏书量，通常每m²藏书约500册。根据藏书量的多少可推算出书库的面积。

书库的平面尺寸应根据书架的尺寸和排列方式等决定。一般书库的参考尺寸见表16-11。书架要垂直于窗子布置，窗户应对准书架通道，以利书库内通风、采光。

2.阅览室

阅览室又可分成图书阅览室和报刊阅览室，通常分为两间，或者组成套间。外间是报

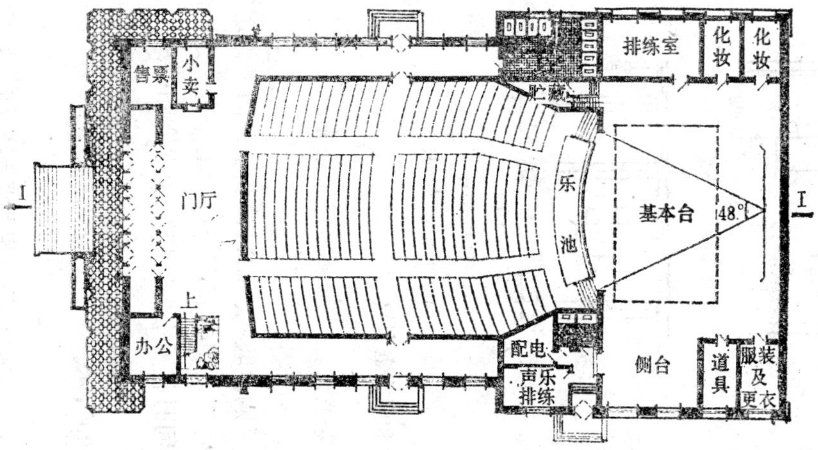

二层平面

美工室
休息室
剧片室
放映室
电器室
办公

仓

侧光及天桥

影剧院一层平面

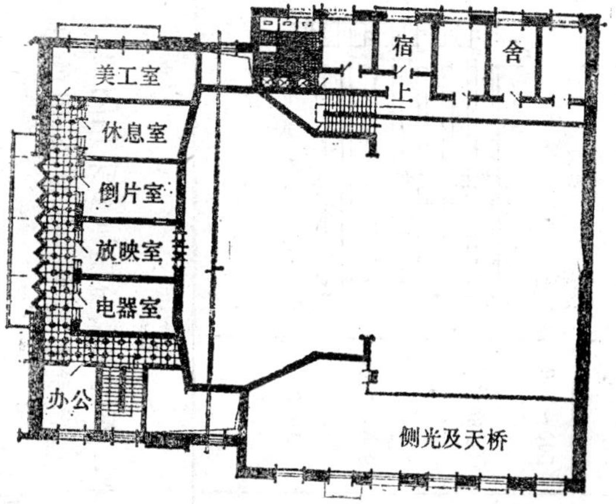

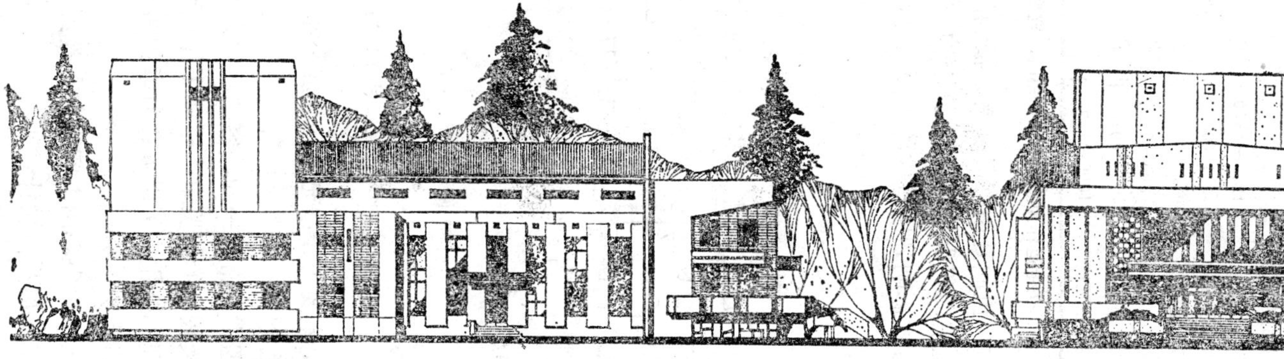

化妆
化妆
排练室
基本台 48°
侧台
服装及道具更衣
乐池
配电音乐排练
小卖
售票
门厅
办公

图 16-98 村镇影剧院设计实例

南立面

影剧院西立面

355

代号	名　　称	尺　寸	代号	名　　称	尺　寸
a	书架宽度		e①	档头走道宽度	500～600
	单面书架	200～220	f	排架长度	
	双面书架	400～440		两端有走道时	≤8000
b	双面书架中距			一端有走道时	≤4000
	常用书	1200～1350	g	书架支柱中距	900～1100
	非常用书	1100	h	库内阅览桌长度	900～1000
c	夹道宽度		k	阅览桌中距	1300
	常用书	800～900	m	书架距桌的距离	1000
	非常用书	700	n	门　宽	≥1000
d	排端走道宽度	1000～1200			

注：①在档头走道作为主要通道使用时，宽度应为1000～1200。

刊阅览室，里间是图书阅览室。报刊阅览室可以开架，而图书阅览室则多采用闭架。

阅览室面积大小可根据每座位1.8～2.5m²计算。阅览桌多采用4～6人合用的单桌。其排列方式影响到阅览式的平面尺寸，如图16-99所示。

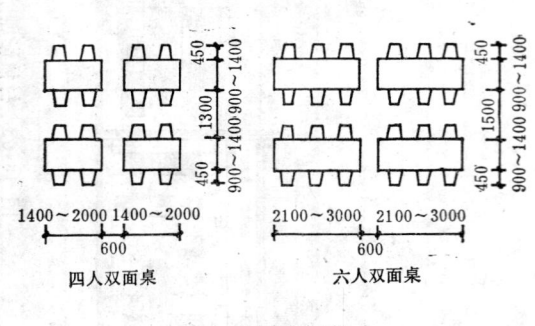

四人双面桌　　六人双面桌

（a）阅览桌的布置尺寸

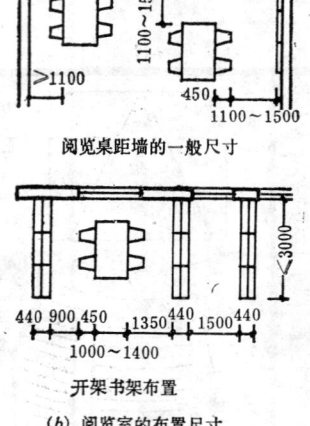

阅览桌距墙的一般尺寸

开架书架布置

（b）阅览室的布置尺寸

图 16-99　阅览桌尺寸和阅览室布置

阅览室要求光线充足，亮度分布均匀；并避免眩光。通常采用双侧采光。

3.管理室

管理室通常设一间，容纳2～4人办公，进行采购、验收、编目、制卡、旧书修理等工作。规模较小的阅览室，这些工作也可在书库内进行，但对正常的出纳工作有一定影响。

管理办公用房可以放在书库和阅览室之间，同时临近书库，以便于观察和管理工作，也可节省人力。

村镇文化中心图书阅览室布置实例如图16-100所示。

（二）展览室设计

村镇文化中心展览室可为农业科技、书画作品、文化宣传等提供展示空间。展品可以是实物，也可以是图片、图书、绘画作品等。

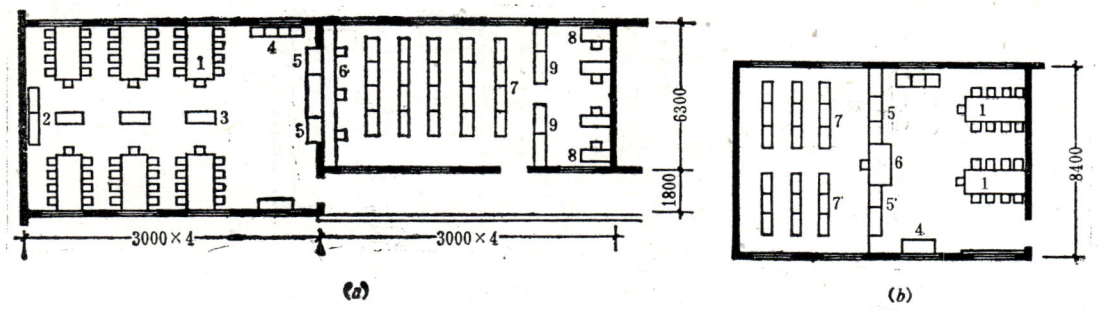

图 16-100　图书阅览室布置实例

1—阅览桌；2—期刊架；3—报纸架；4—卡片盒；5—玻璃书架(半开架借书)；6—工作台；7—书架；8—阅览桌；9—玻璃书柜

展览室的人员流通量大且频繁，故宜设在科技文化活动部分的入口附近，且宜设置在底层。

展览室通常由陈列室、管理办公室、藏品库三部分组成。

1. 陈列室

陈列室首先应满足参观路线的要求，并由此来组织空间。村镇文化中心的展览室通常面积不大，应合理组织人流，充分利用有限的空间。

参观路线要求简洁通畅、不重复、不交叉、防止逆行和堵塞，应使观众有明确的前进方向，又要避免遗漏。陈列室常用的布置方式如图16-101所示。

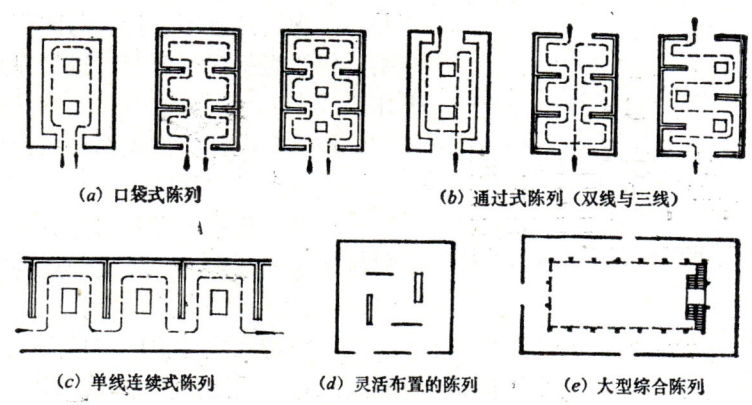

(a) 口袋式陈列　　　　　(b) 通过式陈列（双线与三线）

(c) 单线连续式陈列　　(d) 灵活布置的陈列　　(e) 大型综合陈列

图 16-101　陈列室布置方式

陈列室的尺寸与陈列品布置形式、陈列品性质、展品尺寸、观众数量、采光口的形式等因素有关。

陈列室的跨度，影响到陈列室的布置形式，如图16-102所示。

陈列室的高度，从空间比例上，至少为跨度的1/3；从采光要求上，单面侧窗时，净高不应低于跨度的1/2，双面侧窗时，净高应不低于跨度的1/4。

陈列室的长度，应考虑到尽量能布置一个完整独立的陈列内容。从空间比例上，一般控制在跨度的2倍左右。

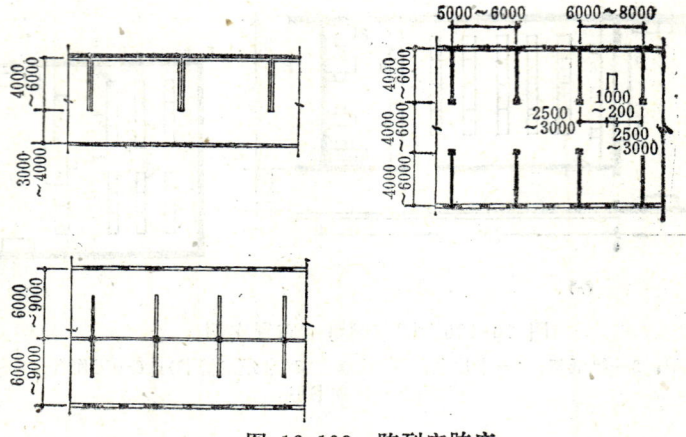

图 16-102　陈列室跨度

陈列室要求采光要均匀，尽量避免直接眩光。因此陈列室应尽量争取利用北侧的采光口。采光口的设置还应配合陈列品的布置，不占用或少占用陈列墙面。

2.管理办公室与藏品库

管理办公室与藏品库是展览室的辅助用房，通常面积较小，可集中设置。

管理办公室与藏品库应有自己的出入口，并与参观路线互不干扰。与陈列室应有方便联系，便于组织观众参观、进场和展品保卫工作。

展览室设计实例如图16-103所示。

（三）教室设计

村镇文化中心设置一定数量的教室，作为科技活动的场所，能满足一般的教室、小型学术讲座和科技活动的要求。

教室的数量可根据使用人数和实际需要来

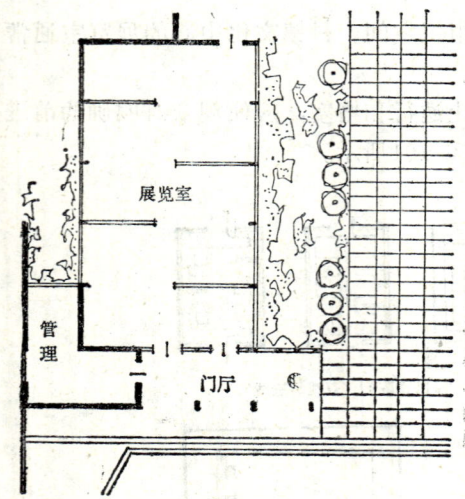

图 16-103　展览室设计实例

设置。每间的规模可按容纳50人来考虑。教室的尺寸要满足家具布置、视线等方面的要求，具体可参阅本章第二节有关教室设计部分详细内容。考虑到村镇文化中心教室的使用者多为成人，因此进行平面设计时，尺寸可略为放宽。

教室要求采光、通风良好，环境安静，宜布置在南向房间。若和其它部分组合在一栋建筑内，教室应布置在楼层，以减少干扰。

（四）科技文化活动部分设计实例

图16-104。为科技文化活动部分设计实例。

五、体育娱乐部分设计

体育娱乐部分包括乒乓球室、健身房、灯光球场、舞厅、录相厅、棋类活动室、电子游戏室、台球室等。

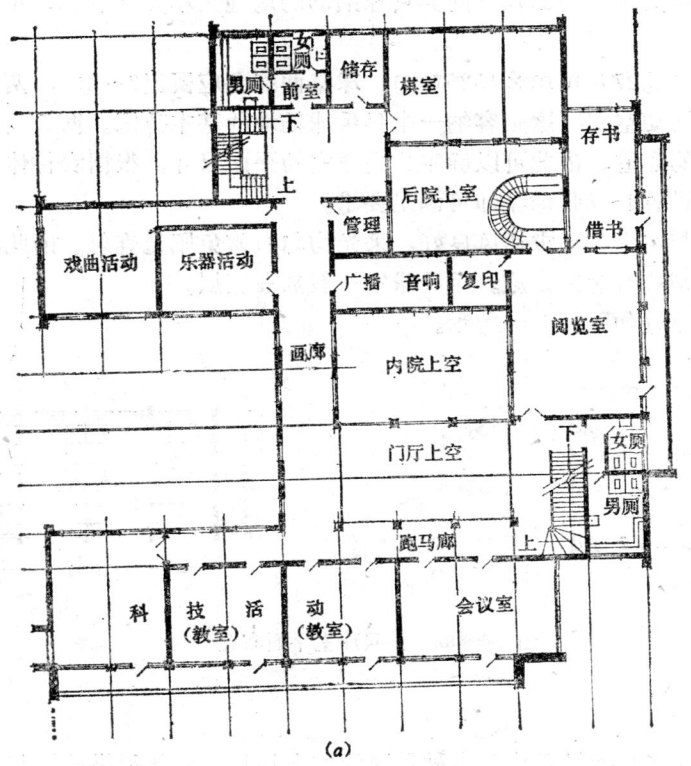

(a)

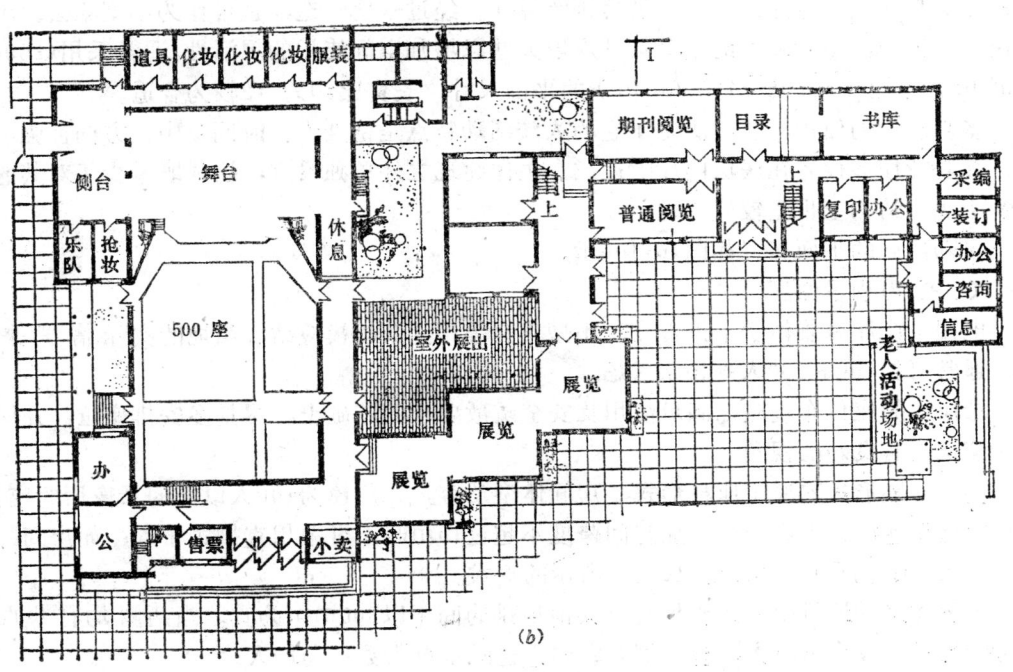

(b)

图 16-104 科技文化部分设计实例

（一）乒乓球室

乒乓球室的面积大小和平面尺寸同乒乓球活动的场地大小及所容纳的乒乓球桌数量有关。

标准球台的尺寸为2740mm×1525mm，球桌两端各应留出3～4m，两侧边各应宽出1.5～2.0m，作为活动空间，这是容纳一个乒乓球场地的基本范围。两乒乓球场地之间还应留出1.0～1.5m的通道。依此可以确定乒乓球室的平面尺寸。根据农村体育的普及情况和经济条件，通常设置4～8张球桌即可满足要求。

乒乓球室较易起灰尘，要求通风良好，采光均匀，避免阳光直射。因此，乒乓球室不宜东西向开窗，否则应有遮阳设施。乒乓球室一般放在底层。

乒乓球室平面布置如图16-105所示。

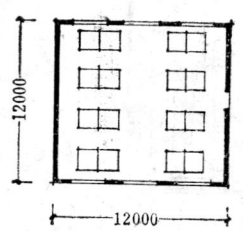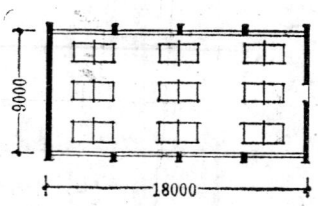

图 16-105　乒乓球室平面布置

（二）多功能厅

村镇文化中心的多功能厅可作为多种用途的综合用房。如舞蹈排练、舞厅、小型体育活动（乒乓球、羽毛球、台球、健美训练等）。经过一些改造，也可作为小型集会、录像厅使用。因此，多功能厅的平面尺寸应取大些以增加空间使用的灵活性。通常采用（8000～16000mm）×（12000～18000mm）的平面尺寸，长宽比约为3:2较为合适。

多功能厅的使用功能，决定了它的人流活动特点是密度大、时间集中、方向性强，因此，多功能厅多设置在底层门厅附近或在主体建筑之外单独设立，这样既减少了对其它部分的干扰，结构上也比较好处理。

多功能厅的平面布置如图16-106示。

（三）电视录像厅

电视录像厅可兼作学术报告厅、小型集会等用。其规模应结合当地的实际情况来确定，通常可按150～200人规模来考虑。

录像厅的座位布置应在满足使用及安全疏散要求的基础上，尽量多安排座位，并保证每个座位均有良好的视角。

座位布置形式取决于座椅形式，房间体型及容量。规模为100人以上的录像厅的座位，一般宜选用连排式固定坐椅。如房间跨度不超过10m时，可采用直排式布置；如房间跨度较大，为便于观看，可采用图16-107所示的形式。

录像厅采用连排式固定坐椅时，其前后排的间距以800mm为宜。当两侧均有纵向走道时，每排人数可为24人，当一侧有纵向走道时每排人数可为12人。

录像厅的放像设备有电视机和电视投影机。不同的放像设备所要求的视距也不同，一

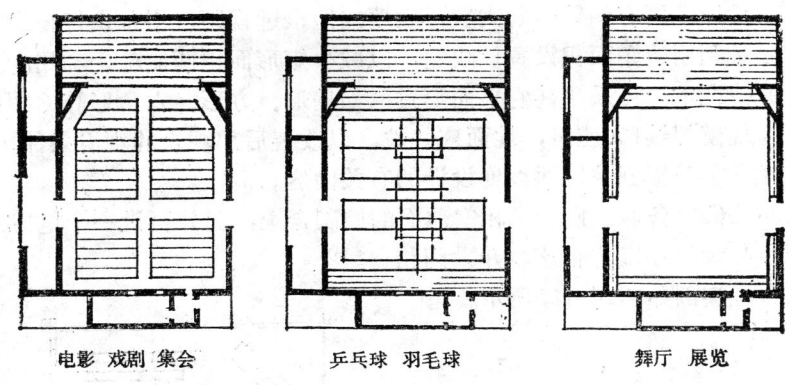

电影 戏剧 集会　　　　乒乓球 羽毛球　　　　舞厅 展览

(a) 多功能厅的综合利用

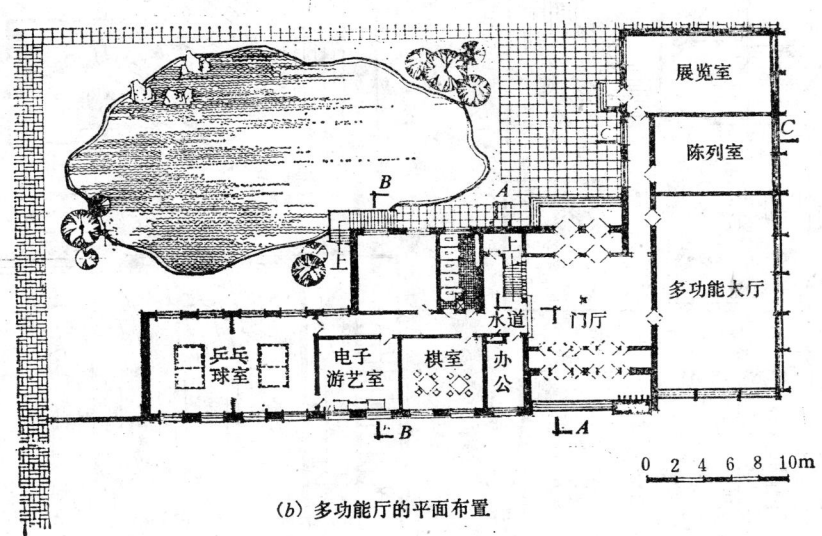

(b) 多功能厅的平面布置

图 16-106　多功能厅布置实例

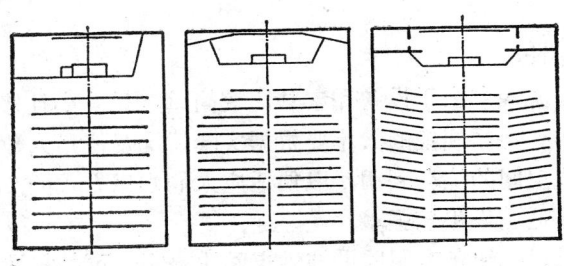

图 16-107　不同跨度录像厅的座位布置

般录像厅的收看范围在水平方向第一排座位距电视屏幕最小距离为 $3W$（W 为电视屏幕对角长度），最远距离为 $12W$，较佳的观看距离为 $4W \sim 10W$。

录像厅的设计既要容纳较多的人数，又要缩短最远视距，增加良好视觉范围的座位数量。因此，尽量利用边角面积设置放映室，以减少矩形面积两侧难于利用的位置等。在结构条件允许的情况下，可采用其它平面形式，如扇形、方形、六角形等（图16-108）。

录相厅的规模超过100座时，地面应起坡，以改善后部观众的观看条件。有关地面升高的设计，详见本节影剧院地面坡度设计的有关内容。

录像室的放像设备通常设于录相室前面的控制台上，另外再设一个电器贮存、修理兼放映的房间，与录像厅紧密相连，并设门相通。

录像厅布置实例如图16-109所示。

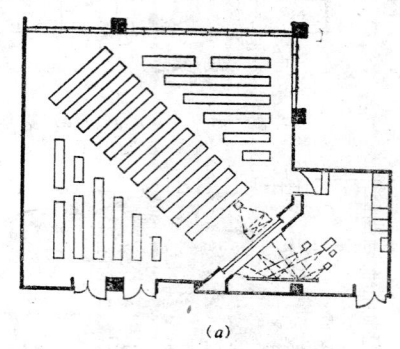

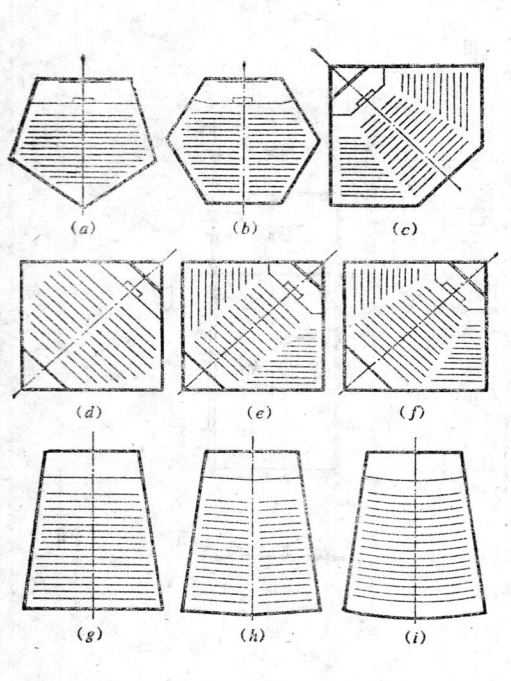

图 16-108 各种体型录像厅及座位布置

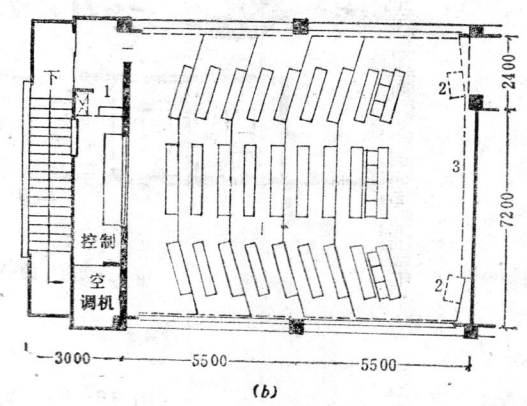

图 16-109 录像厅布置实例

1—观众厅；2—电视机；3—放映幕

（四）其它用房设计

棋类活动室、电子游戏室由于设备和家具比较简单，尺寸小且移动灵活，所以一般的房间均能满足功能要求。房间规模的大小要根据实际情况及使用人数来确定。从农村目前的实际情况看，应争取空间的综合利用，以便适应人们娱乐方式的改变。从这一点出发，房间面积稍大一些，其适应性也较强。

灯光球场为露天设置，配备有照明设施供夜间比赛用。可按标准篮球场进行设计。标准场地为26m×14m，四边应留有不小于2m的通道。篮球场长轴宜南北向布置。根据需

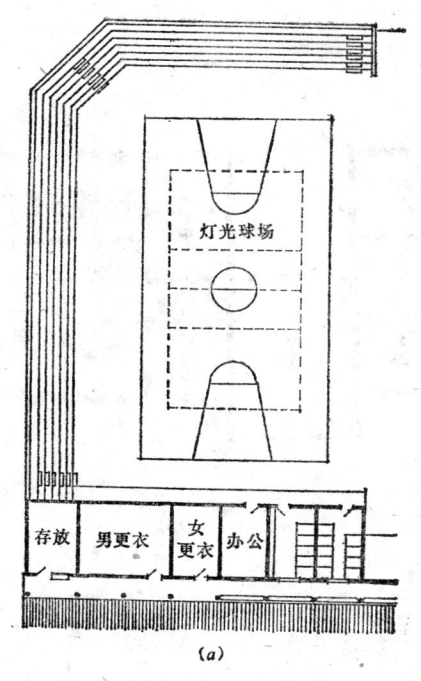

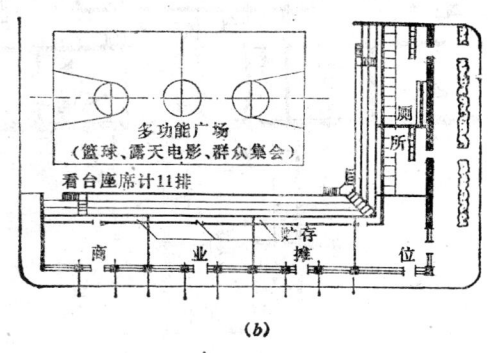

图 16-110 灯光球场布置

要四周可设简易看台，以及若干更衣室和库房，如图16-110所示。

（五）体育娱乐部分设计实例（图16-111）。

六、村镇文化中心的组合设计

村镇文化中心是由多种不同用途房间所组成的，功能关系复杂。与一般公共建筑相比，有共同性，也有特殊性。组合设计是否合理，直接影响到文化中心的使用功能与经济效果。文化中心组合设计一般有四种不同的组合型式，即分散式、集中式、混合式和院落式。分述如下：

（一）集中式布置

各部分用房集中在一幢建筑内，通过走廊、厅进行联系，部分房间可以穿套。利用楼梯、过厅或辅助用房，或者是分层将不同用途的房间分开。集中式布置的优点是建筑面积较省，可节约投资，各部分用房联系方便，而且便于管理。缺点是人流活动容易造成交叉，形成干扰。由于各种用途房间尺寸不同，给结构处理带来一定的困难，如图16-112所示。

近几年来，随着城镇用地的紧张、新建筑材料的出现、施工技术的提高，以及空调设备、电子技术的应用，为建造集中式文化中心开创了广阔的前景。

（二）分散式布置

分散式布置是将各种用房单独设立，通过室外道路或连廊相连接。这种布置的特点是各部分用房环境较好，相互干扰少，采光通风容易保证，结构上也较好处理，便于分期

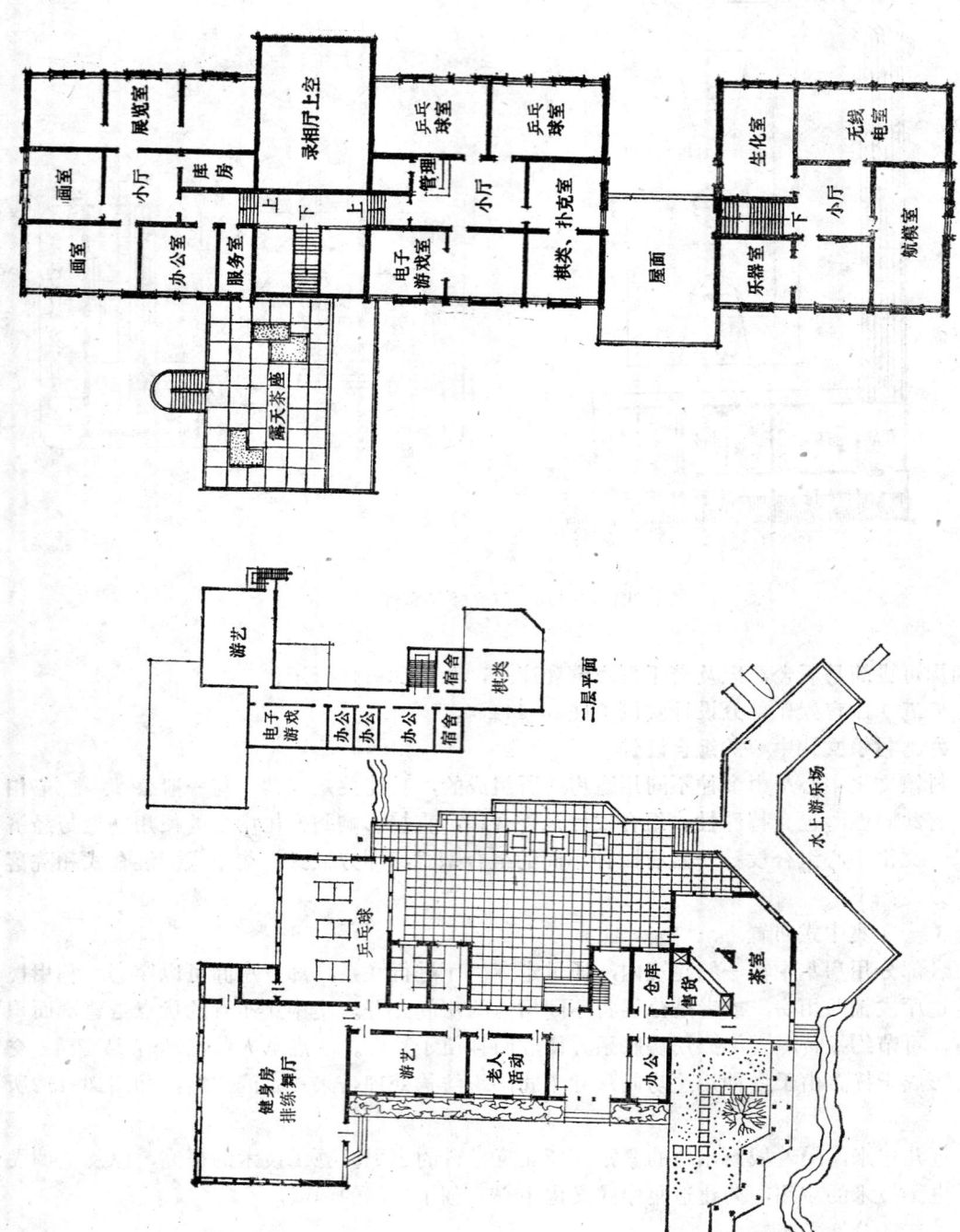

图 16-111　体育娱乐部分设计实例

画室　画室

展览室　小厅　办公室　服务室

录相厅上空　库房

电子游戏室　管理

乒乓球室　小厅

乒乓球室　棋类、扑克室

屋面

乐器室　生化室　小厅　无线电室

航模室

露天茶座

游艺

电子游戏　办公　办公　宿舍

棋类　宿舍

二层平面

乒乓球

健身房　排练舞厅

游艺　老人活动　办公

仓库　售货　茶室

水上游乐场

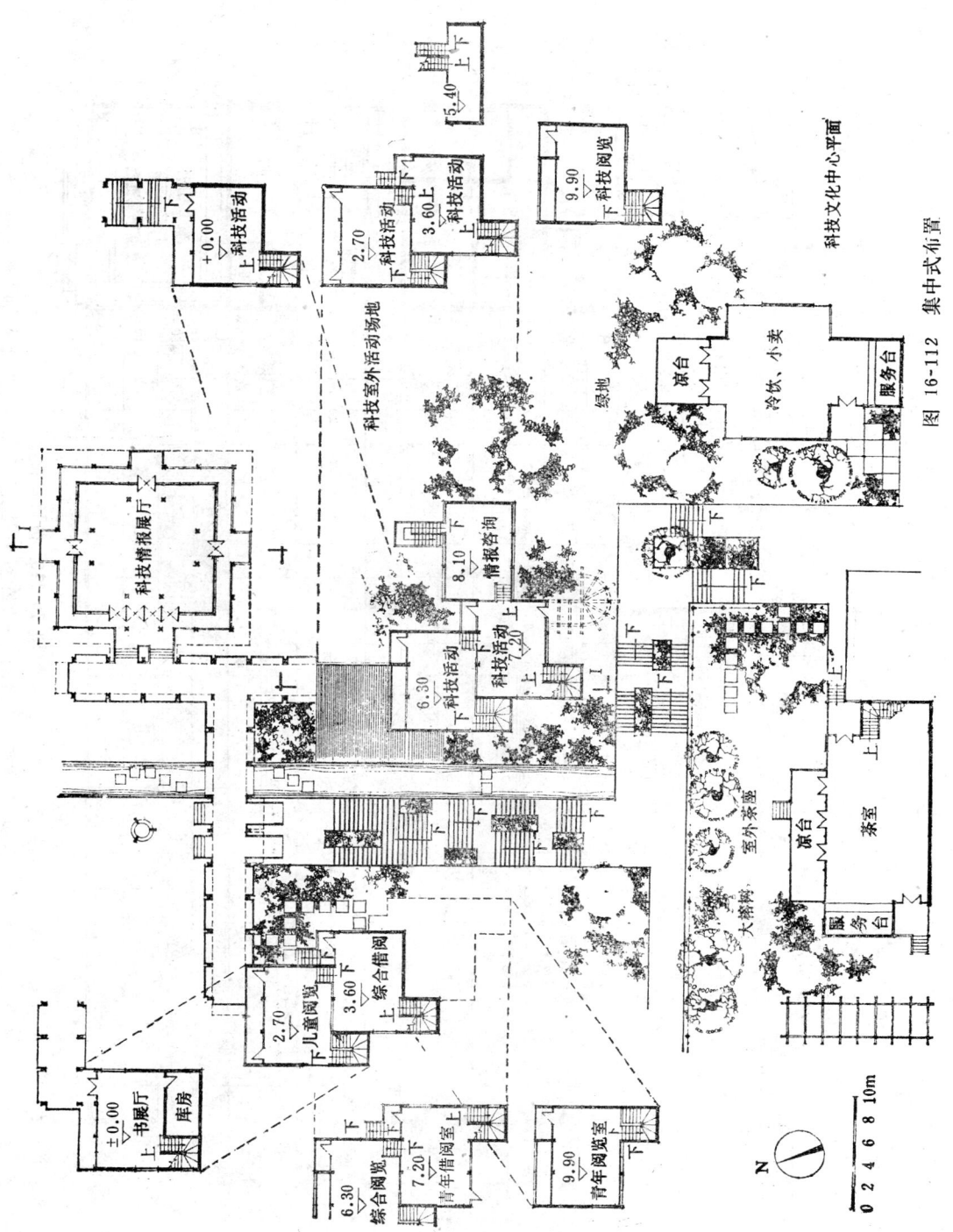

科技活动 上 +0.00 科技活动

科技活动 上 2.70 下 科技活动 3.60上

科技文化中心平面

科技情报展厅

科技室外活动场地

科技活动 6.30 下 科技活动 8.10 下 情报咨询

±0.00 书展厅 上 库房

2.70 下 儿童阅览 3.60 下 综合借阅 上

6.30 下 综合阅览 7.20 下 青年借阅室 上

9.90 下 青年阅览室

9.90 下 科技阅览

5.40 下

凉台 冷饮、小卖 服务台

室外茶座

凉台 茶室 服务台

大街

绿地

N

0 2 4 6 8 10m

图 16-112 集中式布置

365

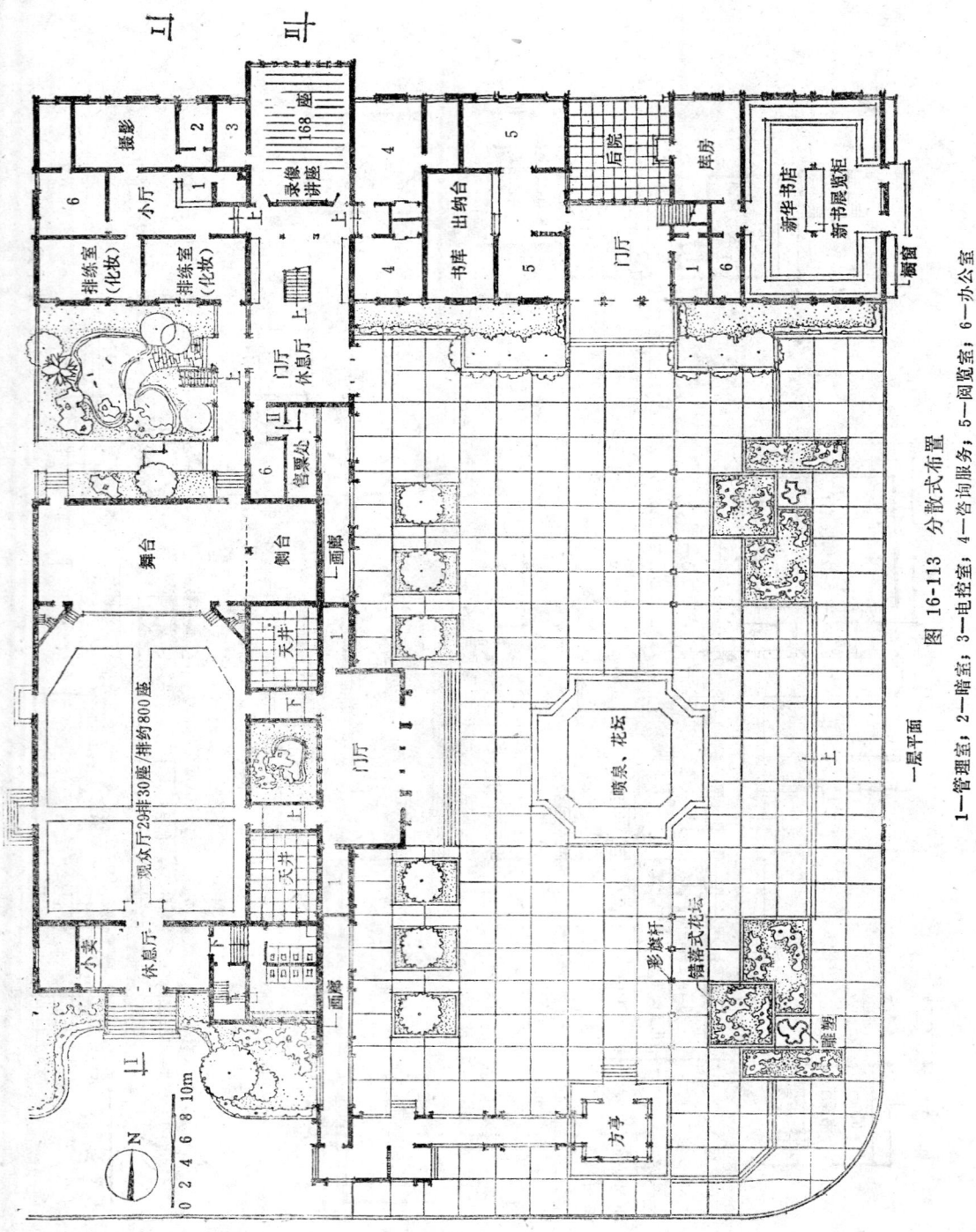

图 16-113　分散式布置

1—管理室；2—暗室；3—电控室；4—咨询服务；5—阅览室；6—办公室

一层平面

建造。但水平交通较长，联系不便，占地面积较大，对于各部分用房的综合利用也不方便，如图16-113所示。分散式组合型式适用于结构技术水平较低，地形较为复杂的情况。

（三）院落式布置

这种布置形式是将各部分用房围绕庭院布置，特点是便于管理，联系方便，但东西向房间较多应妥善处理，如将朝向要求不高的房间或辅助用房布置在东西向，如图16-114所示。

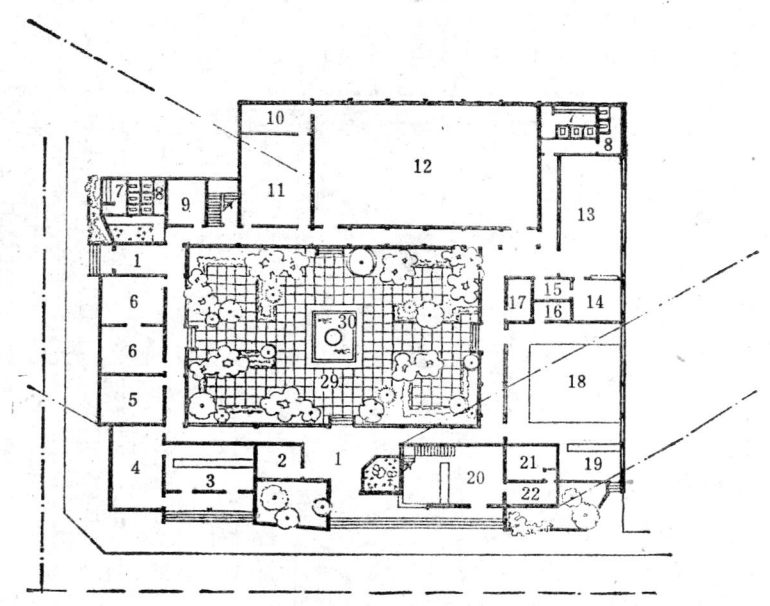

图 16-114　院落式布置

1—门厅；2—门卫(值班、票房)；3—广播 电视 营业厅；4—无线电修理间；5—棋艺室；6—电子游戏室；7—男厕；8—女厕；9—俱乐部管理室(值班、票房)；10—体育器械室；11—康乐 球室；12—室内运动房(羽毛球、乒乓球、健身)；13—小吃部；14—备餐室；15—库房；16—贮藏室；17—衣帽间；18—音乐茶座、舞厅；19—服务间；20—摄影部营业厅；21—印放室；22—修片间；23—候照厅；24—摄影厅；25—保管、值班；26—办公；27—集散平台；28—电视录像室；29—内庭院(休息场地)；30—喷水池

（四）混合式布置

混合式布置是将功能上联系密切的几部分集中在一起成为一个区，再将不同的几个区按一定方式组合到一起。混合式有易于隔离、环境安静和便于分期建造等优点，较集中式优越；而在各部分间联系便捷、管理方便、节约用地、节约投资等方面又较分散式为佳。总的说来，混合式基本保留了分散式的优点，在一定程度上克服了分散式的缺点，较之集中式功能分区明确而又相互干扰少，如图16-115所示。

七、村镇文化中心的总体要求

（一）功能划分应明确

村镇文化中心，功能比较复杂，内容繁多，有比较"闹"的部分，如影剧院、电子游戏室、体育用房、录像厅等。也有相对"动"的部分，如展览、行政用房等。又有"静"的部分，如阅览室、教室等。这些部分既要联系方便，又要相对分开，以免干扰，还要方

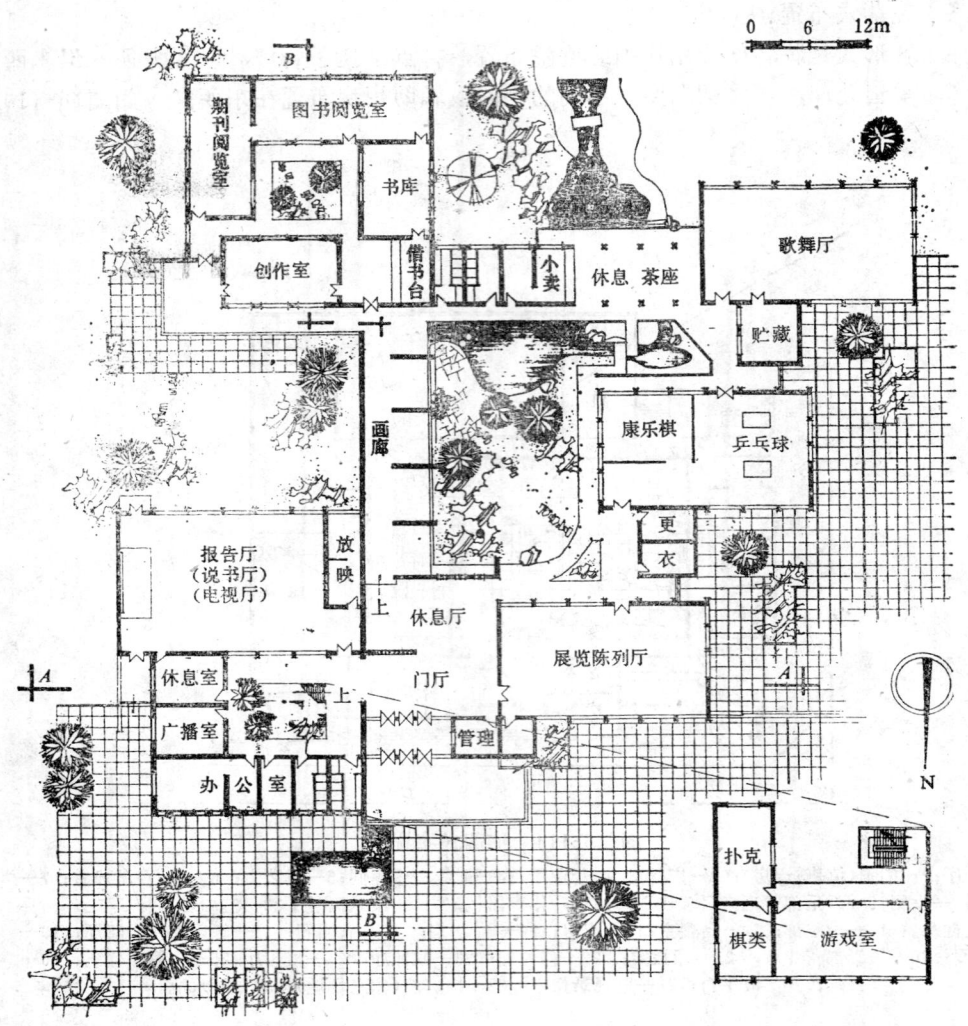

图 16-115　混合式布置

便管理，组织好交通、疏散等。

（二）妥善组织人流及交通运输路线

影剧院、录相厅、舞厅人流量大，时间集中。因此这些部分进场和散场的人流路线应当短捷。一般在出入口前面都应留出一定的用地，作为集散缓冲所需的空间。其大小可按每观众不小于0.12m²考虑。这些用地与村镇街道衔接，保证人流迅速、安全 地 疏 散。一般不宜把大股人流直接引向主要交通干道，以免造成交通堵塞。如果文化中心只有一面临街，应当多退入红线一些并加宽人行道，以降低人流密度。

影剧院、科技文化活动部分、体育娱乐部分的出入应有适当的划分，避免交叉。工作人员，内部运输与上述人流的出入口也要适当分开。此外，应保证消防车能到达文化中心的各个部分以确保安全。

（三）平面形式多样化

在满足功能的前提下，文化中心的布局可多种多样。如集中式布置、庭院式布置、分散式布置等。平面形式也可以富于变化，如方形、三角形、多边形、圆形等，力求以丰富的平面形式，创造出优美的室内外空间环境，使人们在文化中心内得到一种心理和视觉上的艺术享受。

（四）功能要求的复合性

在城市和乡村，人的生活需求基本上是相同的。但村镇规模小，底子薄，物质基础远比城市差。不可能象城市文化中心那样，什么文化娱乐、体育活动、技艺培训、信息服务等各种建筑都能分门别类，一应俱全。村镇只能采取在少得多的建筑空间内，容纳大体上与城市差不多的多种公共活动的方法。亦即建设多功能的建筑物来满足人们各种不同的使用要求。

功能要求的复合性，必然导致建筑空间的灵活性与可变性，并逐渐趋于空间的多功能综合化。力求达到同一空间同一时间内满足多种用途，同一空间在不同时间内能发挥不同作用。为达到上述目的，建筑处理上常分别采用空间的分隔、空间的合并、空间的调剂、空间的延伸、空间的变异以及空间的位置互换等等。

（五）反映地方风格和文化特征

在处理好功能的基础上，力求表现出文化建筑的特性和风格。文化中心建筑的艺术性和地方性很强，它应是当地的文化窗口、象征和标志。

村镇建筑的地方风格是由包括气候、绿化、地形、地质、水、声、光、色在内的自然环境和包括人、风俗习惯、宗教信仰、文化传统在内的社会环境二者的综合作用所决定的。反映在建筑形式上，是通过具体的平面布局、空间组合、建筑形象来表现的，它既是当地自然、社会条件的抽象综合，又是当代人情、技术和艺术的物质反映，它具有浓郁的地方特点和鲜明的特性。

（六）注意整体环境设计

由于文化中心建筑富于综合性、社会性和群众性，这就决定了到文化中心来活动的人有各种层次、各种年龄和职业。他们都渴望在文化中心得到娱乐、知识和憩息。因此，文化中心建筑创造出优美的室内外环境是非常重要的。选择环境优美、交通便利的位置，并考虑与周围环境的有机结合。通过布置树木、草地、花坛、水池、广告牌及室外照明等设施来美化室外环境、烘托文化娱乐建筑的气氛，使文化中心建筑形成为该地的一个景点，成为文明的象征和标志。

（七）充分考虑现实性和可行性

村镇文化中心应根据当地的技术经济条件，采用比较切实可行的结构形式，并注意考虑施工的方便，建筑材料的选择应结合当地实际，就地取材。

八、村镇文化中心设计实例

如图16-116、图16-117所示。

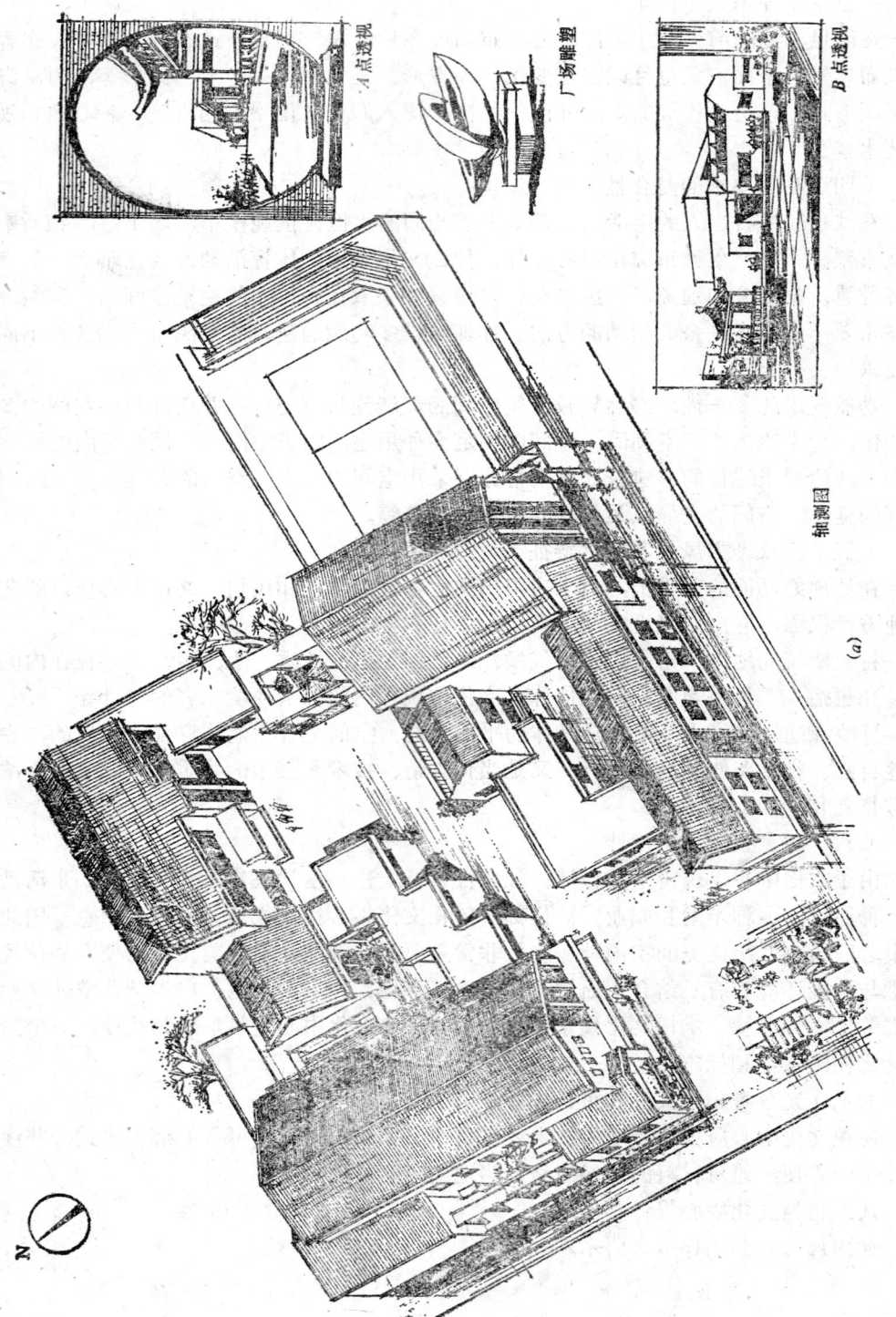

A 点透视

厂场雕塑

B 点透视

轴测图

(a)

图 16-116　村镇文化中心实例一 (一)

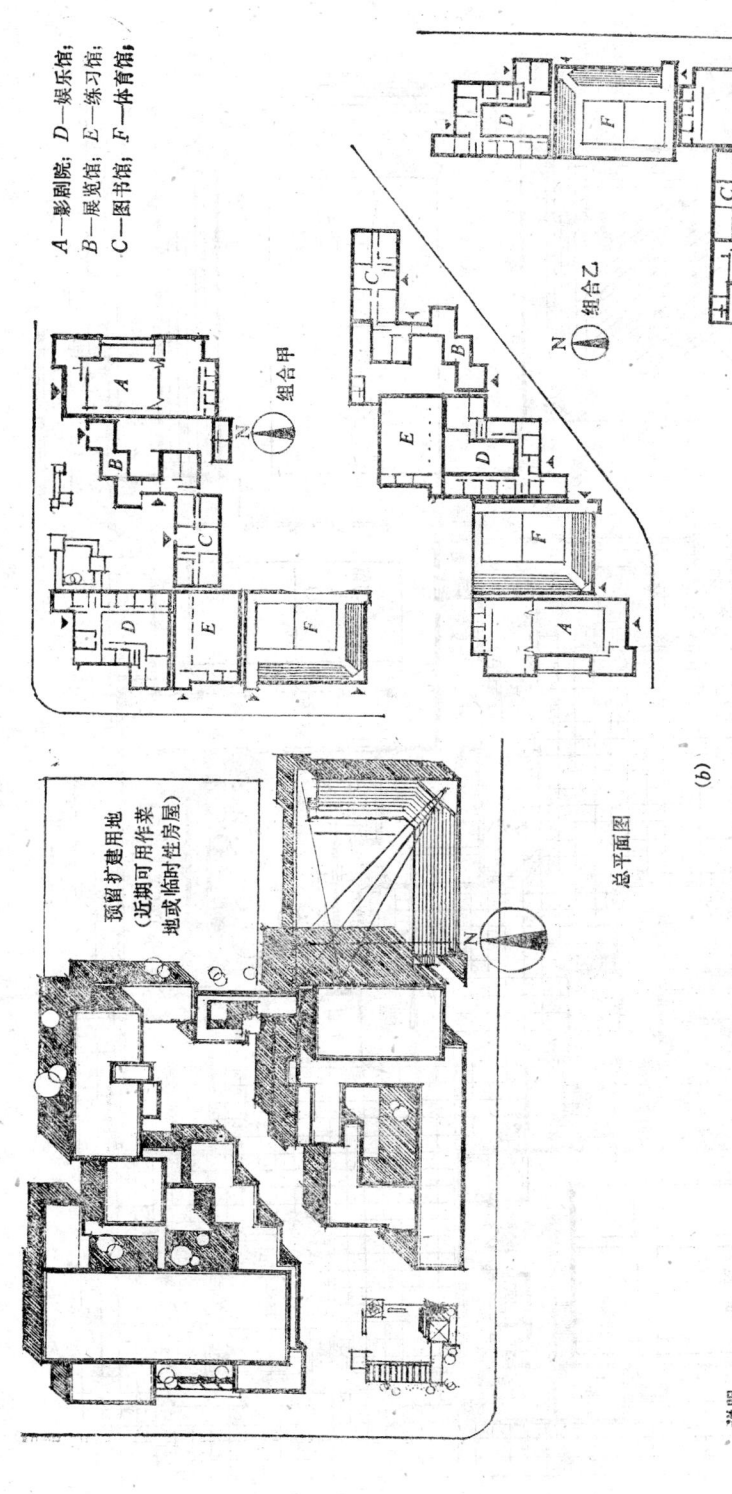

A—影剧院；
B—展览馆；
C—图书馆；
D—娱乐馆；
E—练习馆；
F—体育馆，

组合甲

组合乙

组合丙

(b)

总平面图

单元组合说明

本方案考虑在适于不同地区、不同地形时进行丁单元组合，即每一活动内容相同者为一单元。以活动内容为一单元进行扩建、使用方便，可适应分期建造。

说明

1. 本方案为某镇文化中心设计。
2. 将文化活动与贸易活动有机地组合，构成丰富多采的农村集镇公共中心。
3. 采用尽端式道路布置方式，形成线性广场或"集聚性广场"，合理地组织公共享空间，为人们创造了交际场所。
4. 采用统一小构件混合结构，施工方便。对于不同地区，可分别采用平屋顶或坡屋顶。
5. 设多功能院，还考虑了其他临时设施也具多功能。
6. 建筑面积 2992m²；
   占地面积 7200m²。

预留扩建用地
（近期可用作菜地或临时性房屋）

图 16-116 村镇文化中心实例一（二）

371

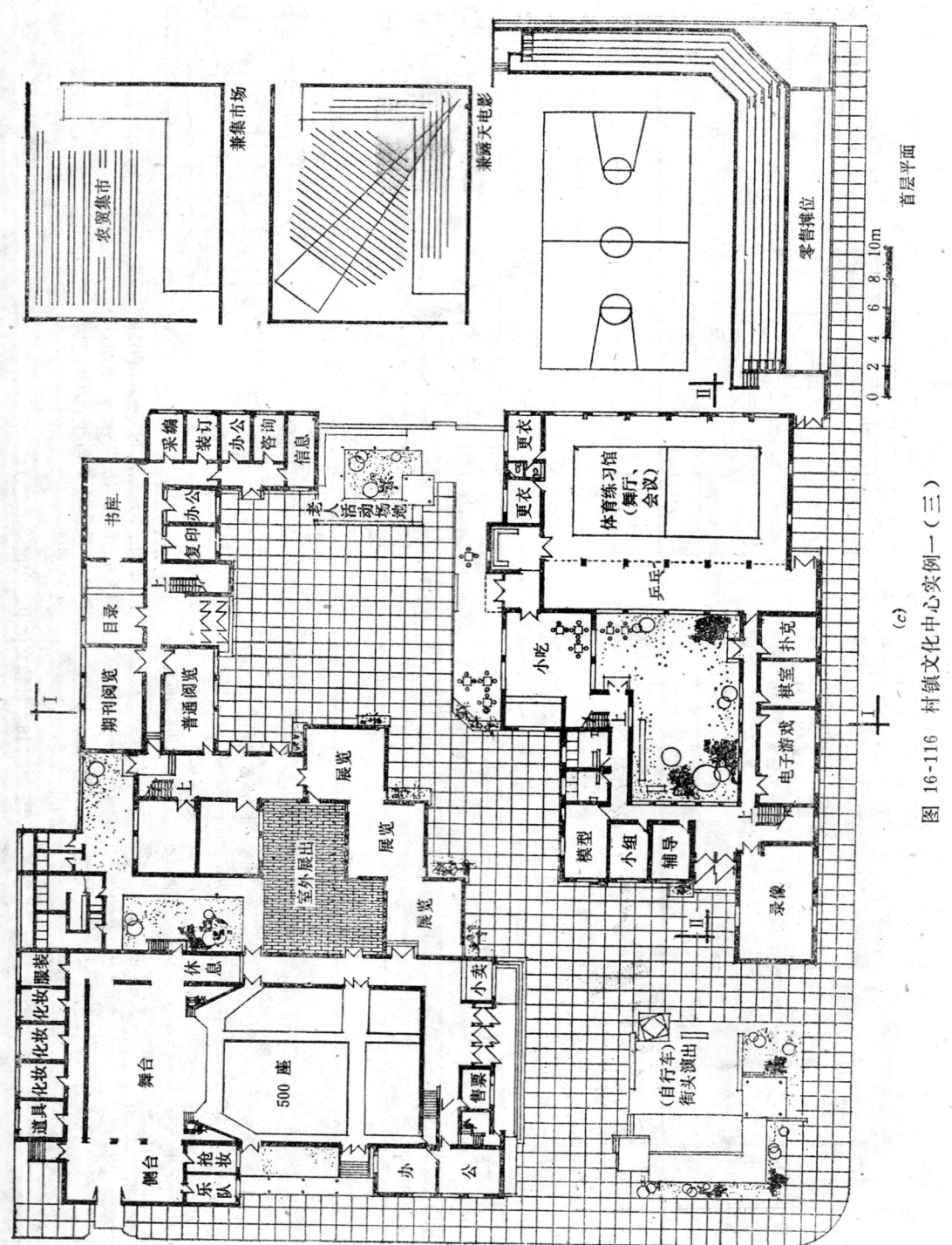

图 16-116 村镇文化中心实例一 (三)

（c）

首层平面

0 2 4 6 8 10m

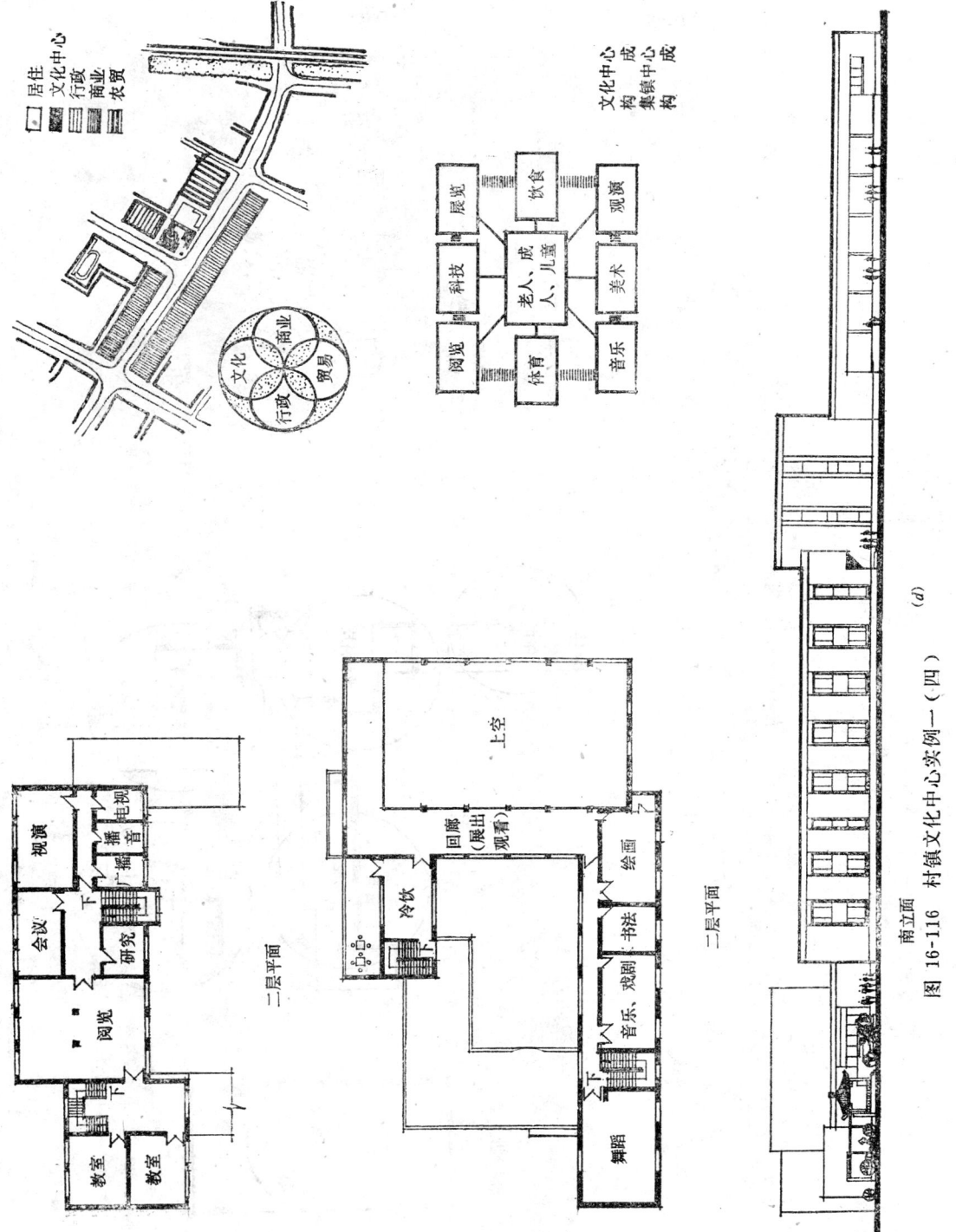

图 16-116 村镇文化中心实例一（四）

居住
文化中心
行政
商业
农贸

文化中心构成
集镇中心构成

商业
文化
行政
贸易

展览
饮食
观演
科技
老人、成人、儿童
美术
阅览
体育
音乐

视频
会议
研究
阅览
教室
教室
播音
编辑
电视

二层平面

上空
回廊（展出观看）
冷饮
音乐、戏剧、书法
绘画
舞蹈

二层平面

南立面

(d)

373

入口透视

内院透视

功能分析

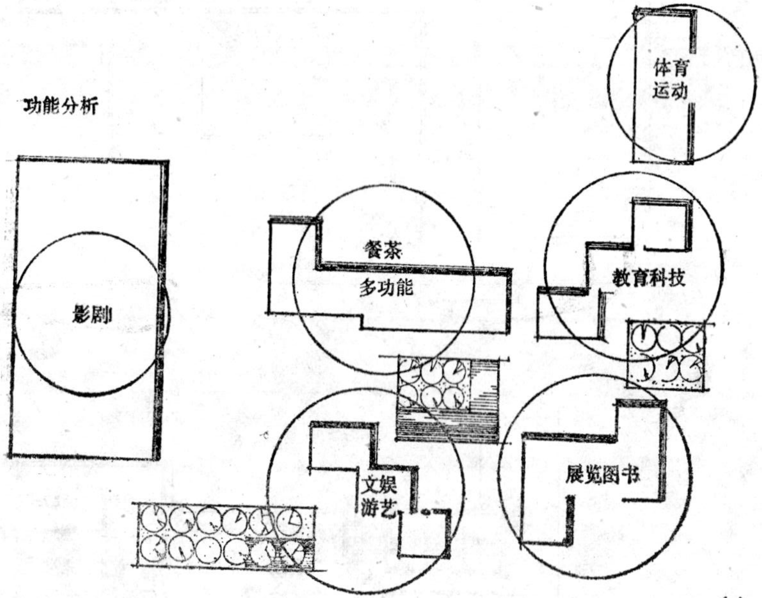

体育运动

教育科技

展览图书

餐茶多功能

文娱游艺

影剧

图 16-117 村镇文化中心实例二（一）

(a)

374

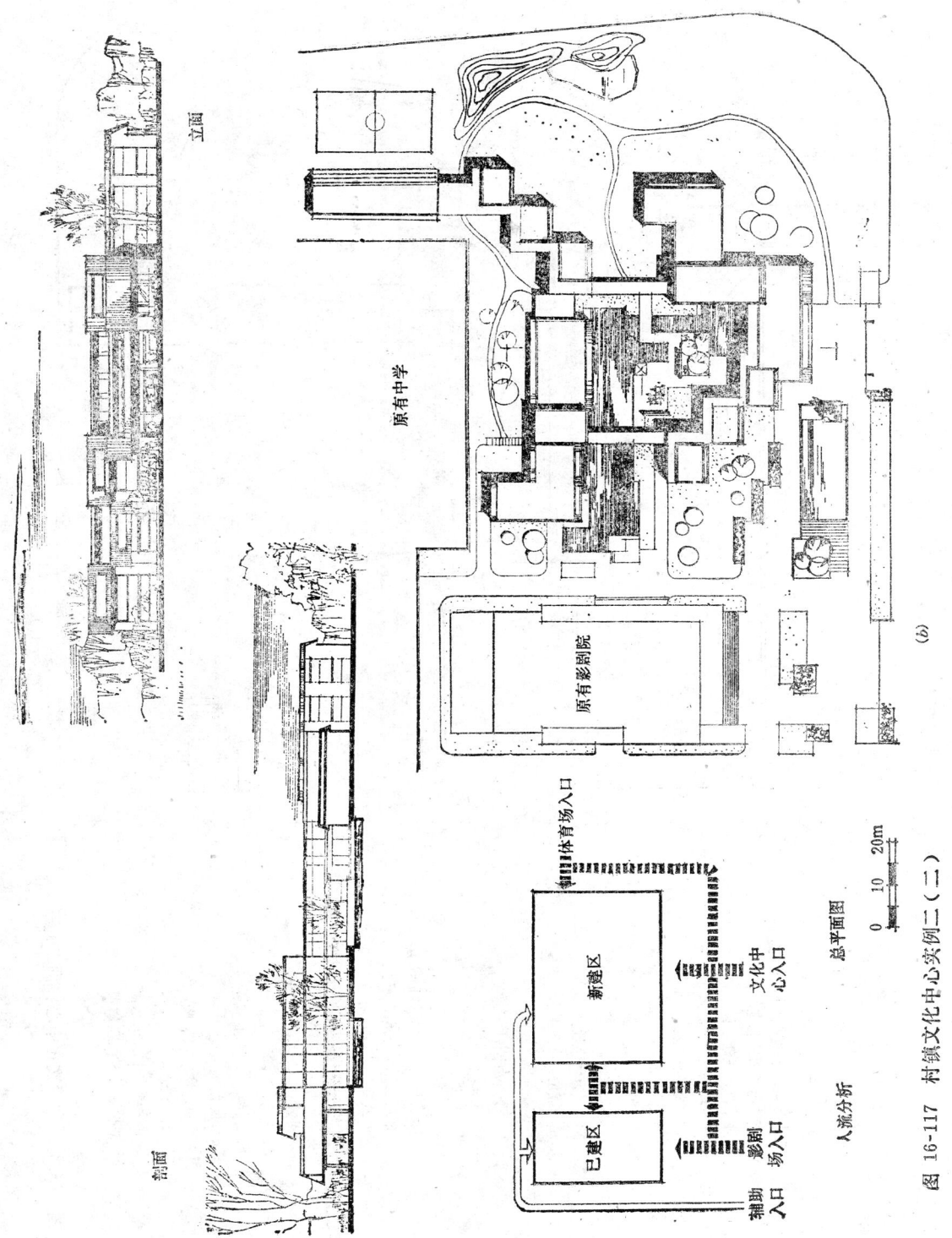

立面

剖面

原有中学

原有影剧院

体育场入口

新建区

文化中心入口

已建区

影剧场入口

辅助入口

人流分析

总平面图

0 10 20m

(b)

图 16-117 村镇文化中心实例二（二）

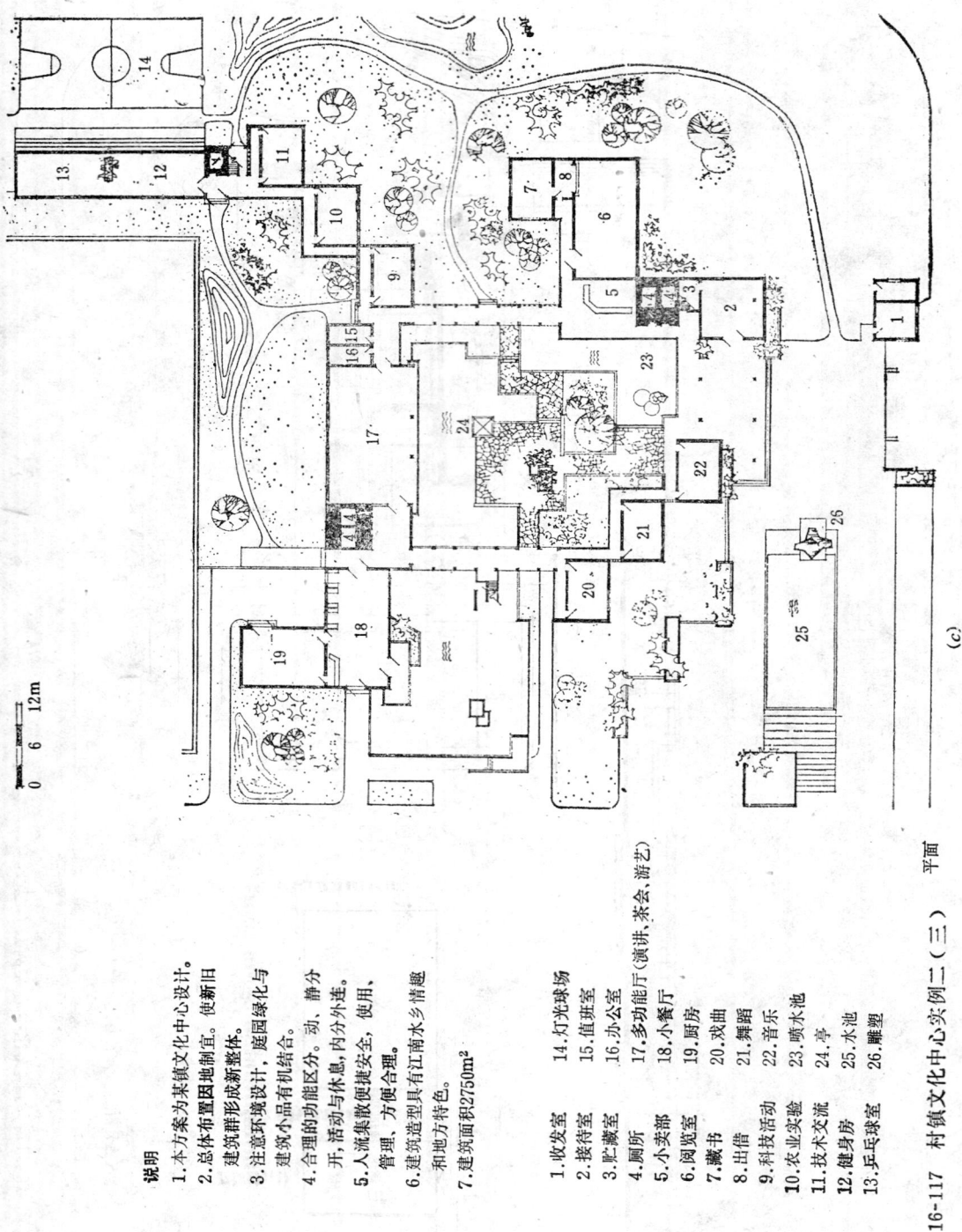

说明

1. 本方案为某镇文化中心设计。
2. 总体布置因园地制宜，使新旧建筑群形成新整体。
3. 注意环境设计，庭园绿化与建筑小品有机结合。
4. 合理的功能区分。动、静分开，活动与休息，内外分连。
5. 人流集散便捷安全，使用、管理、方便合理。
6. 建筑造型具有江南水乡情趣和地方特色。
7. 建筑面积2750m²

1. 收发室	14. 灯光球场
2. 接待室	15. 值班室
3. 贮藏室	16. 办公室
4. 厕所	17. 多功能厅（演讲、茶会、游艺）
5. 小卖部	18. 小餐厅
6. 阅览室	19. 厨房
7. 藏书	20. 戏曲
8. 出借	21. 舞蹈
9. 科技活动	22. 音乐
10. 农业实验	23. 舞厅
11. 技术交流	24. 亭
12. 健身房	25. 水池
13. 乒乓球室	26. 雕塑

图16-117 村镇文化中心实例二（三）平面

(c)

复习思考题

1.村镇商店与城市商店有何不同？建筑上有何差异？

2.村镇商店如何选址？总平面设计有何要求？

3.村镇商店由几部分组成？各部分如何进行设计？各部分如何进行平面组合？

4.村镇学校选址有何要求？如何进行总平面设计？

5.村镇学校教学楼由几部分组成？各部分有何设计要求？如何进行设计？各部分之间的组合有什么要求？

6.农村敬老院由几部分组成？各部分如何进行设计？敬老院总体布置有什么要求？

7.农村医院基地选址有何要求？如何进行总平面设计？

8.门诊部、辅助医疗部、住院部各有哪些房间组成？设计上有什么要求？这三部分有几种组合方式？有何优缺点？

9.试比较城市文化中心和村镇文化中心的共同点和不同点。

10.影剧院的各类房间中最重要的是哪一部分？为什么？观众厅平面形状、视线、升起坡度、音质如何设计？安全疏散如何考虑？

11.村镇文化中心在总体上如何进行功能分区？如何组织人流？如何进行总平面设计？

12.村镇文化中心的影剧院、科技文化活动、体育娱乐活动三部分各有什么设计要求？如何进行组合设计？

作业七　中学教学楼方案设计

一、题目——十二班中学教学楼方案设计

二、目的要求

配合村镇公共建筑设计理论教学，进行一次短课时方案设计，旨在培养学生综合运用建筑设计原理去分析问题和解决问题的能力。

三、设计条件

1.本设计为乡镇中学，规模为十二班。

2.建设地点：根据各地情况自拟，可不考虑与运动场等其它部分的关系，不作总平面设计。

3.建筑层数：1～4层。

4.结构：混合结构。

5.房间名称及使用面积（见下表）。

房 间 名 称 及 使 用 面 积

房 间 名 称	间　　　　数	每 间 使 用 面 积 （m²）	备　　　　注
普通教室	12	53～58	每班50人
音乐教室	1	53～58	
乐器室	1	15～20	
多功能大教室	1	100～120	供二班用
电教器材贮存修理	1	35～40	
实验室	2	75～85	
实验准备室	2	40～45	
教师办公室	6	12～16	
厕所		按规定标准计算	

四、设计内容

1.各层平面图（1:200～1:300）。

2.立面图：入口立面一个（1:200～1:300）。

3.剖面图：1～2个（1:200～1:300）。

4.设计说明：主要立意构思、面积指标。

五、图纸规格及图面要求

2#图纸，白图纸、硫酸纸、拷贝纸不限。可用粗铅笔、彩色铅笔、墨线、徒手或用仪器绘制。要求图面布置均匀、线条清楚、字体工整、比例正确。

六、时间安排

进度安排上可在村镇中小学设计内容讲授完之后进行，还应考虑与文化中心课程设计错开布置，以利于长短题目的搭接。

时间为课内4课时，课外8～12课时。

第十七章　村镇生产性建筑设计

第一节　村镇生产性建筑设计的一般原理

一、村镇生产性建筑的特点

村镇生产性建筑是指从事农、副业生产和促进农村经济发展的工业生产的各种建筑物和构筑物。由于农业生产在生产方式、工艺要求，环境控制等方面的要求，村镇生产性建筑与其他类型建筑相比，在建筑平面布局、建筑结构、建筑构造等方面有其自身的特点，可归纳以下几个方面：

1. 建筑的平、立、剖面设计必须满足农、副业生产和工业生产的生产工艺要求。

2. 建筑的外墙面、屋顶、地面的设计必须考虑室内动植物生长对温度、湿度、采光、通风等环境方面的要求。

3. 建筑内的各种为农业生产服务的机械设备及起重运输设备，其性能、数量、重量、外形尺寸、设备基础大小及布置方式都会影响到建筑设计。

4. 某些农业生产在生产过程中会产生污染环境的有害物质，如禽畜的粪便、生产过程中散发的烟尘、有害液体、气体及生产噪声等，这就要求生产性建筑在设计中必须有相应的技术措施予以解决。

二、村镇生产性建筑的分类

（一）禽畜建筑

指饲养鸡、鸭、猪、牛、羊、兔以及毛皮兽等禽畜类的生产性建筑。由于饲养工艺的不同，禽畜建筑的形式都有各自的不同特点。

（二）温室建筑

包括玻璃温室、玻璃钢温室，塑料大棚等，是一种农业人工环境栽培设施，能减少或完全摆脱自然环境对作物的不利影响。

（三）农业库房建筑

指用来贮藏农产品、农机具、农用物资的仓库建筑，包括农产品贮藏库（谷物库、种子库、蔬菜库、食用油库等）；农机具库（车库、农机库、物料库）；危险品库（油库、化肥库、农药库等）。

（四）农副产品加工建筑

指禽畜肉、皮毛、羽毛、谷物、粮油、水产品、乳品加工建筑以及果蔬加工、种子加工和饲料加工建筑等。

（五）农机具维修建筑

系生产用房，根据规模和任务分别设修理、铸工、锻工、焊接、木工、机械加工等车间，属小型工业建筑类。随着农业机械化的发展，此类建筑亦将有发展。

（六）乡镇企业建筑

指一般中小工业厂房，通常进行劳动密集型的工业生产，以当地的原材料或来料及农副产品加工为主。近年来，乡镇企业迅速发展，乡镇企业建筑也有了更广泛的建筑内容。

此外，还有村镇能源建筑，水产品养殖建筑，菌类培植建筑，农业实验建筑等。

三、村镇生产性建筑设计的一般原则

村镇生产性建筑必须根据国家的建设方针、政策以及坚固适用、技术先进、经济合理、美观和谐的原则，正确选择建筑的平、立、剖面形式；合理确定承重结构、围护结构的方案、材料及构造形式。在具体设计中应做到：

（一）有利于农村经济的发展

村镇生产性建筑的布置应做到经济、合理的布局，应便于组成产、供、销一条龙、农、工、商一体化的农村经济体系。

（二）满足生产工艺的需要

为了满足生产工艺的需要，生产性建筑的面积、跨度、柱距、高度等必须恰当；围护结构必须有利于动植物生长或生产工艺上要求。例如，现代禽畜建筑已具有工业生产的特点，在密集的场（厂）内采取大规模集中生产，各生产环节具有严密的计划性、连续性和节奏性，并使各项作业实现机械化和自动化，这就要求生产性建筑的空间尺度必须适合禽畜生产的工艺要求；现代温室建筑，其室内温度、湿度、通风、光照等都应由人工或自动控制在植物生长的最佳环境，这样，围护结构就必须为这种环境的创造提供条件。

（三）满足有关技术要求

生产性建筑应具有必要的坚固性和耐久性，能经受外力，温湿度变化、化学侵蚀等各种不利因素的作用。

生产性建筑应具有较大的通用性和扩建的可能，以适应工艺的革新、改造和生产规模扩大的需要。

应遵守《建筑模数协调统一标准》及其他有关的规范、标准，合理选择建筑参数（开间、跨度、高度等），应优先采用标准及通用构配件，以利于工厂化生产和机械化施工。

（四）满足建筑经济的要求

在生产性建筑设计中必须树立经济观念，在保证质量的前提下，力求降低建筑造价，并使维修费用最省。为获得良好经济效果，一般采取如下措施：

1.在不影响生产、卫生、防火安全的条件下，可将单个建筑合并组成多跨或多层建筑。

2.尽可能利用地方性材料，节约木材、钢材和水泥。

3.因地制宜地选择平、剖面形式，从而减少土石方工程量，以加快施工进度。

4.采用轻质、高强、多效的建筑材料和结构，提高生产性建筑的工业化水平，是更好地提高建筑使用质量及经济效果的最基本途径。

（五）满足环境保护的要求

村镇生产性建筑所产生的废水、废气、废渣和农业的化肥、农药以及禽畜场生产的废弃物（如粪、尿）等，都会污染环境（污染包括空气污染、水体污染、土壤污染、噪声污染等）。因此，村镇生产性建筑应从建筑选址开始就注意解决好污染治理等环保问题。

（六）应注意保护耕地

节约用地，保护耕地也是村镇生产性建筑必须认真对待的问题。应优先选用非耕地、坡地、荒地等作为建筑场（厂）址。

第二节 养猪场设计

本节介绍的村镇养猪场主要是指具有一定数量生猪存栏数，有一定工厂化生产规模的养猪场。家庭养猪一般均采用猪舍附建在住宅的一侧或后院内，这一类型的猪舍已在村镇住宅部分讲述。"专业户"的养猪场应根据其规模大小来确定。

养猪实现工厂化生产是发展的趋势，工厂化养猪把猪从出生到屠宰，全部豢养在猪舍里，其优点是：效益好，周期短，劳动效率高，耗料少，所需建筑面积少等。缺点是投资大，要求有营养全面的配合饲料，有适宜猪群生长的人工小气候，有较高的饲养管理水平和卫生防疫措施，有较高的机械化、自动化设备等。目前，工厂化养猪场的发展规模已越来越大，如一些先进国家养猪场的规模有年产肥猪2.4万头、5.4万头、10.8万头、21.6万头等。

一、村镇养猪场的分类

村镇养猪场按其生产任务不同，可分为以下几种类型：

（一）育肥猪场

主要是饲养肥猪供市场肉食，其中包括短期催肥猪场，如肉类加工厂附设催肥猪场，这类猪场数量最多。

（二）良种猪场

任务是培育良种。用科学的方法来繁殖体型大、瘦肉率高、适应性强、繁殖力强的优良品种。这种猪场多为国家或集体承办，数量不多。

（三）繁殖猪场

任务是推广良种。将良种猪场育成的新品种猪，在场内大量繁殖，以供其他猪场的需要。

（四）综合猪场

无确定的单一任务，是一种多功能的猪场，规模较大，饲养头数由几百头至几千头以上。这种猪场数量也较多。

二、养猪场的工艺要求

（一）分群饲养要求

为了确保种猪来源和防止疾病传染，大型养猪场要求根据猪的不同生长阶段进行分群，饲养在不同猪舍内。这些猪群分别是：

基础母猪——包括怀孕母猪、哺乳母猪、空怀母猪。

后备母猪——供淘汰和补充用，约为基础母猪数的1/5。

种公猪—— 6个月以上供配种的公猪。

仔猪——处于哺乳期，一般随母猪饲养。

育成猪——断奶后的幼猪。

育肥猪——饲养后供直接上市。

（二）转圈要求

一般养猪场的生产流程如下：

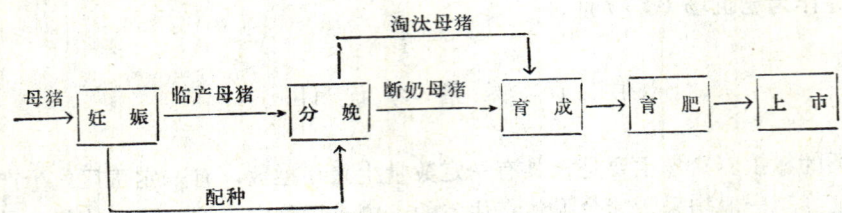

在大型养猪场中常设有妊娠猪舍、分娩猪舍、育成猪舍、育肥猪舍。在妊娠猪舍里饲养生产母猪、后备母猪、种用公猪；在分娩猪舍里饲养怀孕母猪、哺乳母猪及仔猪、断奶仔猪；在育成猪舍里饲养育成猪；在育肥猪舍里饲养肥猪。这样肥猪从出生到上市需要转圈两次，一次从分娩猪舍到育成猪舍，一次从育成猪舍到育肥猪舍。也可以把育成和育肥过程都放在育肥猪舍里，这样肥猪从出生到上市只需要转圈一次，即从分娩猪舍到育肥猪舍。此外生产母猪在临产前到分娩猪舍，产仔、哺乳、断奶后母猪回到妊娠宿舍去配种，也需要转圈两次。从养猪专业化角度讲，猪舍分得越细越有利，猪栏的利用率也高，但从饲养角度来看，转圈过多，由于环境变化以及扩群的影响，将会有碍猪的生长，同时也增加了饲养人员的劳动量。饲养工艺的组织可以有不同方案，这将直接影响猪舍建筑的内容和组合。

（三）喂饲要求

猪的饲料一般分为干料和稀料两大类。干饲料的喂饲机械化比较简单。干饲料常采用固定设备（往复式送料器、循环式送料器等），这些设备可充分利用舍内空间送料。在喂干饲料的猪栏内，要另设饮水器，供应猪只饮用。

稀饲料是我国养猪的传统喂饲方法，可以综合利用青饲料、泔水等。近年来，稀饲料管道喂养有了很大发展，有单程管道和环形回路管道等。后者可以利用水泵使管道内建立水流循环，将留在管道里的饲料随水流一起送入拌料箱，以防天然饲料变质。为节约管道，猪场平面布置要求尽量紧凑，管道线路组织要合理，尽量减少直角转弯。

国内最受欢迎的还是湿拌料喂猪，既可利用青饲料，还可利用发酵饲料。但这种湿拌料给喂饲机械化带来一定的困难。比较理想的是可移动的料车（牵引式、自动式、手推式等），还可以分有轨、无轨或吊轨等。采用料车后，猪舍内非生产面积比较大，较为不经济。

（四）清粪要求

一般养猪场每昼夜排粪尿比饲料多3～4倍，一个万头猪场每昼夜约有50t粪尿，还不包括冲洗猪栏的水量在内。

清粪方式常用的有机械清粪、水冲清粪、缝隙地板清粪等。机械清粪采用安装在沟里的刮粪板，用钢丝绳牵引刮粪。浅沟刮粪构造比较简单，沟深10～20cm，其缺点是夏天猪喜欢睡在粪沟内，刮板往复容易传播疾病，也易轧伤猪脚。深沟刮粪沟上设有缝隙盖板，沟内装有刮粪板（或采用水冲清粪），可避免浅沟刮粪的缺点。

缝隙地板采用上宽下窄断面的混凝土板条或塑料板条作为盖板，下面设粪坑，利用猪将粪便踏入坑内。

水冲清粪虽然比较简单，但粪尿中掺杂了大量水会影响农家肥的使用。

三、养猪场的场地选择

猪场的场址应为地势高、干燥、易于排水坡地不大的向阳缓坡，丘陵地亦可；要有水量充足，水质良好的水源；附近交通方便，便于运输，但距场外交通干线应大于200m；猪场应位于行政、生产和居住区的下风向，并保持一定的距离，一般为150～200m。

四、养猪场的总体布局

综合性养猪场，根据其功能可分为生产区，饲养管理区，兽疫隔离区，生活福利区。

（一）生产区

包括商品猪区和种猪区。种猪区应设在较安静区域和猪场的上风向。种公猪放在较僻静的地方，可以避免影响母猪的安宁。商品猪区布置也要区别对待，如妊娠猪舍、分娩猪舍应该放在较好的位置；分娩猪舍既要靠近妊娠猪舍，又要接近育成猪舍，以便猪的转圈；育成猪舍最好离猪舍入口处近些，有的猪场还需出售猪秧；肥猪舍应设在下风向，并有独立的出猪大门。

（二）饲养管理区

包括饲料加工车间、饲料仓库、修理车间、变电所、锅炉房、水泵房等。为了便利饲料运送、饲料加工和饲料仓库应位于猪场入口和猪场生产区之间。

（三）兽疫隔离区

包括兽医试验室、病猪隔离室、粪尿储存处等。兽疫隔离区应设在下风向，地势偏低的地方，以免病菌随风扩散影响全场牲畜。

（四）生活福利区

包括办公室、职工宿舍等。既要照顾工作方便，又必须与猪舍隔离开，至少与猪舍应有50m的间距，并位于其上风或平行风向，需靠近入口。

在养猪场总体布置中，饲料、粪便、人员、猪只的流线要求分工明确，尽量避免交叉。工作人员入口与肥猪出场处要分开。

猪舍因考虑自然通风为主，其跨度通常较小，因此多栋之间常采取成行式布置，间距约10m左右。

养猪场功能分区如图17-1所示。

养猪场总体布局实例如图17-2所示。

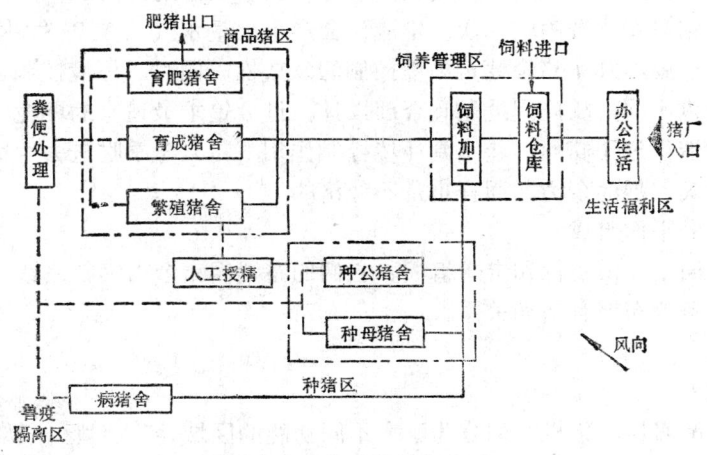

图 17-1 养猪场功能分区

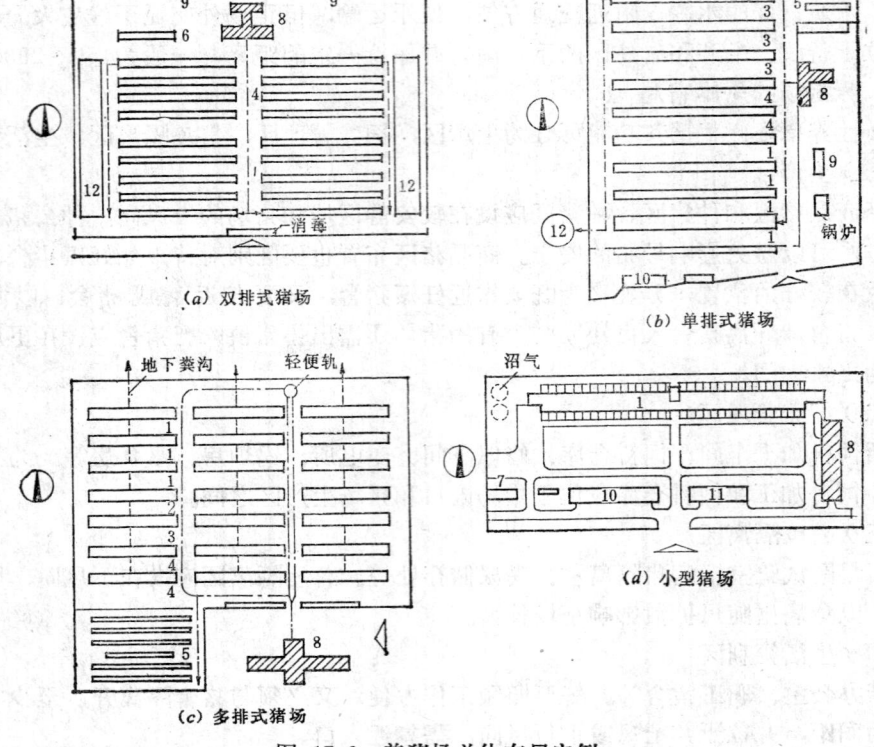

(a) 双排式猪场   (b) 单排式猪场

(c) 多排式猪场   (d) 小型猪场

图 17-2　养猪场总体布局实例

1—育肥猪舍；2—育成猪舍；3—分娩猪舍；4—妊娠猪舍；5—种猪舍；6—公猪舍；7—病猪舍；8—饲料加工；9—汽车库；10—办公宿舍；11—饲料贮存；12—粪池

五、猪舍建筑设计

（一）猪舍的环境要求

为猪只提供合适的生长环境，是猪舍的首要任务。由于猪只皮肤较嫩，皮毛较少，对外界抵抗力不强，因此对环境的温湿度较为敏感，猪舍理想的温度在20℃左右。

必须强调，猪只在猪舍内吃、饮、排泄，会产生大量水汽、有害气体、灰尘、微生物、寄生虫等，这就增加了猪舍建筑环境控制的复杂性。同时，环境控制在不同地区，因气候不同，要求也不同，故应因地制宜合理设计。过分追求最适宜的环境，会造成浪费。反之，将猪舍建造得过于简陋，起不到环境控制作用，猪只冬季吃进去的饲料全被用于维持体温，没有生长发展的余力，同样也是不经济的。

（二）猪舍的平面组成

猪舍建筑平面主要由猪栏和走道组成。它们的布置同猪舍内饲料路线、清粪路线的组织，以及机械设备的布置有密切关系。

（三）猪栏

1.猪栏型式

根据猪的生活习性，猪栏可划分为三个不同功能的区域，即采食区、躺卧区、排粪区。这三个部分的不同组合可形成不同型式的猪栏，如图17-3所示。

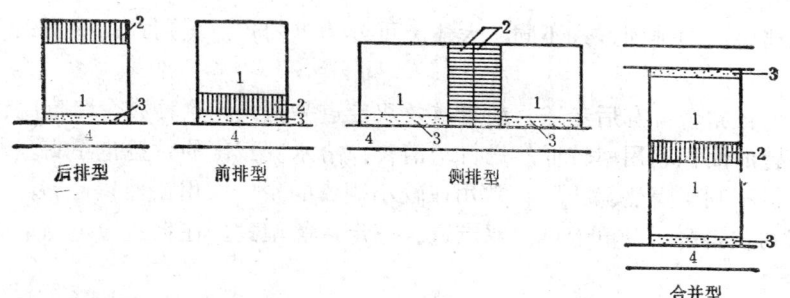

图 17-3 不同型式猪栏

1—躺卧区；2—排粪区；3—采食区；4—走道

（1）后排型猪栏　中间为躺卧区，采食区放在走道的一边，后面为排粪区。这种型式猪栏卫生状况较好，缺点是人工清粪时常穿越躺卧区。

（2）前排型猪栏　采食区、排粪区都放在走道一边，躺卧区放在后面。这种型式猪栏躺卧区安静、清洁，但是粪沟在吃料、走道一边不够卫生。

（3）侧排型猪栏　采食区设在走道一边，排粪区设在猪栏的侧面。这种型式的猪栏躺卧区安静、清洁，人工清粪时亦可不穿越躺卧区，缺点是机械清粪比较困难，只能采用水冲清粪。

（4）合并型猪栏　相当于两个后排型猪栏合并，较为节约面积。

2.猪栏的尺寸和面积

猪栏尺寸按每栏饲养头数而定。每头猪占栏面积根据猪的种类而异。不同种类猪占栏面积参考表17-1、表17-2。

群饲猪栏的采食位置长度和每头猪所需面积　　　　　表 17-1

猪 只 种 类	采食位置长度（cm）	每栏饲养头数（头）	每头猪所需猪栏面积（m²）
幼　猪	20	20～30	0.5～0.7
肥　猪	30～33	10～20	1.0～1.2
		20～30	0.8～1.0
		30～50	0.7～0.8
母　猪	45～50	10～20	1.8～2.0
		20～25	1.5～1.8

群 饲 猪 栏 宽 度（m）　　　　　表 17-2

猪 只 种 类	躺卧区宽度	排粪区宽度	猪栏总宽度
幼　　猪	1.4～1.8	0.8～1.0	2.2～2.8
肥　　猪	1.8～2.5	1.0～1.4	2.8～2.9
母　　猪	2.4～2.8	1.2～1.6	3.6～4.4

注：当采取限量喂饲时　栏长≥猪头数×采食长度

当采取自由采食时　栏长≥$\dfrac{猪头数×采食长度}{4}$

385

3.猪栏布置型式

按猪栏在猪舍内的排列方式不同，大体上可分为单列式、双列式、四列式三种，如图17-4所示。

（1）单列式猪舍　有后走道、前走道及双走道等型式。这种猪舍跨度比较小，结构虽简单，但猪舍的面积利用率较低，送料、清粪、给水机械化的效益也不高。通风、光照的条件较好，但不利于隔热、防寒。常用在较小规模的猪场或用在种猪舍等。

（2）双列式猪舍　有单走道、双走道、三走道等型式。在自然通风为主的条件下，

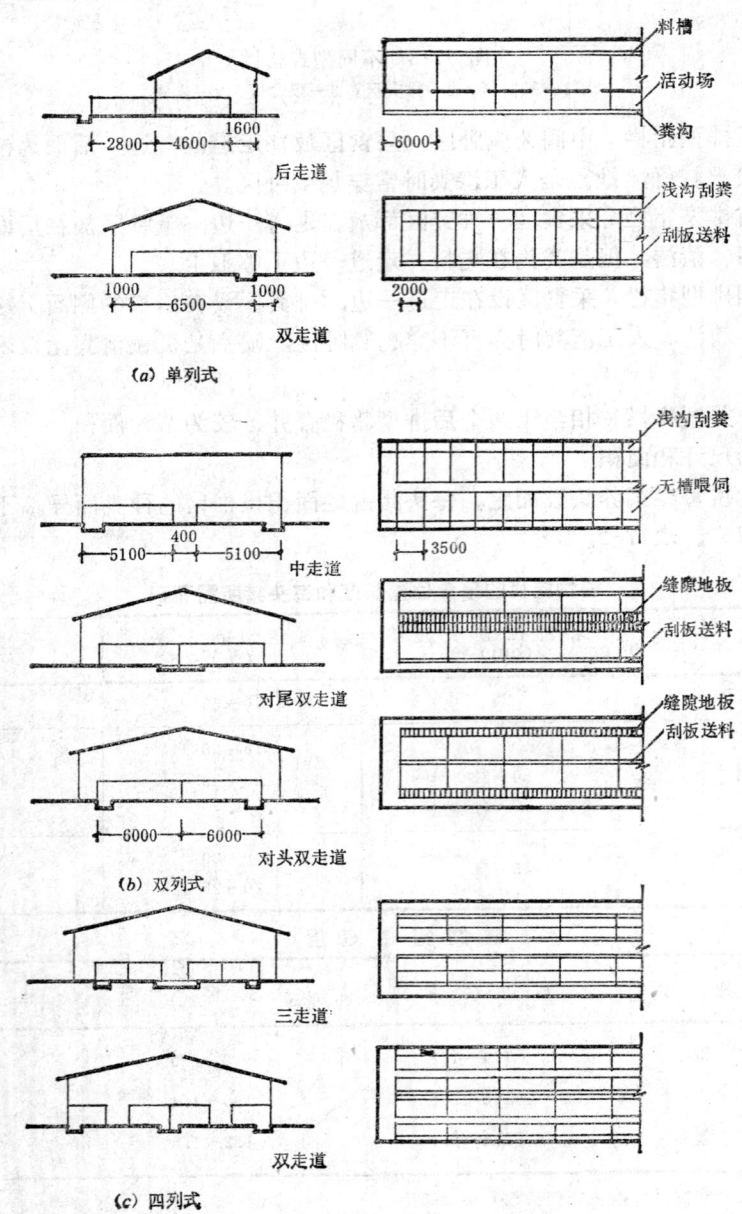

图 17-4　猪

这种猪舍较为适用，面积利用率较高，机械设备布置路线较短，比较经济。

（3）四列式猪舍　跨度一般在12m以上，要求机械辅助通风。这种型式一般用在大型工厂化养猪场。

（四）猪舍剖面形式

1.单坡式

阳光充足，猪舍前面干燥，有利于猪的卫生健康，结构简单、造价低，单列式平面多采用。但容易飘雨，冬季保温较差，适应于气候炎热地区养肥猪。

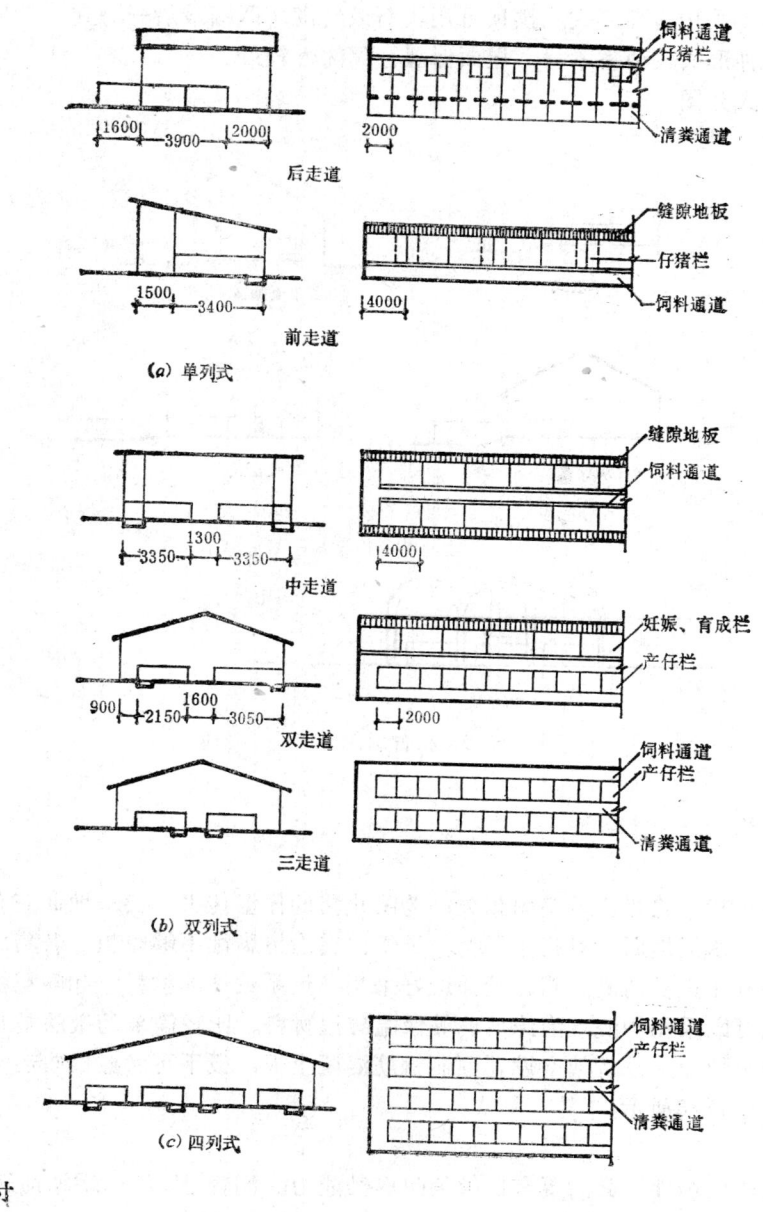

舍形式和尺寸

2.单坡加披式

具有单坡式特点。同样适用于单列式平面，但不飘雨。宜用山墙搁檩适合于气候炎热地区母猪舍和种公猪舍。

3.双坡式

猪舍有效面积利用率高，冬季保温好。双列式平面较多采用。

4.气窗式

房顶设有气窗，通风换气好，但跨度比较大时结构复杂，不够经济。适用于炎热地区多列式的幼、肥猪舍。

5.连拱式

多列式平面多采用这种形式。拱顶可用块石或砖砌，两端最后一跨宜为平房顶，以抵抗水平推力。这种形式较节省木材，屋面保温、隔热性较好。

猪舍剖面形式如图17-5。

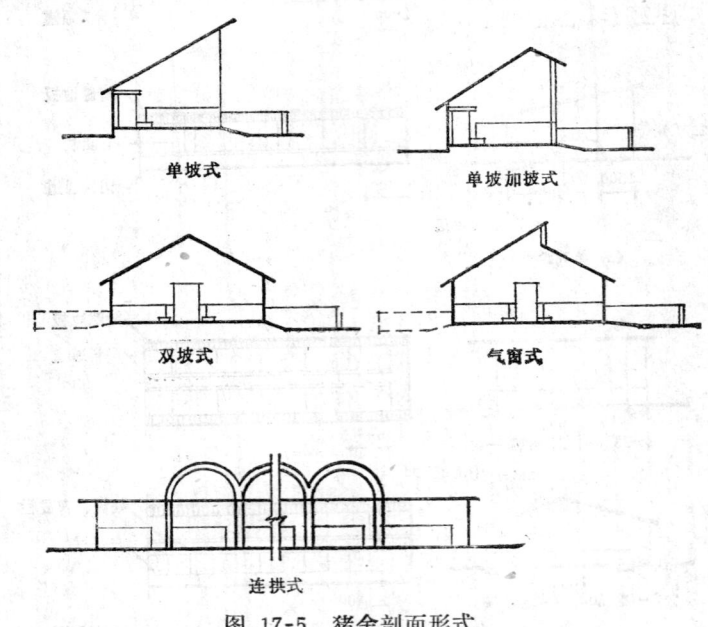

单坡式　　　　　　　　　　单坡加披式

双坡式　　　　　　　　　　气窗式

连拱式

图 17-5　猪舍剖面形式

（五）猪舍构造

1.猪床

由于猪喜欢拱啃，猪栏应较坚固耐久；为阻止猪的体温传失，要求地面应有一定保温能力。若猪床采用水泥地面，对猪床保暖、干燥、粪沟防腐蚀不够理想。若猪床垫草保暖效果虽好，但不利于机械清粪。猪栏地面最好采用导热系数低的材料，如陶粒粉水泥，橡皮贴面等；垫层可以采用炉渣，泡沫玻璃等保温防湿材料。比较简单的做法是在炉渣或砖垫层上，做混凝土地面，或者架空设置预制钢筋混凝土板，板下可考虑供些热空气以利保温。猪床构造如图17-6所示。

2.粪沟

猪粪有一定的腐蚀性，粪沟要有足够的耐腐蚀能力。沥青混凝土耐腐蚀好，但有毒性。粪沟采用刮粪机械时还要能承受一定摩擦力。因此，常用高标号水泥砂浆抹面，并有一定的纵向坡度。水冲粪沟可采用U形断面，铺贴瓷砖等材料。粪沟上一般加盖 缝隙地板、盖板可用钢筋混凝土或铸铁制作缝隙盖板。粪沟构造如图17-7。

3.饲槽

饲槽要求构造简单、坚固耐用，便于饲喂与采食，饲槽内表面要光滑，以便冲刷与消毒，其容积约为每次给食量的2～3倍。可移动式饲槽不够坚固，只用作喂仔猪。一般采用的是固定饲槽。为饲喂与清扫方便，常将饲槽一半设在猪栏内，一半设在猪栏外。如将饲槽上的栏栅做成活

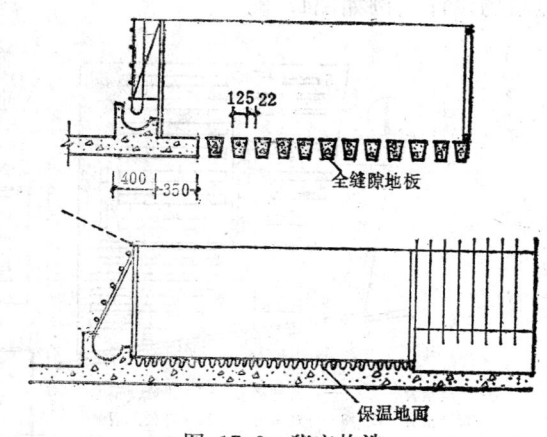

图 17-6　猪床构造

动的，操作更为方便。饲槽内分格可以防止猪吃食时互相抢咬，也可以防止猪的前肢伸入槽内影响猪食的卫生，仔猪饲槽更须分格。根据饲料的不同类型，有很多形式的饲槽，如砖砌饲槽钢筋混凝土栏栅、混凝土饲槽钢管栏栅等。槽上的栏栅常做成一定角度，使猪只安静进食。饲槽构造如图17-8所示。

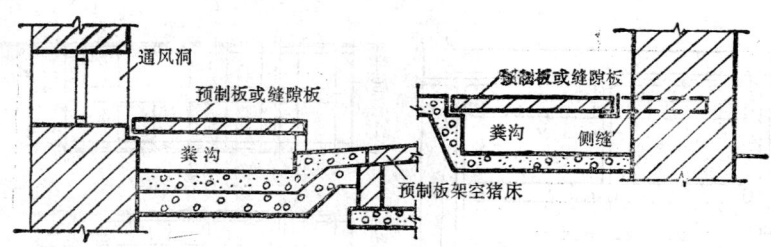

图 17-7　粪沟构造

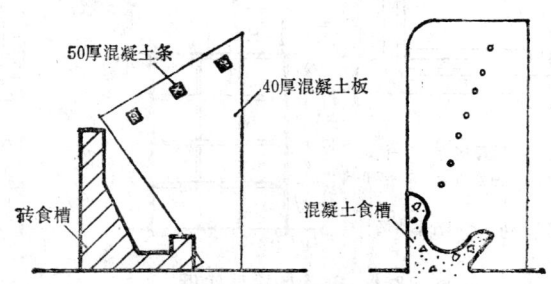

图 17-8　饲槽构造

4.猪栏

猪栏的作用是保证猪只单独或分群饲养。要求猪栏有一定高度。猪栏过高，既浪费建筑材料，还会影响猪舍内通风和采光；猪栏过低，猪只容易跳越，发生纠纷。一般育肥猪栏、母猪栏高0.7～0.8m，种公猪栏高1～1.2m。

猪栏可采用砖砌，较为坚固耐久，但有碍采光通风。钢管猪栏采光通风好，但应注意防腐蚀问题。也有采用预制钢筋混凝土板猪栏。

养猪场设计实例如图17-9。

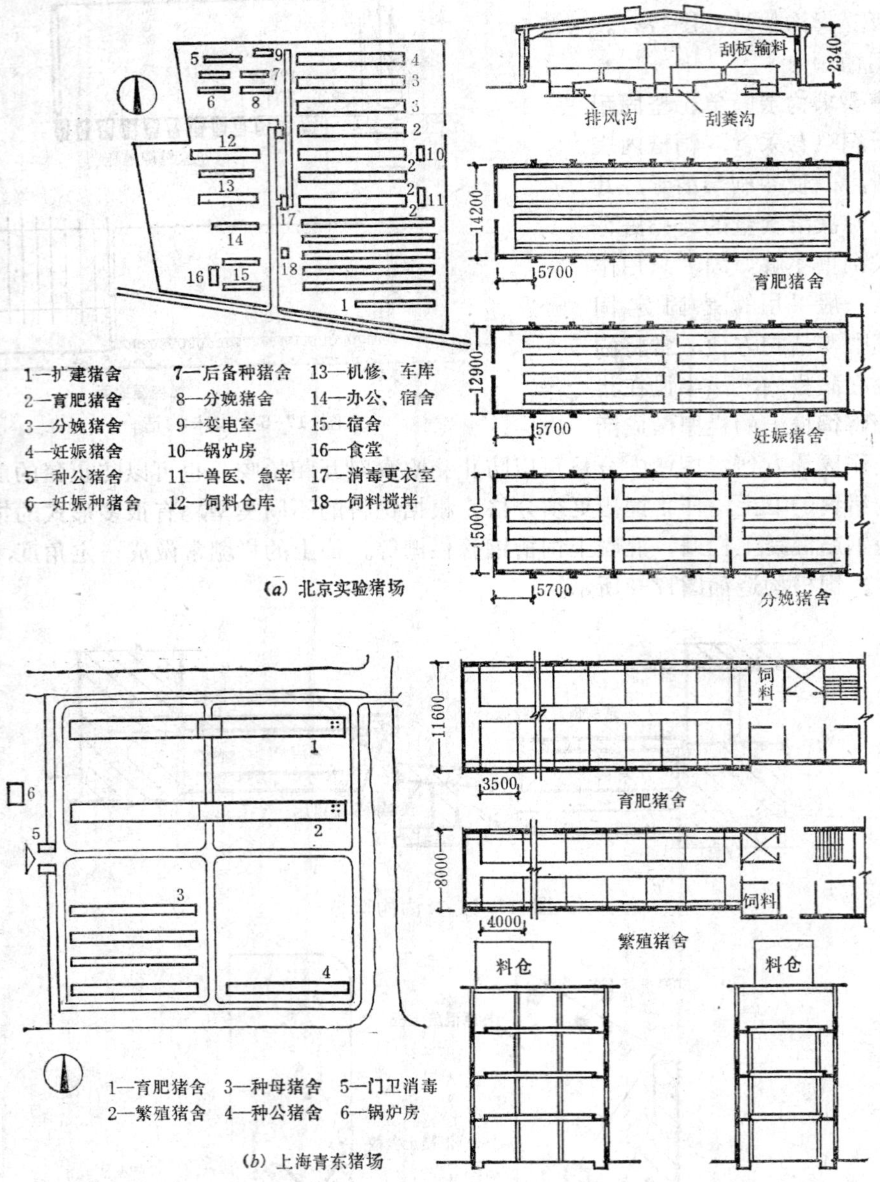

刮板输料
2340
排风沟
刮粪沟
14200
5700
育肥猪舍
12900
5700
妊娠猪舍
15000
5700
分娩猪舍
1—扩建猪舍
2—育肥猪舍
3—分娩猪舍
4—妊娠猪舍
5—种公猪舍
6—妊娠种猪舍
7—后备种猪舍
8—分娩猪舍
9—变电室
10—锅炉房
11—兽医、急宰
12—饲料仓库
13—机修、车库
14—办公、宿舍
15—宿舍
16—食堂
17—消毒更衣室
18—饲料搅拌
(a) 北京实验猪场
11600
3500
饲料
育肥猪舍
8000
4000
饲料
繁殖猪舍
料仓
料仓
1—育肥猪舍
2—繁殖猪舍
3—种母猪舍
4—种公猪舍
5—门卫消毒
6—锅炉房
(b) 上海青东猪场

图 17-9 养猪场设计实例

第三节 养 牛 场 设 计

村镇养牛场根据其生产任务看，有奶牛场、耕牛场和肉牛场之分。本节主要讨论的是奶牛场设计。

一、奶牛的饲养特点

奶牛的寿命一般为12～13年，每头约产10胎，妊娠期为280d，产前60d即人工停奶，产奶期300d左右，产奶量约15kg/头·d，产后40d又可配种。

通常将6个月以内的小牛称犊牛，6～18个月未配母牛称青年牛，18个月怀头胎至产前的母牛称育成牛，产后能产奶的母牛称乳牛。奶牛的饲养一般要根据其生长的不同时期和不同状况进行分群分舍，因此较大规模的奶牛场都包括有犊牛舍、青年牛舍、育成牛舍、成乳牛舍、产牛舍、病牛舍等。

二、奶牛饲养方式

农村集中饲养的奶牛场，其饲养方式有以下三种：

（一）栓养式饲养

每头牛都有固定的牛床用颈枷栓住牛只。一般都在舍内牛床上挤奶。这种饲养方式的优点是奶牛的环境较好，相互干扰小。缺点是牛舍利用率低，劳动生产率不高，如在缺乏机械化的牛舍内，一个饲养员只能管理10～15头奶牛。

（二）散放式饲养

牛舍内没有固定的牛床，奶牛不用上颈枷或栓条，可以自由进出牛舍。它的优点是牛舍造价低，有利于牛的活动，因而有利于增加产乳量，牛舍的利用率较高。牛群增加时，容易调节，便于管理。其不利的方面是，奶牛不易吃到均匀的饲料，影响产奶量，卫生清洁量大。散放式饲养，每个饲养员养牛数可提高到30～40只以上。

（三）隔栏式饲养

是一种结合了栓养和散放饲养优点的饲养方式。奶牛在隔栏内采食、饮水、排粪，又能自由去运动场采食干草，并按时去挤奶厅挤奶，吃精料。由于考虑了便于机械送料、清粪，又强调了牛只自由行动，可比栓养式节省一半以上的劳动量。

三、养牛设备

（一）饲喂机械

奶牛场的喂饲机械一般采用送料车或在饲槽上安装传送装置等，饲料车在牛舍内要求有一定的行走空间，以及转弯半径，如用内燃机牵引则牛舍内噪音大，并有废气污染环境。

（二）清粪机械

奶牛场的清粪机械常见的是在粪沟里设置链板式清粪器，利用带刮板的链条把沟内粪便顺着粪沟往复运动刮到牛舍外面去。隔栏式饲养也有采用牵引式刮粪设备在走道上刮粪，或者采用缝隙地板，使粪落入下面的粪沟里，再用水冲或刮板机械传送出舍外去。缝隙地板可只设在牛床后端，或者整个走道做成有缝隙的地板。

（三）挤奶机械

奶牛场有手工挤奶和机器挤奶两种方式。手工挤奶劳动强度大，生产率低，牛奶的清洁也不易保证。机器挤奶可提高劳动生产率1～2倍，但在牛舍内要装置真空管、奶管或奶车等。如在挤奶厅挤奶可使牛奶与牛舍分离，更能保证牛奶清洁，并能进一步提高劳动生产率，减少设备投资和提高设备利用率。

四、奶牛场场址选择

奶牛场的场址应选择在城镇郊区或乳品厂附近，以利鲜奶的及时供应和加工，且要求交通方便，但要避开交通繁忙的运输干道200m，一般道路100m；场址应在居民区下风向，并离开居民区200m以上的距离，避开烟囱或某些加工厂的煤烟及有害气体的排放方向；场地要求平坦或不大于25％的坡地，干燥、向阳、背北风；接近水质良好，水量充足的水源，靠近放牧区或饲料供应地；远离蚊蝇孳生的沼泽和水洼地。

五、奶牛场的总体布局

奶牛场根据其功能可分为生活及行政管理区、生产区、生产辅助区。

（一）生活及行政管理区

包括职工宿舍、办公室、人员消毒室等，宜设在全场的上风向，靠近场部大门。

（二）生产区

包括由公牛舍、成乳牛舍、产牛舍、育成牛舍、青年牛舍、犊牛舍等组成的各种牛舍，以及奶品处理间或挤奶室等。其中成乳牛舍常成为奶牛场的主要建筑群，数量最多。因犊牛容易感染疾病，犊牛舍要设在生产区的上风向，并离产牛舍及成乳牛舍远些。产牛舍与病牛舍是排菌集中的场所，需设在生产部分的下风向。

牛舍通常根据地形成行列式布置，朝向以南向、东南向或南偏西15°以内为宜。牛舍的向阳一边常要求设置运动场，场地要求宽敞，因此成乳牛舍的间距应大于30m，成乳牛舍与产牛舍的间距应大于60m。

（三）生产辅助区

包括饲料加工、兽医室、锅炉房等。饲料库与饲料加工车间要靠近场部大门，并有直接道路对外联系。锅炉房应设在奶牛场的下风向。兽医室要与人工授精室靠近但不宜合建，因药味对精子不利。奶牛场生产辅助区也要有一定的面积，用来布置干草堆场、饲料贮放场等。

奶牛场的功能关系如图17-10所示。

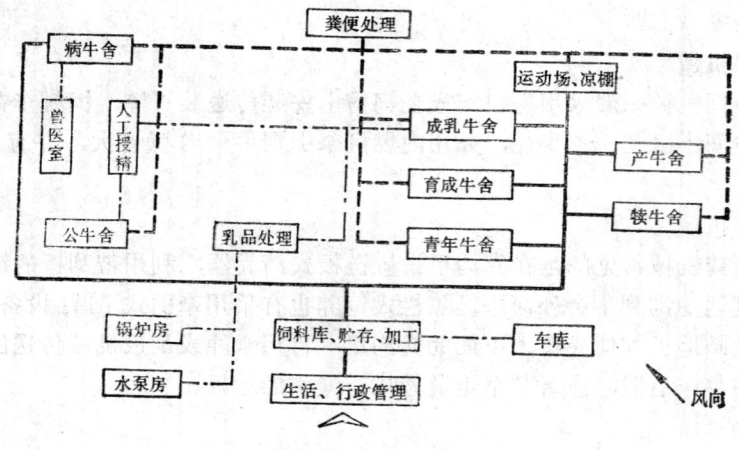

图 17-10　奶牛场功能关系

奶牛场总体布局实例如图17-11。

六、牛舍的建筑设计

（一）对牛舍的要求

1.温度

392

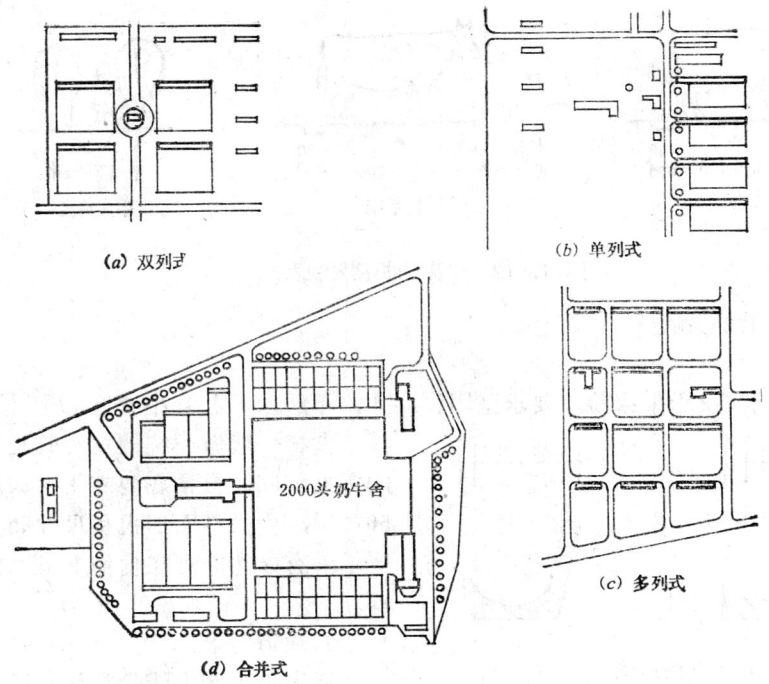

(a) 双列式

(b) 单列式

2000头奶牛舍

(c) 多列式

(d) 合并式

图 17-11　奶牛场总体布局实例

奶牛一般耐寒不耐热，气温升到30℃时便会减少产奶量，因此牛舍要妥善解决通风、朝向、日照及屋面外墙的保温隔热问题。

2.卫生

牛舍内的卫生状况与牛奶的质量有很大关系，牛舍应具有便于消毒洗刷的性能，并有足够的直射阳光。

（二）栓养式成乳牛舍

1.牛舍的组成

栓养式成乳牛舍的组成，主要根据乳牛的特点，布置牛床、食槽、粪沟及运送饲料、粪便的通道。其附属用房有干草间、饲料间、奶具间、机器间、更衣值班室等。

2.牛床

是工作人员饲养、挤奶和奶牛吃料、休息的地方，牛床必须能为奶牛创造清洁、舒适的环境，便于挤奶操作、运输并容易清扫。

牛床的长度是根据牛的体型，栓系方式的不同来确定的，分为长牛床和短牛床两种。长牛床饲养奶牛一般采用链索栓系，奶牛有较大的活动范围，适用于临产牛和种公牛。短牛床饲养奶牛使奶牛的前身靠近饲料槽后壁，后肢接近牛床的边缘，使粪便能直接排到粪沟里，不污染牛床。牛床长度如图17-12所示。

牛床的宽度取决于牛的体型和是否在牛舍内挤奶，通常以1.2m较合适，如图17-12所示。

牛床地面一般采用水泥砂浆面层，冬季表面可加铺垫草，但给机械清粪带来困难，可采用橡胶、塑料等材料做面层。牛床地面常做成1～1.5%的坡度，以利冲洗和保持干燥。

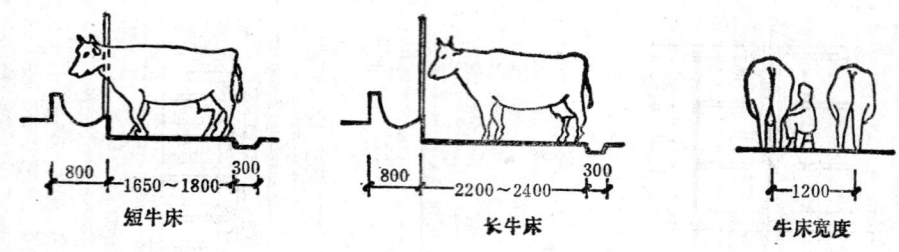

图 17-12 牛床的长度和宽度

地面后半部还应划线防滑。

3.食槽

一般为固定式,设于牛床前。要求坚固、耐久、不透水,并有小坡度以便清洗和消毒。食槽一般做成统槽式,其长度和牛床的宽度相同。食槽底要高于牛床地面30~50mm,食槽剖面形式和尺寸如图17-13所示。有条件的可在食槽上设自动饮水器。

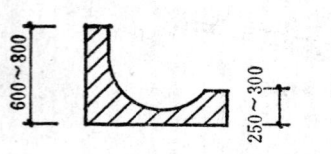

图 17-13 食槽构造

4.通道与盖沟

通道是牛舍内清除粪便、运送牛奶、奶牛进出的空间。通道的宽度要满足清粪运输工具的通行或两头牛并行以及挤奶人员的通行和挤奶工具的停放且不至溅入污物的要求,因此通道宽度一般取1.8m。如图17-14(a)。

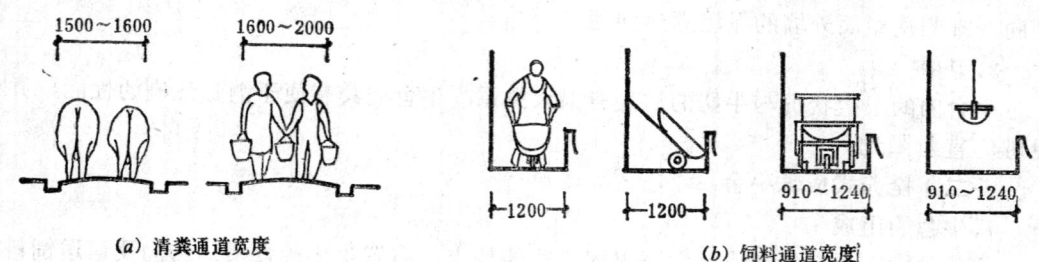

(a)清粪通道宽度　　　　　　　　　　(b)饲料通道宽度

图 17-14 饲料通道与清粪通道

在清粪通道和牛床之间设有排粪明沟,主要供排尿。明沟宽度为320~350mm,深度为50~100mm,沟过深牛容易滑倒,扭伤蹄子。沟底应有一定坡度。

5.饲料通道

作为运送、分发饲料的通道,设于饲槽的前面,宽度应根据运输工具的通行与回转要求来确定,如图17-14(b),一般取1.2m左右。通道地面应高出牛床地面100~200mm。

6.牛舍的平面形式

栓养式成乳牛舍的平面形式根据牛床的排列方式可以分为单列式、双列式、多列式,如图17-15所示。

(1)单列式　只布置一排牛床,饲养头数较少,适用于小型牛舍(<25头),若头数过多,房屋长度过长,对运送饲料、牛奶、清粪等都不利。单列式牛舍的优点是房屋跨

度小、通风良好，散热面大，易于做开敞式建筑，房屋构造简单，在容纳头数合理的情况下管理方便。缺点是每头牛所占建筑面积较大，较为不经济。

（2）双列式　布置有二排牛床，适用于一般规模的牛舍（＜100头）。双列式牛舍面积利用率较高，结构、构造、通风等方面都较易处理，是采用较多的一种布置形式。

双列式牛舍又分为对头式和对尾式两种。对尾式，牛舍中间为清粪通道，两边各有一条饲料通道，其优点是运送牛奶，扫粪都可集中在一条通道上，操作较为方便；运送饲料虽然为双线，但相对工作量较少；又由于两列牛奶的头部都对着墙，对防止牛病的传染有利，对尾式布置采用较为普遍。对头式牛舍两边各有一条清粪通道，中间为饲料通道，这种布置方式便于奶牛出入，由于只有一条饲料通道，便于实现喂饲的机械化，同时也易于观察奶牛进食情况。其缺点是由于头部相对，易传染呼吸道疾病，尾部对墙，粪便容易污染墙面。

（3）多列式　适用于机械化程度高的大型牛舍。多列式牛舍建筑跨度较大，墙面面积相应减少，面积利用率较高，对冬季保温也较为有利，但应注意解决好夏季通风问题。

7.牛舍的组成

牛舍建筑一般由养牛房间和辅助房间组成，辅助房间包括奶具间、干草间、饲料间、机器间、更衣间。养牛房间与辅助房间的关系如图17-16所示。

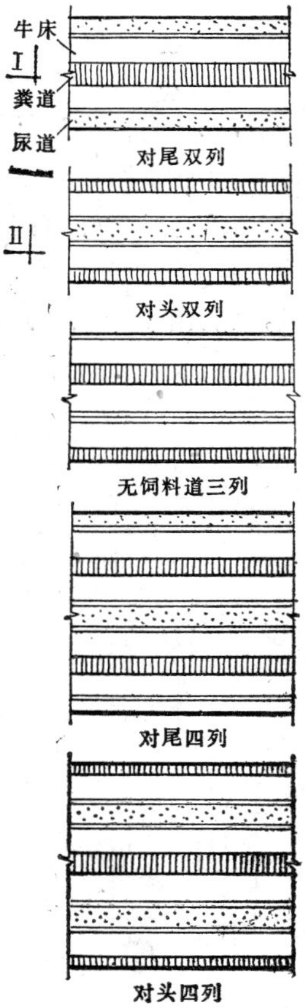

图 17-15　牛舍的平面形式

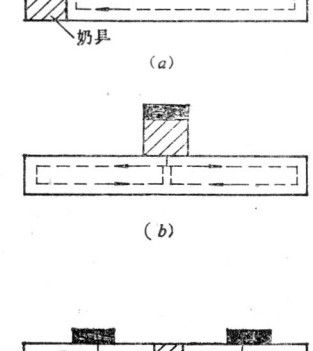

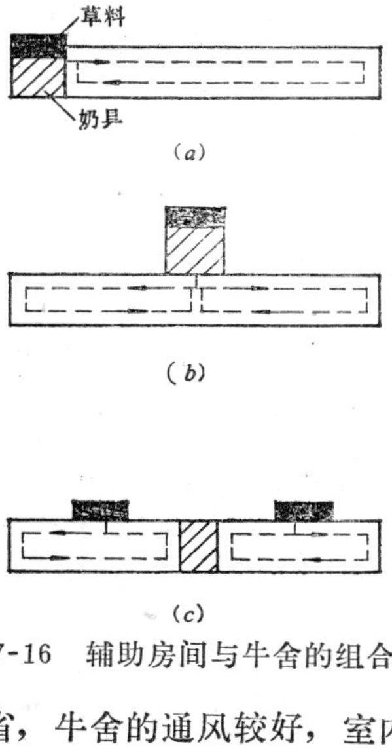

图 17-16　辅助房间与牛舍的组合

图17-16（a），辅助房间集中在一端，面积较为节省，牛舍的通风较好，室内外运输方便。

图17-16（b），辅助房间设在中侧，一般都布置在北侧，这种布置室内运输路线较短，辅助房间设在牛舍外易于改建，较为经济合理。

图17-16（c），辅助房间设在中间，增加了建筑长度，辅助房间与牛舍在层高上也不易统一，较为不经济。

（三）散放式牛舍

散放式的牛舍一般采用半开敞的形式。南方炎热地区一般宜北面有墙开窗，南面开敞，开间在4m以上，跨度一般10～13m。牛舍地面一般可在离开北墙大约2m以上的地方降低地坪300～400mm，铺设垫草做牛床，结合积肥，定期更换。牛舍内的支撑柱宜采用圆形断面以防擦伤牛体。柱基础也应适当的埋深。附图17-17为半开敞式散放式牛舍布置形式。

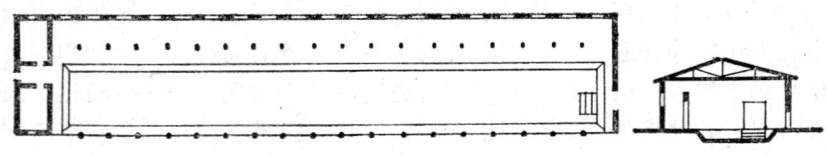

图 17-17　半开敞式散放式牛舍

（四）牛舍剖面形式

牛舍里的环境条件对奶牛的健康水平，牛奶的质量有着直接的影响。牛只的散热机能较差，它的耐热能力比耐寒能力差，夏季气温在25℃～30℃时，牛的心脏和呼吸系统会受到很大影响，乳牛的产乳量也会因此减少。因此，牛舍剖面设计时必须解决好室内通风和隔热问题，牛舍对保温的要求不太严格，但当气温低于5℃时，牛体重将受到影响，因此牛舍的保温也应适当考虑。一般牛舍多用天窗或高侧窗采光通风，常用的剖面形式见图17-18所示，牛舍的檐口高度宜在3.0～3.6m。

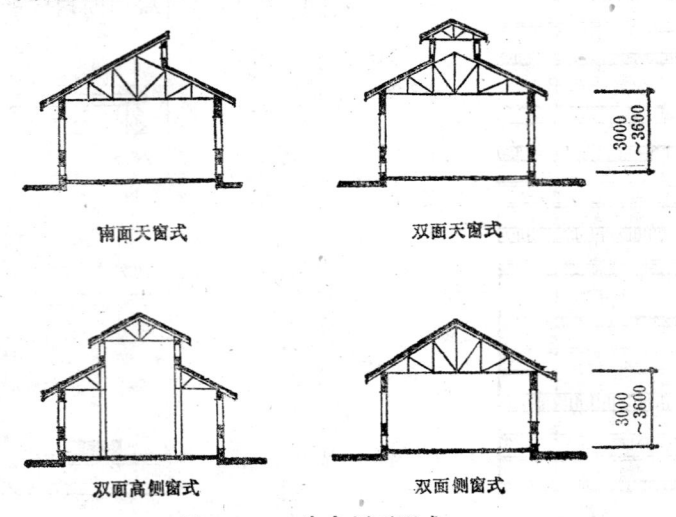

图 17-18　牛舍剖面形式

第四节　农机站设计

农机站指的是为农业机械、运输工具、农具的修理、保管服务的建筑。随着农业机械化程度的提高，农机站的规划和设计也愈加显得重要。

一、农机站的规模和组成

农机站的规模应根据所在地区农业机械化程度来考虑，并充分估计到今后的机械化发展速度。通常乡镇一级的农机站设有农机和农具修理部分，如烘 炉车间、 钳工间、电焊间、木工间等；农机具保管部分，如拖拉机库、收割机库、农具棚、农机具停放场等，油库，如主油库、副油库等。它们之间的关系如图17-19所示。

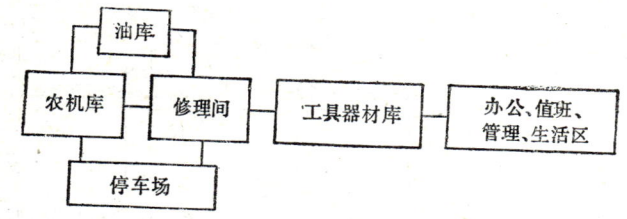

图 17-19　农机站的组成和各部分关系

二、站址选择

农机站站址的选择应考虑经济的服务半径，例如拖拉机修理一般为10～20km，且靠近集镇，有利于管理和减少福利设施的建设投资；交通、水源应方便；站址应尽量不占用耕地，利用山坡地。为了减少机器噪声对工作、生活和学习的影响，农机站与乡镇办公、学校医院及居住区 的 间距 应 不少于200m，并有绿化带隔开，符合防火要求，并应 在 上述区域的下风向或平行风向。

三、拖拉机库房

拖拉机库房的设计要根据各种拖拉机的型号和尺寸以及它们的排列方式而定。拖拉机分轮胎式和履带式两种，其机身尺寸见表17-3所示。

常 用 拖 拉 机 规 格　　　　表 17-3

类　　　型	型　　号	外 形 尺 寸（mm）			自　　重	最小转弯半径	牵 引 力
		长	宽	高	（kg）	（m）	（kg）
中型轮式	红光-10	1980	1180	1280	766	1.8	300～320
	东方红-12	2100	1170	1800	610	2.0	54～320
	东方红-20	1250	1320	1500	<1000	1.7	400～600
	东方红-30	3040	1660	2060	1430	3.0	260～1000
	铁牛-55	4180	1934	1910	2900	3.7	1400
	上海-50	3000	1700	1640	1986～2396	3.7	1081
手 扶 式	工农-12	2345	860	1240	428	0.57	250
	胡兰-12	3120	960	1300	340		
	工农-11	3000	990	1120	590	1.6	

一般拖拉机以单列停放较合理，出入、检修方便，机库结构也较为简单，其出入口宜朝南开设，北墙开设窗户，南方炎热地区南面可考虑为开敞式。

拖拉机库也可双列式布置，机库停车量大，占地节省，其北向机库应防止冬季维修时冷空气侵袭，而影响维修操作和机车启动，但因停车量多，大型农机站 仍多采 用 这 种 形式。

一般单列机库的进深为5200～6000mm，开间为3600～3900mm， 檐口高度为3000～3400mm。为了进行一般的维护和检修，机库的采光面积不得小于 地面面积的1/7，机库门考虑通风，其出入口宜朝南开设。机库的地面宜选用耐磨损，不起尘的材料，并应做出坡度，以便排水。室内外地面高差150～300mm。机库与其对面建筑物间应留出18～20m宽的回转场地。机库通常在其中一间设有修理坑，其构造如图17-20所示。拖拉 机库 平面布置实例如图17-21所示。

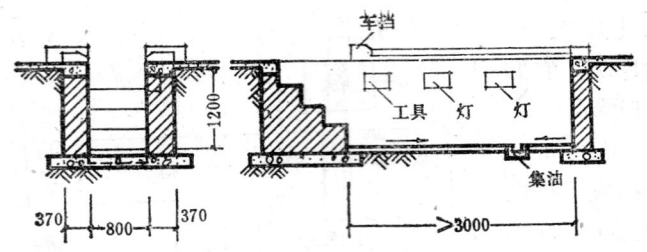

图 17-20 拖拉机库修理坑

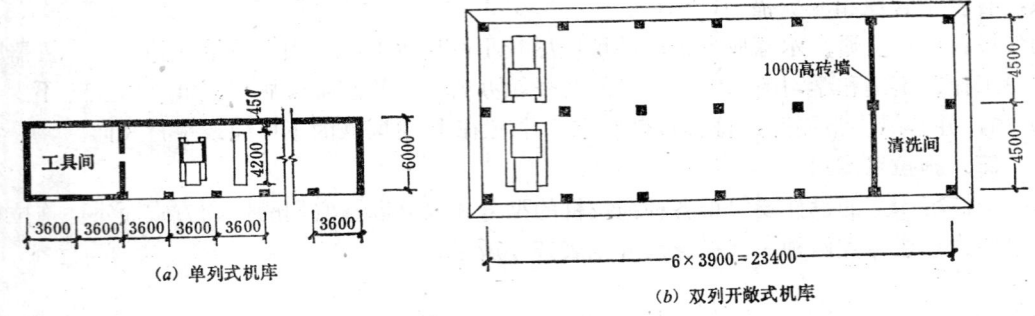

（a）单列式机库

（b）双列开敞式机库

图 17-21 拖拉机库平面布置实例

四、修理间

一般村镇农机站只担负普通的维护、保养和小修项目，中修和大修都送往专营的修理厂维修。所以村镇农机站的修理间大多数与农机库组织在一栋房屋内，工具、器材库设在修理间近旁。图17-22为三种不同规格的修理间平面。图17-23为村镇机修车间实例。

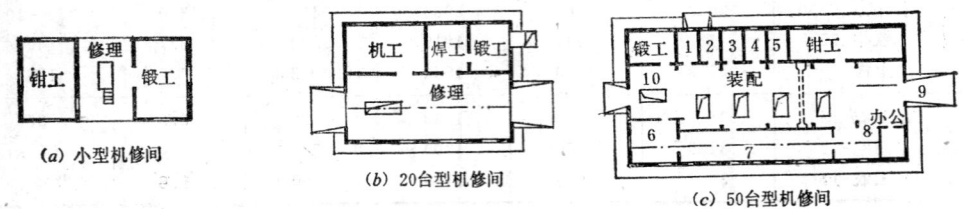

（a）小型机修间

（b）20台型机修间

（c）50台型机修间

图 17-22 修理间平面布置

1—焊工车间；2—铜工车间；3—电器修理；4—油泵修理；5—工具间；6—发动机试验；7—发动机修理；
8—鉴定间；9—冲洗台；10—喷漆工段

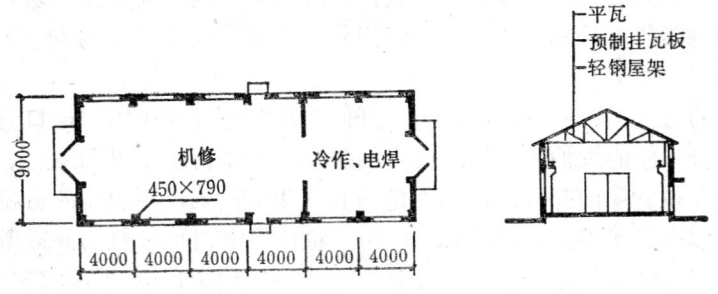

图 17-23 村镇机修车间实例

五、农具库

农具库主要是用来存放那些不宜露天存放的农机具，如有液压装置和橡胶制品的农具，和年使用率不高的农具。随着农业机械化的发展，农机具类型日益增多，大小不一，为了考虑建筑的通用性及装卸、保养等要求，农具库的开间及进深宜略大些，跨度一般为 4～7m，开间采用3.6～4m，要求通风良好、地面干燥、不积水。农具库实例见图17-24。

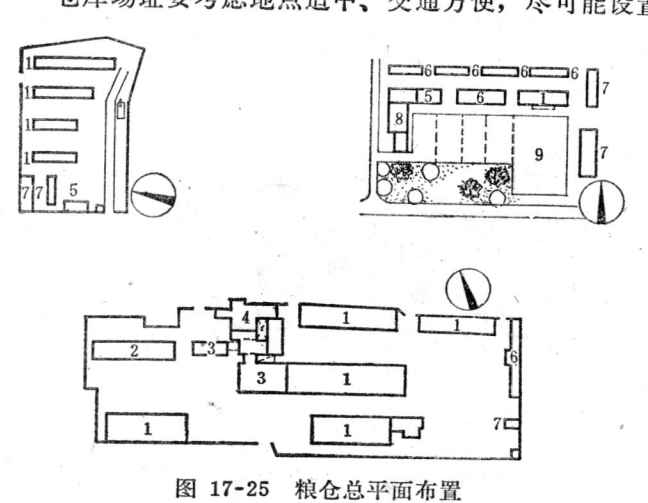

图 17-24　农具库实例

六、油库

油库是指农用机车加油和贮存油料的地方。农业机车一般多用柴油，用油桶或油罐贮存于油库库房内，常用油罐尺寸见表17-4所示。油库建筑的特点是要求防火和交通方便。油库要距居民点100m以上，应独立设于农机站的下风向，以及明火车间的上风向。油库容量按每台机车每一耕作季节耗油2～3t计算。贮油多用金属油罐、露天放置。为防止挥发，炎热地区宜建棚舍，严寒地区应有防冻措施。油库建筑应采用难燃体或非燃体材料建造，并考虑通风。

常用油罐、油桶尺寸　　　　　　　　　　　　　　　　　表 17-4

名　称	容　量	直　径 (mm)	长　度 (mm)
油罐	3t	1200	3600
	5t	1600	3300
	10t	1800	4000
	25t	2400	5900
油桶	80kg	470	700
	95kg	520	800
	170kg	560	800

第五节　粮食、种子仓库设计

粮食、种子仓库（以下简称粮库）是指用来存放粮食、种子的建筑物和构筑物。粮库的作用是提供一个有利于保证粮食、种子质量，防止粮食、种子损耗的环境。

由于粮食生产的季节性、地域性、粮食产量的变化以及国家战略储备的需要，我国在

（一）场址选择

仓库场址要考虑地点适中、交通方便，尽可能设置在产粮区的中心，并靠近居民点，乡村办公处。场地应有较高地势，干燥，不受水淹，场内不留杂草，以免虫害繁殖。

（二）总平面布置

库房总平面由仓库建筑、晒场、附属建筑、办公室、宿舍及通道等组成。办公室应布置在粮仓上风向，以免尘埃污染。仓库与其他房屋应有不少于10m的防火间距，仓库内兼向农民供应粮食或发放口粮的则应设独立出入口，以利保卫和安全防火。晒场和粮仓的距离要满足晒场的日照、防火和车辆进出仓门回车等要求，一般为12～20m。图17-25为总平面布置示意图。

图 17-25　粮仓总平面布置

1—仓库；2—榨油厂；3—米厂；4—收购站；5—办公室；6—宿舍；7—杂用房；8—食堂；9—晒场

四、粮库单体设计

（一）地下粮仓

地下粮仓仓型甚多，深度不一，有深仓、浅仓之分。其中以喇叭型地下仓评价较高。地下粮仓造价较低，节省钢材、木材，施工简单。

喇叭型地下仓形象喇叭，平面为圆型，上部较大，下部减小。仓的下部又有斜底、平底、锥底和盆底等。喇叭仓的直径一般为10～18m，大者24m。喇叭型地下仓如图17-26(a)。

（二）房式仓

多以砖木结构、砖石结构、混合结构建成平房或两层楼房，仓内可用散装围囤、包装等方法贮存。适应于各地区大量的粮食存放，既便利于人工装运，又有利于粮仓机械装运，还便于清扫、蒸熏、防潮防湿和除害翻堆。房式仓如图17-26(b)所示。

（三）拱形仓

常以砖或石拱等作为屋顶承重构件，便于就地取材，节省木材、钢材等。屋顶呈拱形，分单向拱、双向拱。拱形仓隔墙多，柱多，开设门窗受限制，粮食进出仓不易采用机械化运输。拱形仓如图17-26(c)所示。

城乡各地建有不同类型的粮库。通常在粮食产区建有收纳库，主要接收国家征购的粮食，入库作短期储存。在交通枢纽地，设立中转库，作为接收和转运粮食的集散地。在城市、工矿区及经济作物区等粮食消费地，建有供应库，接收收纳库或中转库调来的粮食。此外，国家为应付严重自然灾害或其他意外情况，还建有储备库。

一、粮库的种类

（一）按贮存内容分类

普通粮库　以贮存普通粮食为主。由于粮食是一种有生命的有机体，粮库应防止粮食霉烂、变质和损耗。

种子库　以贮藏各种作物种子为主。与普通粮食不同的是，种子贮藏除了要保证不霉烂、变质和损耗外，更重要的是要保持种子的生命力，使其胚体不受损伤，胚乳不起变化。

品种资源库　为长期贮存作物优良品种所设，又称基因库。通常以低温方式进行保存。

（二）按粮库建筑类型分类

1.永久性粮库

多用砖木、石、钢筋混凝土等材料建成，耐久性较好，各地普遍采用。包括房式仓、拱形仓、圆筒仓。

2.简易性粮库

多为竹、木等材料围合而成的临时性建筑，包括露天围囤、拉合辫仓（草辫和泥拍筑而成），竹木构造仓、竹编圆筒仓、地下粮仓。

二、粮食、种子的贮存方式

（一）仓内散装

粮食平堆或成锥形堆放在房仓内，粮食堆放与墙面接触高度不大于2.5m。这种堆放方式可充分利用仓容，节省包装麻袋，而且便于进仓出仓，便于检查、出晒、防湿以及防虫害处理，同时便于使用机械，适用于各种谷物的贮存。

（二）仓内围囤

用席子或竹箔围成圆形囤子散装粮食，可隔离仓墙潮湿，仓墙结构不受粮食侧压力影响，且适用于贮存不同品种，不同质量的粮食，装卸方便。我国南方湿热地区使用较普遍。

（三）仓内围包

用装满粮食的麻袋垛成围墙，然后粮食散装其中。单层围包不超过12包高度，否则应用双层围包，其优点与围囤相同。

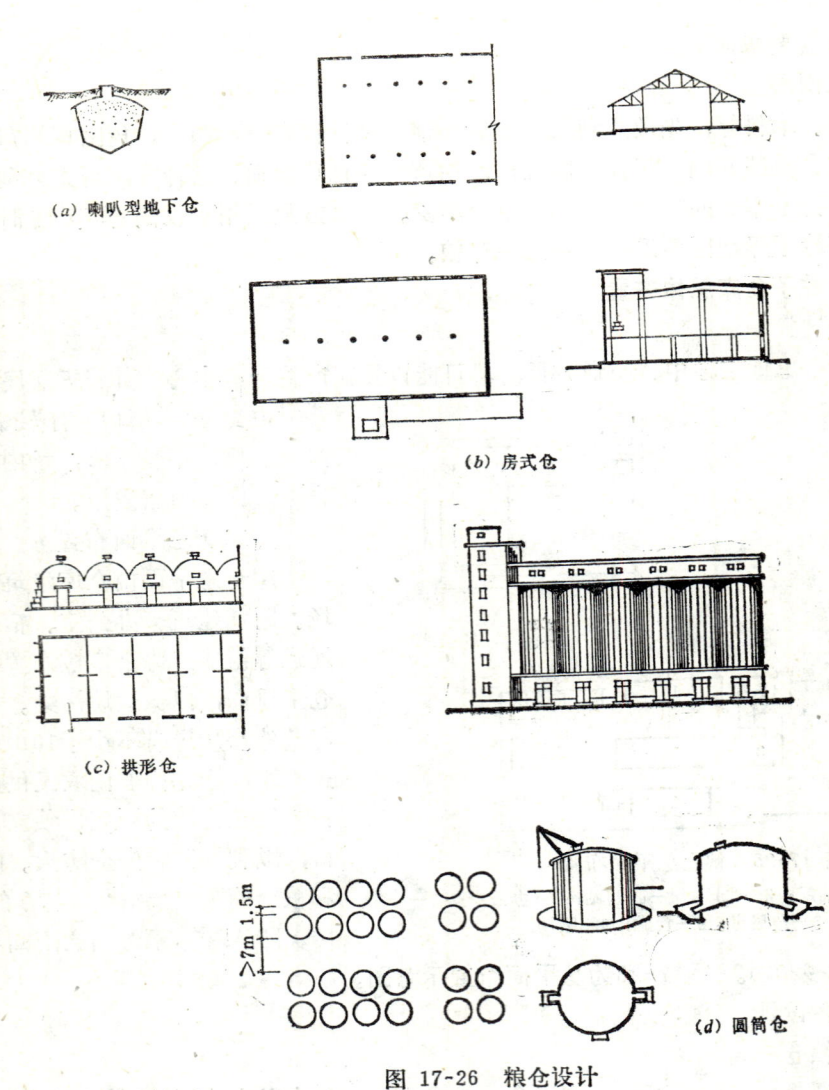

(a) 喇叭型地下仓

(b) 房式仓

(c) 拱形仓

(d) 圆筒仓

图 17-26　粮仓设计

（四）圆筒仓

用砖石或钢筋混凝土筑成圆形仓体，盖瓦或砖薄壳筒顶，沥青砂浆或木地板筒底，圆筒可单独建立，也可连排式建立，密闭较好。筒内散装，粮仓面积利用率较高，结构合理，节省材料，有利于使用装粮机械。圆筒仓如图17-26(d)所示。

五、仓容量的估算

粮库的设计首先应根据贮存粮食的品种、数量和容量来估算仓容量。一般粮食散装堆放高2.0～2.5m，仓库净高可取3.2～3.6m。粮库的容量估算可参考表17-5。

仓容量估算表　　　　　　　　　　　　　　　　　表 17-5

品　　种	稻谷	大麦	小麦	玉米	高粱	黄豆	蚕虫	红薯
表观密度 (kg/m³)	534～570	827～904	590～820	758～824	751～812	690～748	752～790	300～400

六、粮库的防霉、防虫、防鼠、防雀

粮仓建筑除了应满足一般建筑的适用、经济、坚固、美观等方面的要求以外，还要满足防霉、防虫、防鼠、防雀的特殊要求。

粮食霉烂的原因是受潮和发热。粮食在贮存期间的受潮发热，主要是由于粮食的物理特性以及仓内外空气的温度和湿度影响的结果。湿气及热量在粮仓内外之间，粮堆内部之间和粮堆与空气之间，其传递方式都是一致的，均由高值区向低值区传递。

当室外传入的潮气或者粮食本身的呼吸作用产生的水气由于粮库通风不良得不到排除，当地板温度比粮温度低时，湿气和水汽就会向地板方向传递，形成粮堆底部结露受潮导致发霉。

在一般通风情况下，室外热空气流入室内，由于粮温比室外温度低，出现温差，形成粮堆表面结露，并且向地板低温方向传递，也导致底层发霉。

有时由于仓虫大量繁殖，使粮堆局部受热出现较大温差时，由于粮食呼吸作用所产生的水汽也会由高温区向低温区传递，使粮堆内部发霉。

此外粮仓的屋面结构及外围护结构出现雨水渗漏，防潮、隔热性能不良，密闭与通风差，层高过低，朝向不利，以及鼠害等都会引起粮堆局部受潮发霉。

所以粮仓设计时，对防霉、防潮湿、防虫害、鼠雀等问题的处理，是关系粮仓能否保证贮粮质量的关键问题，故设计时应注意以下要求：

1.仓墙壁除保证结构要求以外还应有一定的厚度来满足保温隔热要求。

2.粮库要有良好的朝向，一般南北向或南偏东，以保证良好的通风和避免强光暴晒。

3.墙身和房顶结构要有良好的防潮、防渗漏措施，外墙勒脚部分要抹水泥砂浆防潮。屋面坡度宜大，出檐宜宽，以保证排水流畅，避免墙身受雨水侵蚀。

4.层高不能过低，粮食堆顶以上应有一定空间通风，其高度应在1m以上，并宜将屋面与顶层之间处理成屋顶通风层，设置天窗或气筒等方式通风。以保证获得良好的通风换气。

5.为防鼠雀，檐口、墙身、地面须坚固密实，所有缝隙应用砂浆或建筑油膏填实。由于建筑需要而设置的开口（如通风洞口）须设铸铁算子或金属丝网，门扇下梃宜用白铁皮包钉以防鼠咬。

6.粮仓地板下宜架空600~800mm，架空段墙身设通风孔，保证室外的空气不断流经地板下表层，以提高地板温度。通风孔应白天能开启通风，夜间能关闭。

仓库防霉措施如图17-27所示。

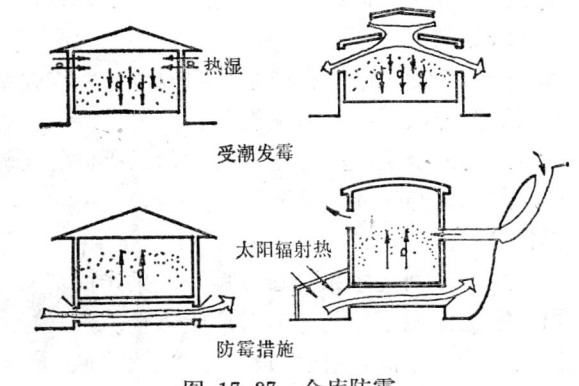

图 17-27 仓库防霉

第六节　农副产品加工厂设计

农、副产品加工厂主要用作碾米加工、面粉加工、杂粮加工、饲料加工、油脂加工、食品加工、茶叶加工等。随着农业多种经营的发展，农副业加工项目逐渐增多。目前，村

镇农副产品加工厂多以综合性加工为主,将打米、粉碎、轧花、榨油等加工项目综合在一个或两个车间内进行,由于农产品受季节性影响,综合使用有利于提高厂房建筑的使用率,管理上也比较方便。另一类是专业加工厂,规模较大,设备比较完善,如榨油厂、茶叶加工厂、制粉厂等。本节主要介绍村镇综合性加工厂的设计。

一、厂址选择

1.应选择在农副产品的产区或服务区中心地带,与居民区既有方便的联系,又要有150～200m的距离,并应在居民点的下风方位,防止散发的粉尘和噪声干扰居民区。

2.有方便的水源和电源。

3.交通方便,地势平坦,易于排水。

二、小型综合加工厂设计

(一)综合加工厂的组成

由等候区、业务区、加工区三部分组成。

等候区:供加工高峰时期等候用区。

业务区:加工厂业务人员对加工品过秤,收款用区。

加工区:按生产工艺安装生产设备的区域,其附属用房有保管、工具、检修、配电室。

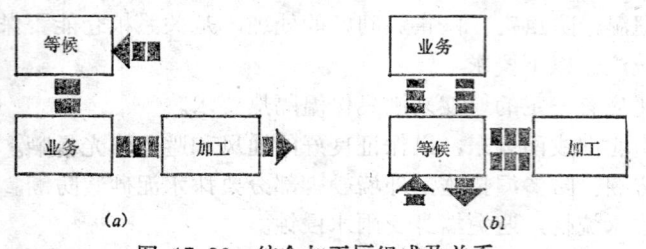

(a)   (b)

图 17-28 综合加工厂组成及关系

这三个区的关系见图17-28。

(二)各区的设计要求

1.加工区

一般有多种加工机器,每种1～2台成组依次排列在一个矩形平面内,加工车间的面积,依加工的性质、规模大小和工艺设备的要求而定。所以加工车间的纵向长度要结合加工机械设备的外形尺寸及操作安全距离而定。一般安全间距,机器离墙600～1200mm,相互间距1500～2000mm。

2.等候区

一般与加工区同在一个平面内,其面积大小应与生产规模相适应。等候区出入口,要既便于内外联系,又方便管理。

为了安全生产,防止事故,加工机械的飞轮,传动带、齿轮等传动部件应加防护外罩,加工区与等候区要用隔墙或1m高的栏杆分隔。

生产车间要求采光通风良好,采光面积与窗地面积之比为1/6,对产生热量、蒸汽或粉尘的车间,屋面宜设气窗,以改善通风条件,建筑物长边应垂直于主导方向。

3.业务区

要与等候区有直接联系,同时又应有相对的独立性,应靠近入口和收发过磅处,便于管理。

小型综合加工厂实例如图17-29所示。

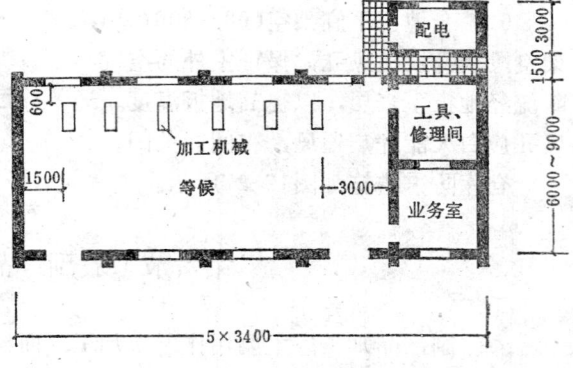

图 17-29 小型综合加工厂实例

第七节　育秧、种植温室设计

利用温室提供的人工小气候来培育水稻秧苗、菜种苗及种植蔬菜瓜果，培育花草和其它经济作物可以做到完全或部分摆脱不利的自然因素影响，人为地创造农作物生长环境的目的。这种温室建筑目前已得到广泛的应用和发展，一些发达国家的温室覆盖面积大，自控程度高，应用环境工程的先进成果，使农作物达到较高的生产水平。我国各地区根据当地条件、自然环境、用途、性能和建筑材料的不同，也创造出了多种形式的温室建筑。

一、温室建筑的分类

（一）按增温方式不同分类

传统温室：不用人工增温，以日光照射为主的温室，蔬菜种植温室多属于此类。

普通温室：主要以人工控制增温为主，日光照射为辅的温室，育秧温室属于这一类型。

高级温室：人工调节和自然光照相结合，用现代科技使温室保持最适宜植物生长的气候。多用来生产蔬菜、花卉和水果。

（二）按温室的覆盖材料分类

砖木结构房屋式温室：运用人工增温的温室多属于这一类。

玻璃温室：多采用日光增温和人工控温相结合的方式。

塑料大棚温室：日光照射增温的温室多属于此种类型。

（三）按温室的跨度分类

大跨温室与小跨温室；单跨温室与多跨温室。

二、温室的环境要求

温室所创造的环境必须满足农作物的生长发育要求，以保证植物的正常生长。因此，我们首先应清楚植物生长与环境条件的关系。

（一）对日光的要求

绿色植物只有在日光照射下才能进行光合作用，通过光合作用化合成营养物质，促使植物生长。

（二）对温度的要求

植物的体温决定其光合作用的速度，植物通过体内水分向外蒸腾以保持稳定的体温，而温室内空气和土壤的温湿度又影响到水分的蒸腾。

（三）对二氧化碳的要求

植物的光合作用还需要二氧化碳，二氧化碳是由周围空气和农肥提供的。

三、温室建筑的设计原则

（一）充足而均匀的光照

温室建筑应保证温室内有充足的日光照射，并尽可能使之均布在栽培床上。为达到这个目的，它的要求是：

1.覆盖材料透光率要高。目前广泛采用的是塑料薄膜和玻璃，塑料薄膜的透光率比玻璃高，但易老化而降低透光率，且保温性能差。相比较，玻璃作为覆盖材料较为理想。玻璃纤维增强塑料板的透光率虽要低一些，但是日光透过后成为散射状态，易为植物充分吸收。

2.温室的朝向和屋面坡度应有利于日光照射和均匀分布。南北向温室总体上接受日光要比东西向多，但室内光照分布不均匀，有固定弱光带。而东西向温室室内日照比较均匀。传统温室多采用南北向，普通温室则多采用东西向。

3.温室建筑应尽量减少结构面积，提高透光率。目前，多采用钢、铝合金、木、竹的棚架式结构。

（二）适合植物生长的温度

温室建筑应满足植物生长对温度的要求。在日光产生的热量不能维持作物生长的情况下，温室应配置必要的采暖设备。大多数温室使用热水采暖，也有用热风、蒸汽、电热，还有利用地热、太阳能、城市中废弃的热量等作为采暖的热源。

温室在采暖的同时，应注意围护结构的保温。良好的保温不仅可以节约能源，而且可以起到稳定温度场的作用。温室的保温措施有：加强覆盖材料密封性能；外墙基础设防寒层；室内设活动幕帘，白天拉开接受阳光，晚上利用幕帘保温。

在夏季高温季节，温室内气温有时会超过作物的生长适温，这时就要采取措施进行降温。如屋面遮光、淋水、喷雾等。

（三）便于通风换气

为了调节温室内的温度、湿度，增加二氧化碳浓度，温室必须有通风、换气的手段。通常有自然通风和强制通风。自然通风要求在屋面上开设天窗，在侧墙上设侧窗，利用热压和风压实现换气。

四、传统温室设计

传统温室又称日光温室，温室内无加温设备，白天利用斜面朝南的采光结构，吸收太阳热能，夜间用草苫等覆盖玻璃屋面，尽量保持室温。这种温室可供人们在冬季生产蔬菜。下面介绍两种较为典型的传统温室：

（一）鞍山式传统温室

如图17-30（a）所示，玻璃面的角度与非玻璃屋面斜度已考虑到了既能充分吸收日光又可避免在温室内产生阴影。但是，也由于角度的限制，这种温室宽度较小，种植面积不大。

（二）北京式传统温室

如图17-30（b）所示，由于跨度较大，可增加种植面积，但玻璃屋面倾角不如鞍山式有利，为弥补日光的不足通常在北面设置加温烟道，白天靠太阳光照，夜间由火炉加温。北京式温室内温度不够均匀，对作物有不利影响。

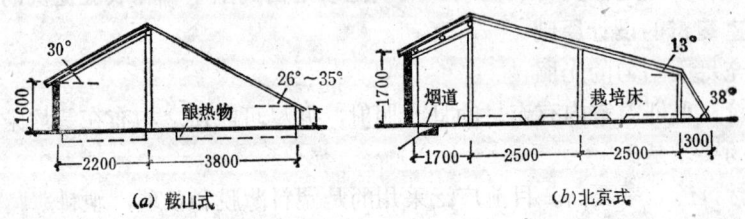

图 17-30 传统温室

传统温室由于以接受日照为主要增温手段应注意玻璃屋面的坡度，理想的屋面坡度为与日光照射方向成90°夹角，但由于节气的变化，给结构造成不现实的要求，故这个夹角通常控制在60°以上。随着日光照射方向与玻璃屋面夹角的减小，屋面对太阳光的反射率增大，则温室吸收的热量减少。

五、塑料薄膜温室设计

塑料薄膜温室又叫塑料大棚，覆盖材料采用聚氯乙烯薄膜，温室靠日光照射增温。多用于蔬菜瓜果生产。塑料薄膜温室价格比较便宜、保温性强、耐风、透光好。

塑料薄膜温室由于一般无供暖设备，因此在冬季应加强保温措施。除了保证塑料薄膜本身的密闭性以外，还可采取多层次覆盖方法，大棚内套小棚，小棚上盖草帘。塑料薄膜温室一般均采用自然通风来调节温湿度。下面介绍两种常用的塑料薄膜温室。如图17-31。

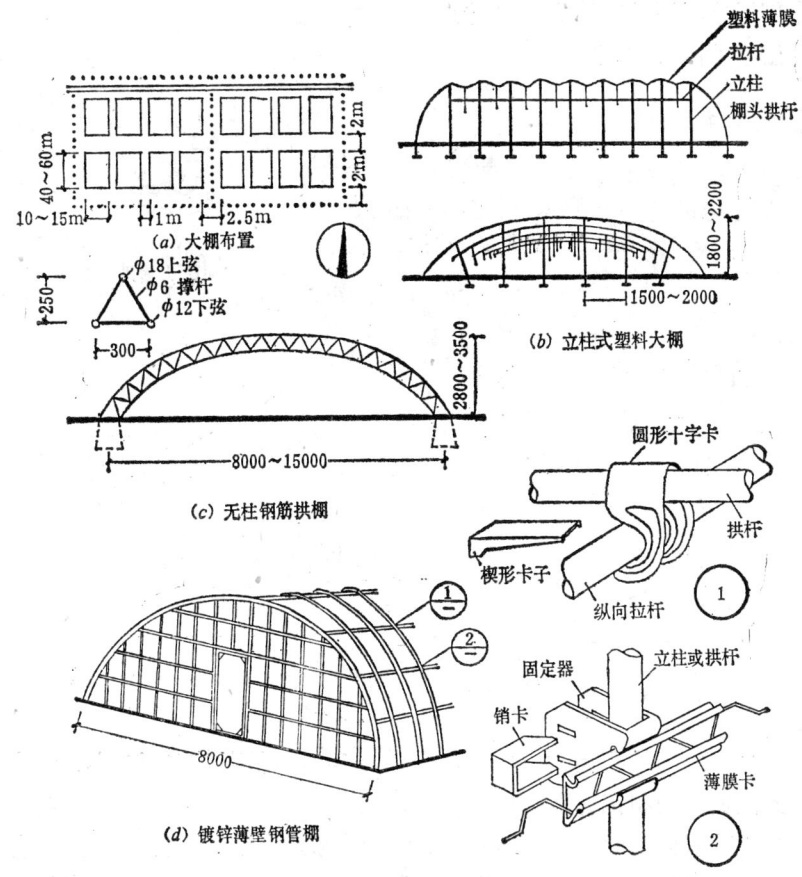

图 17-31　塑料薄膜温室

（一）镀锌钢管装配式塑料大棚

采用镀锌薄壁钢管作拱架和纵梁，拱宽4～10m。棚型有圆弧和抛物线型两类。薄膜由燕尾形卡桥或冂形料夹固定。这类塑料大棚结构合理、重量轻、采光好、作业方便、固膜可靠，便于拆装，并有利于专业化生产。通风换气可通过专用的卷膜器卷起棚两侧薄膜，也可开设简易天窗，每亩用钢量2.6t左右。

（二）钢筋塑料大棚

拱架和纵梁由钢筋或钢管焊接成平面或三角形断面桁架结构。拱间距离3～6m，其间配置2～4根用钢筋或竹杆制成的拱杆，由纵梁将其和拱梁牢固联结。拱形采用圆弧或双圆弧，拱跨超过12m时，常增设管材或型材立柱，也有用钢筋混凝土立柱，棚高2.5～3.5m，薄膜常用钢丝或竹杆压紧。通风换气可借助简易天窗或扒缝换气。这类天棚采光良好，作业方便，抗风雪能力强。但每亩用钢量3.3～3.8t，棚架需涂防锈漆，并经常维修。

六、玻璃温室

玻璃温室主要用来栽培蔬菜瓜果及花卉。升温主要靠日光照射，辅助以人工增温。早期的玻璃温室多为小跨单栋式，后来发展为小跨多栋连接式，目前也有采用大跨单栋式温室。玻璃温室由小到大，由简单到复杂，建筑设计不断得以改进提高，其结构形式和构造方法向构件标准化，生产工厂化方向发展。

下面以两个例子来说明玻璃温室建筑特点和形式：

（一）上海温室（图17-32）

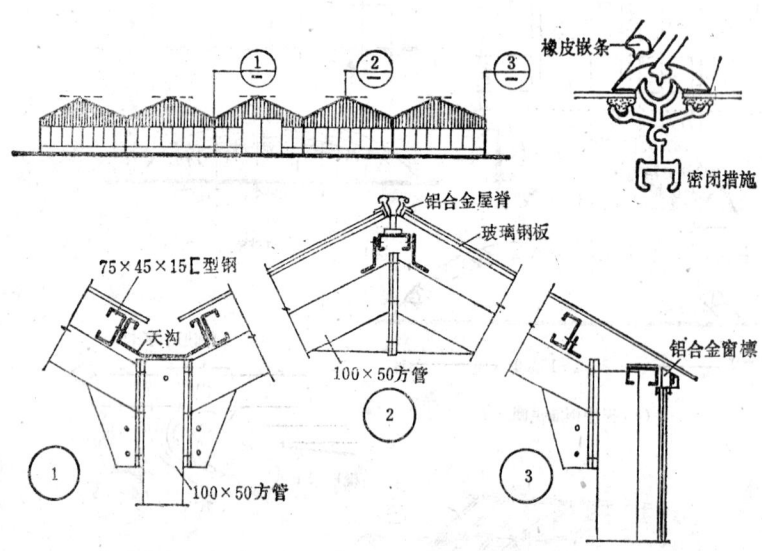

图 17-32　上海玻璃温室

温室平面48m×60m，柱网为6m×4m，屋脊高3m，屋面坡度26°34′，为十跨连栋温室。采用装配式镀锌型钢和铝合金结构，轻巧耐用。屋架为矩形型钢。屋脊两面设有天窗，用铝合金窗框及玻璃钢装配，其余屋面装5mm厚玻璃。四周立窗上部为铝合金上悬翻窗，下部为铝合金推拉玻璃窗，大门为铝合金双扇推拉门。这种温室的特点是构件规格化，能在工厂成批生产，就地组装；开窗面积大，有利通风；门窗全部用橡胶密封条密封，有利于保温。

（二）荷兰温室（图17-33）

温室平面63m×83.5m，柱网为6.4m×3m，脊高3.5m，天沟高2.7m，温室骨架除立柱、桁架、拱梁是热镀锌异型钢外，其他都采用高强铝合金，四周及屋面用小规格的4mm浮法玻璃。为了增大跨度，采用抽去一排柱子代之以托架的方式。室内设有高效能的活动保温遮光幕布，保温性能好。荷兰温室密闭性好，结构轻巧，适用于寒冷地区。

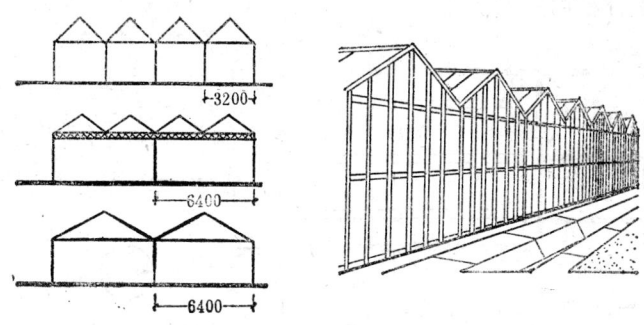

图 17-33　荷兰玻璃温室

七、育秧温室

利用温室育秧具有省秧田，省稻种，省人工，能防止早春烂秧和易于同插秧机配套等明显的优点。育秧温室规模依生产单位水稻栽培面积多少而定，水稻栽培面积与温室建筑的关系可参见表17-6。

水稻栽培面积与温室建筑面积关系　　　　　　　　　　　表 17-6

水 稻 栽 培 面 积 （亩）	秧室建筑面积(m², 不包括工作室面积)
50	20
100	30
150	50
250	100

温室育秧通常采用有土育秧和无土育秧两种方法。有土育秧是在室内把土和肥拌合后放在育秧盘内喷水、播种、覆土。最后放在育秧架上，置于塑料薄膜棚内，电热培养3d，经日照变绿半个月时间秧苗即可以切块出厂。无土育秧是在暖房内采用育秧架上放置育秧盘，育成小苗，15d即可出秧。

育秧温室四周密封，通过两边纵墙上条形侧窗和顶棚上的天窗照射来的阳光，以及地板上烟道和气管加温，使育秧室内温、湿度在不同苗期能被控制在需要的范围内。

图17-34为有土育秧温室实例。

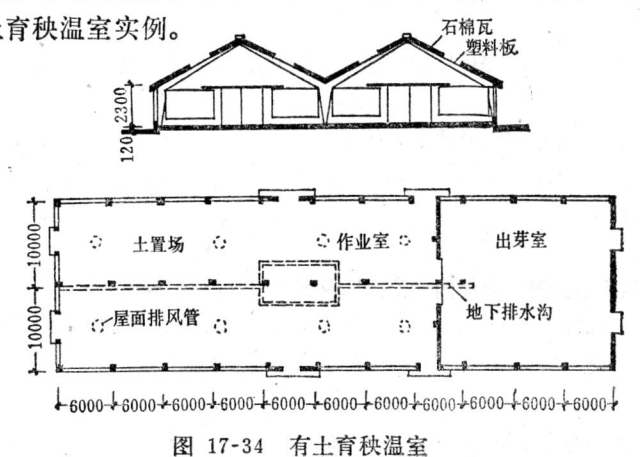

图 17-34　有土育秧温室

图17-35为无土育秧温室实例。

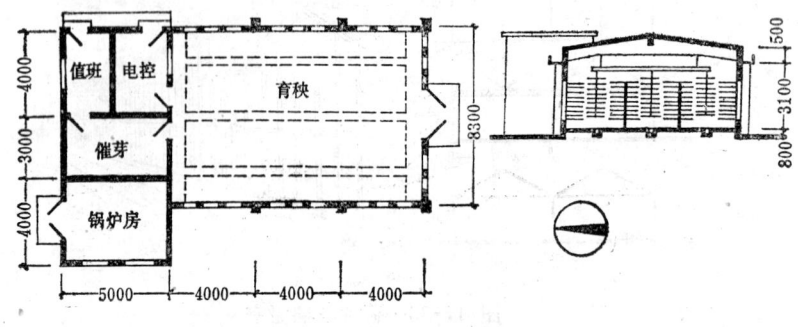

图 17-35　无土育秧温室

复习思考题

1.村镇生产性建筑一般可分为几类？总体布局和单体设计应注意什么问题？

2.养猪场的总体布局应如何考虑？猪舍平面、剖面各有几种形式？设计上有什么要求？

3.养猪场可分为几类？养猪场的工艺要求是什么？对养猪场设计有何影响？

4.奶牛场的饲养方式有几种？对建筑设计有什么影响？不同的养牛设备对建筑有何要求？

5.养牛场总体布局应考虑哪些因素？奶牛舍有几种形式？建筑设计有什么要求？

6.村镇农机站有几部分组成？各部分设计有什么要求？农机站站址应如何选择？

7.常用的粮仓有几种类型？粮仓、种子有几种贮存方式？不同的贮存方式在建筑上有何特点？

8.粮仓如何防霉、防虫、防鼠、防雀？

9.粮仓总体布置应考虑哪几方面因素？各种类型粮仓单体如何设计？

10.农副产品加工厂应如何选址？综合加工厂由几部分组成？它们之间 有何联系？ 各部分在设计上有什么要求？

11.温室建筑有几种类型？温室对环境有什么要求？温室建筑应有什么相应措施？

12.传统温室、塑料薄膜温室、玻璃温室、育秧温室各有几种形式？有何特点？

作业八　小型农机库方案设计

一、目的要求

巩固已学过生产性建筑知识，掌握村镇生产性建筑的一般设计原理，进一步增强方案设计的能力。

二、设计条件

1.本设计为乡镇农机库，考虑可停放五辆中型轮式拖拉机，并配备；工具间(40m²)值班室(15m²)，修理坑一个。

2.建设地点、气候条件可根据当地情况自拟。

3.建筑层数：一层。

4.结构：混合结构。

三、设计要求

1.本设计内容包括平面图、立面图、剖面图及方案表现图。

2.比例：1:100～1:200。

3.图纸：2号图，纸张可选。

4.深度：

（1）平面图：表示各部分用房形状、大小及组合关系。门窗、出入口、坡道、花池等的形状、尺寸。室外绿化、回车场地的布置。

（2）立面图：表明建筑物的立面形式、材质、色彩。

（3）剖面图：应表示出空间高度、竖向空间的相互关系，结构形式。

（4）表现图：通过透视图或其他表现形式反映建筑的外部效果和周围环境。

5.时间：课内4课时，课外约8～12课时。

课 程 设 计 任 务 书 （一）
（供 参 考）

一、题目——低层住宅构造设计

二、目的要求

通过课程设计，巩固已学的构造知识，培养综合运用能力和解决问题的能力。增强识读与绘制施工图的能力，并了解平、立、剖面设计及构造详图设计的内容和方法。

三、设计条件

1.给出一定数量的低层住宅方案图，由学生选择其中的一个进行平、立、剖面施工图及部分构造详图设计。

2.主导风向和最冷（最热）月平均气温根据当地数据。

四、设计要求

1.本设计内容包括平面图、剖面图、立面图、屋顶平面图、檐口、阳台构造详图。

2.比例：平面图为1:50，剖面图、立面图、屋顶平面图为1:100，构造详图自定。

3.图纸：用2号描图纸3～4张以墨线绘成。

4.深度：

（1）平面图：

1）平面图上给出定位轴线，并进行编号。

2）布置墙体及门窗、台阶或坡道，外墙四周布置散水（或明沟）。

3）布置楼梯的位置。

4）布置壁橱、吊柜、壁龛等储藏设施。

（2）剖面图：

1）绘出内外墙的定位轴线，绘出墙体、门窗。

2）外墙竖向方向标注两道尺寸线及有关标高；标注檐口标高和室外地坪标高；图的水平方面标注定位轴线编号。

3）绘出屋面排水坡度和檐口形式。

4）标注构造详图索引号。

（3）立面图：

1）画出南、北立面图。

2）两道尺寸线及标高。

3）标注立面各部分装修材料名称。

（4）屋顶平面图：

1）绘出房屋四角主要定位轴线。

2）绘出屋面排水方式、排水方向和坡度。

3）绘出雨水口、雨水管位置，并注明与定位轴线的距离。

4）标出挑檐挑出长度。

5）标出屋面上人检修的位置。

（5）檐口、阳台构造详图：

1）绘出檐口构造大样，并注明尺寸、标高和作法。

2）绘出阳台栏杆（栏板）立面大样和剖面及连接处节点，标注尺寸及作法。

（6）设计说明：包括装修做法、油漆、选用构配件等。

（7）门窗表：列出门窗的编号、数量、洞口尺寸。

课 程 设 计 任 务 书（二）
（供 参 考）

一、题目——某村镇文化中心建筑方案设计

二、目的要求

通过本次建筑方案课程设计，巩固已学过的建筑设计原理的有关知识，培养综合运用建筑设计原理去分析问题和解决问题的能力，进一步了解方案设计的方法、步骤、熟练方案表现技巧。

三、设计条件

1.修建地点：本建筑位于某乡镇中心区内，地段情况可参考附图，选其中之一，亦可自己另选地段

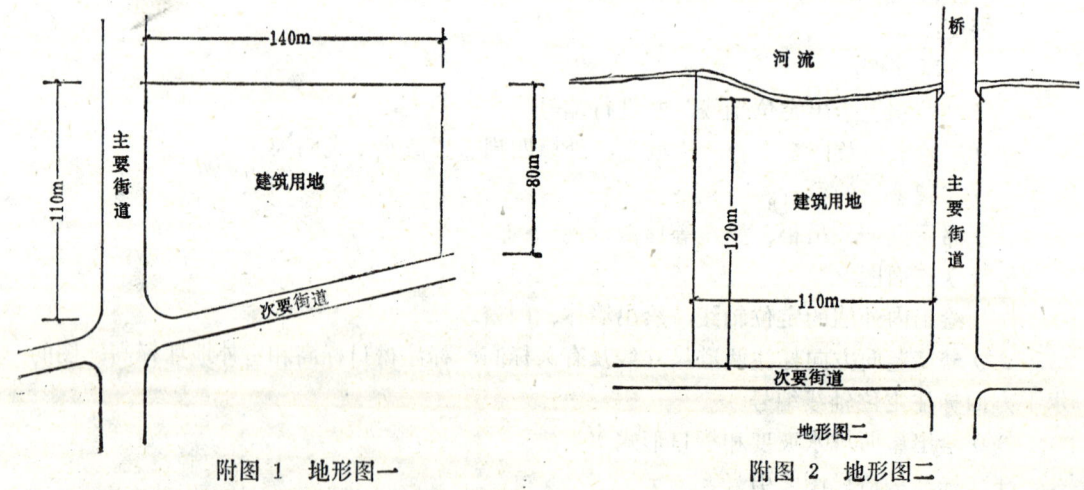

附图 1　地形图一　　　　　　　　附图 2　地形图二

2.房间名称及使用面积：（见表17-7）

3.建筑标准：

建筑层数：1～4层。

结构形式：以混合结构为主。

四、设计内容及深度

1.总平面图（比例1:1000）

表 17-7

房 间 名 称	使 用 面 积 (m²)	房 间 名 称	使 用 面 积 (m²)
影剧院	800座	多功能厅	170
科技文化部分		教 室	120
阅 览	300	科技活动	100
书 库	140	文娱体育部分	
展 览	350	乒乓、棋艺、游艺	320
录 像 厅	150	门 厅	210
灯光篮球场	一个	管理办公	100
其 它		厕 所	90

表明建筑物、室外场地、绿化、出入口、道路、庭院等的位置、形状、大小和朝向等。

2.各层平面图(比例1∶100~1∶200) 确定各部分房间的形状、大小及平面组合,底层平面应画出踏步、花池、台阶、室外场地庭院的布置。

3.立面图(比例1∶100~1∶200) 画出旧街立面,应能表达出体型组合、立面构图、色彩、材料质感及周围环境。

4.剖面图(比例1∶100~1∶200) 画出主要剖面1~2个,其中一个应通过影剧院观众厅的长轴方向。

表明主要房间的高度和空间比例、竖向空间的组合和利用。

5.建筑表现图 绘制室内外表现图或制作模型,表现方法自选。

6.设计说明 说明设计项目的名称、地点、设计方案的主要意图和构思。

计算出面积指标:总占地面积、总建筑面积,各部分建筑面积。

五、图纸要求

2号图纸(594×420),张数、表现方法不限。

六、参考资料

1.村镇文化中心设计(见本书第十六章第五节)。

2.《建筑设计资料集》。中国建筑工业出版社,1973年出版。

3.《华东地区村镇公共建筑实例选编》。安徽省标准设计协作办公室,1986年出版。

4.《全国集镇文化中心设计竞赛优秀方案图集》,中国建筑工业出版社,1986年出版。

七、时间安排(共一周)

1.辅导课——0.5d。

2.草图——3d。

3.正式图——2.5d。

本书根据建设部颁发的中等专业学校村镇建设专业的教育计划和相应课程的教学大纲编写。内容包括建筑构造和建筑设计两大部分。突出了村镇建设的特点，同时尽量反映了建筑设计和建筑构造方面的新成就。各章均附有复习思考题和必要的作业及课程设计题目。

本书可供中等专业学校村镇建设专业师生使用和有关专业技术人员参考。

中等专业学校试用教材

村 镇 房 屋 建 筑 学

林恩生　主编

陈卫华　沈建华　编

*

中国建筑工业出版社出版（北京西郊百万庄）

新华书店总店科技发行所发行

北京市兴顺印刷厂印刷

*

开本：787×1092毫米 1/16　印张：26¹/₄　字数：637千字

1993年11月第一版　　2000年4月第三次印刷

印数：7,701—10,200册　　定价：26.70元

ISBN 7-112-01985-0

G·180 （7008）

ISBN 7-112-01985-0

9 787112 019854 >